数字课程（基础版）

基因工程 第2版

登录方法：

1. 访问 http://res.hep.com.cn/hep/plugin/38217
2. 输入数字课程帐号（见封底明码）、密码
3. 点击“LOGIN“
4. 进入学习中心

帐号自登陆之日起一年内有效，过期作废。
使用本帐号如有任何问题，
请发邮件至：lifescience@pub.hep.cn

登录以获取更多学习资源！

http://res.hep.com.cn/hep/plugin/38217

Gene
Engineering

基因工程 第2版

JIYIN GONGCHENG

主　编　孙　明

编　委　（按姓氏拼音排序）

陈雯莉　（华中农业大学）
储昭辉　（华中农业大学）
连正兴　（中国农业大学）
林拥军　（华中农业大学）
刘克德　（华中农业大学）
吕颂雅　（武汉大学）
彭东海　（华中农业大学）
苏　莉　（华中科技大学）
孙　明　（华中农业大学）
陶美凤　（上海交通大学）
熊立仲　（华中农业大学）
姚伦广　（南阳师范学院）
袁德军　（华中农业大学）
张桂敏　（湖北大学）
赵昌明　（武汉大学）
周　菲　（华中农业大学）

高等教育出版社·北京
HIGHER EDUCATION PRESS　BEIJING

内容简介

《基因工程》是国家精品课程"基因操作原理"配套教材，第1版为"普通高等教育十五国家级规划教材"。本书全面、系统介绍了基因工程的原理、策略和技术方法，具有较好的先进性、前瞻性和实践性，得到使用院校的广泛好评。在保持第1版风格和特色基础上，第2版结合学科发展，对基因操作技术和基因工程技术进展做诸多补充、修订，主要包括：将原第六章"基因操作中大分子的分离和分析"拓展为2章；原第七章"基因芯片技术"有关操作技术和原理合并到第六章中，作为分子杂交技术的内容；原第九章"DNA序列分析"增加高通量测序技术、单分子测序技术；原第十二章"基因组研究技术"补充了基因组研究、相互作用研究的新技术，以及最新发展的基因组编辑技术；重新撰写第十九章；在第二篇"基因工程应用"对各种基因工程实践做了更新和完善。

第2版主要分为基因操作原理、基因工程应用2篇，全书合计19章，分别是：基因工程概述、分子克隆工具酶、分子克隆载体、人工染色体载体、表达载体、基因操作中大分子的分离和检测、基因操作中的核酸分析技术、PCR技术及其应用、DNA序列分析、DNA诱变、DNA文库的构建和目的基因的筛选、基因组研究技术、植物基因工程、动物基因工程、酵母基因工程、细菌基因工程、病毒基因工程、医药基因工程、基因工程产品的安全评价及其管理。

本书可为高等院校生物技术、生物工程、生物制药相关专业教学使用，也可供相关的科研、技术和管理人员参考。

图书在版编目（CIP）数据

基因工程/孙明主编. --2版. --北京：高等教育出版社，2013.8（2016.1重印）
ISBN 978-7-04-038217-4

Ⅰ.①基… Ⅱ.①孙… Ⅲ.①基因工程–高等学校–教材 Ⅳ.①Q78

中国版本图书馆CIP数据核字（2013）第203954号

策划编辑 王莉　责任编辑 单冉东　封面设计 姜磊　责任印制 田甜

出版发行	高等教育出版社	网　址	http://www.hep.edu.cn
社　址	北京市西城区德外大街4号		http://www.hep.com.cn
邮政编码	100120	网上订购	http://www.landraco.com
印　刷	北京人卫印刷厂		http://www.landraco.com.cn
开　本	889mm×1194mm 1/16		
印　张	26.5	版　次	2006年5月第1版
字　数	630千字		2013年8月第2版
购书热线	010-58581118	印　次	2016年1月第4次印刷
咨询电话	400-810-0598	定　价	46.00元

物 料 号 38217-00

第2版前言

时光飞逝，本教材自第1版面世至今已经7年。在此期间，基因操作技术发生了许多巨大的变化，特别是以“组学”为主的技术在基因的研究中大规模应用。由此，也带来了许多操作方式和观念的变化。

本书仍保持第1版的撰写风格，主要在原版本的基础上进行更新、修订和完善。这样能很好地保留基因操作原理和基因工程应用的基础内涵，并保持基础知识的系统性和完整性。

2006年以来，高通量测序技术发展迅猛，导致基因组序列大量涌现。这些变化对基因的操作来说也带来了相应的变化。其一，在基因组学的基础上，高通量的其他组学得到快速发展，并逐渐成为基因操作的常规技术手段；其二，传统的基因操作技术的重要性和牢固地位受到挑战，有些甚至被淘汰。其中最主要的变化是，人们获取基因的方式和观念发生了重要变化。在传统操作技术中获得新基因的方式主要是通过构建基因文库并从文库中筛选而获得。为此，前一版教材强调以文库构建为主线的分子克隆方式。而由于基因组序列大量的涌现以及生命科学知识的爆炸式增长，人们已经不再依赖于文库的构建和筛选，在很多情况下可通过信息学分析和组学分析并通过PCR相关技术将目标基因克隆出来。当然，新技术和新方法的出现，并不意味着传统和经典方法会过时和淘汰。现代技术几乎都是传统技术的进一步延伸或组合，因此掌握好基础性的传统知识对认识、领会和掌握现代技术的原理有重要帮助甚至是决定性的。对于基因文库的构建，虽然不再像以前那样主要用于新基因的筛选，但仍然大量用于基因和基因组功能、蛋白质相互作用网络、大型基因簇等的研究，以及高通量基因组测序和基因组序列拼接等相关的操作和实施。而对于传统的单链DNA制备、U法定点诱变和常规DNA序列测定等基因操作技术，人们已经不常使用了，相关的技术或应用被PCR有关的技术所取代。尽管如此，本教材仍然保留了这部分内容，一来现有的许多技术中常常携带这些技术成分，如现有的许多质粒载体中都含有单链噬菌体载体的间隔区，用于RNA端点分析的primer extension技术和用于检测DNA中与蛋白质相互作用区域的DNase Ⅰ footprinting技术都用到了常规DNA测序技术；其二，这些传统的技术展示了丰富的基因操作技巧和智慧，有助于读者对基因操作原理和基因工程应用的深刻认识和领会，从而有助于读者自主设计更好的基因操作方案和路线。

随着经济和技术的发展，越来越多的商业化试剂盒应用于基因操作的实践中。试剂盒的应用，一方面给用户提供了极大的方便和成功率，节省了大量的时间，同时也蕴含一种风险，即对试剂盒应用原理的认识和掌握变得越来越弱，从而有可能导致自主设计实验的能力减弱。本教材希望通过基因操作原理的阐述，尽可能地降低这种风险。

在这次修订中，对于基因操作中的基础性技术和原理的有关章节，变动不大，修改的重点在于增加新的基因操作技术和原理以及基因工程技术进展。将原第六章“基因操作中大分子的分离和分析”拆分成两章，即侧重于生化性质的“基因操作中大分子的分离和检测”和侧重于相互作用的“基因操作中的核酸分析技术”。原第七章“基因芯片技术”不再保留，其中相关的操作技术和原理放入到新的第六章中，作为分子杂交技术的内容。第九章“DNA序列分析”一章，保留了原有的传统测序技术，重点增加了高通量测序技术有关的原理细节以及单分子测序技术简要原理的介绍。在第十二章“基因组研究技术”中增加了基因组研究的新技术和相互作用的研究技术，以及最新发展的基因组编辑技术，如TALEN和CRISPR-Cas技术。在第二篇“基因工程应用”，对各种基因工程实践做了更新和完善，对“基因工程产品的安全评价及其管理”一章按照新的思路和架构进行了重新撰写。

在编写过程中，除了参考第1版中提到的资料和文献外，还参考并引用了最新的*Molecular Cloning*第4版、相关生物试剂和仪器公司的产品说明书和网络百科知识中的部分资料，此处不再一一列举相关的公司和网站名称。由于撰写内容的变化和编写人员工作性质的变化，本次再版的编写人员稍有变化，主要变化是彭东海博士大范围参与到撰写和修订工作中。本书能够成功完成第2版的撰写，有赖于各位编委的大力支持和配合及其不懈努力和耐心，在此表示衷心感谢。感谢高等教育出版社的长期支持和鼓励，不仅让本教材能及时更新，同时也促进相关课程的建设和发展。感谢为我们提供各种资料、信息和图表的同行、友人以及相关公司的销售代表。

对于本教材的扩充资源、进展更新和意见反馈，可访问中国大学精品开放课程“爱课程”网站（http://www.icourse.cn）、国家精品课程“基因操作原理”网站（http://nhjy.hzau.edu.cn/kech/jycz/），以及登录与教材配套的数字课程网站。

生命科学和基因工程技术正在迅猛发展，新的技术和方法不断涌现和更新，本教材定有疏漏和把握不准确的地方，衷心希望读者提出宝贵意见并批评和指正，以便及时更新和再版时修正。

孙　明

2013年5月初于武汉

第 1 版前言

21 世纪是生命科学的世纪。分子生物学作为最前沿的生命科学学科之一，主要从分子水平研究生命活动的现象与本质，如 DNA 的复制、基因的表达与调控、遗传与变异等。随着分子生物学研究的深入与发展，除了在分子水平上了解生命的特征外，在分子水平进行更有效的生物学研究以及在分子水平进行物种改造是生物学界共同关心并十分重视的问题。

国内外已出版了许多有关基因工程的书籍，各自展现出不同的内涵和风格。本教材所指的基因工程是一个广义的概念，包括基因操作原理和基因工程应用两部分。其中后者是指基因工程的狭义概念，以转基因技术为主线，以构建不同类型的基因工程体（或称遗传修饰生物体，genetically modified organism，GMO）及其应用为主要内容，包括植物、动物和微生物基因工程体的创制和应用，以及基因工程在生物医药中的综合应用。自 1973 年美国斯坦福大学的 Stanley Cohen 和 Herbert Boyer 第一次实现基因的异源表达，基因工程就开始蓬勃发展，并在工业、农业、医疗等领域创造了巨大的价值，同时改善了人们的生活，提高了人类与疾病抗争的能力。在历史的长河中，人类从来没有比现在更像是世界的"主宰者"，因为基因工程赋予了人类改造物种、创造物种的能力。当然，这一切都必须是在法律和伦理允许的范围内。本书基因工程应用部分从植物基因工程、动物基因工程、酵母基因工程、细菌基因工程、病毒基因工程和医药基因工程以及基因工程的安全管理等方面，分别介绍各基因工程体的研究现状、发展趋势和应用前景，详细阐述其表达系统，方便读者了解基因工程的实质及发展状况。

基因操作原理是本书的重要基础内容，不仅包括指导基因工程体构建的基因工程原理，还包括用于指导分子生物学研究的，对基因进行操作的基本原理。后者是前者乃至基因工程实践的基础，前者是后者在应用领域的延伸和发展。因此本书重点突出基因工程的最基本原理，即基因操作原理。基因操作原理部分基于分子生物学理论基础，以分子克隆为主线，介绍与此相关的载体、工具酶、文库的构建与筛选、基因的各种分析手段（包括分子杂交、PCR 和序列分析）和基因改造等研究技术和方法的原理。它承载着衔接上游分子生物学与下游狭义基因工程的任务，并为之服务。没有分子生物学的理论基础支撑，基因操作就成为无本之木；没有基因操作技术的推动，分子生物学将成为无源之水，匮乏前进的动力。

本书是在华中农业大学分子生物学系列课程讲义的基础上，经过 10 年的试用、修订、补充和完善而形成的，是国家生物学理科基地班和国家生命科学技术基地班的核心教材，同时适合生物科学、生物技术、生物工程和生物制药专业的本科生，以及遗传学、微生物学和生物化学与分子生物学专业或相关专业的研究生使用。本书的编写人员主要由教学和科研一线的年轻博士组成，具有丰富的本科教学经验和科学研究经历，保证了本教材在学术上的先进性。所有编写人员在编写过程中均表示出极大的热情，充分发挥各自教学和科研优势，使本教材能最大限度满足教学需求。

本教材的编写还得到了教育部生物科学与工程教学指导委员会和高等教育出版社的大

力支持。编写过程中主要参考了 *Molecular Cloning* 第1至第3版和 *Principles of Gene Manipulation* 第5版和第6版。生物试剂公司是基因工程技术发展的重要推动者，它们设计、发明和完善了许多技术方法。因此，本书借鉴了许多生物试剂公司的产品目录和操作手册，包括 New England Biolabs、Promage、Roche、Stratagene、Invitrogen、Qiagen、Novagen、Eastwin 和 Bio-Rad 等公司。本书还参考了许多科研论文和互联网的资料以及编写人员的科研成果。赵昌明等研究生在资料收集、图片绘制和书稿整理等方面做了大量工作。在此，对所有参与编写、提供资料和给予帮助，以及关心和支持本书编写的人员和单位表示衷心的感谢。

对于本教材的扩充参考资料、知识更新、课后练习和意见反馈，可访问教学网站：

http://nhjy. hzau. edu. cn/kech/jycz/index. htm

随着生命科学技术的发展，基因工程也在迅速发展。本书难以囊括所有的知识点，加之时间紧迫，作者水平有限，疏漏之处在所难免，我们诚挚地欢迎读者批评指正。

孙　明

2005年12月于武汉

目　　录

第一篇　基因操作原理

第二篇　基因工程应用

第一章

基因工程概述

第一节　基因操作与基因工程

一、基因操作与基因工程的关系

20 世纪是生物学发展最为迅速的时期，在 1953 年由于认识了 DNA 的双螺旋结构，从而掀起了分子生物学研究的热潮。从整个生物学研究进程或研究层次来说，其发展过程涉及个体、组织器官、细胞和亚细胞水平，并将朝向更深的领域以及交叉领域发展。同时由于遗传学的兴起与发展，DNA 作为生命遗传信息的物质基础被确定下来，从而导致分子生物学的诞生。

随着生物科学的快速发展和广泛延伸，人们对分子生物学的认识也发生了重要变化。分子生物学严格来说应是从分子水平或核酸水平上对生命现象和本质进行阐述和研究的生物学，如 DNA 的结构、复制、表达、调控、遗传及变异等。由于分子生物学已经延伸到生物学的各个分支学科，因此分子生物学就是一个包罗万象的学科，大的可以说动物、植物以及微生物的分子生物学，小的可以说某些物种的分子生物学，如水稻的分子生物学、链霉菌的分子生物学、芽胞杆菌的分子生物学等。传统的分子生物学就好像是高级生物化学，阐述基因或者 DNA(核酸)的静态和动态化学本质。目前的分子生物学正朝着发育生物学、结构生物学和遗传生物学的方向发展。如果说传统的分子生物学是静态分子生物学的话，那么这些学科可以说是动态分子生物学，即在分子水平(核酸)上，阐述生物的生长、分化、死亡以及遗传和变异的内在规律。

在阐述生物的基本规律过程中，均涉及在基因水平或 DNA 水平的操作，即通常所说的分子生物学研究。分子生物学研究主要是通过基因操作(gene manipulation)以及基因重组(gene recombination)来实现的。

基因操作是一个外延较广的概念，是指对基因进行分离、分析、改造、检测、表达、重组和转移等操作的总称。对基因的操作可以是静态的也可以是动态的。仅仅将基因作为一段 DNA 分子来操作，进行分析、修饰或转移，属于生物化学或遗传学的范畴，只有当基因能够进行大量、可操作性的扩增时才进入基因操作的范畴。基因的扩增可以是体内扩增也可以是体外扩增，前者的基础就是基因重组和基因克隆(gene cloning)，所以基因操作与基因克隆是密不可分的。PCR(聚合酶链反应，polymerase chain reaction)技术的应用为基因的体外扩增提供了强大工具。基因的扩增又是通过复制来实现的，因此在整个基因操作过程中，时时伴随着复制事件的发生。对复制本质的深刻理解，是认识基因工程和实施基因工程的有力保证。

基因操作不仅能用于研究生物的本质和规律，同样也能够用来改造生物，并为人类的需求服务。我们把通过基因操作来定向改变或修饰生物体或人类自身，并具有明确应用目的的活动称为基因工程(gene engineering)。基因工程是通过对基因的操作并实现基因重组来完成的，被操作的对象一般会发生遗传信息或遗传性状的变化，对大多数对象来说这种变化可以稳定遗传给下一代。

虽然基因工程是通过基因重组来实现的，但基因重组并不都是严格意义上的基因工程。基因重组是基因操作范畴的概念，包括实验研究和生物技术中的基因重组事件。而基因工程则专指为实践应用而进行的基因重组事件，产生的基因工程体可以用做生物反应器，如生产酶或活性物质等，也可以是改变了生物性状的工程体，如改良生物体的品质和性能，包括获得杀虫或抗病活性，提高杀虫、抗病、固氮和免疫等活性，产生更多的代谢产物，改变生理、代谢或发育性状等。通过基因工程技术产生的基因工程体一般可以产生经济或社会效益，或具有明显的产生经济或社会效益的潜力。

因此，基因工程可用具体的生产实践作为例子，其内容涉及基因工程体的构建方式和策略，包括目的基因、载体、基因转移方式和受体的选择，预期产生的效果，目前已经获得的种类，进入批量生产的种类和数量等。

二、基因工程的诞生与发展

基因工程是从基因重组开始的。第一个创造重组 DNA 分子的是美国斯坦福大学的 Paul Berg 及其同事，他们于 20 世纪 70 年代早期用限制性内切酶将大肠杆菌(*Escherichia coli*，*E. coli*)的 DNA 切开，并艰难地与病毒 DNA 连接，从而获得第一个重组 DNA 分子，由此拉开了基因重组的序幕。但这个重组 DNA 分子的产生还不是生物学意义上的基因重组，只是在化学水平上将不同来源的 DNA 进行了重新组合，并没有实现生物学意义上的可遗传和可增殖的目的。Stanley Cohen 和 Herbert Boyer 在基因重组方面做出了突出贡献，其主要的基础工作源自 *Eco*R Ⅰ限制性内切酶的分离以及质粒载体的构建。Boyer 分离的 *Eco*R Ⅰ限制性内切酶可以将 DNA 切割成具有黏末端的片段，按照现在的认识，具有黏末端的 DNA 片段很容易连接。Cohen 对大肠杆菌的质粒(plasmid)做了大量研究，并在 1972 年构建了具有实用价值的质粒载体，例如用其名字的缩写命名的 pSC101。同时提出了作为克隆载体的三大要素的雏形，即可用的酶切位点，如单一的 *Eco*R Ⅰ位点；复制单位，能够指导载体在宿主细胞中复制；具有选择标记，如抗生素抗性标记。

当时他们发现质粒还有一个重要特征，就是能够转移到宿主细胞中去。一旦质粒进入细胞，单个质粒就会自我复制出大量的复制体。如果质粒上带有外源基因，外源基因就可以随质粒的复制而得到增殖。同时带有质粒的细菌细胞也会增殖，每 20 min 左右就会增殖一次，从而产生大量的后代，这样一来位于质粒上的外源基因也就被克隆了。从这样一个亲本细胞增殖而来的细胞群体就称为一个克隆(clone)。

在这一思想的指导下，Cohen 和 Boyer 于 1973 年开展了两个具有划时代意义的基因重组实验。首先，将质粒 pSC101 与质粒 pSC102 连接起来并转移到大肠杆菌。由于这两个质粒分别带有四环素抗性基因和卡那霉素抗性基因，该重组大肠杆菌获得了同时抗这两种抗生素的遗传性状。其次，他们把蟾蜍的 DNA 用 *Eco*R Ⅰ酶切以后将编码核糖体 RNA 的基因片段与质粒 pSC101 连接，并转移到大肠杆菌中去(图 1-1)。实验结果表明，重组大肠杆菌能够产生蟾蜍的RNA,这说明真核基因能在原核细胞中表达。这两个实验是人类第一次真正实现的基因工程实践。

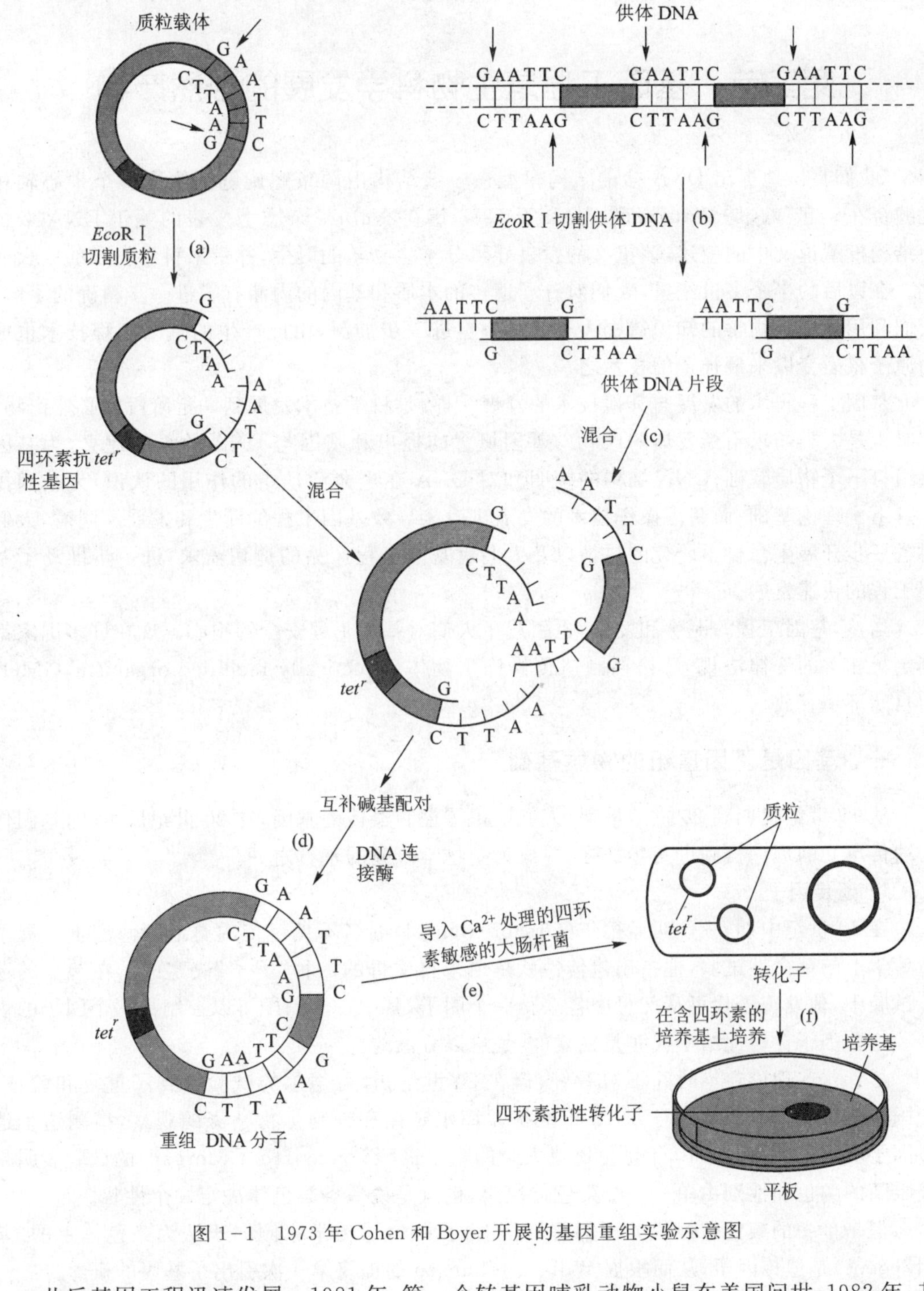

图 1-1　1973 年 Cohen 和 Boyer 开展的基因重组实验示意图

此后基因工程迅速发展。1981 年,第一个转基因哺乳动物小鼠在美国问世;1982 年,基因工程胰岛素商品在美国由 Eli Lilly 公司投向市场,同年转基因烟草获得成功并能按孟德尔定律遗传给后代;1985 年,基因工程微生物杀虫剂通过美国环保署的审批;1990 年,基因治疗开始进入临床试验,转基因棉花进入商业化生产并大规模应用。现在基因工程技术已经广泛用于生物的遗传改良、生物反应器、基因治疗和基因疫苗等，并带来了巨大的科学价值和经济效益。今后，将会与其他生物工程技术，如细胞工程、酶工程、蛋白质工程、体细胞克隆技术等，相结合产生更丰富的技术和应用前景。

第二节　基因工程是生物科学发展的必然产物

“我们真诚地提出DNA盐的结构模型……该结构由两条螺旋链围绕同一个中心轴相互缠绕在一起”，这是Watson和Crick于1953年在*Nature*杂志上发表的关于DNA双螺旋结构模型论文中的叙述，该论文的发表导致分子生物学的诞生，并带来科学发展的巨大变化。在以后的半个多世纪里，人们对分子遗传的本质和基因的内涵有了进一步精确的了解，人们利用分子生物学的知识造福人类的愿望也进一步加深，由此产生的基因工程技术也成为原子核裂变以来最神奇的技术之一。

基因工程技术的发展与其他技术的发展一样，是科学技术发展到一定阶段的必然产物，同时也是人类需求不断发展的产物。基因概念的提出和基因与DNA关系的建立，为基因重组打下了物质基础；DNA结构的阐明和对DNA在生命活动中的作用的认识，为基因操作打下了理论基础；而基因操作技术的发展则直接导致基因工程的诞生和发展。同时，人们对进一步开展生命科学研究的热情以及人们对基因工程产品的迫切需求，进一步推动了基因工程的快速发展。

当然，基因工程的诞生和发展，也引起了人们对基因工程安全的担心。现在许多国家都制定了相关的法律法规，严格控制遗传修饰生物体(genetically modified organism，GMO)向自然环境释放。

一、基因是基因重组的物质基础

从19世纪晚期到20世纪早期，人们认识了控制遗传的基因，在20世纪后半叶，基因作为遗传单元的理论得到进一步加强，并成为生物学研究的基石之一。

1. 遗传因子

在19世纪中期，一位叫孟德尔(Gregor Mendel)的名不见经传的奥地利修道士开展了遗传学上的革命性试验，他指出遗传性状是由来自父母的一种“因子”决定的。在豌豆的遗传试验中，他发现子代可从父母中各获得一个因子，其中一个因子可以控制另一个因子的表型。这些因子在传递给子代时是独立的，是可以分离的。

尽管这些理论在当时并不被看好，但在20世纪初，孟德尔的试验得到了重复和验证。美国科学家W. H. Sutton于1902年根据孟德尔定律和细胞生物学家的观察，猜测这个遗传因子就是染色体。1910年哥伦比亚大学的摩尔根(Thomas Hunt Morgan)的试验表明果蝇眼睛的颜色和性别由单一一个染色体决定，也就是说一条染色体决定一个性状。

但是单一的染色体假说并不能解释所有的性状，遗传学家倾向于认为染色体上的“基因”(gene)是遗传因子，从而根据Willard Johnnsen的提议第一次引出了基因的概念。

1869年瑞士研究人员John Miescher从细胞中分离到细胞核，并用核素(nuclein)一词来描述细胞核的组成。20世纪20年代是染色体和核酸化学发展迅速的时期，Phoebus Levene证实核素的化学本质就是DNA；德国化学家Robert Feulgen设计的富尔根染料可以将DNA染成粉红色，从而可以对DNA在细胞中定位并可观察DNA在细胞不同生长时期数量的变化；Alfred Mirsky及其同事发现除了精子和卵子细胞外，所有体细胞中的DNA含量实际上是一样的，而且这些生殖细胞中的DNA含量正好是非生殖细胞的一半。所有这些试验进一步证明染色体是由脱氧核糖核酸，即DNA组成的。

2. DNA与遗传的关系

在20世纪20年代末期，有关基因是遗传因子、基因是由DNA组成的理论已经变得越来越明确，但提供的证据都是间接的或通过实验观察提出的猜测。1928年Frederick Griffith用细菌转化(transformation)显示细菌的某些性状可以通过与另一种细菌的碎片混合而发生改变，以后Oswald Avery及其同事证实碎片中的转化物质就是DNA。1952年Alfred Hershey和Martha Chase设计了Hershey-Chase实验，通过用噬菌体感染细菌表明DNA可以独立指导子代噬菌体的复制，噬菌体DNA包含了合成噬菌体蛋白和噬菌体DNA的遗传信息，从而直接证明DNA是遗传物质。

二、DNA的结构和功能

在20世纪50年代，DNA是遗传分子已经变得越来越明确了。随着证据的大量累积，科学家们意识到必须知道DNA的结构，只有知道DNA的结构才能解释DNA在遗传过程中是如何发挥功能的，才能进一步洞察在细胞增殖过程中DNA是如何复制自己的。1953年Watson和Crick通过收集已有的资料和数据，根据直觉和想像，提出了DNA的双螺旋结构模型，并将结果发表在*Nature*杂志上(图1-2)。DNA结构的解析是20世纪最伟大的成就之一。在生物学的发展史上有许多重要的里程碑，如生命的细胞本质、疾病的病原学说、生物的进化学说、遗传的化学本质，其中DNA结构的解析是遗传的化学本质的核心内容。

1. DNA的结构

(1) DNA的组成成分　Phoebus Levene及其同事在DNA中鉴定出3种成分：① 五碳糖，即脱氧核糖(deoxyribose)；② 磷酸基团(phosphate group)；③ 4种含氮碱基，即腺嘌呤(adenine)、胸腺嘧啶(thymine)、鸟嘌呤(guanine)和胞嘧啶(cytosine)。这3种成分联合组成核苷酸(nucleotide)，DNA就是由脱氧核苷酸组成的链状结构。在不同的生物体中，DNA的碱基数量是不同的。但是不管DNA的来源如何，腺嘌呤的数量总是与胸腺嘧啶的数量相等，鸟嘌呤的数量总是与胞嘧啶的数量相等。

(2) DNA的三维结构　通过使用Franklin和Wilkins获得的X-衍射照片并应用其他的数据资料，Watson和Crick于1953年推导出DNA的结构是双链缠绕的双螺旋结构(图1-2)，其中脱氧核糖和磷酸基团彼此交错连接在一起形成链状结构，碱基在双链内部相互配对排列，腺嘌呤碱基与胸腺嘧啶碱基配对，鸟嘌呤碱基与胞嘧啶碱基配对。碱基之间通过氢键配对。

2. DNA的复制

DNA双螺旋结构有助于揭示DNA的复制方式。由于碱基的严格配对，其中一条链的序列可以决定另一条链的序列，任何一条链都是另一条链的镜像互补链。1955年Watson和Crick再次在*Nature*杂志上发表论文，提出了DNA的复制模型，即每一条链都可以复制出各自的互补链。1957年Meselson和Stahl的实验表明，在复制完成后DNA链与新合成的互补链重新形成双链结构，也就是说DNA的复制是采用半保留复制(semiconservative replication)的方式进行。

3. 传递遗传信息

当认识到染色体与遗传密切相关后，促使科学家开始研究DNA在生命体中的作用及

No. 4356　April 25, 1953　NATURE　737

equipment, and to Dr. G. E. R. Deacon and the captain and officers of R.R.S. *Discovery II* for their part in making the observations.

[1] Young, F. B., Gerrard, H., and Jevons, W., *Phil. Mag.*, **40**, 149 (1920).
[2] Longuet-Higgins, M. S., *Mon. Not. Roy. Astro. Soc., Geophys. Supp.*, **5**, 285 (1949).
[3] Von Arx, W. S., Woods Hole Papers in Phys. Oceanog. Meteor., **11** (3) (1950).
[4] Ekman, V. W., *Arkiv. Mat. Astron. Fysik.* (*Stockholm*), **2** (11) (1905).

MOLECULAR STRUCTURE OF NUCLEIC ACIDS

A Structure for Deoxyribose Nucleic Acid

WE wish to suggest a structure for the salt of deoxyribose nucleic acid (D.N.A.). This structure has novel features which are of considerable biological interest.

A structure for nucleic acid has already been proposed by Pauling and Corey[1]. They kindly made their manuscript available to us in advance of publication. Their model consists of three inter-twined chains, with the phosphates near the fibre axis, and the bases on the outside. In our opinion, this structure is unsatisfactory for two reasons: (1) We believe that the material which gives the X-ray diagrams is the salt, not the free acid. Without the acidic hydrogen atoms it is not clear what forces would hold the structure together, especially as the negatively charged phosphates near the axis will repel each other. (2) Some of the van der Waals distances appear to be too small.

Another three-chain structure has also been suggested by Fraser (in the press). In his model the phosphates are on the outside and the bases on the inside, linked together by hydrogen bonds. This structure as described is rather ill-defined, and for this reason we shall not comment on it.

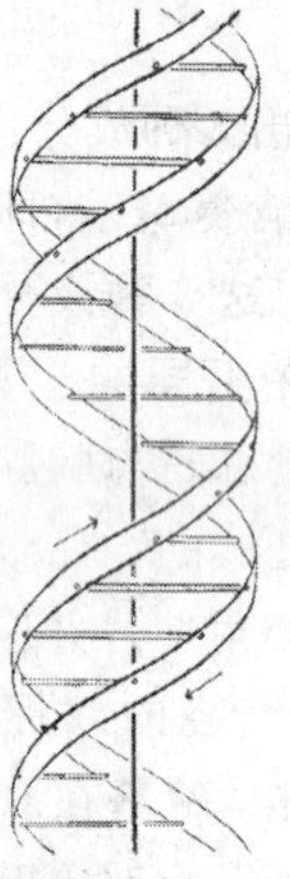

This figure is purely diagrammatic. The two ribbons symbolize the two phosphate—sugar chains, and the horizontal rods the pairs of bases holding the chains together. The vertical line marks the fibre axis

We wish to put forward a radically different structure for the salt of deoxyribose nucleic acid. This structure has two helical chains each coiled round the same axis (see diagram). We have made the usual chemical assumptions, namely, that each chain consists of phosphate diester groups joining β-D-deoxyribofuranose residues with 3′,5′ linkages. The two chains (but not their bases) are related by a dyad perpendicular to the fibre axis. Both chains follow right-handed helices, but owing to the dyad the sequences of the atoms in the two chains run in opposite directions. Each chain loosely resembles Furberg's[2] model No. 1; that is, the bases are on the inside of the helix and the phosphates on the outside. The configuration of the sugar and the atoms near it is close to Furberg's 'standard configuration', the sugar being roughly perpendicular to the attached base. There is a residue on each chain every 3·4 A. in the z-direction. We have assumed an angle of 36° between adjacent residues in the same chain, so that the structure repeats after 10 residues on each chain, that is, after 34 A. The distance of a phosphorus atom from the fibre axis is 10 A. As the phosphates are on the outside, cations have easy access to them.

The structure is an open one, and its water content is rather high. At lower water contents we would expect the bases to tilt so that the structure could become more compact.

The novel feature of the structure is the manner in which the two chains are held together by the purine and pyrimidine bases. The planes of the bases are perpendicular to the fibre axis. They are joined together in pairs, a single base from one chain being hydrogen-bonded to a single base from the other chain, so that the two lie side by side with identical z-co-ordinates. One of the pair must be a purine and the other a pyrimidine for bonding to occur. The hydrogen bonds are made as follows: purine position 1 to pyrimidine position 1; purine position 6 to pyrimidine position 6.

If it is assumed that the bases only occur in the structure in the most plausible tautomeric forms (that is, with the keto rather than the enol configurations) it is found that only specific pairs of bases can bond together. These pairs are: adenine (purine) with thymine (pyrimidine), and guanine (purine) with cytosine (pyrimidine).

In other words, if an adenine forms one member of a pair, on either chain, then on these assumptions the other member must be thymine; similarly for guanine and cytosine. The sequence of bases on a single chain does not appear to be restricted in any way. However, if only specific pairs of bases can be formed, it follows that if the sequence of bases on one chain is given, then the sequence on the other chain is automatically determined.

It has been found experimentally[3,4] that the ratio of the amounts of adenine to thymine, and the ratio of guanine to cytosine, are always very close to unity for deoxyribose nucleic acid.

It is probably impossible to build this structure with a ribose sugar in place of the deoxyribose, as the extra oxygen atom would make too close a van der Waals contact.

The previously published X-ray data[5,6] on deoxyribose nucleic acid are insufficient for a rigorous test of our structure. So far as we can tell, it is roughly compatible with the experimental data, but it must be regarded as unproved until it has been checked against more exact results. Some of these are given in the following communications. We were not aware of the details of the results presented there when we devised our structure, which rests mainly though not entirely on published experimental data and stereochemical arguments.

It has not escaped our notice that the specific pairing we have postulated immediately suggests a possible copying mechanism for the genetic material.

Full details of the structure, including the conditions assumed in building it, together with a set of co-ordinates for the atoms, will be published elsewhere.

We are much indebted to Dr. Jerry Donohue for constant advice and criticism, especially on inter-atomic distances. We have also been stimulated by a knowledge of the general nature of the unpublished experimental results and ideas of Dr. M. H. F. Wilkins, Dr. R. E. Franklin and their co-workers at King's College, London. One of us (J. D. W.) has been aided by a fellowship from the National Foundation for Infantile Paralysis.

J. D. WATSON
F. H. C. CRICK
Medical Research Council Unit for the Study of the Molecular Structure of Biological Systems,
Cavendish Laboratory, Cambridge.
April 2.

[1] Pauling, L., and Corey, R. B., *Nature*, **171**, 346 (1953); *Proc. U.S. Nat. Acad. Sci.*, **39**, 84 (1953).
[2] Furberg, S., *Acta Chem. Scand.*, **6**, 634 (1952).
[3] Chargaff, E., for references see Zamenhof, S., Brawerman, G., and Chargaff, E., *Biochim. et Biophys. Acta*, **9**, 402 (1952).
[4] Wyatt, G. R., *J. Gen. Physiol.*, **36**, 201 (1952).
[5] Astbury, W. T., Symp. Soc. Exp. Biol. 1, Nucleic Acid, 66 (Camb. Univ. Press, 1947).
[6] Wilkins, M. H. F., and Randall, J. T., *Biochim. et Biophys. Acta*, **10**, 192 (1953).

图 1-2　Watson 和 Crick 在 *Nature* 杂志上发表的 DNA 结构模型的论文(1953)

下框内为第二页的内容,并对排版格式作了调整如何发挥作用。1902 年 Archibald Garrod 通过对一些遗传疾病的观察发现酶与基因的活性密切相关。在 20 世纪 40 年代早期,George Beadle 和 Edward Tatum 的实验证明一个基因可以调节一个酶的产生,即建立了“一个基因一个酶”的理论。

1956 年 Vernon Ingram 的实验进一步发展了这个理论,即基因可以控制蛋白质的产生,基因和蛋白质的氨基酸序列之间存在对应关系,基因突变会导致蛋白质中一个氨基酸的变化。那么,DNA 中的遗传信息是如何传递给蛋白质的呢?进一步的数据和资料证明 RNA 是 DNA 遗传信息和蛋白质氨基酸序列之间的信息桥梁(intermediary)。1961 年 Crick 研究组的工作为鉴定出 DNA 三联体密码做出了重要贡献。

4. 指导蛋白质合成

现代生物化学家都知道,DNA 可以编码 3 种 RNA,即 mRNA、rRNA 和 tRNA。tRNA 上的反密码子与 mRNA 上的密码子互补,并在蛋白质合成过程中携带氨基酸到正确的位置。转录就是以 DNA 为模板将遗传信息转移到 mRNA 的过程,翻译就是将 mRNA 中的遗传信息转移到蛋白质的氨基酸序列的过程。

基因表达的控制是由调节蛋白指导的,当调节蛋白结合到调节位点并抑制转录时,呈现负控调节模式;当激活蛋白通过引发 DNA 解开螺旋并刺激转录的发生则表现为正控调节模式。

有时 DNA 发挥作用的过程是非常复杂的,如可以通过操纵子来控制基因的表达。在细菌中,操纵子又由多个元件组成,如编码酶的结构基因、控制核糖体结合的碱基序列、RNA 聚合酶结合的启动子位点、抑制或激活结构基因表达的操纵基因。其复杂性还在于抑制基因或激活基因可能在很远的地方。生物体中还存在丰富和复杂的 RNA 干扰系统,能够抑制基因的表达或调控基因的表达。与人类的基因表达系统相比,细菌的表达系统要简单得多,但细菌表达系统可以提供一种基本的表达模式,对进一步开展基因工程是必需的。

三、基因操作技术的发展促进基因工程的诞生和发展

1. 基因工程的工具

在 20 世纪 50 年代和 60 年代,科学家们在分子生物学研究方面取得了长足的进步,到了 70 年代已经不再满足观察 DNA 的活性和作用,而转去剪切 DNA 并重新装配新的 DNA 分子,紧接着将重组 DNA 分子转入细胞中,从而掀开了 DNA 重组技术的新纪元。这一切来源于基因工程工具的发展和成熟。

(1) 基因操作的车间——大肠杆菌和病毒　基因之所以能很好地进行操作,一个重要的原因是科学家对大肠杆菌和病毒做了大量原创性的工作。这些微生物可以很容易培养,生化研究可以很容易地在试管中进行。因此,有关它们的生物化学、形态学、生理学和遗传学都已经了解得非常清楚,而且大肠杆菌的基因组序列测定也已经完成。可以说大肠杆菌是目前研究的最清楚的细胞生物。

半个世纪以来,大肠杆菌一直是用做 DNA 操作的车间。利用这个车间,20 世纪 50 年代证明了 DNA 是遗传物质,60 年代解析了遗传密码和基因的工作方式;这个车间,于 70 年代成为第一个用于基因工程研究的生物体,80 年代以后成为生产基因工程产品的活工厂,90 年代以后进一步显现出科学和造福人类的巨大价值。

大肠杆菌作为基因操作的场所有很多有利之处。首先其染色体主要由 DNA 组成,不像真核生物那样,染色体的大部分是蛋白质。其次,染色体是单倍体,其表达是独立的,可以自我表达,不像二倍体真核生物的染色体那样会受到另一条染色体的控制。最后,染色体是游离在细胞质基质中的,能直接与表达机器贯通,加上遗传密码是通用的,因此任何来源的

DNA 能像自身的 DNA 一样复制和表达。加上转化、转导和结合等遗传转移方式的发现和利用，使得大肠杆菌可以很容易地获得外源基因并表现新的遗传特征。

病毒对基因的操作同样重要。病毒颗粒主要由遗传物质 DNA 或 RNA、包裹遗传物质的衣壳蛋白以及部分病毒含有的脂质囊膜组成。病毒只能寄生在活细胞中，只能利用宿主的合成机器产生子代病毒。病毒感染宿主后，能将其基因组核酸注入到宿主细胞中。病毒进入宿主后有时并不会立即复制，而是将其基因组整合到宿主的染色体中去，在将来特定的时期从染色体中脱离出来，并复制自己，如 λ 噬菌体和疱疹病毒。通过病毒的感染和复制机制，人们可以利用病毒将外源基因转移到宿主细胞。

随着生物学研究的深入和对基因工程需求的增强，人们早已不再满足大肠杆菌和病毒这两个操作平台。酵母菌、动物细胞、植物细胞和植株也已经快速发展为实施基因工程的重要“场所”；在生物学研究过程中，拟南芥、水稻、小鼠和线虫等模式生物也成为基因操作的核心“领地”。

(2) 获得基因片段的工具——限制性内切核酸酶　限制性内切核酸酶(restriction endonuclease)是在研究限制外来 DNA 的现象中发现的，又称限制性内切酶或限制酶(restriction enzyme)。它的发现为基因操作提供了一把“剪刀”。利用这把剪刀，可以将基因或 DNA 片段从染色体上剪切下来，以利于体外基因重组操作。利用不同的限制酶可以对感兴趣的 DNA 在所需要的部位进行切割，而不管该 DNA 是来自动物、植物还是微生物。限制酶切割 DNA 时有一个识别位点，在常用的限制酶中该识别位点是回文对称(palindrome)序列。当限制酶在识别位点的中心轴两侧对称切割 DNA 两条链时，其产物就会形成单链突出末端，即黏末端。不同来源的 DNA 经同一种限制酶切割后，其末端可以进行黏末端互补配对，在连接酶的作用下，可将 DNA 片段连接起来。

(3) 连接基因片段的工具——连接酶　在限制酶作用下产生的 DNA 片段，虽然可以通过氢键使黏末端互补配对而结合在一起，但是它们并不会连接起来。在生理温度下，这些末端之间的氢键并不足以维持稳定的结合。连接酶(ligase)可以将这些结合在一起的 DNA 片段连接起来，形成稳定的化学键(磷酸二酯键)。也就是通过连接酶这个“糨糊”可以将限制酶这把剪刀切下来的 DNA 片段连接起来，实现 DNA 重组以至基因工程。由此，可以形象地将“剪刀”加“糨糊”称作基因工程操作的主要工具。

(4) 基因操作的载体——质粒和病毒　在体外实现的 DNA 重组还只能算是一种化学或生物化学操作，只有进入到细胞并进行复制后，才能表现其生物学特征。要做到这一点就需要能携带 DNA 进入细胞并维持其复制的载体，而质粒可以胜任基因操作的载体一职。质粒是细菌染色体外的遗传物质，宿主细胞丢失质粒后并不影响其正常的生理功能。利用质粒的复制功能可以方便地将外源 DNA 导入宿主细胞并维持其复制，使之成为宿主基因组的一部分，并赋予宿主新的表型。同样病毒也可作为载体将外源基因整合到宿主的染色体上，实现基因的转移和传代。

随着生物科学和技术的发展，除了上述基因操作的基本工具外，还发展并使用了许多能满足特定要求的工具，从而使基因工程和分子生物学研究变得越来越方便。

2. 重组 DNA 实验

基因操作工具的开发为基因重组的实现打下了坚实的基础，通过基因重组实验可以使基因工程顺利实现，从而获得基因工程体。现在基因重组实验在生物学实验室中已经成为常规研究工作，从技术层面看人们可以自如地按照需求进行基因工程设计和实践。

四、基因工程的内容

1. 基因操作原理

（1）DNA 和 RNA 的操作　方便娴熟的基因操作技术是实现基因工程的前提，对承载基因的 DNA 和 RNA 的体外和体内操作构成了基因工程的基础工作。对核酸分子的分离、纯化、分析和检测、切割、连接和修饰，以及序列测定、诱变、扩增和转移等基因操作技术是基因工程的基本技术。

（2）基因克隆　开展基因工程工作必须首先获得相关的基因。获取基因在技术上有成熟的方法，通过构建基因组文库或 cDNA 文库，并使用探针可以找到目的基因。通过 PCR 扩增也可以得到目的基因。但是如果没有直接可用的探针和序列信息，基因克隆就变成一个复杂而深奥的工作。随着基因组和功能基因组工作的大规模开展，人们在获取基因方面已有飞跃的发展。

（3）基于组学和信息学的基因操作　随着高通量 DNA 测序技术的快速发展，生物遗传信息的数据飞速增长。人们对基因的操纵，早已不再局限在单基因或少数基因的层面，同时也推动了蛋白组、转录组和代谢组等相关组学的快速增长。从宏观和批量层面研究基因和生物的性状，已成为重要的发展方向。基于已有的生物学知识，通过生物信息学的分析、归纳、提炼和总结，人们已经能够超越单基因的认识和操作模式，快速和深入地研究基因以至生物体的性状。

2. 基因工程应用

（1）生物反应器　自然界和人类体内存在许多生物活性物质如蛋白质和酶，它们在医疗、保健、生产、加工及食品等方面可发挥重要作用，但由于自然存在的数量极其有限，从而限制了其使用。然而，通过基因工程可以大量生产所需要的生物活性物质，这个反应器的工厂可以是微生物，如大肠杆菌和酵母菌，可以是动物细胞或转基因动物，也可以是转基因植物。

（2）遗传改良　在农业或其他行业内，对物种的品种改良一直是人类与自然作斗争的一种追求。按照传统的筛选、杂交和诱变等方式改良品种的速度太慢，有的甚至永远无法得到。基因工程提供了一种快速进行远缘基因转移的途径，从而为品种改良提供一条捷径。在作物生产中，通过基因的转移可以培育出抗虫、抗病、增进品质的作物新品种，其中转基因棉就是典型代表。转基因动物也是如此，通过转入外源基因或增强自身某些基因的表达，提高其生长、生殖或抗逆等性能。微生物是人类生存的有益伴侣，通过基因工程进行改造可以获得增强性能的生物杀虫剂、抗病剂、新型抗生素、土壤改良剂和环境净化剂等。

（3）基因治疗　已知的人类遗传病已达 4 000 种以上，单基因突变就可导致大部分缺陷性遗传病。分子遗传学的迅速发展使在基因水平上治疗某些遗传病成为可能。将健康基因移植到相关组织或细胞可使遗传患者的症状减缓甚至消失，这种治疗措施就称为基因治疗（gene therapy）。基因治疗包括基因修正、基因替换和基因增补。首先将与疾病有关的正常基因分离和克隆，然后通过反转录病毒等把足量正常基因送入患者有关组织细胞内，并使其在患者体内正确表达。1990 年在一个患有严重综合性免疫缺陷症（severe combined immunodeficiency，SCID）的女孩身上实施了第一例基因治疗。基因治疗作为基因工程的一个分支，与典型的基因工程有明显的区别。基因治疗不会导致生命个体遗传性状的改变，只是某个组织或细胞获得了新的外来性状，不会传给下一代。

第三节 基因的结构——基因操作的理论基础

随着生物科学的发展，人们对基因的认识不断得到发展和充实。基因是遗传信息的基本单位。从物质结构上看，基因是染色体组核酸分子，是作为遗传物质的核酸分子上的一个片段；可以是连续的，也可以是不连续的；可以是 DNA，也可以是 RNA；可以存在于染色体上，也可存在于染色体之外（如质粒、噬菌体和线粒体等）。

作为基因的核酸分子一般不能直接行使功能，为了实现其功能和永久保留，需依赖于细胞的其他成分。特定基因决定特定蛋白质的结构、功能和性质。基因不能直接翻译成蛋白质，需通过 mRNA 来介导。基因所含信息的传递遵循中心法则。因此通常认为基因包括 mRNA 所代表的整个序列，其中包括编码区以外的一段序列。本章的重点不是讲解基因的概念，而是强调在基因操作中经常涉及的基因类型和形式，涉及更多的是编码蛋白质的基因片段，以及启动子、终止子和复制区等功能片段。

一、基因的结构组成对基因操作的影响

1. 基因及其产物的共线性

基因决定蛋白质的序列组成，是由密码子对应特定氨基酸所决定的。当一个基因的核苷酸序列与其产物的氨基酸序列是一一对应时，则表明它们是共线性的。例如，由 N 个氨基酸组成的蛋白质，其基因由对应的基因编码区中 $3N$ 个碱基组成。在原核生物中，基因与其产物是共线性。这在基因克隆中有重要意义。

2. 基因及其产物的非共线性

20 世纪 70 年代以来，在真核生物中发现了间断基因（interrupted gene），后来发现这种间断基因在真核生物中普遍存在，也就是后来所说的基因间存在着内含子。

内含子（intron）指真核生物基因中不能翻译成蛋白质的 DNA 片段，但可被转录。当两侧序列（外显子）转录的 RNA 被剪接在一起时，就将内含子转录的 RNA 从整个转录物中除去。外显子是指能够翻译成蛋白质的任一间断的基因片段，一个基因可有多个外显子。但是，内含子并不是一成不变的，具有相对性。对一个 DNA 片段来说，在某个基因中是内含子，但在另一个基因中却可作为外显子。图 1-3 示真核生物遗传信息从 DNA 传到蛋白质流程中外显子和内含子的变化。

3. 基因的重叠性与基因的可变性

DNA 序列与蛋白质序列的对应关系不是单一的，单个 DNA 序列可编码一个以上的蛋白质，这些蛋白质在结构上有的是相同的序列重复，也可以是全新的蛋白质。单个基因可通过在不同部位的起始（或终止）表达而形成两种蛋白质，两个基因也可通过在不同读码中译读 DNA 而共用同一序列。基因的重叠与可变性也可从重组中得以体现。例如芽胞杆菌的 *spo* Ⅳ 基因片段分布在两个不同区域，当需要发挥作用时，便通过重组而连接在一起。另外，抗体基因的重组变换以及表面蛋白的产生也同样表明基因的重叠性与可变性。

4. 启动子和终止子

启动子是基因转录过程中控制起始的部位，通常一个基因是否表达，转录起始是关键的一步，是起决定性作用的。对大多数基因来说，只要转录起始了，表达一般可以进行。启动子又是 RNA 聚合酶的结合位点，不同生物中这个结合（识别）位点是有差异的，同一生物的

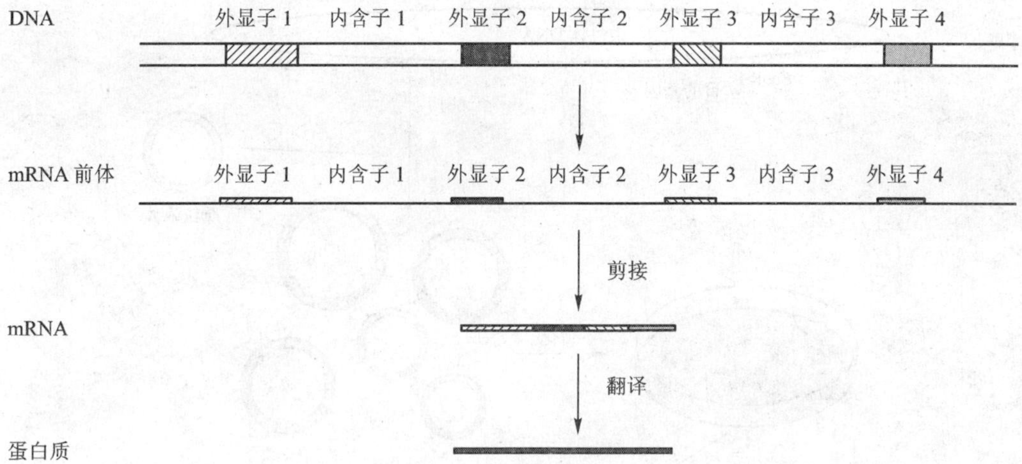

图1-3 真核生物蛋白质合成过程中外显子和内含子的变化

不同基因之间也有差异。RNA聚合酶主要由两部分组成：核心酶和σ因子。σ因子并不参与RNA的合成(链的延长)，主要识别转录的起始部位。从启动区到终止区这一距离称转录单位，或者说一个转录产物，可包括一个或多个基因。上游(upstream)指转录起始点左侧的序列，而下游(downstream)指起始点右侧的序列。但这些概念已有变化，往往指某位点的相对位置，上游指其5′方向，下游指其3′方向。

基因的书写方式值得注意。通常写出的DNA序列总是与mRNA序列相同的那条链，方向是从5′到3′，但一般不标明。对于碱基的位置，一般自转录起始点向两个方向编号，起始点为+1，越向下游数值越大，在起始点上游第一个碱基定为−1。这里所说的起点是指掺入到mRNA中的第一个碱基所对应的DNA链中的那个碱基。

原核生物的启动子与真核生物启动子不同，认识这一点对构建与认识表达载体以及穿梭载体具有重要作用。在基因操作中除了对启动子要有清醒的认识外，对核糖体结合位点(ribosomal binding site，RBS)、终止子(terminator)和遗传密码等基本概念也要深入理解。这对清楚认识载体功能并选择载体类型和种类都有重要作用。

转录终止子主要有两种，一种依赖ρ因子，另一种不依赖ρ因子。后者主要是能够形成特定二级结构的DNA序列，如茎环结构。

二、基因克隆的通用策略

克隆的概念是广泛的，但基因克隆在一定程度上等同于基因的分离。本教材主要采用这一狭义的概念。假如从一个原核生物中克隆某基因(1～2 kb)，它的基本步骤是先用限制性内切酶切割外源DNA和载体(质粒DNA载体或噬菌体载体)，然后连接、转化大肠杆菌，再筛选，如图1-4所示。

构建基因文库(gene library)一般使用大肠杆菌作为宿主细胞，但酵母菌和酵母人工染色体载体已经可用于克隆非常大的基因组DNA片段(见第四章)。为便于理解，可用钓鱼来比喻基因克隆的过程。用一个池塘来比喻一个细胞，其中所含的鱼构成基因组的基因或基因片段，而基因克隆就相当于将其中某条所想要的鱼钓出来。为了将其“钓”出来，可用水桶将池中的水连同鱼全部装起来。水桶就相当于载体，装水的水桶的群体相当于基因文库。池塘越大，需要的水桶就越多，而水桶越大，则所需水桶的数量就越少。然后，在水桶中一个一个去找，直到找到含有目标鱼的那个水桶。在实际操作中，由于池塘太大，所以不可能逐

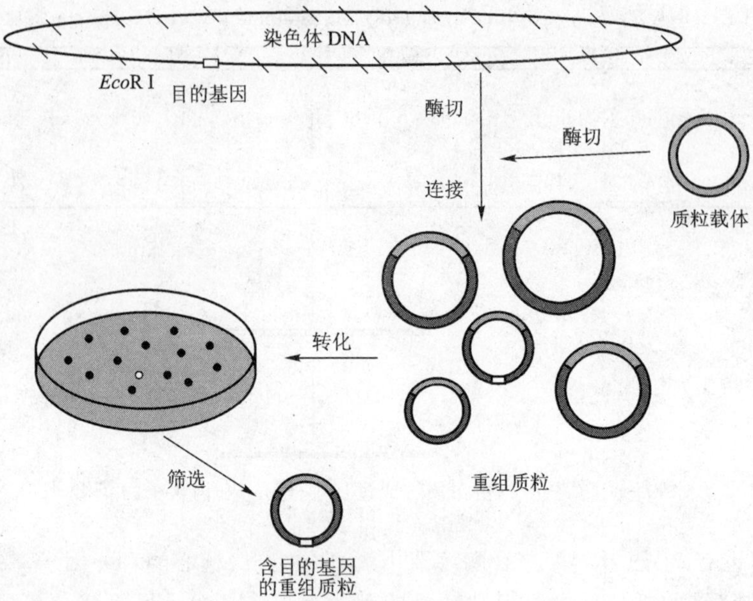

图 1-4　原核生物基因克隆简要步骤示意图

个在水桶中去寻找。因此，基因克隆的关键在于，如何判断基因文库中哪个克隆子中存在所需要的基因，如何进行快速判断，即需要建立一种快速筛选模型。

除了通常的克隆外，还需做亚克隆。初始克隆中的外源 DNA 片段往往较长，含有许多目的基因以外的 DNA 片段，在诸如表达、序列分析和突变等操作中不便进行，因此必须将目的基因所对应的小段 DNA 找出来，这个过程叫亚克隆(subcloning)。

随着 PCR 技术的广泛使用，特别是近年来基因组数据的大量涌现，人们关心的物种的基因组序列基本上分析出来了并在公共数据库中共享，因此基因克隆的方式早已不再局限于通过构建基因文库来实现，通过理性设计和 PCR 扩增可以获得大多数所需要的基因。但是，尽管如此，在不知基因序列的情况下，如相互作用的基因、表达调控因子、新基因等，还需要通过构建基因文库的方式来获得。

思　考　题

1. 对基因进行操作的主要工具有哪些？
2. 简述基因操作、基因克隆、基因重组和基因工程的关系。
3. 为什么说基因工程是生物学和遗传学发展的必然产物？
4. 简述基因的结构组成对基因操作的影响。
5. 基因克隆的基本步骤有哪些？

主要参考文献

1. 中华人民共和国科学技术部农村与社会发展司，中国生物及技术发展中心. 中国生物技术发展报告(2004). 北京：中国农业出版社，2005

2. 中华人民共和国科学技术部农村与社会发展司，中国生物及技术发展中心. 中国生物技术发展报告(2011). 北京：科学出版社，2012

3. Alcamo I E. DNA Technology: The awesome skill. Dubuque: Wm. C. Brown Publishers, 1995

4. Nicholl D S T. An introduction to genetic engineering. 2nd ed. Cambridge: Cambridge University Press, 2000

5. Primrose S, Twyman R, Old B. Principles of gene manipulation. 6th ed. Oxford: Blackwell Publishing, 2002

6. Primrose S, Twyman R. Principles of gene manipulation and genomics. 7th ed. Oxford: Blackwell Publishing, 2006

7. Sambrook J, Russell D W. Molecular cloning: a laboratory manual. 3rd ed. New York: Cold Spring Harbor Laboratory Press, 2001

8. Watson J D, Crick F H. Molecular structure of nucleic acids: a structure for deoxyribose nucleic acid. Nature, 1953, 171(4 356):737-738

（孙明）

第一篇　基因操作原理

第二章

分子克隆工具酶

在过去几十年里，生物科学取得的许多革命性进步都直接来源于对基因的进一步认识和操作。基因操作或遗传工程的主要工具就是那些可在 DNA 分子上催化特异性反应的酶。酶的切割位点可作为 DNA 物理图的特殊标记，利用限制性内切酶可产生特定大小的 DNA 片段并使纯化这些 DNA 片段成为可能，获得的限制性 DNA 片段可作为 DNA 操作中的基本介质。对 DNA 进行修饰的工具的出现，为重组 DNA 的实现创造了条件。

第一节　限制性内切酶

一、限制与修饰

1. 限制与修饰现象

任何物种都有排除异物保护自身的防御机制，如人的免疫系统和细菌的限制与修饰系统，即限制酶(restriction enzyme)与修饰酶(modifying enzyme)组成的系统。早在 20 世纪 50 年代初，有许多学者发现了限制与修饰(restriction and modification)现象，当时被称作寄主控制的专一性(host controlled specificity)。λ 噬菌体表现的现象便具有代表性和普遍性，其在不同宿主中的转染频率可说明这一问题。λ 噬菌体在感染某一宿主后，再去感染其他宿主时会受到限制(表 2-1)。当从 *E. coli* 菌株 K 释放的 λ_K 噬菌体感染 *E. coli* 菌株 B 时，只有 10^{-4} 的感染率(efficiency of plate，EOP)；同样，当从 *E. coli* 菌株 B 释放的 λ_B 噬菌体感染 *E. coli* 菌株 K 时，感染率也只有 10^{-4}。而感染 *E. coli* 菌株 C 时，感染率都为 100%。

表 2-1　λ 噬菌体不同感染株对 *E. coli* 不同菌株的感染率

E. coli 菌株	λ 噬菌体感染率		
	λ_K	λ_B	λ_C
E. coli K	1	10^{-4}	10^{-4}
E. coli B	10^{-4}	1	10^{-4}
E. coli C	1	1	1

这说明 K 菌株和 B 菌株中存在一种限制系统，可排除外来的 DNA。10^{-4} 的存活率是由于宿主修饰系统作用的结果，此时限制系统还未起作用。而 C 菌株不能限制来自 K 菌株

和 B 菌株的 DNA。限制作用实际就是限制酶降解外源 DNA，维护宿主遗传稳定的保护机制。甲基化是常见的修饰作用，可使腺嘌呤 A 成为 N^6-甲基腺嘌呤，胞嘧啶 C 成为 5′-甲基胞嘧啶。宿主细胞通过甲基化作用达到识别自身遗传物质和外来遗传物质的目的。

2. 限制酶的发现

在 20 世纪 60 年代，人们就注意到 DNA 在感染宿主后会被降解的现象，从而提出限制性酶切和限制酶的概念。1968 年，首次从 *E. coli* K 中分离到限制酶（采用分步纯化细胞提取物，结合放射性标记和甲基化与未甲基化的 DNA 作指示），但是这些酶的性质让人捉摸不定，如发挥作用时需要 ATP 和 *S*-腺苷甲硫氨酸（SAM）等。更重要的是，它们有特定的识别位点但没有特定的切割位点，其中切割位点离识别位点达 1 000 碱基对（base pair，bp）以上。

就在人们感到困惑的时候，美国约翰·霍布金斯大学的 H. Smith 于 1970 年偶然发现，流感嗜血杆菌（*Haemophilus influenzae*）能迅速降解外源的噬菌体 DNA，其细胞提取液可降解 *E. coli* DNA，但不能降解自身 DNA，从而找到 *Hin*d Ⅱ 限制性内切酶。该酶可识别 4 个位点，在识别位点的中间切割 DNA 的两条链。*Hin*d Ⅱ 限制性内切酶识别位点和切割位点如下：

5′ GTPy↓PuAC3′
3′ CAPu↑PyTG5′

Py 指嘧啶（pyrimidine）碱基，表示 A 或 C 嘧啶碱基；Pu 指嘌呤（purine）碱基，表示 T 或 G 嘌呤碱基。

此后，发现的限制酶越来越多，并且许多已经在实践中得到应用。*Eco*R Ⅰ 是应用最广泛的限制性内切酶，其识别位点只有 1 个，即 GAATTC，切割位点在识别位点 5′端第 1 个和第 2 个碱基之间。*Eco*R Ⅰ 限制性内切酶识别位点和切割位点如下：

5′ G↓A A T T C3′
3′ C T T A A↑G5′

在生物体内，存在与限制酶对应的修饰酶，二者是同时存在的。

限制性内切酶的命名遵循一定的原则，主要依据来源而定，涉及宿主的种名、菌株号或生物型。命名时，依次取宿主属名第一字母、种名头两个字母、菌株号，然后再加上序号（罗马字）。如 *Hin*d Ⅲ 限制性内切酶，*Hin* 指来源于流感嗜血杆菌，d 表示来自菌株 Rd，Ⅲ 表示序号。以前在限制性内切酶和修饰酶前加 R 或 M，且菌株号和序号小写。但现在限制性内切酶名称中的 R 省略不写。

到 1986 年下半年，共发现 615 种限制酶和 98 种甲基化酶（methylase）。到 1998 年，共发现 10 000 种细菌或古细菌中存在 3 000 种酶，且酶有 200 多种特异性。到 2006 年 2 月，共发现 4 583 种限制酶和甲基化酶，其中 Ⅰ 型、Ⅱ 型和 Ⅲ 型限制酶各有 68、3 692 和 10 种，甲基化指导的限制酶有 3 种，商业化的限制酶有 609 种，在 Ⅱ 型限制酶中共有 223 种特异性。到 2009 年 10 月，在限制性内切酶的网站 REBASE 上列举的从生化或遗传上表征过的限制酶有 3 945 种，其中 Ⅱ 型限制酶有 3 834 种，涉及 299 种专一性。商业化的有 641 种限制酶，涉及 235 种专一性，其中 New England Biolabs 公司商品化的限制酶数量最多，在 2012 年 12 月达到 233 种，涉及 200 种专一性。除了这些确证了活性的酶以外，通过基因组测序还找到了大量的潜在限制酶和甲基化酶。

限制酶不仅仅存在于细菌中，感染单细胞真核小球藻的病毒也可产生许多限制酶，但对这样的限制酶的功能却知之甚少。

3. 限制与修饰系统的种类

限制酶的生物学功能一般被认为是用来保护宿主不受外来DNA的感染，可降解外来的DNA，从而阻止其复制和整合到细胞中。一般来说，与限制酶伴生的修饰酶是甲基转移酶(methyltransferase)，或者说甲基化酶，能保护自身的DNA不被降解。它们与对应的限制酶识别相同的序列，但其作用不是切割DNA，而是在两条链上对某个碱基进行甲基化。限制酶和甲基转移酶组成限制与修饰系统。

根据酶的亚单位组成、识别序列的种类和是否需要辅助因子，限制与修饰系统至少可分为3类。其差异见表2-2。

表2-2 各种限制与修饰系统的比较

	Ⅱ	Ⅰ	Ⅲ
酶分子	内切酶与甲基化酶分子不在一起	三亚基双功能酶	二亚基双功能酶
识别位点	4～6 bp，大多数为回文对称结构	二分非对称	5～7 bp非对称
切割位点	在识别位点中或靠近识别位点	无特异性，至少在识别位点外1 000 bp	在识别位点下游24～26 bp
限制反应与甲基化反应	分开的反应	互斥	同时竞争
限制作用是否需用ATP	否	是	是

Ⅱ型(typeⅡ)限制与修饰系统所占的比例最大，达93%。Ⅱ型酶相对来说最简单，它们识别回文对称序列，该序列呈现为旋转对称，反向重复。在该序列内部或附近切割DNA，产生带3′-羟基和5′-磷酸基团的DNA产物。需Mg^{2+}的存在才能发挥活性，相应的修饰酶只需SAM。识别序列主要为4～6 bp，但有少数酶识别更长的序列或简并序列，切割位置因酶而异，有些是隔开的。

Ⅱs型(typeⅡs，Ⅱ亚型)限制与修饰系统占5%，与Ⅱ型具有相似的辅助因子要求，但识别位点是非对称也是非间断的，长度为4～7 bp，切割位点可能在识别位点一侧的20 bp范围内。

Ⅱ型限制酶有划分更细的倾向，如A、B。ⅡB型是指那些可识别非连续的序列，在识别序列的两端进行切割，如*Bcg*Ⅰ酶(详见下一小节)；ⅡG型的酶同时具备限制酶和甲基转移酶的活性；ⅡM型只识别甲基化的序列，如*Dpn*Ⅰ酶。

Ⅱ型限制酶一般是同源二聚体(homodimer)，由两个彼此按相反方向结合在一起的相同亚单位组成，每个亚单位作用在DNA链的两个互补位点上。修饰酶是单体，修饰作用一般由两个甲基转移酶来完成，分别作用于其中一条链，但甲基化的碱基在两条链上是不同的。

在Ⅱ型限制酶中还有一类特殊的类型，只切割双链DNA中的一条链，造成一个切口，这类限制酶也称切口酶(nicking enzyme)，如N. *Bst*NBⅠ。

Ⅰ型(typeⅠ)限制与修饰系统的种类很少，只占1%，如*Eco*K和*Eco*B。其限制酶和甲基化酶(即R亚基和M亚基)各作为一个亚基存在于酶分子中，另外还有负责识别DNA序列的S亚基。它们分别由*hsdR*、*hsdM*和*hsdS*基因编码，属于同一操纵子(转录单位)。*Eco*K的结构为R_2M_2S，*Eco*B的结构为$R_2M_4S_2$。

*Eco*B酶的识别位点如下，其中两条链中的A为甲基化位点，N表示任意碱基。

T G A↓(N)$_8$T G C T
A C T (N)$_8$A↑C G A

*Eco*K 酶的识别位点如下，其中两条链中的 A 为可能的甲基化位点。

A A↓C(N)$_6$ G T G C
T T G(N)$_6$ C A↑C G

但是 *Eco*B 酶和 *Eco*K 酶的切割位点在识别位点 1 000 bp 以外，且无特异性。

Ⅲ型(type Ⅲ)限制与修饰系统的种类更少，所占比例不到 1%，如 *Eco*P1 和 *Eco*P15。它们的识别位点分别是 AGACC 和 CAGCAG，切割位点则在下游 24～26 bp 处。

随着时间的推移，限制酶种类和活性的多样性不断被发现，新的命名方式也不断出现，如Ⅱ型限制酶可细分为多种不同的类型，甚至出现Ⅳ型限制酶(只识别含甲基化或羟甲基化或葡萄糖羟甲基化的碱基序列，大多数识别序列还不清楚，切割位点在相隔 30 bp 以外)。但对这些新的类型，人们关注的很少。

在基因操作中，一般所说的限制酶或修饰酶，除非特指，均指Ⅱ型系统中的种类。

限制酶的数据库 REBASE(The Restriction Enzyme Database)，该网站由 New England Biolabs 公司维护(http://rebase.neb.com/rebase/rebase.html)。维基百科网站也建立了限制酶的数据库(http://en.wikipedia.org/wiki/List_of_restriction_enyme_cutting_sites)。

二、限制酶识别的序列

1. 限制酶识别序列的长度

限制酶识别序列的长度一般为 4～8 个碱基，最常见的为 6 个碱基。当识别序列为 4 个和 6 个碱基时，它们可识别的序列在完全随机的情况下，平均每 256 个(4^4=256)和 4 096 个(4^6=4 096)碱基中会出现一个识别位点。以下是几个有代表性的种类，箭头指切割位置：

4 个碱基识别位点：*Sau*3A Ⅰ　↓GATC
5 个碱基识别位点：*Eco*R Ⅱ　↓CCWGG
　　　　　　　　　Nci Ⅰ　CC↓SGG
6 个碱基识别位点：*Eco*R Ⅰ　G↓AATTC
　　　　　　　　　Hind Ⅲ　A↓AGCTT
7 个碱基识别位点：*Bbv*C Ⅰ　CC↓TCAGC
　　　　　　　　　*Ppu*M Ⅰ　RG↓GWCCY
8 个碱基识别位点：*Not* Ⅰ　GC↓GGCCGC
　　　　　　　　　Sfi Ⅰ　GGCCNNNN↓NGGCC

一般地，常见限制酶切序列中部分字母代表的碱基如下：

R=A 或 G	Y=C 或 T	M=A 或 C
K=G 或 T	S=C 或 G	W=A 或 T
H=A 或 C 或 T	B=C 或 G 或 T	V=A 或 C 或 G
D=A 或 G 或 T	N=A 或 C 或 G 或 T	

2. 限制酶识别序列的结构

限制酶识别的序列大多数为回文对称结构，切割位点在 DNA 两条链相对称的位置。*Eco*R Ⅰ和 *Hind* Ⅲ的识别序列和切割位置如下：

*Eco*R Ⅰ G↓A A T T C　　　*Hind* Ⅲ A↓A G C T T
　　　　C T T A A↑G　　　　　　　T T C G A↑A

有一些限制酶的识别序列不是对称的，如 *Acc*BS Ⅰ[CCGCTC(−3/−3)]和 *Bss*S Ⅰ[CTCGTG(−5/−1)]。识别序列后面括号内的数字表示在两条链上的切割位置。

*Acc*BS Ⅰ C C G↓C T C　　　*Bss*S Ⅰ C↓T C G T G
　　　　G G C↑G A G　　　　　　　G A G C A↑C

许多限制酶可识别多种序列，如 *Acc* Ⅰ识别的序列是 GT↓MKAC，也就是说可识别 4 种序列，其中两种是对称的，另两种是非对称的。*Hind* Ⅱ识别的序列是 GTY↓RAC。

有一些限制酶识别的序列呈间断对称，对称序列之间含有若干个任意碱基。如 *Alw*N Ⅰ和 *Dde* Ⅰ，它们的识别序列如下：

*Alw*N Ⅰ C A G N N N C↓T G　　　*Dde* Ⅰ C↓T N A G
　　　　G T↑C N N N G A C　　　　　　G A N T↑C

3. 限制酶切割的位置

限制酶对 DNA 的切割位置大多数在内部，但也有在外部的。在外部的，又有两端、两侧和单侧之分。切点在两端的有 *Sau*3A Ⅰ(↓GATC)、*Nla* Ⅲ(CATG↓)和 *Eco*R Ⅱ(↓CCWGG)等；在两侧的有 *Bcg* Ⅰ[(10/12)CGA(N)$_6$TGC(12/10)]和 *Tsp*R Ⅰ(CASTGNN↓)，*Bcg* Ⅰ酶的切割特性与其他酶不同，它们在识别位点的两端各切开一个断点，而不是只产生一个断点。切点在识别位点外侧的还有 *Sap* Ⅰ[GCTCTTC(1/4)]、*Bbv* Ⅰ[GCAGC(8/12)]和 *Bsp*M Ⅰ[ACCTGC(4/8)]等。

Bcg Ⅰ ↓$_{10}$(N)C G A(N)$_6$T G C(N)$_{12}$↓　　　*Sap* Ⅰ G C T C T T C N↓N N N
　　　↑$_{12}$(N)G C T(N)$_6$A C G(N)$_{10}$↑　　　　　C G A G A A G N N N N↑

三、限制酶产生的末端

1. 限制酶产生匹配黏末端

识别位点为回文对称结构的序列经限制酶切割后，产生的末端为匹配黏末端(matched end)，亦即黏末端(cohesive end)，这样形成的两个末端是相同的，也是互补的(表 2-3)。若在对称轴 5′侧切割底物，DNA 双链交错断开产生 5′突出黏末端，如 *Eco*R Ⅰ；若在 3′侧切割，则产生 3′突出黏末端，如 *Kpn* Ⅰ。

N N G↓A A T T C N N —*Eco*R Ⅰ→ N N G　　　　　　　　A A T T C N N
N N C T T A A↑G N N　　　　　N N C T T A A　　＋　　　　　G N N

2. 限制酶产生平端

在回文对称轴上同时切割 DNA 的两条链，则产生平末端(blunt end)，如 *Hae*Ⅲ(GG↓CC)和 *Eco*R Ⅴ(GAT↓ATC)。产生平末端的 DNA 可任意连接，但连接效率较黏末端低。

3. 限制酶产生非对称突出末端

许多限制酶切割 DNA 产生非对称突出末端。当识别序列为非对称序列时，切割的 DNA 产物的末端是不同的，如 *Bbv*C Ⅰ，它的识别切割位点如下：

C C↓T C A G C
G G A G T↑C G

表 2-3　识别 4 个和 6 个回文对称核苷酸

	AATT	ACGT	AGCT	ATAT	CATG	CCGG	CGCG
↓□□□□	*Tsp*509 Ⅰ						
□↓□□□		*Hpy*CH4 Ⅳ				*Msp* Ⅰ *Hpa* Ⅱ	
□□↓□□			*Alu* Ⅰ *Cvi*J Ⅰ				*Bst*U Ⅰ
□□□↓□							
□□□□↓		*Tai* Ⅰ			*Nla* Ⅲ		
A↓□□□□T	*Apo* Ⅰ		*Hind* Ⅲ		*Pci* Ⅰ *Afl* Ⅲ	*Age* Ⅰ *Bsr*F Ⅰ *Bsa*W Ⅰ	*Mlu* Ⅰ *Afl* Ⅲ
A□↓□□□T		*Acl* Ⅰ					
A□□↓□□T				*Ssp* Ⅰ			
A□□□↓□T							
A□□□□↓T					*Nsp* Ⅰ		
C↓□□□□G	*Mfe* Ⅰ				*Nco* Ⅰ *Sty* Ⅰ *Btg* Ⅰ	*Xma* Ⅰ *Ava* Ⅰ *Bso*B Ⅰ	*Btg* Ⅰ
C□↓□□□G				*Nde* Ⅰ			
C□□↓□□G		*Pml* Ⅰ *Bsa*A Ⅰ	*Pvu* Ⅱ *Msp*A1 Ⅰ			*Sma* Ⅰ	*Msp*A1 Ⅰ
C□□□↓□G							*Sac* Ⅱ
C□□□□↓G							
G↓□□□□C	*Eco*R Ⅰ *Apo* Ⅰ					*Ngo*M Ⅳ *Bsr*F Ⅰ	*Bss*H Ⅱ
G□↓□□□C		*Bsa*H Ⅰ					
G□□↓□□C			*Ecl*136 Ⅱ	*Eco*R Ⅴ		*Nae* Ⅰ	
G□□□↓□C							
G□□□□↓C		*Aat* Ⅱ	*Sac* Ⅰ *Ban* Ⅱ *Bsi*HKA Ⅰ *Bsp*1286 Ⅰ		*Sph* Ⅰ *Nsp* Ⅰ		
T↓□□□□A					*Bsp*H Ⅰ	*Bsp*E Ⅰ *Bsa*W Ⅰ	
T□↓□□□A							
T□□↓□□A		*Sna*B Ⅰ *Bsa*A Ⅰ					*Nru* Ⅰ
T□□□↓□A							
T□□□□↓A							

序列的限制酶的识别序列和切割位置

CTAG	GATC	GCGC	GGCC	GTAC	TATA	TCGA	TGCA	TTAA
	Dpn Ⅱ *Mbo* Ⅰ *Sau*3A Ⅰ							
Bfa Ⅰ		*Hin*P1 Ⅰ		*Csp*6 Ⅰ		*Taq* Ⅰ		*Mse* Ⅰ
	Dpn Ⅰ		*Hae* Ⅲ *Cvi*J Ⅰ	*Rsa* Ⅰ			*Hpy*CH4 Ⅴ	
		Hha Ⅰ						
	Cha Ⅰ							
Spe Ⅰ	*Bgl* Ⅱ *Bst*Y Ⅰ							
						Cla Ⅰ *Bsp*D Ⅰ		*Ase* Ⅰ
		Afe Ⅰ	*Stu* Ⅰ	*Sca* Ⅰ				
		Hae Ⅱ					*Nsi* Ⅰ	
Avr Ⅱ *Sty* Ⅰ			*Eag* Ⅰ *Eae* Ⅰ	*Bsi*W Ⅰ	*Sfc* Ⅰ	*Tli* Ⅰ *Xho* Ⅰ *Ava* Ⅰ *Bso*B Ⅰ *Sml* Ⅰ	*Sfc* Ⅰ	*Afl* Ⅱ *Sml* Ⅰ
	Pvu Ⅰ *Bsi*E Ⅰ		*Bsi*E Ⅰ					
							Pst Ⅰ	
Nhe Ⅰ	*Bam*H Ⅰ *Bst*Y Ⅰ	*Kas* Ⅰ *Ban* Ⅰ	*Psp*OM Ⅰ	*Acc*65 Ⅰ *Ban* Ⅰ		*Sal* Ⅰ	*Apa*L Ⅰ	
		Nar Ⅰ *Bsa*H Ⅰ			*Acc* Ⅰ	*Acc* Ⅰ		
		Sfo Ⅰ			*Bst*Z17 Ⅰ	*Hinc* Ⅱ		*Hpa* Ⅰ *Hinc* Ⅱ
		Bbe Ⅰ *Hae* Ⅱ	*Apa* Ⅰ *Ban* Ⅱ *Bsp*1286 Ⅰ	*Kpn* Ⅰ			*Bsp*1286 Ⅰ *Bsi*HKA Ⅰ	
Xba Ⅰ	*Bcl* Ⅰ		*Eae* Ⅰ	*Bsr*G Ⅰ				
						*Bst*B Ⅰ		
		Fsp Ⅰ	*Msc* Ⅰ		*Psi* Ⅰ			*Dra* Ⅰ

有些限制酶识别简并序列，其识别的序列中有几种是非对称的。如 *Acc* Ⅰ，它的识别切割位点如下，其中 GTAGAC 和 GTCTAC 为非对称。

G T↓M K A C
C A K M↑T G

有些限制酶识别间隔序列，间隔区域的序列是任意的，如 *Dra* Ⅲ 和 *Ear* Ⅰ，它们的识别切割位点分别是 CAC↑NNN↓GTG 和 CTCTTC(1/4)。

4. 同裂酶

识别相同序列的限制酶称同裂酶(isoschizomer)，但它们的切割位点可能不同。具体可分为以下几种情况：

(1) 同序同切酶　这些酶识别的序列和切割位置都相同，如 *Hind* Ⅱ 与 *Hinc* Ⅱ 识别切割位点为 GTY↓RAC，*Hpa* Ⅱ 与 *Hap* Ⅱ 识别切割位点为 C↓CGG，*Mob* Ⅰ 与 *Sau*3A Ⅰ 识别切割位点为 ↓GATC。

(2) 同序异切酶　*Kpn* Ⅰ 和 *Acc*65 Ⅰ 识别的序列是相同的，但它们的切割位点不同，分别为 GGTAC↓C 和 G↓GTACC。另外，*Asp*718 Ⅰ 识别和切割位点为 G↓GTACC。

(3)“同功多位”　许多识别简并序列的限制酶包含了另一种限制酶的功能。如 *Eco*R Ⅰ 识别和切割位点为 G↓AATTC，*Apo* Ⅰ 识别和切割位点为 R↓AATTY，后者可识别前者的序列。另外，*Hpa* Ⅰ 和 *Hinc* Ⅱ 的识别位点也有交叉，它们的识别和切割位点分别为 GTT↓AAC 和 GTY↓RAC。

(4) 其他　有些限制酶识别的序列有交叉，如在 pUC 系列质粒的多克隆位点(multiple cloning site，MCS)中有 1 个 *Sal* Ⅰ 位点(识别切割位点为 G↓TCGAC)，该位点也可被 *Acc* Ⅰ (识别切割位点为 GT↓MKAC)和 *Hinc* Ⅱ 切割。

5. 同尾酶

许多不同的限制酶切割 DNA 产生的末端是相同的，且是对称的，即它们可产生相同的黏性突出末端。这些酶统称为同尾酶(isocaudarner)。同尾酶切割 DNA 得到的产物可进行互补连接。以下几种酶产生的末端是相同的。通过表 2-3 很容易判断哪些酶可产生相同的 DNA 末端。

·*Eco*R Ⅰ	G↓AATTC	*Mfe* Ⅰ	C↓AATTG	*Apo* Ⅰ	R↓AATTY
·*Spe* Ⅰ	A↓CTAGT	*Nhe* Ⅰ	G↓CTAGC	*Xba* Ⅰ	T↓CTAGA
·*Bam*H Ⅰ	G↓GATCC	*Sau*3A Ⅰ	↓GATC	*Sty* Ⅰ	C↓CWWGG
·*Cla* Ⅰ	AT↓CGAT	*Acc* Ⅰ	GT↓MKAC(pUC19)		

6. 归位内切酶

有些线粒体、叶绿体、核 DNA 和 T 偶数噬菌体含有一些编码内切酶的内含子，有些内含肽(intein，蛋白质剪切的产物)也有内切酶的活性。这两类内切核酸酶称为 I-prefix 和 PI-prefix 系列内切酶，它们识别的序列很长。I-prefix 系列酶是由在 RNA 水平上剪切的产物编码的，PI-prefix 系列酶是在蛋白质水平上剪切的产物。这类内切酶也称为归位内切酶(homing endonuclease)，目前商业化的种类有 6 种。从互联网上可以找到 intein 的数据库 Inbase (Intein Database)，该网站由 New England Biolabs 公司 (NEB) 维护 (http://www. neb. com)。

归位内切酶并不像限制酶那样具有严格限定的识别位点，也就是说，单个碱基的改变并不会阻止切割，只是酶切效率会发生不同程度的变化。通常，识别位点的精确边界并不清楚,文献所列举的识别序列只是能够识别和切割的序列。

I-*Ceu* Ⅰ酶是衣滴虫(*Chlamydomonas eugametos*)叶绿体大 rRNA 基因的内含子编码的产物,识别位点为 27 bp,反应温度为37 ℃。识别位点如下:

TAACTATAACGGTC↑CTAA↓GGTAGCGAA

PI-*Psp* Ⅰ内切酶是蛋白质体内拼接的产物,来自极端嗜热的炽热球菌(*Pyrococcus* species)GB-D,在同一个多肽前体上同时产生嗜热 DNA 聚合酶和内切酶。识别位点为 30 bp, TGGCAAACAGCTA↑TTAT↓GGGTATTATGGGT;反应温度为 65 ℃。

归位内切酶识别位点非常稀少,例如 18 个碱基的识别序列在 7×10^{10} 碱基的随机序列中才出现 1 次,相当于每 20 个哺乳动物基因组出现 1 个位点。但是尽管如此,与标准的限制性内切酶不同,这些酶可识别个别碱基发生变化的识别序列,识别的核心序列一般在 10～12 个碱基之间。

其他同类型的酶还有 I-*Ppo* Ⅰ、PI-*Tli* Ⅰ和 PI-*Sce* Ⅰ(VDE)等。这些酶是否是限制与修饰系统中的成员目前还不清楚,无关的可能性较大。

四、DNA 末端长度对限制酶切割的影响

限制酶切割 DNA 时对识别序列两端的非识别序列有长度的要求,也就是说在识别序列两端必须有一定数量的核苷酸,否则限制酶将难以发挥切割活性。通过了解这些可以指导我们更好地进行双酶切以及切割 PCR 产物。

限制酶可用酶单位(unit)来描述其量的多少。1 个单位酶是指在建议使用的缓冲液及温度下,在 20 μL 反应液中反应 1 h,使 1 μg DNA 完全消化所需的酶量(多数情况下用 λ DNA 来测试)。

用 20 单位限制酶切割 1 μg 标记的寡核苷酸做测试时,发现不同的酶对识别序列两端的长度有不同的要求。相对来说,*Eco*R Ⅰ对两端的序列长度要求较小,在识别序列外侧有一个碱基对时在 2 h 的切割活性可达 90%。而 *Acc* Ⅰ和 *Hind* Ⅲ对两端的序列长度要求较大(见表 2-4)。

表 2-4 靠近 DNA 片段末端的切割效率

限制酶	待测的寡核苷酸序列	酶切效率(%,用寡核苷酸检测)	
		2 h	20 h
Acc Ⅰ	CCGGTCGACCGG	0	0
Hind Ⅲ	CAAGCTTG	0	0
	CCAAGCTTGG	0	0
	CCCAAGCTTGGG	10	75
*Eco*RC Ⅰ	GGAATTCC	>90	>90
Pst Ⅰ	GCTGCAGC	0	0
	TGCACTGCAGTGCA	10	10
	AACTGCAG$(N)_{14}$	>90	>90
	CTGCAG$(N)_{20}$	0	0

用 DNA 片段(线性载体)检测末端长度对切割的影响时,同样发现识别序列的末端长度对酶切效率有明显影响,不同的酶对末端长度的要求不同。具体影响程度可参阅 New

England Biolabs 公司产品目录的附件资料。在质粒载体 LITMU29 的多克隆位点中，有如下连续排列的酶切位点。

……CTCGAG GAATTC CTGCAG GATATC TGGATCC……

Xho Ⅰ *Eco*R Ⅰ *Pst* Ⅰ *Eco*R Ⅴ *Bam*H Ⅰ

用 *Eco*R Ⅰ切割的产物如下：

CTCGAG G↓AATT↑C CTGCAG

Xho Ⅰ *Eco*R Ⅰ *Pst* Ⅰ

若再用 *Xho* Ⅰ或 *Pst* Ⅰ切割，两个酶切位点的一个末端都只有一个碱基，它们的切割效率分别是 97%和 37%。但是如果由 *Xho* Ⅰ先切割，再用 *Eco*R Ⅰ切，*Eco*R Ⅰ的切割效率可达 100%；如果由 *Pst* Ⅰ先切，再用 *Eco*R Ⅰ切，*Eco*R Ⅰ的切割效率为 88%。

在设计 PCR 引物时，如果要在末端引入一个酶切位点，为保证能够顺利切割扩增的 PCR 产物，应在设计的引物末端加上能够满足要求的碱基数目。另外，由于在用 DNA 片段(线性载体)检测末端长度对切割的影响时，未计算单链部分的 4 个碱基，因此设计引物时，应另加酶切产物单链突出末端所对应的碱基数(如 4 个碱基)。从经验的角度去看，一般在识别序列末端有 3～4 个碱基对时能满足常规的酶切需要。

另外，了解末端长度对切割的影响还可帮助在双酶切多克隆位点时选择酶切秩序。

五、位点偏爱

某些限制酶对同一底物中的有些位点表现出偏爱性切割，即对不同位置的同一个识别序列表现出不同的切割效率，这种现象称作位点偏爱(site preference)。

某些噬菌体 DNA 中的某些相同的酶切位点对酶的敏感性不同。λ 噬菌体 DNA 为 48 502 bp，两端为 12 bp 黏末端。*Eco*R Ⅰ酶切割 λ 噬菌体中的 5 个位点时并不是随机的，靠近右端的位点比分子中间的位点切割快 10 倍；*Eco*R Ⅰ对腺病毒 2(adenvirus-2)DNA 不同位置切点的切割速率也不同。*Eco*R Ⅰ和 *Hind* Ⅲ在 λ 噬菌体 DNA 中的切割速率分别有 10 倍和 14 倍的差异。λ 噬菌体 DNA 有 4 个 *Sac* Ⅱ位点，3 个在中央，1 个在右臂，对中央 3 个位点的酶切速度快 50 倍。在 ϕX174 噬菌体(单链环状，5 386 bp，DNA 复制时可以双链形式存在)DNA 中发现 *Hga* Ⅰ切割某些位点比其他的快。在腺病毒 2 中，CTCGAG 位点对 *Pae*R7 Ⅰ完全抵抗，但同裂酶 *Xho* Ⅰ却很易切割，原因是 5′端有 1 个 CT 二核苷酸，与甲基化完全无关。

New England Biolabs 公司在位点偏爱方面做了系统性的工作，并将其结果公开在其产品目录上。该公司发现许多限制酶的活性差异达 10 倍以上，有的甚至更大，如 *Nar* Ⅰ、*Nae* Ⅰ和 *Sac* Ⅱ。pBR322 质粒含 4 个 *Nar* Ⅰ位点，在标准条件下 1 单位 *Nar* Ⅰ可在 1 h 内将 2 个位点完全切割，但是另外 2 个位点在 50 单位 16 h 内也不能切割完全。*Nae* Ⅰ在 pBR322 也有 4 个位点，其中 2 个易切割，有 1 个有点慢，第 4 个慢 50 倍。在 λ 噬菌体 DNA 上它们都有 1 个位点，但是过量的酶只能完成部分酶切。因此，这些酶的单位是通过切割腺病毒 2 的 DNA 来测定的，腺病毒 2 至少各有 10 个位点。1 单位 *Nae* Ⅰ或 *Nar* Ⅰ是指在50 μL 体系中 1 h 切割 1 μg 腺病毒 2DNA 所需的酶量。

造成上述现象的原因有以下几种情况：*Nar* Ⅰ、*Nae* Ⅰ和 *Sac* Ⅱ 3 种酶属于在切割 DNA 之前需要同时与 2 个识别位点作用的一类酶。*Bsp*M Ⅰ、*Eco*R Ⅱ和 *Hpa* Ⅱ则属另一种情况，它们在要求作用的 DNA 序列上有两个明显不同的结合位点，其中一个是为 DNA 切割时激活另一个的变构位点(allosteric)。这两个序列可由顺式(*cis*)方式提供,即相互靠近或形成环(loop);或由反式(*trans*)方式提供,其变构位点由含识别序列的寡核苷酸提供。例如在 pBR322 和 pUC18/19 中有一个 *Bsp*M Ⅰ位点,但是 100 倍过量的酶切割时仍然有一半 DNA 不被切割。

由于酶的单位数是通过切割特定的 DNA(常见的为 λ 噬菌体 DNA)来确定的,因此在切割相同量的不同 DNA 时所需的酶量是不同的。在切割 pUC19、pBR322 和 LITMUS 等质粒载体时,少数酶需要的酶量可减少,如 *Ase* Ⅰ只需 0.3 单位可满足 1 μg pBR322 质粒 DNA 的切割;但多数酶需要的酶量超过标准用量,如 *Ava* Ⅰ切割 1 μg pUC19 质粒 DNA 需要 10 单位酶,*Nar* Ⅰ需要 20 单位,*Sca* Ⅰ需要 15 单位,*Eag* Ⅰ切割 1 μg pBR322 或 LITMUS 质粒 DNA 需要 10 单位酶。

六、酶切反应条件

充分了解酶学反应的条件,对于掌握酶的性质以及正常使用具有重要作用。对任意一个限制酶来说,都有其各自的最佳反应条件。但为了使用方便,一般将反应条件划分成几个类型。每一种酶都有其最佳的反应类型,在其他类型的反应条件下往往不能达到高活性。销售商都会在其产品上标明所需的最佳反应条件,包括缓冲液和作用温度等。

1. 缓冲液

常规缓冲液一般包括提供稳定 pH 的缓冲剂、Mg^{2+}、DTT(二硫苏糖醇)以及 BSA(小牛血清清蛋白)。

pH 通常为 7.0～7.9(在 25 ℃时),用 Tris-HCl 或乙酸调节;Mg^{2+} 作为酶的活性中心,由氯化镁或乙酸镁提供,浓度常为 10 mmol/L;DTT 浓度常为 1 mmol/L。有时缓冲液中还要加入 100 μg/ml BSA,但只是少数反应需要。不同的酶对离子强度的要求差异很大,据此可将限制酶缓冲液按离子强度的差异分为高、中、低 3 种类型,离子强度以 NaCl 来满足,浓度分别为 100 mmol/L、50 mmol/L 和 0 mmol/L。

大多数商业公司都提供 3～4 种常用缓冲液,包括高中低 3 种不同盐浓度的缓冲液和 1 种乙酸盐缓冲液。除此之外,有些公司还为某些酶提供其他特用缓冲液,如 NEB 的 U 体系。

Pharmacia 公司设计的 One-Phor-All buffer plus(OPA+体系)通用缓冲液可适用于所有限制酶,缓冲液包括 100 mmol/L Tris-HCl、500 mmol/L 乙酸镁和 100 mmol/L 乙酸钾。尽管如此,但由于不同酶使用的最佳缓冲液的浓度不同,所以实验时仍要选择合适的浓度如 0.5 或 1 或 1.5 或 2 倍(表 2-5)。近来 NEB 公司设计出 CutSmart 通用缓冲液,于 2013 年 5 月底全面启用。NEB 公司的 200 多种限制酶在该缓冲液中均能保持 100%活性,这对双酶切实验来说非常方便,而且绝大多数常用修饰酶在该缓冲液中也能表现完全活性。其实该缓冲液就是去除了 DTT 并添加了 BSA 的缓冲液 4。

表 2-5　限制酶在 One-Phor-All buffer plus 通用缓冲液中的活性比较

酶	标准缓冲液中的 NaCl 浓度/(mmol/L)	限制酶的效率(%)		
		0.5×	1×	2×
*Eco*R Ⅰ	100	50～75	75～100	100
Hind Ⅲ	50	25～50	100	100
Hinc Ⅱ	100	100	100	100
Kpn Ⅰ	0	100	100	25～50

续表

酶	标准缓冲液中的NaCl浓度/(mmol/L)	限制酶的效率(%)		
		0.5×	1×	2×
Pst Ⅰ	100	75	100	100
Sal Ⅰ	100	<25	<25	100
Apa Ⅰ	0	100	100	25～50

对DNA进行双酶切时，如何选择缓冲液是相当重要的。一方面可选用两种酶都适用的缓冲液或通用缓冲液；若找不到共用的缓冲液则先用低浓度的，再加适量NaCl和第二种酶；或先使用低盐缓冲液再使用高盐缓冲液(DNA可纯化或不纯化)。

2. 反应温度

反应温度大多数为37 ℃，一部分为50～65 ℃，少数25～30 ℃。高温作用酶在37 ℃下的活性会下降，多数仅为最适条件下的10%～50%。如*Taq* Ⅰ限制酶(正常反应温度为65 ℃)，在37 ℃只有在65 ℃活性的10%；*Apo* Ⅰ(正常反应温度为50 ℃)，在37 ℃只有在50 ℃时活性的50%。销售商在产品说明中都会标明最佳反应温度。

3. 反应时间

反应时间通常为1 h或更多，许多酶延长反应时间可减少酶的用量。*Eco*R Ⅰ若反应16 h，所需酶量为正常酶切时间的1/8，即若反应时间为16 h，则所用酶量为酶切1 h的1/8。其他一些酶也有类似情况，如*Hind* Ⅲ为1/8；*Kpn* Ⅰ为1/4；*Bam*H Ⅰ为1/2。

4. 终止酶切的方法

EDTA可螯合镁离子，从而可终止酶切反应，终止浓度为10 mmol/L。加热是常用的方法，对于最佳反应温度为37 ℃的酶，在65 ℃或80 ℃处理20 min可使酶活性大部分丧失。但是对于在80 ℃作用20 min也不失活的酶，如最佳反应温度为37 ℃的酶*Bcl* Ⅱ、*Hpa* Ⅰ和*Pvu* Ⅱ，65 ℃酶*Tth*111 Ⅰ和*Tsp*R Ⅰ，以及50 ℃酶*Bcl* Ⅰ，可用苯酚抽提去除蛋白，或用试剂盒纯化DNA。

七、星星活性

在极端非标准条件下，限制酶能切割与识别序列相似的序列，这个改变的特殊性称星星活性(star activity)。实际上星星活性是限制性内切酶的一般性质，任何一种限制酶在极端非标准条件下都能切割非典型位点，如*Apo* Ⅰ、*Ase* Ⅰ、*Bam*H Ⅰ、*Bss*H Ⅱ、*Eco*R Ⅰ、*Eco*R Ⅴ、*Hind* Ⅲ、*Hin*f Ⅰ、*Kpn* Ⅰ、*Pst* Ⅰ、*Pvu* Ⅱ、*Sal* Ⅰ、*Sca* Ⅰ、*Taq* Ⅰ和*Xmn* Ⅰ等酶皆可表现出星星活性。星星活性在绝大多数情况下是可控制的。

限制酶的特异性变化方式与酶的种类和所用的条件有关，最普遍的活性变化来自1个碱基的变化、识别位点外侧碱基的随意性以及单链缺口。

对于*Eco*R Ⅰ限制酶，由于pH的升高或离子强度的降低，*Eco*R Ⅰ可切割N/AATTN位点，或切割只有1个碱基不同的识别序列，但这个变化的碱基只能是中央序列AATT中A变T或T变A。

引起星星活性的因素有很多，例如甘油浓度高(>5%)，酶过量(>100 U/μL)，离子强度低(<25 mmol/L)，pH过高(>8.0)，或是加了有机溶剂如DMSO(二甲基亚砜)、乙醇、乙二醇、二甲基乙酰胺(dimethylacetamide)和二甲基甲酰胺(dimethbylformamide)，或是用其他2价阳离子如Mn^{2+}、Cu^{2+}、Co^{2+}或Zn^{2+}代替了Mg^{2+}。但不同的酶对上述条件的敏感性不一样，如 *Pst* Ⅰ比 *Eco*R Ⅰ对高 pH 更敏感，但后者对甘油浓度更敏感。

抑制星星活性的措施有许多，如减少酶的用量（可避免过分酶切）、减少甘油浓度、保证反应体系中无有机溶剂或乙醇、提高离子强度到 100～150 mmol/L（如果不会抑制酶的活性的话）和降低反应 pH 至 pH7.0，以及保证使用 Mg^{2+} 作为 2 价阳离子。

八、单链 DNA 的切割

部分切割双链 DNA 的酶也可消化其单链，但是切割效率不同。*Hin*P Ⅱ、*Hha* Ⅰ、*Mnl* Ⅱ 切割单链 DNA 的效率是切割双链的 50%，*Hae* Ⅲ切割单链 DNA 的效率是切割双链的 10%，*Bst*N Ⅰ、*Dde* Ⅰ、*Hga* Ⅰ、*Hin*f Ⅰ、*Taq* Ⅰ切割单链 DNA 的速度比切割双链慢 100 倍。还有一些酶不切割单链 DNA，如 *Alu* Ⅰ、*Bbv* Ⅰ、*Dpn* Ⅰ、*FnuD* Ⅱ、*Fok* Ⅰ、*Hpa* Ⅱ、*Hph* Ⅰ、*Mob* Ⅰ、*Mob* Ⅱ、*Msp* Ⅰ、*Sau*3A Ⅰ和 *Sfa*N Ⅰ等。

有些限制酶只切割双链 DNA 中的一条链，产生单链缺口，即切口酶，如 N. *Bst*NB Ⅰ。这类酶在命名时前面要加一个 N。目前已经商品化的这类酶共有 14 种。N. *Bst*NB Ⅰ的识别序列和切割位置如下：

5′…GAGTCNNNN↓N…3′
3′…CTCAGNNNN N…5′

九、酶切位点的引入

在酶切水平上，通过酶切和连接可产生新的酶切位点。

1. 将产生的 5′突出末端补平后，再连接可产生新的酶切位点

*Eco*RⅠ的识别位点是 GAATTC，先用它来切 DNA 片段，将 5′突出末端补平后再连接，可产生 *Xma* Ⅰ(GAANNNNTTC)和 *Ace* Ⅰ(ATTAAT)酶切位点，而 *Eco*RⅠ的酶切位点消失。

…G	AATTC…	补平 →	…GAATT	AATTC…	连接 →	…GAATTAATTC…
…CTTAA	G…		…CTTAA	TTAAG…		…CTTAATTAAG…

对 *Hind* Ⅲ位点（AAGCTT）来说，经酶切、补平和连接后可产生 *Alu* Ⅰ和 *Nhe* Ⅰ酶切位点，同时 *Hind* Ⅲ的酶切位点消失。

2. 同尾末端的连接

不同的同尾酶切割 DNA 产生的末端再相互连接时，可产生新的酶切位点，同时原来的酶切位点消失。例如 *Bam*H Ⅰ(G↓GATCC)＋*Bcl* Ⅰ(T↓GATCA)→*Alw* Ⅰ(GGATC 4/5)，又如 *Xba* Ⅰ(T↓CTAGA)与 *Avr* Ⅱ、*Nhe* Ⅰ、*Spe* Ⅰ和 *Sty* Ⅰ(CCTAGG)彼此之间可以产生 *Bfa* Ⅰ(C↓TAG)新酶切位点。

3. 平末端连接

限制酶切割产生的平末端 DNA 在连接后也可产生新的酶切位点，例如 *Pvu* Ⅱ(CAGCTG)＋*Eco*R Ⅴ(GATATC)→*Mob* Ⅰ(GATC)。

十、影响酶活性的因素

影响酶切活性的因素有许多，概略的说可分为外因和内因。外因是可预见和控制的，如反应条件、底物的纯度（是否有杂质、是否有盐离子和苯酚的污染）、何时加酶、操作是否恰当、反应体积的选择以及反应时间的长短等。内因包括星星活性、底物甲基化和底物的构象。构象的影响主要指切割线性 DNA 和超螺旋 DNA 时的活性差异，如与切割 λDNA 相比，*Eco*R Ⅰ、*Pst* Ⅰ和 *Sal* Ⅰ需要至少 2.5～10 倍的酶来切割 pBR322 的超螺旋 DNA。*Pae*RT Ⅰ与

Xho Ⅰ切割相同的序列(C↓TCGAG),但如果 5′端为 CT 则 *Pae*RTⅠ不能切割。

十一、酶切位点在基因组中分布的不均一性

在基因组中碱基对的排列是非均匀的,因此尽管有的酶切位点中 GC 含量相同,但在基因组中出现的概率还是不一样。如在 *E. coli* 中,*Aso* Ⅰ(GGCGCGCC)切点平均 20 kb 中出现一个,而 *Not* Ⅰ(GCGGCCGC)切点平均 200 kb 中出现一个(常利用它出现的机会少来构建物理图谱),*Eco*R Ⅰ和 *Hind* Ⅲ切点平均 5 kb 中出现一个,而 *Spe* Ⅰ(ACTAGT)切点平均 60 kb中出现一个。

对细菌而言,在大多数富含 A+T 的细菌中,CCG 和 CGG 的排列是最少见的,所以含有这两种序列的识别序列出现的概率就非常少;同样,CTAG 在富含 G+C 的细菌基因组中也是最少见的 4 核苷酸排列,所以含这个序列的酶切位点也少见。

酵母基因组的 G+C 含量为 38%,因此在重复序列之外(+RNA 或 Ty elements)富含 G+C 的识别序列就特别少。

哺乳动物细胞核基因组的 G+C 含量为 41%,其中 CG 的序列比预期低 5 倍多。因此含 CG 序列的酶切位点在哺乳动物细胞就相当稀少,如 *Sal* Ⅰ。并且在哺乳动物细胞中,大多数 CG 序列是甲基化的,几乎所有的在识别序列中含 CG 序列的限制酶都不能切割甲基化的 CG 序列。

其他基因组如果蝇和自由生活的秀丽隐杆线虫(*Caenorhabditis elegans*)富含 A+T (G+C含量为 40%),CG 同样稀少,但不像哺乳动物的那样少,同时甲基化也不发生在 CG 序列上,相对来说可完全酶切。

第二节　甲基化酶

一、甲基化酶的种类

在真核和原核生物中存在大量的甲基化酶(methylase)。原核生物的甲基化酶作为限制与修饰系统中的一员,用于保护宿主 DNA 不被相应的限制酶切割。在 *E. coli* 中,大多数都有 3 个位点特异性的 DNA 甲基化酶。

1. Dam 甲基化酶

Dam 甲基化酶可在 GATC 序列中的腺嘌呤 N^6 位置上引入甲基。一些限制酶(*Pvu* Ⅱ、*Bam*H Ⅰ、*Bcl* Ⅰ、*Bgl* Ⅱ、*Xho* Ⅱ、*Mbo* Ⅰ和 *Sau*3A Ⅰ)的识别位点中含 GATC 序列,另一些酶如 *Cla* Ⅰ(7/16)、*Xba* Ⅰ(1/16)、*Taq* Ⅰ(1/16)、*Mbo* Ⅰ(1/16)和 *Hph* Ⅰ(1/16) 的部分识别序列含此序列,如平均 16 个 *Cla* Ⅰ位点(NATCGATN)中就有 7 个该序列。

有些限制酶对 Dam 甲基化的 DNA 敏感,不能切割相应的序列,如 *Bcl* Ⅰ、*Cla* Ⅰ和 *Xba* Ⅰ等。对甲基化不敏感的有 *Bam*HⅠ、*Sau*3A Ⅰ、*Bgl* Ⅱ和 *Pvu* Ⅰ等。*Mbo* Ⅰ和 *Sau*3A Ⅰ识别和切割位点相同,但其差异就在于前者对甲基化敏感。

一般哺乳动物 DNA 不会在腺嘌呤 N^6 上甲基化,因此对甲基化敏感的限制酶切割这些 DNA 不会受到影响。当需要在这些敏感位点上完全切割 DNA 时,可利用 *dam*⁻ *E. coli* 扩增并提取 DNA。

2. Dcm 甲基化酶

Dcm 甲基化酶识别 CCAGG 或 CCTGG 序列，在第二个胞嘧啶 C 的 C^5 位置上引入甲基。受 Dcm 甲基化作用影响的酶有 *Eco*RⅡ(↓CCWGG)。大多数情况下，其同裂酶*Bst*NⅠ(CC↓WGG)不受这一影响，因为二者虽然识别序列相同，但切点不同。

受此甲基化酶影响的酶还有 *Acc*65Ⅰ、*Alw*NⅠ、*Apa*Ⅰ、*Eco*RⅡ和 *Eae*Ⅰ等。不受此甲基化影响酶有 *Ban*Ⅱ、*Bgl*Ⅰ、*Bst*NⅠ、*Kpn*Ⅰ和 *Nar*Ⅰ等。

3. *Eco*KⅠ甲基化酶

*Eco*KⅠ甲基化酶的识别位点少，识别 $AAC(N)_6GTGC$ 和 $GCAC(N)_6GTT$ 序列中 A 的 N^6 位置。但因为识别位点少(1/8 kb)，所以研究较少。

4. *Sss*Ⅰ甲基化酶

*Sss*Ⅰ甲基化酶来自原核生物螺原体(*Spiroplasma* sp.)，可使 CG 序列中的 C 在 C^5 位置上甲基化。甲基化的模板可以是甲基化或半甲基化(新合成链)的 DNA 链。*Sss*Ⅰ甲基化的 DNA 受 *E. coli* 中 *mcrA*、*mcrBC* 和 *mrr* 系统的限制。许多酶对此甲基化敏感，如 *Aat*Ⅱ、*Cla*Ⅰ、*Xho*Ⅰ和 *Sal*Ⅰ等，也有不敏感的，如 *Bam*HⅠ、*Eco*RⅠ、*Sph*Ⅰ和 *Kpn*Ⅰ。

二、依赖于甲基化的限制系统

E. coli 中至少有 3 种依赖于甲基化的限制系统 McrA、McrBC 和 Mrr，它们识别的序列各不相同，但只识别经过甲基化的序列，都限制由 CG 甲基化酶(M. *Sss*Ⅰ)作用的 DNA(限制即消化降解)。Mrr 限制 ^{m6}A；McrA 限制 *Hpa*Ⅱ甲基化修饰的位点；McrBC 切割两套半位点$(G/A)^{m5}C$，这两套位点之间间隔 2 kb，最适为 55～103 bp，需 GTP；大多数常用的 *E. coli*都含这 3 个限制系统中的一个或几个，3 个系统都不限制 Dcm 修饰的位点，Mrr 不限制 Dam、*Eco*KⅠ和 *Eco*RⅠ修饰的位点。

三、甲基化对限制酶切的影响

1. 修饰酶切位点

*Hinc*Ⅱ可识别 4 个位点(GTCGAC、GTCAAC、GTTGAC 和 GTTAAC)，甲基化酶 M. *Taq*Ⅰ可甲基化 TCGA 中的 A，所以 M. *Taq*Ⅰ处理 DNA 后，GTCGAC 将不受 *Hinc*Ⅱ切割。

M. *Msp*Ⅰ修饰的产物为$^{m5}CCGG$，在 *Bam*HⅠ识别位点(GGATCC)前面如果为 CC 或后面为 GG，那么经 M. *Msp*Ⅰ处理的 DNA($GGAT^{m5}CCGG$)对 *Bam*HⅠ不敏感(即抵抗切割)。

构建 DNA 文库时，用 *Alu*Ⅰ(AG↓CT)和 *Hae*Ⅲ(GG↓CC)部分消化基因组 DNA 后，将得到的片段用 M. *Eco*RⅠ甲基化酶处理，然后加上合成的 *Eco*RⅠ接头，再用*Eco*RⅠ来切割时只有接头上的位点可被切割，从而保护基因组片段。

2. 产生新的酶切位点

通过甲基化修饰可产生新的酶切位点。*Dpn*Ⅰ是依赖甲基化的限制酶，TCGATCGA 受 M. *Taq*Ⅰ处理后形成甲基化(A)产物 TCG^*ATCG^*A，其中 G^*ATC 即为 *Dpn*Ⅰ位点。

3. 对基因组作图的影响

在研究哺乳动物^{m5}CG、植物^{m5}CG 和^{m5}CNG、肠道细胞 $G^{m6}ATC$ 的甲基化水平和分布时，利用限制酶对甲基化的敏感性差异，大有作为。

哺乳动物有许多^{m5}CG 序列，并具细胞型特异性。在一种特定的细胞类群中，某一^{m5}CG 序列要么在大多数细胞中都被甲基化，要么只在少数细胞中被甲基化。CG 序列在哺乳动物 DNA 出现的频率大约只有预计的 1/5，含 CG 序列的识别序列极其稀少。大多数 CG 都发生甲基化，因此几乎所有含 CG 识别序列的限制酶不能切割^{m5}CG，如 *Psp*MⅡ、*Cla*Ⅰ、*Eag*Ⅰ和 *Not*Ⅰ均对^{m5}CG 甲基化敏感。在哺乳动物 DNA 中，CG 甲基化大多数不完全，因此对酶切位点稀少的酶来说，在其识别位点上的甲基化具可变性，会给应用脉冲电场凝胶电泳做哺乳动物 DNA 酶切图分析带来了极大的困难，但 *Acc*Ⅲ、*Asu*Ⅱ、*Cfr*9Ⅰ、*Sfi*Ⅰ和 *Xma*Ⅰ能切割^{m5}CG。

果蝇和秀丽隐杆线虫中 CG 序列不像哺乳动物那样稀少，且不被甲基化，因此含 CG 序列的识别位点相应较多，且可完全消化。而且用来分析哺乳动物的限制酶可用来切割果蝇和线虫的 DNA，但是，产生的片段数是由同种酶切割哺乳动物 DNA 预计数目的一半。

植物 DNA 甲基化程度高，要求选用对^{m5}CG 和^{m5}CNG 不敏感的限制酶，如 *Bcl*Ⅰ和 *Hpa*Ⅰ等，而 *Ase*Ⅰ和 *Mse*Ⅰ等限制酶因为其识别序列中不含 C 也可用于切割胞嘧啶甲基化程度高的 DNA。

第三节　DNA 聚合酶

DNA 聚合酶(DNA polymerase)的主要活性是催化 DNA 的合成(在具备模板、引物、dNTP 等的情况下)及其相辅的活性。

真核细胞有 4 种 DNA 聚合酶。DNA 聚合酶 α 位于细胞核内，有催化细胞增生的作用；DNA 聚合酶 β 是小分子蛋白质(相对分子质量为 4.4×10^3)，曾从小牛胸腺中提取，与细胞增生无关；DNA 聚合酶 γ 的相对分子质量为 100×10^3，其利用 RNA 为模板的效率比利用 DNA 为模板的效率高；其他的还有线粒体 DNA 聚合酶，催化线粒体 DNA 的合成。

原核细胞有 3 种 DNA 聚合酶，都与 DNA 链的延长有关。DNA 聚合酶Ⅰ是单链多肽，可催化单链或双链 DNA 的延长；DNA 聚合酶Ⅱ则与低分子脱氧核苷酸链的延长有关；DNA 聚合酶Ⅲ在细胞中存在的数目不多，是促进 DNA 链延长的主要酶。

一、大肠杆菌 DNA 聚合酶Ⅰ

1. 大肠杆菌 DNA 聚合酶Ⅰ的活性

大肠杆菌 DNA 聚合酶Ⅰ(*E. coli* DNA polymeraseⅠ)为单链多肽(相对分子质量为 109×10^3)，有 3 种活性。

(1) 5′→3′DNA 聚合酶活性　反应底物为单链 DNA 及引物(带 3′-OH 基)或 5′突出的双链 DNA。

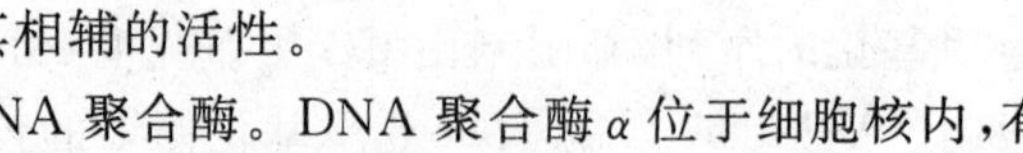

(2) 5′→3′外切核酸酶活性　反应底物是双链 DNA 或 DNA：RNA 杂交体，它可从 5′端降解双链 DNA，也降解 RNA：DNA 中的 RNA(RNaseH 活性)。

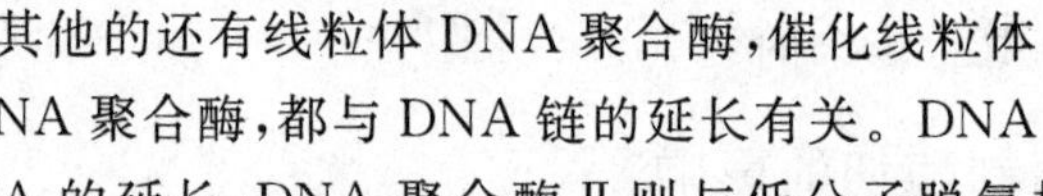

(3) 3′→5′外切核酸酶活性　反应底物是带 3′-OH 的双链 DNA 或单链 DNA，其活性从 3′-OH 端降解 DNA，可被 5′→3′聚合活性封闭，也可被带 5′磷酸的 dNMP 抑制。

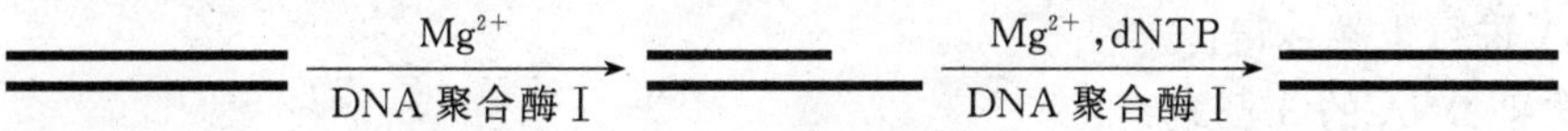

(4) 交换(置换)反应 如果只有一种 dNTP 存在,3′→5′外切核酸酶活性将从 3′-OH 端降解 DNA,然后在该位置发生一系列连续的合成和外切反应,直到露出与该 dNTP 互补的碱基。

总之,在没有 dNTP 的情况下,外切活性占主导地位,而当存在足够的 dNTP 时,外切活性和合成活性将处在动态平衡中,结果使得双链 DNA 成为平末端。

2. 大肠杆菌 DNA 聚合酶Ⅰ的用途

① 利用大肠杆菌 DNA 聚合酶Ⅰ的 5′→3′外切核酸酶活性,可用切口平移法(nick translation)标记 DNA,所有 DNA 聚合酶中只有此酶有此反应。首先在镁离子存在下用低限量的 DNaseⅠ处理双链 DNA 模板,产生少量切口。在切口处,利用大肠杆菌 DNA 聚合酶Ⅰ的 5′→3′外切核酸酶活性使切口沿 5′→3′方向平移,同时产生的切口也可作为大肠杆菌 DNA 聚合酶Ⅰ催化 DNA 合成的引物。合成过程中,dNTP 前体不断掺入到正在增长的 DNA 链上。如果提供标记的 dNTP,那么所有的反应产物便被标记,可用做杂交探针。

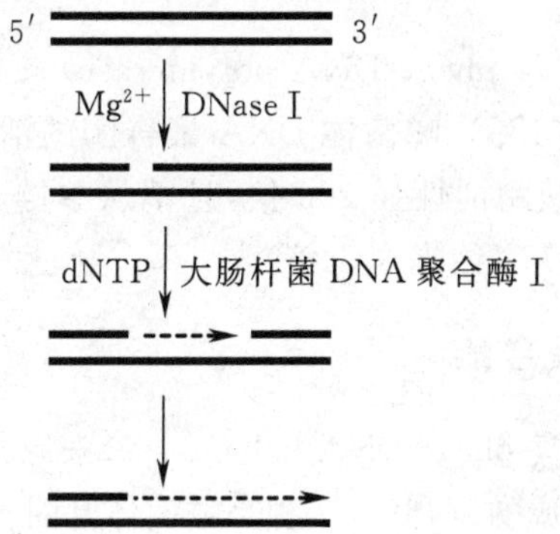

② 用于 cDNA 克隆中的第二链合成,即单纯的 DNA 聚合活性。但由于具有 5′→3′外切核酸酶活性,现在已不再使用,而改用 Klenow 酶或反转录酶(详见后文)。

③ 对 3′-突出末端的 DNA 作末端标记(交换或置换反应),但是此反应用 T4 或 T7 DNA 聚合酶效果会更好(详见后文)。

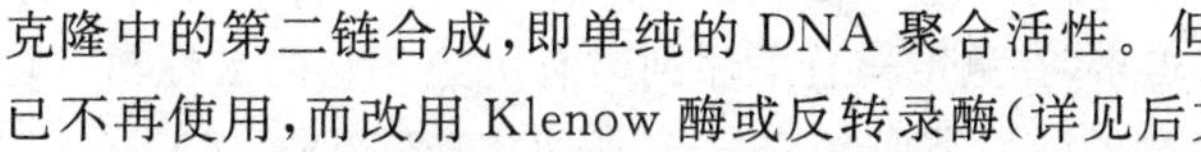

二、Klenow DNA 聚合酶

Klenow DNA 聚合酶是大肠杆菌 DNA 聚合酶Ⅰ经蛋白酶(枯草杆菌蛋白酶)裂解而从全酶中除去具 5′→3′外切核酸酶活性的肽段后的大片段肽段,其聚合活性和 3′→5′外切核酸酶活性不受影响。该肽段也称为 Klenow 片段(Klenow fragment),或大肠杆菌 DNA 聚合酶Ⅰ大片段(*E. coli* DNA polymeraseⅠ large fragment)。它也可以通过基因工程得到,相对分子质量为 7.6×10^4。

Klenow DNA 聚合酶的活性与大肠杆菌 DNA 聚合酶Ⅰ的活性是一致的。由于没有 5′→3′外切核酸酶活性,使用范围进一步扩大。具体作用如下:

1. 补平 DNA 的 3′凹端

仅利用单纯的 DNA 合成活性。注意要加足够的 dNTP;如果使用带标记的 dNTP,则可对 DNA 进行末端标记。

2. 抹平 DNA 的 3′凸端

在 3′→5′外切核酸酶活性作用下，可切除突出的 3′凸端。注意必须加足量 dNTP，否则外切活性不会停止。但由于 T4 和 T7DNA 聚合酶具更强的 3′→5′外切核酸酶活性，可取代 Klenow DNA 聚合酶的这一作用。

3. 通过置换反应对 DNA 进行末端标记

标记方式见前文。但是该作用也可被 T4 或 T7 DNA 聚合酶代替。

4. 随机引物标记

利用随机引物标记 DNA 时，进行 DNA 的合成反应。详见第六章。

5. 其他用途

在 cDNA 克隆中合成第二链；应用于 Sanger 双脱氧链末端终止法的 DNA 测序(已经被 T7DNA 聚合酶取代)；曾应用于 PCR 反应，现在已经被 *Taq* DNA 聚合酶等取代；在体外诱变中，用于从单链模板合成双链 DNA。

三、T4 噬菌体 DNA 聚合酶

T4 噬菌体 DNA 聚合酶(T4 phage DNA polymerase)来源于 T4 噬菌体感染的大肠杆菌，相对分子质量为 1.14×10^5。T4 噬菌体 DNA 聚合酶的活性与 Klenow DNA 聚合酶的活性相似，但其 3′→5′外切核酸酶活性强 200 倍，且不从单链 DNA 模板上替换引物。因此该酶在诱变反应中更有用，诱变率约提高 1 倍。

四、T7 噬菌体 DNA 聚合酶

T7 噬菌体 DNA 聚合酶(T7 phage DNA polymerase)来源于 T7 噬菌体感染的大肠杆菌，是由两种紧密结合的蛋白质形成的复合体，一种是噬菌体基因 5 编码的蛋白，另一个是宿主细胞的硫氧还蛋白。T7 噬菌体 DNA 聚合酶是所有 DNA 聚合酶中持续合成能力最强的一个，产物的平均长度要大得多，在测定核苷酸序列时有优势。它的活性与 T4 噬菌体 DNA 聚合酶和 Klenow DNA 聚合酶的活性类似，但 3′→5′外切核酸酶活性为 Klenow DNA 聚合酶的 1 000 倍。T7 噬菌体 DNA 聚合酶可替代 T4 的功能并可用于长模板的引物延伸。

五、耐热 DNA 聚合酶

耐热 DNA 聚合酶是指在高温下具有活性的 DNA 聚合酶，来自嗜高温的细菌，主要用于 PCR 反应，如 *Taq* DNA 聚合酶、Vent DNA 聚合酶、*Pfu* DNA 聚合酶、*Pwo* DNA 聚合酶和 *Tth* DNA 聚合酶等。其性质详见第八章“PCR 技术及其应用”。

六、反转录酶

反转录酶(reverse transcriptase)即依赖于 RNA 的 DNA 聚合酶，有 5′→3′合成 DNA 活性，但是无 3′→5′外切核酸酶活性。它来自 AMV(禽成髓细胞瘤病毒)或 Mo－MLV(Moloney 鼠白血病病毒，又称 M－MuLV)。

AMV 反转录酶包含两条多肽链，具 5′→3′DNA 聚合酶活性和很强的 RNase H 活性。在 cDNA 合成开始时，引物和 mRNA 模板杂交体可成为 RNase H 的底物，此时模板的降解和 cDNA 的合成相竞争；反应终止时，RNase H 可在正在增长的 DNA 链近 3′端切割模板，趋向于抑制 cDNA 的产量并限制其长度。该酶在 42 ℃(鸡的正常体温)能有效发挥作用，能有效地复制较复杂的 mRNA。

M-MuLV反转录酶是单链多肽，相对分子质量为 8.4×10^4，其 RNase H 活性弱，有利于合成较长cDNA。其基因工程产品纯度高，有些产品去掉了 RNase H 酶的活性。

反转录酶主要用于 cDNA 克隆中第一链的合成，即将 mRNA 转录成双链 cDNA；测定 mRNA 转录起始点（引物延伸法）；5′突出 DNA 的补平和标记；双脱氧终止法测序（当用 DNA 聚合酶Ⅰ、Klenow DNA 聚合酶或测序酶不理想时使用）；以及其他用途，如 RT-PCR 或是测 RNA 二级结构。

反转录酶的活性包括 5′→3′DNA 聚合活性（需 Mg^{2+}），即以 RNA 或 DNA 为模板及带 3′-OH 的 RNA 或 DNA 引物合成 DNA；5′→3′和 3′→5′RNA 外切核酸酶活性（RNase H 活性），产生含 5′磷酸及 3′羟基的长 4～20 个碱基的核苷酸。

值得注意的是，反转录酶无 3′→5′外切核酸酶校正作用，在高浓度 dNTP 和 Mn^{2+} 存在时每 500 个碱基会有一个错误掺入；为防止新合成的 DNA 提前终止，反应需高浓度 dNTP；该酶可用于单链复制，也可合成双链（自身序列为引物，但效率低），50 μg/mL 放线菌素 D 可抑制其第二链合成。

七、末端转移酶

分子克隆中常用的末端转移酶（terminal transferase）来源于小牛胸腺，是存在于前淋巴细胞及分化早期的类淋巴样细胞内的一种不寻常的 DNA 聚合酶，是一种不依赖于模板的 DNA 聚合酶。在 2 价阳离子存在下，末端转移酶催化 dNTP 加于 DNA 分子的 3′羟基端。若 dNTP 为 T 或 C，此 2 价阳离子首选 Co^{2+}；若 dNTP 为 A 或 G，此 2 价阳离子首选 Mg^{2+}。

作为该酶底物的 DNA 可短至 3 个核苷酸；对 3′羟基突出末端的底物作用效率最高。在离子强度低时，带 5′突出末端或平末端的 DNA 也可作为底物，但效率低。因此，该酶可在 cDNA 或载体 3′端加同聚尾，便于克隆；也可用标记的 rNTP、dNTP 或 ddNTP 来标记 DNA 片段的 3′端。

在不同条件下，该酶所形成的同聚尾的长度是不同的，与 dNTP 对 3′羟基的物质的量比和 dNTP 的种类有关（表 2-6）。反应一般是在 37 ℃作用 15 min，随时间的延长尾亦延长。

表 2-6 末端转移酶形成的同聚尾的长度

pmol/L 3′-OH：μmol/L dNTP	dA	dC	dG	dT
1：0.1	1～10	1～5	1～5	1～10
1：1.5	10～30	10～30	10～20	10～35
1：3.0	100～200	100～200	15～35	200～250
1：15	400～500	400～500	15～35	300～400

第四节 其他分子克隆工具酶

一、依赖于 DNA 的 RNA 聚合酶

依赖于 DNA 的 RNA 聚合酶（DNA dependent RNA polymerase）包括 SP6 噬菌体 RNA 聚合酶（来源于感染鼠伤寒沙门氏菌 LT2 菌株）和 T4 噬菌体 RNA 聚合酶或 T7 噬菌

体 RNA 聚合酶(来源于噬菌体感染的大肠杆菌)。

1. 活性

这些 RNA 聚合酶实际上为转录中的 RNA 合成酶,识别 DNA 中各自特异的启动子序列,并沿此 DNA 模板起始 RNA 的合成。它与 DNA 聚合酶不同,无需引物,但需识别特异性位点。

2. 用途

(1) 体外合成 RNA 分子 将这些酶特异性的启动子安装在载体中,如在 pUC18 的基础上于多克隆位点两侧加入 SP6 和 T7 噬菌体启动子即构成 pGEM-3Z 载体(2.74 kb),可用于体外转录(合成)与外源 DNA 同源的 RNA,从而用做杂交探针、体外翻译系统中的 mRNA 或体外剪接反应的底物。

(2) 用于表达外源基因 将 T7 RNA 聚合酶基因置于 *E. coli* lacUV5 启动子之下,插入到 λ 噬菌体中,感染 *E. coli*,建立稳定的溶原菌。*E. coli* BL21(DE3)菌株即为将 lacUV5 启动子和 T7 聚合酶基因置于 λ 噬菌体 DE3 区,该 λ 噬菌体 DNA 整合于染色体的 BL21 处。若将 T7 噬菌体启动子控制的目的基因经质粒载体导入该宿主菌中,在 IPTG 诱导下可启动外源基因的表达。另一种方法是,先导入带 T7 噬菌体启动子控制的目的基因的质粒,再用 λ 噬菌体(带 T7 RNA 聚合酶基因)感染 *E. coli*,激活目的基因的表达。详见表达载体一章。

在酵母菌中,可把 T7 RNA 聚合酶基因置于酵母启动子之下,放置在一个载体上,将含 T7 启动子和外源基因的片段置于另一载体上,二者导入同一细胞后可表达目的基因。

二、连接酶

连接酶(ligase)就是将两段核酸连接起来的酶,相当于基因工程中的"糨糊"。现已发现几种不同来源或作用于不同底物的连接酶。

1. T4 DNA 连接酶

T4 DNA 连接酶(T4 DNA ligase)的相对分子质量为 6.8×10^4,催化 DNA 5′磷酸基与 3′羟基之间形成磷酸二酯键。反应底物为黏末端、切口、平末端的 RNA(效率低)或 DNA。低浓度的聚乙二醇 PEG(一般为 10%)和单价阳离子(150~200 mmol/L NaCl)可以提高平末端连接速率。

一般采用 Weiss 单位来衡量 T4 DNA 连接酶的活性。在 37 ℃下 20 min 催化 1 nmol ^{32}P 从焦磷酸根置换到[γ,β ^{32}P] ATP 所需的酶量,定义为 1 个 Weiss 单位。该定义方法基于 ATP 和焦磷酸的交换,是最常用的连接酶单位,但该定义所展示的直观生物学意义不显著。New England Biolabs 公司也提出了一种定义方式,即 NEB 连接单位,通过黏末端的连接效率来表示。即,在 20 μL 反应体系中于 16 ℃,使 *Hin*d Ⅲ 切过的 λ DNA(300 μg/mL,0.12 μmol/L 5′端)在 30 min 内连接 50%所需的酶量为 1 个 NEB 连接单位。1 NEB 连接单位等于 0.015 Weiss 单位,1 Weiss 单位等于 67 NEB 连接单位。

连接反应需要 ATP,若在 16 ℃反应,大约需 4 h;若在 4 ℃反应,则需过夜。

许多试剂公司研制出 5 min 连接的 T4 DNA 连接酶,在短时间内在室温下可完成黏末端或平末端连接反应。

2. 大肠杆菌 DNA 连接酶

大肠杆菌 DNA 连接酶(*E. coli* DNA ligase)与 T4 DNA ligase 活性相似,但需烟酰胺-腺嘌呤二核苷酸(NAD^+)参与,且其平末端连接效率低,常用于置换合成法合成 cDNA(见第十一章)。作 cDNA 克隆时,不会将 RNA 连接到 DNA,不连接 RNA。

3. *Taq* DNA 连接酶

Taq DNA 连接酶可在两个寡核苷酸之间进行连接反应，同时必须与另一 DNA 链形成杂交体，相当于连接双链 DNA 中的缺口，作用在 45～65 ℃，需 NAD^+。可用于检测等位基因的变化以及在 PCR 扩增中引入寡核苷酸，但不能替代 T4 DNA 连接酶。

4. T4 RNA 连接酶

T4 RNA 连接酶可以催化单链 DNA 或 RNA 的 5′磷酸与另一单链 DNA 或 RNA 的 3′羟基之间形成共价连接。单链 DNA 或单链 RNA 的 5′端磷酸基团可连接带 3′羟基的 DNA 或 RNA 或单核苷酸 pNp，因此 T4 RNA 连接酶可用于标记 RNA 的 3′端、单链 DNA 或 RNA 的连接、增强 T4 DNA 连接酶的连接活性以及合成寡核苷酸。

三、T4 多核苷酸激酶

T4 多核苷酸激酶(T4 polynucleotide kinase)是一种磷酸化酶，可将 ATP 的 γ-磷酸基团转移至 DNA 或 RNA 的 5′端。在分子克隆应用中呈现两种反应，其一是正反应，指将 ATP 的 γ-磷酸基团转移到无磷酸的 DNA 5′端，用于对缺乏 5′磷酸的 DNA 进行磷酸化。其二是交换反应，在过量 ATP 存在的情况下，该激酶可将 DNA 的 5′端磷酸转移给 ADP，然后 DNA 从 ATP 中获得 γ-磷酸而重新磷酸化。在这两个反应中如果使用的 ATP 均为放射性同位素标记[γ-^{32}P]ATP，那么反应的产物都变成末端获得放射性标记的 DNA。

该酶主要用于对缺乏 5′磷酸的 DNA 或合成接头进行磷酸化，同时可对末端进行标记。通过交换反应标记 DNA 的 5′端，可为 Maxam-Gilbert 化学法测序、S1 核酸酶分析以及其他须使用末端标记 DNA 的操作提供材料。此酶在高浓度 ATP 时发挥最佳活性，NH_4^+ 是其强烈抑制剂。

四、碱性磷酸酶

分子克隆中使用的磷酸酶主要来源于牛小肠碱性磷酸酶(calf intestinal alkaline phosphatase)，简称 CIP 或 CIAP，也有来自细菌和虾的细菌碱性磷酸酶(bacterial alkaline phosphatase，BAP)和虾碱性磷酸酶(shrimp alkaline phosphatase，SAP)。它们均能催化除去 DNA 或 RNA5′磷酸的反应。通过去除 5′磷酸基团，可用于防止 DNA 片段自身连接，或标记(5′端)前除去 DNA 或 RNA 的 5′磷酸。CIAP 可用蛋白酶 K 消化灭活，或在 5 mmol/L EDTA 下，65 ℃或 75 ℃处理 10 min，然后用酚氯仿抽提，纯化去磷酸化的 DNA，从而去除 CIAP 的活性。与 CIAP 不同，SAP 在 65 ℃处理 15 min 后不可逆地完全失去活性，因此在去除残留活性方面 SAP 更有优势。BAP 抗高温和去污剂。

五、核酸酶

1. BAL 31 核酸酶

BAL 31 核酸酶(BAL 31 nuclease)来源于交替单胞菌(*Alteromonas espejiana*) BAL 31，主要活性为 3′外切核酸酶活性，可从线性 DNA 两条链的 3′端迅速去除单核苷酸，随后可从单链 DNA 内部发挥缓慢的内切酶活性，形成截短了的平末端双链 DNA 分子(约占 10%～20%)以及带有约 5 个核苷酸突出单链的截短分子(约占 80%～90%)。对于所形成的单链突出，可用 DNA 聚合酶补平。酶活性发挥均匀，且酶浓度与活性呈线性关系，反应时依赖 Ca^{2+}，而且 EDTA 可抑制其活性。

该酶可用来从两头缩短 DNA，用于构建嵌套缺失体(见第十章)，也可用来制作 DNA

限制酶切图，确定 DNA 二级结构和从单链 RNA 上去除核苷酸。

2. S1 核酸酶

S1 核酸酶（S1 nuclease）来源于米曲霉（*Aspergillus oryzae*），可降解单链 DNA 或 RNA，是一种单链核酸酶。产生带 5′磷酸的单核苷酸或寡核苷酸双链，对双链 DNA（dsDNA）、双链 RNA（dsRNA）和 DNA：RNA 杂交体不敏感。酶浓度大时可完全消化双链，中等浓度可在切口或小缺口处切割双链。

该酶可用于分析 DNA：RNA 杂交体的结构，去掉双链核酸中突出的单链尾从而产生平末端，打开双链 cDNA 合成中产生的发夹环。

3. 绿豆核酸酶

绿豆核酸酶（mung bean nuclease）来源于绿豆芽，与 Sl 酶相似，但比 Sl 酶更温和。在大切口上才切割 DNA，更容易使双链 DNA 突出末端变成平末端。

4. 核糖核酸酶 A

核糖核酸酶 A（ribonuclease A 或 RNase A）来源于牛胰，为内切核酸酶，可特异攻击 RNA 上嘧啶残基的 3′端。可除去 DNA：RNA 中未杂交的 RNA 区，可用来确定 DNA 或 RNA 中单碱基突变的位置。广泛用来去除 DNA 样品中的 RNA。

核糖核酸酶 A 商品制剂可能会污染其他酶（如 DNA 酶），使用前应加热使 DNA 酶失活。

5. 脱氧核糖核酸酶Ⅰ

脱氧核糖核酸酶Ⅰ（DNaseⅠ）来源于牛胰，是内切核酸酶，可优先从嘧啶核苷酸的位置水解双链或单链 DNA。在 Mg^{2+} 存在下，独立作用于每条 DNA 链，且切割位点随机。在 Mn^{2+} 存在下，它可在两条链的大致同一位置切割 dsDNA，产生平末端或 1～2 个核苷酸突出的 DNA 片段。

DNaseⅠ用途广泛，如切口平移标记时在 dsDNA 上随机产生切口；在闭环 DNA 上引入单切口，将分子截短（在亚硫酸氧盐介导的诱变前）；建立随机缺失的嵌套缺失体，用于功能分析或测序；在 DNA 酶足迹法（DNA footprinting）中分析蛋白：DNA 复合物；除去 RNA 样品中的 DNA。

6. 外切核酸酶Ⅲ

大肠杆菌外切核酸酶Ⅲ（exonuleaseⅢ）催化从 dsDNA 3′羟基端逐一去除单核苷酸的反应，底物为线状 dsDNA 和带切口或缺口的环状 DNA，反应结果是在 dsDNA 上产生长长的单链区。该酶还有对无嘌呤 DNA 特异性内切核酸酶活性、RNase H 活性和 3′磷酸酶活性（去磷酸）。但不降解核酸内的磷酸二酯键，也不降解单链 DNA 及带 3′突出的dsDNA。该酶持续作用能力不强，产物为切割程度相近的群体，有利于分离长短不等的 DNA。

该酶用途广泛，可用于制备部分截短的 DNA，用做探针（Klenow DNA 聚合酶补平），类似 T4 DNA 聚合酶的作用；可用于在 dsDNA 链上产生末端序列嵌套缺失的成套缺失体，一般与绿豆核酸酶或 S1 核酸酶联合应用，也能制备单向缺失的 DNA（如另一端为 3′突出末端），详见第十章；也可用于定点诱变，选用 dNTP 的硫代磷酸衍生物在诱变引物引导下合成第二链，然后用该酶切割模板链（不切割硫酯键），可以提高突变率。

7. 核糖核酸酶 H

核糖核酸酶 H（ribonuclease H 或 RNase H）是内切核酸酶，特异性水解与 DNA 杂交的 RNA 上的磷酸二酯键，产生带有 3′羟基和 5′磷酸末端的产物，不降解单链核酸、dsDNA 或 dsRNA。许多酶附带有该酶的活性，如 AMV 反转录酶。

该酶主要用于在 cDNA 克隆合成第二链之前去除 RNA；在脱氧核苷酸指导下在特异位点切割 RNA；分析体外多聚腺嘌呤反应的产物，在与 Oligo(T)或 poly(dT)杂交后去掉 poly(A)尾，从而在电泳中产生清晰的条带。

8. RNase One

RNase One 为 Promega 公司开发的核酸酶，相对分子质量为 2.7×10^4，它可以降解 RNA 至小片段以至核苷酸，是唯一可在所有 4 个碱基处切割磷酸二酯键的酶。

六、核酸酶抑制剂

常用的核酸酶抑制剂(RNase inhibitor)都是生物源的，Promega 公司开发的 RNasin ribonuclease inhibitor 来自人类胎盘，相对分子质量为 5.0×10^4；Pharmacia 公司开发的产品成为 RNAguard ribonuclease inhibitor，来自人类胎盘和猪肝。

核酸酶抑制剂为 RNase 的非竞争性抑制剂，以非共价方式结合在 RNase A 类的酶上，其活性需要 DTT(二硫苏糖醇)。它抑制的 RNase 包括 RNase A、RNase B 和 RNase C 等，不抑制 RNase H、RNase T1、RNase One™ 和 S1 核酸酶，也不抑制 T7、T3 和 SP6RNA 聚合酶，以及 AMV 和 Mu-MLV 反转录酶和 *Taq* DNA 聚合酶。

主要用于 cDNA 合成的反应中，如反转录、RT-PCR、体外转录和体外翻译。

七、琼脂糖酶

琼脂糖酶(agarase)是一种琼脂糖水解酶，可将琼脂糖亚单位(新琼脂二糖，neoagarobiose)水解为新琼脂寡糖(neoagarooligosaccharide)，用于从低熔点琼脂糖凝胶中分离纯化大片段 DNA 或 RNA 片段。该酶对热很稳定，反应时不需要缓冲液。

八、DNA 结合蛋白

1. 单链 DNA 结合蛋白

目前应用较多的单链 DNA 结合蛋白(single strand binding protein，SSB)有两种，分别来自大肠杆菌和 T4 噬菌体基因 32。此蛋白能协同地与单链 DNA(ssDNA)结合而不与 dsDNA 结合，可以削弱链内二级结构的稳定性，从而加速互补多核苷酸的重新退火，并通过消除阻碍 DNA 聚合酶前进的链内二级结构，提高这些聚合酶的持续作用能力。

2. 拓扑异构酶Ⅰ

常用的拓扑异构酶Ⅰ(topoisomeraseⅠ)来自小牛胸腺等，通过瞬时破坏并再生磷酸二酯键，解除共价闭环 dsDNA 中的超螺旋。对 DNA 的超螺旋度相对不敏感，在 EDTA 下仍有活性。与原核Ⅰ型拓扑异构酶的不同之处在于，它可使正超螺旋及负超螺旋 DNA 完全松弛。来自痘苗病毒(vaccinia virus)的拓扑异构酶Ⅰ已开发成试剂盒用于 PCR 产物的克隆。详见第八章。

九、其他酶

1. 大肠杆菌尿嘧啶-DNA 糖基化酶

大肠杆菌尿嘧啶-DNA 糖基化酶(uracil-DNA glycosylase，UDG)，也称为尿嘧嘧 *N*-糖基化酶，可将含尿嘧啶的单链或双链 DNA 中的尿嘧啶水解出来。对 6 个或以下的寡核苷酸不起作用。尿嘧啶碱基去除后的 DNA 片段就再不能作为 DNA 聚合酶合成 DNA 的模板。

2. Cre 重组酶

Cre 重组酶(Cre recombinase)是噬菌体 P1 的Ⅰ型拓扑酶,可催化 DNA 在两个 *loxP* 位点之间发生位点特异性重组。该酶不需要能量辅助因子。*loxP* 位点由 34 个碱基组成,其两端为 13 碱基的倒转重复序列,中间有用于定向的 8 bp 间隔区。

3. 蛋白酶 K

蛋白酶 K(proteinase K)是具有高活性的丝氨酸蛋白酶,属枯草杆菌蛋白酶,由霉菌 *Tritirachium album* var. *limber* 产生。K 指该蛋白酶通过水解角蛋白(keratin)可以为该霉菌提供所有需要的碳源和氮源。蛋白酶 K 可以水解范围广泛的肽键,尤其适合水解羧基末端至芳香族氨基酸和中性氨基酸之间的肽键。成熟的蛋白酶 K 相对分子质量为 2.9×10^4,在 50 ℃的活性比在 37 ℃高许多倍。由于蛋白酶 K 可有效地降解内源蛋白,所以能快速水解细胞裂解物中的 DNA 酶和 RNA 酶,以利于完整 DNA 和 RNA 的分离。蛋白酶 K 是一种常用的蛋白酶,常用于去除残留的酶类以及样品中的蛋白质。

4. 溶菌酶

溶菌酶(lysozyme)是一类水解细菌细胞壁中肽聚糖的酶,在分子克隆中常用的是卵清溶菌酶,用于破碎细胞。

以上介绍了许多分子克隆中的常用工具酶,但在实际工作中使用的酶远不止这些,随着生物科学和技术的发展,还会有新的酶用于基因操作。

思　考　题

1. 限制性内切酶可划分为哪几个类型,各有何特点?
2. 什么是同裂酶和同尾酶,它们在基因操作中有何用途?
3. 为保证限制性内切酶正确发挥作用,有哪些需要注意的事项?
4. 哪些酶可用于 DNA 片段的末端标记?
5. 具有 3′→5′外切活性的核酸酶有哪些?
6. 在分子克隆中所用的反转录酶主要有哪些种类,各有何特点?
7. 碱性磷酸酶和多核苷酸激酶在 DNA 连接反应中发挥什么作用?

主要参考文献

1. Roberts R J, Vincze T, Posfai J, *et al*. REBASE—restriction enzymes and DNA methyltransferases. Nucleic Acids Res, 2005, 33(Database issue): D230-D232

2. Roberts R J, Vincze T, Posfai J, *et al*. REBASE—a database for DNA restriction and modification: enzymes, genes and genomes. Nucleic Acids Res, 2010, 38(Database issue): D234-D236

3. Primrose S, Twyman R, Old B. Principles of Gene Manipulation. 6th ed. Oxford: Blackwell Publishing, 2002

4. Sambrook J, Fritsch E F, Maniatis T. Molecular cloning: a laboratory manual. 2nd ed. New York: Cold Spring Harbor Laboratory Press, 1989

5. Sambrook J, Russell D W. Molecular cloning: a laboratory manual. 3rd ed. New York: Cold Spring Harbor Laboratory Press, 2001

6. New England Biolabs. 2013-2014 Catalog. New England Biolabs, Inc., 2013

(孙明)

第三章

分子克隆载体

将外源 DNA 或基因片段携带入宿主细胞(host cell)的工具称为载体(vector)。载体应具备以下特征:在宿主细胞内必须能够自主复制(具备复制原点);必须具备合适的酶切位点,供外源 DNA 片段插入,同时不影响其复制;有一定的选择标记,用于筛选;最好有较高的拷贝数,便于载体的制备。

利用重组 DNA 技术分离目的基因的过程,称之为基因克隆。克隆作动词时,指从单一祖先产生同一的 DNA 分子群体或细胞群体的过程;作名词时指从一个共同祖先无性繁殖下来的一群遗传上同一的 DNA 分子、细胞或个体所组成的特殊的群体。由大量的含有基因组 DNA(即某一生物的全部 DNA 序列)的不同 DNA 片段的克隆所构成的群体,称之为基因文库。基因文库的构建必须通过载体才能实现,按载体的工作方式的不同可分为质粒载体、噬菌体载体、黏粒载体和噬菌粒载体等。下面将作较详细分述。

第一节　质 粒 载 体

一、质粒的基本特性

质粒是染色体外的遗传因子,能进行自我复制(但依赖于宿主编码的酶和蛋白质);大多数为超螺旋的双链共价闭合环状 DNA 分子(covalently closed circle DNA,cccDNA),少数为线性;大小一般为 1～200 kb,有的更大。许多质粒带有特殊功能的基因,表现出多样化的表型特征,如抗生素的抗性、产生抗生素、降解复杂有机化合物、产生毒素(如大肠杆菌素、肠毒素)、合成限制性内切酶或修饰酶、生物固氮和杀虫等。

1. 质粒的复制

通常一个质粒含有一个复制起始区以及与此相关的顺式作用元件(整个遗传单位定义为复制子)。在不同的质粒中,复制起始区的组成方式是不同的,有的可决定复制的方式,如滚环复制或 θ 复制。

在大肠杆菌中使用的大多数载体都带有一个来源于 pMB1 质粒或 ColE1 质粒的复制起始位点,其复制方式见图 3-1。在复制时,首先合成前 RNAⅡ,即前引物,并与 DNA 形成杂交体;而后 RNase H 切割前 RNAⅡ,使之成为成熟的 RNAⅡ,并形成三叶草二级结构,引导质粒的复制。形成的 RNAⅠ可控制 RNAⅡ形成二级结构,同时 Rop 增强 RNAⅠ的作用,从而控制质粒的拷贝数。削弱 RNAⅠ和 RNAⅡ之间相互作用的突变,将增加带有 pMB1 或 ColE1 复制子的拷贝数。

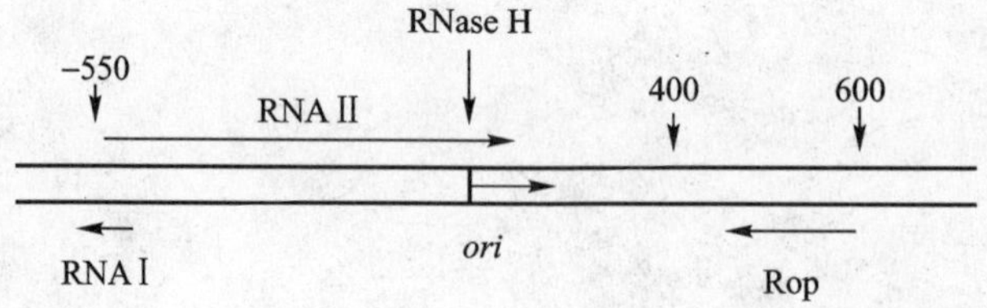

图 3-1　带 pMB1(或 ColE1)复制起点(*ori*)的质粒在复制起始阶段所产生的转录的方向及其粗略大小

2. 质粒拷贝数

按照质粒控制拷贝数的程度,可将质粒的复制方式分为严谨型与松弛型。严谨型质粒在每个细胞中的拷贝数有限,大约 1～几个;松弛型质粒拷贝数较多,可达几百。表 3-1 列出了不同质粒中复制子与拷贝数的大致关系。

表 3-1　质粒载体及其拷贝数

质粒	复制子来源	拷贝数
pBR322 及其衍生质粒	pMB1	15～20
pUC 系列质粒及其衍生质粒	突变的 pMB1	500～700
pACYC 及其衍生质粒	p15A	10～12
pSC101 及其衍生质粒	pSC101	～5
ColE1	ColE1	15～20

pUC 系列质粒的复制单位来自质粒 pMB1,但其拷贝数较高。这主要是由于 RNA Ⅰ 的起点上游 1 个核苷酸 G 变成了 A,从而使得其转录起点改在下游 3 个核苷酸处。RNA Ⅰ 5′ 单链的完整对于 RNA Ⅰ/RNA Ⅱ 间的相互作用至关重要,而缩短的 RNA Ⅰ 与 RNA Ⅱ 的结合效率降低,从而导致 pUC 质粒拷贝数的增加。

pMB1 质粒的复制并不需要质粒编码的功能蛋白,而是完全依靠宿主提供的半衰期较长的酶(DNA 聚合酶 Ⅰ、DNA 聚合酶 Ⅲ、依赖于 DNA 的 RNA 聚合酶,以及宿主基因 *dnaB*、*dnaC*、*dnaD* 和 *danZ* 的产物)来进行。因此,当存在抑制蛋白质合成并阻断细菌染色体复制的氯霉素或壮观霉素等抗生素时,带有 pMB1(或 ColE1)复制子的质粒将继续复制,最后每个细胞中可积聚 2 000～3 000 个质粒。

3. 质粒的不相容性

两个质粒在同一宿主中不能共存的现象称为质粒的不相容性(incompatibility),它是指在第二个质粒导入后,在不涉及 DNA 限制系统时出现的现象。不相容的质粒一般都利用同一复制系统,从而导致不能共存于同一宿主中。两个不相容性质粒在同一个细胞中复制时,在分配到子细胞的过程中会竞争,随机挑选,微小的差异最终被放大,从而导致在子细胞中只含有其中一种质粒。而不相容群指那些具有不相容性的质粒组成的一个群体,一般具有相同的复制子。在大肠杆菌中现已发现 30 多个不相容群,如 ColE1(或 pMB1)、pSC101 和 p15A 是不同的不相容群中的质粒。

4. 转移性

质粒具有转移性。在自然条件下,很多质粒可以通过称为细菌接合(conjugation)的作用转移到新宿主细胞内。它需要移动基因 *mob*、转移基因 *tra*、顺式作用元件 *bom* 及其内部

的转移缺口位点 *nic*。质粒 pBR322 是常用的质粒克隆载体，本身不能进行接合转移，但含有转移起始位点 *nic*，可在第三个质粒（如 ColK）编码的转移蛋白作用下，通过接合质粒来进行转移。接合型质粒的相对分子质量较大，有编码 DNA 转移的基因，因此能从一个细胞自我转移到原来不存在此质粒的另一细胞中去。在基因操作中可以将转移必需的因子放在不同的复制单位上，通过顺反互补来控制目的质粒的接合转移。三亲本杂交就是根据接合转移的原理设计的基因转移方式。但大多数克隆载体无 *nic*/*bom* 位点（如 pUC 系列质粒）。

二、标记基因

标记基因按其用途可分为选择标记基因和筛选标记基因。选择标记基因用于鉴别目的 DNA（载体）的存在，将成功转化了载体的宿主挑选出来，而筛选标记基因可用于将携带了外源 DNA 片段的重组子挑选出来。

1. 选择标记基因

抗生素抗性基因是目前使用最广泛的选择标记。

(1) 氨苄青霉素抗性基因　氨苄青霉素抗性基因（ampicillin resistance gene，amp^r）是基因操作中使用最广泛的选择标记，绝大多数在大肠杆菌中应用的质粒载体带有该基因。青霉素可抑制细胞壁肽聚糖的合成，与有关的酶结合并抑制其活性，并抑制转肽反应。氨苄青霉素抗性基因编码一个酶，该酶可分泌进入细菌的周质区，并催化 β-内酰胺环水解，从而解除了氨苄青霉素的毒性。青霉素是一类化合物的总称，其分子结构由侧链 R—CO—和主核 6-氨基青霉烷酸（6-APA）两部分组成。在 6-APA 中有一个饱和的噻唑环（A）和一个 β-内酰胺环，6-APA 可看作为由 L-半胱氨酸和缬氨酸缩合成的二肽。

(2) 四环素抗性基因　四环素可与核糖体 30 S 亚基的一种蛋白质结合，从而抑制核糖体的转位。四环素抗性基因（tetracycline resistance gene，tet^r）编码一个由 399 个氨基酸组成的膜结合蛋白，可阻止四环素进入细胞。pBR322 质粒除了带有氨苄青霉素抗性基因外，还带有四环素抗性基因。

(3) 氯霉素抗性基因　氯霉素可与核糖体 50 S 亚基结合并抑制蛋白质合成。目前使用的氯霉素抗性基因（chloramphenicol resistance gene，cm^r，*cat*）来源于转导性 P1 噬菌体（也携带 Tn9）。*cat* 基因编码氯霉素乙酰转移酶，即一个四聚体细胞质蛋白（每个亚基的相对分子质量为 2.3×10^4）。在乙酰辅酶 A 存在时，该蛋白催化氯霉素形成氯霉素羟乙酰氧基衍生物，使之不能与核糖体结合。

(4) 卡那霉素抗性基因和新霉素抗性基因　卡那霉素和新霉素是氨基糖苷类抗生素，都可与核糖体结合并抑制蛋白质合成。卡那霉素抗性基因（kanamycin resistance gene，kan^r）和新霉素抗性基因（neomycin resistance gene，neo^r）实际就是一种编码氨基糖苷磷酸转移酶[APH(3′)-Ⅱ，相对分子质量为 2.5×10^4]的基因，氨基糖苷磷酸转移酶可使这两种抗生素磷酸化，从而干扰了它们向细胞内的主动转移。在细胞中合成的这种酶可以分泌至外周质腔，保护宿主不受这些抗生素的影响。

(5) 琥珀突变抑制基因 *supF*　在基因的编码区中，若某个密码子发生突变后变成终止密码子，则称这样的突变为赭石突变（突变为 UAA），或琥珀突变（突变为 UAG），或乳白突变（突变为 UGA）。*supF* 基因编码细菌的抑制性 tRNA，可在 UAG 密码子上编译酪氨酸。如果在某一宿主中含具琥珀突变的 tet^r 基因和 amp^r 基因，只有当宿主含有 *supF* 基因时才会对青霉素和四环素产生抗性。相应地，*supE* 基因在 UAG 密码子上编译谷氨酰胺。由于目前所用的标记基因使用方便，因此用这类标记的载体较少。

(6) 其他　还有一些正向选择标记，表达一种使某些宿主菌致死的基因产物，而含有外源基因片段插入后，该基因便失活。如蔗糖致死基因 *sacB*，来自淀粉水解芽胞杆菌（*Bacillus amyloliquefaciens*），编码果聚糖蔗糖酶（levansucrase）。在含蔗糖的培养基上 *sacB* 基因的表达对大肠杆菌来说是致死的，因此该基因可用于插入失活筛选重组子。

2. 筛选标记基因

筛选标记基因主要用来区别重组质粒与非重组质粒，当一个外源 DNA 片段插入到一个质粒载体上时，可通过该标记来筛选插入了外源片段的质粒，即重组质粒。

(1) α-互补　α-互补（α-complementation）是指 *lacZ* 基因上缺失近操纵基因区段的突变体与带有完整的近操纵基因区段的 β-半乳糖苷酶（β-galactosidase，由 1 024 个氨基酸组成）基因的突变体之间实现互补。α-互补是基于在两个不同的缺陷 β-半乳糖苷酶之间可实现功能互补而建立的。大肠杆菌的乳糖 *lac* 操纵子中的 *lacZ* 基因编码 β-半乳糖苷酶，如果 *lacZ* 基因发生突变，则不能合成有活性的 β-半乳糖苷酶。例如，*lacZ*ΔM15 基因是缺失了编码 β-半乳糖苷酶中第 11～41 个氨基酸的 *lacZ* 基因，无酶学活性。对于只编码 N 端 140 个氨基酸的 *lacZ* 基因（称为 *lacZ′*），其产物也没有酶学活性。但这两个无酶学活性的产物混合在一起时，可恢复 β-半乳糖苷酶的活性，实现基因内互补。

在 *lacZ′* 编码区上游插入一小段 DNA 片段（如 51 bp 的多克隆位点），不影响 β-半乳糖苷酶的功能内互补。但是，若在该 DNA 小片段中再插入一个片段，将几乎不可避免地产生无 α-互补能力的 β-半乳糖苷酶片段。利用这一互补性质，可用于筛选在载体上插入了外源片段的重组质粒。在相应的载体系统中，*lacZ*ΔM15 放在 F 质粒上，随宿主传代；*lacZ′* 放在载体上，作为筛选标记（图 3-2）。相应的受体菌有 JM 系列、TG1 和 XL1-Blue，前二者均带有 Δ(*lac*-*proAB*)F′(*proAB*+*lacI*^{q} *lacZ*ΔM15) 基因型。其中 *lacI* 为 *lac* 阻抑物的编码基因，*lacI*^{q} 突变使阻抑物产量增加，防止 *lacZ* 基因渗漏表达。

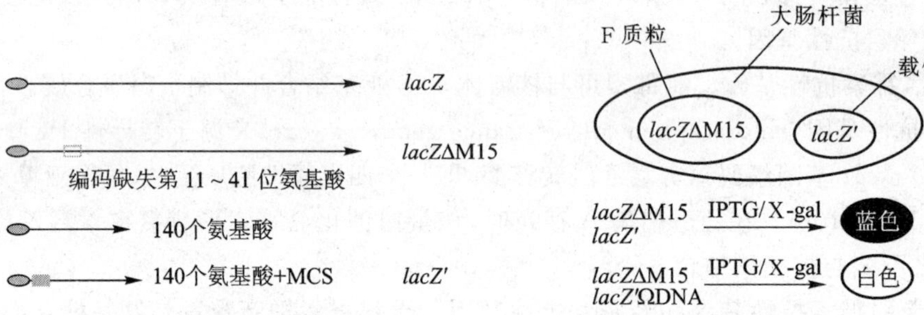

图 3-2　LacZ 和 LacZ′多肽的结构关系（左）和通过 α-互补产生的菌落颜色变化（右）

> *lacZ* 基因是乳糖 *lac* 操纵子中编码 β-半乳糖苷酶的基因，乳糖及其衍生物可诱导其表达。乳糖既是 *lac* 操纵子的诱导物，也是作用的底物。异丙基-β-D-硫代半乳糖苷（IPTG）是乳糖的衍生物，可作为 *lac* 操纵子的诱导物，但不能作为反应的底物；5-溴-4-氯-3-吲哚-β-D-半乳糖苷（X-gal）可作为 *lac* 操纵子的底物，但不能作为诱导物。底物 X-gal 还可充作生色剂，被 β-半乳糖苷酶分解后可产生蓝色产物，可使菌落或噬菌斑呈蓝色。

(2) 插入失活　通过插入失活（insertional inactivation）进行筛选的质粒主要有 pBR322（图 3-3），该质粒具有四环素抗性基因和氨苄青霉素抗性基因两种抗性标记。当外源 DNA

片段插入 tet^r 基因后，导致 tet^r 基因失活，变成只对氨苄青霉素有抗性。这样就可通过对抗生素是双抗还是单抗来筛选是否有外源片段插入到载体中。

三、质粒载体的种类

质粒克隆载体经历了 3 个发展阶段，在 pBR322 出现之前，pSC101 和 ColE1 应用较多，但相对分子质量大且酶切位点少。由于转化效率与大小成反比，所以质粒大于 15 kb 时，转化效率成为限制因素。同时质粒越大，越难以用限制酶切进行鉴定；质粒越大，拷贝数就越低。

在 pBR322 出现以后，通过调整载体的结构，载体的工作效率得到巨大提高。pUC 质粒去掉了多余片段，并安装了多克隆位点和筛选标记等。

以后在此基础上，又增加了辅助功能，形成了表达载体和穿梭载体等功能性载体。

1. 克隆载体

克隆载体主要用于扩增或保存 DNA 片段，是最简单的载体。

(1) pBR322 质粒载体　pBR322 质粒的大小为 4 361 bp，GenBank 注册号为 V01119 和 J01749，含有 30 多个单一位点，具有四环素抗性基因和氨苄青霉素抗性基因，其质粒复制区来自 pMB1。目前使用广泛的许多质粒载体几乎都是由此发展而来的。利用四环素抗性基因内部的 *Bam*H Ⅰ位点来插入外源 DNA 片段，可通过插入失活进行筛选（图 3-3）。

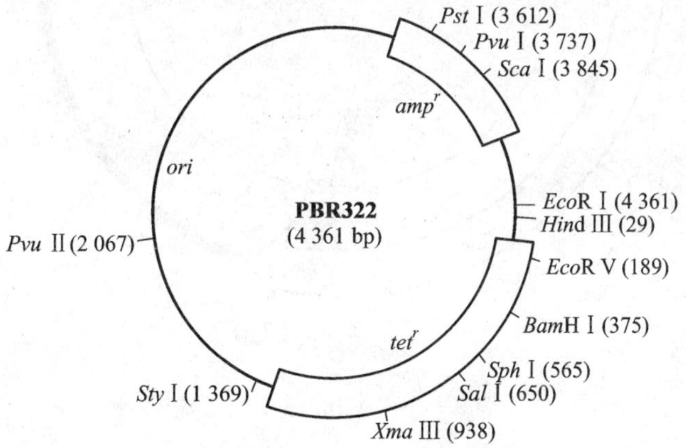

图 3-3　pBR322 质粒图谱

> GenBank 是美国国立生物技术信息中心（National Center for Biotechnology Information，NCBI）建立的大型 DNA 序列数据库，是国际上最大的 DNA 序列数据库之一。所有已经发表的 DNA 序列都可以免费获取，同时也可以接受新的数据。数据库的网站地址是 http://www.ncbi.nlm.nih.gov。

(2) pUC18 质粒和 pUC19 质粒载体　pUC18 和 pUC19 大小只有 2 686 bp，是最常用的质粒载体，其结构组成紧凑，几乎不含多余的 DNA 片段（图 3-4），GenBank 注册号为 L08752(pUC18)和 X02514(pUC19)。由 pBR322 改造而来，其中 *lacZ*(MCS)基因来自噬菌体载体 M13mp18/19。

这两个质粒的结构几乎是完全一样的，只是多克隆位点的排列方向相反。这些质粒缺乏控制拷贝数的 *rop* 基因，因此其拷贝数达 500～700。pUC 系列载体含有一段 LacZ 蛋白

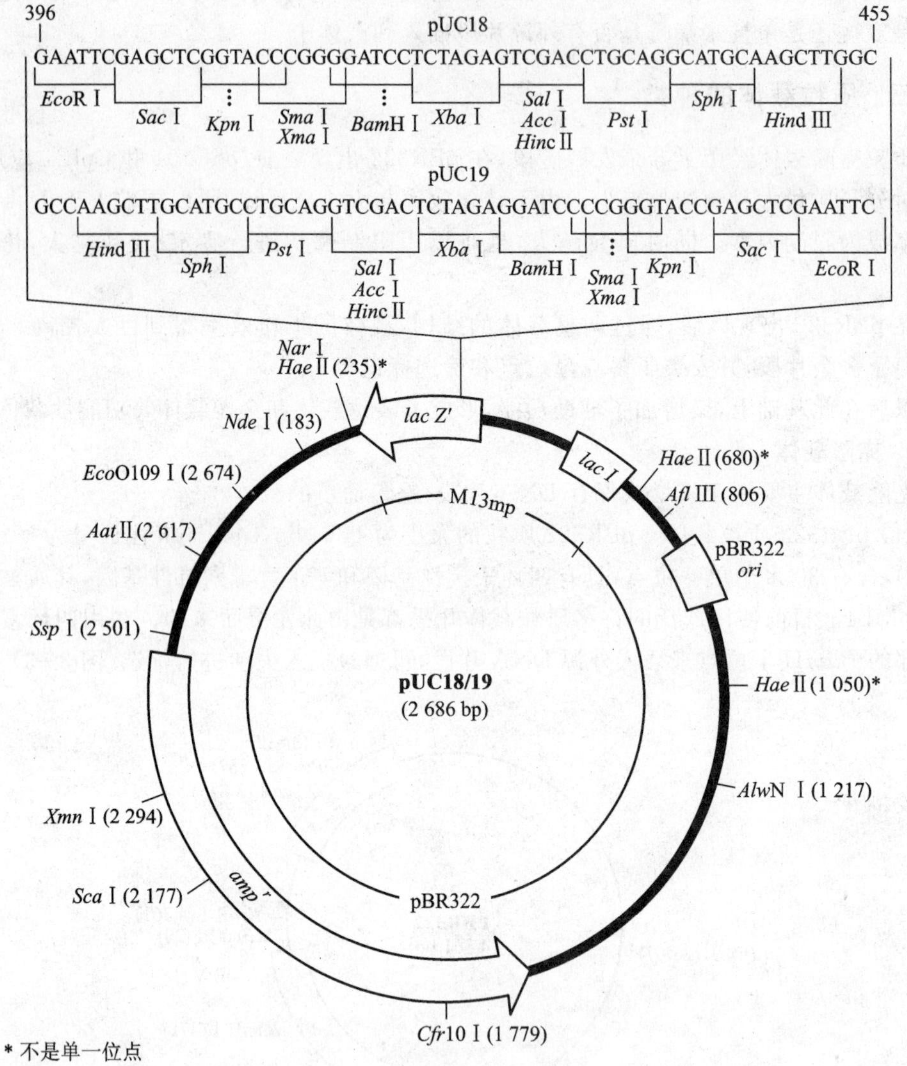

图 3-4　pUC18/19 质粒图谱

氨基末端的编码序列，在特定的受体细胞中可表现 α-互补作用。因此在多克隆位点中插入了外源片段后，可通过 α-互补作用形成的蓝色和白色菌落筛选重组质粒。

(3) pUC118 和 pUC119 质粒载体　由 pUC18/19 增加了一些功能片段改造而来，大小为3 162 bp，GenBank 注册号为 U07649(pUC118)和 U07650(pUC119)。相当于在pUC18/19 中增加了带有 M13 噬菌体 DNA 合成的起始与终止以及包装进入噬菌体颗粒所必需的顺式序列(IG)，当含这些质粒的细胞被适当的 M13 丝状噬菌体感染时，可合成质粒 DNA 的其中一条链，并包装在子代噬菌体颗粒中。通过纯化噬菌体颗粒，可制备单链 DNA 用于 DNA 序列测定、定点诱变或制备探针。因此，这类质粒也称噬菌粒(phagemid)。在有些噬菌粒中，使用与 M13 噬菌体等同的 f1 噬菌体或 fd 噬菌体的 IG 序列。有关 M13 噬菌体及其衍生载体的详细情况，参见下文。

(4) pGEM-3Z/4Z 质粒载体　pGEM-3Z/4Z 由 pUC18/19 增加了一些功能片段改造而来，大小为 2.74 kb，GenBank 注册号为 X65304(pGEM-3Z，2 743 bp)和 X65305(pGEM-4Z，2 746 bp)。与 pUC18/19 相比，在多克隆位点的两端添加了噬菌体的转录启动子，如 SP6

和 T7 噬菌体的启动子。pGEM-3Z 和 pGEM-4Z 的差别在于二者互换了两个启动子的位置。利用这些载体，在克隆目的 DNA 片段后，可在体外进行转录得到 RNA，用于体外蛋白质的合成，或用做克隆邻近 DNA 片段的探针。其他类似载体只是在多克隆位点两端加入的启动子类型不同或只在一端有启动子。

（5）多功能质粒载体　在上述载体的基础上，人们设计出一些多功能的质粒载体，这类质粒载体综合了以上质粒的特点。除了包含作为质粒载体的基本要素外，综合了上述功能要素，如多克隆位点、α-互补、噬菌体启动子和单链噬菌体的复制与包装信号（图 3-5）。典型的这类质粒有 pBluescript Ⅱ KS(±)，这些质粒一般由 4 个质粒组成一套系统，其差别在于多克隆位点方向相反（根据多克隆位点两端 *Kpn* Ⅰ 和 *Sac* Ⅰ 的顺序，用 KS 或 SK 表示），或单链噬菌体的复制起始方向相反（或者说，引导 DNA 双链中不同链合成单链 DNA，用＋或－表示），pBluescript Ⅱ KS(＋)的 GenBank 注册号为 X52327。pBluescript Ⅱ KS(±)的多克隆位点与 pUC18/19 的不同，且使用 f1 噬菌体的复制与包装信号序列。

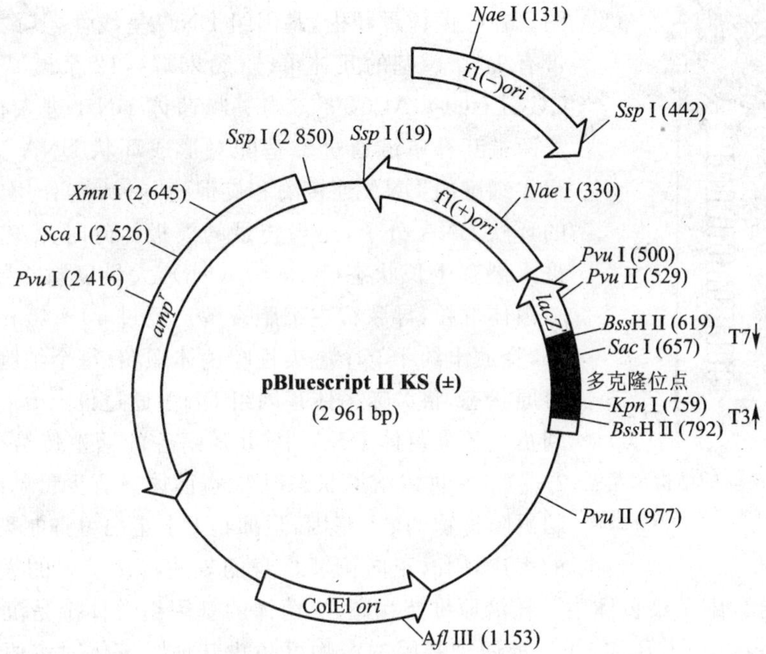

图 3-5　pBluescript Ⅱ KS(±)系列质粒的图谱

2. 表达载体

该类载体是在常规克隆载体的基础上衍生而来的，主要增添了强启动子，以及有利于表达产物分泌、分离或纯化的元件，详细情况见后文。

从以上质粒载体的组成可以总结出载体应具备以下特点：在宿主细胞内必须能够自主复制（具备复制原点）；必须具备合适的酶切位点，供外源 DNA 片段插入，同时不影响其复制；有一定的选择标记，用于筛选。另外有一定的拷贝数，便于制备。有时还有其他附加因素，如 MSC、*lacZ'*（α-互补）、单链噬菌体的复制起始和终止位点、启动子和 λ 噬菌体的 *cos* 位点等。

第二节　λ 噬菌体载体

λ 噬菌体载体(lambda phage vector)是最早使用的克隆载体,对 λ 噬菌体的遗传学和生理学已经作了深入研究。为了更好地利用该载体,了解 λ 噬菌体的分子生物学特性以及载体的设计和组建原则是有必要的。

一、λ 噬菌体的分子生物学

λ 噬菌体是感染大肠杆菌的溶原性噬菌体,在感染宿主后可进入溶原状态(lysogenic state),也可进入裂解循环。λ 噬菌体基因组是长度约为 50 kb 的双链 DNA 分子,实际大小为 48 502 bp(GenBank 注册号为:J02459 或 M17233)。图 3-6 是 λ 噬菌体的结构示意图。在噬菌体颗粒内,基因组 DNA 呈线性,其两端的 5′端各带有 12 个碱基的互补单链(黏末端),12 个碱基的序列为 5′ GGGCGGCGACCT3′。当 λ 噬菌体 DNA 进入宿主细胞后,其两端互补单链通过碱基配对形成环状 DNA 分子,而后在宿主细胞的 DNA 连接酶和旋促酶(gyrase)作用下,形成封闭的环状 DNA 分子,充当转录的模板。此时,λ 噬菌体可选择进入裂解生长状态(lytic growth),大量复制并装配成子代 λ 噬菌体颗粒,导致宿主细胞裂解。经过 40～45 min 的生长循环,释放出约 100 个感染性噬菌体颗粒(每个细胞);或者进入溶原状态,将 λ 噬菌体基因组 DNA 通过位点专一性重组整合到宿主的染色体 DNA 中,并随宿主的繁殖传给子代细胞(图 3-7)。在进入溶原状态时,λ 噬菌体只有少量基因表达,包括编码阻抑物的 *c*Ⅰ基因,阻抑物 CⅠ蛋白可抑制裂解功能基因的表达,同时正向调节自身的表达;*int* 基因的表达使 λ 噬菌体基因组整合到细菌染色体中。在溶原维持状态,噬菌体的基因组总体上是沉默的,只有 3 个基因表达:*rexA*、*rexB* 和 *c*Ⅰ。前两个基因的产物可防止其他噬菌体对溶原体(lysogen)的超感染,CⅠ蛋白可阻止裂解生长必需基因的表达。

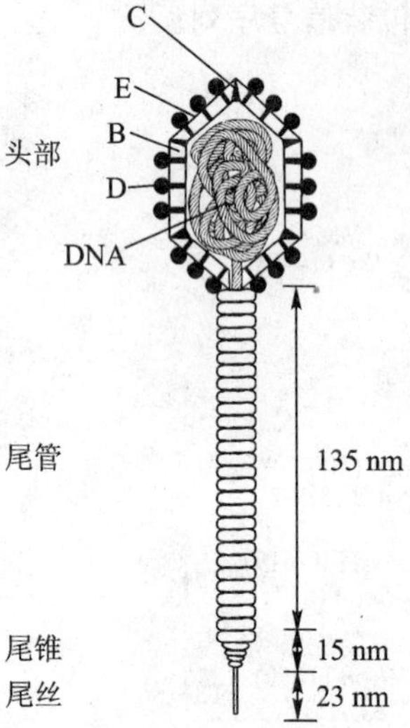

图 3-6　λ 噬菌体的结构示意图 C、E、B 和 D 分别指相应基因编码的颗粒蛋白

λ 噬菌体基因组至少可编码 30 个基因,它们的分布和排列与其功能有一定关系。根据执行功能的不同可将基因组分为 3 个区(图 3-8,图 3-9)。左边区域包括从 *Nu1* 基因到 *J* 基因之间的基因,其产物用于噬菌体 DNA 的包装和噬菌体颗粒的形成。中间区域(*J* 基因右边至 *gam* 基因)编码基因调节、溶原状态的发生和维持以及遗传重组所需要的基因。其中许多基因对裂解生长是非必需的,在构建载体时可以去掉,用外源 DNA 片段替代。右边区域(*gam* 基因右边至 R_Z 基因)包含噬菌体复制和裂解宿主菌所必需的基因。

1. λ 噬菌体发育调节

(1) 吸附　λ 噬菌体对宿主的侵染,是从吸附(adsorption)开始的。λ 噬菌体可吸附在大肠杆菌的外膜受体蛋白上,该蛋白由 *lamB* 基因编码,受麦芽糖诱导。因此,在含麦芽糖的培养基上有利于 λ 噬菌体对宿主的吸附。在 37 ℃条件下,λ 噬菌体的感染是正常的,但在室温下感染不能有效进行,不能形成噬菌斑。

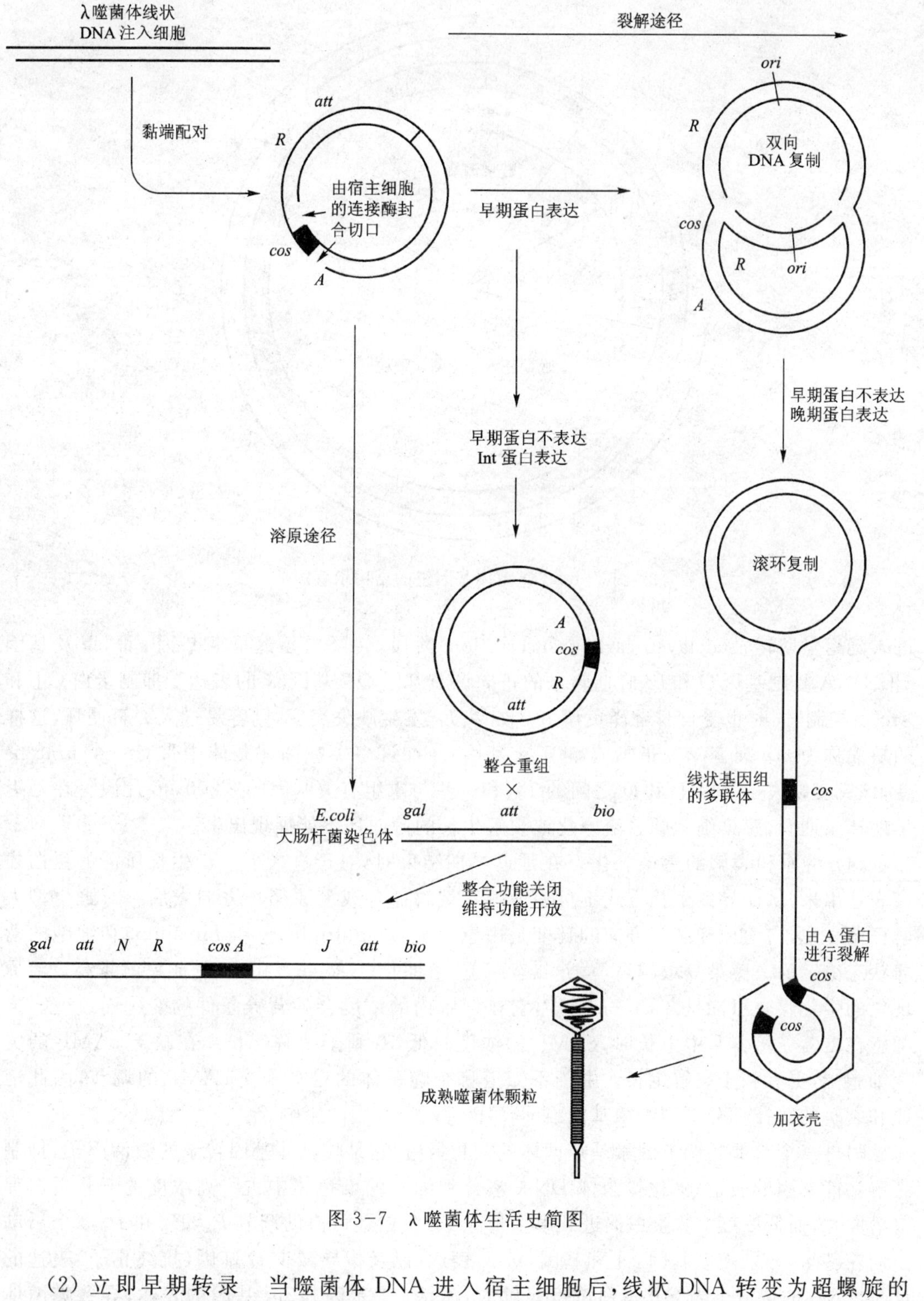

图 3-7　λ噬菌体生活史简图

(2) 立即早期转录　当噬菌体DNA进入宿主细胞后，线状DNA转变为超螺旋的cccDNA。然后利用位于*c*Ⅰ基因两侧的P_L和P_R启动子启动立即早期转录(immediate early transcription)，并终止于*N*基因和*cro*基因末端的终止子T_L和T_{R1}，其中向右侧的转录有40%可终止于t_{R2}，转录出涉及DNA复制的*O*基因和*P*基因。基因*N*的产物具有抗转录终止的作用，且对裂解生长是必需的。

(3) 延迟早期转录　在N蛋白的作用下，转录作用可穿越早期转录终止子T_L和T_{R1}，

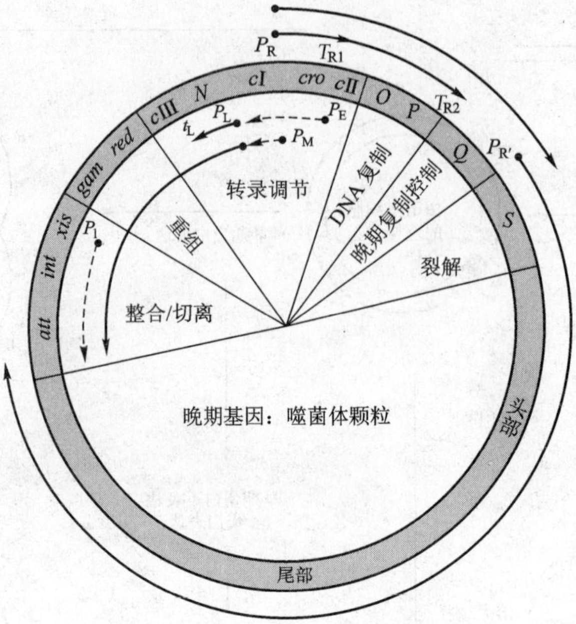

图 3-8　λ 噬菌体基因组的结构示意图

进入延迟早期转录(delayed early transcription)阶段，转录出延迟早期基因 cⅢ，以及基因 cⅡ、DNA 复制基因 O 和 P、晚期转录的正向调节基因 Q。基因 N 的表达受抑制蛋白 CⅠ和 Cro 负控制，同时也受自身翻译负调节。如果 T_{R2} 发生缺失突变，则容易进入裂解循环，这样的缺失称为 *nin* 突变(*nin* 指不依赖于 N 基因)。在许多 λ 噬菌体载体中带有一个 *nin*5 突变，该突变缺失了基因 P 和 Q 之间的 T_{R2} 和一些与重组有关基因的 2 800 bp 片段。在延迟早期转录期间，感染细胞朝着溶原化或裂解生长的倾向还不能展现出来。

(4) 溶原和裂解的感染分化　在延迟早期结束时，对于进入下一步生长所需的蛋白才会表达出来，从而导致生长方式不可逆地朝着裂解循环或溶原循环方向发展。对野生型大肠杆菌来说，向溶原和裂解方向的转变是由感染复数(multiplicity of infection)和细胞的营养状态决定的。感染复数越高，营养状态越差，溶原化(lysogenization)的频率就越高。溶原现象的生化媒介可能是 3′,5′-cAMP，它在细胞内的浓度会随营养条件的变化而改变。当细胞在富营养培养基中生长时，cAMP 的浓度较低，有利于裂解生长。在缺乏 cAMP 的突变细胞中，更有利于裂解生长。由于不知道哪个噬菌体的启动子受 cAMP 的调节，因此溶原和裂解的选择部分受到细菌基因或 cAMP 所调节基因的影响。

另外一个重要的调节因素是噬菌体的 CⅡ蛋白，它是噬菌体基因转录的激活因子，抑制裂解功能基因的表达，催化噬菌体 DNA 整合到细菌的染色体中去。高浓度的 CⅡ蛋白促进溶原化，而低浓度 CⅡ蛋白促进裂解生长。CⅡ蛋白还可协助调节 P_E、P_I 和 P_{aQ} 3 个启动子向左转录，分别控制基因 cⅠ和基因 *int* 的表达，以及指导减少 Q 基因(抗终止子)表达的反义 RNA 的合成。当 CⅡ蛋白浓度足够时，激活 cⅠ基因和 *int* 基因的表达，导致噬菌体 DNA 整合到宿主的染色体上。

(5) 进入裂解生长　基因 O 和 P 在立即早期转录过程中的转录是微弱的，但在蛋白 N 介导的抗终止作用下转录活性变得很强。在感染早期，利用 O 蛋白和 P 蛋白激活的单一复制起点，在宿主的复制蛋白和应激蛋白(stress protein)的作用下，噬菌体 DNA 通过 θ 方式

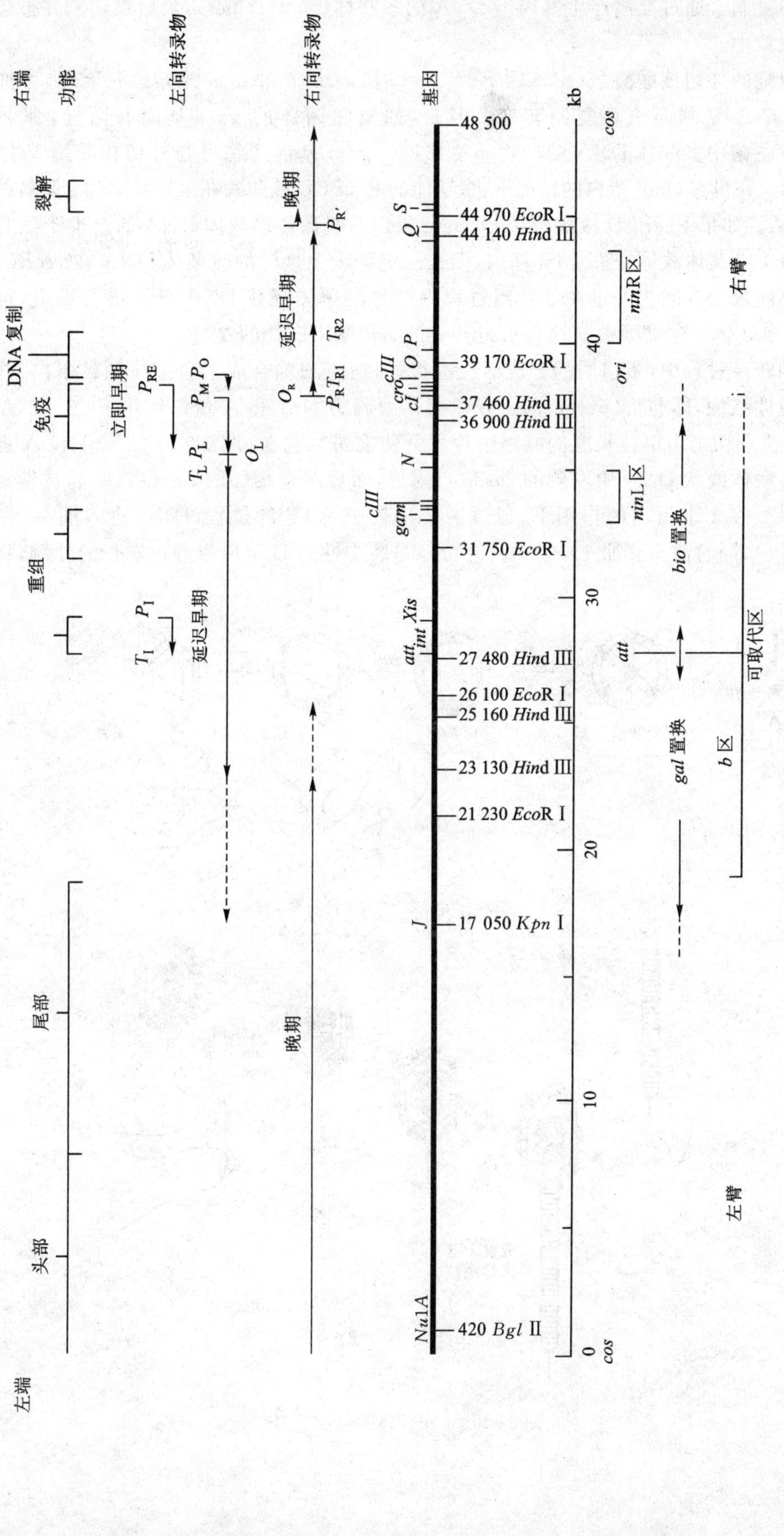

图 3－9 野生型 λ 噬菌体的物理和遗传图谱

示意图的上方标明了编码裂解和溶原功能的基因的大致位置，中部的遗传图谱显示了λ噬菌体的部分特异基因进行复制。在野生型 λ 噬菌体感染的野生型大肠杆菌中，大约合成 50 个噬菌体基因组单体后进入滚环复制。通过复制产生基因组 DNA 的多联体(concatemer)，最后被切割并被包装到噬菌体颗粒中。

宿主细胞的外切核酸酶Ⅴ(由基因 *recB*、*recC* 和 *recD* 产物组成的异源三聚体)可抑制噬菌体的 DNA 复制向滚环复制转变。但是，如果噬菌体的 *gam* 基因有活性，那么在 $recBCD^+$ 宿主菌中多联体 DNA 的产生不受影响。*gam* 基因产物可与外切核酸酶 V 结合并使之失活。在没有 Gam 蛋白的情况下，多功能的 RecBCD 核酸酶在滚环复制时会降解线状多联体 DNA。如果 RecBCD 核酸酶缺失，Gam 蛋白对噬菌体多联体 DNA 的产生不是必需的。大多数 λ 噬菌体载体缺失 *gam* 基因，但在一定程度上这样的噬菌体 DNA 在 $recBCD^+$ 宿主菌中仍能繁殖。因为通过在 θ 复制过程中产生的单体环状 DNA 分子进行重组，可以形成 DNA 多联体。这需要参与这种重组转变的 *red* 基因产物的参与。

在晚期转录过程中，蛋白质的合成活性也很强，宿主细胞合成了噬菌体颗粒蛋白，并形成包装的前体结构，即前头(prehead)。在噬菌体编码的 Nu1 和 A 蛋白作用下，在 DNA 多联体的 *cos* 位点切割出单位长度的基因组片段并使之进入前头(图 3-10)。Nu1 和 A 蛋白可结合在多联体线状 DNA 中左侧的 *cos* 位点附近，然后两个相邻的 *cos* 位点一起被带到头部的入口处。在 FⅠ蛋白的作用下，通过一个依赖于 ATP 的过程，DNA 进入前头(左端 DNA 先进入)，同时前头膨胀 11%～45%。最后，装饰性的 D 蛋白附着在衣壳的外侧，将噬

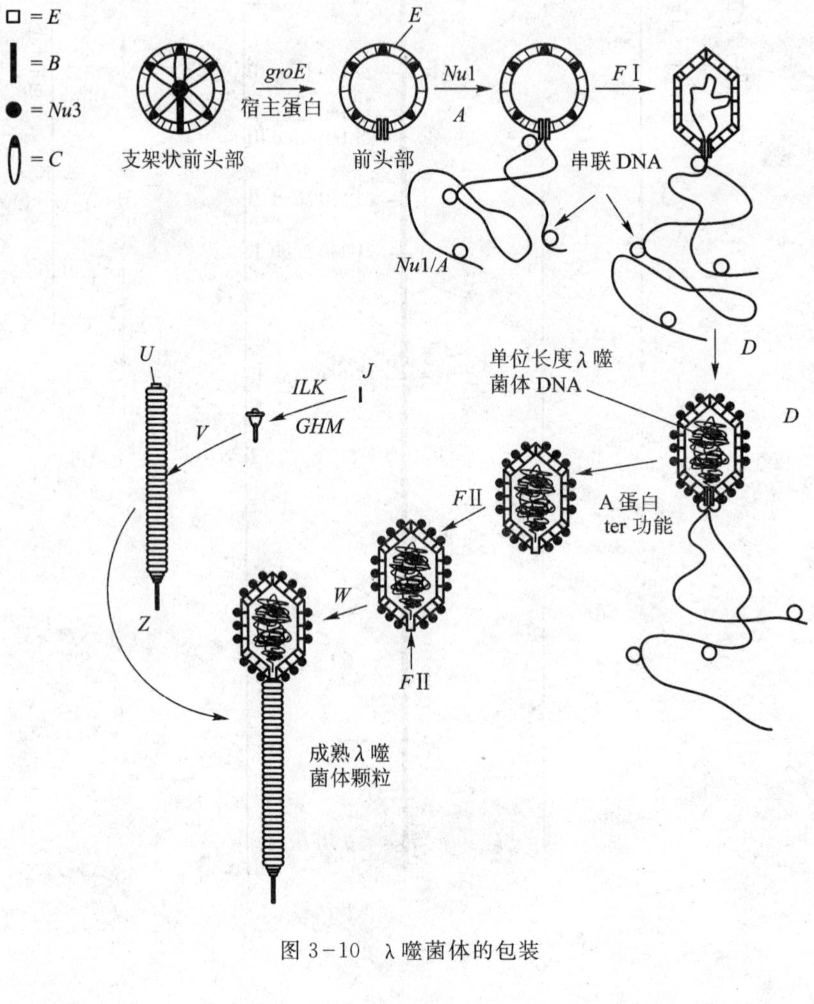

图 3-10　λ 噬菌体的包装

菌体头部锁住，使之围绕 DNA 就位。在 A 蛋白的末端酶(terminase)功能作用下，交互切割 DNA，产生 12 个核苷酸的黏末端。末端酶作用的位点称为黏末端位点(cohesive end site)或 *cos* 位点。切割的 DNA-蛋白质复合物附着于前头的特定区域。在另一个蛋白 FⅡ 的作用下，头部变得更稳定，该蛋白至少还可形成尾部结合的部分位点。

在噬菌体成熟后，必须使宿主菌裂解才能释放出来。宿主菌的裂解需要晚期转录的前 3 个基因，即基因 *S*、*R* 和 R_Z。许多噬菌体载体都带有一个基因 *S* 的琥珀突变 Sam7。该突变可防止或延迟裂解，从而使子代颗粒的包装可持续相当长一段时间，增加单个细胞生成噬菌体的数目。在细胞内累积的噬菌体颗粒可通过氯仿裂解释放出来。

(6) 溶原化　λ 噬菌体感染野生型大肠杆菌后，只有一部分细胞进入裂解循环。相反，在大多数感染的细胞群体中，裂解循环是受挫的，存活的细胞进入溶原状态。

在噬菌体的整合酶 Int(integrase)和宿主的整合宿主因子 IHF 作用下，噬菌体 DNA 通过其上唯一整合位点 *attP* 与宿主染色体 DNA 上的唯一整合位点 *attB* 发生重组，从而整合到染色体中。整合酶 Int 是Ⅰ型拓扑异构酶，可同时切割和连接 DNA，对含负超螺旋的闭合环状 DNA 的作用效果更好。*attP* 位点是噬菌体 DNA 上一个约 240 bp 的序列，其中含有一个与宿主染色体完全相同的 15 bp 核心区。*attB* 位点是宿主染色体上的一个 21 bp 长并含有核心区的序列。在整合过程中这两个位点之间发生同源重组，使噬菌体 DNA 整合到染色体中形成原噬菌体，并在原噬菌体两端形成 *attL* 位点和 *attR* 位点，同时在这两个位点外侧还有一对 15 bp 的正向重复序列。在物理或化学因素的刺激下，原噬菌体可从宿主染色体上切离(excision)出来。原噬菌体切离时，在这些重复序列之间发生同源重组，恢复 *attP* 位点和 *attB* 位点。

2. λ 噬菌体的可取代区

在溶原状态，λ 噬菌体 DNA 整合在半乳糖代谢基因 *gal* 和生物素合成基因 *bio* 之间。λ 噬菌体在某些条件下会从宿主染色体上切离出来，进入裂解循环。切离和整合是相互对立的过程，在不同重组酶的作用下，导致切离或整合的发生。溶原化 λ 噬菌体在切离时，可能产生不正确切离，从而产生不正常 λ 噬菌体，即缺陷型 λ 噬菌体。在这些缺陷型 λ 噬菌体中，λ 噬菌体丢失了一部分基因组 DNA，同时获得了一部分宿主的 DNA。通过分析大量缺陷型 λ 噬菌体的 DNA，发现 *J* 基因与 *cro* 基因之间的 DNA 被 *gal* 基因或 *bio* 基因替换后，不影响 λ 噬菌体裂解生长。这个区段约占 λ 噬菌体 DNA 的 1/3，主要包含控制 λ 噬菌体进入溶原状态的调节基因和功能基因。在构建载体时，外源 DNA 片段可插入其中或替换该区段。其他 60% 区域为裂解生长所必需，其中在左臂约 20 kb，含有编码噬菌体头部和尾部蛋白的基因，即从 *A* 基因至 *J* 基因的区域；右臂约为 8～10 kb，从 P_R 启动子到右侧 *cos* 位点。

二、λ 噬菌体载体的选择标记

在利用 λ 噬菌体作载体时，所使用的选择标记与质粒载体的标记有很大不同。后者主要用抗生素抗性基因作标记，而在 λ 噬菌体载体中主要利用 λ 噬菌体的生物学特性来作选择标记。

1. 基因组大小

λ 噬菌体的遗传学研究发现，重组 λ 噬菌体的基因组 DNA 太大或太小会影响其存活能力。当基因组 DNA 长度为野生型 λ 噬菌体基因组 DNA 的 78%～105%时，不会明显影响存活能力。野生型 λ 噬菌体基因组 DNA 为 48 kb，若用外源 DNA 片段完全替换可取代区，外源 DNA 片段的大小将在 9～23 kb 范围内。因此，外源 DNA 片段与 λ 噬菌体载体 DNA

连接后，在重新再生的重组 λ 噬菌体中，其外源 DNA 片段的长度只能在一定范围内。

2. *lacZ* 基因

lacZ 基因也可用于 λ 噬菌体载体，通过插入或替换载体中的 β-半乳糖苷酶基因片段，在 IPTG/X-gal 平板上可通过噬菌斑的颜色筛选重组噬菌体。

3. *c*Ⅰ 基因失活

*c*Ⅰ基因是 λ 噬菌体的抑制基因，全面抑制并阻断基因的表达，与操纵区 O_R 和 O_L 结合。*c*Ⅰ基因的表达促进 λ 噬菌体进入溶原状态，*c*Ⅰ基因产物活性受到影响会促进 λ 噬菌体进入裂解循环。在带有 *hfl*(高频溶原化，high frequency of lysogenization)的 *E. coli* 中，λ 噬菌体可高效率地进入溶原状态。在 *hfl* 突变 *E. coli* 中，*c*Ⅱ基因产物可以累积到较高水平。*c*Ⅱ基因产物为 *c*Ⅰ基因的正调节物，因此 *hfl* 突变可增加 *c*Ⅰ基因的产物，从而使裂解生长受到抑制，高效地进入溶原状态。如果外源 DNA 片段插入基因 *c*Ⅰ中，将高频率地使 *hfl* 突变 *E. coli* 进入裂解生长状态。在构建基因文库时，可提高排除非重组噬菌体的效率，从而降低对基因文库进行筛选的劳动强度。

4. Spi 筛选

野生型 λ 噬菌体在带有 P2 原噬菌体的溶原性 *E. coli* 中的生长会受到限制的表型，称作 Spi^+，即对 P2 噬菌体的干扰敏感(sensitive to P2 interference)。如果 λ 噬菌体缺少两个参与重组的基因 *red* 和 *gam*，同时带有 *chi* 位点，并且宿主菌为 rec^+，则可以在 P2 溶原性 *E. coli*中生长良好，λ 噬菌体的这种表型称作 Spi^-。因此，通过 λ 噬菌体载体 DNA 上的 *red* 和/或 *gam* 基因的缺失或替换，可在 P2 噬菌体溶原性细菌中鉴别重组和非重组 λ 噬菌体。

red^- gam^- λ 噬菌体不能在 $recA^-$ 的寄主细胞中生存，但在此噬菌体有一个 *chi* 位点的情况下可在 rec^+ 的寄主中生存。*chi* 位点，即交换热点激活区(crossover hot-spot instigator)，亦称 χ 位点，是一段与重组事件相关联的 8 bp DNA 序列(5′GCTGGTGG3′)，它激活以 *rec* 为媒介的交换反应。*gam* 基因还控制复制从 θ 模型转向滚环模型，gam^- 噬菌体不能产生作为头部包装底物的多联体线性 DNA 分子。但 *rec* 和 *red* 重组体系能对环状 λ DNA 分子发生重组，形成头部包装底物的多联体分子。依赖 *rec* 的重组交换反应，red^- gam^- 噬菌体具有在 rec^+ 细菌中形成噬菌斑的能力。但在一般情况下，λ DNA 分子不是一种很好的底物，因为野生型的 λ DNA 不含 *chi* 位点，只能形成微小的噬菌斑。在 λ 噬菌体为 red^- gam^- 时，若外源插入片段含 *chi* 位点，则形成清亮噬菌斑。由于 *chi* 位点的未知性，因此重组体可形成大小不等的噬菌斑。为避免此问题，大多利用 Spi 筛选的置换型载体，在不能被取代的 DNA 区插入 *chi* 位点。一批经改良的 λ 噬菌体载体的一个共同点是在它们的可替换区域中含有基因 *red* 和 *gam*，如 λ2001、λDASH、λFIX 和 EMBL 系列。

三、代表性 λ 噬菌体载体

λ 噬菌体只有进入裂解循环，才能大量扩增。因此，λ 噬菌体只有在特定的 *E. coli* 中烈性生长，才能用做载体。这就决定了 λ 噬菌体载体必须含有裂解生长所必需的基因或 DNA 片段。去掉一部分对裂解生长非必需的 DNA 片段后，可用来装载外源 DNA 片段，这样改造后的 λ 噬菌体便可用做 λ 噬菌体载体。通过特定的酶切位点允许外源 DNA 片段插入的载体称为插入型载体(insertion vector)，而允许外源 DNA 片段替换非必需 DNA 片段的载体，称为置换型载体(replacement vector)。

1. 插入型载体

由于 λ 噬菌体对所包装的 DNA 有大小的限制，因此一般插入型载体设计为可插入

6 kb外源 DNA 片段，最大 11 kb。

(1) λgt10 载体　λgt10 载体(GenBank U02447)大小为 43 340 bp，是经典的 λ 噬菌体载体，主要用做 cDNA 克隆(图 3-11)，允许的插入片段大小为 0～6 kb。外源 DNA 的量有限时常选用此载体，克隆效率高。

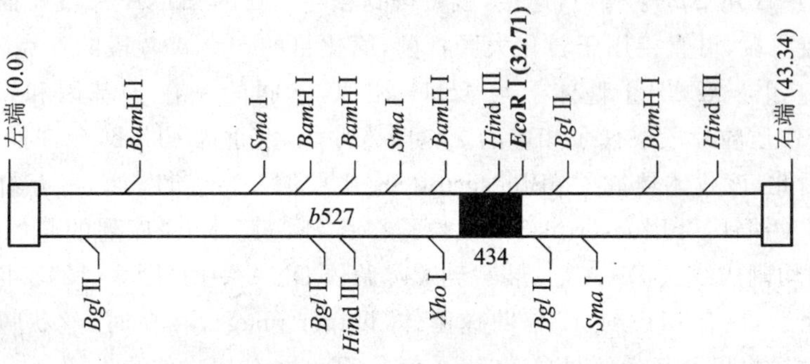

图 3-11　λgt10 载体的结构示意图

该载体缺失了含有溶原整合 *att* 位点的片段 *b*527，在 *N* 基因至基因 *c* Ⅱ替换了一段来自 φ434 噬菌体的片段 *imm*434，其中 *c* Ⅰ基因内有一个 *Eco*R Ⅰ位点。其他 *Eco*R Ⅰ位点都被去除了，基因 *c* Ⅰ内的 *Eco*R Ⅰ位点作为惟一位点，可用于外源 DNA 片段的插入。重组后的 λgt10 变为 *c* Ⅰ$^-$，很容易用带 *hflA*150 突变的宿主菌筛选重组体。*c* Ⅰ$^-$ λgt10 在 *hflA* 中形成噬菌斑，*c* Ⅰ$^+$ 在 *hflA* 大肠杆菌中形成溶原菌，产生混浊噬菌斑。*c* Ⅰ$^+$ λgt10 在 *hflA* 宿主中进入溶原状态的能力提高 50～100 倍。一般采用宿主菌 C600(BNN93)来增殖载体，C600*hflA*(BNN102)用于筛选重组体。

(2) λgt11　λgt11 载体大小为 43.7 kb，是一个常用的载体。λgt11 载体允许插入的 DNA 片段大小为 0～7.2 kb。它用于构建 cDNA 文库、基因组文库和表达融合蛋白。该载体最大的特点是在最左侧可替代区通过置换增加了 *lac5* 基因的一段片段，可编码 β-半乳糖苷酶，在 IPTG/X-gal 平板上形成蓝色噬菌斑。基因 *lac5* 编码区终止密码子之前有一个 *Eco*R Ⅰ位点(53 bp 上游)，可用于外源 DNA 片段的插入。筛选时，在 *lac*$^-$ 宿主菌中非重组噬菌斑为蓝色。当插入的外源 DNA 片段的阅读框与 *lacZ* 的阅读框相吻合时，可表达出融合蛋白，可用免疫学方法筛选阳性重组子。

该载体带有 *S* 基因的琥珀突变 *S*am100，该突变可被 *supF* 抑制，因此该载体需要在 *supF* 宿主菌内进行增殖和筛选。*S* 基因是噬菌体从宿主细胞释放前参与溶解细菌细胞膜的一个基因，该基因突变后，引起感染性噬菌体在非抑制性宿主细胞内发生积累。

该载体还带有基因 *c* Ⅰ的温度敏感突变 *c* Ⅰ *ts*857，该基因产物对温度敏感。在 32 ℃时，*c* Ⅰ *ts*857 基因产物有活性，可使相应的 λ 噬菌体处于溶原状态；当温度提高到 42 ℃时，基因 *c* Ⅰ *ts*857 产物失去活性，导致 λ 噬菌体进入裂解生长。根据这一性质，可用来控制噬菌体的复制和融合蛋白的表达。

一般使用 *E. coli* Y1090*hsdR* 作为受体菌，用于载体的增殖和文库的筛选；也可用 Y1089*hsdR* 作为受体菌，该菌具有高频溶原特性，可用于融合蛋白的分析和检测。

(3) λGEM-2/4　在上述载体的基础上，为了提高载体的使用效率，可增添一些功能元件。λGEM-2 和 λGEM-4 是 Promega 公司开发的产品，它们都是由 λgt10 改造而来，也是 cDNA 克隆载体。

λGEM-2 和 λGEM-4 大小分别为 43.8 kb 和 46.2 kb，可分别装载 0～7.1 kb 和 0～

4.7 kb 外源片段。λGEM−2 与 λgt10 相比，在基因 *c* Ⅰ内的 *Eco*R Ⅰ位点被来自 pGEM−1 质粒的一小部分片段取代。该小片段含有多克隆位点，在其两端分别有一个 SP6 和 T7 噬菌体的启动子，启动子之外各有一个 *Spe* Ⅰ位点。在 λGEM−4 中，则是用完整 pGEM−1 质粒替换 *Eco*RⅠ位点。对 λGEM−4 来说，当获得一个含有目的 cDNA 克隆片段的重组子后，将重组噬菌体 DNA 用 *Spe* Ⅰ酶切，连接，就可得到相当于目的 cDNA 片段安插入pGEM−1质粒载体的重组质粒，可直接用于转化大肠杆菌，简化目的 cDNA 片段的亚克隆步骤。

(4) λZAPⅡ λZAPⅡ整体上与 λgt11 相似，不同的是在 *J* 基因和 *att* 位点之间用 pBluescript SK 质粒片段取代了相应的 λ 噬菌体片段，大小为 41 kb，允许插入 0～10 kb 的外源片段。因此，该载体具备了 pBluescript SK 质粒的一些特性，如 α−互补以及可通过启动子合成 RNA 探针。pBluescript SK 质粒是在其 f1 噬菌体 IG 序列的起始信号(I)和终止信号(T)之间切割成线状 DNA 后，装载到 λ 噬菌体 DNA 中的(图 3−12)。因此，λZAPⅡ在感染大肠杆菌后，在有 M13 或 f1 辅助噬菌体(helper phage)存在时，丝状噬菌体的特异蛋白(基因Ⅱ蛋白)将识别起始信号(I)和终止信号(T)，并在相应位置处切割。在 M13 辅助噬菌体的作用下，切割下来的片段会环化，形成单链环状 DNA 分子，并被包装成丝状噬菌体颗粒。这样的丝状噬菌体颗粒在感染带 F′质粒的大肠杆菌后，可在宿主菌中形成 pBlue-

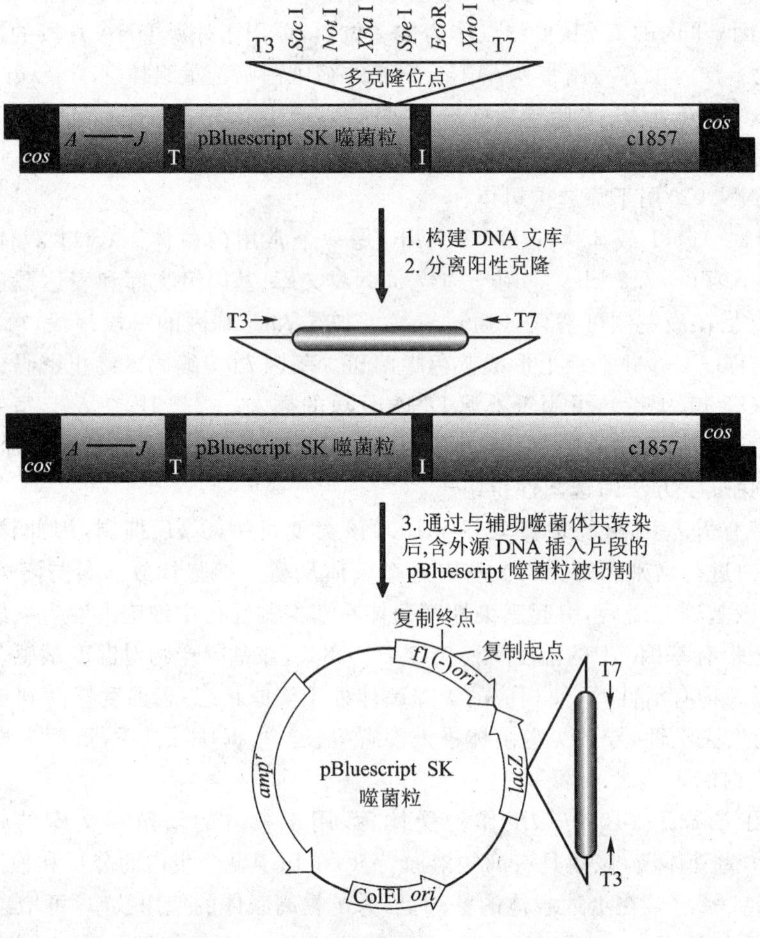

图 3−12 λZAPⅡ载体释放出质粒的原理图

在帮助噬菌体感染后，噬菌体复制起点(I)至复制终点(T)所在区域(相当于整体 pBluescript 质粒)将被包装成丝状噬菌体，这个重组噬菌体通过感染带 F′质粒的大肠杆菌后，就得到 pBluescript 重组质粒

script SK 质粒(图 3-12)。通过这样一个过程,相当于将 λZAPⅡ中的 pBluescript SK 质粒片段“剪切”出来了。如果在 λZAPⅡ中含有一个阳性 cDNA 克隆片段,通过这种剪切过程,很容易将阳性 cDNA 克隆片段亚克隆至质粒载体上。

λZAPⅡ是从 λZAP 改造而来的,不同之处在于前者的 Sam100 突变被去除了。这样一来,可使 λZAPⅡ在多种非 *supF* 菌株中高效生长。使用大肠杆菌 XL1-Blue MRF′菌株作受体菌,可提高蓝白斑筛选的效率。

(5) λExCell　λExCell 大小为 45.5 kb,与 λZAPⅡ相似。不同的是,在该载体中装载了 pExCell 质粒载体片段(4 190 bp)(图 3-13)。该载体允许外源 DNA 插入的大小为 0～6 kb,主要用于 cDNA 克隆。pExCell 与 pBluescript 载体相似,除了多克隆位点不同外,插

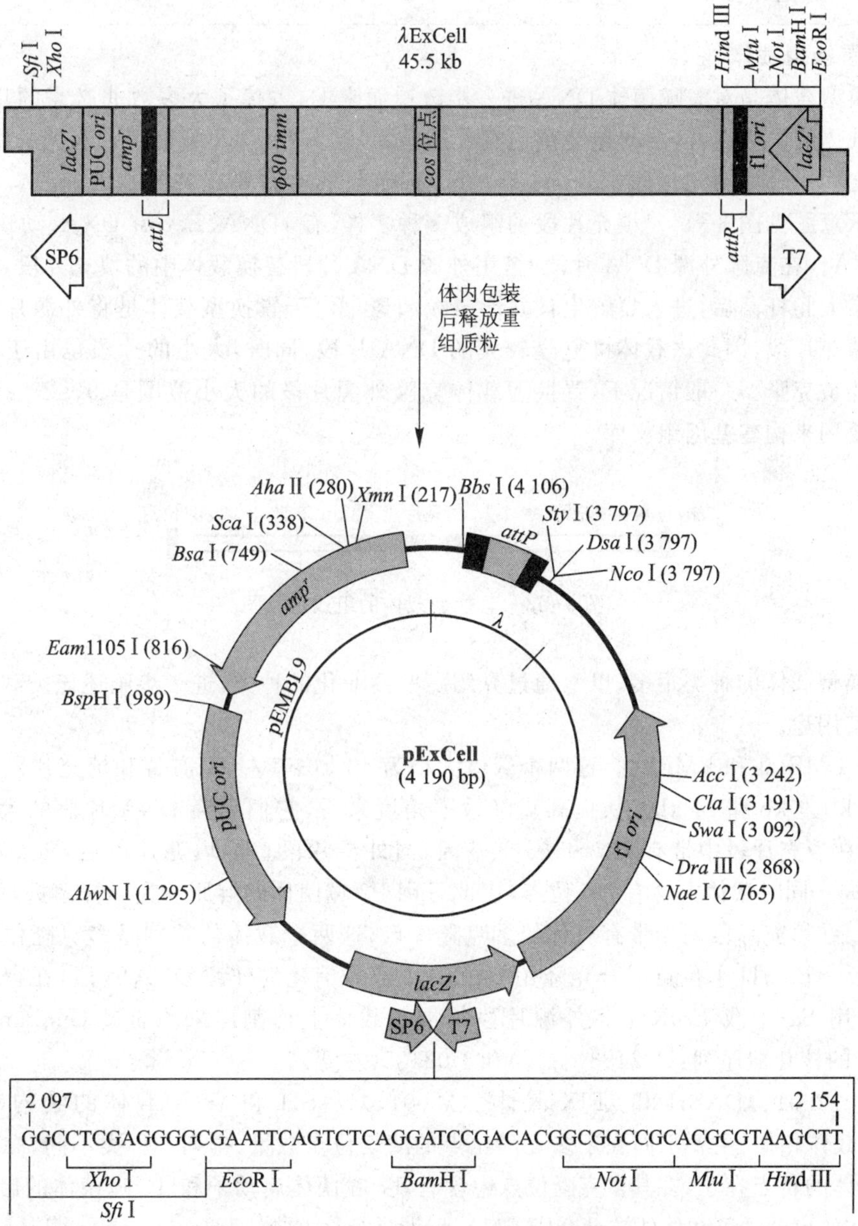

图 3-13　λExCell 载体释放出质粒的原理图

入了一段来自 λ 噬菌体的片段。该片段含有 λ 噬菌体整合到大肠杆菌染色体所必需的整合位点 *att*。λExCell 载体相当于 pExCell 质粒在整合位点 *att* 整合到 λ 噬菌体 DNA 所形成的重组体。因此，在 λExCell 载体中 pExCell 质粒的两端分别为左右整合位点 *attL* 和 attR。在 *E. coli* NP66 中，*attL* 和 *attR* 之间易于发生同源重组，相当于整合的 λ 原噬菌体从大肠杆菌染色体中切离出来的过程，从而产生质粒 pExCell。同样，如果在 λExCell 载体中含有一个阳性 cDNA 克隆片段，通过这种剪切过程，很容易将阳性 cDNA 克隆片段亚克隆至质粒载体上。

> 通过了解 λZAPⅡ和 λExCell，可进一步了解有关的载体构建原理，进一步领会如何利用生物的基本特征来构建载体，即对生物的或 DNA 的某一特征加以利用，为基因工程提供一种思维方法。

2. 置换型载体

置换型载体是对 λ 噬菌体 DNA 进一步改造而来的，去掉了大多数非必需的片段，保留了作为载体的必需左臂（含与包装蛋白有关的基因）和右臂（含与裂解生长有关的基因）。在左右臂之间用一段填充片段（central stuffer）替换与溶原循环有关的基因片段。置换型载体组成示意图见图 3-14。填充片段的组成多种多样，有 λDNA、*E. coli* DNA、动物 DNA 或其他 DNA。在克隆外源 DNA 片段时，用外源 DNA 片段替换载体中的填充片段，经体外包装并感染大肠杆菌后，进入裂解生长并形成噬菌斑。由于置换型载体是将外源片段置换载体中的填充片段，因此该载体可克隆较大的 DNA 片段；同时，太小的片段也由于包装的限制而不能被克隆。一般情况下，置换型载体克隆外源片段的大小范围是 9～23 kb，故而该载体主要用来构建基因组文库。

图 3-14　置换型载体的组成示意图

置换型载体的种类很多，以下通过介绍一些商业化的种类，进一步阐述该类载体的结构组成及其用途。

（1）EMBL3 和 EMBL4　这两个载体大小为 43 kb，其左臂、右臂和填充片段的大小分别为 20 kb、9 kb 和 14 kb。从提高克隆效率角度来看，它们克隆 DNA 片段的大小为 9～23 kb。在填充片段中带有 *red* 和 *gam* 基因，当外源片段替换填充片段后，重组体将变成 $red^- gam^-$，同时载体上含有 *chi* 位点，因此可用 P2 噬菌体的溶原性大肠杆菌进行 Spi 筛选重组体。在填充片段两端带有对称的多克隆位点，这两个载体的差别是多克隆位点的排列位置相反。*Bam*HⅠ位点适合克隆用 *Sau*3AⅠ部分消化的外源 DNA 片段，在得到阳性克隆后，可用 *Sal*Ⅰ或 *Eco*RⅠ将外源片段从重组载体上切割出来。通过 GenBank 可查找 EMBL3 的核苷酸序列：U02453（右臂）和 U02425（左臂）。

（2）λ2001、λDASH 和 λFIX 载体　λ2001、λDASH 和 λFIX 载体的结构和大小与 EMBL3载体相似，主要不同在于多克隆位点的酶切位点数量、排列和种类不同。λDASH 和 λFIX 载体的特点在于，在其多克隆位点中含有 T7 噬菌体启动子和 T3 噬菌体的启动子。这些噬菌体的启动子可在体外转录合成 RNA，用做染色体步查（chromosome walking）的探针。

染色体步查：采用一段分离自某一重组体一端的非重复 DNA 片段作探针，鉴定含有相邻序列的重组克隆。

(3) λGEM－11 载体　λGEM－11 载体的左右臂来自 EMBL3 载体，填充片段来自 λ2001，是一个多功能置换载体（图 3-15）。其多克隆位点与上述置换载体稍有不同，但保留 *Xho* Ⅰ位点，同时在填充片段的最末端各有一个识别 8 个核苷酸序列的稀有酶切位点 *Sfi* Ⅰ。在获得阳性克隆后，通过 *Sfi* Ⅰ酶切位点可将外源片段从载体中切割下来进行亚克隆，而在相当大程度上不会切割外源片段。

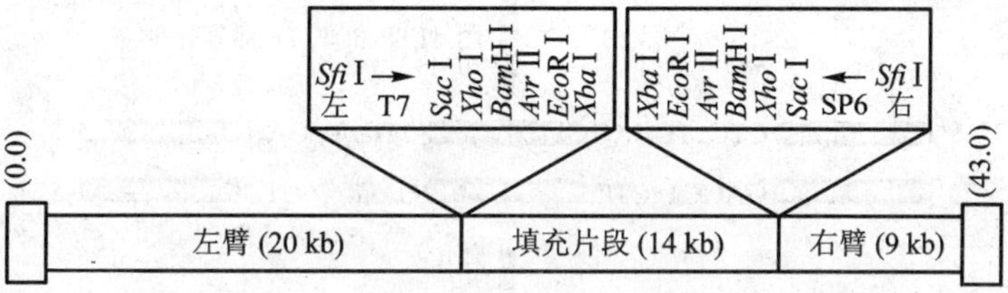

图 3-15　λGEM－11 载体的结构示意图

有一个区别是，在右边的多克隆位点中有 SP6 噬菌体的启动子，而不是 T3 噬菌体的启动子。

利用多克隆位点上的 *Xho* Ⅰ位点，并通过一定的措施，可比较容易地去除填充片段，从而提高载体与外源片段连接的效率。图 3-16 展示了简要过程。载体被 *Xho* Ⅰ切割以后，产生带 TCGA 的突出末端；如果利用 dTTP 和 dCTP 对末端进行部分补平后，形成带 TC 的突出末端。在此情况下，载体的左右臂和填充片段的这些末端将不能进行黏末端连接。当外源 DNA 片段被 *Bam*H Ⅰ、*Sau*3A Ⅰ或 *Mob* Ⅰ切割，产生带 GATC 的突出末端；如果利用 dGTP 和 dATP 对末端进行部分补平后，则产生带 GA 的突出末端。上述处理后的载体左右臂和外源片段可以进行黏末端连接。经过这样的处理，可大大提高载体装载外源片段的效率。同时在不去除填充片段的情况下，不会明显影响连接效率。

四、λ 噬菌体载体的克隆原理及步骤

λ 噬菌体载体属于克隆载体，主要用于克隆 DNA 片段。构建 cDNA 文库和基因组文库，并从中筛选目的基因是 λ 噬菌体载体的一般用途，也可用于亚克隆在大容量载体（如黏粒载体）中增殖的外源 DNA 片段。

λ 噬菌体载体克隆外源 DNA 片段的原理与质粒载体的工作原理是类似的，只是在形式上有许多差别。载体和外源 DNA 片段经过酶切以后，外源 DNA 片段插入到载体的适当位置，或置换载体的填充片段。这种连接后的重组 DNA 保留增殖性能，但由于相对分子质量太大，不能像重组质粒那样可通过转化方法进入大肠杆菌。通过提取 λ 噬菌体的蛋白质外壳，可在体外将重组噬菌体 DNA 进行包装，形成噬菌体颗粒。这样的噬菌体颗粒保留对大肠杆菌的感染能力，可将被包装的重组噬菌体 DNA 注射到宿主菌中。通过裂解生长，可增殖重组噬菌体。在构建基因文库时，不同的重组噬菌体 DNA 经过裂解生长过程最终形成大量的噬菌斑。这些噬菌斑的集合，就构成了基因文库。用 λ 噬菌体载体构建基因文库时，文库是以噬菌斑的形式存在的，而质粒载体构建的文库是以菌落的形式存在的。

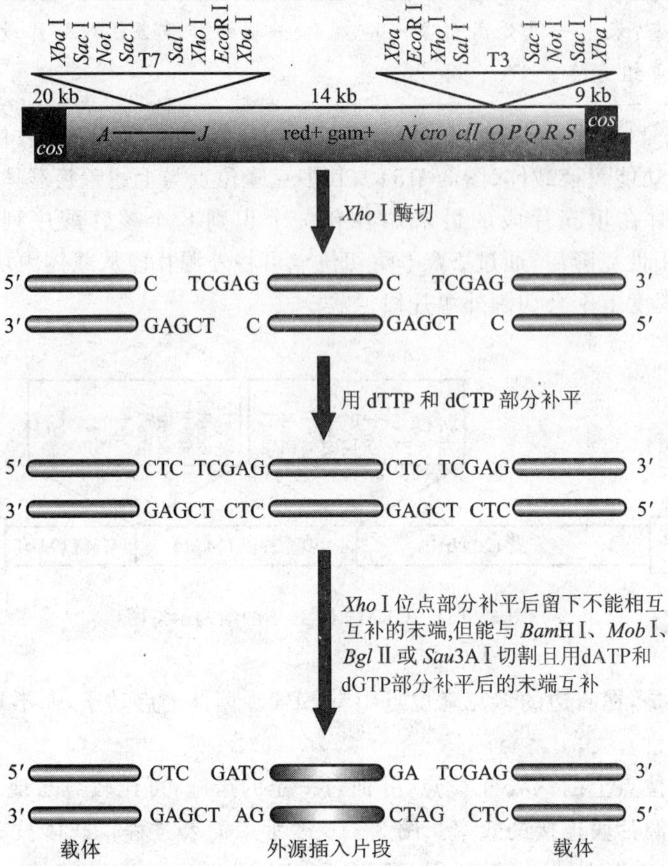

图 3-16　利用部分补平末端方法提高外源片段连接的效率

1. 通过裂解过程增殖载体

λ 噬菌体载体是通过噬菌体的增殖,从中提取噬菌体 DNA 而获得的。从前面的介绍可知,噬菌体载体均保留了进入裂解生长所必需的基因片段。不同的载体采用不同的大肠杆菌宿主菌增殖噬菌体。在与噬菌体有关的宿主菌中,有的适于增殖噬菌体,有的适于用做基因文库构建的宿主,有的适合提取噬菌体衣壳蛋白(包装蛋白)。

在经过裂解生长获得噬菌体颗粒后,再经过分级分离纯化,就可用于提取噬菌体载体 DNA。通过蛋白酶(链霉蛋白酶或蛋白酶 K)降解衣壳蛋白、苯酚抽提、乙醇沉淀等步骤,可获得可用的载体 DNA。

2. 载体与外源 DNA 的酶切

在载体的酶切过程中,一般要考虑提高载体与外源 DNA 片段的连接效率,即减少非重组噬菌体的形成,还要考虑体外包装的效率。当然,如果利用可用遗传学方法进行筛选的载体(如 EMBL 系列、λ2001、λDASH 或 λgt10),可以不必采取更多的步骤来降低非重组噬菌体的形成。

大多数插入型载体都是在一个单酶切位点插入外源片段。当载体被单酶切后,在与外源片段连接时,载体很容易自身连接,从而提高非重组噬菌体的形成概率。因此,一般通过载体的去磷酸化处理来提高重组噬菌体的形成概率。但是,λ 噬菌体载体的两端为黏末端,其在连接成多联体用于体外包装过程中是至关重要的。在酶切末端去磷酸化时,λ 噬菌体的黏末端也会被同样处理。如果这样,将影响多联体的形成,大大降低包装效率。所以,这类载体在酶切之前，应先对载体进行连接处理，使黏末端连接起来，再作酶切和去磷酸化。

对于置换型载体来说，在填充片段两端都有对称排列的酶切位点，当用限制酶切割以后可形成左臂、填充片段和右臂 3 个片段。在与外源片段连接时，填充片段的存在势必影响连接的效率。为此，必须纯化左臂和右臂，去掉填充片段。通过梯度离心的方法，可纯化载体臂。然而，在实际操作过程中，根据载体的性质，可通过“生化”方法进行纯化。对于λ DASH 和 λ GEM－11 等载体，通过部分补平处理，填充片段将不能再与载体臂连接，相当于去掉了填充片段。或者通过双酶切来去除填充片段。如 λ GEM－11 载体填充片段的左侧多克隆位点的酶切位点顺序为 *Sac* Ⅰ－*Bam*H Ⅰ－*Eco*R Ⅰ，右侧的顺序为 *Eco*R Ⅰ－*Bam*H Ⅰ－*Sac* Ⅰ。当用 *Eco*R Ⅰ 和 *Bam*H Ⅰ 作双酶切时，可产生带有 *Bam*H Ⅰ 末端的左右臂、带有 *Eco*R Ⅰ 末端的填充片段和带有 *Eco*R Ⅰ 末端和 *Bam*H Ⅰ 末端的多克隆位点小片段。该小片段很容易用沉淀法或柱层析法除去。除去小片段后，填充片段就再不能与载体臂连接了。

外源 DNA 的酶切一般根据需要或载体的性质来确定，多数使用 *Sau*3A Ⅰ 对外源 DNA 进行部分酶切，再回收载体所能容纳的片段（如 9～23 kb 片段），与经 *Bam*H Ⅰ 切割的载体连接。

3. 外源 DNA 与载体的连接

在连接过程中，除了要将外源片段与载体连接起来，还要通过载体的黏末端将载体连接成多联体，模仿 λ 噬菌体复制过程中形成的多联体，以利于将两个 *cos* 位点之间的片段包装进 λ 噬菌体颗粒中。

4. 重组噬菌体的体外包装

利用特定的材料，按照一定的方法，可制备噬菌体包装蛋白（衣壳蛋白）。用这样的包装蛋白对完整的 λ 噬菌体 DNA 进行体外包装可获得 10^8 pfu/μg DNA 的包装效率。pfu 指噬菌斑形成单位（plaque forming unit），当感染复数低时，一个有活力的噬菌体颗粒可形成一个噬菌斑。

当上述连接产物与包装蛋白混合在一起时，就可完成包装反应，形成有感染力的噬菌体颗粒。包装蛋白对所包装的 DNA 的大小有高度的选择性，尽管大小在野生型 λ 噬菌体 DNA 的 78％～105％范围内的 DNA 都可包装，但长度为野生型 λ 噬菌体 DNA 的 90％或 80％的重组 DNA 的包装效率却只有正常效率的 1/20 或 1/50。

5. 包装噬菌体颗粒的感染

包装噬菌体颗粒感染大肠杆菌后，可得到扩增，以噬菌斑的形式呈现。当一个噬菌体颗粒感染一个细胞后，经裂解生长后释放的子代噬菌体颗粒将感染邻近的细胞，后者可再次释放下一代子代噬菌体颗粒。由于噬菌体颗粒在含琼脂或琼脂糖的半固体培养基上的扩散会受到限制，因此噬菌体的连续感染就形成了一个不断扩大的溶菌圈，最后在细菌菌苔上形成肉眼可见的清亮区，即噬菌斑。只要感染复数小（至少小于 1），一个噬菌斑的所有噬菌体颗粒应该只是由一个噬菌体颗粒扩增而来，因此一个噬菌斑就代表一个上述包装的噬菌体颗粒。

6. 筛选

上述噬菌斑的群体，实际上构成了一个基因文库。下一步就是要从中筛选出所要的目的重组噬菌体。对于那些带有启动子的载体，可通过抗原抗体反应，鉴定出阳性重组子。但最常用的方法是，利用核酸探针，通过噬菌斑杂交来筛选。详见第六章第三节。

五、λ噬菌体位点特异性重组系统在基因克隆中的应用

λ噬菌体在溶原过程中，其 DNA 通过与大肠杆菌染色体 DNA 发生位点特异性重组，整合到宿主染色体中。利用这样的位点特异性重组系统，可以在 DNA 片段克隆中发挥快速和简化操作程序的作用。前面提到的 λExCell 载体就用到了这个重组系统，当通过该载体克隆到目的基因片段后，在特定的宿主中使 *attR* 和 *attL* 位点之间发生重组，从而将克隆片段转移至质粒载体中，免去了亚克隆的步骤。

这个重组系统包括噬菌体的特异位点 *attP* 和宿主的特异位点 *attB*，它们在噬菌体的整合酶 Int（integrase）和宿主的整合宿主因子 IHF（integration host factor）的催化下可发生同源重组，将 *attP* 位点所在的环形分子整合到 *attB* 位点（在 λ 噬菌体的溶源化过程中就导致噬菌体 DNA 整合到染色体中），并在环形分子两端形成 *attL* 位点和 *attR* 位点。这个重组过程是可逆的，在噬菌体的切离酶 Xis（excisionase）以及 Int 和 IHF 催化下，*attL* 位点和 *attR* 位点之间可发生重组，恢复到整合前的状态。图 3-17 展示了整合和切离的过程以及

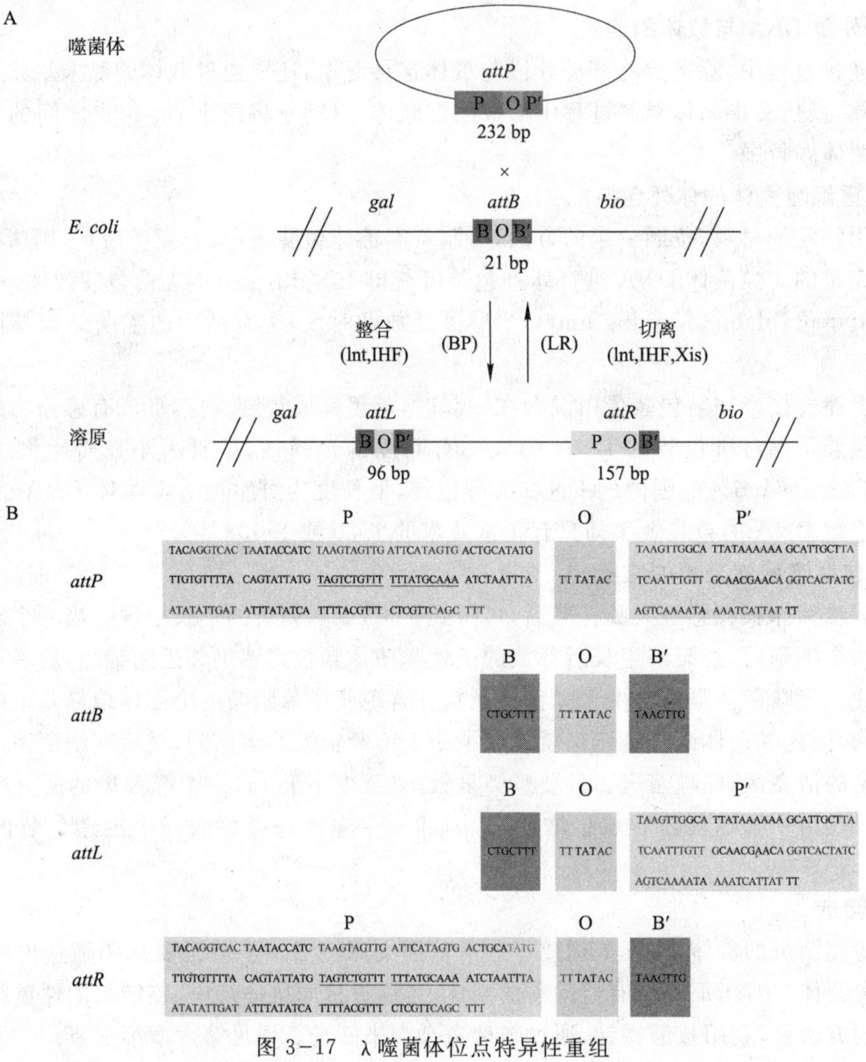

图 3-17　λ噬菌体位点特异性重组

BP 指 *attB* 和 *attP* 位点间发生重组，LR 指 *attL* 和 *attR* 位点间发生重组，*gal* 和 *bio* 表示大肠杆菌 *attB* 位点两端的半乳糖代谢酶基因和生物素合成基因

重组位点的组成和序列。

通过这个重组系统，可以开发出快速和简便克隆载体系统，如 Invitro 公司开发的 Gateway 克隆技术。通过该载体系统可不再依赖限制性内切的方式进行 DNA 片段的亚克隆，可简单地通过重组方式将目标 DNA 片段转移至目标载体上，具有快速、精确、简单、方便等特点。

该载体系统主要有两类载体构成，第一个为“进入”载体系统，载体的骨架都是用做 PCR 产物克隆的 TA 载体，特点是在装载外源 DAN 片段的位点两侧分别带有 *attL1* 和 *attL2* 位点。如 TA 载体 pCR8/GW/TOPO（图 3-18），以及带有 TEV 蛋白酶切割位点、核糖体结合位点和正向克隆控制位点的 TA 载体 pENTR 系列。第二是“目标”载体系统，是指用于研究的目标载体，可用做基因表达、蛋白质相互作用、RNA 干扰等研究。在克隆位点处含有 *attR1* 和 *attR2* 位点，可在体外与进入载体发生同源重组，从而快速将目标 DNA 片段装入表达载体中。如图 3-19 所示。

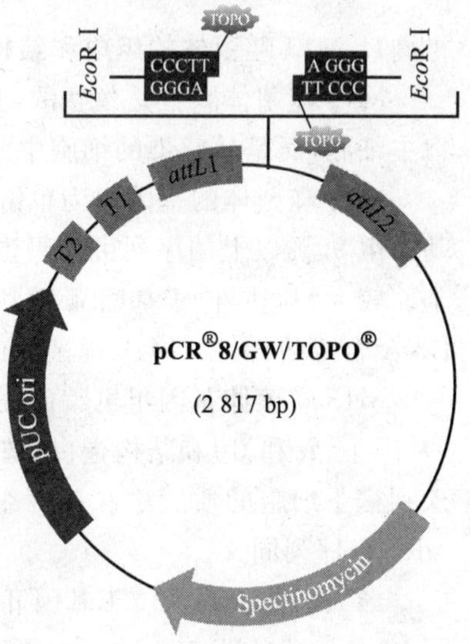

图 3-18　含有 *att* 重组位点的 TA 克隆 TOPO 载体

在使用过程中，先通过 PCR 扩增出目标 DNA 片段，通过配套的拓扑异构酶 TOPO 连接系统与进入载体连接，转化大肠杆菌并获得纯化重组质粒后，与目标载体混合，在重组酶系统的作用下，发生重组，产生目标“表达”重组子。

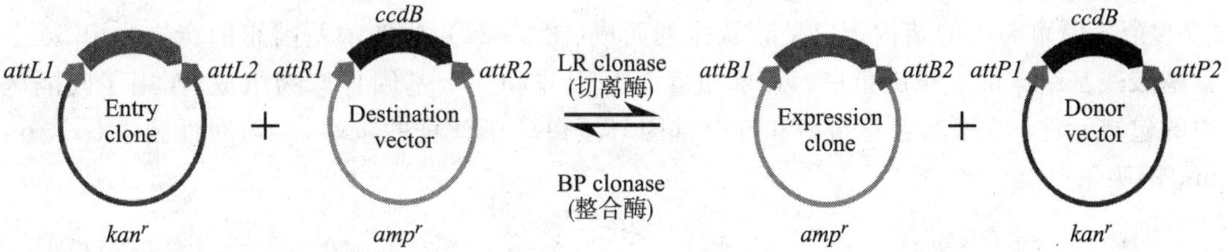

图 3-19　Gateway 重组反应

ccdB 是大肠杆菌 F 质粒上的毒素-抗毒素系统中的毒素编码基因，编码产物能使促旋酶失活而抑制 DNA 复制，使细胞中毒死亡。此处用做筛选标记

该载体系统提供了一种简易且快速的克隆工具，但并不是不可替代的工具，常规的方法同样可达到相应的目的。由于该载体只能购买，不能再生，因此价格昂贵。但在克隆多片段串联时，能很好体现优势。本书介绍该方法的目的重点在于提供一种新的工作思路和方法。

第三节　单链丝状噬菌体载体

在基因的操作过程中常常需要使用双链 DNA 片段中的一条链，即单链 DNA，用于定点诱变、DNA 的核苷酸序列测定和制备单链 DNA 探针。利用单链噬菌体载体可以方便地制备单链 DNA。大肠杆菌有 M13、f1 和 fd 噬菌体等单链 DNA 丝状噬菌体。这些噬菌体基因组的组织形式相同，颗粒大小以及形状相近，而且 DNA 同源高达 98%。少数序列差异分布在整个基因组中，并且大多数出现在冗余密码子的第三位置上。这 3 个噬菌体之间的互补现象十分活跃，彼此间很容易发生重组，在功能上或至少在构建载体方面是等同的。

一、M13 噬菌体的生物学

1. M13 噬菌体的组成和结构

M13 噬菌体颗粒是丝状的，只感染雄性大肠杆菌。感染宿主后不像 λ 噬菌体那样裂解宿主细胞，而是从感染的细胞中分泌出噬菌体颗粒，宿主细胞仍能继续生长和分裂。

M13 噬菌体的基因组为单链 DNA，由 6 407 个碱基组成（GenBank 注册号为 V00604）。基因组 90%以上的序列可编码蛋白质，共有 11 个编码基因，基因之间的间隔区多为几个碱基。较大的间隔位于基因Ⅷ和基因Ⅲ以及基因Ⅱ和基因Ⅳ之间，其间有调节基因表达和 DNA 合成的元件。M13 噬菌体的遗传图谱见图 3-20。

M13 噬菌体基因组可编码三类蛋白质，包括复制蛋白（基因Ⅱ、Ⅴ和Ⅹ）、形态发生蛋白（基因Ⅰ、Ⅳ和Ⅺ）和结构蛋白（基因Ⅲ、Ⅵ、Ⅶ、Ⅷ和Ⅸ）。所有结构蛋白在形态发生之前都插入到宿主细胞的质膜中。基因组 DNA 为正链，按基因Ⅱ至基因Ⅳ方向合成，与噬菌体的 mRNA 序列同义。

最大的非编码区位于基因Ⅱ和基因Ⅳ之间，称为间隔区（intergenic region，简称 IR 区，或 IG 区），大小为 508 bp。间隔区虽为非编码区，但不是非必需区，其中含有对包装及 DNA 在病毒颗粒中的定向进行调控的顺式作用元件、正链与负链 DNA 合成起始和终止位点，以及不依赖于 ρ 因子的转录终止信号。

M13 噬菌体颗粒为丝状长管状结构，长 880 nm，直径 6～7 nm。噬菌体颗粒的核心由 2 700个基因Ⅷ编码的结构蛋白呈管状排列而成（图 3-21），成熟的基因Ⅷ的产物为由 50 个氨基酸残基组成的 α 螺旋蛋白。顶端由 5 个基因Ⅶ和 5 个基因Ⅸ产物组成，作用于间隔区中的包装元件。5 个基因Ⅲ蛋白和 5 个基因Ⅵ蛋白位于丝杆的末端，参与对性菌毛（sex pilus）的吸附。

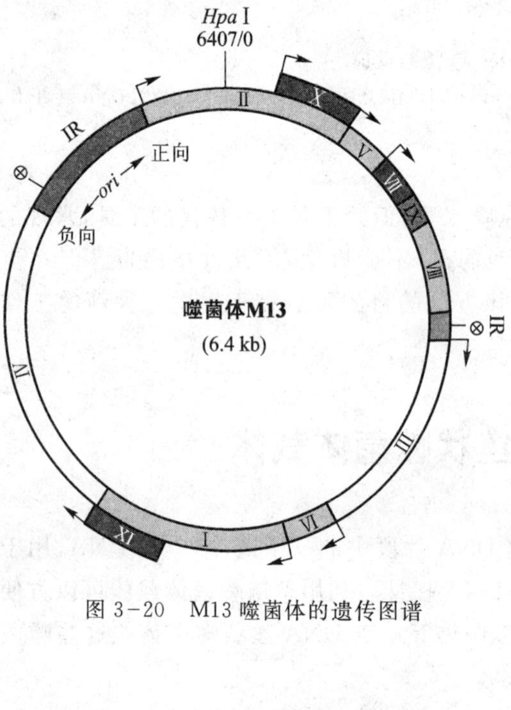

图 3-20　M13 噬菌体的遗传图谱

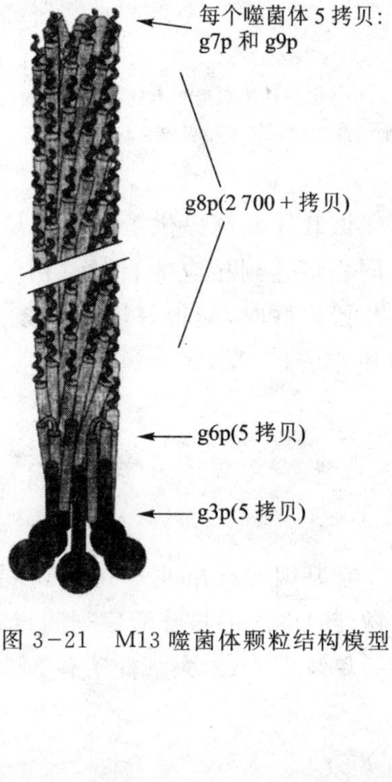

图 3-21　M13 噬菌体颗粒结构模型

2. M13 噬菌体的增殖

吸附是噬菌体感染的第一步，M13 噬菌体只感染具有性菌毛的菌株，携带 F 质粒的菌株可产生性菌毛。在吸附过程中，噬菌体的基因Ⅲ蛋白与性菌毛发生作用。随后丝状噬菌体穿入到性菌毛，基因Ⅲ蛋白与宿主的 TolQ、TolR 和 TolA 蛋白发生作用，去除衣壳蛋白，致使病毒 DNA 及附着于其上的基因Ⅲ蛋白进入宿主菌体内。

在宿主细胞内，感染性的单链噬菌体 DNA（正链）在宿主酶的作用下转变成环状双链 DNA，用于 DNA 的复制，因此这种双链 DNA 称为复制型 DNA（replicative form DNA），即 RF DNA。通过 θ 复制方式，RF DNA 进行扩增，基因的转录也随即开始。基因组中的任意一个启动子都可以启动基因的转录，单方向地终止于下游的终止子。启动子和终止子的位置关系使得靠近终止子的基因转录更频繁。

当基因Ⅱ蛋白在亲代 RF DNA 的正链特定位点上产生一个切口时，便启动噬菌体基因组进行滚环复制。此时，在大肠杆菌的 DNA 聚合酶Ⅰ的作用下，以负链为模板在切口的 3′端加入核苷酸，持续合成 DNA，用新合成的 DNA 替换原有的正链。当复制叉环绕模板整整一周时，被取代的正链由基因Ⅱ产物切去，经环化后形成单位长度的噬菌体基因组 DNA。在感染开始的 15～20 min 内，这些子代正链在宿主细胞酶的作用下，又转变成RF DNA，然后以之为模板继续转录并继续合成子代正链 DNA。当感染细胞内累计有100～200 个 RF DNA 时，细胞内也产生了足够的单链 DNA 结合蛋白，即基因Ⅴ蛋白。该蛋白可以抑制翻译活性，特别是抑制基因Ⅱ mRNA 的翻译，并且强烈地结合在新合成的正链 DNA 上，阻止其转化成 RF DNA。此时，DNA 的合成几乎只产生子代正链 DNA。另外，基因Ⅹ蛋白和基因Ⅴ蛋白也是噬菌体特异 DNA 合成的强抑制子，从而限制感染细胞内 RF DNA 的数量。结果，感染细胞内 RF DNA 的数目和子代正链 DNA 的产生速率都能保持适度。M13 噬菌体的复制过程见图 3-22。

丝状噬菌体颗粒的形态发生与大多数其他细菌病毒不同，丝状噬菌体颗粒并不是在细胞内装配的，而是在基因Ⅴ蛋白-DNA 复合物移动至细菌细胞膜的同时，基因Ⅴ蛋白从正链上脱落，而病毒基因组从感染细胞的细胞膜上溢出时被衣壳蛋白所包被。由于病毒基因组并不需要插进一个预先形成的结构之中，因此对于可被包装的单链 DNA 的大小并无严格限制。相反，丝状颗粒的长度却随被包装 DNA 的量而变化。在所有的丝状病毒原种中，可以发现比单位长度更长并含有多拷贝病毒基因组的病毒颗粒。在 M13 噬菌体基因组中，也曾克隆并增殖过比野生型病毒基因组长 6 倍的外源 DNA 插入片段。

成熟噬菌体颗粒由 11 个病毒蛋白中的 5 个组成。至少还有 4 个其他蛋白[如基因Ⅰ、Ⅳ和Ⅺ蛋白，以及宿主的硫氧还蛋白（thioredoxin）]对噬菌体颗粒的装配和分泌是必需的。

丝状噬菌体的复制与宿主菌的复制和衷共济，因此被感染的细菌宿主并不发生裂解，却可继续生长，但生长速率为正常生长速率的 1/2～3/4，每个感染细胞内每一代可产生数百个噬菌体颗粒。因此，噬菌体的感染将导致培养基内累积大量的噬菌体颗粒，在感染细胞培养物中的噬菌体滴度常常超过 10^{12} pfu/mL。

二、M13 噬菌体载体

单链 DNA 的酶切和连接是比较困难的，因此 M13 噬菌体在用做载体时是利用其双链状态的 RF DNA。RF DNA 很容易从感染细胞中纯化出来，可以像质粒一样进行操作，并可通过转化方法再次导入细胞。导入的双链 DNA 可进行复制，最终形成子代噬菌体颗粒，其噬菌体 DNA 中含有双链外源 DNA 片段中的一条链。另外一条链，即负链，是永远不会被包装的。

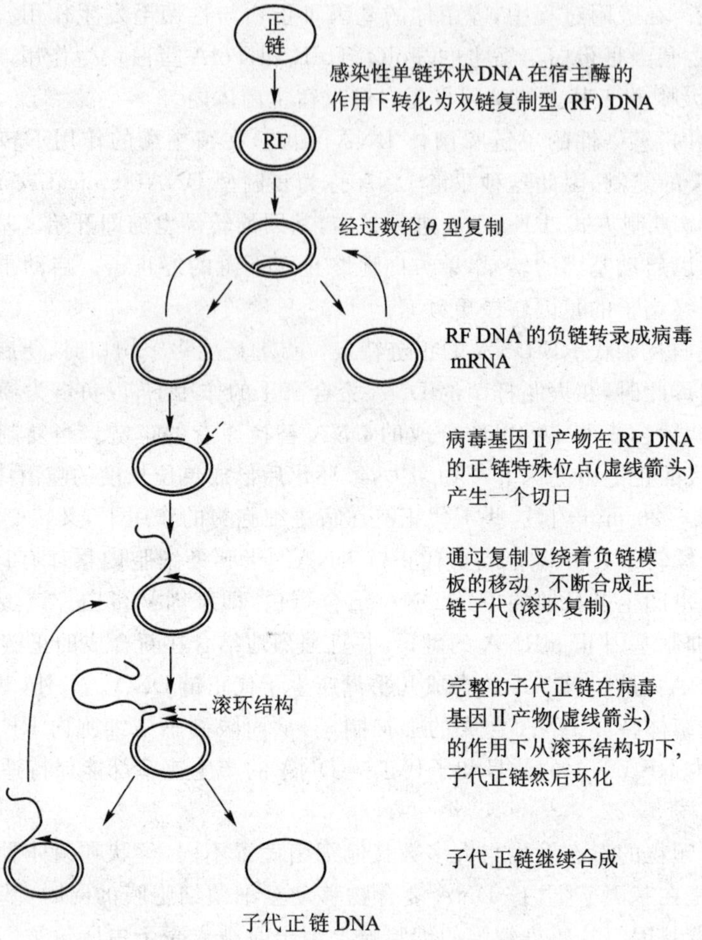

图 3-22　M13 噬菌体在感染细胞中的复制

1. 载体的插入位点

作为一个载体，必须有合适的位点供外源片段的插入。然而，在 M13 噬菌体基因组中绝大多数为必需基因，只有两个间隔区可用来插入外源 DNA（基因Ⅱ/Ⅳ和基因Ⅷ/Ⅲ之间）。基因Ⅱ和基因Ⅳ之间的 508 bp 间隔区是主要的外源片段插入位点，但外源 DNA 插入后，会严重影响噬菌体基因组的复制。幸运的是获得了一些突变体（基因Ⅱ或基因Ⅴ的突变），它们可以部分补偿这种被灭活的负责调控复制的顺式作用元件的功能。在基因Ⅷ和基因Ⅲ之间的小间隔区也可用来插入外源片段。

2. M13 噬菌体载体组成

现在所使用的 M13 噬菌体载体是 Messing 及其同事建立的 mp 系列载体，以基因Ⅱ和基因Ⅳ之间的区域作为外源 DNA 插入区。

mp 载体系列都是从同一个重组 M13 噬菌体（M13mp1）改造而来的。在 M13mp1 载体中，间隔区内的 *Hae* Ⅲ位点插入了一小段大肠杆菌 DNA，这一区段带有 β-半乳糖苷酶基因（*lacZ*）的调控序列及其 N 端 146 个氨基酸的编码信息。当感染带有 F′质粒的宿主菌时可实现 α-互补，借此可以建立一种简单的颜色反应来鉴别有无外源 DNA 插入。宿主菌的

F′质粒含有缺陷型的β-半乳糖苷酶基因，它所编码的多肽没有酶活性并缺失第11～41位的氨基酸。当没有外源基因插入M13mp1载体时，感染细胞后产生的β-半乳糖苷酶N端片段与宿主F′质粒产生的缺陷型β-半乳糖苷酶结合后，可形成具有酶活性的蛋白。这种缺失*lacZ*操纵基因近邻区段的突变体与β-半乳糖苷酶阴性但操纵基因近邻区完整的突变体之间的互补作用称作α-互补。因此外源DNA片段插入的载体进入携带相应F′质粒的宿主菌后，铺于含有IPTG(异丙基硫代-β-D-半乳糖苷，β-半乳糖苷酶基因的诱导物)与X-gal(5-溴-4-氯-3-吲哚-β-D-半乳糖苷，一种生色底物)的培养基上，就会形成深蓝色噬菌斑。在M13mp1的*lacZ*区域插入外源DNA通常会破坏α-互补作用，所得重组体形成无色或淡蓝色噬菌斑。由于建立了这种简单易行的挑选重组体的方法，加上其他方面的改进，终于使丝状噬菌体载体成为常规克隆载体。

日常工作中用到的所有丝状噬菌体载体都是M13mp1的嫡系后裔。在M13mp1的基因间隔区所携带的*lac*DNA区段中，可用的克隆位点寥寥无几。在20世纪70年代晚期和80年代早期，Messing及其同事以化学诱变法和定点诱变法并举，在M13mp1 *lacZ*序列内导入一系列密集而有用的限制酶切位点。这些多克隆位点的导入，几乎不影响β-半乳糖苷酶多肽的α-互补作用。但当外源DNA插入多克隆位点时，一般可破坏α-互补作用，所得重组体在IPTG与X-gal存在下可形成无色噬菌斑。

近年来常用的M13mp系列载体的多克隆位点的序列见图3-23。这些载体中可供插入DNA片段的限制酶切位点的数目和种类不同。M13噬菌体载体总是成对出现，其主要差别是多克隆位点的方向相反，这样就可以获得双链DNA中的任意一条单链。目前，实际上所有克隆都用M13mp18和M13mp19进行。

3. M13mp18和M13mp19

M13mp18和M13mp19这两个载体含有13个不同的酶切位点，可供插入由多种限制酶切割而成的DNA片段(图3-24)。M13mp18和M13mp19 DNA的全序列已经测定完成(GenBank注册号为M77815和L08821)，这两种载体只是在*lacZ*区内不对称的多克隆区的方向上有所不同。

当RF DNA被两种不同的限制酶切割以后，M13mp18和M13mp19一般不能重新环化。仅当连接混合液中含有带匹配末端的外源双链DNA片段时，方可闭合成环。这一片段在M13mp18和M13mp19中将以两个互为相反的方向插入。这样一来，在M13mp18的正链中含有外源DNA双链的其中一条链，而在M13mp19正链中则含有外源DNA的另一条链，即M13mp18重组体的子代噬菌体内含有外源DNA的一条链，M13mp19重组体的子代噬菌体内则含有它的互补链。故用M13mp18和M13mp19作为一对载体，就可能用一个引物(通用引物)，从所插入DNA片段的任一端开始，测定互为相反的两条链的DNA序列，并可制备只与外源DNA的任意一条链互补的DNA探针。

组建M13mp系列载体所用的*lacZ*片段，已被插入到pBR322的衍生质粒中，构建成一系列含有多种常用克隆位点的质粒载体(pUC载体)。这些载体在前面已有详细介绍。由于它们可以参与α-互补，并带有与mp系列的相应载体相同的一批限制酶切位点，因此特别有用。外源DNA片段在M13mp系列和pUC系列中的相互转移，变得更加轻而易举。

三、M13噬菌体载体的宿主菌

由于M13噬菌体通过F质粒编码的性菌毛进入宿主细胞内，故只能用雄性细菌来增殖病毒。用转染的方法也可使噬菌体DNA进入宿主菌，造成雌性细菌的感染。但是转染细

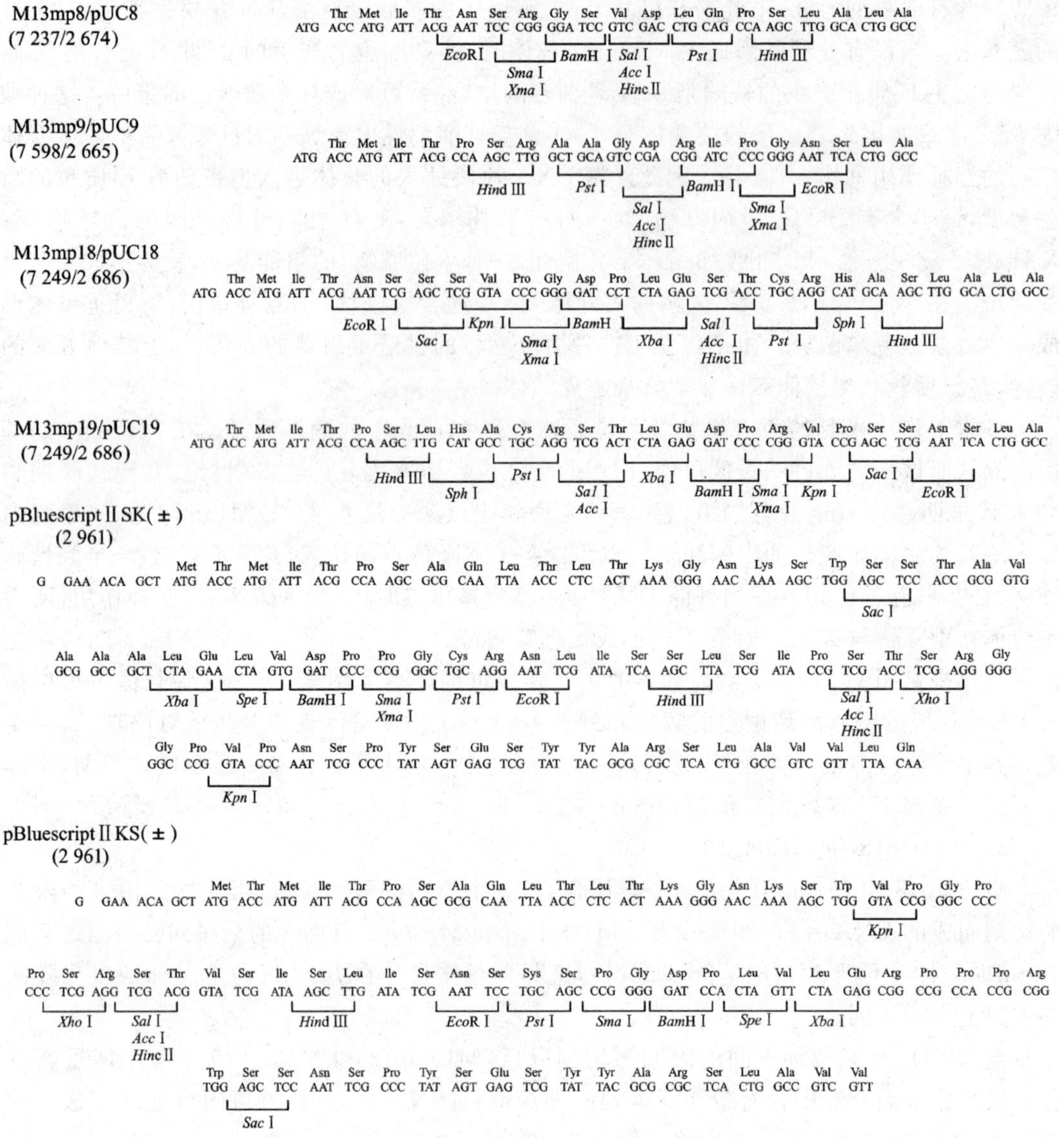

图 3-23　部分 M13 噬菌体载体和噬菌粒的多克隆位点

胞所产生的子代病毒颗粒不能感染环境中的其他细胞，故病毒产量非常低。因此，不提倡用这种方法来大量增殖 M13 载体及其重组体。Messing 及其同事已经构建了许多携带 F′质粒并便于 M13 载体进行基因操作的大肠杆菌菌株，其中最重要的遗传标志有：

（1）*lacZ*ΔM15　*lacZ* 基因缺失突变体。缺失 *lacZ* 基因中 β-半乳糖苷酶 N 端的部分编码序列。*lacZ*ΔM15 所表达的小肽可以参与 α-互补。M13 噬菌体的许多宿主菌所携带的 F′质粒都有这种缺失的 *lacZ* 基因。

（2）Δ(*lac*-*proAB*)　一种缺失突变体。缺失横跨乳糖操纵子及毗邻的脯氨酸生物合成酶类的编码基因的染色体节段，携带这一标记的宿主菌不能利用乳糖作为碳源，其生长需要脯氨酸。

（3）*lacI*^{q}　*lacI* 基因的突变体。可使 *lac* 操纵子阻抑物的合成量增加到大约为野生型的 10 倍。在没有诱导物的情况下，*lac* 操纵子的转录水平本已较低，而阻抑物的超量表达则

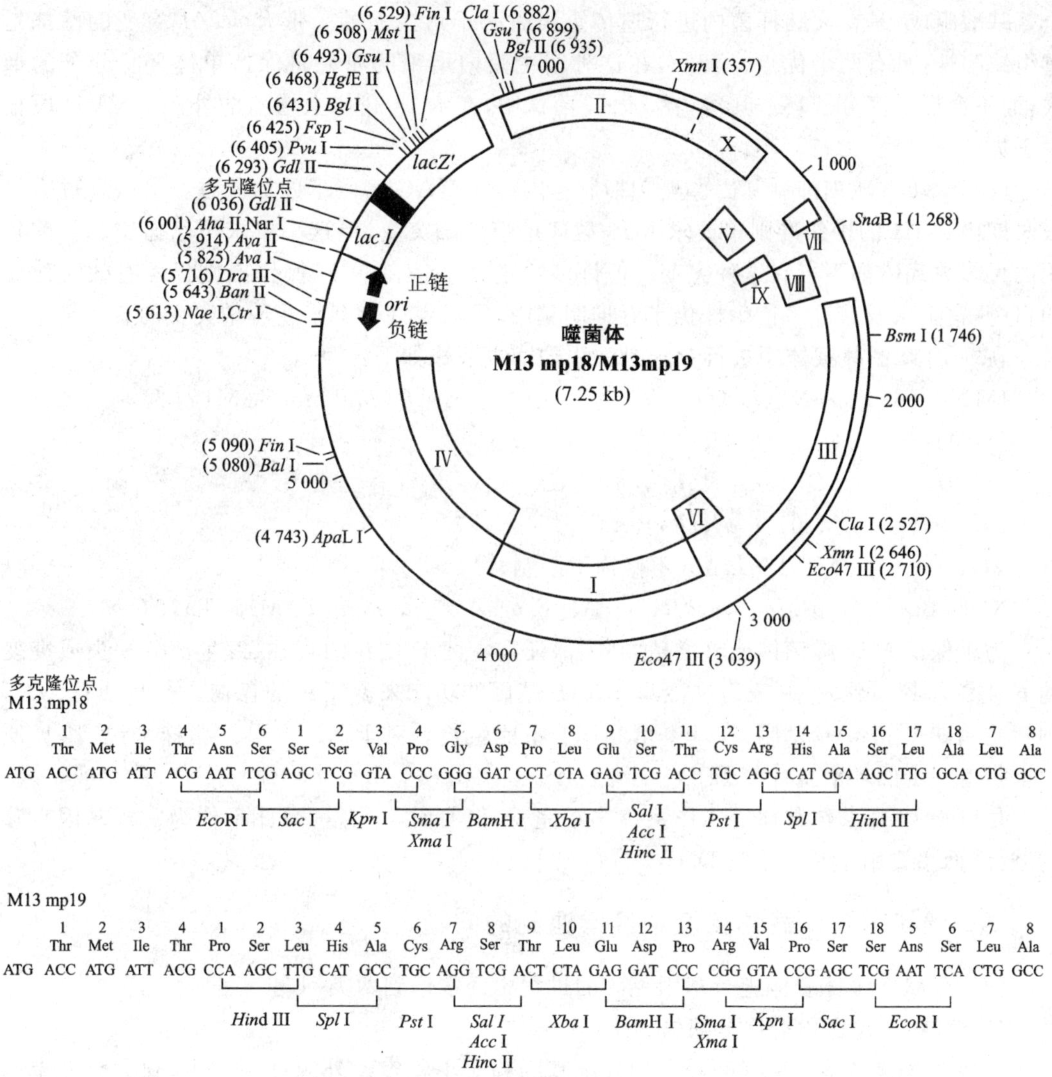

图 3-24　M13mp18/19 载体的遗传图谱

使之受到进一步的抑制。因此，当外源编码序列被置于 *lacZ* 启动子控制下，在带有 *lacI*^{q} 标记的细胞中进行表达时，它所编码的外源蛋白的合成被控制在最低水平。在大多数用于 M13 噬菌体载体克隆的菌株内，*lacI*^{q} 与 *lacZ*ΔM15 一同出现于 F′质粒上。

（4）*proAB*　细菌染色体上脯氨酸生物合成酶类的编码区域。*proAB* 基因通常安置在 F′质粒上，在 Δ(*lac*-*proAB*)的宿主菌内，F′质粒上的 *proAB* 基因就可以补足脯氨酸原养型，当这种细胞生长在基本培养基上时，可确保 F′质粒得以保持稳定遗传。

（5）*traD*36　一种抑制 F′因子接合转移的突变。这个遗传标记是几年前美国国立卫生研究院(National Institute of Health,NIH)尚未撤销的操作准则所要求的。该操作准则现已不再具有法律效力，但这个遗传标记却从始于那个时代的一些菌株中延续下来。

（6）*hsdR*17 与 *hsdR*4　大肠杆菌 K 菌株Ⅰ类限制-修饰系统失去限制活性但仍保留修饰功能的突变体。未修饰的 DNA 直接克隆于 M13 载体并在含有这种突变的宿主菌内增殖时会被修饰，因而这些 DNA 再被导入大肠杆菌 K *hsd*$^+$ 菌株时，则可抗御限制作用。

（7）*recA1*　大肠杆菌重组酶基因。*recA* 基因编码一种依赖于 DNA 的 ATP 酶，由 352

个氨基酸组成，是在大肠杆菌内进行遗传重组时必不可少的酶。带有 *recA1* 突变的菌株是重组缺陷株，具有两个优点。其一，在这种宿主菌内增殖的质粒将保持单体环状分子的形式，而不会形成多分子环。其次，在 $recA^-$ 菌株中，在 M13 载体上增殖的外源 DNA 区段很少丢失。

(8) *supE*　琥珀抑制基因。琥珀抑制基因可在 UAG 密码子处加入谷氨酰胺。过去一段时期内，NIH 的操作准则曾要求 M13 载体携带琥珀突变，但这一要求早已撤销。目前常用的大多数载体都不再有这种突变。但许多宿主菌都是在 NIH 操作准则仍然有效时建立的，这些宿主菌及其许多衍生株仍带有抑制基因，可以容许带有某些琥珀突变的载体复制。

在 M13 噬菌体载体中进行克隆时常用的宿主菌株如下：

JM101	*supE*Δ(*lac*-*proAB*)[F′*traD*36 $proAB^+$ $lacI^q$ *lacZ*ΔM15]
JM105	JM101/*hsdR*4
JM107	JM101/*hsdR*17
JM109	JM101/*hsdR*17 *recA1*
TG1	JM101/*hsd*Δ5(不修饰不限制)
XL1-Blue	*supE* lac^- *hsdR*17*recA1*[F′ $proAB^+$ $lacI^q$ *lacZ*ΔM15]Tn*10*(tet^r)

为了保证 M13 噬菌体能够增殖，必须保证宿主菌 F′质粒的存在(发生部分缺失或突变的 F 质粒称 F′质粒)。一般通过检测 *proAB* 基因的功能来验证 F′的存在。若 F′质粒丢失，则宿主菌缺失 *proAB* 基因，在基本培养基上不能生长。对于 XL1-Blue 菌株来说，其 F′质粒上带有一个四环素抗性基因。

尽管 M13 噬菌体载体的工作系统非常完善，但有时不稳定，因此不作为常规基因克隆的载体，而主要用于制备单链 DNA。

四、丝状噬菌体载体克隆中经常遇到的问题

使用丝状噬菌体载体进行基因克隆的过程中经常遇到两类问题。

1. 外源 DNA 区段的部分缺失

克隆于丝状噬菌体基因间隔区的外源基因趋于不稳定。外源基因越大，缺失突变率越高。避免感染细菌在液体培养中连续生长，可以使这种现象减少到最低限度(尽管尚不能完全消除)。操作时，用保存于 −70 ℃的重组噬菌体原种转染适当的宿主菌，铺成平板，并从分隔良好的单个噬菌斑的中央挑取细菌进行小规模培养。对大多数实验来说，小规模培养可提供足够量的单链 DNA 及双链 RF DNA，小规模培养的时间要尽可能短(取决于不同的载体和大肠杆菌菌株，培养时间通常为 4～8 h)，并且细菌培养液不宜存作再次培养的种子菌。带有大段外源 DNA 的重组噬菌体的生长，几乎总是比所带插入片段较小的噬菌体缓慢得多。因此，当外源 DNA 序列部分缺失后，将形成强大的选择优势，结果经过几次连续传代之后，带有原始重组体的细菌即已丧失殆尽。

2. 外源 DNA 总是以单方向插入

尽管某一载体可能在两个方向上接受 DNA，但特定外源 DNA 区段却更容易仅以其中一个方向插入该载体，这种情况屡见不鲜。之所以出现这种现象，是因为外源 DNA 另一条链上的序列不同程度地干扰了载体基因间隔区的功能。在多克隆位点区内遴选不同的位点插入外源 DNA，或者选用可进行定向克隆的限制酶组合，有时可避免上述问题。然而，强制 M13 噬菌体载体来增殖不受欢迎的外源 DNA 序列并不可取。这样得到的重组体往往不稳定，以致外源 DNA 序列在子代噬菌体中出现重排或缺失。在这种情况下，建议采用带有丝

状噬菌体复制起点的质粒载体(噬菌粒)来增殖外源 DNA。

五、噬菌粒

噬菌粒实际上是带有丝状噬菌体大间隔区的质粒载体,是集质粒和丝状噬菌体的有利特征于一身的载体,具有 ColE1 复制起点及抗生素抗性选择标记,以及丝状体噬菌体的间隔区。此间隔区含噬菌体 DNA 合成的起始与终止及噬菌体颗粒形态发生所必需的全部顺式作用元件。含噬菌粒的细菌被噬菌体感染后,基因Ⅱ蛋白可作用于噬菌粒的间隔区,启动滚环复制产生单链 DNA(ssDNA)并进行包装。

克隆于这些载体内的外源 DNA 区段可以像质粒一样用常规方法进行增殖。而带有这种质粒的细菌被 M13(或 f1)丝状噬菌体感染后,在病毒的基因Ⅱ蛋白影响下,质粒的复制方式发生改变。基因Ⅱ产物与质粒所携带的基因间隔区相互作用,启动滚环复制,产生质粒 DNA 一条链的拷贝,最终包装在子代噬菌体颗粒中。

pUC118 和 pUC119 是功能比较完善的噬菌粒载体,对外源 DNA 片段的大小不那么敏感,并且保留了 pUC 质粒在克隆操作方面的优点。现在常用的噬菌粒载体至少是成对出现的,分别带有方向相反的多克隆位点。许多是由 4 个载体构成载体系列,其差别除了多克隆位点方向相反外,丝状噬菌体的大间隔区也以两个不同方向装载在载体中,从而便于选择载体来扩增所需要的那条单链。如 pBluescript Ⅱ KS(±)系列(图 3-5)、pTZ 系列(pTZ18U、pTZ18R、pTZ19U、pTZ19R)。

噬菌粒具有以下令人瞩目的特征:① 双链 DNA 既稳定,又高产,具有常规质粒的特征。② 免除了将外源 DNA 片段从质粒亚克隆于噬菌体载体这一既繁琐又费时的步骤。③ 由于载体足够小,故可得到长达 10 kb 的外源 DNA 区段的单链。

通过噬菌粒制备单链 DNA 时,需要用 M13(或 f1)噬菌体来辅助感染带噬菌粒的大肠杆菌,才能将噬菌粒 DNA 中的一条链包装到噬菌体颗粒中去。但辅助噬菌体感染后,噬菌粒单链 DNA 的产量较低且重复性较差。常规 M13 噬菌体载体可生长至每毫升菌液 $>10^{12}$ pfu 的滴度,每毫升可提供 5～10 μg单链病毒 DNA。然而,若用辅助病毒感染,带重组噬菌粒的细胞中病毒颗粒的产量较低,仅相当于带有同一外源 DNA 区段的丝状噬菌体载体的病毒颗粒产量的 1/100～1/10。为解决这个问题,辅助噬菌体的间隔区都带有插入片段和基因突变,因而基因Ⅱ产物对它的识别不那么有效。基因Ⅱ产物优先与噬菌体上的野生型的基因间隔区发生作用,所产生的子代病毒正链 DNA 主要来自噬菌粒基因组,而不是来自辅助噬菌体新合成的 RF DNA。通常在所得单链 DNA 中,含噬菌粒序列者多于含辅助噬菌体序列者,前者是后者的 50 倍。M13KO7 是常见的辅助噬菌体,通常可以产生足够量的含有噬菌粒 DNA 的单链子代病毒颗粒(1×10^{11}～5×10^{11} 个病毒颗粒/mL),其结构和功能见下文(六、M13KO7 辅助噬菌体)。

噬菌粒的主要优点在于它可以产生适量大段外源 DNA 的单链拷贝,又不必担心发生缺失突变,而这些外源 DNA 区段常常由于太大而不能克隆于常规 M13 载体。

六、M13KO7 辅助噬菌体

M13KO7 辅助噬菌体是 M13 的衍生株,大小为 8.7 kb,其结构组成见图 3-25。M13KO7 噬菌体带有来自 p15A 质粒的复制起点,因此可以像质粒一样复制,且可以与带 ColE1 质粒复制起始位点的质粒共存于同一个宿主菌中。还带有一个来自转座子 Tn903 的卡那霉素抗性基因(kan^r),用做选择标记。基因Ⅱ带有一个 G→T 的突变(第 6125 核苷

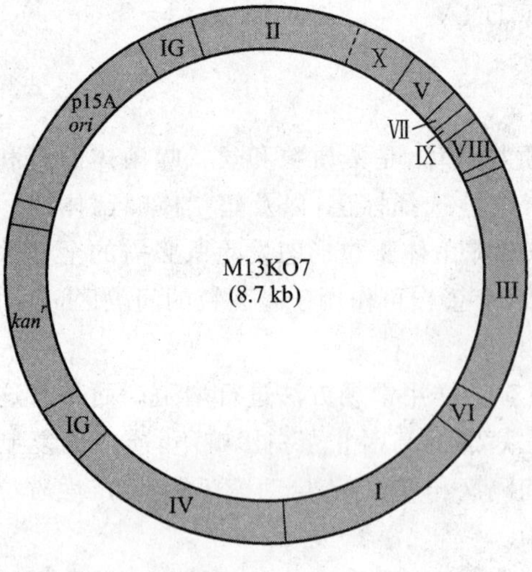

图 3-25　辅助噬菌体 M13KO7 的遗传图谱

酸)，导致基因Ⅱ蛋白的第 40 位氨基酸由甲硫氨酸变为异亮氨酸。

当 M13KO7 感染带有噬菌粒的大肠杆菌如 *E. coli*(pUC118)后，进入宿主细胞内的单链 DNA 在宿主胞内酶的作用下转变为双链，后者可在质粒 p15A 的复制起点控制下进行复制。由于细胞内 M13KO7 双链 DNA 的积累并不需要噬菌体基因产物的作用，细胞内的噬菌粒几乎没有机会干扰所进入的 M13KO7 噬菌体基因组的早期复制。

M13KO7 基因组双链 DNA 可表达产生子代单链 DNA 所必需的所有蛋白。但 M13KO7 中突变的基因Ⅱ产物与自身携带的噬菌体复制起点的作用尚不如它与克隆于噬菌粒 pUC118 和 pUC119 中的噬菌体复制起点的作用有效，这就使噬菌粒正链 DNA 能够优先合成，以确保在细胞所产生的病毒颗粒中来自噬菌粒的单链 DNA 能够占据优势。当不含噬菌粒的宿主菌被 M13KO7 感染后，突变的基因Ⅱ产物则完全可与自身的残缺复制起点作用，并产生足够量的 M13KO7 噬菌体，以作为产生噬菌粒单链 DNA 的种子。

除了 M13KO7 辅助噬菌体外，还有其他辅助噬菌体，如 R408、ExAssist 和 VCSM13。但是，许多实验表明，使用 M13KO7 产生目的噬菌体的产量和比例比使用其他辅助噬菌体高。

随着 PCR 技术的广泛应用，许多需要利用单链 DNA 进行操作的技术如 DNA 测序和 DNA 定点诱变都可以用 PCR 相关的技术替代，因此单链噬菌体载体的应用遇到了很大挑战。

除了以上常规的分子克隆载体外，还有一些专门用来构建大片段 DNA 文库的人工染色体载体，如黏载体、YAC 载体、BAC 载体和 PAC 载体，详见第四章。

思　考　题

1. 作为一个最基本的载体，它必须具备哪些功能元件？
2. 除了抗生素抗性基因外，载体的标记还有哪些类型？
3. 何为 α-互补？在载体构建中有何作用？
4. Phagmid 载体和 Cosmid 载体有何异同点？
5. 请简要描述 λ 噬菌体溶原状态和裂解循环的基因调控模式，及其在构建载体中的作用。
6. 从 λ 噬菌体文库中筛选到阳性克隆子后，要将其克隆到的外源 DNA 片段转移到质粒载体，有哪些办法？
7. 简述 M13KO7 辅助噬菌体的遗传学特性和生物学功能，及其在制备单链 DNA 中的作用。

主要参考文献

1. 阎龙飞，张玉麟．分子生物学．2 版．北京：中国农业大学出版社，1997
2. Ausubel F M, Brent R, Kingston R E, 等．精编分子生物学实验指南．4 版．马学军，舒跃龙，颜子

颖译校. 北京:科学出版社,2005

3. Primrose S, Twyman R, Old B. 基因操作原理. 6 版. 瞿礼嘉,顾红雅译. 北京:高等教育出版社,2003

4. Sambrook J, Fritsch E F, Maniatis T. 分子克隆实验指南. 2 版. 金冬雁,黎孟枫等译. 北京:科学出版社,1995

5. Sambrook J,Russell D W. 分子克隆实验指南. 3 版. 黄培堂等译. 北京:科学出版社,2002

6. Green M R, Sambrook J. Molecular cloning: a laboratory manual. 4th ed. New York: Cold Spring Harbor Laboratory Press, 2012

（孙明）

第四章

人工染色体载体

常规载体在工作时都是在不影响质粒或噬菌体复制功能的基础上装载外源 DNA 片段的，同时保持质粒或噬菌体的基本特性。这样一来，这些载体所装载的容量就受到限制。利用染色体的复制元件来驱动外源 DNA 片段复制的载体称为人工染色体载体（artificial chromosome vector），其装载外源 DNA 片段的容量可以与染色体的大小媲美。酵母人工染色体载体（yeast artificial chromosome，YAC）就是模拟酵母菌染色体的复制而构建的载体，当装载外源 DNA 片段后在酵母菌中可像酵母菌的染色体一样复制，从而达到克隆大片段 DNA 的目的。细菌人工染色体载体（bacterial artificial chromosome，BAC）尽管从本质上来说仍然是质粒载体，但由于其采用了大质粒（F 质粒，98 kb）的复制元件，可像 YAC 载体一样装载大片段 DNA，因此沿用了人工染色体载体这一名称。黏粒载体和 P1 人工染色体载体（P1 artificial chromosome，PAC）严格来说，也是人工染色体载体，只不过是采用了噬菌体染色体的复制元件。由于这些人工染色体载体模拟了染色体的复制方式，因此都能装载大片段 DNA，从 40 kb 到几百 kb，甚至超过1 000 kb 。正因为如此，它们也被称为大容量克隆载体（high-capacity vector）（表 4-1）。

表 4-1　5 种常见大容量克隆载体及其基本特性

载体	容量/kb	复制子	宿主	拷贝数	重组 DNA 导入宿主的方式	筛选标记	克隆 DNA 获取方法
黏粒	30～45	ColE1	大肠杆菌	高	转导	—	碱抽提
P1	70～100	P1	大肠杆菌	1	转导	*sacB*	碱抽提
PAC	130～150	P1	大肠杆菌	1	电转化	*sacB*	碱抽提
BAC	120～300	F	大肠杆菌	1	电转化	α-互补	碱抽提
YAC	250～400	ARS	酵母菌	1	转化	*ade2*	脉冲场电泳

在高等生物和人类遗传研究中，常常需要将大片段 DNA 转移至异源宿主或细胞中，研究基因的功能和表达。尽管通过基因的启动子可以精确地研究基因的表达，但随着研究不断深入，人们清楚地认识到，将覆盖整个转录单元及其周边广泛的调节区的大片段用于基因的表达研究，能够更真实地反映基因表达的内在状况。人类蛋白质编码基因的平均大小为 27 kb，控制基因精确表达的调控元件可能分布在转录单元上下游几十甚至几百 kb 的范围内。因此，利用大容量的克隆载体能更好地将对基因的精确表达非常重要的调控区用于各种研究之中。

这些人工染色体载体在染色体图谱的制作、基因组测序和基因簇的克隆等方面发挥了重要作用。这些载体有助于将有部分重叠序列的单个克隆片段快速装配成重叠群(contig),从而加速基因组测序的拼接进程,并提供物理图谱和遗传图谱可能的结合点。随着人们进一步深入开展功能基因组以及大片段基因簇功能的研究,这些载体还会有更多的用武之地。每一种载体都有各自的优缺点及对应的适用对象,表 4-1 是 5 种主要的大容量载体及其性质。

第一节　黏粒载体

一、黏粒的结构特征和用途

黏粒(cosmid)实际是质粒的衍生物,是带有 *cos* 序列(也称 *cos* 位点)的质粒。*cos* 序列是 λ 噬菌体 DNA 中将 DNA 包装到噬菌体颗粒中所需的 DNA 序列。黏粒的组成包括质粒复制起点(ColE1)、抗性标记(amp^r)、*cos* 位点,因而能像质粒一样转化和增殖。它的大小一般 5～7 kb 左右,用来克隆大片段 DNA,克隆的最大 DNA 片段可达 45 kb。有的黏粒载体含有两个 *cos* 位点,在某种程度上可提高使用效率。

λ 噬菌体能够克隆的最大片段为 23 kb,然而在有些情况下需要克隆较大的片段。黏粒载体在一定程度上可解决这一问题,并表现出一定的优势。如在构建基因文库时,可减少文库中重组体的数目,从而减少后续筛选的工作强度。其次,可在单个重组体中克隆和增殖完整的真核基因。高等生物的许多基因含有多个内含子,如编码鸡前 α2 胶原、鼠二氢叶酸还原酶和人类固醇硫酸酯酶的基因都至少为 40 kb。要克隆这类片段,就需要利用黏粒载体。当然,也可利用后续谈到的高容量人工染色体克隆载体。从理论上讲,质粒载体可克隆大片段,但较大的重组质粒 DNA 转化大肠杆菌的效率很低,由此构建文库的效率大大降低。最后,可克隆与分析组成某一基因家族的真核 DNA 区段。许多基因簇的大小可达 100 kb,这种大片段的克隆通常由克隆于一系列通过染色体步查而分离的相互重叠的重组体组成。用高容量的克隆载体,可减少所需重组体的数量,从而减少花费并节约时间。为了获得一个相对完整的基因文库,要求文库中重组体的数量足够多,其数量关系见第十一章。

二、黏粒载体的工作原理

黏粒载体的主要工作原理类似 λ 噬菌体载体。在外源 DNA 片段与载体连接时,黏粒载体相当于 λ 噬菌体载体的左右臂,*cos* 位点通过黏末端退火后,再与外源片段相间连接成多联体。当多联体与λ 噬菌体包装蛋白混合时,λ 噬菌体 *A* 基因蛋白的末端酶功能将切割两个 *cos* 位点,并将两个同方向 *cos* 位点之间的片段包装到 λ 噬菌体颗粒中去。这些噬菌体颗粒感染大肠杆菌时,线状的重组 DNA 就像 λ 噬菌体 DNA 一样被注入细胞并通过 *cos* 位点环化,这样形成的环化分子含有完整的黏粒载体,可像质粒一样复制并使其宿主获得抗性。因而,带有重组黏粒的细菌可用含适当抗生素的培养基挑选。通过这种方式,就将外源 DNA 片段通过黏粒载体克隆到大肠杆菌中(图 4-1)。

与 λ 噬菌体载体不同的是,外源片段克隆在黏粒载体中是以大肠杆菌菌落的形式表现出来的,而不是噬菌斑。这样所得到的菌落的总和就构成了基因文库。

上述带有外源 DNA 片段的重组黏粒,可再次包装到噬菌体颗粒中去。通过辅助 λ 噬菌体的感染或诱导潜伏原噬菌体的生长,重组黏粒的 *cos* 位点可作为包装的底物,导致重组

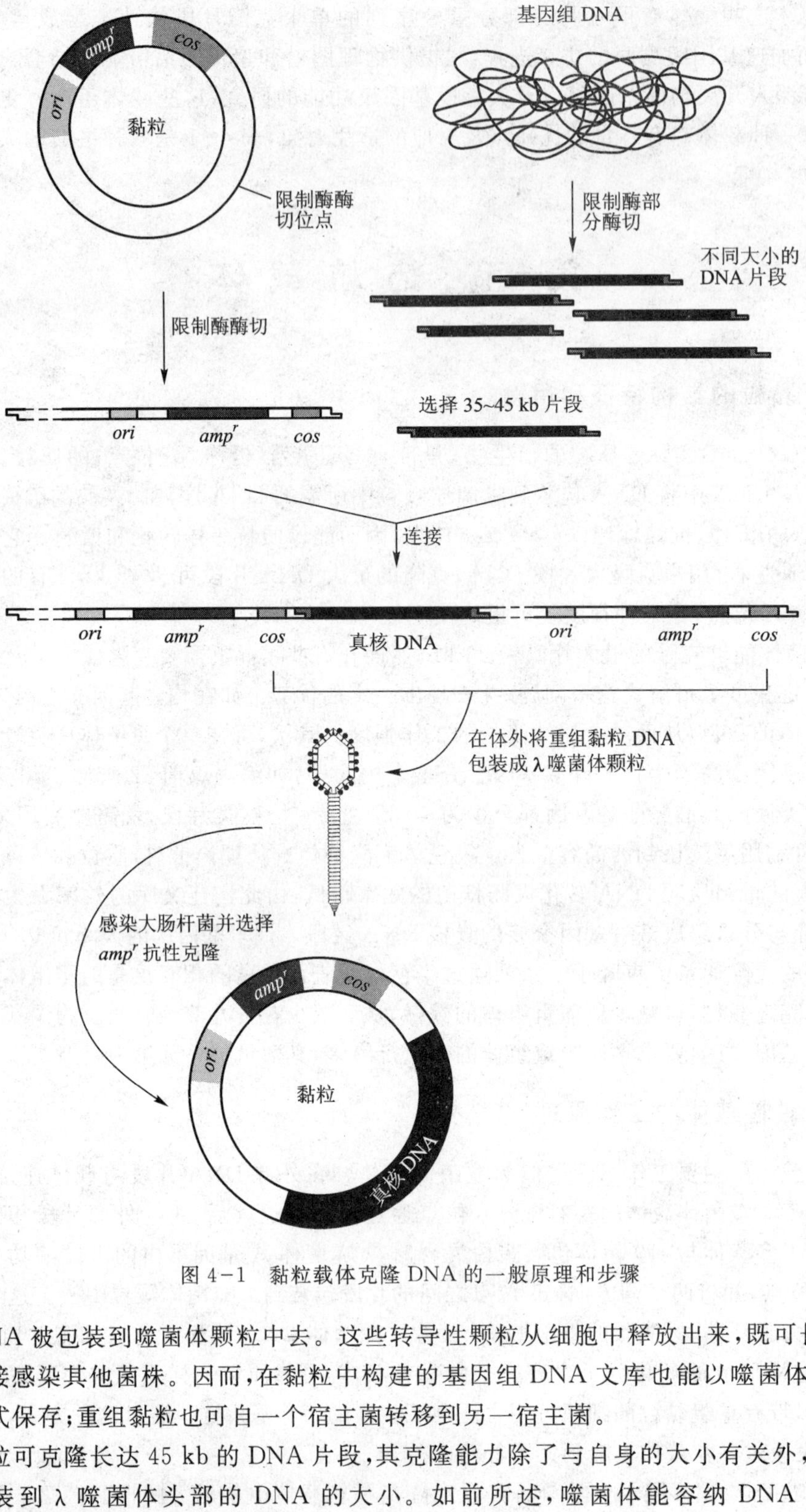

图 4-1　黏粒载体克隆 DNA 的一般原理和步骤

黏粒 DNA 被包装到噬菌体颗粒中去。这些转导性颗粒从细胞中释放出来，既可长期贮存，也可直接感染其他菌株。因而，在黏粒中构建的基因组 DNA 文库也能以噬菌体颗粒贮存液的形式保存；重组黏粒也可自一个宿主菌转移到另一宿主菌。

黏粒可克隆长达 45 kb 的 DNA 片段，其克隆能力除了与自身的大小有关外，主要取决于能包装到 λ 噬菌体头部的 DNA 的大小。如前所述，噬菌体能容纳 DNA 的大小为 38～51 kb，而常用的黏粒载体为 5～7 kb，因而所能插入的外源 DNA 片段的大小为 35～45 kb。在“染色体步查”过程中，黏粒具有优势。

三、黏粒克隆载体

黏粒克隆载体除了具有上述共同特征外，还有一些特殊的元件，赋予载体特殊的性质。

1. 黏粒 pJB8

黏粒 pJB8 是一个典型的黏粒载体，其组成简单，大小为 5.4 kb，由抗性基因 amp^r、ColE1 复制起点(*ori*)、*cos* 位点和多克隆位点组成，可容纳 33～46.5 kb 外源 DNA 片段(图 4-2)，主要用于在细菌中克隆真核 DNA。外源片段与载体连接后，可形成长长的多联体，因此只有将大小为 35～45 kb 的外源片段用于连接反应，才能达到理想效果。所用的宿主菌为 $recA^-$ 大肠杆菌，以免发生不必要的重组。

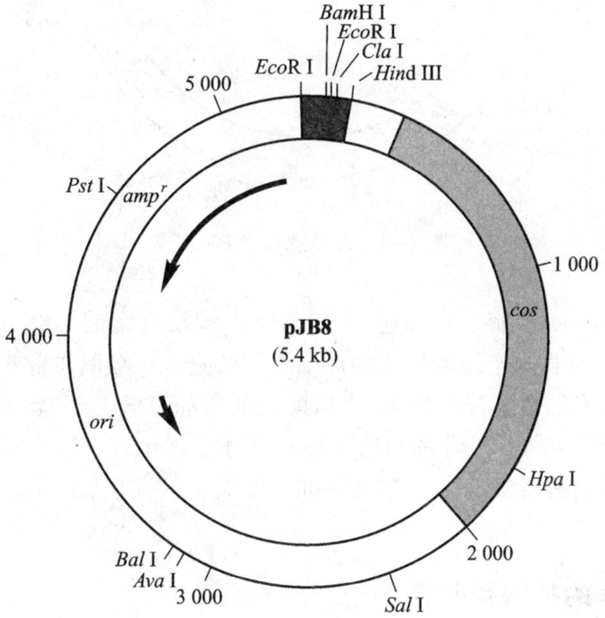

图 4-2　黏粒载体 pJB8 图谱

2. 含双 *cos* 位点的黏粒载体

c2RB 和 SuperCos-1 是含双 *cos* 位点的黏粒载体，c2RB 大小为 6.8 kb，含两个 *cos* 位点，在 *cos* 位点之间有一个卡那霉素抗性基因(图 4-3)。由于含有 *cos* 位点的 1.7 kb 的片段在包装过程中将会消失，因此该载体的装载容量与 pJB8 一样为 33～46.5 kb。

SuperCos-1 大小为 7.94 kb，与 c2RB 相比，含有在真核细胞中起作用的来自猿猴病毒 SV40 的复制起点 *ori*-SV40 和新霉素抗性基因(neo^r)(图 4-4)。在克隆到阳性重组子后，可方便地转移到动物细胞中增殖，作进一步的分析和筛选。在多克隆位点中，在常用插入位点*Bam*H Ⅰ两侧分别有 T3 和 T7 噬菌体的启动子。在得到一个阳性克隆后，利用这些启动子可转录出外源 DNA 片段末端序列对应的 RNA 片段，用做染色体步查克隆其邻近片段的探针。启动子外侧分别各有一个识别 8 个碱基序列的 *Not* Ⅰ酶切位点，在拟南芥和人的基因组中 *Not* Ⅰ片段的平均大小分别为610 kb 和 310 kb，因此利用载体两端的 *Not* Ⅰ位点可将大多数外源插入片段完整地切出来用于进一步分析。

图 4-4 为 SuperCos-1 的克隆示意图。载体经 *Xba* Ⅰ酶切和碱性磷酸酶处理后，再用 *Bam*H Ⅰ作第二次酶切，可以将两个 *cos* 位点分割在两个不同的片段上。一般在高浓度

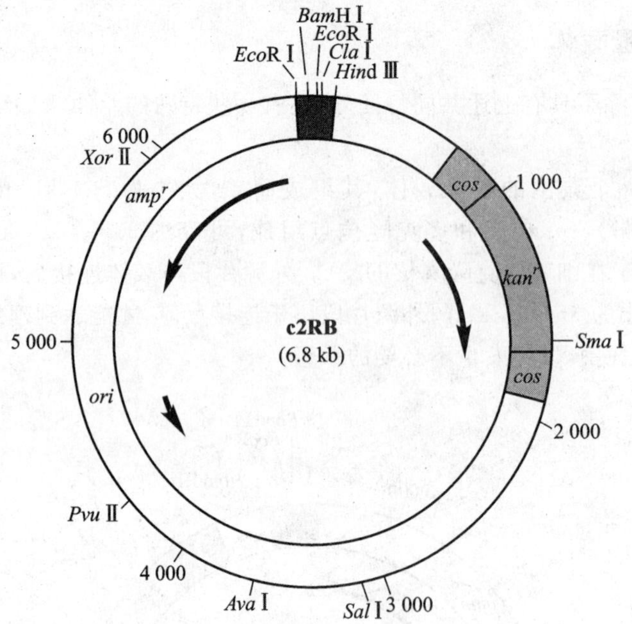

图 4-3　黏粒载体 c2RB 图谱

ATP 存在下(5 mmol/L)抑制平末端连接,但对黏末端没有影响。经 *Sau*3A Ⅰ或 *Mob* Ⅰ部分酶切的真核 DNA 与载体连接后形成的产物可包装进入 λ 噬菌体颗粒,感染 *recA*⁻ 大肠杆菌后,可得到基因文库。在连接产物中,去磷酸化的 *Xba* Ⅰ末端不能再与其他片段连接,因此只有 35～45 kb 的外源 DNA 片段与载体连接后才能被包装。这样,利用这类载体时对部分酶切的外源 DNA 片段无须分步收集 35～45 kb 大小的片段,可直接用于连接反应,减少操作步骤。

四、黏粒文库的扩增和贮存

重组黏粒包装到噬菌体颗粒以后,贮存在含有几滴氯仿的 SM 溶液中可保存几周。一般情况下,都希望包装产物可供多次使用,因此就要对文库进行扩增和保存,尽管扩增后会导致文库的失真。可采用的方法主要有 3 种。

(1) 将已包装的重组黏粒转导至大肠杆菌,并使之生长在铺于 TB 琼脂平板的硝酸纤维素滤膜上。通过影印到其他滤膜上,使文库得到扩增,于－70 ℃保存。此方法的特点在于,不会由于单个重组体生长的差异导致文库的失真。缺点在于需要复制和贮存大量的滤膜(多达 30 张滤膜),也会由于原滤膜上的菌落不再生长,而使文库中的重组子数减少。

(2) 将已包装的重组黏粒转导至大肠杆菌,在平板上长出单菌落后,挑取所有单菌落,并使之混合生长数代,使文库得到扩增。扩增的文库经分装后于－70 ℃保存,需要时取一份用于分析。此方法方便简单,但扩增过程中会由于某些重组菌的生长不如其他细菌旺盛,导致文库中某些序列过多或过少。

(3) 将已包装的重组黏粒转导至大肠杆菌中,在平板上长出单菌落后,挑取所有单菌落,并使之混合生长有限世代,用重组缺陷(*red*⁻)和裂解功能突变的 λ 噬菌体进行超感染,大肠杆菌中的重组黏粒 DNA 可被重新包装,并形成噬菌体颗粒,经物理方法破裂细胞可获得噬菌体颗粒混合物。这样扩增的文库可像 λ 噬菌体文库一样保存,但其操作步骤复杂。

上述方法都不理想,但用杂交进行黏粒文库的常规筛选时,第一种方法相对最安全。

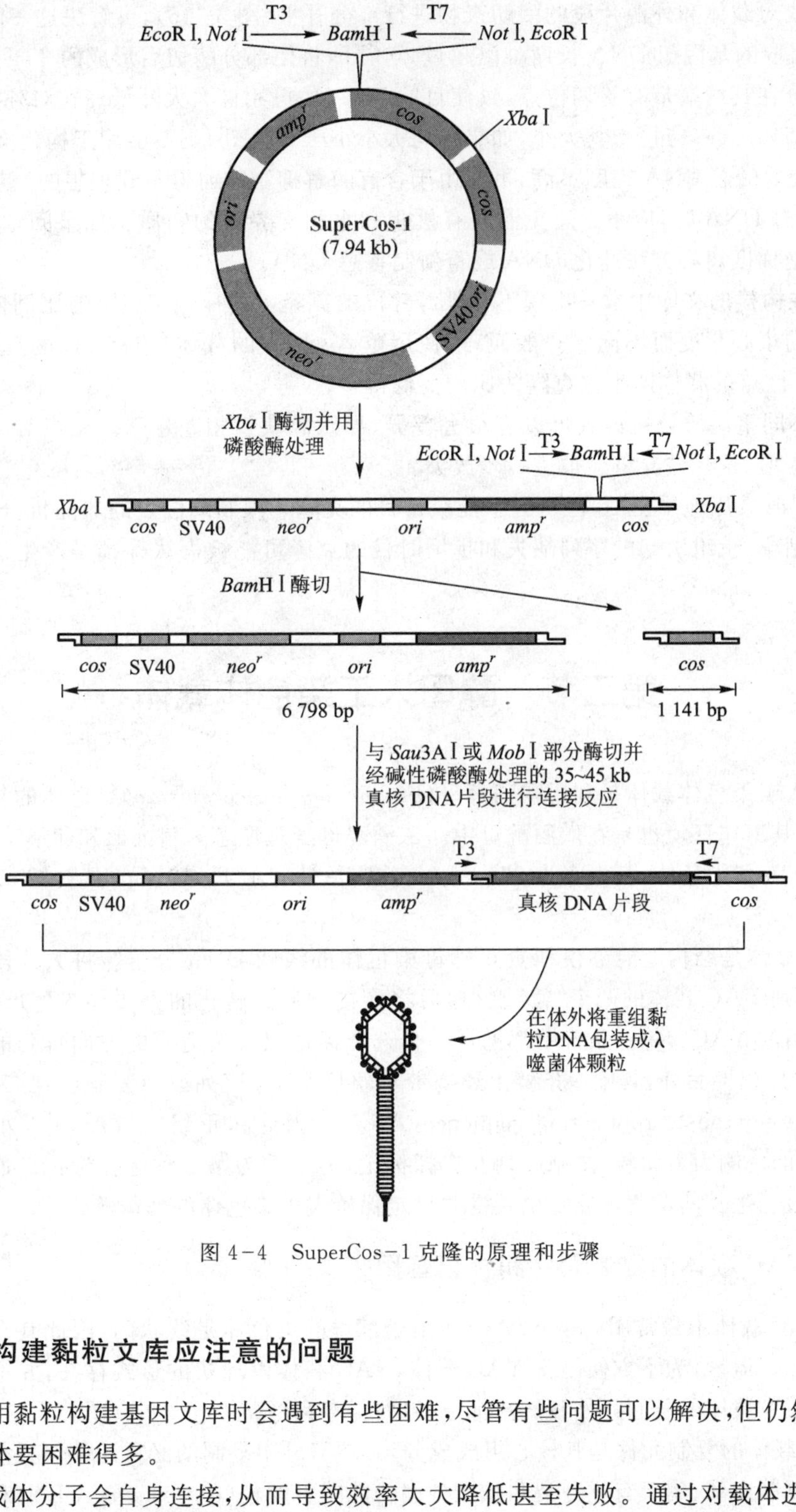

图 4-4　SuperCos-1 克隆的原理和步骤

五、构建黏粒文库应注意的问题

在利用黏粒构建基因文库时会遇到有些困难，尽管有些问题可以解决，但仍然比使用λ噬菌体载体要困难得多。

（1）载体分子会自身连接，从而导致效率大大降低甚至失败。通过对载体进行去磷酸化处理、使用双 *cos* 位点载体或对载体的酶切产物进行部分补平（图 3-16），可解决这一问题。

（2）多个外源片段插入载体中，会误将两个本来不相连的 DNA 片段认为是基因组中的连续 DNA 片段。通过收集 35～45 kb 的部分酶切外源 DNA 片段与载体连接、使用双 *cos*

位点载体或对载体和外源片段的酶切产物进行部分补平(图3-16),可解决这一问题。

(3) 提取的基因组DNA长度难以超过200 kb,将使部分酶切后形成的35～45 kb片段只有少部分在其两端带有酶切位点,致使目的DNA的可用性大大降低。在对外源DNA片段作部分酶切之前,应检查其大小,如果平均大小小于200 kb,则不能用于构建文库。

(4) 提取的总DNA纯度不高,可能由于含有酶解抑制物而得不到理想的酶切产物。因此,在制备总DNA时,应小心避免混入有机相和水相交界处的物质。如果问题依旧出现,可用氯化铯梯度离心方法纯化DNA或重新制备总DNA。

(5) 在构建的文库中常常出现不含外源片段的克隆。这种"空"克隆的比例依载体的不同和操作的小心程度而不同。一般而言,使用单*cos*位点的载体,约有5%的克隆是空的。使用双*cos*位点的载体产生空克隆的比例要低得多。

(6) 不同重组质粒拷贝数可以有很大差异,导致收获量相差悬殊。每当对文库作一次噬菌体的扩增,这些差异将会被进一步放大。

(7) 尽管文库似乎全面,但也许不能获得目的克隆。限制酶位点的非随机分布、包装蛋白污染限制酶、重组引起的序列缺失和扩增时目的克隆可能被淘汰等都是产生这种现象的原因。

第二节　酵母人工染色体载体

酵母人工染色体载体是利用酿酒酵母(*Saccharomyces cerevisiae*)染色体的复制元件构建的载体,其工作环境也是在酿酒酵母中。酿酒酵母细胞形态为扁圆形和卵形,生长代时为90 min;含16条染色体,其大小为225～1 900 kb,总计有1.4×10^7 bp;具真核mRNA的加工活性。

YAC载体是结构上能够模拟真正酵母染色体的线状DNA分子。将大片段的基因组DNA连接到YAC载体的两个"臂"上,然后将连接物通过转化的方法导入酵母菌,这样就构成了重组的YAC。每一条臂中都携带一个选择标记以及按适当的方向排列的起端粒作用的DNA序列。另外,其中一条臂上还携带着丝粒DNA序列以及复制序列(又称自主复制序列,autonomously replicating sequence,ARS)。因此在重组的YAC中,外源基因组DNA片段的一侧为着丝粒、复制序列及选择标记,另一侧为第二种选择标记。通过在选择性琼脂平板上生长的菌落可鉴定出接受并稳定保持人工染色体的酵母转化子。

一、YAC载体的复制元件和标记基因

在YAC载体中最常用的是pYAC4。由于酵母的染色体是线状的,因此其在工作状态也是线状的。但是,为了方便制备YAC载体,YAC载体以环状的形式存在,并增加了普通大肠杆菌质粒载体的复制元件和选择标记,以便保存和增殖。

YAC载体的复制元件是其核心组成成分,其在酵母中复制的必需元件包括复制起点序列即自主复制序列、用于有丝分裂和减数分裂功能的着丝粒(centromere,CEN)和两个端粒(telomeric repeat,TEL)。这些元件能够满足自主复制、染色体在子代细胞间的分离及保持染色体稳定的需要。

端粒重复序列是位于染色体末端的一段序列,用于保护线状DNA不被胞内的核酸酶降解,以形成稳定的结构。着丝粒是有丝分裂过程中纺锤丝的结合位点,使染色体在分裂过

程中能正确分配到子细胞中。在 YAC 中起到保证一个细胞内只有一个人工染色体的作用。pYAC4 使用的是酵母第四条染色体的着丝粒。自主复制序列是一段特殊的序列，含有酵母菌中 DNA 进行双向复制所必需的信号。

YAC 载体的选择标记主要为营养缺陷型基因，如色氨酸、亮氨酸和组氨酸合成缺陷型基因 *trp*1、*leu*2 和 *his*3，尿嘧啶合成缺陷型基因 *ura*3，以及赭石突变抑制基因 *sup*4。与 YAC 载体配套工作的宿主酵母菌（如 AB1380）的胸腺嘧啶合成基因带有一个赭石突变 *ade*2-1。带有这个突变的酵母菌在基本培养基上形成红色菌落，当带有赭石突变抑制基因 *sup*4 的载体存在于细胞中时，可抑制 *ade*2-1 基因的突变效应，形成正常的白色菌落。利用这一菌落颜色转变的现象，可用于筛选载体中含有外源 DNA 片段插入的重组子。

二、YAC 载体的工作原理

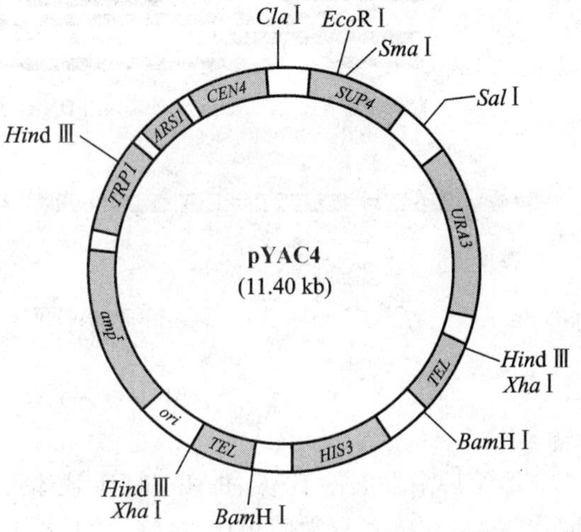

图 4-5　酵母人工染色体载体 pYAC4 图谱

YAC 载体主要用来构建大片段 DNA 文库，特别是用来构建高等真核生物的基因组文库，并不用做常规的基因克隆。图 4-5 是 pYAC4 载体的遗传结构图，当用 *Bam*HⅠ切割成线状后，就形成了一个微型酵母染色体，包含染色体复制的必要顺式元件，如自主复制序列、着丝粒和位于两端的端粒。这些元件在酵母菌中可以驱动染色体的复制和分配，从而决定这个微型染色体可以携带酵母染色体大小的 DNA 片段。图 4-6 描绘了 YAC 载体的原理性工作流程。对于 *Bam*H Ⅰ切割后形成的微型酵母染色体，当用 *Eco*R Ⅰ或 *Sma* Ⅰ切割抑制基因 *sup*4 内部的位点后形成染色体的两条臂，与外源大片段 DNA 在该切点相连就形成一个大型人工酵母染色体，转化到酵母菌后可像染色体一样复制，并随细胞分裂分配到子细胞中去，达到克隆大片段 DNA 的目的。外源 DNA 片段的装载导致抑制基因 *sup*4 插入失活，从而使重组菌形成红色菌落；而载体自身连接转入到酵母细胞后所形成的菌落为白色。装载了不同外源 DNA 片段的重组酵母菌菌落的群体就构成了 YAC 文库。YAC 文库装载的 DNA 片段的大小一般为 200～500 kb，有的可达 1 Mb 以上，甚至达到 2 Mb。

虽然 YAC 载体功能强大，但它也有一些弊端。这主要表现在 3 个方面。首先，在 YAC 载体中的插入片段会出现缺失（deletion）和基因重排（rearrangement）现象。尽管 YAC 克隆在培养过程中十分稳定，但插入片段在克隆分离数月后可能会发生缺失和其他基因重排现象。因此 YAC 克隆在一段长时间培养后或从冷冻状态解冻时均要验证 YAC 插入片段的大小。通过改进的载体可部分解决这个问题。其次，容易形成嵌合体。嵌合是指在单个 YAC 中的插入片段由 2 个或多个独立的基因组片段连接组成的现象。嵌合克隆占总克隆的5%～50%。比如，人类基因组的 CEPHYAC 文库含有 30%～40%嵌合体。最后，YAC 染色体与宿主细胞的染色体大小相近，影响了 YAC 载体的广泛应用。YAC 染色体一旦进入酵母细胞，由于其大小与内源染色体的大小相近，就很难从中分离出来，不利于进一步分析。通过脉冲场凝胶电泳（PFGE 或 CHEF）进行分离，或转移到染色体大小发生突变的“窗口”菌株可解决这一问题。

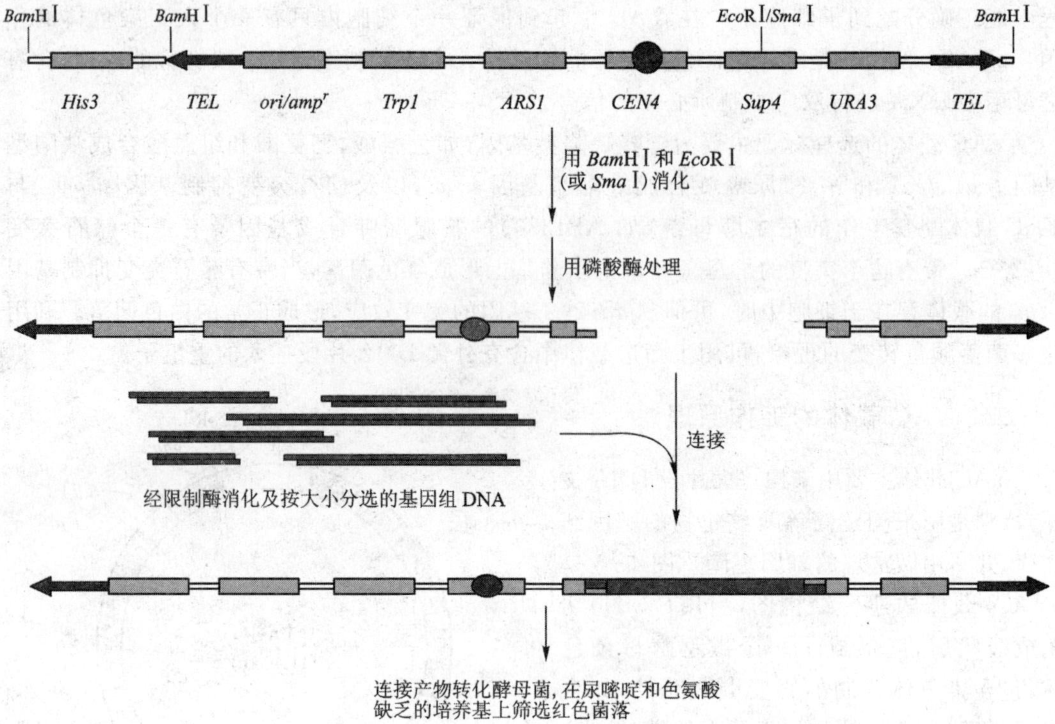

图 4-6　pYAC4 载体工作原理图

尽管后来发展的 BAC、PAC 和 P1 载体可克服 YAC 载体的缺点,但并不意味着它们可取代 YAC 载体。与它们相比,YAC 的一个突出优点是酵母细胞比大肠杆菌对不稳定的、重复的和极端的 DNA 有更强的容忍性。例如,在秀丽隐杆线虫的 BAC 文库中只有大约 90%的线虫基因组序列,而其 YAC 文库却可以填补其中的空缺。因此,YAC 文库覆盖目的基因组的概率远高于 BAC 文库,在填补 BAC 文库的缺口(gap,指目的基因组中没有被克隆到的部分)中扮演重要角色。另外,YAC 在功能基因和基因组研究中是一个非常有用的工具。由于高等真核生物的基因大多数是多外显子结构并且有长内含子,大型基因组片段可通过 YAC 载体转移到动物或动物细胞系中进行功能研究。最近,人们又在改进 YAC 载体,使之成为人类染色体载体或高等植物染色体载体,从而将大型基因组片段更好地应用于转基因工作,以及功能基因组研究。

第三节　细菌人工染色体载体

细菌人工染色体是基于大肠杆菌的 F 质粒构建的高容量低拷贝质粒载体。F 质粒是一个约 100 kb 的质粒,编码 60 多种参与复制、分配和接合过程的蛋白质。虽然 F 质粒通常以双链闭环 DNA(1～2 个拷贝/细胞)的形式存在,但它可以在大肠杆菌染色体中至少 30 个位点处进行随机整合。携带 F 质粒的细胞(以游离状态或以整合状态)可表达性菌毛,通过性菌毛 F 质粒可转移给受体细胞。

一、BAC 载体及其结构组成

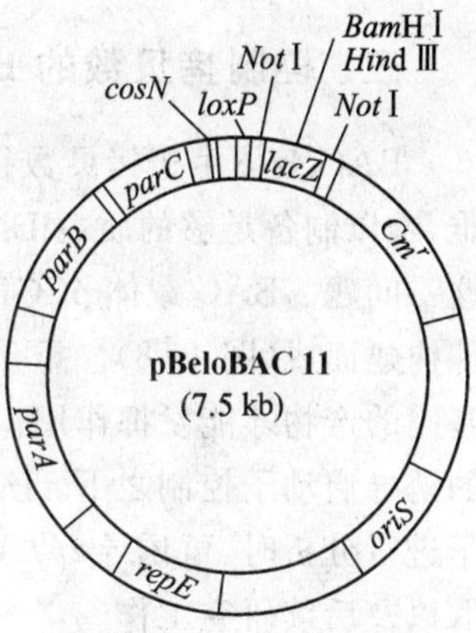

图 4-7 细菌人工染色体载体 pBeloBAC11 图谱

BAC 载体大小约 7.5 kb，其本质实际上是一个质粒克隆载体。BAC 载体与常规克隆载体的核心区别在于其复制单元的特殊性。BAC 载体的复制单元来自 F 质粒，包括严谨型控制的复制区 *oriS*、启动 DNA 复制的由 ATP 驱动的解旋酶(RepE)，以及 3 个确保低拷贝并使质粒精确分配至子代细胞的基因座(*parA*、*parB* 和 *parC*)。BAC 载体的低拷贝性可以避免嵌合体的产生，并且还可以减少外源基因的表达产物对宿主细胞的毒副作用。BAC 载体所使用的标记基因为氯霉素抗性基因，而不是常规的氨苄青霉素抗性基因。图4-7 是典型的 BAC 载体 pBeloBAC11 的遗传结构图。此外，BAC 载体可以通过 α-互补的原理筛选含有插入片段的重组子，并设计了用于回收克隆 DNA 的 *Not* Ⅰ酶切位点和用于克隆 DNA 片段体外转录的 SP6 启动子和 T7 启动子。*Not* Ⅰ是识别位点十分稀少的限制性内切酶，重组 DNA 通过 *Not* Ⅰ消化后，可以得到完整的插入片段，便于测定插入片段的大小。

BAC 与 YAC 和 PAC 相似，没有包装限制，因此可接受的基因组 DNA 大小也没有固定的限制。大多数 BAC 文库中克隆的平均大小约 120 kb，然而个别的 BAC 重组子中含有的基因组 DNA 最大可达 300 kb。

二、BAC 载体工作原理

BAC 载体的工作原理与常规质粒克隆载体相似。不同的是，BAC 载体装载的是大片段 DNA，一般在 100～300 kb。对如此大的 DNA 片段一般要通过脉冲场凝胶电泳来分离。另外，由于 BAC 载体的拷贝数小，制备难度大。为解决这个问题，有的学者将 BAC 载体作为外源片段克隆到常规高拷贝质粒载体上(如 pGEM-4Z)，从而在大肠杆菌中以多拷贝的形式复制，便于载体的制备，使用时将高拷贝质粒去掉。

BAC 文库构建的关键步骤有两步，其一是大片段 DNA 的制备，其二是高质量 BAC 载体的制备和处理。制备外源大片段时，首先将目的细胞用琼脂糖凝胶包埋起来，然后将包埋块作破细胞处理，并对其总 DNA 作原位限制性酶切，经脉冲场凝胶电泳从凝胶中分离出目的大小的酶切 DNA 片段。这样可以保证目的 DNA 片段是经限制酶切割来的而不是断裂来的。载体的纯度和去磷酸化的质量是决定载体质量的重要因素，高质量的载体才能保证充分与外源 DNA 片段连接。载体与目的 DNA 片段连接后，通过电转化导入大肠杆菌(常使用的是 DH10B 菌株)中，在氯霉素抗性和 IPTG 诱导平板上挑选白色菌落。这些白色菌落就构成了目的生物基因组的 BAC 文库。

通过 *Not* Ⅰ酶切 BAC 重组质粒并用脉冲场凝胶电泳分析，可判断插入片段的大小；通过载体上的 SP6 启动子和 T7 启动子可在体外转录出插入片段的末端序列，经标记后可做染色体步查，找出带有与该插入片段有重叠的其他重组子，从而最终拼接出各重组子的重叠关系；通过通用引物可测定插入片段末端的核苷酸序列。

BAC 文库可利用 96 孔细胞培养板，以甘油菌液的形式作长期低温保存。

构建 BAC 文库已受到越来越多实验室的重视，尽管已经有许多构建 BAC 文库的经验可以借鉴，但要构建高质量的 BAC 文库，必须进行精细的操作。

三、控制拷贝数的 BAC 载体和 Fosmid 载体

BAC 载体由于拷贝数很低，在克隆到目标 DNA 大片段以后，后续的操作过程比较困难，难以制备足够的质粒 DNA 供后续研究使用。在载体中添加控制拷贝数的元件可解决这一问题。BAC 载体 pCC1FOS 是在传统 BAC 载体的基础上，添加了控制拷贝数的复制元件构建而成(图 4-8)。重点在于添加了一个高拷贝的复制单元 *oriV*，但其复制需要 *trfA* 基因的产物才能发挥作用。该基因放置于特定的宿主大肠杆菌 EPI300 中，且在严谨控制的诱导启动子控制之下。该载体可按常规的 BAC 载体进行文库的构建，在对特定目标克隆子进行分析时，可诱导 *trfA* 基因表达，从而获得高拷贝的重组 BAC 质粒，便于质粒大量提取以及后续研究工作。

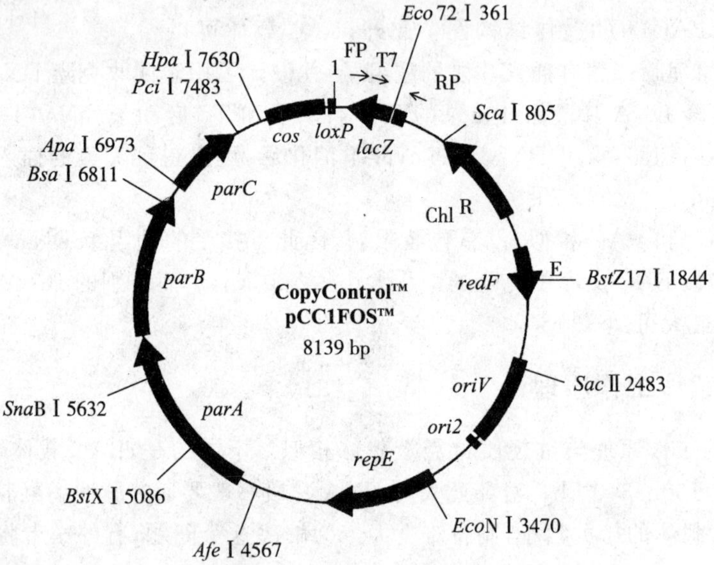

图 4-8　可控制拷贝数的 BAC 载体 pCC1FOS 图谱

由于多数 BAC 载体都含有噬菌体的 *cos* 位点，因此也可将其视作黏粒(cosmid)载体。BAC 载体与 cosmid 载体的主要差异在于复制元件不同，前者使用了 F 质粒的复制元件，而后者使用了 pBR322 质粒的 ColE1 复制元件。当 BAC 载体按 cosmid 载体的克隆方式构建文库时，就称为 fosmid 载体。Fosmid 载体可像 cosmid 载体一样，连接约 40 kb 的 DNA 片段，通过噬菌体的包装、感染大肠杆菌，而将重组 DNA 导入大肠杆菌。载体 pCC1FOS 通常用做 fosmid 载体。

第四节　P1 噬菌体载体和 P1 人工染色体载体

P1 噬菌体是一种大肠杆菌溶原性噬菌体，与 λ 噬菌体一样也可用做基因克隆载体，其载体包括 P1 噬菌体载体和 P1 人工染色体载体。由于这些载体能够装载 100 kb 左右的外源 DNA 片段，因此在构建高等真核生物的大片段基因组文库和基因组研究中受到重视。

一、P1 噬菌体的分子遗传特征

P1 噬菌体感染性颗粒中的噬菌体基因组为双链线状 DNA。基因组大小约为 110 kb，两端各有约 10 kb 的末端冗余序列。当噬菌体基因组进入宿主细胞后，在冗余序列之间发生重组，从而形成环状基因组。其后噬菌体由 *c* Ⅰ 基因调节进入溶原或裂解状态。

1. 裂解生长和噬菌体的包装

当CⅠ阻遏物浓度不足以维持溶原状态时，噬菌体进入裂解生长状态。此时噬菌体基因组通过裂解性复制子进行 θ 复制，继而转为滚环复制，产生头尾相连的基因组多联体。该多联体可作为噬菌体颗粒包装的底物。值得注意的是，P1 噬菌体的包装方式与 λ 噬菌体的包装方式有显著的差异。λ 噬菌体基因组没有冗余序列，多联体中包装信号 *cos* 位点之间的序列正好是完整的基因组序列。而 P1 噬菌体的包装却不是这样，P1 噬菌体的包装是从多联体的一端开始的。由于基因组的大小是 90 kb，多联体的重复间距约 90 kb，而包装的大小约为 100 kb，因此，被包装的 DNA 中除了基因组 DNA 外还有末端冗余，而且在从同一个多联体中被包装的 DNA 片段的末端都是不一样的，在噬菌体颗粒中基因组的基因是循环排列的。包装从多联体一端的 *pac* 位点开始，每 100 kb 被包装到噬菌体颗粒中去，一个多联体可供包装大约 4 个噬菌体(图 4-9)。

在 P1 噬菌体的基因组中含有 *loxP* 重组位点，在该位点的重组由噬菌体的重组酶 Cre 催化。*loxP* 重组位点长 34 bp，含有 2 个 13 bp 的倒转重复序列，中间为一个 8 bp 的间隔区。在多联体中，*loxP* 位点距第一个包装末端的 *pac* 位点约 5 kb，*loxP* 位点之间的距离为 90 kb。所以只有多联体中第一个被包装的 DNA 中含有两个 *loxP* 位点，其余的只有一个(图 4-9)。在 rec^{+} 大肠杆菌中，末端冗余之间就可发生同源重组导致基因组环化；而在

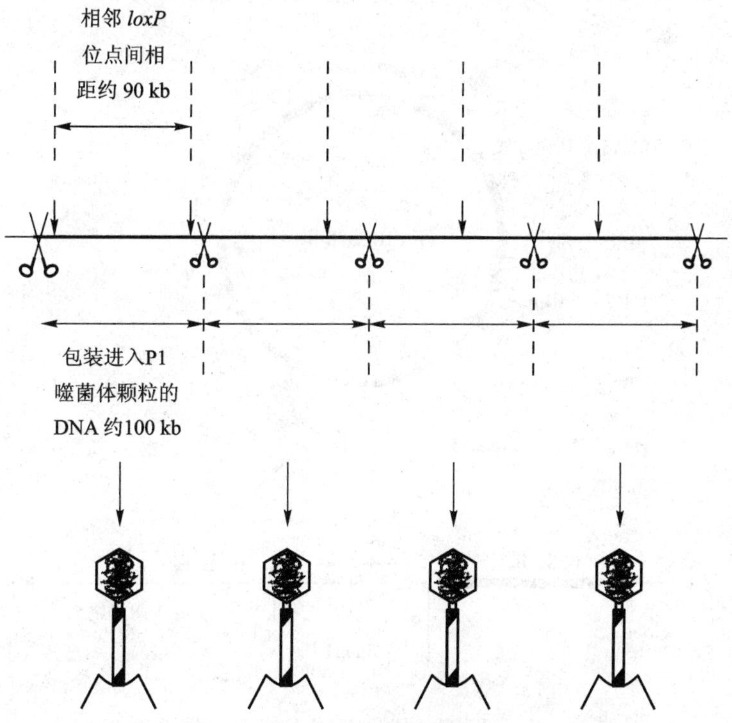

图 4-9　P1 噬菌体 DNA 多联体的包装

rec⁻ 大肠杆菌中只有含两个 *loxP* 位点的 P1 噬菌体 DNA 才能环化，才能启动复制。

利用 Cre-*loxP* 重组系统，在基因操作中可开发出特殊的基因重组工具，用于转基因动植物中删除标记基因。本书第十二章、第十三章和第十四章将描述其应用原理和方式。

2. P1 噬菌体的溶原状态

P1 噬菌体 DNA 在环化以后可进入溶原状态，但其前噬菌体的存在状态与 λ 前噬菌体的存在状态完全不同。后者是整合到宿主的基因组中，而 P1 前噬菌体却是以附加体的形式，就像质粒一样游离于宿主的染色体之外，以单拷贝质粒的形式进行复制并分配到子细胞中去。此时除控制溶原状态的 *c* Ⅰ 等少数基因表达外，P1 噬菌体中的绝大多数基因处于沉默状态。

前噬菌体的复制是由 R 复制子（即质粒复制子）来完成的，该复制子包括一个复制起点和复制蛋白基因 *rep*A 以及一些控制序列。在复制子附近有一个 *par* 基因，像大质粒中的分配基因一样负责将前噬菌体正确地分配到子细胞中去。

二、P1 噬菌体载体

尽管 P1 噬菌体和 λ 噬菌体都是 1951 年发现的，但人们对 λ 噬菌体却投入了更多的兴趣和研究。因此对 λ 噬菌体的认识和应用比 P1 噬菌体更早、更广泛。λ 噬菌体载体系列是众多研究人员共同努力的结晶，而 P1 噬菌体载体却是美国杜邦公司的 N. Sternberg 实验室独立开发出来的。P1 噬菌体载体是与黏粒载体工作原理比较相似的一种高容量载体，它含有很多 P1 噬菌体的顺式作用元件，能容纳 70～100 kb 大小的基因组 DNA 片段。

1. P1 噬菌体载体的组成

P1 噬菌体载体与黏粒载体一样是以质粒的形式提供的，pAd10sacBⅡ 是常用的 P1 噬菌体载体（图 4-10），大小为 30.3 kb。其组成可分为以下几个部分：

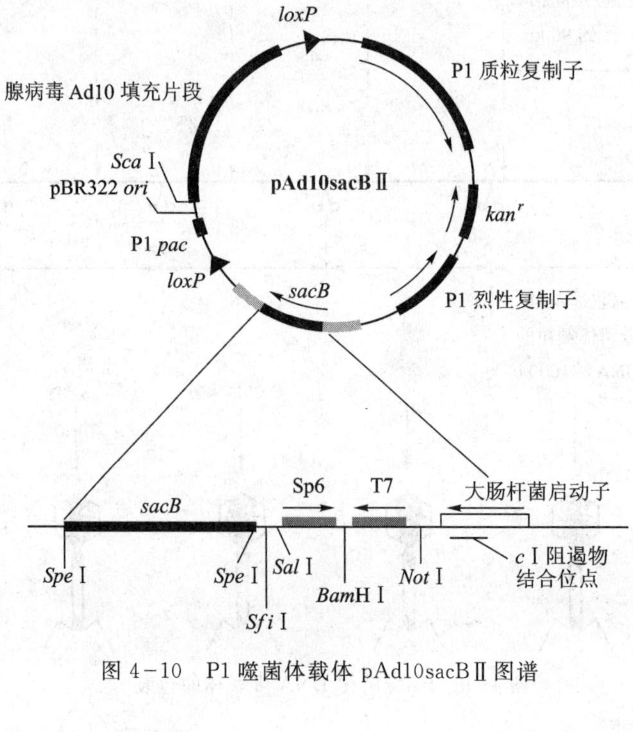

图 4-10　P1 噬菌体载体 pAd10sacBⅡ 图谱

(1) 复制元件　P1噬菌体载体使用了P1噬菌体的质粒复制子和裂解性复制子,其中质粒复制子是用于外源DNA插入到载体后的重组分子的单拷贝复制。裂解性复制子是裂解性生长过程中噬菌体基因组扩增用的复制子,主要用来在大肠杆菌中扩增载体分子。为了提高载体扩增的可控性,该复制子在载体中是经过修饰的,即用*lac*启动子来控制复制子的活性。当培养基中加入诱导物IPTG,复制子被激活,载体在细胞中快速复制,拷贝数达到20。

(2) 环化和包装信号　载体上安装了两个*loxP*重组位点和包装识别位点*pac*,用于重组分子的体外包装。

(3) 标记基因　在载体上安装了一个卡那霉素抗性基因,用于载体的选择。还有一个来自芽胞杆菌的果聚糖蔗糖酶基因*sacB*,含*sacB*基因的大肠杆菌在蔗糖培养基上不能存活,可用于插入失活法筛选重组子。

(4) 克隆位点　在*sacB*基因内部插入了一段不影响该基因功能的小片段,该片段中含有一个*Bam*HⅠ位点用做克隆位点。在该位点两端各有一个SP6和T7启动子,用于后续克隆片段的体外转录和末端测序。

(5) 填充片段　含有一段11 kb的腺病毒DNA填充片段,当外源插入片段的长度不够时可填充噬菌体的头部。填充片段上有一个唯一的限制性酶切位点,*Sca*Ⅰ。

2. P1噬菌体载体的工作原理

用P1噬菌体载体构建基因组文库的工作原理与黏粒载体相似。图4-11是P1噬菌体载体构建DNA文库的流程图。先将P1噬菌体载体用*Sca*Ⅰ切成线状,再用*Bam*HⅠ消化,同时基因组DNA用*Sau*3AⅠ或*Mob*Ⅰ部分酶切,回收70～100 kb的酶切片段。将酶切片段与酶切后的载体连接,然后用P1噬菌体包装蛋白进行包装,再感染大肠杆菌。重组DNA注射到表达Cre重组酶的大肠杆菌后,线状DNA分子通过载体的两个*loxP*位点之间的重组而发生环化。将感染的细胞置于含卡那霉素和5%蔗糖的培养基上筛选,只有含载体分子且*sacB*基因中插入了外源片段的细胞才能生长起来。

三、P1人工染色体载体

PAC载体结合了P1载体和BAC载体的最佳特性,相当于P1噬菌体载体的改进载体。如PAC载体pCYPAC1(图4-12),与pAd10sacBⅡ相比,其中的填充片段和*pac*位点都去掉了而且*loxP*重组位点只保留一个。用这样的载体构建基因文库时,重组分子不能通过体外包装来感染宿主细胞,而只能通过电转化来将重组分子导入宿主细胞。另外,*sacB*基因中的克隆位点换成了pUC19的多克隆位点。这样一来可以提高载体的产量,同时可减小无蔗糖条件下SacBⅡ蛋白的毒性。在用PAC载体构建的人类基因组文库中,插入片段的大小在130～150 kb之间。

P1噬菌体载体和PAC载体在用于构建基因文库时表现出一些优点,除了能装载大片段DNA外,外源片段出现嵌合和重组的概率很低,约1%～2%,小于YAC载体;对重复序列和回文序列的耐受性强,从而更大程度地保证基因组序列都能出现。但是这些载体在构建大的文库方面仍有许多困难,一方面由于DNA包装进入噬菌体颗粒的效率低,另一方面积累的经验不如其他载体多。因此在选用这些载体时,要慎重考虑,好在有一些公司提供P1噬菌体载体和文库的服务。

对上述高容量的基因克隆载体在使用时要有一定的选择,可以根据载体的装载容量、使用的经验、文库保存和筛选的难易程度,以及克隆序列的稳定性等作出取舍。但实际上没有一个载体能满足所有的要求,也没有一个基因组文库可以含有所有的基因组信息。当然,有

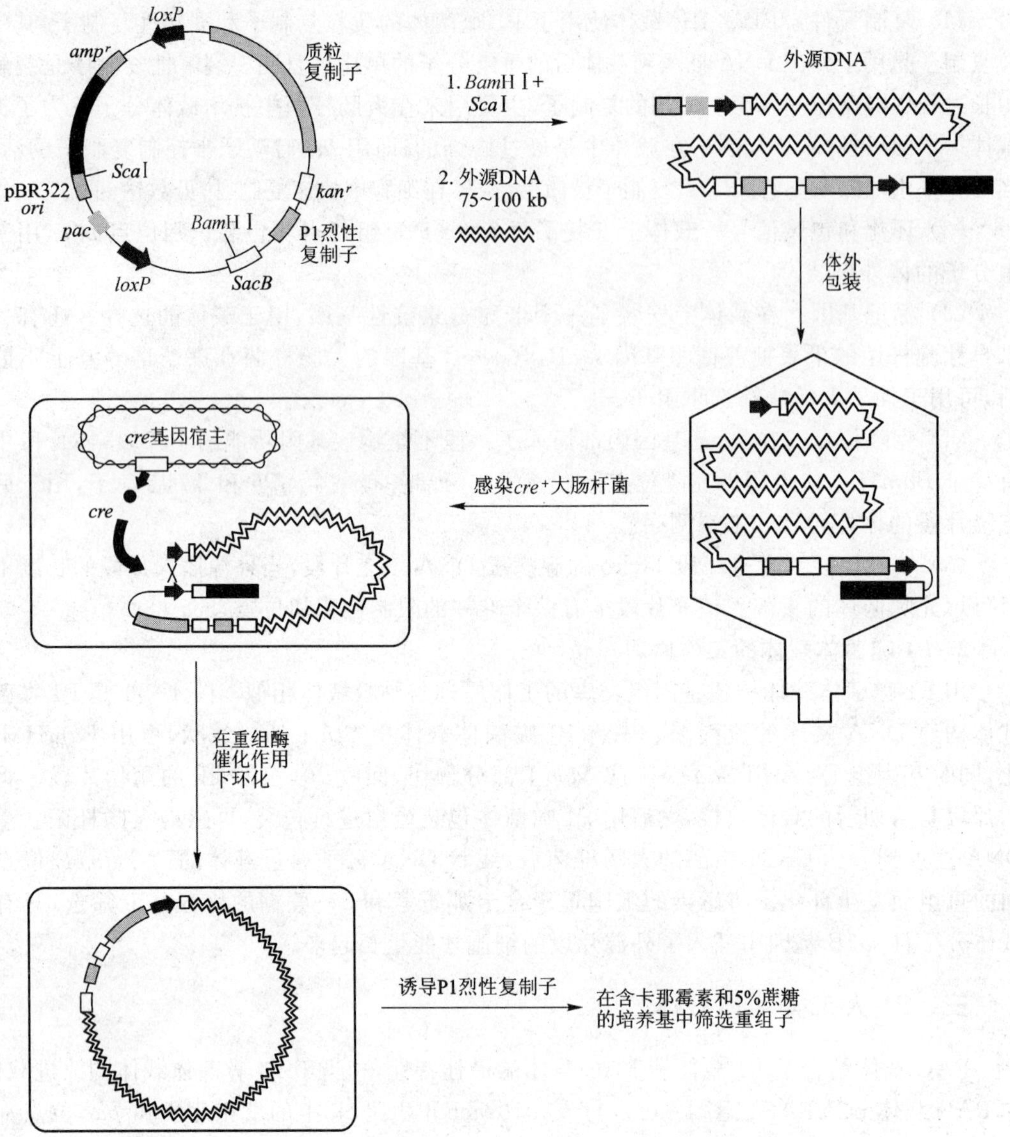

图 4-11　P1 噬菌体载体构建 DNA 文库的流程图

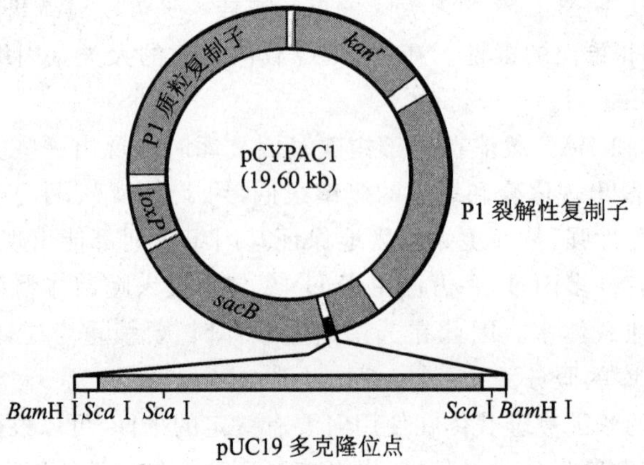

图 4-12　PAC 载体 pCYPAC1 遗传结构图

时通过商业服务可以更好地作出选择并得到所需的基因文库或筛选到所需的克隆子。

思　考　题

1. 大容量克隆载体有哪些种类，各有何特点？
2. YAC 克隆载体和 BAC 克隆载体的标记基因有何特点？
3. 简述利用 YAC 克隆载体构建基因文库的原理。
4. BAC 克隆载体与常规质粒载体有何区别，有哪些显著的优点？
5. 哪些载体使用 *cos* 位点和 *loxP* 位点，各自发挥什么作用？
6. P1 噬菌体载体与 λ 噬菌体载体有何异同？

主要参考文献

1. Primrose S, Twyman R, Old B. Principles of gene manipulation. 6th ed. Oxford: Blackwell Publishing, 2002

2. Sambrook J, Fritsch E F, Maniatis T. 分子克隆实验指南. 2 版. 金冬雁，黎孟枫等译. 北京：科学出版社，1995

3. Sambrook J, Russell D W. 分子克隆实验指南. 3 版. 黄培堂等译. 北京：科学出版社，2002

4. Green M R, Sambrook J. Molecular cloning: a laboratory manual. 4th ed. New York: Cold Spring Harbor Laboratory Press, 2012

（孙明）

第五章

表达载体

在实验研究中经常需要获得大量蛋白质，以便深入开展下一步工作。通过生物化学方法提取和纯化蛋白质是一件费时费事、效果不好而且有时又是不可能做到的事。在得到该蛋白质的编码基因后进行超量表达，能够高效地分离纯化目的蛋白。这样得到的蛋白产物既可以满足精确的实验要求，也可用于蛋白产品的生产。因此蛋白质的超量表达成为基因功能研究，以及基因工程和生物技术应用领域重要的工作内容。

目前大肠杆菌表达系统是使用最广泛、使用效率最高的基因超量表达系统。大肠杆菌的遗传学、生物化学、分子生物学和基因组学已经研究得非常清楚，同时获得了许多遗传材料，而且大肠杆菌易于培养、对许多蛋白质有很强的耐受能力，表达的外源蛋白可占细胞总蛋白的50%以上。这些优点使得大肠杆菌表达系统已经在基因的功能研究和应用过程中扮演了重要角色，随着表达系统的成熟化和系列化的发展，其作用还会更受青睐。

大肠杆菌表达系统已经日臻完善，此处只是简要叙述几个典型载体的基本工作原理。

第一节　大肠杆菌表达载体

一、大肠杆菌表达载体的结构

大肠杆菌表达载体都是质粒载体。作为表达载体首先必须满足克隆载体的基本要求，即能将外源基因运载到大肠杆菌细胞中。其基本骨架是最简单的质粒克隆载体中的复制起点和氨苄青霉素抗性基因，相当于pUC类的载体。在基本骨架的基础上增加表达元件，就构成了表达载体。各种表达载体的不同之处在于其表达元件的差异。

1. 表达元件

从分子生物学角度来看，基因的表达涉及转录的启动子和终止子、核糖体结合位点、翻译起始密码子和终止密码子。

(1) 启动子　转录是由RNA聚合酶在启动子部位启动RNA转录的过程。当转录启动以后，RNA聚合酶对启动子下游要转录的序列是无法识别的，也就是说无法识别要转录的序列是启动子在天然状态下引导的基因，还是人为安装的基因，抑或是一段DNA序列。这就为利用强启动子来表达目的基因提供了可能。

在载体中使用广泛的启动子主要有三类，即乳糖操纵子*lac*基因的启动子及其与色氨酸合成操纵子中*trp*启动子拼接形成的杂合启动子*tac*或*trc*，所有这些启动子都受IPTG诱导；T7噬菌体的启动子；λ噬菌体的P_L启动子。

(2) 终止子 终止子是提供转录终止信号的DNA序列。转录启动以后的转录过程并不是永无止境的,会受到模板DNA序列结构的影响,当遇到茎环结构时转录便会终止,或遇到ρ因子介导的终止信号转录也会终止。为了提高转录效率,一般在要表达的目的基因下游装载一个转录终止子。

(3) 核糖体结合位点 转录出来的mRNA可在宿主细胞的翻译机器作用下翻译出目的蛋白。细胞中的核糖体必须在mRNA上找到有效的核糖体结合位点以及其中的Shine-Dalgarno序列(SD序列),从而启动邻近其下游的翻译起始密码子的蛋白质翻译。核糖体结合位点可由目的基因自己带入,也可利用载体上预先装载的RBS位点。如果是后者,要求目的基因装载到载体以后,ATG与RBS位点之间的距离符合翻译起始的要求,一般间隔3~11 bp。

表达载体pKK223-3是一个具有典型表达结构的大肠杆菌表达载体(图5-1)。其基本骨架为来自pBR322和pUC8的质粒复制起点和氨苄青霉素抗性基因。在表达元件中,有一个杂合*tac*强启动子和终止子,在启动子下游有RBS位点(如果利用这个位点,则要求其与ATG之间间隔5~13 bp),其后的多克隆位点可装载要表达的目的基因。

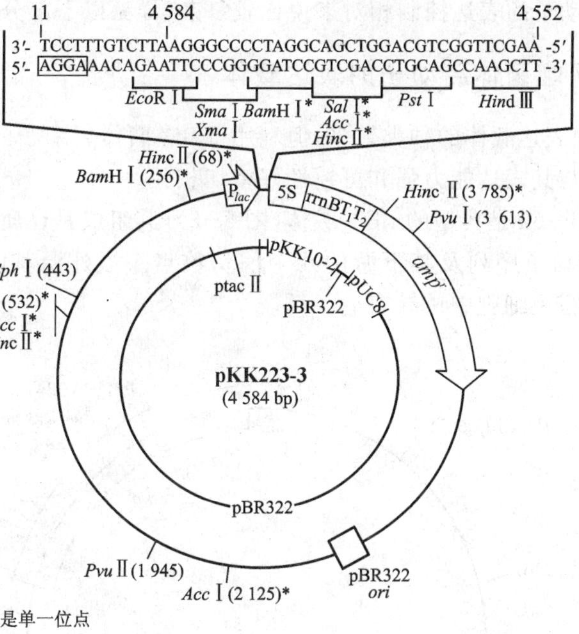

* 不是单一位点

图5-1 大肠杆菌表达载体pKK223-3图谱

2. 表达形式

在基因表达时,一方面可直接转录并翻译出目的基因开放阅读框(ORF)对应的氨基酸序列,即表达出完整的目的蛋白。另一方面,目的基因也可以融合蛋白的形式进行表达。融合蛋白实际上就是杂合蛋白,含有两个或多个蛋白质的氨基酸序列。一般融合蛋白是通过将两个或多个基因的开放阅读框按一定顺序连接在一起并通过表达而形成的杂合蛋白。载体pUC18是典型的克隆载体,但也可用做表达载体。当目的基因插入到多克隆位点后,如果该基因的方向及其阅读框正好与*lacZ'*的阅读框一致,目的基因就会与*lacZ'*基因形成融合基因,那么在IPTG诱导下,目的蛋白与LacZ'就会以融合蛋白的形式表达出来。随着载体系统的发展和表达经验的积累，以融合蛋白方式进行表达主要是为了便于目的蛋白的分离和纯化或分泌。

3. 表达的控制

现在设计的表达载体对外源基因的表达都是在可控制的条件下进行的，而不论使用的是何种启动子。这种控制是通过诱导来完成的，不同的启动子使用的诱导方式不同。通过诱导，可防止基础表达（渗漏表达），特别是可防止某些有毒产物对细胞的毒害。

启动子 *lac* 及其衍生启动子 *tac* 都是诱导型启动子，在 IPTG 的诱导下启动转录。从 *lac* 启动子的诱导机制来看，在没有诱导物时，宿主细胞表达的 *lac* 阻抑物阻断转录的启动。但由于表达载体的拷贝数都很高（30～600），因此需要过量阻抑物才能阻断基础表达。为了解决这个问题，往往在载体上装载一个阻抑物编码基因 $lac\,I^q$，从而达到严谨调节的目的。

λ 噬菌体的 P_L 启动子受 *c* Ⅰ基因产物的调节，*c* Ⅰ阻抑物抑制转录的启动。利用 P_L 启动子的载体一般在 λ 噬菌体溶原的大肠杆菌中表达。为了达到控制表达的目的，溶原性 λ 噬菌体上的 *c* Ⅰ基因是温度敏感的，如 M5219 菌株含有 *c* Ⅰ *ts857* 突变。在低温（30 ℃）下，该突变的 *c* Ⅰ阻抑物能抑制 P_L 启动子的转录，而在高温下（40～45 ℃）失去活性，P_L 启动子的表达不受抑制。

T7 噬菌体启动子的表达控制相对来说比较复杂，详见以下部分。

二、利用 T7 噬菌体启动子的表达载体

尽管大肠杆菌表达载体的种类繁多，但利用 T7 噬菌体启动子的 pET 系列表达载体使用的更加广泛，这与其表达能力强和可控性好密切相关。

表达载体 pET-5a 是典型的 pET 载体（图 5-2），其组成是在质粒载体的基本结构上加入了 T7 噬菌体启动子序列及其下游的几个酶切位点。当外源基因插入到这些酶切位点后，就可在特定的宿主细胞中诱导表达。

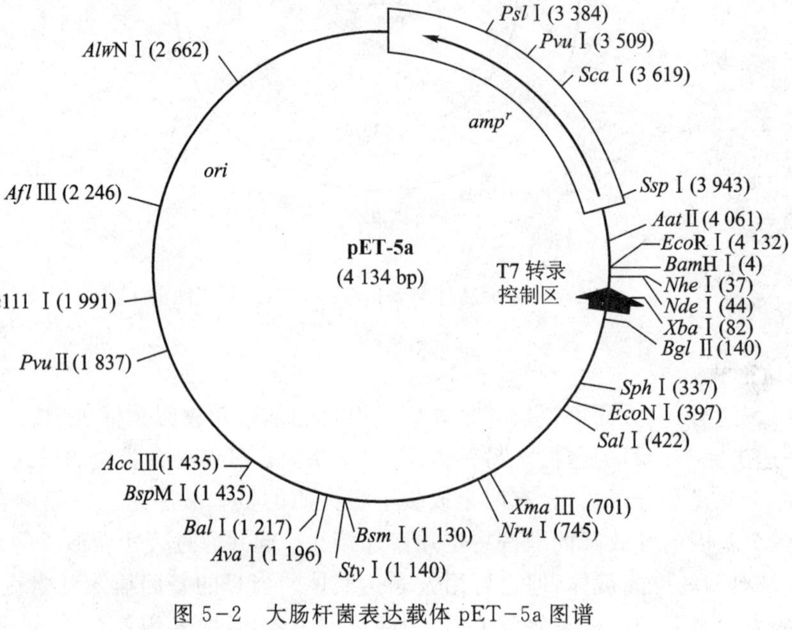

图 5-2　大肠杆菌表达载体 pET-5a 图谱

T7 噬菌体启动子只能由 T7 噬菌体的 RNA 聚合酶识别并启动转录，而大肠杆菌的 RNA 聚合酶不能作用于 T7 噬菌体启动子。因此要求用于表达的宿主细胞必须能表达 T7 噬菌体的 RNA 聚合酶。大肠杆菌 BL21(DE3)是常用的 pET 表达载体的宿主菌，该菌对 T7 RNA 聚合酶和目的基因的转录实行多层次的调控。在该菌株染色体的 BL21 区整合有一个 λ 噬菌体 DNA，在 λ 噬菌体的 DE3 区有一个 T7 RNA 聚合酶基因(T7 基因 1)，该基因受 *lacUV5* 启动子控制。当 pET 载体进入 BL21(DE3)细胞后，由于宿主细胞的 *lac* Ⅰ基因表达产生阻抑物，从而抑制 T7 RNA 聚合酶基因的表达，在载体上的目的基因也无法启动表达。当存在 IPTG 诱导物后，使阻抑物失去阻抑作用，T7 RNA 聚合酶基因得以表达，产生 T7 RNA 聚合酶，从而启动 T7 启动子控制的外源基因的表达。

在没有诱导物存在的情况下，*lac* 启动子控制的外源基因仍会有渗漏表达。如果外源基因对宿主细胞有毒害作用，就可能导致表达系统崩溃。现有两套系统可控制外源基因的严谨表达。一套是通过宿主控制 T7 RNA 聚合酶的量来实现，即在宿主细胞中引入一个带有 T7 噬菌体的溶菌酶编码基因的质粒，如 pLysS 或 pLysE，它们分别低量和高量表达 T7 噬菌体的溶菌酶。该溶菌酶可抑制 T7 RNA 聚合酶的活性，从而减少在未诱导情况下外源基因的表达。另一套是使启动子的控制效应更严谨。在 pET 载体上装载 *lac* Ⅰ基因，提高阻抑物的溶度。同时也可利用 T7-*lac* 启动子(在 T7 启动子序列下游装入一个由 25 bp 组成的 *lacO* 操纵子序列)，当阻抑物结合在 *lacO* 位点时，即使存在 T7 RNA 聚合酶，外源基因也无法表达。只有当诱导物存在时，才能解开 T7 RNA 聚合酶基因和外源基因表达的双重阻遏。图 5-3 是 T7 启动子在大肠杆菌中的表达调控模式示意图。另外，在大肠杆菌中有一些稀有密码子(如 AGA、AGG、AUA、CUA 和 CCC)，其对应的 tRNA 同样也稀少。将这些稀有密码子对应的 tRNA 编码基因放在一个质粒上，构建出 BL21 codon plus 菌株，可表达

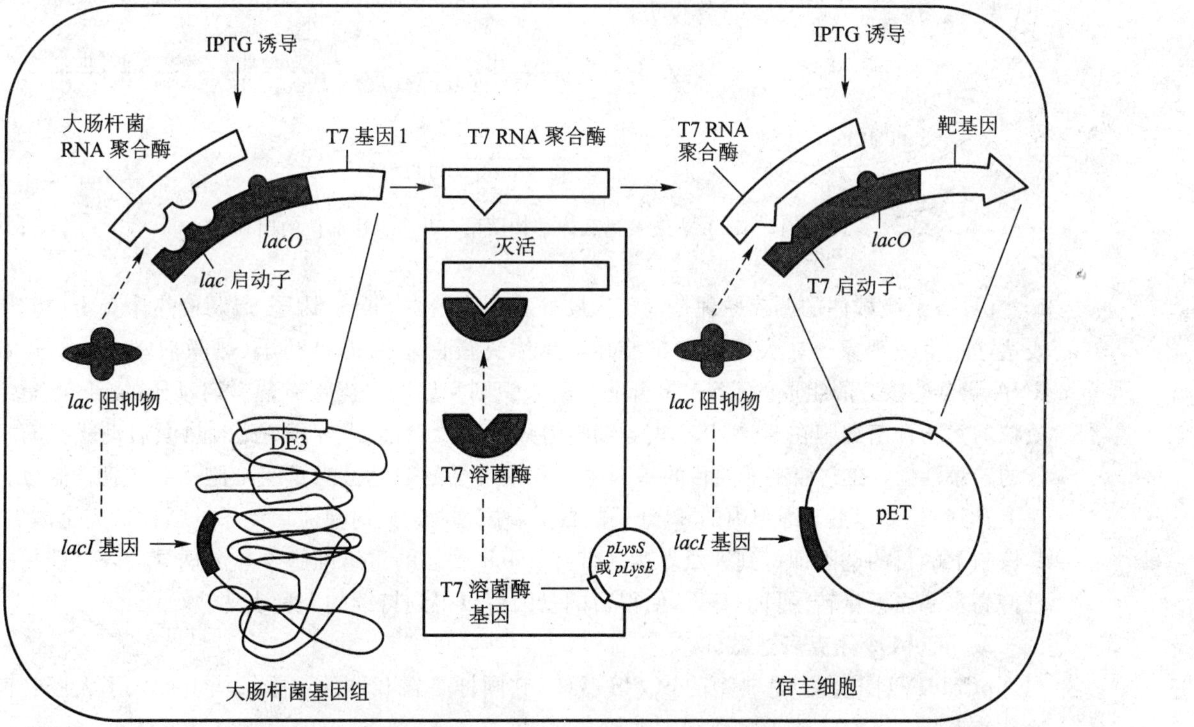

图 5-3 大肠杆菌中 T7 启动子表达调控模式图

含有这些稀有密码子的外源基因。

pET 表达载体有一系列不同的形式，也有一系列不同的宿主菌，详细情况可参考 Merker 公司的产品介绍。

三、利用大肠杆菌固有基因启动子的表达载体

尽管 pET 系列表达载体已趋于完善并得到广泛使用，但其仍存在一些问题。如对宿主的限制较为严格，不便对各种宿主广泛使用；化学诱导剂的使用提高试验成本等。近年来新构建的利用大肠杆菌固有基因启动子的 pHsh 热激表达载体与 pCold 冷休克表达载体，不再依赖于外来基因启动子来控制基因的表达，有效避免了载体本底表达对细胞生长的影响；同时，这类载体不再依赖于化学诱导剂的诱导，且因为其启动子均来自大肠杆菌使得大部分大肠杆菌均可作为宿主，逐渐得到了较为广泛的使用。

1. pHsh 热激表达载体

pHsh 载体（图 5-4）是在质粒载体基本结构的基础上加入了大肠杆菌热激启动子（Hsh promoter）和终止子（Hsh terminator）及其下游的几个酶切位点。当外源基因插入到这些酶切位点后，就可在宿主细胞中诱导表达。

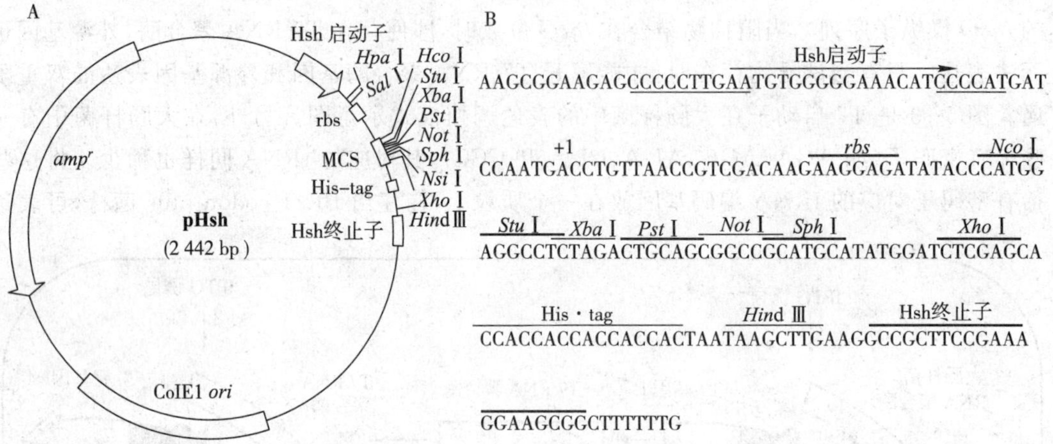

图 5-4　pHsh 热激表达载体结构图谱（A）和表达部位的序列（B）

pHsh 热激载体的调控原理是基于大肠杆菌细胞内由 Sigma 因子 σ^{32} 调控热休克蛋白基因表达这一生理现象。在大肠杆菌细胞中，热休克蛋白基因的启动子（热激启动子）由 σ^{32} 和 RNA 聚合酶核心酶组成的 RNA 聚合酶全酶来识别和启动。当带有热激启动子的 pHsh 重组质粒的大肠杆菌细胞在 30 ℃培养时，细胞内只有很少量的 σ^{32} 分子，此时热激启动子只有极低的转录活性，在它控制下的目的基因也只有极少量的表达。当重组细胞受到热激，温度快速上升到 42 ℃以后，细胞内的 σ^{32} 分子的数量急剧增加，此时热激启动子的活性被完全激发，其控制下的目的基因即得到大量表达。带有 pHsh 质粒的重组细胞经热激诱导后，σ^{32} 能持续维持高水平而大量转录目的基因，使得目的基因可以得到持续的大量表达。

2. pCold 冷休克表达载体

pColdIV（图 5-5）是典型的 pCold 载体，它同样是在载体的基本结构上加入了大肠杆菌冷休克基因 *cspA* 启动子序列和 5′非编码区，并在 *cspA* 启动子的下游插入了 *lac* operator，来严格调控外源基因的表达。

pCold冷休克表达载体调控目的基因表达的方式简单，即采用低温诱导的方法。低温下表达外源蛋白，一方面抑制了大肠杆菌自身基因表达的干扰，同时可增加目的蛋白的可溶性，尤其是一些热敏感的蛋白非常适合低温表达，使目的基因得到更高效的表达。因此，pCold冷休克表达载体与常规的大肠杆菌表达载体相比，目的基因的表达量与目的蛋白质的可溶性均有所提高。

pCold系列载体有一系列不同的形式，可根据使用目的来选择不同的载体。

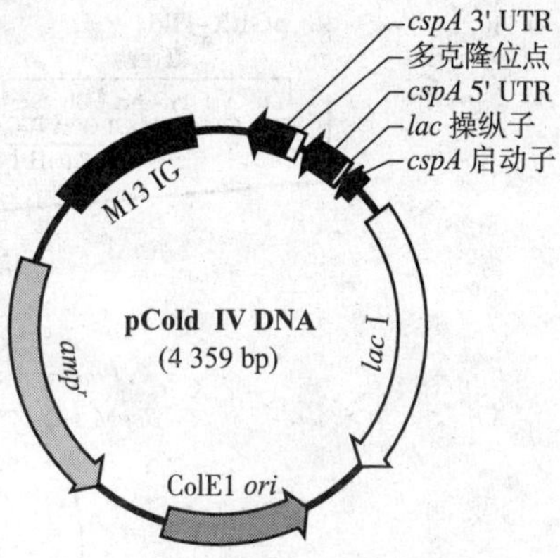

图 5-5　pCold冷休克表达载体 pCold IV图谱

四、表达融合蛋白的表达载体

当蛋白质表达以后，有效的分离纯化或分泌就成为获得目的蛋白的关键因素。通过以融合蛋白的形式表达，并利用载体编码的蛋白或多肽的特殊性质可对目的蛋白进行分离和纯化。用做分离的载体蛋白被称为标签蛋白或标签多肽(Tag)，常用的有谷胱甘肽S转移酶(glutathione S-transferase，GST)、六聚组氨酸肽(polyHis-6)、蛋白质A(proteinA)和纤维素结合域(cellulose binding domain，CBD)等。

1. GST融合表达载体

GST表达载体是将目的蛋白与谷胱甘肽转移酶构建成融合蛋白进行表达的系列pGEX载体(图5-6)，其中pGEX-4T-1在启动子*tac*和多克隆位点之间加入了2个与分离纯化有关的编码序列，其一是谷胱甘肽转移酶基因，其二是凝血蛋白酶(thrombin)切割位点的编码序列。当外源基因插入到多克隆位点后，可表达出由三部分序列组成的融合蛋白。GST是来源于血吸虫的小分子酶(2.6×10^4)，在*E. coli*易表达，在融合蛋白状态下保持酶学活性，对谷胱甘肽有很强的结合能力。利用这些性质可用来分离纯化表达的目的蛋白。

将谷胱甘肽固定在琼脂糖树脂上形成亲和层析柱，当表达融合蛋白的全细胞提取物通过层析柱时，融合蛋白将吸附在树脂内，其他细胞蛋白就被洗脱出来。然后再用含游离的还原型谷胱甘肽的缓冲液洗脱，可将融合蛋白释放出来。再用凝血蛋白酶切割融合蛋白，便可获得纯化的目的蛋白。

pGEX载体由13个载体组成，其基本结构相似，主要差异在蛋白酶切割位点上。除了凝血蛋白酶的切割位点外，其他还有Xa因子(factor Xa)和肠激酶(prescission protease，enterokinase)切割位点。

2. 组氨酸标签表达载体

利用组氨酸标签的表达载体有很多，许多pET载体使用了该标签，如pET-16b(图5-7)。其主体框架与pET-5a相似，除了多一个*lac* I基因外，主要差别在于在启动子下游含有一段编码6个组氨酸的序列和编码Xa因子酶切位点的序列。当外源基因插入到*Bam*H I等位点后，在BL21(DE3)菌株中可表达出带His-6标签的融合蛋白。多聚组氨酸肽能与2价重金属阳离子结合，如镍离子(Ni^{2+})。将镍离子固定在树脂上，便可对带His标签的融合蛋白进行亲和层析分离。纯化的融合蛋白再用Xa因子处理可去除标签多肽，从而获得纯化的目的蛋白。

3. 内含肽标签表达载体

New England Biolabs公司发展了一套IMPACT-TWIN表达系统，将目的蛋白放在两

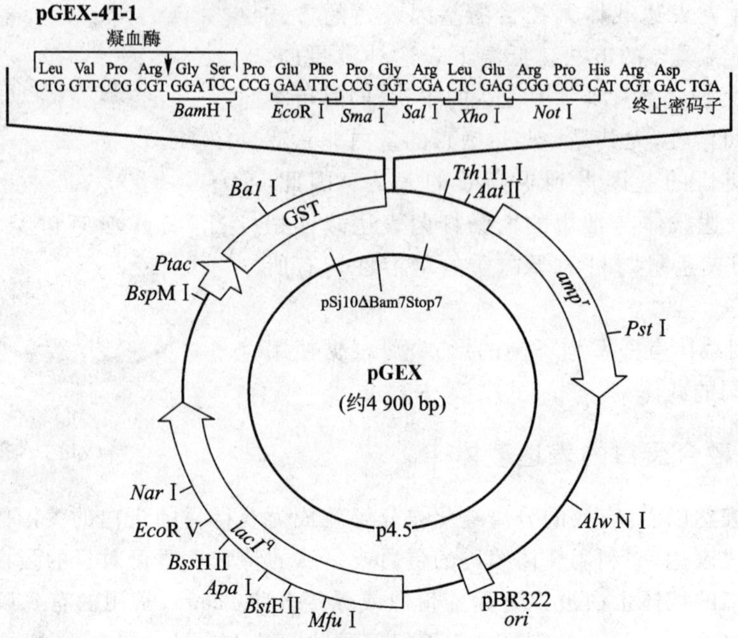

图 5-6 GST 融合表达载体 pGEX 图谱

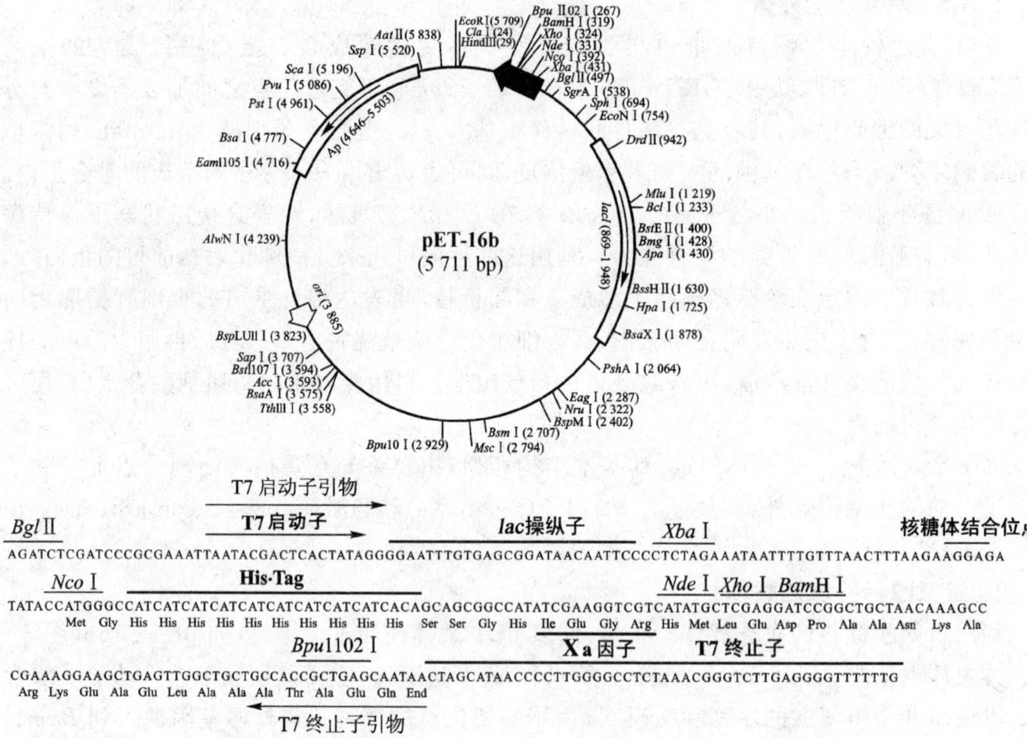

图 5-7 组氨酸标签表达载体 pET-16b 图谱及其克隆和表达部位的序列

个可自裂解的内含肽(intein)中间,在得到融合蛋白以后不通过蛋白酶水解就可将标签蛋白切除。例如载体 pTWIN1,其基本结构与 pET-16b 相似,只是表达元件不同。利用 T7 噬菌体启动子,其后依次为几丁质结合域(chitin binding domain,CBD)、intein1、多克隆位点、intein2 和 CBD。

其中intein1来自一种蓝细菌(*Synechocystis* sp.)*dnaB*基因产物的微型intein(mini-intein),在特定pH和温度下,可诱发该intein的C端发生水解,从而将intein与其下游的多肽序列分开。intein2是来自蟾蜍分枝杆菌(*Mycobacterium xenopi*)*gyrA*基因产物(pTWIN1)或热自养甲烷杆菌(*Methanobacterium thermoautotrophicum*)*rir1*基因产物(pTWIN2)的微型intein,可在其N末端进行巯基诱导的水解(thiol-induced cleavage at their N-terminus),利于目的蛋白形成二硫键。

在pTWIN1中,当外源目的基因插入多克隆位点并带有自身的翻译终止密码子时,可表达出在目的蛋白N末端带有CBD和intein1的融合蛋白(图5-8)。表达该融合蛋白的细胞抽提物流过几丁质树脂层析柱(chitin resin)时,融合蛋白就被吸附在树脂上,通过洗涤可将其他蛋白去除。然后调节层析柱的pH至7.0并于室温放置,此后目的蛋白与intein之间会发生水解,最后通过洗脱便得到纯化的目的蛋白。

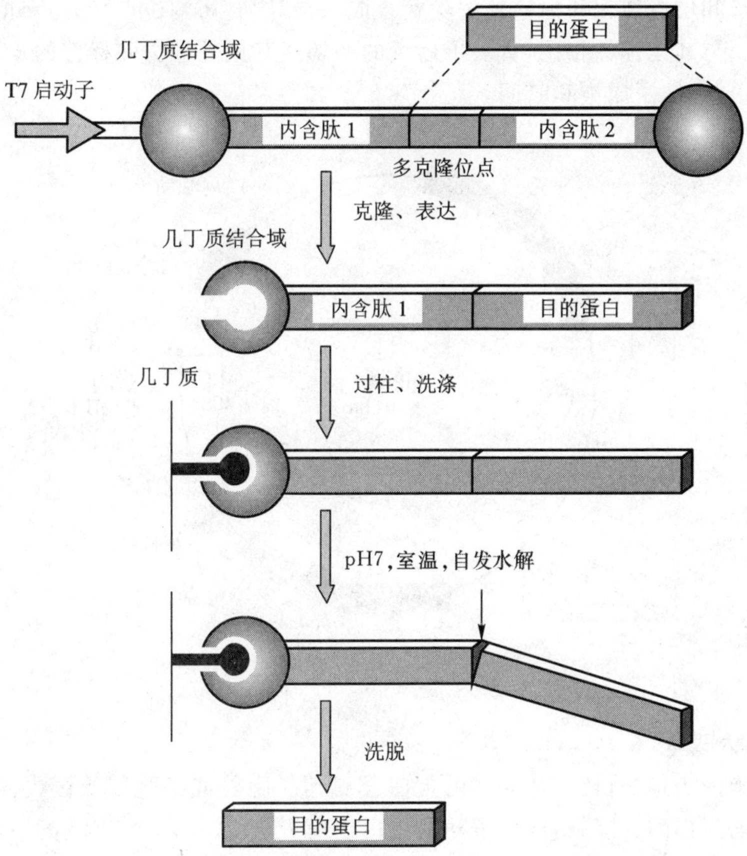

图5-8 表达载体pTWIN1工作原理及其产物纯化示意图

4. Profinity eXact融合标签表达载体

在蛋白质的结构研究和治疗或诊断试剂的应用过程中,使用无亲和标签的目的蛋白无疑是最好的,可以避免标签所带来的潜在干扰。一般需要用蛋白酶剪切纯化的融合蛋白,然后再经亲和层析去除蛋白酶和切除的融合标签从而获得无标签的目的蛋白。然而针对某些特定的融合蛋白,剪切过程比较繁琐和困难;内含肽对融合蛋白进行自我剪切过程很缓慢并依赖于内含肽与目的蛋白连接处的氨基酸序列,因此这些方法应用于重组蛋白的纯化有一定局限性。

Profinity eXact 融合标签表达载体是可以在大肠杆菌中高表达并纯化出无标签重组蛋白的一类蛋白表达系统。Profinity eXact pPAL7 表达载体(图 5-9)是该系统中的代表载体。Profinity eXact 融合标签系统的核心元件是来自解淀粉芽胞杆菌(*Bacillus amyloliquefaciens*)的枯草杆菌蛋白酶(subtilisin),用做表达标签的是该酶的 prodomain 结构域的突变体,其保留了稳定性以及对 subtilisin 增强的结合能力。该标签系统还包括用做纯化的、由突变的 subtilisin 构成的亲和配体,该突变体具有与 prodomain 结构域增强的特异结合能力以及降低的酶学活性,在纯化系统中与树脂(risin)偶联。将目的基因克隆至 pPAL7 表达载体的 Profinity eXact 标签的下游,表达后得到 N 端带有标签的重组蛋白。重组蛋白流过层析柱时,与固定在 risin 上的 subtilisin 特异性结合,通过清洗过程去除宿主细胞的杂质,然后加入低浓度的阴离子(氟化物或叠氮化物)可诱发 subtilisin 在标签与目的蛋白之间进行精确的酶切作用,从而导致标签停留在树脂上,仅目的蛋白从层析柱上被洗脱下来。该融合标签系统将亲和层析纯化和标签的去除整合成一步,同时切割位点精确,获得目的蛋白时不留其他痕迹。与其他标签相比,省去了后续的酶切或其他处理去除标签的步骤,即可得到天然的重组蛋白,节约了成本和时间。

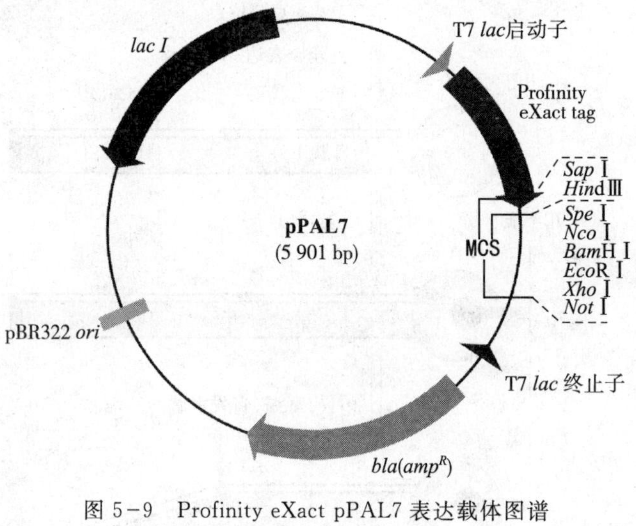

图 5-9　Profinity eXact pPAL7 表达载体图谱

5. 分泌表达载体

除了在细胞内表达外,还可让表达的蛋白分泌到细胞外或细胞周质区中。这种表达方式可避免细胞内蛋白酶的降解,或使表达的蛋白正确折叠,或去除 N 末端的甲硫氨酸,从而达到维护目的蛋白活性的目的。

利用信号肽序列作为融合标签可将融合蛋白分泌到细胞外,可利用的信号肽有碱性磷酸酶的信号肽和蛋白质 A 的信号肽。Pharmacia 公司经销的 pEZZ18 表达载体利用了蛋白质 A 的信号肽(图 5-10)。

表达载体 pEZZ18 的表达元件有 *lac* 启动子、蛋白质 A 的信号肽序列和两个合成的 Z 功能域(domain)。来自金黄色葡萄球菌(*Staphylococcus aureus*)的蛋白质 A 具有与抗体 IgG 结合的能力,Z 功能域就是根据蛋白质 A 中结合 IgG 的 B 功能域而设计的。融合蛋白表达后,在信号肽序列的指导下,分泌到培养基中。然后用固定了 IgG 的琼脂糖层析柱,通

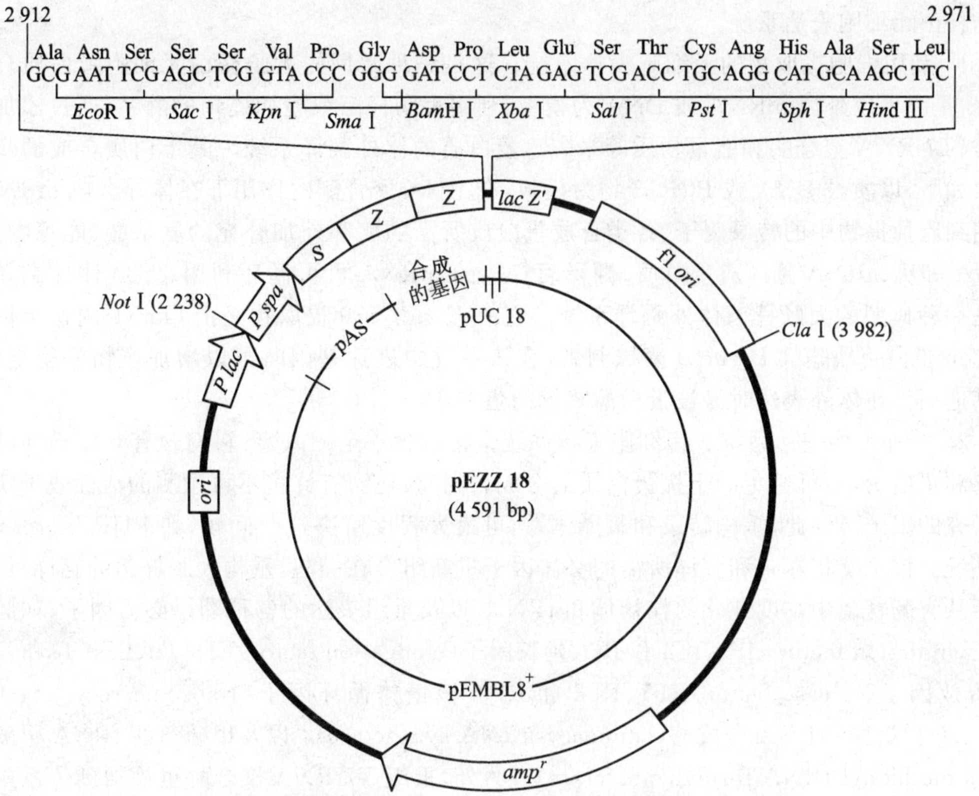

图 5-10 分泌表达载体 pEZZ18 图谱

过与 ZZ 功能域的结合而得到纯化的融合蛋白。这个相对分子质量为 14×10^3 的"ZZ"肽链对融合蛋白的正确折叠几乎没有影响。

五、无细胞体系蛋白质表达系统

有些重要功能的蛋白可能会具有细胞毒性，它们在大肠杆菌体内表达时会造成宿主细胞的死亡，从而很难大量表达。对于这类蛋白的表达和功能研究可以采用无细胞(cell free)蛋白表达系统。该系统又称为体外翻译系统，是一种相对胞内表达系统而言的开放表达系统。Nirenberg 和 Matthaei 于 1961 年建立无细胞蛋白表达系统，并由此验证了三联体遗传密码。近年来随着生物组学时代的到来，无细胞蛋白质合成系统显示出快速、方便、易于高通量等优点，因而应用范围不断增加。

无细胞蛋白表达系统是一种模拟细胞质中蛋白质合成过程的蛋白质体外合成系统，以外源 mRNA 或 DNA 为模板，通过细胞抽提物的酶系，以及补充的底物和能量来合成蛋白质。翻译系统内的组分和翻译条件可以根据需要进行适当的改变，因而体外翻译系统中翻译特定的基因较胞内表达系统具有许多优点，如内源性 mRNA 干扰很小；可以同时加入多种基因模板，研究多种蛋白质的相互作用；体外翻译系统可以对基因产物进行特异性标记，便于在反应混合物中检测。

无细胞蛋白表达系统可分为真核无细胞表达系统和原核无细胞表达系统两大类。真核无细胞表达系统有兔网织红细胞系统、麦胚提取物系统和酵母细胞抽提物系统；原核无细胞表达系统有大肠杆菌无细胞系统和嗜热性细菌抽提物系统。后者使用较少，本书主要介绍大肠杆菌无细胞表达系统。

1. 利用细胞提取物的无细胞表达系统。这是一种常用的大肠杆菌无细胞蛋白质合成系统，是一种以外源 mRNA 或 DNA 为模板，利用大肠杆菌细胞抽提物的酶系，通过添加氨基酸、T7 RNA 聚合酶和能量物质等来表达蛋白质的体外翻译系统。其蛋白质合成的步骤大致如下，以质粒 DNA 或 PCR 产物为模板，在 RNA 聚合酶的作用下在体外合成 mRNA；利用细胞抽提物中的转录因子、各类合成蛋白质所需的酶和外加补充的氨基酸、能源物质、tRNA 等从 mRNA 翻译成蛋白质；翻译后释放的 mRNA 可再循环利用。S30 体外翻译系统是一种典型的大肠杆菌体外翻译系统。它的 *E. coli* S30 提取物是由 OmpT 内切蛋白酶和 Lon 蛋白酶缺陷的 *E. coliB* 菌株制备，在该系统中表达基因时可以增加产物的稳定性，尤其适用于在体外表达时易被蛋白酶降解的蛋白质。

2. 体外重构表达系统。无细胞表达系统常常蕴含一定的风险，它们含有非特异性的核酸酶和蛋白酶，不可避免的干扰蛋白质的合成。同时，还会有许多不可预测的活性或干扰后续研究的因子。为此，重构转录和翻译体系，可最大程度解决这个问题，如 PURExpress 表达系统。该系统将转录和翻译所需的必需因子重新组合在一起，重构大肠杆菌的翻译机器，包括从大肠杆菌中高度纯化的核糖体和 tRNA，以及重组表达的各种翻译必需因子，如起始因子（initiation factor）IF1、IF2 和 IF3、延长因子（elongation factor）EF-Tu、EF-Ts和 EF-G、释放因子（release factor）RF1、RF2 和 RF3、核糖体循环因子（ribosome recycling factor）、20 种氨酰-tRNA 合成酶（aminoacyl tRNA synthetase），以及甲硫氨酸 tRNA 甲酰转移酶（methionyl tRNA formyltransferase）。另外，重组 T7 RNA 聚合酶也添加到体系中用来转录出 mRNA。操作时，将目的基因置于 T7 噬菌体启动子控制之下，同时带有核糖体结合位点以及转录终止子，如图 5-11 所示。将这样的重组 DNA 装载在质粒载体上或者直接用 PCR 扩增出来，就可用做体外表达的模板。该系统操作简便、能显著降低杂酶活性、产量可达 100 μg/mL、表达出来的蛋白可直接用于后续的研究。由于在表达系统中的转录和翻译必须因子都是带有 His 表达标签的，因此表达混合物经过超滤膜过滤去除核糖体后，再经亲和树脂吸附带 His 标签的必需因子，剩下的就是表达的目的蛋白。

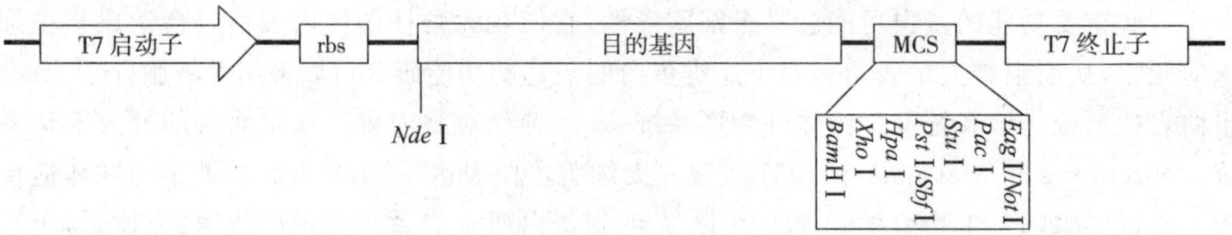

图 5-11　大肠杆菌无细胞蛋白合成系统的基因表达元件的组成

六、表达产物的纯化

1. 包含体蛋白的纯化

大肠杆菌一般都能高效表达克隆化的基因，表达的产物在细胞内可以累积并形成颗粒状的包含体。通过机械法、超声波处理等方法破碎表达外源蛋白的细胞后，再通过离心可以很容易获得包含体。然后通过洗涤步骤可去除与包含体结合的细胞蛋白，使包含体中目的蛋白的含量超过 90%。包含体中的蛋白质必须释放出来，才能满足研究的需要。通常利用盐酸胍、尿素和 SDS 等溶解包含体，再通过一定的方法使蛋白质重新折叠。

值得注意的是，对有些蛋白来说，从包含体中纯化的蛋白，即使经过重新折叠处理，仍不能表现其应有的活性，也就是说表达的蛋白一旦形成包含体后就不再有生物活性了。但用做制备抗体的抗原是可行的。对于一个特定的蛋白来说，经大肠杆菌超量表达后到底有没有活性，要通过实验来确定。

2. 可溶性蛋白的纯化

在超量表达体系中，大部分蛋白会形成包含体，只有少量蛋白会呈现可溶性状态。从细胞破碎液的上清液中纯化的可溶性表达产物，一般可展现应有的蛋白质活性，也正是表达的目标产物。融合蛋白的表达标签可用于分离纯化目的蛋白，分泌表达载体也有助于分离纯化可溶性的表达产物。

对于带有不同标签的表达蛋白，有不同的分离纯化方式和流程。但总的来说其方法类似，即通过融合蛋白上的表达标签的作用，使融合蛋白与亲和介质发生特异性结合，从而去除非融合蛋白，再通过洗脱将融合蛋白纯化出来。在洗脱之前，也可通过特异蛋白酶切割融合蛋白中表达标签与目的蛋白之间的连接位点，或通过自发水解（图 5-8）获得去除标签的目的蛋白。用于纯化蛋白的商业化试剂盒会阐明相关的细节。

七、蛋白表达中可能存在的问题

获得大量和高纯度的目的蛋白是开展蛋白质生理生化活性以及结构和功能研究的必要前提，特别是开展 X-衍射晶体结构和核磁共振等研究需要更高纯度的蛋白。现有的大肠杆菌载体表达系统以及配套的分离纯化系统能满足常规的蛋白质表达需要，但是对于某个蛋白质来说，是否能大量表达，表达的蛋白是否有活性，是否能高效纯化，会受到很多因素的影响。

1. 蛋白质自身的属性会影响表达或活性

蛋白质的相对分子质量会影响表达蛋白的折叠和聚集，相对分子质量越大细胞中可溶性表达蛋白的比例就越小，从而增加难度。目的蛋白对细胞的正常生长是否有影响或有毒，会在很大程度上影响蛋白质的表达，有时可通过只表达蛋白质的主要部分，或使用能严谨控制细胞渗漏表达的系统（如使用 pET 系统中带有 pLysS/E 的宿主，或使用阿拉伯糖 *araBAD* 启动子表达系统）来减轻目的蛋白对宿主的影响。蛋白质的糖基化和二硫键的形成等修饰是影响蛋白质活性的重要因素，而大肠杆菌表达系统往往达不到修饰的目的，在这种情况下可以选择真核表达系统，如酵母表达系统和昆虫细胞表达系统。膜蛋白的表达是一个世界性的难题，人们正在或已经开发了一些办法来获得膜蛋白。

2. 宿主和载体类型的影响

通常情况下表达载体和宿主是配套使用的，与表达有关的系统都设计完好，如宿主中的蛋白酶突变后活性减弱或去除了，表达元件也都安装正确。但不排除有些情况下，更换宿主会有很好地表达效果。不同的表达载体有时也会影响蛋白质的表达，表达标签的类型也会影响表达蛋白可溶性成分的比例。在载体上同时表达一种分子伴侣，或在培养基中添加一些辅助因子，可有助于蛋白质的折叠，同样可以提高可溶性蛋白的比例。有些宿主带有突变的 RNase E（*rne131*），会有助于 mRNA 的稳定，从而提高表达量。

3. 基因的构建方式

在构建表达重组体时，要严格并正确设计，保证各表达元件和待表达的 *orf* 处在正确的位置，也不要出现可能的点突变和移码，尽量不要留有多余的序列。通过 SOE PCR 方法（见 DNA 诱变一章），可以在任何预期的位点对 DNA 片段进行连接。

4. 诱导表达条件

多数情况下通过IPTG做诱导物来诱导目的蛋白的表达，但诱导表达的生长温度、诱导物的浓度和诱导时间都会影响蛋白的表达。通过设定温度、时间和浓度的梯度可找到最佳表达条件。放慢蛋白表达速度的举措，有利于蛋白质的正确折叠，从而常常能提高可溶性蛋白的比例。

5. 密码子优化和编码序列

目的基因密码子的种类会影响基因的表达，有些密码子会使表达量降低。通过选用表达大肠杆菌稀有密码子的载体可克服这个问题。同时靠近目的蛋白氨基端的精氨酸密码子AGA和AGG会严重影响蛋白质的表达，或表达出截断的产物，因为这些密码子序列可能会与核糖体结合位点相似从而干扰翻译的起始。基因转录出的mRNA如果有很强的二级结构，特别是这些二级结构会覆盖其5′端和起始密码子ATG的时候，会抑制基因的表达。在这种情况下，可同过定点诱变手段改变密码子序列来克服上述问题。

6. 表达产物的稳定

表达的蛋白多肽和mRNA可能不稳定，易于降解。通过去除宿主中的相关的蛋白酶基因和RNA酶基因，或通过在目的基因的下游添加稳定mRNA和提高表白的序列，如转录终止子和RNase Ⅲ的位点，可相对解决这个问题。第二个氨基酸的种类也会影响蛋白质的稳定。如果该氨基酸为带有长侧链的亮氨酸或异亮氨酸，那么氨基端的甲硫氨酸容易被氨肽酶切除，从而降低其半衰期。

第二节　穿梭载体

上一节所介绍的是以大肠杆菌为宿主超量表达目的蛋白的系统和原理，但是对许多蛋白来说，特别是真核生物来源的蛋白质，在大肠杆菌表达系统中表达的产物难以(或不能)正确折叠，或不能进行糖基化或不能形成二硫键等翻译后修饰，这就需要开发其他的表达系统。真核表达系统可在很大程度上解决这些问题，如酵母表达系统和昆虫细胞表达系统这些载体工作的宏观原理和总体方案与大肠杆菌的表达系统类似，涉及载体、宿主和基因的转移，以及相关的高量或超量表达元件和纯化系统，对于这部分载体的详细工作原理可参考《分子克隆操作指南》(第四版)，以及本书第二篇相关的章节。

从基因操作的角度看，无论哪一种表达系统的载体，都需要有一个扩增和保存的体系。大肠杆菌分子克隆系统能很好地满足这一要求，因此现在几乎所有类型的表达载体都有在大肠杆菌中复制元件和标记基因，如CoEI或pMB1质粒复制子和氨苄青霉素等抗性标记基因。由于表达载体几乎都有在目标宿主中工作的复制单元，因此从适应宿主的属性来看这些载体也可称为穿梭载体(shuttle vector)。

简单地说，穿梭载体就是能够在两类不同宿主中复制、增殖和选择的载体，如有些载体既能在原核细胞中复制又能在真核细胞中复制，或能在大肠杆菌中复制又能在革兰氏阳性细菌中复制。这类载体主要是质粒载体。由于复制和选择都是有宿主专一性的，因此穿梭载体至少含有两套复制单元和两套选择标记，相当于两个载体的联合。另外，由于在大肠杆菌中对质粒载体进行操作比较方便、拷贝数高且易于保藏，所以在现行的载体中只要涉及大肠杆菌以外的细胞，绝大多数都装有大肠杆菌质粒载体的基本元件，它们都可以看作是穿梭载体。据此，穿梭载体也可看做是载体的一种表现形式，主要突出其在非大肠杆菌中的操作。穿梭载体一般在大肠杆菌中保藏、扩增，然后将其转到目标宿主中。至于到目标宿主中的作用由其所携带的功能元件决定，表达外源基因是最常见的。

很多细菌都有自己的质粒和噬菌体，从理论上讲它们都可用做构建适合于各自宿主的克隆载体，但需要相当长时间和精力。另外，对于革兰氏阴性($Gram^-$)细菌来说，存在很多能在广谱宿主范围种内复制的质粒，即广宿主范围质粒，如RSF1010[8.9 kb，str^r(链霉素抗性基因)，sul^r(磺胺抗性基因)]、RP4、RP1和RK2。其中RSF1010能在大肠杆菌和假单胞菌(*Pseudomonas* spp.)等革兰氏阴性细菌中复制，但严格来说由这些质粒衍生出来的载体不能算穿梭载体。

一、大肠杆菌/革兰氏阳性细菌穿梭载体

大肠杆菌/革兰氏阳性细菌穿梭载体是典型的穿梭载体，其作用主要是将目的基因转移到芽胞杆菌或球菌中去。枯草芽胞杆菌(*Bacillus subtilis*)是革兰氏阳性细菌中的代表种，但研究早期几乎没有发现其有质粒。因此应用于该细菌的穿梭载体的质粒复制区主要来自球菌或其他芽胞杆菌。pHT304是应用于苏云金芽胞杆菌(*Bacillus thuringiensis*)的穿梭载体，其构成相当于在克隆载体pUC18中插入了苏云金芽胞杆菌质粒的复制区和来自金黄色葡萄球菌(*Staphylococcus aureus*)的红霉素抗性基因(图5-12)。通过这一载体，已经在许多苏云金芽胞杆菌中表达了杀虫晶体蛋白基因。一般的穿梭载体只起转载的作用，对于目的基因是否表达由目的基因自身的表达元件决定。

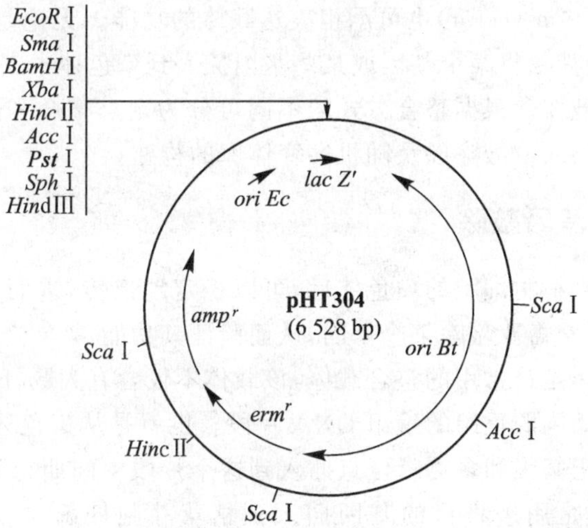

图5-12　大肠杆菌/革兰氏阳性细菌穿梭载体pHT304图谱

二、大肠杆菌/酵母菌穿梭载体

酵母菌除了在真核生物的细胞生物学研究方面发挥重要作用外，在作为蛋白质的真核表达系统方面也显示出巨大威力。

大肠杆菌-酿酒酵母穿梭载体，含有分别来自大肠杆菌和酿酒酵母的复制起点与选择标记，另有一个多克隆位点区。由于此类型的载体既可在大肠杆菌细胞中复制，也可在酿酒酵母细胞中复制，因此在遗传学研究中很受欢迎。它使研究工作者可自如地在两种不同的寄主细胞之间来回转移基因，并单独或同时在两种宿主细胞中研究目的基因的表达活性及

其他的调节功能。例如，可将酵母的某种基因亚克隆到穿梭载体上，置于大肠杆菌中进行定点诱变处理后，再把突变基因返回到酵母细胞，以便在天然的宿主中研究此种突变的功能效应。

由于许多蛋白特别是真核来源的蛋白需要糖基化或磷酸化才能表现应有的生物学活性，因此需要高效的真核表达系统。现在已经有许多商业化的酵母表达载体，这些载体其实都是穿梭载体。利用酵母表达载体已经成功表达了许多酶类，并实现了产业化。

同样，在动物和植物细胞中表达的载体也可看做穿梭载体。一方面可以在大肠杆菌中操作、保存和扩增，另一方面含有在动植物细胞中进行复制的元件和选择标记。

三、其他穿梭载体

在哺乳动物、昆虫、植物等的细胞中使用的表达载体或其他载体，一般都有在大肠杆菌中复制的元件，因此都具备穿梭载体的特征。由于携带在大肠杆菌中的复制元件已经成为一种一般性的设计，因此对这类载体往往弱化其穿梭性质。这些在真核生物中使用的载体，如动物的病毒载体、植物的 Ti 质粒载体以及昆虫的杆状病毒载体，一般要复杂一些，但从其结构组成上看同样要满足载体的一般要求。

第三节　整 合 载 体

整合载体(integration vector)也可承担表达载体的功能。无论是在生物学研究还是在基因工程应用中，都会涉及将某个基因或某些基因插入到染色体中去的工作，承担这部分任务的载体可称为整合载体。根据整合方式的不同可分为定点整合和随即整合，按其作用来分可归为目的基因的插入或敲除以及随机突变体库的构建。

一、基因插入/基因敲除

当外源基因整合到宿主细胞的染色体后，可以稳定地遗传，进而达到稳定表达的目的。另外，在实验研究中经常需要敲除某个基因，从而验证其功能。

同源重组整合载体是最常用的整合载体，该载体不仅含有大肠杆菌克隆载体的骨架，更主要的是含有一段便于同源重组的重组 DNA 片段。也就是从染色体上待插入位点处取出一段 DNA，将选择标记基因和多克隆位点插入到这个片段中间而得到这一重组 DNA 片段的。如 pDG1730 载体是用来将目的基因插入到枯草芽胞杆菌 α-淀粉酶基因而设计的(图 5-13)。首先，该载体含有在大肠杆菌中复制的起始点和选择标记(氨苄青霉素抗性基因)，便于载体的制备。同时还含有一个红霉素抗性基因 erm^r，即用于革兰氏阳性细菌的选择标记基因。该载体的功能元件是一段 α-淀粉酶基因 *amyE* 片段，并且其中插入了壮观霉素抗性基因 spe^r。一方面，该载体可以作为敲除 *amyE* 基因的载体。当用 *Sac* Ⅰ限制酶将载体线性化后，转化枯草芽胞杆菌，筛选壮观霉素抗性转化子，就可得到在 α-淀粉酶基因上下游两条臂发生双交换的重组子，从而得到将 spe^r 插入到枯草芽胞杆菌 α-淀粉酶基因中的基因敲除突变子。按照这一原理，也可以敲除其他感兴趣的基因，即只要将该基因替换 pDG1730 载体中的 *amyE* 基因就可以了。另一方面，pDG1730 载体也可用做整合载体，将目的基因整合到 *amyE* 基因中。将目的基因插入到载体的多克隆位点(*Bam*HⅠ-*Hin*dⅢ-*Eco*RⅠ)中，通过转化和筛选可得到目的基因和壮观霉素基因插入到 *amyE* 基因的突变体。

利用这一原理也可将目的基因整合到其他基因中。pDG1730 载体是针对枯草芽胞杆菌而构建的，对于其他细菌或物种可采取类似的方式构建整合/敲除载体。

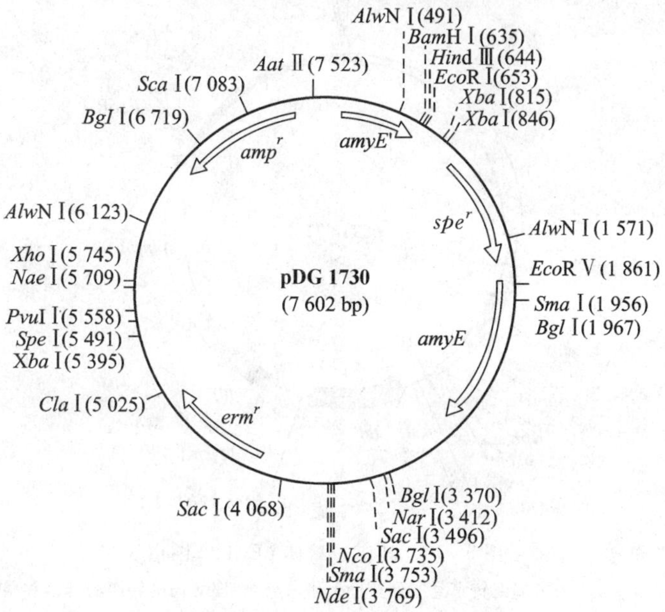

图 5-13 枯草芽胞杆菌整合/敲除载体 pDG1730 图谱

二、随机插入突变载体

随着功能基因组研究的发展，不断需要一系列发生基因突变的材料。为了满足这一要求，构建随机突变体库便进入到研究工作中。随机突变体库是指标记基因在载体的携带下通过 DNA 重组事件随机插入基因组中而形成的突变体的集合。

1. 微生物插入突变载体

为了提高标记基因插入到基因组中的频率，一般都要借助转座子的帮助。载体 pEG922(图 5-14)可用于革兰氏阳性细菌插入突变体库的构建。该载体首先是一个穿梭载体，含有一段用于在大肠杆菌中增殖的克隆载体 pUC18 的完整片段，以及在革兰氏阳性细菌中复制和选择的复制区(该复制区是温度敏感型的，在 42 ℃高温下不能复制)和氯霉素抗性基因。用于插入突变的功能元件是一个转座子 Tn5401(源自苏云金芽胞杆菌)，并在其中装载了一个四环素抗性基因用做选择标记。当该载体转化到革兰氏阳性细菌后，转座子就会发生一定频率的转座。在 42 ℃高温下筛选仅有四环素抗性的菌落，得到的菌落应该是发生转座的突变子。由于在高温下，载体不能复制，随着细胞的分裂，载体就会丢失。只有发生转座事件的菌体才能表现出四环素抗性的表型。为防止转座突变子发生二次转座，一般将转座酶(transposase)基因 *tnpA* 从转座子中取出来并放置在倒转重复序列的外侧，构建成一个微型转座子(mini-transposon)。这样一来既不会影响转座的发生，也可以保证转座酶不会同时发生转座，从而避免二次转座的发生。利用该载体已成功构建了蜡状芽胞杆菌(*Bacillus cereus*)的突变体库。

2. 构建植物突变体库所用的载体

根癌农杆菌(*Agrobacterium tumefaciens*)介导的 T-DNA 插入或植物转座子标签是植物基因功能研究中常用的产生突变体的方法。

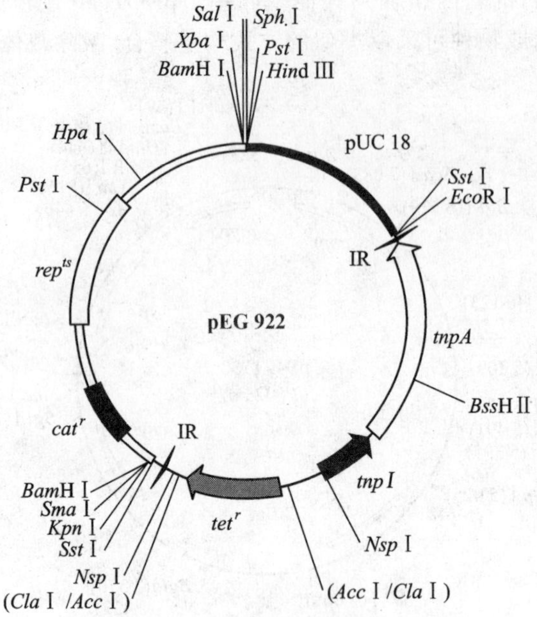

图 5-14　转座子载体 pEG922 图谱

IR，转座子 Tn5401 的末端倒转重复序列；*tnpA* 和 *tnpI*，转座必需的转座酶基因和整合酶基因；*rep*^{ts}，温度敏感型复制区；*cat*^{r} 和 *tet*^{r}，氯霉素抗性基因和四环素抗性基因

(1) T-DNA 插入突变体　农杆菌介导 T-DNA 插入到植物基因组时往往会导致插入位点的基因遭到破坏，从而可构建用于基因功能分析的突变体。为了研究插入位点基因的表达模式，人们常在 T-DNA 区段构建基因激活标签或基因陷阱(gene trap)等元件。如我国水稻功能基因组计划采用了载体 pFX-E24.2-15R 来创建大型突变体库。该载体是一个增强子陷阱载体(enhancer trap system)，它利用根癌农杆菌介导的 T-DNA 随机整合到植物基因组，是一种发现新基因和调控因子的有利工具。图 5-15 是该载体中的一段 T-DNA 序列，其两端是 T-DNA 序列的边界序列，是 Ti 质粒介导的 T-DNA 中的识别序列。在 Ti 质粒的转移酶作用下，可将这段序列整合到植物的染色体上。β-葡萄糖苷酸酶(β-glucuronidase)基因 *gus-plus* 是报告基因，当这段序列插入到植物的染色体后，如果受到插入位点附近的顺式调控，*GAL4/VP16* 基因会表达并启动标记基因 *gus* 表达，通过检测标记基因的表达模式，可以发现靶基因的时空表达或特异的调控顺序。另外，T-DNA 区段整合到植物基因组后也可能导致了靶基因的破坏，从而可用于突变体的筛选。利用该载体已经成功获得了水稻的突变体库。

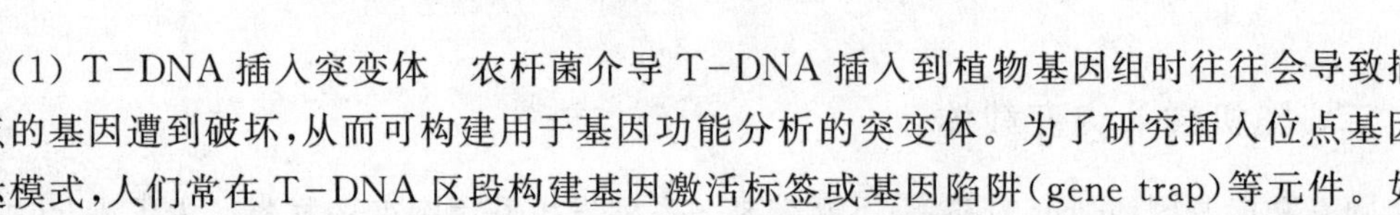

图 5-15　T-DNA 插入突变体载体 pFX-E24.2-15R 的 T-DNA 区结构示意图

在该 T-DNA 序列内含有 pUC 质粒序列(包含细菌复制起始区和氨苄青霉素抗性基因)用于质粒挽救，从而分离 T-DNA 插入位点附近的区域。利用载体和植物染色体上共

有的单一限制性酶切位点分离 T-DNA 右边界或左边界，切下的片段自身连接后转化大肠杆菌并以氨苄青霉素抗性作为筛选标记，可克隆得到插入位点附近的片段。也可通过 TAIL-PCR 的方式（见第八章）扩增插入位点两侧的基因组序列。

（2）植物 Ac-Ds 转座子双因子插入突变　这套系统利用玉米的 Ac-Dc 转座子系统来构建突变体。Ac(activator) 是玉米染色体上一个完整的转座子，含有转座酶基因（通常用 Ac 表示），Ds(dissociation) 是 Ac 缺失转座酶基因的缺失体，但两端的反向重复序列仍然存在。这两部分序列可实现功能互补，Ds 在有转座酶存在的条件下可发生转座。分别构建含 Ac（可合成转座酶，但缺少末端反向重复序列）和含 Ds（不能合成转座酶，只含末端反向重复序列）的质粒载体，再分别转化农杆菌并用于转化异源植物。转化植株杂交（Ac×Ds）后，就可获得既含 Ac 又含 Ds 的植株。在这些植株中转座事件就会发生，通过选择标记筛选突变体（图 5-16）。利用 Ac-Ds 作探针，可钓出与突变有关的基因。利用 pUBiTs（含合成转座酶的 Ac 片段）和 pDsBar1300H（含 Ds 因子）双因子系统已经构建了水稻转座子突变体库，获得了多种突变类型。

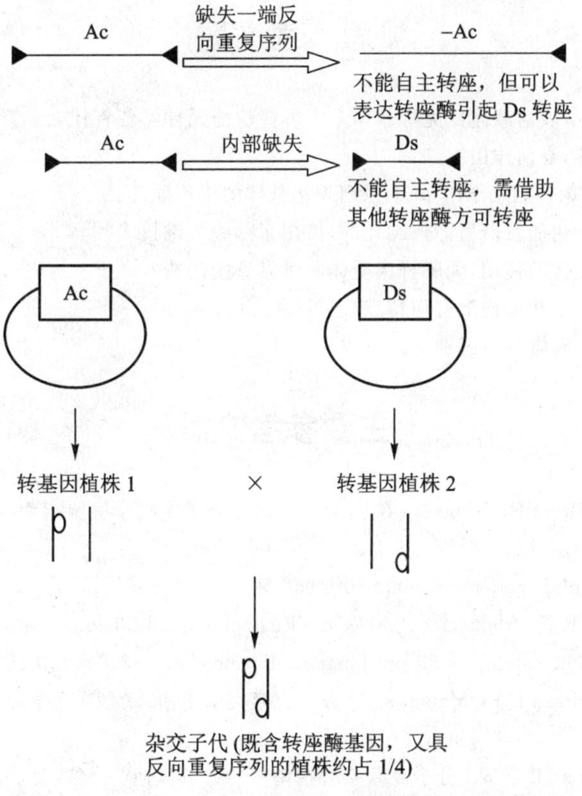

图 5-16　转座子 Ac-Ds 的结构及转基因植株杂交示意图

利用转座子作为插入突变元件分离或克隆插入失活的基因，不需要知道基因的表达产物或表达特点。但是这种方法也有局限性，仅适用于分离和克隆有明显表型突变的基因。

3. 构建动物随机插入突变体库常用载体

在动物功能基因组研究中利用基因陷阱载体是建立大规模随机插入突变、鉴定基因功能的有力工具。基因陷阱的基本原理是通过携带有报告基因的载体随机整合到动物染色体，干扰内源基因的功能，并标记被插入的基因。

在基因陷阱策略中用到的载体是一类报告载体。利用电转化或反转录病毒转染将载体导入小鼠胚胎干细胞。以β-半乳糖苷酶基因(*lacZ*)或绿色荧光蛋白基因(*gfp*)作为报告基因，当载体整合到有功能的染色体启动子下游时，就会表达某内源基因和 *lacZ* 的融合基因，融合基因的表达产物可以分解培养基中的底物 X-gal 使细胞呈蓝色。由于报告基因与被标签的内源基因的表达在时间和空间上是同步的，因此可以通过监测报告基因的表达来间接检测被标记的基因。该内源基因的序列可以通过 PCR 进行扩增。广泛使用的基因陷阱载体有质粒载体 pT1βgeo 和反转录病毒载体 S(retroviral vector)U3βgeo，利用这些载体得到了小鼠胚胎干细胞随机突变体库。

表达载体简单地说是满足表达需要的一种遗传媒介，除了提供复制属性(无论是自主复制还是整合到基因组中)外，主要是形成一种表达所必需的环境，包括启动子、终止子、核糖体结合位点，以及增强子和剪切信号等，此外还有一些与表达产物的分离纯化有关的遗传信号。表达载体的形式和组成是多样的，其属性也不是一成不变的，对其他类型的载体只要能满足所需要的表达要求就可用做表达载体，同时表达载体在一定条件下也可用做其他类型的载体。

思　考　题

1. 以大肠杆菌为例，表达载体比克隆载体多了哪些功能元件？各有什么生物学功能？
2. 什么是表达标签，有何作用？
3. 简述利用 T7 噬菌体启动子的 pET 系列表达载体的工作原理。
4. 大肠杆菌超量表达的蛋白质如何纯化的，使用了哪些关键技术？
5. 为了配合表达载体的使用，大肠杆菌受体菌可做哪些改造？
6. 何为穿梭载体？遗传结构上有何特点？
7. 整合载体与穿梭载体有何区别？

主要参考文献

1. Ausubel F M, Brent R, Kingston R E, *et al*. 精编分子生物学实验指南. 4版. 马学军，舒跃龙，颜子颖译校. 北京：科学出版社，2005

2. Novagen, Inc. pET system manual. 10th ed. 2002

3. Ruan B, Fisher K E, Alexander P A, *et al*. Engineering subtilisin into a fluoride-triggered processing protease useful for one-step protein purification. Biochemistry, 2004, 43(46): 14539-14546

4. Sambrook J, Fritsch E F, Maniatis T. 分子克隆实验指南. 2版. 金冬雁，黎孟枫等译. 北京：科学出版社，1995

5. Sambrook J, Russell D W. 分子克隆实验指南. 3版. 黄培堂等译. 北京：科学出版社，2002

6. Green M R, Sambrook J. Molecular cloning: a laboratory manual. 4th ed. New York: Cold Spring Harbor Laboratory Press, 2012

(孙明　彭东海)

第六章

基因操作中大分子的分离和检测

基因虽然是无法直接观察的，但并不是不可捉摸的。通过一定的手段可对基因及其衍生物进行分离、纯化和检测。基因的操作不是空洞的，涉及的主要对象是 DNA、RNA 和蛋白质。为了更加细致了解基因工程的原理以及基因的操作方式，有必要了解这些大分子的分离和分析原理。有关这些大分子的分离、分析和检测程序在《分子克隆实验指南》中有详细描写，本章将重点从原理方面讲述其操作方法。

第一节　DNA 的分离、检测和纯化

DNA 是基因的物质载体，是基因操作的重点对象。在实际操作中主要涉及两类 DNA，其一是目的物种或细胞的基因组 DNA，其二是克隆载体和装载在载体中的克隆化基因。载体和基因绝大多数是以质粒的形式保存在大肠杆菌中的，这就决定了许多基因操作是从大肠杆菌开始的。

一、大肠杆菌质粒 DNA 的分离和纯化

在大肠杆菌中的质粒有大有小，拷贝数有高有低，因此分离的方法也多种多样。在实践中最常见的操作是通过碱裂解法提取高拷贝的小质粒以及基于该方法的纯化技术。

一般从对数生长期的大肠杆菌细胞中提取质粒。由于绝大多数基因操作的质粒载体都带有抗生素抗性基因，为了保证在生长过程中质粒不会丢失，所以在生长培养基中要加入适量的抗生素。最常见的抗生素是氨苄青霉素，其次是四环素、氯霉素和卡那霉素。

1. 碱裂解法提取 *E. coli* 质粒 DNA 的原理

碱裂解法提取质粒 DNA 是经典的方法，由 Birnboim 和 Doly 设计并于 1979 年发表。该方法不仅用于大肠杆菌质粒的提取，其工作原理也广泛应用于其他微生物质粒的提取。

碱裂解法提取质粒的整个过程主要用到 3 种溶液，即溶液Ⅰ、Ⅱ和Ⅲ。其核心原理是，在碱性条件下线状 DNA 发生变性，质粒 DNA 维持环状。在高盐条件下作复性处理，变性的染色体 DNA 会形成沉淀，从而将质粒 DNA 与染色体 DNA 分开。对于高拷贝的质粒，如 pUC 和 pGEM 系列质粒，一般每毫升培养液可得到 3～5 μg DNA，可以满足大多数常规 DNA 操作。

在微量提取过程中，一般取 1～2 ml 菌体培养物，离心去掉培养液，用缓冲液洗去残液和菌体碎片或分泌物。要提取质粒必须首先破碎细胞，让质粒从细胞中游离出来。为此，第一步先用溶液Ⅰ将细胞悬浮。该溶液中含有 50 mmol/L 的葡萄糖，用于在溶菌酶作用时维

持渗透压。由于 *E. coli* 容易破裂，现在已经不再加溶菌酶了。但尽管如此，人们仍然习惯使用溶液Ⅰ的初始配方。第二步加入 2 倍于溶液Ⅰ体积的溶液Ⅱ，该溶液含有0.2 mol/L NaOH 和 1% SDS。在这种情况下，细胞会很快破裂，使混浊的细胞悬液变成完全澄清的黏稠液体。此时，在 pH 12.0～12.5 这样狭小的范围内染色体 DNA 和蛋白质变性，质粒 DNA 释放到上清中。细菌蛋白质、破裂的细胞壁和变性的染色体 DNA 会相互缠绕形成大型复合物，后者被 SDS 包被。虽然碱性溶剂使碱基配对完全破坏，但闭环的质粒 DNA 双链不会彼此分离，因为它们在拓扑学上是相互缠绕的。最后，加入 1.5 倍于溶液Ⅰ体积的溶液Ⅲ，该溶液为高浓度的醋酸钾缓冲液(3 mol/L，pH 4.6)。在中和过程中，当钾离子取代钠离子后，复合物从溶液中沉淀下来。而质粒 DNA 在变性之后经过中和仍保持环状，处于可溶解状态。经高速离心，上清液即为质粒 DNA 粗制品。在该粗制品中含有大量的盐，以及小分子 RNA 和部分蛋白质，一般不能直接使用。用两倍体积的乙醇进行 DNA 沉淀，便可获得质粒 DNA 样品。此时该样品可满足一般的操作要求，如酶切等。在乙醇沉淀之前，可用 RNase A 去除 RNA，用苯酚/氯仿抽提去除蛋白。如果要得到更高纯度要求的样品，可作进一步纯化处理，如密度梯度离心等。

2. 煮沸法快速提取 *E. coli* 质粒 DNA 的原理

利用热裂解法快速抽提 *E. coli* 质粒 DNA 也是一种常用的方法。该方法适用于从平板中直接挑取少量 *E. coli* 培养物，并快速检测和制备其质粒 DNA。由于在细菌细胞内染色体 DNA 比质粒 DNA 分子大得多，且染色体 DNA 在操作过程中会断裂为线状分子，而质粒 DNA 为共价闭合环状分子。当加热处理 DNA 溶液时，线状染色体 DNA 容易发生变性，共价闭环的质粒 DNA 在冷却时即恢复其天然构象。所以，当对菌液混合物进行加热煮沸后，变性染色体 DNA 片段与变性蛋白质和细胞碎片结合形成沉淀，而复性的超螺旋质粒 DNA 分子则以溶解状态存在液相中，通过离心可以将质粒 DNA 与其他物质区分开，得到质粒 DNA 样品。

3. 通过试剂盒分离纯化 *E. coli* 质粒 DNA

现在许多公司开发出了纯化质粒 DNA 的试剂盒，著名的有 Qiagen 公司的产品，如 QIAprep Spin Miniprep Kit。其核心技术是使用一种特制的微型离心纯化柱(QIAprep spin column)，在柱中有一种特殊的硅胶膜(silica membrane)。在高浓度盐条件下该膜可以结合多至20 μg的 DNA，最后用小体积的水或低离子强度的缓冲液可将 DNA 洗脱出来。

分离纯化过程是通过一个简单的结合—洗涤—洗脱程序来完成的(见图 6-1)。首先用碱裂解法获得质粒 DNA 粗制品，之后将样品通过纯化柱的硅胶膜，使之吸附质粒 DNA。然后用 50%乙醇洗涤滤膜，洗去杂质，最后用少量洗脱缓冲液或水洗脱出纯 DNA。纯化的质粒 DNA 适合大多数酶学反应，包括限制性酶切和 DNA 测序等。除了从大肠杆菌纯化质粒外，从酿酒酵母、枯草芽胞杆菌和根癌农杆菌中纯化质粒 DNA 亦可用试剂盒。

这种方法操作简便，回收率高，洗脱出来后的 DNA 可立即使用，无需沉淀、浓缩或脱盐。因此该产品越来越受到研究工作者的青睐，但同时也有忘却质粒 DNA 分离纯化原理的倾向。

除了上述方法外，还有其他方法用于大肠杆菌质粒的提取，对相对分子质量较大且拷贝数很低的质粒有专门的分离方法。

二、基因组 DNA 的分离

细胞内主要的遗传信息都存在于基因组上，在进行基因克隆的时候，经常会用到基因组

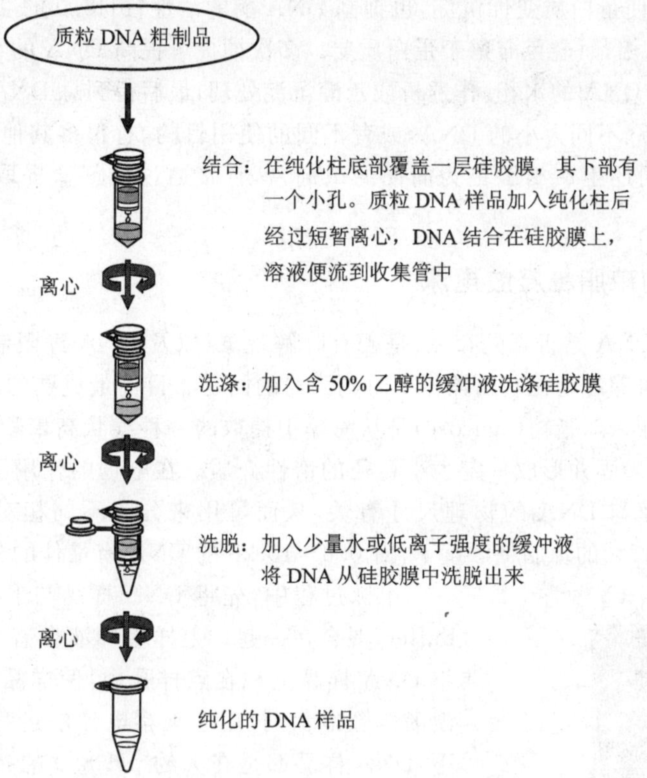
质粒DNA粗制品
结合：在纯化柱底部覆盖一层硅胶膜，其下部有一个小孔。质粒DNA样品加入纯化柱后经过短暂离心，DNA结合在硅胶膜上，溶液便流到收集管中
离心
洗涤：加入含50%乙醇的缓冲液洗涤硅胶膜
离心
洗脱：加入少量水或低离子强度的缓冲液将DNA从硅胶膜中洗脱出来
离心
纯化的DNA样品

图6-1　Qiagen质粒DNA纯化试剂盒工作流程

DNA材料。所以对于基因组DNA的操作和分析也是基因操作中非常重要的内容之一。在实践操作中提取基因组DNA使用最多的是CTAB法和SDS法。

1. CTAB法提取植物细胞染色体DNA

CTAB(cetyl trimethyl ammonium bromide，十六烷基三甲基溴化铵)，是一种阳离子去污剂，可溶解细胞膜，并与核酸形成复合物。该复合物在高盐溶液中(>0.7 mol/L NaCl)是可溶的，通过有机溶剂抽提，去除蛋白质、多糖、酚类等杂质后加入乙醇沉淀即可使核酸分离出来。

这种方法主要针对植物细胞，一般按照液氮研磨→裂解细胞→抽提→沉淀→干燥溶解流程完成基因组DNA的抽提。首先在液氮中充分研磨植物样品，使之呈粉末状，后加入裂解液，充分混匀使细胞充分裂解，从而将胞内物质释放出来。通过加入有机溶剂将溶液中的蛋白、酚类等其他杂质去除，最后用乙醇进行沉淀，得到目的DNA。

2. SDS抽提法

本法最初于1976年由Stafford及其同事提出，改进后以含EDTA、SDS及无DNA酶的RNA酶的裂解缓冲液裂解细胞，经蛋白酶K处理后，用pH8.0的Tris饱和酚抽提DNA，重复抽提至一定纯度后，经过透析或沉淀处理，最终获得所需的DNA样品。其中，EDTA为二价金属离子螯合剂，可以抑制DNA酶的活性，同时降低细胞膜的稳定性；SDS为生物阴离子去垢剂，主要引起细胞膜的降解并能乳化脂质和蛋白质，与这些脂质和蛋白质的结合可以使它们沉淀，其非极性端与膜磷脂结合，极性端使蛋白质变性、解聚，所以SDS同时还有降解DNA酶的作用；无DNA酶的RNA酶可以有效水解RNA，而避免DNA的消化；蛋白酶K则有水解蛋白质的作用，可以消化DNA酶、DNA上的蛋白质，也有裂解细胞的作用;酚可以使蛋白质变性沉淀,也抑制 DNA 酶的活性;pH8.0 的 Tris 溶液能保证抽提后 DNA 进入水相,而避免滞留于蛋白质层。多次抽提可提高 DNA 的纯度。一般在第三次抽提后,移出含 DNA 的水相,作透析或乙醇沉淀处理,最后得到总 DNA 样品。

针对不同来源、不同大小的 DNA,或者不同的使用目的,有很多其他提取方法。此外,一些生物试剂公司还生产出了更为简便的试剂盒,直接通过试剂盒提取也是一种不错的选择。

三、DNA 的琼脂糖凝胶电泳

分离纯化的 DNA 是否真的存在、是否有降解现象,以及 DNA 经限制性内切酶酶切后其产物的大小如何等都是在基因操作中时刻面对的问题。目前最成熟的检测 DNA 的技术是琼脂糖凝胶电泳。琼脂糖(agarose)是从海藻中提取的一种线状高聚物,在高温水溶液下会溶解,在常温下凝固并形成一定大小孔径的惰性介质。在电场的作用下,DNA 可在孔洞中迁移。迁移速率与 DNA 的物理尺寸有关,从而可用来分离不同相对分子质量大小的 DNA 分子。在 0.7%的琼脂糖浓度下,对 0.8～10 kb 的 DNA 有最佳的分离效果。

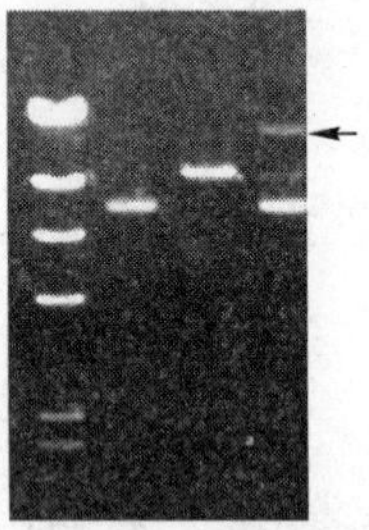

图 6-2　琼脂糖凝胶电泳分析质粒 DNA 3 种构象的相对泳动速率

以从大肠杆菌中提取的质粒载体(pCUGIBAC1,10 253 bp)为材料,通过透析袋电泳回收超螺旋 DNA(共价闭合环状 DNA),分为 3 份,1 份做对照,2 份分别用 *Hpa* Ⅰ 酶切和剧烈振荡处理。1. λ－*Hind* Ⅲ;2. 提取的质粒超螺旋 DNA;3. *Hpa* Ⅰ酶切后的线状 DNA;4. 剧烈振荡后的质粒,含超螺旋、线状和切口 3 种构象。箭头所指为切口 DNA

电泳过程中,先将 DNA 样品与上样缓冲液(loading buffer)混合在一起。上样缓冲液含有 40%的蔗糖,用于将 DNA 样品沉积在点样孔内,使样品不易扩散;还含有溴酚蓝等指示剂,用于观察电泳的进程。在大多数情况下,DNA 样品都是在大约 pH 8.0 的条件下进行保存或分析的,在这一 pH 条件下,DNA 最稳定,带负电荷。因此 DNA 的泳动方向是从负极向正极。一般使用的电压为 5 V/cm 左右。在电泳进程中,常用一个已知含量和相对分子质量的 DNA 样品做对照,用来比对待测样品的相对分子质量和含量。DNA 样品在电泳时泳动的速率与相对分子质量的大小成反比,另外 DNA 的结构也会影响其泳动速率。质粒 DNA 有 3 种构象(conformation),即共价闭合环状超螺旋(covalently closed circular,ccc 型)、线状(linear)和切口环状(open circle,或 nick),它们的泳动速率依次递减。

图 6-2 展示了检测质粒 DNA 3 种构象泳动速率的电泳图。

溴化乙啶(EB)可很好地掺入到双链 DNA 中,在紫外光的激发下会发出橙红色的荧光,可用于对 DNA 进行染色和观察。用于观察的紫外光共有 3 种波长:一般使用中波紫外光(302nm);短波紫外光(254nm)观察效果好,但对 DNA 的破坏最大;如果所观察的 DNA 还要回收的话,尽量使用长波紫外光(366nm),否则得到的 DNA 被紫外光照射后将丧失“生命力”。除了 EB 外,近来其他一些荧光也常用于 DNA 的染色观测,如 SYBR Green 及其衍生物,它们对 DNA 具有很强的亲和力,同时具有很高的量子产率(quantum yield)和信噪比。虽然其毒性小,但价格昂贵,一般用于更“精细”的实验,如单链构象多态性(single strand conformation polymorphism, SSCP)和变性梯度凝胶电泳(denaturing gradient gel electrophoresis, DGGE)等。

四、聚丙烯酰胺凝胶电泳

在核酸的分析过程中，除了涉及一般的 DNA 外还需要检测小相对分子质量的 DNA 或 RNA。琼脂糖凝胶电泳对小相对分子质量的核酸分子的分辨率较低，而聚丙烯酰胺凝胶电泳(polyacrylamide gel electrophoresis，PAGE)可很好的分辨 100 bp～1 kb 大小的核酸分子。对单链核酸来说，其分辨率可达 1 bp，这种分辨能力在 DNA 序列测定中发挥了重要作用。

聚丙烯酰胺凝胶是由丙烯酰胺和 N，N′－亚甲双丙烯酰胺经过聚合而成的高分子聚合物，其聚合度由浓度和二者的比例决定。一般在变性条件下使用，主要用来检测小分子核酸的大小，或在同位素标记的情况下分析单链核酸，如分离寡核苷酸探针、S1 核酸酶产物分析和 DNA 测序等。

五、脉冲场凝胶电泳

DNA 分子在琼脂糖凝胶中的泳动速率与其相对分子质量有关，在一定大小范围内泳动速率与相对分子质量呈线性关系；当 DNA 片段的相对分子质量大于一定程度后(如40 kb)，其在常规凝胶电泳中的泳动速率主要与电场强度有关，而与相对分子质量的关系不显著。这样一来，常规电泳无法将大片段 DNA 按相对分子质量的大小进行区分。但是，通过脉冲场凝胶电泳(pulsed field gel electrophoresis，PFGE)可有效地分离大相对分子质量的 DNA 片段。脉冲场凝胶电泳是琼脂糖凝胶电泳的改进方式，是专门针对大片段 DNA 的分析检测方法，如 50 kb 或 100 kb 以上，甚至 Mb 级的大片段 DNA，广泛应用于染色体分析和作图。

脉冲场凝胶电泳实际上是一种交替变化电场方向的电泳，以一定的角度并以一定的时间变换电场方向，使 DNA 分子在微观上按“Z”字形向前泳动，从而达到分离大相对分子质量的 DNA 片段的目的。脉冲场凝胶电泳有多种工作方式，如横向交变电泳(transverse alternating field eletrophoresis，TAFE)、场翻转凝胶电泳(field inversion gel eletrophoresis，FIGE)、旋转凝胶电泳(rotating gel electrophoresis)和钳位匀场电泳(contour－clamped homogeneous electric field electrophoresis，CHEF electrophoresis)，其中使用最广泛的是 CHEF。

CHEF 电场共有 6 个电极带，呈六边形排列，每条电极带上有 4 个电极，主电场方向与泳动方向在＋60°和－60°角度互换，如图 6－3。在六条电极带中，其电势呈梯度分布。在图 6－3 中处于 A 电场方向时，左上电极带的电势为零，可看作负极；右下电极带的电势最高，这两条电极带之间的电势差最大。处于 B 电场方向时，其电极的带电状态与 A 电场方向的呈左右对称状态，方向相差 120°。在电泳过程中，电场的方向在 A 和 B 之间互换，从而保证样品朝着向下的方向泳动。在电极中最大的电势梯度是 6 V/cm 或 200 V，最小的电势梯度是 0.6 V/cm 或 20 V。Bio－Rad 公司出产的 CHEF－DR 脉冲电泳仪还具有很强的场强控制能力，防止样品在电泳过程中偏离主泳动方向。

在脉冲场凝胶电泳中，脉冲时间、电场强度、温度、缓冲液组成、琼脂糖类型和浓度都会影响电泳分辨率，其中脉冲时间是最关键的因素。对于分离较小的 DNA 片段，对其重新定向所需要的时间短，因此相应的脉冲时间就短。而对于相对分子质量较大的 DNA 片段，在凝胶中重新定向所需的时间会很长，从而决定其脉冲时间也长。表 6－1 列出了不同相对分子质量的 DNA 片段在脉冲电泳中所需要的条件，在实际操作中这些条件要协同配合才可得到更好的分辨效果。

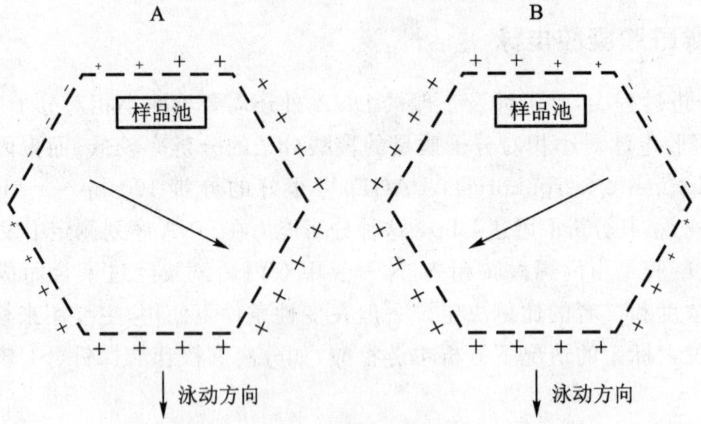

图 6-3　CHEF-DR Ⅱ型脉冲场凝胶电泳的场强大小和方向示意图

A. +60°电场的电极电势大小分布状况；B. −60°电场的电极电势大小分布状况

表 6-1　不同大小 DNA 在 CHEF 脉冲场凝胶电泳中的条件

DNA	DNA 大小 (kb)	琼脂糖浓度	切换时间 (s)	电泳时间 (h)	电压 (V/cm)	角度	缓冲液
酶切片段	0.2～23	1.2%	0.01	4	6	120°	0.5x TBE
5 kb 梯度片段 (5 kb Ladder)	5～75	1.0%	1～6	11	6	120°	0.5x TBE
λ DNA 的梯度聚合体(Lambda Ladder)	50～1 000	1.0%	50～90	22	6	120°	0.5x TBE
酿酒酵母染色体 DNA	200～2 200	1.0%	60～120	24	6	120°	0.5x TBE
白色念珠菌 (*Candida albicans*)	1 000～4 000	0.8%	120 240	24 36	3.5	106°	1.0x TAE
粟酒裂殖酵母 (*Schizosaccharo mycespombe*)	3 500～5 700	0.8%	1 800	72	2	106°	1.0x TAE
一种阿米巴 *Dictostelium discodium*	3 600～9 000	0.8%	2 000～7 000 7 000～9 600	158 82	1.8 1.5	120° 120°	0.25x TAE

六、紫外吸收法检测 DNA 的浓度和纯度

获悉提取的 DNA 的浓度对于分子克隆实验来说是至关重要的，以便开展重复性的、精确的和高效的实验操作。最常用的检测方法是紫外吸收法。双链 DNA 的最大吸收波长为 260 nm，通过测定 DNA 样品在 260 nm 的吸收值，可以推定 DNA 的浓度。在使用 1 cm 光程的比色杯测量时，1 OD_{260} 对应 50 μg/mL 浓度。仅用这一个波长来测定 DNA 的浓度往往不够准确，不能排除杂质的干扰。高纯度的 DNA 样品要求其 OD_{260} ∶ OD_{280} 介于 1.7～2.0 之间，且 OD_{230} 和 OD_{320} 值非常小。

一般的分光光度计即可以完成 DNA 纯度的检测，也可以估计其大概的浓度。有些仪器如 NanoDrop ND-100 这样的超微量紫外/可见分光光度计，可用于更加精确的浓度检测和定量分析。

比较而言，电泳法更直观，并且在知道对照 DNA 的浓度后，就可以使用一维条带分析软件(如 Quantity One)分析样品中 DNA 的含量，而且可以很直观地了解目的 DNA 的纯度、大小等特性。一般紫外分析后还是要通过电泳分析，两者结合可使对 DNA 的分离和检测更加准确。此外，还可使用荧光定量、*Taq*Man 绝对定量等方法测定 DNA 浓度。

七、DNA 片段的纯化

基因在自然状态下是分布在染色体上的，而获得特定的 DNA 片段是研究基因的重要手段和途径。DNA 经过酶切并通过琼脂糖凝胶电泳分析在凝胶上会呈现 DNA 条带，从中分离特定大小的 DNA 片段可用于进一步深入的研究。从琼脂糖凝胶中回收 DNA 片段是基因操作中的日常工作，其方法很多，以下是经典和常用的方法。

1. 低熔点琼脂糖凝胶电泳法

琼脂糖总体上可分为两类，普通琼脂糖和低熔点琼脂糖。低熔点琼脂糖在水溶液中的熔解温度(melting point)很低，在 65 ℃以下；当琼脂糖水溶液的温度降低到 20～30 ℃时会凝结成固形物。在分离特定的 DNA 片段时，可用低熔点琼脂糖凝胶进行分析，然后切割带有目的 DNA 的琼脂糖凝胶块，加入适量缓冲液，加热到 60 ℃。这时凝胶溶化，DNA 进入水溶液中。最后通过苯酚/氯仿抽提和乙醇沉淀可获得纯化的 DNA 片段。这是经典的 DNA 片段回收方法，现在一般很少应用。但在回收大片段 DNA 时仍不失为一种好方法。为提高回收效率，在加热熔化以后可用琼脂糖酶处理，从而减少残留的杂质。

2. 透析袋电洗脱法

这也是经典回收 DNA 片段的方法，尽管效果很好，但现在多用来分离相对分子质量较大的 DNA 片段。将含有目的 DNA 片段的琼脂糖凝胶块切割下来，放在透析袋中，置于电泳缓冲液中电泳，DNA 将从凝胶块中“跑”出来，贴在透析袋内壁上。然后取出凝胶块，更换新鲜缓冲液，反方向电泳，使 DNA 游离于缓冲液中。取出含 DNA 的缓冲液，通过苯酚/氯仿抽提和乙醇沉淀获得纯化的 DNA 片段。通过这种操作方式，在紫外光的照射下可观察 DNA 的迁移。

3. Glass Milk(bead)结合法

这是一个具有重大变革的 DNA 纯化方法，超越了先前的简单物理学方法。该方法涉及两个重要关键技术。其一，琼脂糖凝胶在 3 倍体积的 3 mol/L NaI 溶液作用下于 55 ℃会溶化，从而使 DNA 释放到水溶液中；其二，在这样的高盐浓度下有一种硅粒(glass bead，硅的细微颗粒，其水溶液呈牛奶状，故亦称玻璃奶，glass milk)可特异性吸附 DNA。当硅粒吸附 DNA 后，通过离心的方法很容易对硅粒进行洗涤，然后用水或低盐缓冲液可从硅粒中将吸附的 DNA 洗脱出来。该方法操作简便，回收效率高，易于推广。但对回收的 DNA 的大小却有限制，一般不超过 10 kb，否则效率很低。

4. Qiagen 纯化柱

利用 Qiagen 纯化柱回收并纯化 DNA 是目前使用最方便的工具，其核心技术与 Qiagen 质粒 DNA 的分离纯化试剂盒类似，即使用带硅胶膜的纯化柱。首先是用 3 倍体积的特殊高盐溶液于 55 ℃熔化带目的 DNA 片段的琼脂糖凝胶块，将 DNA 释放到水溶液中。然后将其通过 Qiagen 纯化柱，经过图 6-1 中描述的结合—洗涤—洗脱步骤，直接得到纯化的 DNA 样品。该方法相当于将 Glass Milk 结合法中的硅粒制成滤膜，从而可利用微型柱来使得 DNA 的吸附更充分，洗涤更彻底，洗脱更简洁。这种利用微型柱的操作方式简便高效，给人一种豪爽的感觉，其使用范围有进一步扩大的趋势。同样其不足也在于只对小于 10 kb 的 DNA 片段有很好的回收效果。

根据纯化柱中滤膜吸附和洗脱 DNA 的原理，Qiagen 公司已经开发出了一系列分离纯化 DNA 和 RNA 的试剂盒(kit)，都显示出不凡的操作效果。

第二节　RNA 的分离、检测和纯化

在细胞中除了 DNA 外还有 RNA，即 rRNA、tRNA 和 mRNA。对于基因操作来说，涉及的 RNA 主要是 mRNA，而 mRNA 在细胞中的含量又是最少的。一个典型哺乳动物细胞约含10^{-5} μg RNA，其中 80%～85%为 rRNA(28 S、18 S 和 5 S 3 种 rRNA)，其余 15%～20%主要由各种类型的低相对分子质量 RNA 组成(如 tRNA、核内小分子 RNA 等)。mRNA 为总 RNA 的 1%～5%。同时由于 mRNA 是单链的，容易受到核酸酶的攻击，导致在 RNA 的操作过程中易于遭遇降解的厄运。因此，对 RNA 的操作要求比 DNA 的操作更严格，操作时必须设置专门的处理方法和程序。

一、控制潜在 RNA 酶的活性

1. 溶液和用具的去 RNA 酶处理

由于 RNA 酶相对来说非常耐高温，即使高温灭菌也不可完全清除其活性，因此 RNA 酶在各种器物上的残留是不可忽视的。对于耐热的物品，如玻璃制品，通过高温干热灭菌效果最好。对于一次性使用的用品，如微量移液吸头(tip)和微量离心管(eppendorf tube)，一般通过湿热灭菌就可使用，但更保险的操作是用 0.1%焦碳酸二乙酯(DEPC)处理过的水浸泡后再灭菌，或购买无 RNA 酶污染的用具。对于电泳用具最好使用专用的，不要用于其他分析；在使用之前用洗涤剂洗涮干净，再用 3% H_2O_2 和 0.1% DEPC 处理的水浸泡，清洗干净。对于可能接触 RNA 的溶液，要求用 DEPC 处理的水配制。有关处理细节可参考《分子克隆实验指南》。

2. RNA 酶抑制剂的使用

为了进一步防止 RNA 降解，一般在 RNA 样品和 RNA 反应中加入 RNA 酶抑制剂。现在应用较多的是蛋白类抑制剂，如人胎盘 RNase 抑制剂。除此之外，还有氧钒核糖核苷复合物(完全抑制剂，且抑制体外翻译)和硅藻土(RNase 吸附剂)。

实验用具和溶液虽然能作一定的抗 RNA 酶处理，但更重要的是细致和谨慎的操作。也就是说，操作的主体是第一位的。虽然可用 RNA 酶抑制剂，但其作用不是绝对的。同时，在实验中任何其他间接用具无时无刻不会影响到实验的成败，因此个人工作习惯和实验环境也有重要影响。

二、RNA 的抽提和纯化

随着研究的不断深入，大多数试验材料的 RNA 抽提方法可以通过查找文献获得。由于 RNA 易于受到攻击，因此要求整个抽提过程必须保证 RNA 的完整。为此，在抽提的第一阶段应尽可能灭活 RNA 酶，才能在后续抽提和纯化过程中保证 RNA 稳定存在。在实验室中常用的方法有两种，一种是酚-异硫氰酸胍抽提法和 Qiagen 硅胶膜纯化法。

1. 酚-异硫氰酸胍抽提法

TRIZOL 试剂是使用最广泛的抽提总 RNA 的专用试剂，由 Gibco 公司根据酚-异硫氰酸胍抽提法设计，主要由苯酚和异硫氰酸胍组成，适用于绝大多数生物材料。对任何生物材料的 RNA 提取，首先研磨组织或细胞，或使之裂解；加入 TRIZOL 试剂，进一步破碎细胞并溶解细胞成分，还可保持 RNA 的完整；加入氯仿抽提，离心，水相和有机相分离；收集含 RNA 的水相；通过异丙醇沉淀，可获得 RNA 样品。该 RNA 样品几乎不含蛋白质和 DNA，可直接用于 Northern 杂交、斑点杂交、mRNA 纯化、体外翻译、RNase 保护分析（RNase protection assay）和分子克隆。

2. 硅胶膜纯化法

RNeasy 试剂盒由 Qiagen 公司设计，其设计思路与 DNA 的分离纯化思路相似（见图 6-1），也就是含有目的 RNA 的细胞破碎液通过硅胶膜时，RNA 吸附在硅胶膜上，从而与其他细胞成分分开，然后在低盐浓度下 RNA 可从硅胶膜上洗脱出来。其技术将异硫氰酸胍裂解的严格性和硅胶膜纯化的速度和纯度相结合，简化了总 RNA 的分离程序。相当于将异硫氰酸胍裂解法制备的 RNA 的水相，通过硅胶膜来纯化。该试剂盒分离纯化的 RNA 纯度高，含有极少量的共纯化 DNA。

上述两种方法纯化的 RNA 如果要用于对少量 DNA 也敏感的某些操作，如 PCR 反应，可使用无 RNA 酶的 DNase Ⅰ（RNase-Free DNase Ⅰ）处理去除痕量的 DNA。如果需要特别纯净的样品，可通过 CsCl 密度梯度离心来纯化。

三、mRNA 的纯化

mRNA 的纯化主要是针对真核生物而言的，由于真核生物 mRNA 的 3′端有一个 poly(A) 尾，可用亲和层析的方法纯化。对于原核生物，其 mRNA 与其他 RNA 没有明显的结构差异，难以从总 RNA 中纯化出来。同时，由于原核生物的基因组较真核生物来说要小的多，在做 mRNA 分析时，可直接使用总 RNA。另外，由于原核生物染色体上的基因与其产物是共线性的，亦即没有内含子，因此没有必要制作和使用 cDNA 文库，通过基因组文库就可以找到所需的蛋白质编码基因。

由于真核生物 mRNA 3′端的 poly(A)尾可与 oligo(dT)-纤维素吸附，因此可利用亲和层析法分离 mRNA。有许多类型的商业化层析柱可用于 mRNA 的纯化。在构建 cDNA 文库时必须得到纯化的 mRNA，而对于 Northern 杂交和 S1 核酸酶作图可使用总 RNA，当然利用纯化的 mRNA 可得到更为满意的结果。

四、RNA 的电泳检测

RNA 的浓度和纯度可通过测试其 OD_{260} 来判断，OD_{260} 为 1 时相当于浓度为 40 μg/mL。而要直观地检测 RNA 的存在乃至分析，可通过琼脂糖凝胶电泳或聚丙烯酰胺凝胶电泳来完成。

1. 琼脂糖凝胶电泳

通过琼脂糖凝胶电泳进行 RNA 分析与 DNA 分析的原理是类似的。不同的是，由于 RNA 呈单链状态，易形成链内二级结构。为保证电泳过程中 RNA 的迁移率与其相对分子质量呈线性关系，因此 RNA 分析是在变性的条件下进行的。常用的变性剂为甲醛，也可使用氢氧化甲基汞和乙二醛-二甲基亚砜（DMSO）。

2. 聚丙烯酰胺凝胶电泳

聚丙烯酰胺凝胶电泳主要用来分析小相对分子质量的单链核酸，如小相对分子质量

RNA、寡核苷酸、DNA 序列分析等。其变性条件可用加热方式，或使用尿素等变性剂。

在纯化真核生物的总 RNA 后，RNA 是否没有降解并保持完整，可通过电泳作简单的检测和判断。如果电泳显示 rRNA 的大小保持完整而且 mRNA 的相对分子质量大小分布均匀，则可认可 RNA 的质量。

与 DNA 一样，RNA 也具有吸收紫外线的特性，其最大吸收值在 250～270 nm。通过紫外吸收的特性，也可对 RNA 进行浓度和纯度测定。

第三节　分子杂交

分子杂交是指在分子克隆中的一类核酸和蛋白质分析方法，用于检测混合样品中特定核酸分子或蛋白质分子是否存在，以及其相对分子质量的大小。根据其检测对象的不同可分为 Southern 杂交、Northern 杂交和 Western 杂交，以及由此而简化的斑点杂交、狭线杂交和菌落杂交等。在生物化学中分子杂交是指 DNA 在变性以后，在复性的过程中两个不同来源的且同源的核酸分子形成杂合双链的过程。当用一个标记的核酸分子与核酸样品杂交，便可查明该样品中是否存在与该标记核酸分子具有同源性的核酸分子。这个标记的核酸分子称为探针(probe)，可以是 DNA，也可以是 RNA，或合成的寡核苷酸。

在 3 个主要的分子杂交过程中，都采用了印迹转移这一核心技术，都是先将 DNA 或 RNA 或蛋白质样品在凝胶上进行分离，使不同相对分子质量的分子在凝胶上展开，然后将凝胶上的样品通过影印的方式转移到固相支持物也就是滤膜上。完成这个印迹过程以后，通过标记的探针与滤膜上的分子进行杂交，从而判断样品中是否有与探针同源的核酸分子或与抗体反应的蛋白质分子，并推测其相对分子质量的大小。

最初设计的分子杂交是通过称之为 Southern 印迹转移的方式来检测 DNA 分子，由于在操作方式上的相似性，通常将 Western 杂交中的抗原抗体反应也看作是分子杂交，抗体看作是探针，用于检测混合样品中是否存在特异蛋白质及其相对分子质量。

一、Southern 杂交

Southern 杂交是由 Southern 等人于 1977 年发明的一种检测 DNA 分子的一种方法，通过 Southern 印迹转移将琼脂糖凝胶上的 DNA 分子转移到硝酸纤维素滤膜上，然后进行分子杂交，在滤膜上找到与核酸探针有同源序列的 DNA 分子。

1. Southern 印迹转移

Southern 印迹转移是一种将 DNA 片段从琼脂糖凝胶转移到滤膜的方式。当目的 DNA 经过限制性酶切并通过琼脂糖凝胶电泳以后，在 0.4 mol/L NaOH 碱性条件下变性，再在 1.5 mol/L NaCl、1 mol/L Tris(pH 7.4)条件下中和，使 DNA 仍保持单链状态。然后通过毛细管渗吸或电转移或真空转移的方式，将凝胶上的 DNA 原位转移到硝酸纤维素滤膜或尼龙膜上。最后通过 80 ℃处理或紫外线照射将 DNA 固定在滤膜上。图 6-4 是通过毛细管渗吸法进行 Southern 印迹转移的经典装置图。

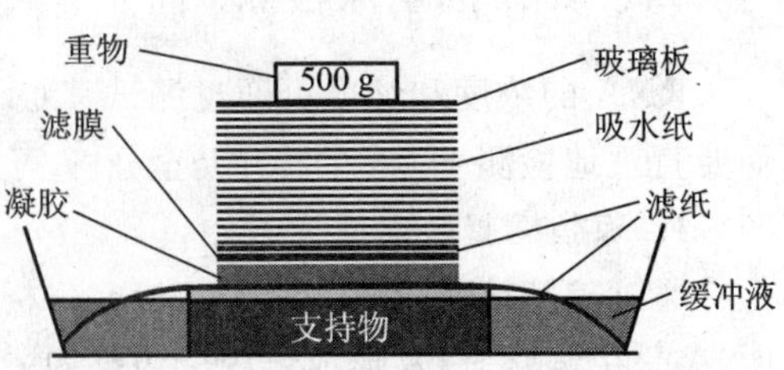

图 6-4　Southern 印迹转移装置示意图

2. 分子杂交

将结合了DNA分子的滤膜先与特定的预杂交液进行预杂交，也就是将滤膜的空白处用鱼精DNA或牛奶蛋白封闭起来，防止在杂交过程中滤膜本身对探针的吸附。之后，在特定的溶液和温度下，将标记的核酸探针与滤膜混合。如果滤膜上的DNA分子存在与探针同源的序列，那么探针将与该分子形成杂合双链，从而吸附在滤膜上。在经过一定的洗涤程序将游离的探针分子除去后，通过放射自显影或生化检测，就可判断滤膜上是否存在与探针同源的DNA分子及其相对分子质量。

Southern杂交主要用来判断某一生物样品中是否存在某一基因，以及该基因所在的限制性酶切片段的大小。应用该技术的前提是必须要有探针。

二、Northern杂交

Northern杂交的总体过程与Southern杂交相似，只不过在印迹转移过程中转移的是RNA而不是DNA。这种将RNA样品从凝胶转移到滤膜的方法，其设计者为之起了一个与Southern印迹转移对应的名称，即Northern印迹转移。其后的分子杂交过程与Southern杂交过程中的分子杂交方式是一样的。

Northern杂交主要用来检测细胞或组织样品中是否存在与探针同源的mRNA分子，从而判断在转录水平上某基因是否表达，在有合适对照的情况下，通过杂交信号的强弱可比较基因表达的强弱。

三、Western杂交

Western杂交的总体过程也与Southern杂交相似，只不过在印迹转移过程中转移的是蛋白质而不是DNA。这种将蛋白质样品从SDS-PAGE凝胶通过电转移方式转移到滤膜的方法，称为Western印迹转移。其后的杂交过程不是真实意义的分子杂交，而是通过抗体以免疫反应形式检测滤膜上是否存在被抗体识别的蛋白质，并判断其相对分子质量。所用的探针不是DNA或RNA，而是针对某一蛋白质制备的特异性抗体。

Western杂交主要用来检测细胞或组织样品中是否存在能被某抗体识别的蛋白质，从而判断在翻译水平上某基因是否表达。这种检测方法与其他免疫学方法的不同是，可以避免非特异性的免疫反应，而且更关键的是可以检测出目的蛋白质的相对分子质量，直观地在滤膜上显示出目的蛋白。

四、其他分子杂交

以上分子杂交可获得较精确的结果，但在操作程序上相对繁琐。当样品量很大时，难以满足实验的需要。为此，当检测大量样品时可以采用简化的方式做初步的检测，然后再对阳性样品作精确的测试，如菌落杂交（colony hybridization）、噬菌斑杂交（plague hybridization）、斑点杂交（dot hybridization）和狭线杂交（slot hybridization）。

菌落杂交就是先将细菌菌落影印到滤膜上，或将菌种点种在滤膜上，然后再生长出可见的菌落，对滤膜上的菌体进行原位裂解使DNA释放出来，并使之固定在滤膜上。然后通过分子杂交，判断哪个或哪些菌落含有与探针同源的DNA。菌落杂交主要用来从通过质粒或黏粒载体构建的基因文库中寻找阳性克隆子，当得到阳性克隆子后，再通过Southern杂交进一步验证。通过这种方法在一张直径为9 cm的滤膜上，可检测几百到几千个菌落，达到高通量筛选的目的。

噬菌斑杂交与菌落杂交相似，所检测的不是菌落而是噬菌体。通过将λ噬菌体基因文库中的噬菌斑影印到滤膜上，使噬菌体中的DNA释放并固定在滤膜上。然后通过分子杂交，判断哪个或哪些噬菌斑含有与探针同源的DNA。主要用来筛选λ噬菌体载体构建的基因文库中的阳性重组体，通过Southern杂交进一步验证后可获得所需要的目的基因。噬菌斑杂交比菌落杂交处理的重组体数量大，在一张直径为9 cm的滤膜上最大可检测15 000个噬菌斑。

斑点杂交是分子杂交中最简单的一种，直接将DNA或RNA分子以斑点的形式固定在滤膜上，然后进行分子杂交。其杂交的信号比菌落杂交和噬菌斑杂交受到蛋白质等细胞成分的干扰小，其结果的可靠性更强。当核酸分子的斑点面积变得更小，在单位面积滤膜上处理的样品数量就更多，当检测的灵敏度进一步提高后，就发展成DNA芯片。

狭线杂交是在斑点杂交的基础上改进而来的，只是点种核酸样品的方式不同。可用于对mRNA进行定量比较。在斑点杂交中，核酸样品的斑点大小不易控制，因此在定量分析时难以比较。在狭线杂交中，将已知含量的RNA样品通过带有固定尺寸狭缝的装置固定在滤膜上，这样一来核酸样品在滤膜上的条斑面积是一样的，便于通过杂交信号的强度来判断样品中RNA含量的高低。通过这种方法可以比较目的基因的表达强度。

五、DNA微阵列分析

DNA微阵列（DNA microarray）技术亦称基因芯片技术，是一种高通量的斑点杂交技术。通过将大量的DNA分子固定于支持物上，并与标记的样品杂交，然后通过自动化仪器检测杂交信号的强度来判断样品中靶分子的数量。该技术都有共同的操作流程，先将大量的已知序列的核酸样品固定在支持物上，形成阵列排布的斑点，形成基因芯片。使用的固相支持物主要有载玻片、硅芯片（silicon chip）和微珠（microbead）。其次标记待测核酸样品，通常分别采用两种不同的荧光素进行标记。然后将标记的样品与芯片上的核酸杂交，最后检测杂交信号并处理数据，从而反映样品中核酸分子的存在状况。

固定在支持物上的核酸样品，有cDNA，合成的寡核苷酸，以及在载玻片上原位合成的寡核苷酸。寡核苷酸的长度一般为50～70个核苷酸，可以针对特定的基因和片段设计其序列，也可是基因组交替层叠排列的序列从而形成层叠基因芯片（tiling microarray），覆盖整个基因组，每个寡核苷酸为50个碱基，彼此重叠20个碱基。

常采用Cy3和Cy5花菁类染料（cyanine dyes）对样品进行标记，它们的激发光为橙色和红色，但为便于识别，在检测和分析过程中常将它们分别标记为绿色和红色，当二者重叠时显示为橙色。

基因芯片作为生命科学研究的一种新的技术平台日益受到人们的关注，并已经广泛应用于生命科学研究的各个领域。

首先，基因芯片最常用来检测mRNA的表达水平或转录组。以cDNA芯片分析水稻杂种优势的表达谱研究为例（图6-5），分别提取亲本和杂种材料的总RNA，反转录后分别用Cy3和Cy5标记cDNA分子，混合后与制作好的水稻cDNA芯片杂交，通过芯片扫描仪给出数字化的图像，经分析软件分析并与对照材料相比较，分析红光和绿光的强度比例，从而找到实验材料中mRNA表达量上升或下降的基因，红色表示在杂种材料中表达量升高，绿色表示在在亲本材料中表达升高。

第二，基因芯片还可用来做比较基因组杂交试验（comparative genomic hybridization，CGH），用于检测基因组中DNA拷贝数的变化。将两个待测的基因组DNA分别用Cy3和

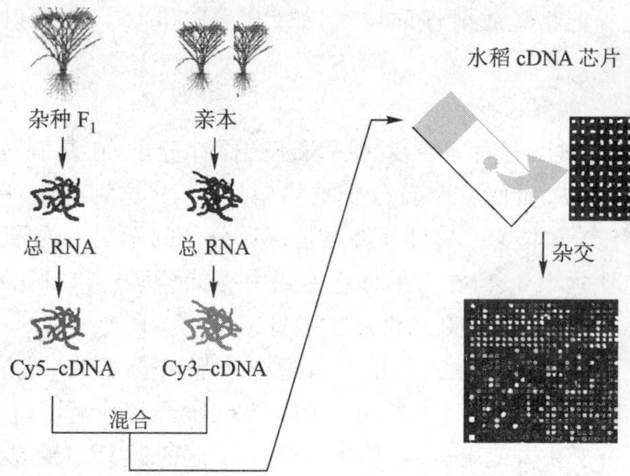

图 6-5 利用 cDNA 芯片分析水稻杂种优势表达谱的流程图

Cy5 标记，与芯片杂交，通过比较 Cy3/Cy5 的比值，可以判断哪些基因片段的拷贝数增加了或减少了。在肿瘤发生过程中常伴随基因的丢失和扩增，通过基因芯片技术可以对此进行检测。

第三，检测 mRNA 的结构，检测 mRNA 剪切位置以及转录的起点和终点。通过使用层叠基因芯片，标记的 mRNA 可以形成杂交信号，而 mRNA 对应的基因组的周边序列则不能产生杂交信号，这样就可在 10～20 个碱基的分辨率下，测定 mRNA 的结构。Tiling microarray 还可用来检测非编码 RNA 和新的未知基因。

第四，重测序（resequencing）和单核苷酸多态性（single nucleotide polymophism，SNP）检测。将基因组每个区域的序列设计成多个寡核苷酸，它们彼此之间只有一个碱基的差异，用这样的寡核苷酸制成芯片。通过杂交可以检测出，哪个碱基发生了变化。例如，对某个感兴趣的基因组区段为 AATGCCA 序列，将序列为 AATTCCA，AATCCCA 和 AATACCA 寡核苷酸也点在芯片上，通过杂交信号的变化可以发现哪些位点发生了突变或存在 SNP。

外显子捕获芯片（exon capture chip）可用于重测序。先将已经测序基因组的外显子制成寡核苷酸芯片，待测基因组 DNA 与芯片杂交后，互补序列就滞留在芯片上，将这些滞留的互补片段洗脱下来，再通过高通量测序的方法可以获得这些片段的序列。通过这种方法可以用来测定人类个体的转录基因的全部序列，而无需测定完整的基因组序列，从而判断编码基因是否有变化。

此外，基因芯片还可用来鉴定 RNA 与蛋白质的相互作用，RNA 的亚细胞定位，蛋白质的定位以及基因组压缩状态的研究等。

六、探针的标记

在一个核酸样品中查找是否存在某一特定序列的分子可用分子杂交来检测，但首先要有一段与目的核酸分子的序列同源的核酸片段。将该片段标记后与样品核酸进行分子杂交，通过检测标记核酸的存在从而判断样品中特定核酸片段的存在。用做检测的核酸片段即为探针。

探针是用来检测某一核酸分子是否存在的工具，可以是 DNA、RNA 或寡核苷酸，可以是单链也可以是双链（双链在使用前要变性成为单链状态）。任何一个具有一定长度的核酸分子都可用做探针，但在使用之前必须进行标记。探针的标记可分为直接标记和间接标记。

对核酸的标记最常用的标记物是放射性同位素，如^{32}P、^{33}P和^{35}S。非放射性标记物现在也应用越来越广泛。

1. 均匀标记

对探针DNA进行标记时，有时需要复制一段新的探针分子，在复制过程中掺入标记的核苷酸(如[α-^{32}P]dATP)，从而使整个新分子被均匀地标记，这种标记亦称均匀标记。属于间接标记，不标记探针分子本身。其显著特点是探针分子的标记不局限在一个位点上，标记物与探针分子的摩尔比远大于1，在有的标记方式中探针分子还得到了扩增。因此，均匀标记可使探针的标记信号扩大，得到高比活度的探针。

(1) 切口平移标记　这种标记方式目前只有通过大肠杆菌DNA聚合酶Ⅰ来完成，只有该酶具有5′→3′外切酶活性。通过在待标记的DNA分子上产生切口，该酶引发5′→3′外切反应，在随后的5′→3′ DNA聚合反应中若存在标记的脱氧三磷酸核苷(dNTP)，如[α-^{32}P]dATP，新合成的核酸链就带有标记物。在整个标记反应体系中，待标记DNA分子的任何一条链中的任何位点(除靠近5′端外)都可能作为标记反应的起始点，并持续到该链的3′端。因此，新合成的被标记的分子可以代表该待标记DNA分子的绝大部分核苷酸序列。详细标记过程见大肠杆菌DNA聚合酶Ⅰ。

(2) 随机引物标记　利用由6个核苷酸组成的序列随机的寡核苷酸为引物，在Klenow DNA聚合酶的作用下对待标记DNA进行随机扩增。这样扩增出来的DNA产物包括从任意某个位点(可能最靠近5′的一些核苷酸除外)起始的单链DNA片段，产物群体包含了目的DNA所有核苷酸序列信息。在扩增中加入标记的dNTP，扩增出来的DNA产物就可用做探针。该方法多用来标记DNA片段。

(3) PCR扩增标记　在PCR扩增时加入标记的dNTP，不仅能对探针DNA进行标记，还可进行大量扩增，尤其适合于探针DNA浓度很低的情形。

(4) 单链探针　单链核酸探针仅由特定核苷酸序列的某一条链组成，而不像传统的探针为双链分子。由于不存在互补双链，因此可以消除探针的两条链在杂交过程中形成无效双链的可能性，从而增加探针与靶序列之间形成杂合体的稳定性，提高检测的灵敏度。① 单链DNA探针。单链DNA探针是通过单链模板来制备的。首先将待标记的双链DNA连接到M13噬菌体载体或噬菌粒载体上，制备其单链DNA。然后以单链DNA为模板，以对应于载体上插入位点两端序列之一的通用引物为引物，在有标记的dNTP存在下，通过Klenow DNA聚合酶合成单链DNA。经过分离纯化后即可得到高质量的带标记的单链DNA探针。② 单链RNA探针。在有些质粒载体的多克隆位点两端带有噬菌体的启动子，例如pGEM-3和pBluescriptⅡ系列载体分别含有T7/SP6噬菌体启动子和T7/T3噬菌体启动子。将待标记的DNA片段插入载体的多克隆位点，相当于在该片段的两端各连接了一个噬菌体启动子。选择要使用的启动子，从而决定要转录哪一条链。在转录区下游选择一个酶切位点，用限制性内切酶将载体线性化以防止转录出载体的序列和多联体产物。加入对应的噬菌体RNA聚合酶、NTP和某个标记的NTP在体外进行转录，合成出标记的单链RNA。利用无RNA酶活性的DNA酶处理以及后续纯化步骤可获得纯化的单链RNA探针。单链RNA探针的制备不仅比单链DNA探针更容易，而且其产生的杂交信号更强。

2. 末端标记

直接将探针分子的某个原子替换为放射性同位素原子，或直接在探针分子上加入标记的原子或复合物，这种直接标记一般是在探针分子的末端进行，亦称末端标记。经末端标记的核酸分子除了用做分子杂交的探针外，更多的用于RNA的S1核酸酶作图，以及用做引物延伸反应中的标记引物或凝胶电泳中的相对分子质量标准。

(1) DNA 片段的末端标记　末端标记主要通过酶促反应来完成,但标记的方式很多。如 Klenow DNA 聚合酶和 T4 或 T7 DNA 聚合酶在对 DNA 片段进行末端补平反应或平末端的置换反应时可引入标记的核苷酸,T4 多核苷酸激酶可在 DNA 的 5′端引入标记的磷酸基团或将 5′端的磷酸基团用标记的磷酸基团置换,末端转移酶可在 DNA 的 3′端连接标记的核苷酸。详细标记原理见第二章。

(2) 寡核苷酸的标记　合成的寡核苷酸主要通过 T4 多核苷酸激酶在 5′端引入标记的磷酸基团进行标记,也可利用末端转移酶在 3′端连接标记的核苷酸。如果想提高标记物的比活度,也可利用 Klenow DNA 聚合酶作引物延伸反应,用合成的更短的寡核苷酸作引物或合成两个部分互补的寡核苷酸使之互为引物互为模板,在 DNA 合成的过程中引入标记的核苷酸。

3. 标记物及其检测

用于标记核酸分子的标记物主要是放射性同位素,如^{32}P,^{33}P 和^{35}S。^{32}P 的半衰期较短,为 14.3 d,其放射性粒子的穿透力较强;而^{33}P 的半衰期较长,为 25.4 d,穿透力较弱,产生的信号不如^{32}P 强。在掺入核苷酸的标记过程中,只有三磷酸核苷的 α 位磷酸整合到核酸链中,因此使用 α 位磷酸被标记的三磷酸核苷,如[α-^{32}P]dATP。而在标记 5′端磷酸基团的反应中使用 γ 位磷酸被标记的 ATP。放射性的信号通过 X-光片放射自显影或磷屏扫描获取。

除了放射性标记外,非放射性标记的使用也越来越广泛。其中应用最成功的是 Roche 公司(原德国宝灵曼公司)开发的地高辛(digoxin,DIG)标记核酸探针。将 DIG 与 dUTP 交联,在掺入核苷酸的标记反应中用 DIG-11-dUTP(或 DIG-11-UTP)取代 dTTP(或 TTP),使探针 DNA 或 RNA 分子被 DIG 标记。DIG 标记的检测是该技术的核心,即利用抗 DIG 的抗体通过酶联免疫反应来完成。将抗 DIG 的抗体与碱性磷酸酶偶联,通过免疫反应将碱性磷酸酶携带到目的核酸分子处,在加入显色剂 BCIP/NBT(5-溴-4-氯-3-吲哚磷酸盐/盐酸氮蓝四唑)后碱性磷酸酶与显色剂反应形成浓紫色偏棕色沉淀,从而显示出目的分子的有无和位置(图 6-6)。除了地高辛和碱性磷酸酶外,还有其他的标记配基和偶合酶,如生物素和辣根过氧化物酶等。另外,这些偶合酶也可催化某些化合物的化学发光反应,通过 X-光片或磷屏扫描获取发光信号。

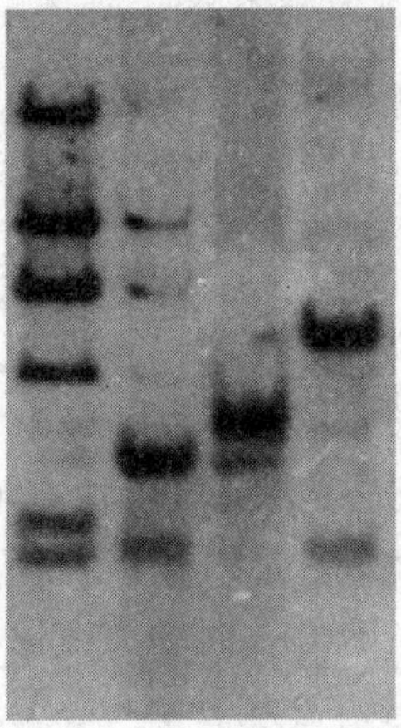

图 6-6　通过地高辛标记探针的 Southern 杂交图

M,地高辛(DIG)标记的相对分子质量标准(λ DNA/*Hind* Ⅲ);1~3,苏云金芽胞杆菌 YBT-1520 菌株的总 DNA 分别经 *Kpn* Ⅰ-*Pst* Ⅰ、*Pst* Ⅰ和 *Kpn* Ⅰ酶切。以 *cry1Aa* 杀虫晶体蛋白基因中的 728 bp 片段作探针,通过随机引物标记的方式,用 DIG 标记探针。结果显示,该菌株至少含有两个杀虫晶体蛋白基因,而且其拷贝数明显不同。预示至少其中一个基因位于多拷贝的质粒上非放射性标记在使用过程中不仅安全，而且使用方便、标记的探针可保存并可重复使用、便于控制显色反应、显色后的杂交膜可长期保存、杂交信号的灰度明显（特别是在菌落杂交中易于辨别真假阳性）。但其检测灵敏度不够高，而且杂交膜不易二次或多次杂交。

在 Western 杂交中，一般不直接标记针对目的蛋白的特异性抗体，而是采用二级免疫的方式标记二级抗体，即标记抗特异性抗体的抗体。早期的研究工作中一般采用^{125}I 标记抗体，但由于^{125}I 的半衰期很长（60 d），危险性大，现在已被非放射性标记取代。其标记方式与核酸的非放射性标记类似，主要用碱性磷酸酶或辣根过氧化物酶与抗抗体偶联，再与显色剂 BCIP/NBT 或二氨基联苯胺（DAB）反应形成有色沉淀，或催化发光反应。

第四节 重组 DNA 分子导入大肠杆菌

基因片段在体外只是一段核酸分子，是化学物质，无法表现出遗传物质的生命活性。只有当其存在于活细胞后，生命的特征才能充分展示出来。在分子克隆实践中，在体外操作的核酸分子只有进入细胞以后才能达到克隆的目的。大肠杆菌是目前最成熟的克隆受体，其遗传突变材料也是最丰富的，针对其开发的载体也是最完善的。从遗传学角度看，遗传物质的转移有转化（transformation）、转导（transduction）、转染（transfection）和接合（conjugation）等主要方式。DNA 分子导入大肠杆菌主要通过转化来完成，λ 噬菌体和 M13 噬菌体感染宿主细胞时分别涉及转导和转染过程。本章重点介绍转化的原理和基本步骤。

转化是一种遗传转移方式，在自然界普遍存在。1928 年 Griffith 首次在肺炎链球菌（*Diplococcus pneumoniae*）中发现，即来自一个细菌细胞（供体）的 DNA（片段）被另一个细胞（受体）所吸收，并在受体细胞中生存下来。对 DNA 的吸收，一般发生在受体生长周期中的一个短暂阶段。细胞处于能够吸收 DNA 的状态称感受态（competence），处于感受态的细胞称作感受态细胞（competent cell）。经转化获得外源遗传物质的细胞称转化子（tansformant）。感受态的建立似乎涉及某些胞内蛋白质的合成，如肺炎链球菌产生的感受态因子能从感受态传递到同一菌株的非感受态细胞，而枯草芽胞杆菌（*Bacillus subtilis*）的感受态因子似乎不能从感受态传递到非感受态细胞。感受态因子可能是一种自溶酶，它能够产生或暴露结合 DNA 的受体位点。在肺炎链球菌和流感嗜血杆菌中，最佳感受态时期感受态细胞的比例可达 100%。在枯草芽胞杆菌中感受态细胞的比例似乎不超过 15%，在转化中有功能的 DNA 是双链或单链 DNA，线状或环状。而在大肠杆菌中还没有发现明确的与感受态有关的遗传因子，因此大肠杆菌的感受态需要物理或化学的诱导才能产生。

一、$CaCl_2$ 转化法

最经典的大肠杆菌转化是通过 $CaCl_2$ 来诱导感受态的形成，其操作的核心是将大肠杆菌细胞在 $CaCl_2$ 水溶液中浸泡一段时间。经过处理后大肠杆菌细胞对 DNA 的吸附能力显著提高，转化效率可达 10^7～10^9 转化子/μg DNA。常用的大肠杆菌受体菌株有 DH5α、TG1、XL-1 Blue 和 Top10 等。

在制备感受态细胞时，所有操作都必须在冰浴中进行，保持细胞的最低生物活性。一般使用 100 mmol/L 的 $CaCl_2$ 在冰浴上处理细胞 30 min。转化时，将 DNA 分子与感受态细胞混合，吸收 30～90 min，然后在 42 ℃水浴中热激处理 90 s，回到冰浴中恢复 1～2 min。最后用营养丰富的培养基(如 SOC)恢复培养 45～60 min,在选择性平板上转化子就可长成菌落。感受态在 4 ℃可维持 1～2 d,在 10%甘油溶液下在－70 ℃可长期保存。

为了提高转化效率,在 $CaCl_2$ 处理时可辅助使用 Mg^{2+}、Co^{2+} 和 Ru^{2+} 等二价阳离子或二甲基亚砜(DMSO)。

二、电转化法

电转化法(electroporation),亦称电穿孔法或电激法,是一种将极性分子穿过细胞膜导入细胞的一种物理方法,在这个过程中一个较大的电脉冲短暂破坏细胞膜的脂质双分子层从而允许 DNA 等分子进入细胞。

许多分子生物学研究都涉及到将外源基因或蛋白质输送到宿主细胞。但是细胞膜的磷脂双分子层有一个疏水层,任何极性分子,包括 DNA 和蛋白质都不能自由地穿越细胞膜。很多方法可以克服这一障碍,电转化就是其中一种。电转化利用磷脂双分子层弱的相互作用及其在受到破坏以后能够自发重新复原的能力而发展出来的。一个快速的电压刺激可导致细胞膜的极性短暂破坏,从而允许极性分子通过细胞膜。随后细胞膜快速复原,保持细胞的完整。

用做电转化的宿主细胞也必须处于“感受态”,这种感受态与传统的感受态概念不一样,宿主细胞并不是处于一种特殊的生理状态,而是指清洗处理,即在低温下使细胞处于无离子且有甘油或蔗糖等保护剂的悬液中,其目的是使细胞悬液的电阻最大化,从而保证在电击的过程中细胞不被击穿而死亡。甘油或蔗糖是为了维持细胞的渗透压,保护细胞使之不易裂解。对大肠杆菌,常用 10%的甘油。

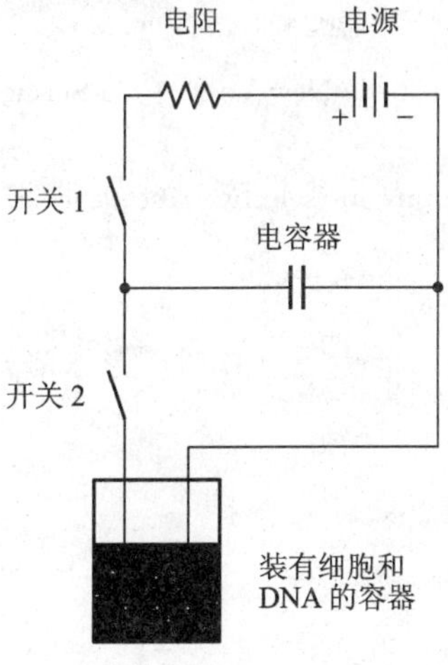

图 6-7　电转化原理图

图 6-7 是电转化的原理图。现已经有成熟的电转化仪器,如 Bio-Rad 公司的 Gene Pulse。将细胞悬液与待转化的 DNA 混合,置于电转化仪中,如图 6-7。当接通开关 1 时,电容器大量充电,并储存高电压。当接通开关 2 时,电容器放电,并使脉冲电流通过细胞悬液。一般情况下,一次电转化需要 10^4～10^5 V/cm 的高压,脉冲持续几 μs 至 1 ms。在这样的电脉冲作用下,细胞膜的磷脂双分子层受到破坏,并短暂形成水相的孔洞,同时可产生 0.5～1.0 V 的跨膜电势,这样导致带电分子(如 DNA)像电泳一样通过孔洞穿越细胞膜。随着带电离子和分子流过孔洞,细胞膜所带的电荷随即消失,孔洞迅速闭合,磷脂双分子层重排,细胞恢复原状。通过电转化得到外源 DNA 分子的细胞可以像常规转化一样筛选转化子。

电转化不仅可用于大肠杆菌的转化,也可用于几乎所有的细胞。电转化的效率非常高,对大肠杆菌而言,大约 80%的细胞可获得外源 DNA,而且所需的 DNA 分子的量很少。但是,如果电脉冲的长度和强度不合适,有些孔洞可能变得太大而无法还原。在电脉冲的过程中带电荷的物质进出细胞是没有选择的,因此有可能导致细胞内外离子浓度不平衡,进而影响细胞的生理功能或死亡。电转化不仅可以用来转化或转染 DNA,还可以使质粒在不同的宿主中进行转移,以及诱导细胞融合、进入皮肤的药物传递、癌症肿瘤的电化治疗和基因治疗。

在基因操作中,DNA、RNA 和蛋白质等大分子的分离、检测和分析的方法非常多,步骤也复杂。本章仅介绍了主要和常用方法的基本原理,以便对基因的操作方式有一个基本的了解，知道有哪些方法或怎样去分析和检测感兴趣的基因，并不在于阐述其实验步骤。

思 考 题

1. 在基因操作实践中有哪些检测核酸和蛋白质分子量的常规方法？
2. 质粒 DNA 分离纯化的原理有哪些？
3. 印迹分子杂交有哪些种类，并说明在什么情况下需要使用这些方法。
4. 分离 RNA 的过程中应注意哪些事项？
5. 核酸分子的标记有哪些方法，各有何特点？
6. DNA 芯片有哪些用途？

主要参考文献

1. Bio-Rad Laboratories, Inc. Instruction manual and applications guide: CHEF-DR Ⅱ pulsed field electrophoresis systems.

2. Bio-Rad Laboratories, Inc. Instruction manual: bacterial electrotransformation and pulse controller.

3. Novagen, Inc. pET system manual. 10th ed. 2002

4. Roche Applied Science. Instruction manual: DIG DNA labeling and detection kits. 2004

5. Sambrook J, Fritsch E F, Maniatis T. 分子克隆实验指南. 2 版. 金冬雁，黎孟枫等译. 北京：科学出版社，1995

6. Sambrook J, Russell D W. 分子克隆实验指南. 3 版. 黄培堂等译. 北京：科学出版社，2002

7. Qiagen. QIAprep miniprep handbook: for purification of molecular biology grade DNA plasmid. 2nd ed. 2005

8. Green M R, Sambrook J. Molecular cloning: a laboratory manual. 4th ed. New York: Cold Spring Harbor Laboratory Press, 2012

9. Hodges E, Xuan Z, Balija V, *et al*. Genome-wide in situ exon capture for selective resequencing. Nat Genet. 2007, 39(12): 1522-1527

（孙明　彭东海）

第七章

基因操作中的核酸分析技术

基因操作涉及的主要对象是DNA、RNA和蛋白质。前面一章我们已经讲过，通过一定的手段和方法可对基因及其衍生物进行分离、纯化和检测。同时，基因及其产物也不是孤立存在的，生命体内的各种生化反应和分子之间的相互作用导致了生命体的生长、繁殖等生命现象和其他的一系列行为。简单地说，分子之间的相互作用直接关系着生命体的活动与生存。因此，了解和分析基因及其衍生物的相互作用，对于揭示各种生命活动现象具有极其重要的指导作用。为此，本章描述了以基因为主体的相关分析技术，包括一些经典技术方法和新技术方法。

第一节　DNA和蛋白质相互作用分析

在许多细胞生命活动中，如DNA复制、mRNA转录与修饰以及基因的表达调控等，都涉及DNA与蛋白质之间的相互作用。由于重组DNA技术的发展，人们已分离到了许多重要的功能基因。后续的关键问题是需要鉴定分析参与基因表达调控的DNA元件，以及分离并鉴定与这些顺式元件特异性结合的蛋白质因子。这些问题的研究都涉及DNA与蛋白质之间的相互作用分析。研究DNA-蛋白质相互作用的实验方法很多，下面主要侧重介绍几种经典方法的操作原理。

一、凝胶阻滞实验

凝胶阻滞实验（gel retardation assay）又称为DNA迁移率变动试验（electrophoresis mobility shift assay，EMSA）或条带阻滞实验（band retardation assay）是一种用于在体外研究DNA与蛋白质相互作用的凝胶电泳技术。在凝胶电泳中，DNA分子向正电极移动距离的大小与其相对分子质量的对数成反比。当DNA分子结合一种蛋白质而形成蛋白质-DNA复合物时，由于相对分子质量的加大，它在凝胶中的迁移作用便会受到阻滞，迁移速度会比游离的DNA慢。于是蛋白质-DNA复合物移动的距离也就相应的缩短，因而在凝胶中出现滞后的条带。同时，根据所显示滞后条带的有无和量的多少，可以反映蛋白质与DNA探针的结合能力强弱。

在进行凝胶阻滞实验时，首先制备待检测的蛋白质或其混合物，并设置成不同的浓度梯度；然后，与标记的探针DNA（待检测的DNA）一起进行温育，于是产生DNA-蛋白质复合物；接下来在控制使DNA-蛋白质保持结合状态的条件下，进行非变性聚丙烯酰胺凝胶电泳或琼脂糖凝胶电泳；最后进行放射自显影，分析电泳结果。如果DNA条带停留的位置都条带都集中于凝胶的底部，与没有添加蛋白质的对照待测 DNA 泳动在相同的位置上，表明待测蛋白质没有与探针 DNA 发生相互结合。如果在凝胶的顶部或者中部出现新的电泳条带，且其条带的信号强度随待测蛋白质浓度的提高而增强，同时在对照待测 DNA 泳动的位置处，待测 DNA 条带的信号强度随待测蛋白质浓度的升高而减弱，这就表明待测蛋白质可与探针 DNA 发生相互作用，如图 7-1。

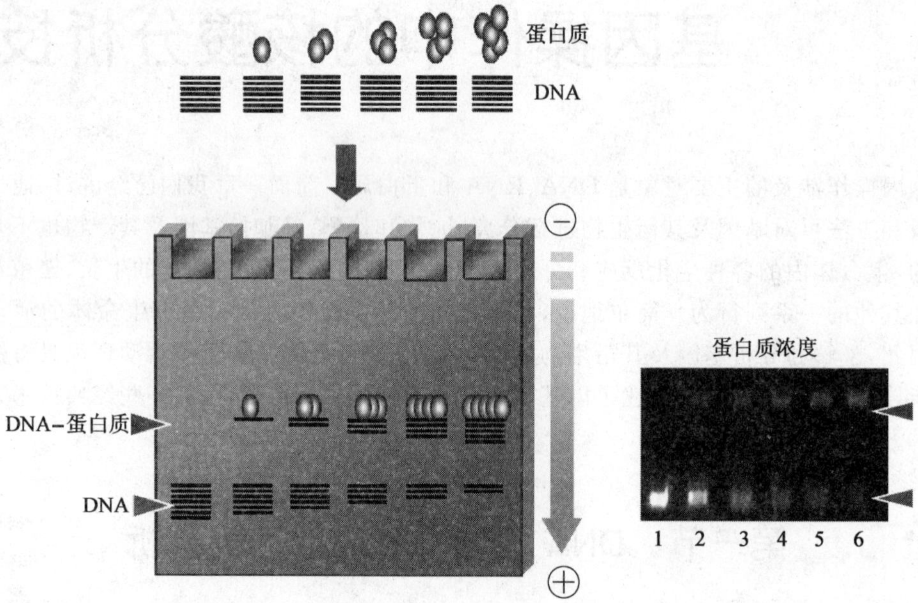

图7-1　凝胶阻滞实验分析 DNA 与蛋白质相互作用

凝胶阻滞实验应用非常广泛，是生物学研究中的一种非常重要的方法，可以用于鉴定在蛋白质提取物中是否存在能同某 DNA 结合的蛋白质（如转录因子），也可以利用 DNA 同特定转录因子的结合作用通过亲和层析来分离特定的转录因子。

传统的 EMSA 分析通常采用放射性同位素（如 ^{32}P、^{3}H）标记的寡核苷酸探针，该方法灵敏性高、特异性强。同时，人们已采用了地高辛和生物素标记的寡核苷酸来代替传统的放射性同位素标记的寡核苷酸，并在 EMSA 试验中获得成功，但是灵敏性不如同位素。另外，当待测蛋白质和 DNA 浓度足够高和纯的时候，不做标记也能很好地观察。此外，在 EMSA 的基础上发展了毛细管凝胶阻滞电泳等技术，分析时需要的样品用量少、分辨率高，可用于一些受限制比较大的 DNA-蛋白质互作分析，如胚胎发育的研究过程。

二、DNase Ⅰ足迹实验

DNase Ⅰ足迹实验（DNase Ⅰ footprinting assay），是一种用来检测与蛋白质特异性结合的 DNA 片段的位置及其核苷酸序列结构的实验方法。该方法常与 EMSA 法结合共同用于体外 DNA-蛋白质相互作用的鉴定。但二者的侧重点不同，EMSA 主要用于检测 DNA 与蛋白质是否结合；而 DNase Ⅰ足迹实验检测 DNA 中与蛋白质结合的部位。该方法于 1978 年引入科研领域，即用 DNase Ⅰ部分消化已进行单链末端标记的待测双链 DNA（通过控制酶的浓度，使每个标记的 DNA 单链平均被切割一次），形成在变性聚丙烯酰胺凝胶上以相差一个核苷酸为梯度的 DNA 条带。但当 DNA 片段与某蛋白结合后，该蛋白就阻碍 DNase Ⅰ在 DNA 结合位点及其周围部位的结合，DNase Ⅰ将不能在结合蛋白质的部位切割 DNA，形成切割梯中的空白区域，俗称为“足迹”。以该片段的 DNA 测序条带作为相对分子质量标记，就可知该结合区的碱基序列，如图 7-2 所示。

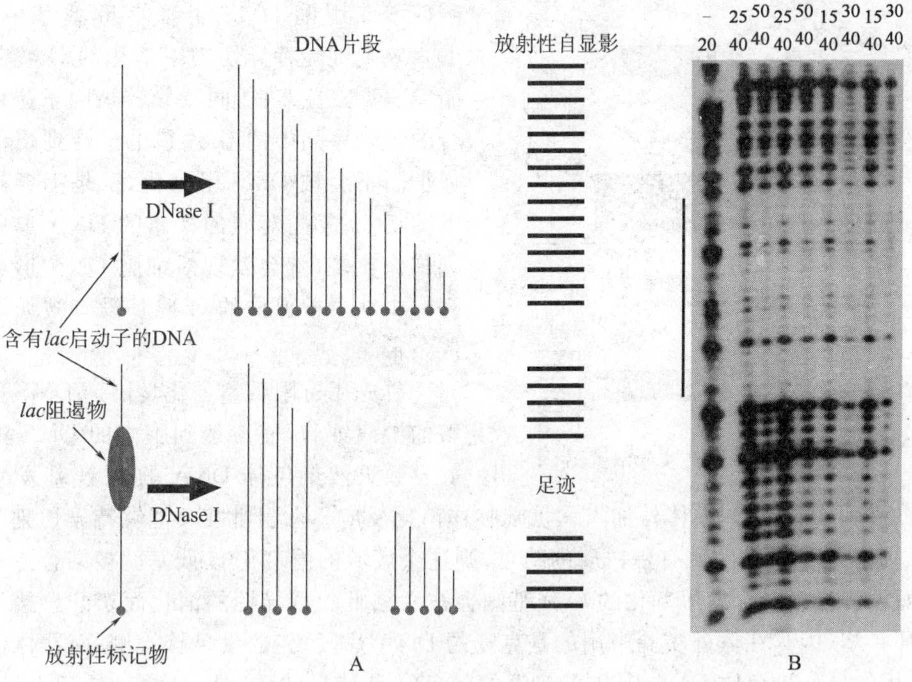

图 7-2　DNase Ⅰ 足迹实验

A. 实验原理示意图。B. 实验电泳图，顶部上层指蛋白质的用量(μg)顶部，下层为 DNase Ⅰ的用量(微单位)；左侧竖线表示 DNA 结合的部位。引自 Biochem J，2000，350：511-519

实验中一般将待检测的双链 DNA 分子在体外用^{32}P作 5′端标记，并用适当的限制性内切酶切除其中的一个末端，于是便得到了一条单链末端标记的双链 DNA，然后在体外同蛋白质混合，形成 DNA-蛋白质复合体。接下来在反应混合物中加入少量的 DNase Ⅰ，并控制用量使之达到平均每条 DNA 链只发生一次磷酸二酯键的断裂。这样会出现以下两种情况：①如果蛋白质提取物中不存在与 DNA 结合的特定蛋白质，在 DNase Ⅰ消化之后，便会产生出距离放射性标记末端 1 个核苷酸，2 个核苷酸，3 个核苷酸……一系列前后长度均相差一个核苷酸的不间断的连续的 DNA 片段梯度群体；②如果 DNA 分子同蛋白质结合，被结合部位的 DNA 就可以得到保护免受 DNase Ⅰ酶的降解作用。然后除去蛋白，在变性聚丙烯酰胺凝胶上电泳分离，实验分两组——a. 实验组：DNA＋蛋白质混合物；b. 对照组：只有 DNA，未与蛋白质提取物进行温育。最后进行放射性自显影，分析实验结果。根据实验组凝胶电泳显示的序列，出现空白的区域表明是蛋白质结合部；与对照组序列比较，便可以得出蛋白质结合部位的 DNA 区段相应的核苷酸序列(图 7-2B)。

三、体内足迹实验

上面讨论的 EMSA 法和 DNase Ⅰ 足迹法都是经典而有效的研究转录因子与 DNA 相互作用的方法，但是它们有一个共同的不足之处：不是体内实验，而是体外进行的实验。这些实验结果不能够反映细胞内发生的真实生物学过程，即细胞内发生的真实的 DNA 与蛋白质的相互作用情况。为了达到这个层次的实验要求,人们就设计出了一种体内足迹实验(*in vivo* footprinting assay)。

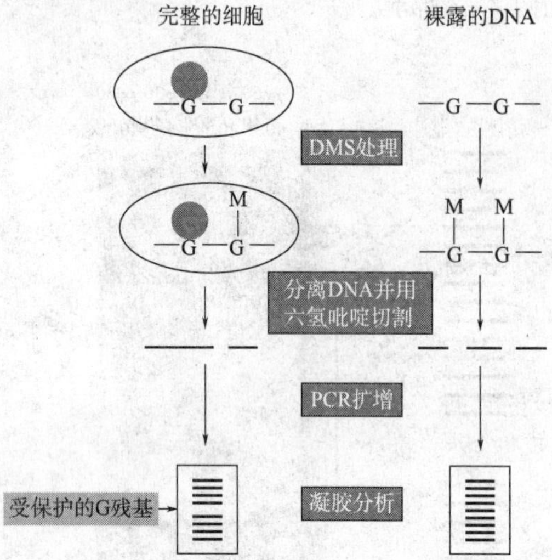

图 7-3　体内足迹实验示意图

体内足迹实验的原理与体外硫酸二甲酯 DMS 足迹实验本质上是相同的,即①化学试剂硫酸二甲酯 DMS 能够使 G 残基甲基化;②六氢吡啶能特异切割甲基化的 G 残基并切断糖-磷酸骨架;③同特异转录因子蛋白质结合的识别序列中的 G 残基由于受到蛋白质的保护而不会被 DMS 甲基化,于是不会被六氢吡啶切割;④同对照的裸露的 DNA 形成的序列梯作比较,就会发现活细胞 DNA 形成的序列梯中缺少被保护的 G 残基没有被切割的相应条带。

首先用有限数量的化学试剂 DMS 处理完整的游离细胞,使渗透到胞内的 DMS 浓度恰好导致天然染色体 DNA 的 G 残基发生甲基化。然后提取 DNA,并在体外加入六氢吡啶作消化反应。六氢吡啶又能够特异切割甲基化的 G 残基。如果某个区域有蛋白质的结合,则这个区域的甲基化 G 残基就被结合蛋白保护起来;而没有蛋白结合的甲基化的 G 残基则会被六氢吡啶特异性的消化而切开。接下来进行 PCR 扩增(因为在体外实验中用的是克隆的 DNA 片段,其数量足够检测;而在体内足迹实验中用的是从染色体 DNA 中分离获得的任何一种特异的 DNA,其数量是微不足道的,所以需要经 PCR 扩增以获得足够数量的特异 DNA)。最后作凝胶电泳分析并进行放射自显影,读片并记录读片的结果。示意图见图 7-3。

结果的判断依据以下两点:①能够同转录因子蛋白质结合的 DNA 区段,其中 G 残基受到保护因而不会被 DMS 甲基化避免了六氢吡啶的切割作用;②体外裸露的 DNA 分子上,G 残基被 DMS 甲基化而被六氢吡啶切割。通过这样的体内足迹试验分析可以确定细胞内发生的真实的 DNA 与蛋白质的相互作用情况。

四、酵母单杂交技术

酵母单杂交技术(yeast one hybrid system)是 1993 年由酵母双杂交技术(详见第十一章第三节)发展而来的,该技术是通过对酵母细胞内报告基因表达状况的分析,来鉴定 DNA 与蛋白质是否发生相互作用的技术。通过筛选 DNA 文库,来获得与靶序列特异结合的蛋白质编码基因片段。该方法主要用于克隆编码目的转录因子的基因(cDNA),也是在细胞内(*in vivo*)分析鉴定蛋白质与 DNA 结合的有效方法之一。

真核生物基因的转录起始需转录因子参与,转录因子通常由一个 DNA 特异性结合功能域和一个或多个其他调控蛋白相互作用的激活功能域组成,即 DNA 结合结构域(DNA-binding domain,BD)和(activation domain,AD)。用于酵母单杂交系统的酵母 GAL4 蛋白是一种典型的转录因子,GAL4 的 DNA 结合结构域靠近羧基端,含有几个锌指结构,可激活酵母半乳糖苷酶的上游激活位点(UAS),而转录激活结构域可与 RNA 聚合酶或转录因子 TFIID 相互作用,提高 RNA 聚合酶的活性。在这一过程中,DNA 结合结构域和转录激活结构域可完全独立地发挥作用。因此可将 GAL4 的 DNA 结合结构域置换为某个特定的蛋白编码基因或者文库蛋白编码基因，只要其表达的蛋白能与目的基因相互作用，同样可通过转录激活结构域激活 RNA 聚合酶，启动下游报告基因的转录。

酵母单杂交技术的具体的操作过程如图 7-4 所示：①将顺式作用元件（目的 DNA 片段）构建到最基本启动子（minimal promoter，Pmin）上游，Pmin 启动子下游连接报告基因，并将该质粒转入酵母细胞。②将与 GAL4 转录激活域融合表达的 cDNA 文库质粒转化入同一酵母中。③根据报告基因的表达与否，筛选出与已知顺式元件结合的转录因子。酵母单杂交系统可以用于鉴定某个特定的蛋白与目标 DNA 片段能否发生相互作用；其中“靶蛋白”编码基因也可以是某个 cDNA 文库中的一个成员，也就是说“靶蛋白”编码基因是一个群体，以 cDNA 文库的形式呈现。

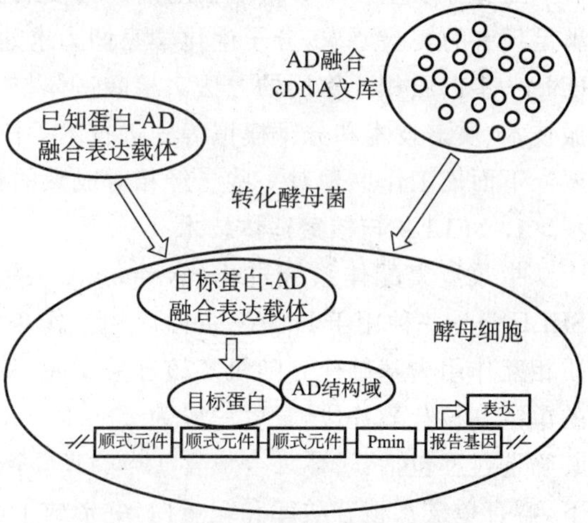

图 7-4　酵母单杂交技术示意图

酵母单杂交系统已被用于克隆多种重要的 DNA 结合蛋白，该系统相对直接、快捷、灵敏，筛选到的蛋白是在体内相对天然条件下有结合功能的蛋白质，因此该技术获得的结果可以体现细胞内相互作用的真实性，且无需复杂的蛋白质分离纯化操作。但因细胞技术的先天局限性和所用报告基因 *his3* 或 *lacZ* 的自泄漏表达等缺陷，在实际操作中常出现漏检和假阳性现象。因此在实际操作过程中，该方法用于进行高通量筛选，然后需要结合其他方法对筛选结果进行进一步的验证。

近年来，基于细菌的相关功能元件开发了各种细菌单杂交技术，可以用于直接研究原核生物细胞内的 DNA-蛋白质相互作用。其核心原理与酵母单杂交类似，只是用到的具体功能元件不一样而已，这里就不一一赘述。

五、染色质免疫沉淀法

染色质免疫沉淀法（chromatin immunoprecipitation analysis，ChIP）可以用来检测体内与蛋白质发生相互作用的 DNA 序列，也可在此基础上用于检测染色体的基因组功能。该方法使用甲醛对相互作用的蛋白质和 DNA 进行交联反应（cros-linking），其中甲醛可与 DNA（或蛋白质）上的自由胺基发生作用形成西佛碱基（Schiff base），后者能与蛋白质上的自由胺基共价连接。在活细胞状态下，利用甲醛处理可固定体内发生的蛋白质-DNA 相互作用，经超声波破碎、特异性抗体沉淀复合体，后解除偶联、纯化目的片段，通过 PCR 或基因芯片或 DNA 测序等技术，可解析与蛋白质发生作用的 DNA 序列，从而获得蛋白质与 DNA 相互作用的信息。ChIP 能捕捉到发生在染色质水平上的基因表达调控的瞬时事件，如实、完整地反映 DNA 与蛋白质的动态结合。但该方法尚存些不足，例如，难以同时得到多个因子对同一序列结合的信息，或目的蛋白不是直接地与染色质结合等。近年来，研究者不断地发展和完善此技术，建立了广泛用于特定反式因子靶基因的高通量筛选的 CHIP-chip（芯片）方法、研究 RNA 在基因表达调控中的作用的 RNA-CHIP 方法等。

六、DNA－蛋白质相互作用研究技术的新进展

随着分子生物学和生物技术的迅猛发展，传统的生物化学和物理化学研究方法已不能满足现有的实验要求，分子生化学家们力求建立和发展更为有效、灵敏、快速和精确的鉴定DNA－蛋白质相互作用的方法。核酸适体技术、荧光技术、扫描探针显微镜技术、等离子共振技术、质谱技术和分子模拟等先进技术手段应运而生，并促进相关研究不断向微观领域拓展。下面依工作原理对一些已经相对成熟的技术进行简单介绍。

1. SELEX与核酸适体技术

指数富集配体系统进化（systematic evolution of ligands by exponential enrichment，SELEX）是一种用于DNA－蛋白质相互作用研究的新型体外筛选技术，它以DNA与蛋白质相互作用为基础建立随机寡核苷酸文库，从中筛选到能与各种配体（靶蛋白）特异性结合的单链寡核苷酸片段，长度一般为20～40 bp，该寡核苷酸片段就称为核酸适体（aptamer）。其筛选过程包括：①体外合成含10^{13}～10^{15}个单链寡核苷酸序列的随机文库；②在适宜条件下，孵育单链寡核苷酸库和靶蛋白，并形成DNA－蛋白质复合物；③去除未与靶蛋白结合的寡核苷酸；④解离与靶蛋白结合的寡核苷酸，以此为模板进行PCR扩增，得到特异结合的寡核苷酸库，再进行下轮的筛选过程；⑤通过反复筛选与扩增，得到亲合力强于抗原抗体之间的高特异核酸适体。

SELEX技术自问世以来就以惊人的速度发展，因其库容量大、特异性高、亲和力强等优点，在靶物质的筛选上得到了广泛应用，也为DNA－蛋白质相互作用研究提供了一种新颖的研究方法。近几年来，SELEX技术实现了自动化和同时多个独立、重复的试验过程，建立了由PCR仪和LabView控制的活动瓣膜共同组成的微流SELEX样机（microfluidic SELEX prototype），使得SELEX自动化流程更为标准、高效和经济。目前，随着SELEX技术的迅速发展，导向SELEX、多靶分子SELEX、自动化SELEX、毛细管电泳SELEX、反向SELEX、基因组SELEX等多种改良的技术相继涌现。基于这些特性，核酸适体技术已在基础研究、临床诊断、药物筛选、生物传感器等领域应用。

但需注意的是，SELEX技术是体外实验，其筛选到的核酸适体所表现出的一些优良性质，在体内实验中可能会完全失效；核酸适体与靶分子的非特异性结合及适配体的同源性、亲和力等的影响，会造成SELEX的前期筛选工作的复杂性。

2. 荧光标记技术

荧光标记技术已广泛用于研究DNA－蛋白质相互作用，主要是将荧光物质修饰到蛋白质或核酸分子上构成新型荧光标记物质，利用相关仪器进行检测。它对待测物质的浓度要求低，检测灵敏度高且部分荧光技术可实现对待测物质的动态分析等，基于这些优点，近年来得到了迅速发展。

激光诱导荧光（laser induced fluorescence，LIF）技术是常用的荧光技术之一，其灵敏度非常高，对于某些荧光效率高的物质甚至可达单分子探测水平，且检测时间短、样品需要量少、可在线检测等优点。目前LIF常与毛细管电泳（capillary electrophoresis，CE）连用，形成毛细管电泳联合激光诱导荧光技术（CE－LIF），该技术成为生物、化学、医学等高灵敏检测领域的首选技术之一。单分子光谱是研究分子间非共价键作用的一种有效工具，它可实现分子探测的极限。人们通过对运动分子的动力学和单分子的光谱性质进行测量，从而实时监测生物分子之间相互作用的途径和机理，为蛋白质与核酸的相互作用研究提供许多新机会。

量子点(quantum dots,QDs)是近年来发现的一种新型荧光标记物,是由Ⅱ～Ⅵ族元素或Ⅲ～Ⅴ族元素组成的小于100 nm的半导体纳米微晶体,如CdSe、CdS、CdTe、CdSePZnS、CdSePZnSe和CdSPZnS等。它们具有很宽的、连续的激发光谱和窄而对称的发射光谱,且具有光化学稳定性良好、可溶于水、对细胞和生物体无毒性等特点,已成为理想的荧光探针材料,在生命科学诸多领域中展现了广阔的应用前景。目前,关于QDs的报道大部分集中于荧光探针的识别和活体成像方面的应用,基于QDs的荧光猝灭或增敏的荧光传感技术也迅速发展,科学家们已经成功运用该技术来捕获自由基和传递电荷,观察DNA损伤的氧化过程,探索与DNA特异结合的修复蛋白参与DNA修复的机制。这些工作都证实了荧光技术对快速、深入研究DNA-蛋白质相互作用具有十分重要的意义。

3. 扫描探针显微镜技术

扫描探针显微镜(scanning probe microscope,SPM)是扫描隧道显微镜(scanning tunneling microscope,STM)、原子力显微镜(atomic force microscope,AFM)、扫描近场光学显微镜(scanning near-field optical microscope,SNOM)、弹道电子发射显微镜(ballistic electron emission microscope,BEEM)、扫描力显微镜(scanning force microscope,SFM)等一系列仪器的总称。国际科学界公认为20世纪80年代世界十大科技成就之一。它利用探针尖端与样品分子间的相互作用对生物分子进行成像,并以原子或分子分辨率探测生理环境下的生物表面力,所以通过该技术可观察单个原子层的局部表面结构,得到直观的表面三维图像和相关的表面结构的信息。亦可以在生理条件下连续观察生物样品,了解某些生命活动的动态过程。其中,原子力显微镜在研究DNA-蛋白质的相互作用方面有着较广泛的应用,它能对每一个DNA、蛋白分子以及DNA-蛋白质复合体分别观察并进行定性和定量分析,提供更多真实直观的信息。SPM作为一种新的技术手段,在研究DNA-蛋白质相互作用的领域起到越来越重要的作用,但尚存在一些不足。近年来,科学家们不断完善此技术,取得一些可喜的成绩。

4. 表面等离子共振技术

表面等离子共振(surface plasma resonance,SPR)是近年来新技术研究的热点之一,它利用入射光以临界角入射到两种不同折射率的介质界面(比如玻璃表面的金或银镀层)时所引起金属自由电子的共振而使反射光在一定角度内大大减弱甚至完全消失的物理现象,来获取生物反应过程中样品的折射率与共振角(即反射光完全消失时的入射光角度,又称SPR角)的动态变化,进而得到生物分子之间相互作用的特异性信号。SPR技术可以原位、实时和动态地反映蛋白质-蛋白质、蛋白质-核酸、新药分子-疾病靶蛋白等生物分子间的相互作用信息,已广泛地用于研究生物分子间的识别和特异性作用。

总之,随着分子生物学和生物技术的迅猛发展,更为有效、灵敏、快速和精确的鉴定DNA-蛋白质相互作用的方法会不断涌现。但是由于每种技术都存在一定的局限性,且每种技术对DNA-蛋白质相互作用研究的侧重点也不同,所以鉴定DNA-蛋白质相互作用应该采用多种不同方法给予交叉验证,才能获得真实可靠的结果。

第二节　RNA作图和端点分析

在真核生物的基因组上内含子和外显子是交错排列的,其交汇点在什么位置,如何判断?RNA聚合酶在启动子处启动基因的转录,转录的第一个碱基是哪一个呢?这些问题通过 RNA 作图和端点分析可以明确判断。

一、RNA 的 S1 核酸酶作图

S1 核酸酶作图(S1 nuclease mapping)是专门用来分析真核生物中原 mRNA 加工剪切为成熟 mRNA 的剪切位置的方法。S1 核酸酶是专门水解单链核酸的核酸酶,对于 DNA-RNA 杂交体中的单链切口需要更高的温度(37~45 ℃)或更高量的酶才能将其中的单链切开。图 7-5 是 RNA 的 S1 核酸酶作图的示意图。首先必须克隆得到待分析 mRNA 的基因组 DNA 片段,标记后用做探针,通过与 mRNA 杂交形成杂合链,内含子的位置便可以从 S1 核酸酶消化后条带的大小来判断。在基因组 DNA 中用做转录模板的链和 mRNA 之间形成的杂合体中,内含子形成单链 DNA 突环。在 20 ℃时用 S1 核酸酶消化杂合体,单链 DNA 突环被降解,杂合体中的 RNA 半体完好无损但 DNA 半体在内含子位点处出现切口。用非变性凝胶电泳检测时(A 胶),杂合分子像单链一样泳动,但在碱性凝胶中(B 胶),RNA 被水解,每一段 DNA 片段因其大小不同而分开。当 S1 核酸酶的消化反应在 45 ℃进行时,杂合体中的单链部分(DNA 链和 RNA 链)都被切开,产生一系列小的 DNA-RNA 杂交体,它们可以用非变性凝胶电泳(C 胶)分开,而且这些杂合体中的 DNA 半体(D 胶)和 B 胶中检测

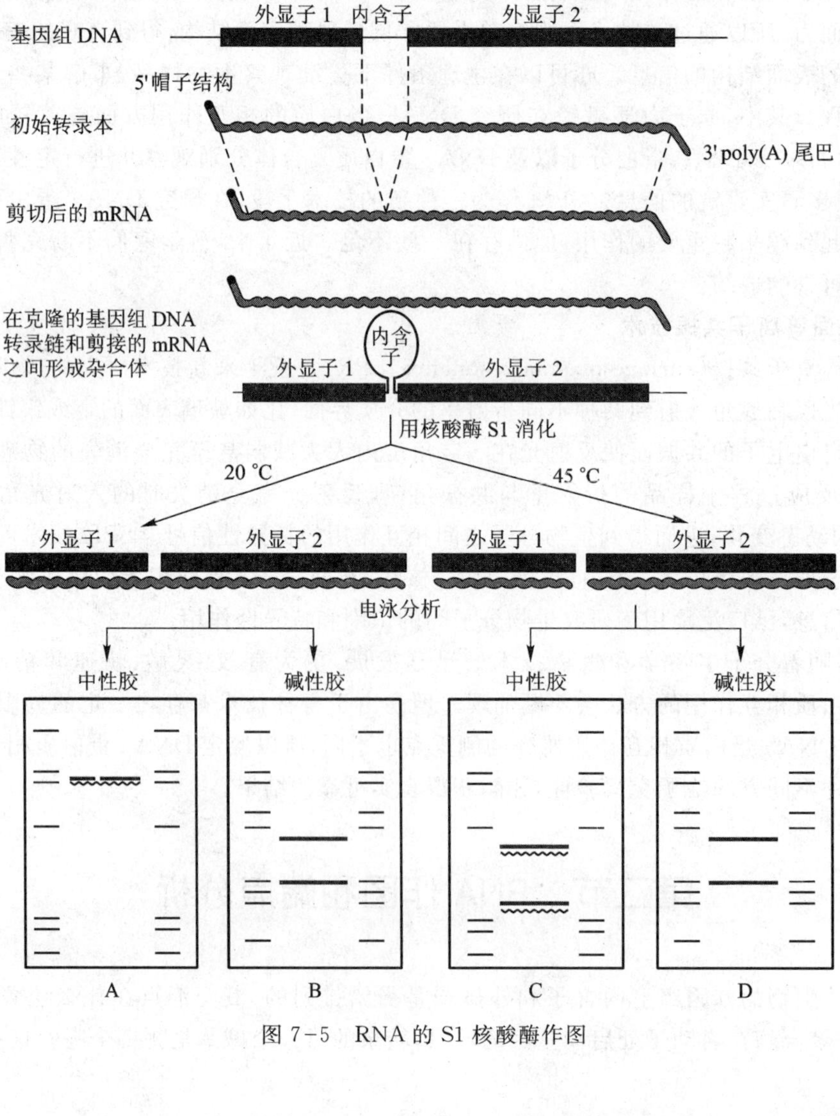

图 7-5　RNA 的 S1 核酸酶作图

的半体大小一致。通过标记的DNA分子作相对分子质量标准，可以推算出标记单链DNA的大小，从而推断内含子的位置和大小。

二、S1核酸酶作图分析mRNA的端点

对mRNA的端点进行分析之前必须知道该基因的核苷酸序列。首先预测mRNA的端点位置，设计一段覆盖该端点的寡核苷酸，并作末端放射性标记。然后将该标记的寡核苷酸与mRNA混合，退火，形成杂交体。在S1核酸酶作用下，呈单链状态的DNA和RNA被降解，保留DNA-RNA杂交体双链，最后通过凝胶电泳检测DNA-RNA杂交体中标记的DNA单链的相对分子质量大小，从而推断mRNA的末端序列。其工作原理见图7-6。这种方法既可以分析mRNA的5′端也可分析3′端。而现在常用的引物延伸法却只能分析mRNA的5′端。

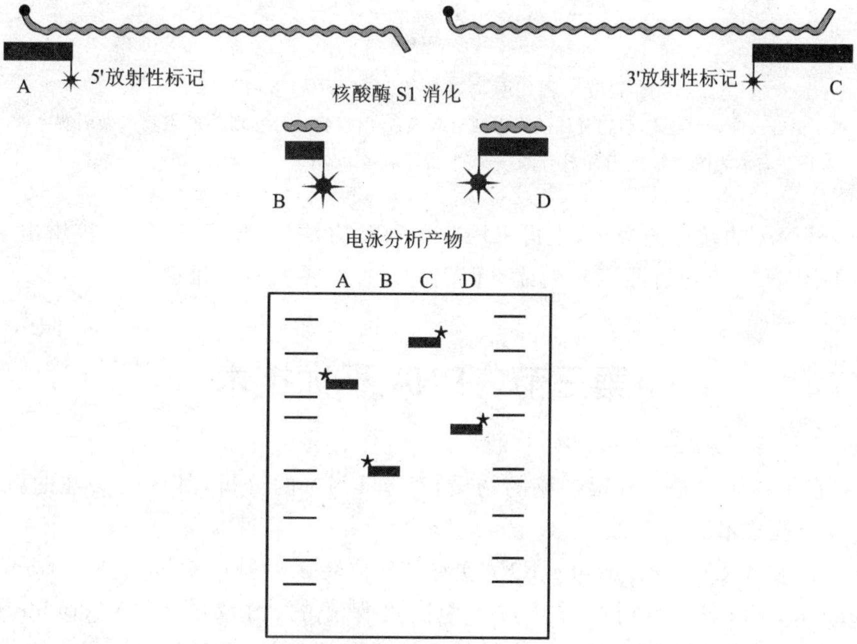

图7-6　S1核酸酶作图分析mRNA的端点

三、引物延伸法分析mRNA的端点

引物延伸(primer extension)法主要用于mRNA的5′端作图。与S1核酸酶作图分析mRNA的端点类似，先要知道该基因的核苷酸序列并预先判断mRNA的端点位置。首先在mRNA的预测的5′端下游约150 bp位置处，设计一段互补寡核苷酸引物。以mRNA作模板，用反转录酶延伸该引物，产生的cDNA与mRNA模板互补且其长度与引物5′端至mRNA的5′端之间的距离相等。因此测定该cDNA的长度就可推算出mRNA的5′端位置。该cDNA长度的测定现在都采用以设计的引物对DNA进行序列分析的测序图作相对分子质量标准。通过对照测序图读出cDNA的相对大小，mRNA的5′端便可定位于某个特定的碱基(图7-7)。

过去，引物延伸法也用于其他目的，如测量目的mRNA的丰度、检测mRNA不同的剪切产物、mRNA前体和加工体的作图。

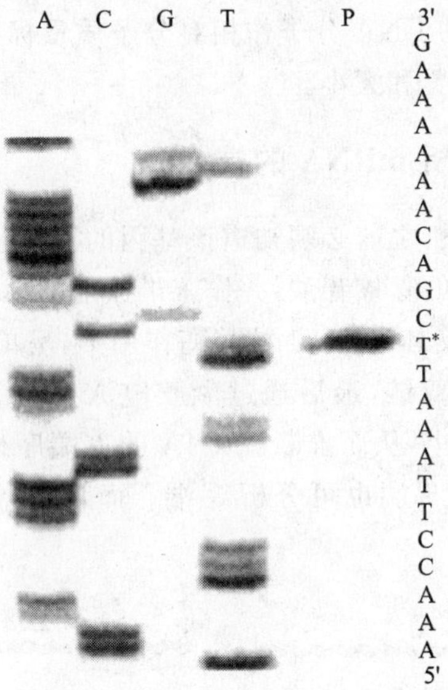

图 7-7　利用引物延伸法测定 S-层蛋白基因 *ctc* 的转录起始位点 P,引物延伸的产物;T\G\C\A,用引物延伸法所用的引物所做的测序电泳图。右侧为图示部分,显示核苷酸序列,* 指转录起始位点

对于 mRNA 的端点的分析,也可采用 5′RACE 方法(详见第 8 章)来扩增出 mRNA 的 5′端对应的 cDNA,再通过测序来判读。但引物延伸法更直接和准确。

第三节　RNA 干扰技术

RNA 在生物体内是一种很神秘的物质,对于 RNA 的分析,其中受关注的就是比较热门的 RNA 干扰技术。

RNA 干扰(RNA interference,RNAi)现象又称转录后基因沉默(post-transcriptional gene silencing,PTGS),是指在进化过程中高度保守的、由双链 RNA(double-stranded RNA,dsRNA)诱发的、同源 mRNA 高效特异性降解的现象。RNA 干扰现象是一种进化上保守的抵御转基因或外来病毒侵犯的防御机制。将与 mRNA 存在同源互补序列的双链 RNA 导入细胞后,能特异性地降解该 mRNA,从而产生相应的功能表型缺失,这一过程属于转录后基因沉默机制范畴。RNAi 广泛存在于生物界,从低等原核生物到真菌、植物、无脊椎动物,甚至近来在哺乳动物中也发现了此种现象,只是机制也更为复杂。

一、RNAi 现象的发现

早在 1990 年进行转基因植物研究时偶然发现,将全长或部分基因导入植物细胞后某些内源性基因不能表达,但这些基因的转录并无任何影响,将这种现象称为基因转录后沉默。1996 年在脉孢菌属(*Neurospora*)中发现了相似现象,当时将这种现象命名为基因表达的阻抑作用(quelling)。首次发现 dsRNA 能够导致基因沉默的线索来源于秀丽隐杆线虫(*Caenorhabditis elegans*)的研究。1995 年康乃尔大学 Guo 和 Kemphues 在 *Cell* 期刊发表论文,发现给秀丽隐杆线虫注射反义 RNA 可以阻断 par-1 基因的表达,同时正义链 RNA 也同样可以阻断该基因的表达。3 年后人们发现,将双链 dsRNA(正义链和反义链)注入线虫能诱发比单独注射正义链或者反义链更强的基因沉默现象。实际上每个细胞只要很少几个分子的双链 RNA 已经足够完全阻断同源基因的表达。后来的实验表明在线虫中注入双链 RNA 不但可以阻断整个线虫的同源基因表达，还会导致其第一代子代的同源基因沉默。他们将这种现象称为 RNA 干扰。

二、RNAi 的作用机制

近年来研究发现干扰性小 RNA（small interfering RNA 或 short interfering RNAs，siRNA）是 RNA 干扰作用赖以发生的重要中间效应分子。siRNA 是一类长约 21～25 个核苷酸（nt）的特殊双链 RNA（dsRNA）分子，具有特征性结构，即 siRNA 的序列与所作用的靶 mRNA 序列具有同源性；siRNA 两条单链末端为 5′端磷酸和 3′端羟基。此外，每条单链的 3′端均有 2～3 个突出的非配对的碱基。RNAi 的主要过程是 dsRNA 被核酸酶切割成 21～25 nt 的干扰性小 RNA（siRNA），由 siRNA 介导识别并靶向切割同源性靶 mRNA 分子。细胞中 dsRNA 的形成是 RNAi 的第一步，细胞中 dsRNA 可通过多种途径形成，如基因组中 DNA 反向重复序列的转录产物；同时转录反义和正义 RNA，病毒 RNA 复制中间体，以及以细胞中单链 RNA 为模板由细胞或病毒的 RNA 依赖 RNA 聚合酶（RdRp）催化合成 dsRNA 等。对线虫可以直接注射 dsRNA 或把线虫浸泡在含 dsRNA 溶液中等方式引入外源 dsRNA，还可以通过喂养表达正义和反义 RNA 的细菌获得 dsRNA。

RNAi 发挥作用的过程可分为两个阶段，即起始阶段和效应阶段。RNAi 的起始阶段是 dsRNA 在内切核酸酶（一种具有 RNase Ⅲ样活性的核酸酶）作用下加工裂解形成 21～25 nt的由正义和反义序列组成的干扰性小 dsRNA。果蝇中 RNase Ⅲ样核酸酶称为 Dicer，Dicer 含有解旋酶（helicase）活性以及dsRNA结合域。已发现在拟南芥（*Arabidopsis*），秀丽隐杆线虫，粟酒裂殖酵母菌（*Schizosaccharomyces pombe*）以及哺乳动物中也存在 Dicer 同类物。RNAi 的第二步也是 RNA 干扰的效应阶段，由 siRNAs 中的反义链指导形成一种核蛋白体，该核蛋白体称为 RNA 诱导的沉默复合体（RNA induced silencing complex，RISC）。RISC 由多种蛋白成分组成，包括内切核酸酶、外切核酸酶、解旋酶和同源 RNA 链搜索活性相关酶等。激活的 RISC 通过碱基配对与对应的 mRNA 结合，并在距离 siRNA 3′端 12 个碱基的位置切割 mRNA。同时，siRNA 可作为引物并以 mRNA 为模板合成新的 dsRNA。这样又可进入上述循环，继续对目的 mRNA 进行切割，从而使目的基因沉默，产生 RNAi 现象。具体的作用机制示意图见图 7-8。

siRNA 可作为一种特殊引物，在 RNA 依赖的 RNA 聚合酶（RdRp）作用下以靶 mRNA 为模板合成 dsRNA，后者可被降解形成新的 siRNA；新生成的 siRNA 又可进入上述循环。这种过程称为随机降解性聚合酶链反应（random degradative PCR）。新生的dsRNA反复合成和降解，不断产生新的 siRNA，从而使靶 mRNA 渐进性减少，呈现基因沉默现象。RdRp 一般只对所表达的靶 mRNA 发挥作用，这种在 RNAi 过程中对靶 mRNA 的特异性扩增作用有助于增强 RNAi 的特异性基因监视功能。每个细胞只需要少量 dsRNA 即能完全关闭相应基因表达，可见 RNAi 过程具有生物催化反应的基本动力学特征。

三、RNAi 技术中的关键问题

1. dsRNA 序列的选择

dsRNA 主要选自已知的 cDNA 的开放阅读框架（ORF）中的基因区域。为防止 mRNA 调控蛋白对 RISC 与靶 mRNA 结合的干扰，应避免选择：①起始密码子下游或终止密码的

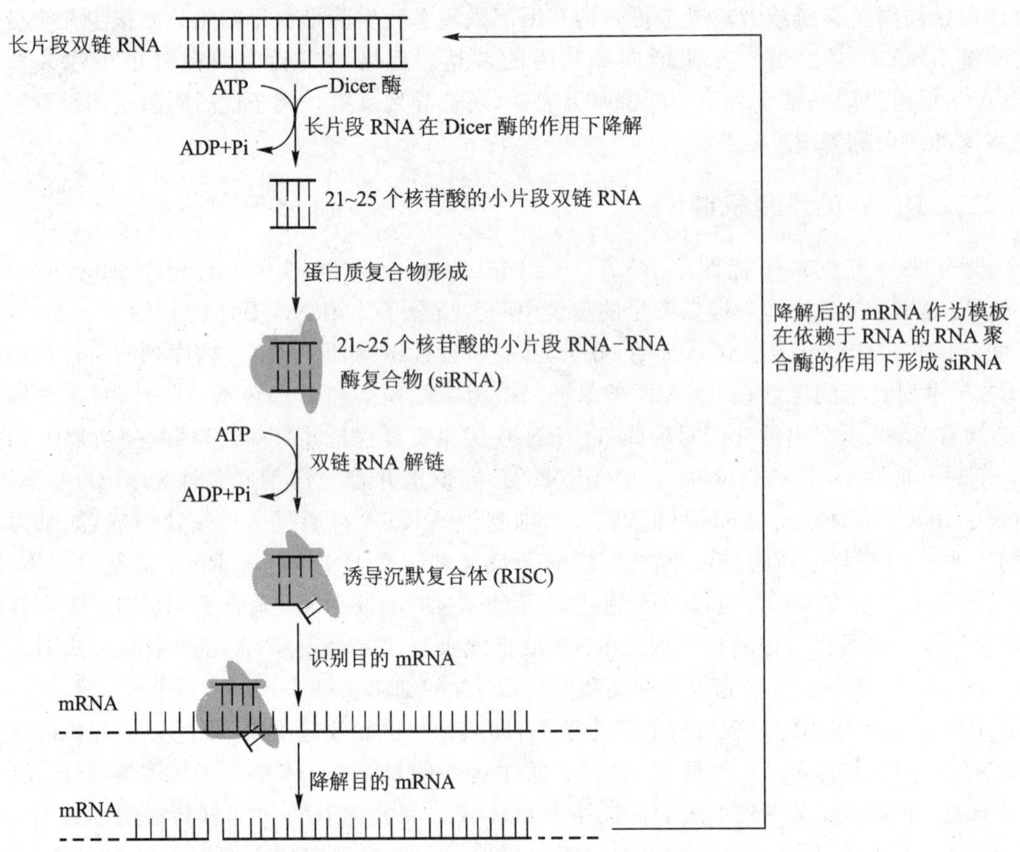

图 7-8　RNAi 作用机制

50～100 核苷酸位置以内的区域；②5′或 3′端的非翻译区域；③内含子区域。此外，序列选择时也应避开多聚鸟苷酸序列区(≥3 个)，因为这样容易形成四聚体结构，抑制 RNAi 作用。选择与靶 mRNA 上序列互补的 21～23 个核苷酸长度的片段，以 AA 开头为佳，因为此法能简化 dsRNA 合成过程，降低成本，而且合成的 dsRNA 能更好地抵抗 RNA 酶的降解。另外，尽量使 dsRNA 序列中的 GC 含量接近 50%(45%～55%最佳)，高 GC 含量能明显降低基因沉默的效应。选择前可以搜索 BLAST 数据库，保证无其他与靶基因同源的基因存在，避免引起对其他相似基因的沉默作用。并不是所有的 mRNA 均对 RNAi 敏感。为确保靶基因表达的有效抑制，最好同时合成两个或以上的针对同一基因的不同靶区域的 dsRNA。而且标记 dsRNA 正义链的 3′端对 RNAi 现象并没有影响，现有的实验尚未发现 mRNA 的二级结构对 RNAi 有任何显著的影响。

2. dsRNA 的导入方法

针对不同的生物体可以选择不同的导入方法。简单生物如单细胞生物等，可选用电穿孔的方法；较复杂生物可选用 dsRNA 微注射入生殖细胞或早期胚胎。线虫也能采用肠道或假体腔注射的方法，与微注射相比，RNAi 效率并无显著差别。还有浸泡法、工程菌喂养法、磷酸钙共沉淀法等。若使用的是化学法人工合成的 siRNA(正义链和反义链)，还要经过退火过程，以双链的形式导入靶细胞。有人提出了以质粒或病毒为载体，通过转导或转染途径，在细胞内以 DNA 为模板，利用 RNA 聚合酶Ⅲ，转录为 siRNA(直接形成双链或通过回文序列折叠后形成发夹结构)，也能产生较明显的 RNAi 效应。

3. 发夹样结构的 siRNA 的使用

实验证明，发夹样 siRNA 能延长在细胞内的作用时间。此类结构可由具有回文序列的核苷酸链形成。但通常回文结构不易获得，也可用头碰头的对称序列来代替。转录发夹样 siRNA 的模板必须与载体转录启动子紧密相连，而且尽可能有最短的多聚腺苷酸尾巴，这样才能诱导高效的 RNAi 效应。

四、RNAi 技术的应用

与其他几种进行功能剔除的技术相比，RNAi 技术具有明显的优点，它比反义 RNA 技术和同源共抑制更有效，更容易产生功能丧失；与造成的功能永久性缺失技术相比，RNAi 技术更受人们青睐。而且通过与细胞特异性启动子及可诱导系统结合使用，可以在发育的不同时期或不同器官中有选择地进行。

从理论上讲，RNAi 技术能选择性地沉默基因组中任何基因的表达。在实验室中，RNAi 已经被广泛用来研究生命现象的遗传奥秘，特别是在哺乳动物中抑制那些无法敲除的基因的表达，现已发展成为基因功能研究的有力工具。

此外，RNAi 技术在基因治疗方面具有特异性高，作用迅速，副反应小，在有效沉默靶基因的同时，对细胞本身的调控系统也没有影响。因此，很多制药公司很投入大量人力物力进行了 RNAi 药物的研发，或药物筛选。2004 年 Acuity Pharmaceuticals 公司向美国食品药品管理局(FDA)提交了有史以来第一个基于 RNA 干扰技术(RNAi)研制而成的药物 Cand5 的临床研究申请，该药物主要用来治疗湿性老年黄斑(wet AMD)和糖尿病患者的视网膜病变引起的失明。Cand5 为一小分子干扰 RNA，通过 RNA 干扰机制关闭促进血管过度生长的基因表达，从而阻断刺激视网膜病变的血管内皮生长因子(VEGF)的生成。血管内皮生长因子是湿性老年黄斑和糖尿病患者视网膜病变发病时的一个主要刺激物，这两种病变是导致成人失明的主要原因。最近在人类体细胞里已经成功地对近 20 种基因功能进行了“敲除”，尤其是因此而了解了人类空泡蛋白 Tsg101 对 HIV 在人体内增殖的作用，进一步深化了对 HIV 的研究。以脊髓灰质炎病毒为模型，利用 RNAi 来诱导细胞的胞内免疫，可产生抗病毒效应，尤其是针对 RNA 病毒。对于易突变的病毒，可设计多种靶向病毒基因保守序列的 dsRNA，减少它对 dsRNA 的抵抗。

RNAi 药物的潜力很大，人们正期待更多的 RNAi 药物进入临床研究。RNAi 技术的应用，不仅能大大推动人类后基因组计划(蛋白组学)的发展，还有可能设计出 RNAi 芯片，高通量地筛选药物靶基因，逐条检测人类基因组的表达抑制情况进而明确基因的功能，并且它还将应用于基因治疗、新药开发、生物医学研究等领域，用 RNAi 技术来抑制基因的异常表达，为治疗癌症、遗传病等疾病开辟了新的途径。

在对 DNA 和 RNA 等大分子的分析方法很多，且各自有各自的特点和不足。随着技术的发展和进步，将会有更多的技术应用于 DNA 和 RNA 的分析。

思　考　题

1. 分析 DNA-蛋白质的相互作用方法有哪些，各有何特点？
2. 酵母单杂交与酵母双杂交有何异同？
3. 分析 mRNA 的转录起始位点的方法有哪些，并说明其工作原理？
4. Primer extension 在实施过程中如何判定 mRNA 的端点？

5. RNA 干扰的技术原理是什么，并说明该技术可以利用在哪些领域？

主要参考文献

1. Bio-Rad Laboratories, Inc. Instruction Manual and Applications Guide: CHEF-DR® II Pulsed Field Electrophoresis Systems

2. Sambrook J, Fritsch E F, Maniatis T. 分子克隆实验指南. 2 版. 金冬雁，黎孟枫等译. 北京：科学出版社，1995

3. Sambrook J, Russell D W. 分子克隆实验指南. 3 版. 黄培堂等译. 北京：科学出版社，2002

4. Green M R, Sambrook J. Molecular cloning: a laboratory manual. 4th edition. New York: Cold Spring Harbor Laboratory Press, 2012

5. Castel S E, Martienssen R A. RNA interference in the nucleus: roles for small RNAs in transcription, epigenetics and beyond. Nat Rev Genet, 2013, (2): 100-112

6. Reece-Hoyes J S, Marian Walhout A J. Yeast one-hybrid assays: a historical and technical perspective. Methods, 2012, (4): 441-447

7. Dey B, Thukral S, Krishnan S. DNA-protein interactions: methods for detection and analysis. Mol Cell Biochem, 2012, 365(1-2): 279-299

（彭东海　孙明）

第八章

PCR 技术及其应用

聚合酶链反应聚合酶链反应，即 PCR(polymerase chain reaction)技术是 20 世纪 80 年代发展起来的新技术，广泛应用于分子生物学和基因工程及其他与 DNA 鉴定相关的领域，如疾病检测、临床应用、商品检疫、法医鉴定、新药品的开发等。

PCR 技术是通过模拟体内 DNA 复制的方式，在体外选择性地将 DNA 某个特殊区域扩增出来的技术。其过程与普通 DNA 复制一样有 3 个步骤，首先是模板 DNA 变性，由双链状态变成单链状态；然后引物与模板结合，完成复性过程；最后在 DNA 聚合酶和底物存在的情况下，合成与模板互补的 DNA。与普通 DNA 复制不同的是，DNA 的另外一条链也可以作为模板，在另外一个引物的指导下，合成出与第一个复制产物互补的 DNA 链，从而得到这两个引物之间的 DNA 片段，而且这样的复制过程可重复进行。

PCR 过程在自然界是不存在的，它是人们对 DNA 复制的深刻理解而带来的产物。现代 PCR 概念是 Kary Mullis 于 20 世纪 80 年代早期提出的。在 1983 年晚春的一个周末晚上，Mullis 驾车行驶在美国加州 101 国道上，随着蜿蜒曲折的道路，头脑浮想联翩，构思出了链式反应的蓝图。经过与 Cetus 公司合作，最终促使现在广泛使用的 PCR 技术的诞生。

PCR 概念的出现与其他许多好的想法的出现一样，是许多成熟技术累积的结果，是科学技术发展的必然产物。比如寡核苷酸的合成技术、通过 DNA 聚合酶用寡核苷酸指导 DNA 的合成等。Mullis 的创新点在于使用 2 个与 DNA 的 2 条不同链互补的寡核苷酸作为引物特异性地扩增 2 个引物之间的 DNA 区域，并且重复进行。在此同时，得到的扩增产物又可作为下一轮扩增的模板，从而使得扩增产物按几何级数递增。特别重要的是，从嗜热细菌中分离的耐热 DNA 聚合酶的发现，使 PCR 从概念成为真正实用的技术。

其实在 Mullis 提出 PCR 概念以前，Khorana 等人在 20 世纪 60 年代末 70 年代初就提出了 PCR 技术的概念，只不过当时使用了修复复制的概念。也许是当时科学技术的发展需求不够，没有形成使其进一步发展的动力，使得 Khorana 等人的想法被人搁置了 15 年。但有一点是不争的事实，正是由于 Mullis 及其同事在 80 年代的出色工作，才使得 PCR 成为当今生物学及相关学科使用最广泛的技术，使得常规克隆已不再是分离基因的唯一手段，他们在 1993 年获得诺贝尔奖也是当之无愧的。

第一节　PCR 技术原理和工作方式

一、PCR 的基本原理

1. 基本要素和扩增原理

DNA 的复制是生命活动中最基本的过程之一，PCR 就是灵活并发展使用 DNA 复制而创造出来的一项伟大技术。因此 PCR 的基本原理离不开 DNA 复制的基本规律。其基本要素与 DNA 复制的基本要素一致。DNA 复制是通过拷贝的方式将 DNA 重新制造一份的过程，待拷贝的 DNA 称为模板。在 PCR 过程中模板可以是双链 DNA 也可是单链 DNA，最后扩增得到的产物是双链状态的。引物是 DNA 复制的先锋，就像结晶过程中的晶核，引导 DNA 的合成。在 PCR 扩增中一般使用合成的寡核苷酸作引物。DNA 聚合酶是 DNA 复制的动力，在 4 种脱氧三磷酸核苷（dNTP）等底物存在时，在引物的引导下沿着模板 DNA 合成互补的 DNA 链。

与单纯的 DNA 复制不同的是，PCR 扩增总是在两个引物的存在下对 DNA 的两条链同时进行复制，复制的结果得到一条双链 DNA。通过仪器的自动控制，使这样的 DNA 复制重复进行，从而得到大量的位于两个引物之间的 DNA 片段，即目的片段。更重要的是，前一次扩增得到的 DNA 产物又可作为下一轮扩增的模板，导致扩增产物以几何级数递增。

图 8-1 是 PCR 扩增前 4 轮产物的增长过程，每一轮包括 3 个步骤（变性、退火和延伸），从中可以看出 PCR 的整个扩增进程。从第二轮开始，出现目的片段，其所占比例为 1/4；在第三轮扩增中，第二轮扩增的产物又可作为模板，此时目的片段所占的比例为 1/2；在后续轮次的扩增中目的产物所占的比例越来越大，依次为 11/16、13/16、57/64、15/16。在指数扩增阶段，目的片段所占比例理论值（P）可用以下公式计算：$P=1-(n+1)/2^n$，n 为扩增的轮次。当进行到第 10 轮时，目的片段所占比例可达到 98.9%。

2. PCR 扩增的步骤

首先将模板 DNA 置于 92～96 ℃进行变性（denaturation）处理，使双链 DNA 在高温下解链成为单链 DNA，且热变性不改变其化学性质；然后退火（annealing），将温度降至 37～72 ℃，使引物与模板的互补区结合；最后，在 72 ℃条件下，DNA 聚合酶将 dNTP 连续加到引物的 3′羟基（3′-OH）端，合成 DNA，这个步骤称为延伸（extension）。这 3 个热反应过程的重复称为一个循环，经过 20～40 个循环可扩增得到大量位于两条引物序列之间的 DNA 片段。

二、PCR 反应体系

PCR 反应需要在一定的条件下才能完成，只有当这些条件协调作用时才能达到很好的效果。

1. 缓冲液

任何一个生物化学反应都在一定的缓冲体系中进行，缓冲液除了提供 pH 缓冲能力外，还有一些有助于反应进行的成分。标准的缓冲液含 10 mmol/L Tris·HCl，pH 为 8.3～9.0（室温），而在延伸温度（72 ℃）下 pH 接近 7.2。缓冲液中含有一种二价阳离子，用于激活 DNA 聚合酶的活性中心，一般使用 Mg^{2+}，有时使用 Mn^{2+}。一般以 $MgCl_2$ 的形式提供，标准浓度为 1.5 mmol/L。Mg^{2+} 浓度的高低会影响扩增的特异性和产率，直接影响扩增的成败，因此要求作预备试验寻找最佳浓度。缓冲液中还含有 50 mmol/L 的钾离子。有些缓冲液中还加入一些添加剂和共溶剂降低错配率，提高富含 G+C 模板的扩增效率。

2. 三磷酸脱氧核苷（dNTP）

三磷酸脱氧核苷是 DNA 合成的底物，标准的 PCR 反应体系中含有等摩尔浓度的 4 种 dNTP，即 dATP、dTTP、dCTP 和 dGTP，终浓度一般为 200 μmol/L（即饱和浓度）。dNTP 的浓度会影响扩增的产量、特异性（specificity）和保真度（fidelity）。

3. 引物

在多数试验中人们习惯使用的引物浓度为各 1 μmol/L，即 1 pmol/μL，在 100 μL 反应体系中相当于 6×10^{13} 个分子。如果 5% 用于扩增 1 kb 的 DNA 片段，可得到 3.3 μg 的产物，足以用于常规分析。

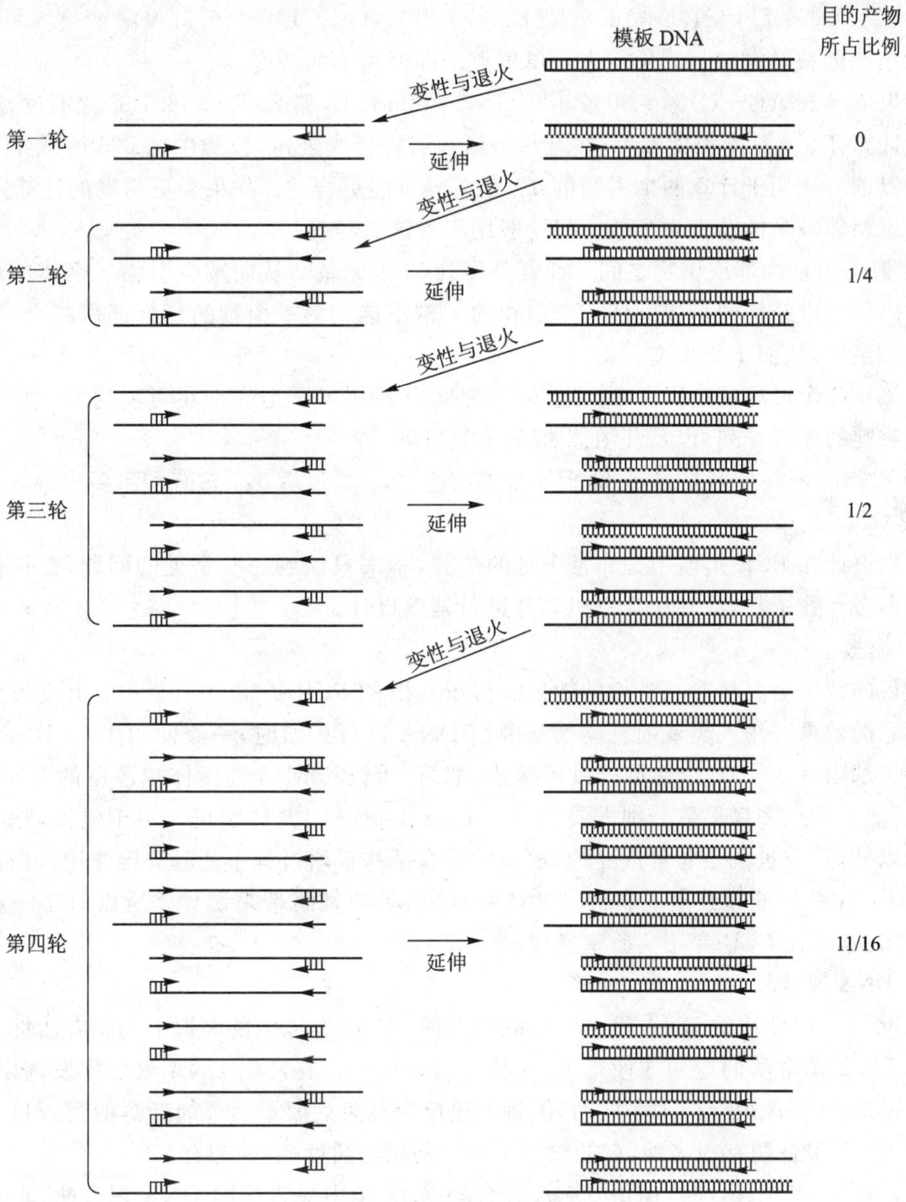

图 8-1　PCR扩增反应原理图

设计引物是使用引物的关键所在。合理的设计可在扩增的特异性和有效性(efficiency)之间找到平衡点。特异性是指引物和模板之间错配的频率，有效性反映PCR扩增中产物是否正常累积。引物设计一般要考虑以下几个问题。

① 长度，至少16核苷酸，通常为18～30核苷酸，更短的引物一般会降低扩增的特异性，但会提高扩增的有效性，扩增出的产物种类会增多，而大于30核苷酸有可能导致引物茎环结构的产生。同时，引物对的长度差异最好不超过3个核苷酸。

② 解链温度(T_m值)，引物的T_m值是一个非常重要的参数，T_m值的高低决定退火的温度。两个引物之间的T_m值差异最好在2～5 ℃，这样能保证两个引物正确退火。引物的

T_m值有很多计算方法，对于小于 20 个碱基的引物其 T_m 值可用简易公式计算，即 $T_m = 4(G+C)+2(A+T)$。对于 14～70 个核苷酸的引物可用以下公式计算：

$$T_m = 81.5 + 16.6(\lg[K^+]) + 0.41(G+C)\% - (675/N)$$

N 表示引物的核苷酸数目，$[K^+]$表示单价离子即钾离子的浓度。

如果 $N=20$，$(G+C)\%=50\%$，$[K^+]=50$ mmol/L，那么 $T_m=46.7$ ℃。不过，利用这个公式计算 T_m 值只能用做参考，在有些书籍和引物合成公司，公式中的 675 改成了 600 或 500，所以该公式用于计算两个引物的 T_m 值差异可能更合适。如果要更精确的计算 T_m 值，必须考虑相邻碱基的动力学参数。但一般用不着这么精确。

③ 避免引物内部或引物之间存在互补序列(3 个碱基)，从而减少引物二聚体的形成以及引物内部二级结构的形成。任一个引物的 3′端不能与另一引物的任何部位结合，否则容易产生二聚体，从而干扰扩增。

④ G+C 含量尽量控制在 40%至 60%之间，4 种碱基的分布应尽可能均匀。尽量避免嘌呤或嘧啶的连续排列，以及 T 在 3′端的重复排列。

⑤ 引物的 3′端最好是 G 或 C，但不要 GC 连排，3′端最后 5 个核苷酸不要出现 3 个以上的 G 或 C。

引物设计在 PCR 扩增中是非常关键的步骤，本书只谈到一些常见的问题，在具体操作时还需参考专业资料，或利用计算机软件进行辅助设计。

4. 模板

模板的数量会直接影响扩增的效果。对于一般的 PCR 扩增，10^4 至 10^7 个模板分子可达到满意的效果。用人类或哺乳动物基因组 DNA 进行扩增时，一般使用 1 μg DNA，相当于单拷贝基因有 3×10^5 个拷贝。以酵母菌、细菌、质粒和 M13 噬菌体噬菌斑的 DNA 作模板时，要达到这么多拷贝数分别需要 10 ng、1 ng、1 pg 和 1%噬菌斑。对于模板，除了考虑其数量以外，其质量也是非常重要的，模板质量在某些扩增过程中还起关键作用。微量甚至痕量的 DNA 都可能导致出现非特异性产物，给结果的判断带来误导。所以对于一些特别敏感的实验，应在 PCR 专用实验室完成。

5. DNA 聚合酶

PCR 反应中使用的 DNA 聚合酶是耐高温的，在 90 ℃以上的高温下仍能有活性。也正是高温 DNA 聚合酶的应用才使得 PCR 技术得以推广。在高温 DNA 聚合酶发现以前，是通过 Klenow DNA 聚合酶来完成的，但每一轮反应结束后要重新添加新鲜的酶。目前使用的高温 DNA 聚合酶有很多种，有的没有 3′→5′外切酶活性，有的却有。

(1) *Taq* DNA 聚合酶　*Taq* DNA 聚合酶是 PCR 中最常用的 DNA 聚合酶，来自古细菌嗜热水生菌(*Thermus aquaticus*)。该菌于 1967 年从温泉中分离，最适生长温度为 70 ℃，产耐高温的 DNA 聚合酶。Cetus 公司的研究人员从中分离出 *Taq* DNA 聚合酶后，使 PCR 技术走向成熟。*Taq* DNA 聚合酶相对分子质量大小为 9.4×10^4，为单分子酶，在 75 ℃活性最强。具有 5′→3′合成活性和 5′→3′外切酶活性，但是无 3′→5′外切酶活性。在 95 ℃的半衰期为 40 min。启动 PCR 反应的能力很强，聚合速度快，在 72 ℃的聚合速度为每秒 30～100 个碱基。由于没有 3′→5′外切酶活性，在扩增过程中有 $8.9\times10^{-5}\sim1.1\times10^{-4}$ 的错配机率。

现在使用的 *Taq* DNA 聚合酶都是基因工程产品，有些还作了遗传修饰，在扩增效率和保真度方面有一定差异。

(2) *Tth* DNA 聚合酶　*Tth* DNA 聚合酶来自嗜热热细菌(*Thermus thermophilus*) HB8，相对分子质量为 9.4×10^4，在 74 ℃温度下进行扩增，在 95 ℃的半衰期为 20 min。在

Mg^{2+}存在条件下，以DNA为模板合成DNA，而在$MnCl_2$存在下可以RNA为模板合成cDNA。因此可在高温下做RT-PCR、反转录和引物延伸反应，避免RNA反转录过程中形成的二级结构。

(3) Vent DNA聚合酶　Vent DNA聚合酶是从由火山口分离的嗜热高温球菌(*Thermococcus litoralis*)中分离的第一个具有3′→5′外切酶活性的高温DNA聚合酶。酶相对分子质量为85×10^3，具有更长的半衰期，在100 ℃(使用$MgSO_4$)时，其半衰期为1.8 h，而与之相比的*Taq* DNA聚合酶仅为5 min。由于具有3′→5′外切酶活性，在一定程度上保证其具有很高的保真度，比*Taq* DNA聚合酶高5～15倍。

(4) *Pwo* DNA聚合酶　*Pwo* DNA聚合酶来自嗜热细菌(*Pyrococcus woesei*)，相对分子质量为9.0×10^4，在100 ℃的半衰期大于2 h，出错率低。是使用较多的具有3′→5′外切酶活性且具有高保真度的PCR酶。

(5) *Pfu* DNA聚合酶　*Pfu* DNA聚合酶来自激烈热球菌(*Pyrococcus fariosus*)，具有理想的扩增保真度，具有极高的热稳定性，是目前使用最广泛的具有3′→5′外切酶活性的PCR酶，其开发商认为是到目前为止发现的错配率最低的高温DNA聚合酶。

(6) 商用混合酶　为了提高扩增的保真度或扩增较长的DNA片段，将*Taq* DNA聚合酶的强启动能力和具有3′→5′外切酶活性的高温DNA聚合酶的高持续活性和校正功能结合起来，可以达到很好的效果。

对于高温DNA聚合酶的错配率，不同来源资料的表述有一定差异，一般相差一个数量级，不会超过两个数量级。因此具有3′→5′外切酶活性的高温DNA聚合酶在扩增过程中不是不会错配，只不过错配概率相对小而已。所以PCR扩增产物的序列不是绝对真实的，需通过测序才能更好地判断其保真性。

三、PCR反应程序

PCR技术的广泛使用不仅要有PCR概念、高温DNA聚合酶，还必须要有能使之高效实现的PCR仪器，即热循环仪。现有的PCR仪器能够提供快速和精确转换的温度环境，从而使PCR技术能够实现自动化。

1. 常规程序

将PCR反应所需的成分配制完后，在PCR仪上于94～96 ℃预加热几十秒至几分钟，使模板DNA充分变性，然后进入扩增循环。在每一个循环中，先于94 ℃保持30 s使模板变性，然后将温度降到复性温度(一般50～60 ℃之间)，一般保持30 s，使引物与模板充分退火；在72 ℃保持1 min(扩增1 kb片段)，使引物在模板上延伸，合成DNA，完成一个循环。重复这样的循环25～35次，使扩增的DNA片段大量累积。最后，在72 ℃保持3～7 min，使产物延伸完整，4 ℃保存。所有温度的转换和停留时间都可以在仪器上进行设定，自动运行。

2. 复性(退火)和延伸温度

复性的温度是PCR扩增是否顺利的关键因素，通常在50～60 ℃之间。具体的温度主要由引物的T_m值决定，一般低于T_m 1～2 ℃，或通过预备试验来判断。随温度增高，引物与模板结合的特异性增强，非特异性的扩增概率降低，但扩增效率也随之降低。相反，随温度降低，引物与模板的非特异性结合概率提高，扩增出的产物种类增加。延伸温度绝大多数设定为72 ℃。如果复性的温度很高，可以将延伸温度和复性温度设置成同一温度，变成二步法PCR。复性温度也可通过设置降落PCR(touchdown PCR)来操作，在前10几个循环中于每一个循环后复性温度降低1 ℃，从T_m值以上5～10 ℃开始直到T_m值以下2～5 ℃，在后续循环中温度保持不变。也可通过梯度PCR仪器，设置不同的复性温度梯度，从而找到最佳的复性温度。

3. 反应时间

PCR 反应的时间相对较好把握，在变性步骤中一般使用 30 s，如果模板的 G+C 含量较高，或直接用细胞做模板，变性时间可适当延长。复性时间 30 s 一般是足够的。延伸时间由扩增产物的大小决定，一般采用 1 kb 用 1 min 来保证充足的时间。有的情况下，为更好地保证延伸时间，在 10 个循环后，每次延伸增加 10、30 或 60 s。

4. 循环次数

循环次数主要与模板的起始数量有关，在模板拷贝数为 10^4～10^5 数量级时，循环数通常为 25～35 次。循环数的进一步增加并不意味着产物的数量一定增加，当扩增 30 轮得不到产物时，即使增加 10 轮扩增次数也不能保证能得到扩增产物。这是由于 PCR 扩增过程后期会出现平台效应（plateau effect），就像细菌的一步生长曲线中会出现稳定期一样，产物的积累按减弱的指数速率增长（一般已积累到 0.3～1 pmol 产物）。在这个时期，一些不利因素会产生，如底物和引物的浓度降低、dNTP 和 DNA 聚合酶的稳定性或活性降低、产生的焦磷酸会产生末端产物抑制作用、非特异性产物或引物的二聚体会产生非特异性竞争、扩增产物自身复性、高浓度扩增产物变性不彻底。

5. PCR 反应液的配制

PCR 反应体系的配制方式有时也会影响反应的正常进行。常规方法与其他酶学反应一样，在最后加入 DNA 聚合酶。早期的 PCR 仪没有带加热的盖子，要求在反应液上覆盖一层矿物油，防止水分蒸发。矿物油在现在有时仍然有用。在反应体积较小的情况下，为避免水分的反复蒸发与凝结给反应体系带来的波动，可添加矿物油。

在使用具 3′→5′外切酶活性的高温 DNA 聚合酶时，也许是外切酶活性破坏引物的缘故，有时会得不到扩增产物。在遇到这个问题时，如果将反应成分分开配制，如 A 管含模板、引物和 dNTP，以及调整体积的水，B 管含缓冲液、DNA 聚合酶和水，然后再将两管溶液混合起来，可较好地克服这个问题。看起来似乎与一次性直接配制没有差别，但这样做往往能达到很好的效果。

按照常规的方法配制反应体系，有时会出现非特异性扩增的问题。在配制好反应体系后，引物就会与模板结合。在低温下非特异性的结合很容易发生，从而导致非特异性的扩增产物。热启动（hot start）PCR 操作方式可较好地解决这一问题。将 dNTP、缓冲液、Mg^{2+} 和引物先配制好，然后加入一粒蜡珠（如 Ampli Wax PCR Qam100），加热熔化，再冷却，使蜡将溶液封住，最后加入模板和 DNA 聚合酶等剩余成分。只有当 PCR 反应进入高温阶段后，蜡层熔化，所有反应成分才会混合在一起。热启动 PCR 在一般情况下不必使用，只在需要优化目的扩增产物、抑制非特异性扩增以及操作多重 PCR 时才使用。

第二节　PCR 产物的克隆

在 PCR 扩增中得到的产物是可克隆的，更主要的是可以根据基因或 DNA 片段的核苷酸序列来设计引物将其扩增出来并克隆到载体上。基因的克隆已经不再依赖传统的分子克隆了。在设计克隆方法的时候，主要考虑产物如何能与克隆载体高效连接，以下几种方法就是考虑这一因素的具体表现。

一、在 PCR 产物两端添加限制性酶切位点

为了使 PCR 产物能够方便地装载到克隆载体上，可在扩增的过程中在其两端添加限制性酶切位点。这种添加方式可利用特定设计的引物通过扩增来实现，而无须在产物的两端连接带酶切位点的接头(linker)。在 PCR 扩增中，对于引物来说，只要其3′端的序列有足够的长度来启动延伸反应，而5′端含有不匹配的序列不会影响正常扩增。在第二轮特别是几轮扩增以后，由于新模板的出现和累积，该5′端不匹配的序列就变成可匹配的序列。

在设计引物时，除了考虑正常的特异性序列外，还可在引物的5′端添加酶切位点的序列以及保护序列。在选择酶切位点的种类时，要保证所选的酶切位点在扩增的 DNA 片段内部不存在，如果对扩增的 DNA 片段的序列不清楚，可优先选用切割频率相对较少或酶切位点为8个碱基序列的酶切位点。由于添加的酶切位点位于 DNA 片段的末端，因此必须考虑末端长度对切割的影响，详见第二章。一般情况下，在酶切位点的外侧添加3～4个碱基的保护序列可保证切割顺利进行。如在扩增 *cry3Aa* 基因的启动子序列时，上游引物主要由两部分组成，一部分是用于特异性扩增的20个碱基序列，另一部分是 *Bam*H Ⅰ 酶切位点(GGATCC)和3个碱基的保护序列。

二、A/T 克隆法

A/T 克隆法是目前使用最广泛的 PCR 产物克隆方法，无须在产物末端添加酶切位点，对任何引物扩增的产物都可克隆。该方法目前主要适用于 *Taq* DNA 聚合酶扩增的产物。*Taq* DNA 聚合酶具有末端转移酶的活性，可在 DNA 片段的3′端添加一个核苷酸，通常为 A。从图8-2可以看出，用相同的引物对同一个模板进行扩增时，用 *Taq* DNA 聚合酶比用 *Pwo* DNA 聚合酶扩增的产物多一个碱基。因此，*Taq* DNA 聚合酶扩增的产物可与 T-载体进行黏末端互补连接，达到高效克隆的目的。最常用的 T-载体有 pGEM-T(图8-3)和 pGEM-T Easy。这些载体的特点是，将普通的克隆载体切成线状，并使之在3′端含有一个凸出碱基 T。pGEM-T 是在 pGEM-5Zf(+)基础上改造而来的，即在其多克隆位点中的 *Eco*R Ⅴ 处将载体切成平末端的线状 DNA，再在其3′端添加一个 T 碱基。

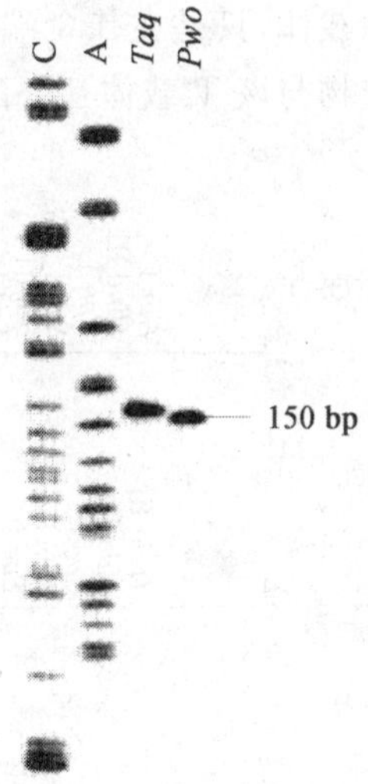

图8-2　热稳定 DNA 聚合酶的末端转移酶活性

C、A，测序相对分子质量标准；*Taq* 和 *Pwo*，指用相同的模板和相同的引物分别用 *Taq* DNA 聚合酶和 *Pwo* DNA 聚合酶扩增的产物

在 DNA 的3′端添加一个 T 碱基的方法有很多，如用末端转移酶和底物 ddTMP 可以产生单个 T 的突出末端；有些识别不对称序列的限制性内切酶，如 *Mbo* Ⅱ、*Xcm* Ⅰ 和 *Hph* Ⅰ，在切割 DNA 后可直接产生一个3′突出的 T；用 *Taq* DNA 聚合酶和高浓度的dTTP也可产生3′突出的 T。

A/T 克隆法现在也有了新的发展，如将拓扑异构酶与 T-载体相结合的 PCR 产物快速克隆系统 pCR-TOPO，连接时无需 DNA 连接酶。拓扑异构酶Ⅰ(如来自 Vaccinia 病毒)可以结合在双链 DNA 的特异位点上，并可在一条链上识别位点5′-CCCTT 序列之后打开磷酸二酯键，释放出的能量可催化 DNA 切口处的3′磷酸基团与拓扑异构酶Ⅰ的第274位的酪氨酸(Tyr)残基共价结合并切断 DNA。同样，这个共价键又会受到切口处5′羟基的攻击，进行可逆反应，恢复切口处磷酸二酯键，重新将 DNA 连接起来。

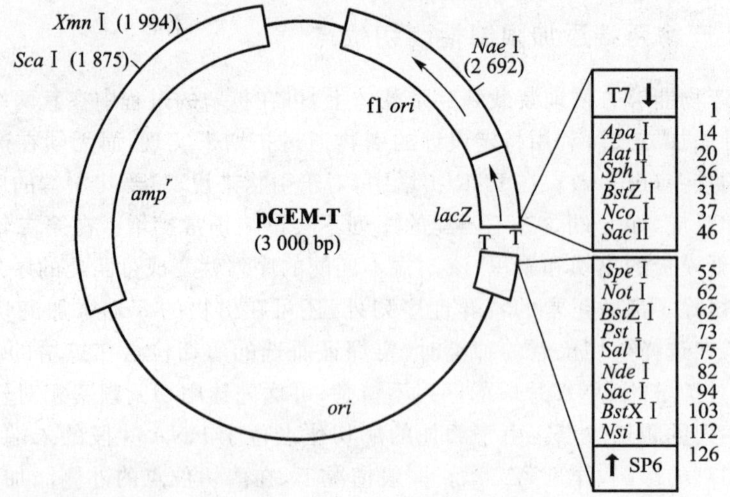

图 8-3　用于 PCR 产物克隆的 T 载体 pGEM-T 图谱

pCR-TOPO 载体就是根据拓扑异构酶 Ⅰ 的这一性质来开发的，pCR-TOPO 载体也是一种 T 载体，只是在其 3′端的突出 T 上共价结合了一个拓扑异构酶 Ⅰ，当带 3′端突出 A 的 PCR 产物与该 T 载体互补配对时，拓扑异构酶 Ⅰ 就将该缺口连接起来(图 8-4)。

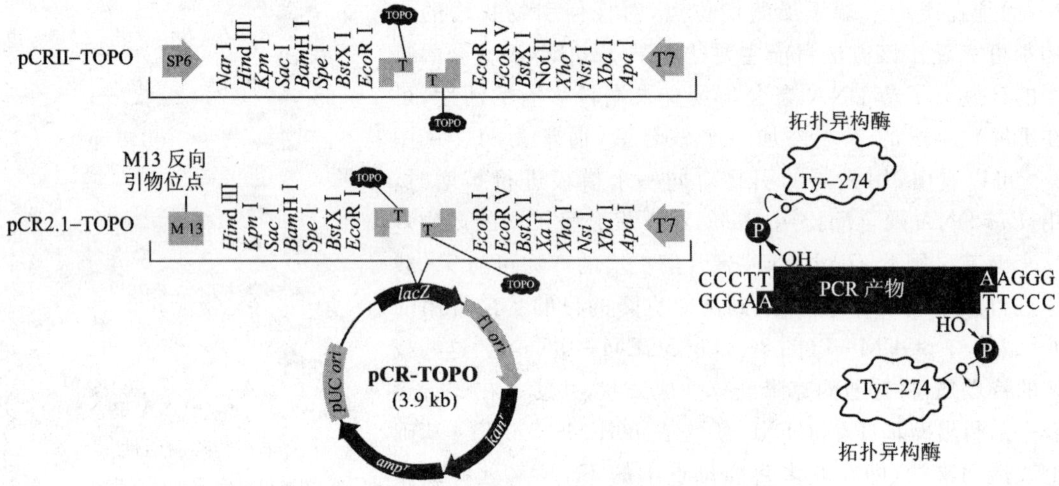

图 8-4　pCR-TOPO 载体及其工作模式图

左图为载体的图谱，右图为载体中拓扑异构酶的工作模式图

三、平末端 DNA 片段的克隆

用具有 3′→5′外切酶活性的 DNA 聚合酶扩增出来的产物，其末端是平末端。为了高效克隆平末端的 DNA 片段，商业公司开发了一些专用的试剂盒，其核心部分是载体。

1. pPCR-Script Amp SK(＋)克隆载体

该载体从 pBluescript Ⅱ SK(＋)噬菌粒改造而来，只是将多克隆位点中的 *Xba* Ⅰ 和 *Spe* Ⅰ 位点改成 *Srf* Ⅰ 位点(5′-GCCC/GGGC-3′)。克隆 DNA 片段时，先将载体用 *Srf* Ⅰ 切成线状，再与目的 DNA 片段混合作连接反应。在连接体系中除了添加 T4 DNA 连接酶外，还加入 *Srf* Ⅰ酶。在这个反应体系中，当载体发生自连后，*Srf* Ⅰ酶又会将其切开，载体就处于酶切与连接的动态平衡中。只有当载体与目的 DNA 片段连接后，酶学反应才能稳定下来，从而将总体反应平衡向载体与目的 DNA 片段连接这个方向倾斜（图 8-5）。这样的连接反应混合物表现出很高的连接效率，在转化大肠杆菌后通过 α-互补筛选出现 80%以上的白色菌落，其中 90%以上是阳性克隆子。

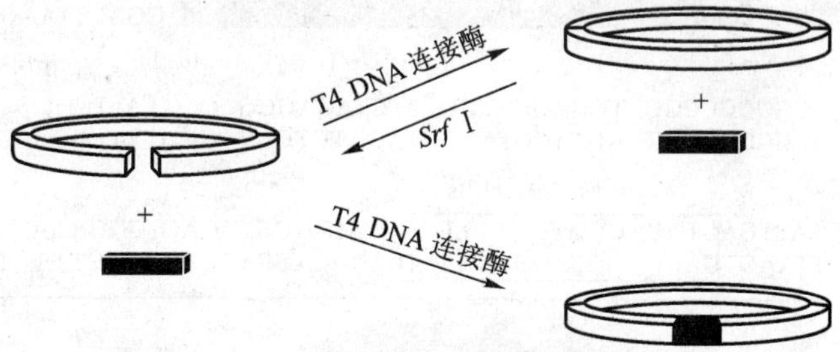

图 8-5　pPCR-Script Amp SK(+)载体克隆平末端 DNA 示意图

2. pCR-Blunt 克隆载体

pCR-Blunt 是另一种用于提高克隆平末端片段效率的载体，该载体最大的特点是在 *lacZ′*基因的下游融合了一个 *ccdB* 基因（图 8-6），该基因对大肠杆菌是致死的。该载体大小为 3.5 kb，含卡那霉素抗性基因和 zerocin 抗性基因。在克隆外源平末端 DNA 片段时，先将载体切成线状，再与目的 DNA 连接，然后转化大肠杆菌。如果载体发生自连，获得这些载体的大肠杆菌宿主细胞就会死亡，只有当外源 DNA 片段与载体连接后，*ccdB* 基因的表达受到阻断，含有重组质粒的大肠杆菌才能存活下来。获得阳性重组的效率在 80%以上。

> 在 F 质粒上有一个控制死亡的 *ccd* 基因，由 *ccdA* 和 *ccdB* 组成，通过杀死分裂后不含 F 质粒的细胞而在遗传上维护 F 质粒的稳定。CcdB 蛋白对细胞是有毒的，干扰 DNA 旋促酶(gyrase)的活性，从而导致 DNA 的断裂和细胞死亡。而 CcdA 蛋白是 CcdB 蛋白的抑制蛋白。所以用于转化的大肠杆菌不能含有 F 质粒。

以上载体虽然可以高效地克隆平末端的 DNA 片段，但在实践操作上并不是必需的。用常规的方法克隆平末端 DNA 片段的效率虽不如这些载体高，但目的 DNA 是单一的、高浓度的，只要有转化子就够了，很高的转化率只不过是一种奢侈。但无论如何，通过对这两个载体的学习，不仅可以增长分子生物学的知识，还可进一步增强对基因工程工作方式的认识。

四、长片段 DNA 的 PCR 扩增

在常规的 PCR 反应中，其产物一般在 2 kb 以下。在 PCR 反应中，随着扩增片段的延长，扩增效率随之降低，困难也增加。在长片段的 PCR 扩增过程中，高温会降低缓冲液的缓冲能力，从而损害模板 DNA 和 PCR 产物；在高温下其他二价离子的存在会促进 DNA 的裂解；长片段 DNA 分子的变性比短片段困难；DNA 聚合酶与模板 DNA 的趋近和结合变得困难；错配碱基的掺入导致 DNA 聚合酶的作用不能正常发挥，从而限制产物的长度。为了提高扩增产物的长度，一方面改进缓冲体系，另一方面采用混合 DNA 聚合酶，即主体使用扩增效率高、延伸能力强的 *Taq* DNA 聚合酶；少量使用具有 3′→5′外切酶活性的高温 DNA

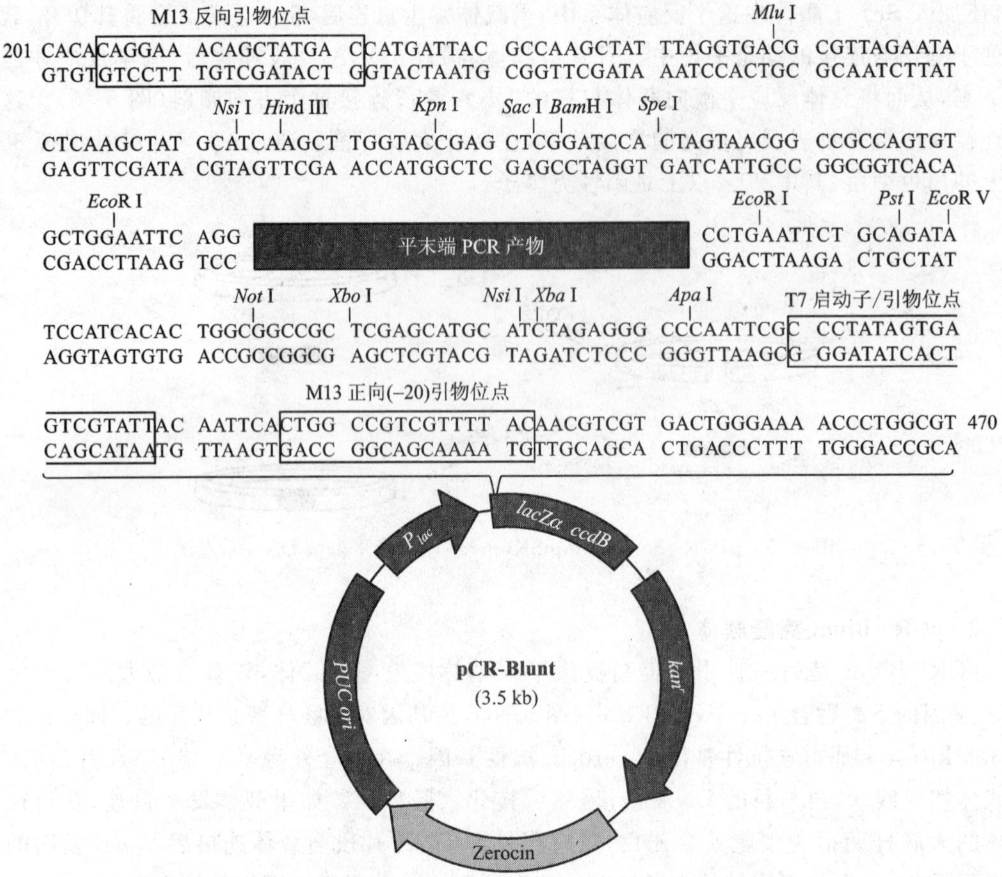

图 8-6 克隆平末端 DNA 的 pCR-Blunt 载体图谱

聚合酶(如 *Pfu* 或 *Pwo* DNA 聚合酶),及时切除不匹配碱基的掺入。这样可使扩增长片段 DNA 有效实施。如将 *Taq* DNA 聚合酶和 *Pwo* DNA 聚合酶结合起来的长片段 PCR 扩增试剂盒,可扩增长达40 kb的 DNA 片段(图 8-7)。

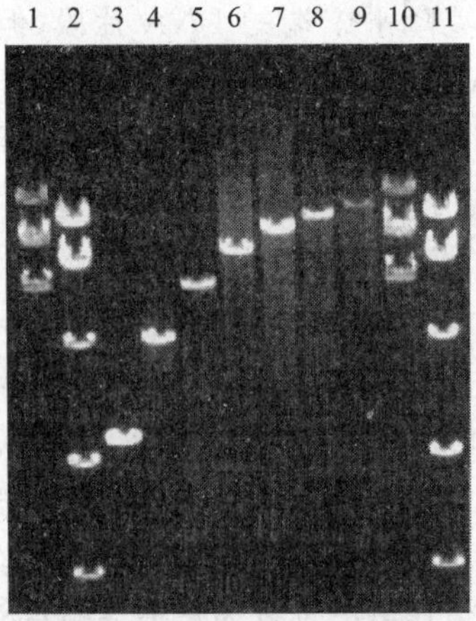

图 8-7 利用 PCR 长片段扩增体系扩增

λ噬菌体 DNA 10～40 kb 的片段

3～9 扩增片段的大小分别是 10、15、20、25、30、35 和 40 kb,其余为相对分子质量标准

第三节　PCR 扩增未知 DNA 片段

当获得一段 DNA 后，若要得到与其相邻的未知 DNA 片段，可通过染色体步查来完成。染色体步查是指从生物基因组或基因组文库中的已知序列出发，逐步获得或探知其相邻的未知序列或与已知序列呈共线关系的目的序列的核苷酸组成的方法和过程。在经典的染色体步查方法中，主要通过构建基因文库，采用一段分离自某一重组体一端的非重复 DNA 片段作为探针以鉴定含有相邻序列的重组克隆。该方法相对比较烦琐，适合长片段步查，而基于 PCR 的染色体步查技术相对而言则比较简便，适合于小片段步查。标准的 PCR 反应需要 2 个分别位于目的序列两端的引物，而在染色体步查时对目的序列只有一端是已知的，因此提供或设计 PCR 需要的另一个引物是利用 PCR 技术进行染色体步查的关键。

通过 PCR 技术进行染色体步查的方法很多，大致可分为 3 类，即利用载体或接头的 PCR 技术，利用引物错配的染色体步查技术，以及利用随机引物的染色体步查技术（TAIL－PCR）。在这些类型中还有不同的操作方式。以下介绍 3 种典型的方法。

一、反向 PCR

反向 PCR（inverse PCR）是一种简单的扩增已知序列周边未知序列的方法，其扩增的原理见图 8－8。首先用已知片段内部没有的限制性内切酶切割模板 DNA，再将酶切后的 DNA 片段连接成环状分子，其中至少有一个环状分子含有完整的已知片段。根据已知片段两端的序列设计反向引物，可将邻近的 DNA 片段扩增出来。为了提高反应的特异性，可再作一次巢式 PCR（nested PCR）。巢式 PCR 也称嵌套 PCR，是指在 PCR 完成以后，以 PCR 产物为模板，根据引物内侧的序列设计新引物所做的 PCR。巢式 PCR 中的第二次扩增可减少或排除第一次扩增中出现的非特异性扩增。

通过 Southern 杂交获得该已知 DNA 片段及其周围序列的限制性酶切位点的信息，有助于选择合适的限制性内切酶来消化模板 DNA，使待扩增的 DNA 片段不会太大。一般在 4 kb 左右可得到较好的综合效果。反向 PCR 技术主要用于克隆已知 DNA 片段周边的未知 DNA 片段，即染色体步查，以及从总 RNA 中克隆未知 cDNA 序列、研究病毒序列、转基因和转座子等的整合位点区域的序列。

二、利用接头的 PCR

这类方法的第一步通常都是将基因组 DNA 用限制性内切酶切割，然后将序列已知的接头片段连接到酶切片段两端，以提供 PCR 需要的另一端引物。根据已知序列设计的引物和根据接头序列设计的引物，可以将已知序列侧翼的未知序列扩增出来。接头的种类多种多样，以下介绍一种利用 3′端修饰的接头方法。

在 3′端修饰的接头方法中，该接头一端为平末端，另一端为长长的 5′突出末端，而且在 3′凹端带有一个修饰的氨基（$—NH_2$），修饰的末端在 PCR 扩增时不能作为引物启动 DNA 的合成。首先选择合适的酶切位点酶切总基因组，将人工合成的接头连接在酶切片段两端，然后再作 PCR 扩增。PCR 扩增的引物是根据接头的突出末端序列而设计的引物 LP1 和 LP2，以及根据已知序列设计的引物 SP1 和 SP2（图 8－9）。在 PCR 扩增过程的第一个延伸反应中，接头引物 LP1 无模板配对，只有特异引物 SP1 起作用延伸出一条单链。在第二个

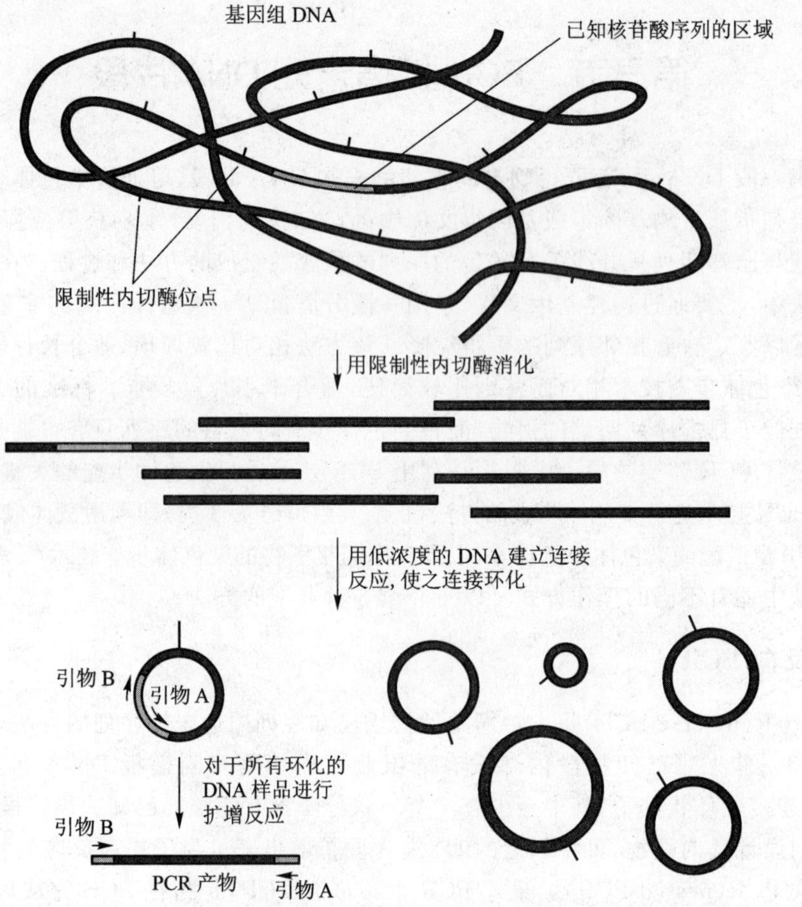

图 8-8　反向 PCR 原理示意图

延伸反应中，接头引物才能以第一个反应中延伸出的单链为模板开始扩增。在以后的扩增轮次中，接头引物 LP1 和特异引物 SP1 能将未知序列扩增出来。为了进一步减少非特异性扩增的产物，可用接头引物 LP2 和特异引物 SP2 做一次巢式 PCR。

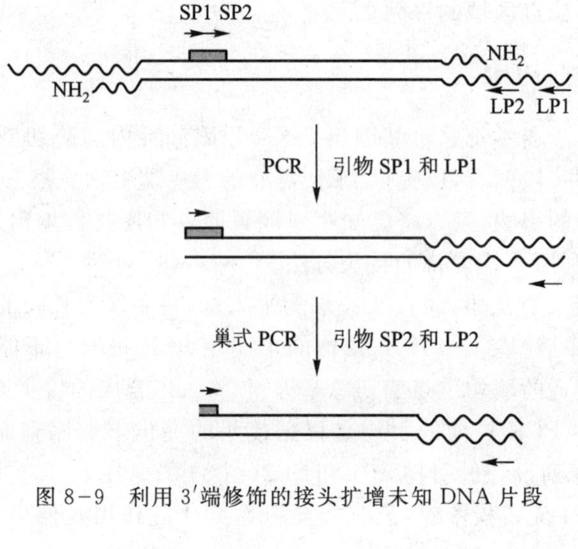

图 8-9　利用 3′端修饰的接头扩增未知 DNA 片段

三、热不对称交错 PCR

热不对称交错 PCR，即 TAIL-PCR(thermal asymmetric interlaced PCR)，是一种利用随机引物进行染色体步查的技术。在其他利用随机引物进行染色体步查的技术中，由于无法有效地控制由随机引物引发的非特异产物的产生，一直未得到广泛应用。而 TAIL-PCR 巧妙地解决了这个问题(图 8-10)。

在利用特异引物和随机引物进行的 PCR 中一般会产生 3 种产物，包括由特异引物和随机引物共同延伸产生的Ⅰ型产物；由特异引物单独延伸生成的Ⅱ型产物；两端由随机引物延伸生成的Ⅲ型产物。其中Ⅰ和Ⅱ型产物中的非特异性产物可以用嵌套特异引物进行嵌套 PCR 除去。但Ⅲ型产物是主要的非特异性产物，很难去除。

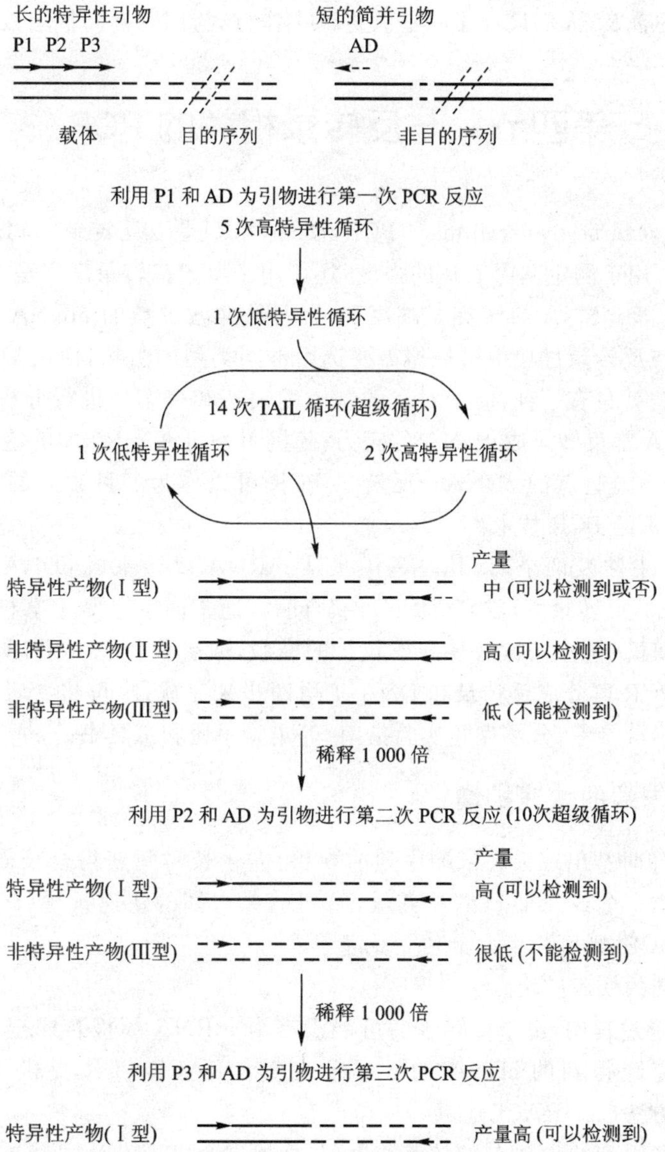

图 8-10　TAIL-PCR 工作流程图

TAIL-PCR用特殊的热循环程序使PCR反应有利于Ⅰ型产物的扩增，而抑制Ⅲ型非特异性产物。其中使用了较长的高退火温度的嵌套特异引物和较短的低退火温度的随机简并引物，它们的退火温度明显不同。通过控制退火温度可控制何种引物占优势，从而控制产物的扩增。首先，进行5轮高严谨度的扩增，此时主要是特异性的引物起作用，单向扩增目的单链DNA。然后进行一个低严谨度PCR循环，随机简并引物可以起作用，此前线性扩增的目的DNA产物可变成双链。在随后的扩增中高严谨度和中严谨度循环交错进行，使目的序列的扩增大大超过非特异性产物，从而控制特异产物和非特异产物的生成比例（图8-10）。然后再使用一个嵌套特异性引物进行第二次TAIL-PCR，可以得到大量的特异性产物。一般进行两次TAIL-PCR反应就可以把非特异性扩增降下来。如果在第二次反应后仍然有明显的非特异性产物，就有必要进行第三次TAIL-PCR反应。

TAIL-PCR由于具有简便以及特异性高等优点已在分子生物学研究的各个领域广泛应用。随着应用的普及，人们设计了一些改进的工作方式，用以提高扩增效率。

第四节　与反转录相关的PCR

反转录PCR（reverse transcriptase-PCR，RT-PCR）是以反转录的cDNA作模板所进行的PCR反应，可用于测定基因表达的强度，还可用于鉴定已转录序列是否发生突变，呈现mRNA多态性，克隆mRNA的5′和3′端序列，以及从非常少量的mRNA样品构建大容量的cDNA文库。在反转录过程中可根据需要选用不同类型的引物，使用基因特异性的引物时cDNA第一条链就只有一种，便于对目的基因的表达和多态性进行分析；多聚T引物具有将所有的mRNA都反转录成cDNA的潜力；随机引物可在mRNA的绝大多数部位启动反转录，产生一群不同起点的cDNA。反转录PCR可以作为一种独立的操作技术加以应用，也可演变成特殊的PCR技术。

在RT-PCR中涉及两个酶，其一是用来从mRNA反转录成cDNA的反转录酶，如AMV或Mo-MLV反转录酶，或*Tth* DNA聚合酶。通常使用多聚T寡核苷酸做引物（有时也用6核苷酸随机引物）来扩增复杂或较长的模版，或者获得总mRNA对应的完整cDNA序列。RT-PCR可分成反转录和DNA扩增两步来完成，也可将二者合在一起一步完成。详细操作方案可参考《分子克隆实验指南》等实验手册和工具书。

一、cDNA末端的快速扩增

在cDNA克隆时常出现丢失末端序列的现象，需较长时间获得全长cDNA克隆，并且筛选文库只能回收一个或几个cDNA克隆，而cDNA末端的快速扩增（rapid amplification of cDNA end，RACE）则可产生大量独立克隆。

1. cDNA 5′端的快速扩增

在cDNA克隆过程中，由于反转录酶可能没有沿mRNA模板合成全长的cDNA第一条链，常常导致克隆得到的cDNA的5′端不完整。RACE PCR提供了一种快速扩增cDNA 5′末端的方法（5′-RACE）。

首先测定已经得到的cDNA的核苷酸序列，根据这个序列设计一个与靠近5′端区域序列对应的特异性引物（如GSP1），并以这个引物引导反转录合成新的cDNA第一链，如图8-11所示。然后用RNase降解模板mRNA，并纯化cDNA第一链；用末端转移酶在

cDNA 第一链 3′端加上同聚物尾，如 poly(C)。最后用特异性引物 GSP2 和复合引物(abridged anchor primer，该引物由两部分组成，靠 3′端为同聚物 G，靠 5′端为带有酶切位点的固定序列)对加了尾的 cDNA 第一链作 PCR 扩增，从而得到含有 cDNA 5′端的 DNA 片段。为了提高反应的特异性可再作一次巢式 PCR。

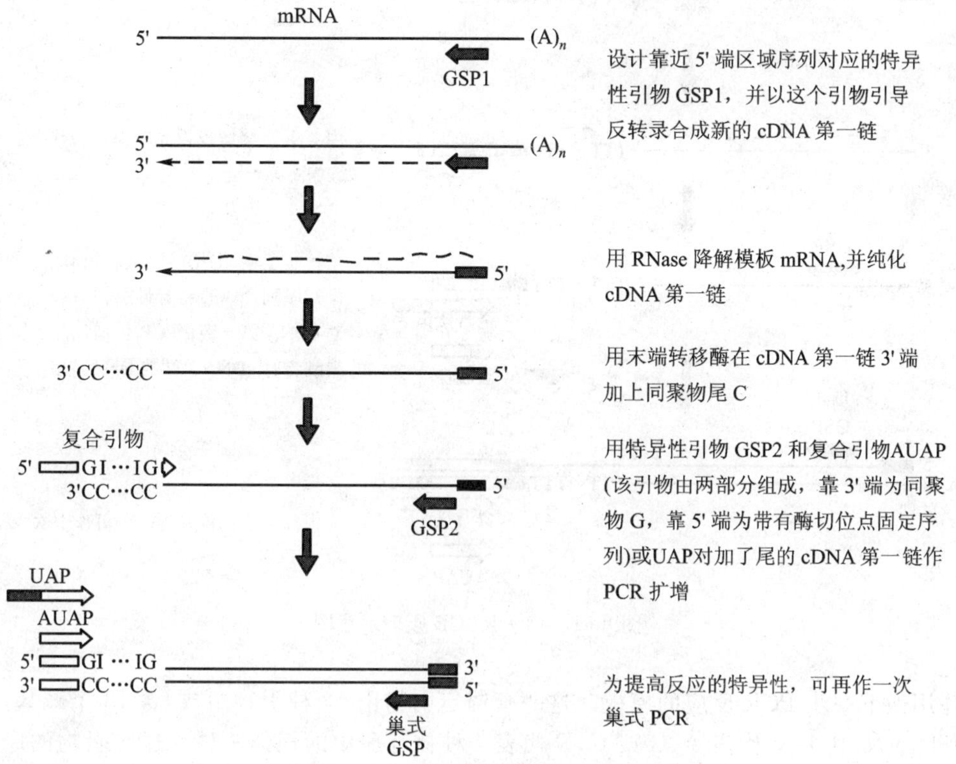

图 8-11　5′-RACE 原理示意图

2. cDNA 3′端的快速扩增

在 cDNA 克隆时偶尔会得到 3′端序列缺失的克隆，利用类似 5′-RACE 的方法可以快速扩增 cDNA 的 3′端序列(3′-RACE)。首先用一个接头引物合成 cDNA 第一链。该引物由两部分组成，靠 3′端为同聚物 T，靠 5′端为带有酶切位点的固定序列。然后用 RNase 降解模板 mRNA，纯化 cDNA 第一链；用接头引物和根据已知序列合成的特异性引物 GSP 对 cDNA 第一链作 PCR 扩增，从而得到含有 cDNA 3′端的 DNA 片段。同样，为了提高反应的特异性可再作一次巢式 PCR。图 8-12 为 3′-RACE 的原理示意图。

二、差异显示 PCR

差异显示 PCR(differential display PCR，DD-PCR)是用于检测相似生物材料的基因表达谱差异的一种方法，是 PCR 和反转录有机结合并深化应用的产物。生物的不同组织器官、不同的发育阶段、不同的生理状态以及基因突变或外源基因的导入都会导致基因表达谱的变化，差异显示 PCR 可以检测几乎所有表达的基因，是鉴定基因表达差异的最灵活和最完善的方法。

差异显示 PCR 方法包括 3 个基本步骤和 2 个附加步骤，如图 8-13 所示。

第一步，用一套锚定引物对待检测的 2 个材料的 mRNA 作反转录，合成 cDNA 第一

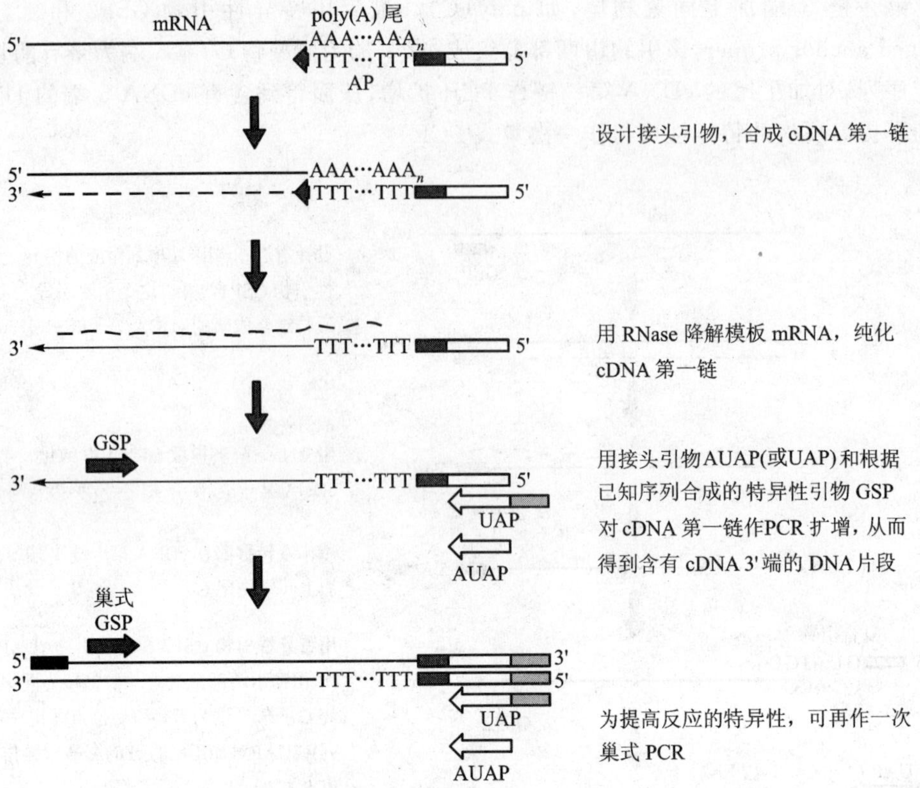

图 8-12　3′-RACE 原理示意图

链，并用做下一步 PCR 反应的模板。这一套锚定引物由 12 种引物组成，含 13 个碱基，其序列为 T_{11}VN，其中 V 代表 A、G 或 C，N 代表 4 种核苷酸中的任何一种。这些引物的序列对应于 mRNA 3′端的多聚尾 poly(A)及其 5′端 2 个碱基，这套引物中的任何一个几乎可以引导总 mRNA 中 1/12 的种类进行反转录反应。这样一来，就可以通过分别用一种引物引导反转录将 cDNA 第一链分成 12 个组分。据估计，一个细胞大约表达 15 000 个基因，那么每一个 cDNA 组分约含代表 1 250 个不同基因的 cDNA。

第二步，用一套随机引物和锚定引物对每一个 cDNA 组分进行 PCR 扩增。用于反转录的锚定引物作为 PCR 反应的下游引物，上游引物是由 10 个核苷酸组成的随机序列寡核苷酸。据理论计算，如果需要显示每一种 mRNA，就需要 24～26 种不同的这类随机引物。以 24 种随机引物为例，当随机引物和锚定引物各自配对，对上述 12 个 cDNA 组分进行 PCR 扩增，可扩增出 288 组产物。每一组产物的大小一般在 100～500 bp 之间，数量在 10～100 之间。

第三步，通过电泳分离产生的 PCR 产物。一般使用聚丙烯酰胺测序凝胶分离扩增的产物，这样可以将彼此大小相差 1 个碱基的产物分辨出来。比较待检测的两个样品的电泳图谱差异，特有的电泳条带就有可能是该样品特异表达的基因扩增出来的产物。

第四步，从凝胶中回收特异显示的 DNA 条带，以此 DNA 作模板再次作 PCR 扩增，将扩增产物克隆到载体上并测定其核苷酸序列。

第五步，以克隆到的特异显示的 DNA 作探针，用 RNA 分析技术(如 Northern 杂交、狭线杂交、或斑点杂交)验证差异表达的真实性。

通过差异显示 PCR 已经成功检测了正常细胞与肿瘤细胞、正常细胞与衰老细胞、激素

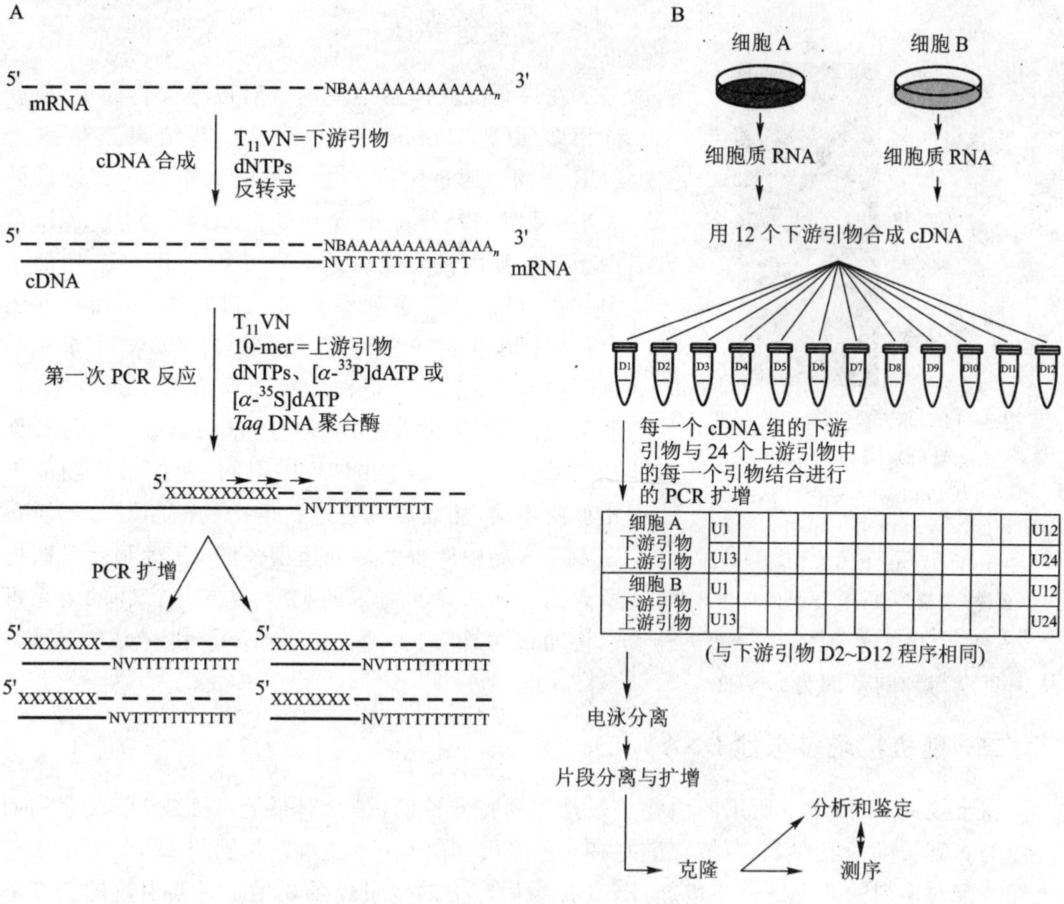

图 8-13　DD-PCR 原理示意图

A. DDRT-PCR 分析的原理。N 代表 4 种核苷酸中的任何一种，V 代表除 T 之外的其他核苷酸。B 代表除 A 之外的其他核苷酸。B. 证实差异调节及鉴定差异表达基因的 DDRT-PCR 分析的实验流程图

处理与未处理细胞、不同发育阶段或不同组织器官的细胞等的表达差异，对于获得特异表达的基因提供了一种有效工具。但是差异显示 PCR 是一项既有很高理论期望值又有许多实际问题的技术方法，在使用时要做好充分的准备。DNA 芯片技术可在基因组水平上检测基因表达谱，从而在基因差异表达的显示方面表现一定的优势。近几年广泛采用的高通量转录组测序能更好地展现表达谱及表达差异。

第五节　PCR 产生 DNA 指纹

通过 PCR 技术可以方便快捷地鉴定生物样品中是否含有特定的 DNA 序列，从而广泛用于物种或品系的鉴定，以及临床样本的诊断、病原物的污染鉴别和法医鉴定等。最简单的莫过于设计一对引物或几对引物，通过 PCR 扩增来检测样品中特定 DNA 的存在。但在许多情况下通过一对引物或几对引物的 PCR 扩增难以对遗传背景相似或相近的样品进行区分或作出鉴定。通过特定的引物设计或扩增方式来产生样品的 DNA 指纹图谱，在一定程度上可以解决这个问题。

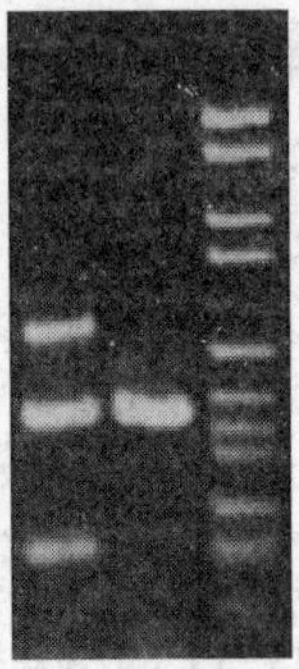

图 8-14　苏云金芽胞杆菌杀虫晶体蛋白基因的 PCR 鉴定

图中 1 为利用 *cry1A* 基因特异性的混合引物对该菌株扩增出大小对应于 *cry1Aa*、*cry1Ac* 和 *cry1Ab* 基因的 PCR 产物；2 为从某菌株中克隆到的 *cry218* 基因经 PCR 鉴定属于 *cry1Ac* 基因；M 为相对分子质量标准

一、多重 PCR

在一个反应体系中使用一对以上引物的 PCR 就称为多重 PCR（multiplex PCR），其结果产生多个 PCR 产物。通过比较扩增产物的大小和预期设计的大小，可以判断样品中含有哪些基因。多重 PCR 可用于等位基因的鉴定。若在一个品种中多个相似基因共存，可设计一系列引物对其进行鉴定，如在苏云金芽胞杆菌种群中存在 70 多个类群 700 多个杀虫晶体蛋白基因，在一个菌株中可能含有多个杀虫基因，通过多重 PCR 可以鉴定所含的基因类型。对每种类型的基因设计特异性的 PCR 引物，使扩增产物的大小彼此不同，从而可以通过扩增产物的相对分子质量来判断样品中所含的基因类型。图 8-14 显示某菌株所含的 *cry1A* 杀虫基因的类型，从扩增产物的大小可以说明该菌株含有 *cry1Aa*、*cry1Ab* 和 *cry1Ac* 基因，从中克隆得到的基因为 *cry1Ac*。

二、随机扩增多态性 DNA

在常规 PCR 扩增中所用的引物一般是序列特异性的，是针对某个基因或 DNA 序列而设计的。其长度一般在 20 个核苷酸左右。随着引物的长度缩短，在基因组 DNA 上出现与之互补配对序列的几率进一步增加，PCR 扩增后产物的数量也随之增加。当引物的长度缩短到一定程度后，单一引物就可以扩增出多个 DNA 产物。根据这一现象，人们设计出一种建立随机扩增多态性 DNA（random amplified polymorphic DNA，RAPD）的方法。

用长度为 10 个或 11 个碱基的单一固定序列引物（arbitrary primer）可扩增出随机大小的 DNA 片段，产生 DNA 片段的多态性，也就是 DNA 指纹。常用做遗传学上的分子标记，用于遗传图谱分析或基因组 DNA 的多态性分析。对遗传背景相似的不同样品，用不同的引物扩增可产生不同的指纹，也可能产生相同或相似的指纹。因此在作多态性分析时，要对引物进行筛选，找到最大限度展示多态性的引物或引物组合。

随机选择的引物在一定反应条件下只要求引物能起始 DNA 合成，而不管此时引物和模板的配对是否完全。对任一特定引物，它同模板 DNA 有多个特定的结合位点，在模板的两条链上都有结合的位置，当引物的 3′端相距在一定的长度范围之内，就可以扩增出 DNA 片段，其中最有效的那些反应在扩增过程中互相竞争而产生 PCR 产物，有的只有几个主要 PCR 产物，有的则包括 100 多个。该方法一般用于遗传变异较大的物种的遗传分析。

三、扩增片段长度多态性

扩增片段长度多态性（amplified fragment length polymorphism，AFLP）分析是针对基因组 DNA 的限制性酶切片段进行选择性 PCR 扩增而建立 DNA 指纹的技术。首先将基因组 DNA 以两种限制性内切酶完全切割，之后再将合成的并与这两个限制酶产生的末端相对应的接头（adapter）与酶切 DNA 片段的两端连接。然后以含有接头序列和酶切位点序列的引物对连接产物作 PCR 扩增。最后利用聚丙烯胺凝胶电泳对 PCR 产物进行分离，从而产生DNA指纹。

在该技术中,PCR引物的设计是一项关键因素。如果引物的序列完全由接头的序列和酶切位点的序列组成,那么PCR扩增将没有选择性,对所有的模板都可能扩增,这样扩增出来的产物数量将太大,难以对产物用聚丙烯酰胺凝胶电泳进行分离,达不到建立指纹的目的。为此,在引物的3′端增加2～3个碱基(其序列可自行设计),从而选择性地扩增,产生50～100个产物。这些产物可有效地进行分离检测,进而建立DNA指纹。典型的操作是将基因组DNA用*Eco*RⅠ和*Mse*Ⅰ作双酶切,然后用合成的接头与酶切产物连接。PCR引物由3部分组成,其5′端核心部分为对应接头的序列,紧接3′端为酶切位点的序列,3′端为3个选择性核苷酸序列,其序列延伸至酶切片段内部。选用不同的选择性核苷酸序列会产生不同的DNA指纹。

*Eco*RⅠ接头	*Mse*Ⅰ接头
5′-CTCGTAGACTGCGTACC	5′-GACGATGAGTCCTGAG
CATCTGACGCATGGTTAA-5′	TACTCAGGACTCAT-5′

引物名称	核心	酶切位点	延伸
*Eco*RⅠ	5′-GACTGCGTACC	AATTC	NNN-3′
*Mse*Ⅰ	5′-GATGAGTCCTGAG	TAA	NNN-3′

由此可以看出,AFLP是针对基因组限制性酶切片段进行PCR扩增的技术,因此亦属于以PCR反应为基础的分子标记。与RAPD相比,结果的重复性进一步提高,蕴藏的信息以及指纹的精度也进一步加大。

第六节 实时定量PCR

通过PCR扩增可以检测模板样品中目的DNA或RNA分子的含量。由于PCR扩增以指数方式进行,因此根据最后累积的产物的数量似乎可以推算出起始模板分子的拷贝数。但实际上通过这种末端测量产物方式进行定量分析会带来很大的误差。因为在扩增过程中不可能每一轮反应的扩增效率都是100%,在任何一个循环中扩增效率的细微差异都可能导致最终扩增产物累积的差异。

通过特定设计的PCR仪器来实时检测PCR扩增过程每一轮循环产物的累积数量,可以很好的推算模板的起始浓度。这种工作方式就称为实时定量PCR(real-time PCR)。同时由于在检测过程中通过检测标记的荧光信号的累积来实时监测整个PCR进程,最后通过标准曲线对未知模板进行定量分析,所以亦称实时荧光定量PCR。该技术于1996年由美国Applied Biosystems公司设计并推出,实现了PCR从定性到定量的飞跃。实时PCR提供PCR扩增的瞬时信息,可以在一种巨大的动力学范围内测量核酸分子的浓度,能够识别扩增效率的差异并对其进行补偿。

一、实时荧光定量PCR的定量方式

实时荧光定量PCR依赖于荧光检测PCR仪,该仪器可同时进行PCR扩增和荧光产物浓度的检测,能记录整个扩增过程中产物累积的动态变化。

在荧光定量PCR过程中通过荧光信号的强度来显示在每一轮反应中新增产物的数量。在PCR扩增的前期循环中,荧光信号的强度呈现平缓的波动状态,经过一定数量的扩增循

环后荧光信号的强度由本底进入指数增长阶段。将荧光信号由本底进入指数增长阶段的拐点所对应的荧光强度设定为阈值(threshold),荧光信号达到阈值所对应的循环次数称为 C_t 值。实验操作中,C_t 值是指在基线上方产生可检测到的统计学上显著的荧光强度所对应的PCR循环次数。在指数扩增的开始阶段,样品间的细小误差尚未放大,因此该 C_t 值具有极好的重复性。

阈值的设定非常重要,一般PCR反应的前15个循环的荧光信号作为荧光本底信号,荧光阈值定义为基线范围内荧光信号强度标准偏差的10倍(图8-15)。基线范围是指从第3个循环起到 C_t 值前3个循环止,其终点要根据每次实验的具体数据调整,一般取第3到第15个循环之间。早于3个循环时,荧光信号很弱,扣除背景后的校正信号往往波动比较大,不是真正的基线高度;而在 C_t 值前3个循环之内,大多数情况下荧光信号已经开始增强,超过了基线高度,不宜当作基线来处理。C_t 值取决于阈值,阈值取决于基线,基线取决于实验的质量,C_t 值是一个完全客观的参数。正常的 C_t 值范围在18～30之间,过大或过小都将影响实验数据的精度。

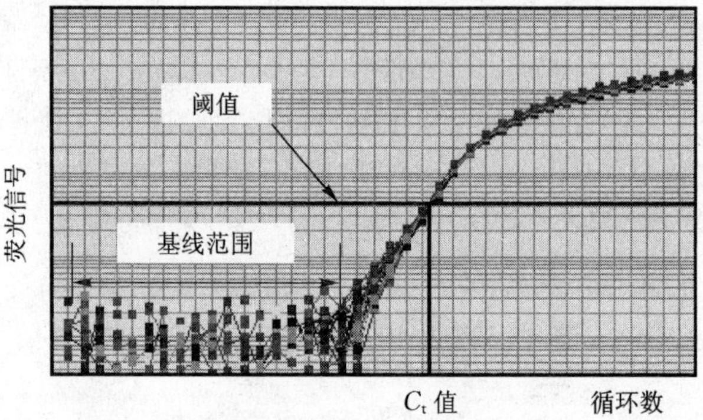

图8-15　C_t 值和阈值

C_t 值与起始模板拷贝数的对数呈线性关系。起始拷贝数越多,C_t 值越小。利用已知起始拷贝数的标准品可作出标准曲线,因此只要获得未知样品的 C_t 值即可从标准曲线上计算出该样品的起始拷贝数。

二、荧光标记方式

通过一定方式的荧光标记,其荧光强度可以反映PCR产物的数量或特定PCR产物的数量。主要有3种荧光标记方式。

1. SYBR 荧光染料

SYBR荧光染料(SYBR Green Ⅰ)可结合到双链DNA的小沟中,与双链DNA结合后才发荧光,不掺入链中的SYBR染料分子不会发射荧光信号。因此,通过荧光强度的变化,可探测产物增长的数量。该荧光染料的最大吸收波长约为497 nm,最大发射波长约为520 nm。SYBR荧光染料在核酸的实时检测方面有很多优点,如通用性好、灵敏度很高、价格相对较低。但由于对DNA模板没有选择性,因此特异性不强,不如 *Taq*Man 探针。要想得到比较好的定量结果,对PCR引物设计的特异性和PCR反应的质量要求比较高。

2. 水解探针(*Taq*Man 探针)

*Taq*Man 探针是一种寡核苷酸探针,其序列对应于待扩增的目的 DNA 内部的序列。在其 5′端连接一个荧光基团(reporter,R),而在 3′端则连接一个荧光淬灭剂(quencher,Q)。当完整的探针处于游离或与目的序列配对时,荧光基团与淬灭剂接近,发射的荧光被淬灭剂吸收,荧光强度很低。但在进行 PCR 延伸反应时,*Taq* DNA 聚合酶的 5′外切酶活性将探针进行酶切,使得荧光基团与淬灭剂分离,荧光基团便可激发出荧光。每扩增一条 DNA 链,就有一个荧光分子形成,实现了荧光信号的累积与 PCR 产物形成完全同步。随着扩增循环数的增加,释放出来的荧光基团不断积累,而且所发射的荧光强度直接与 PCR 扩增产物的数量呈正比关系。如图 8-16 所示。

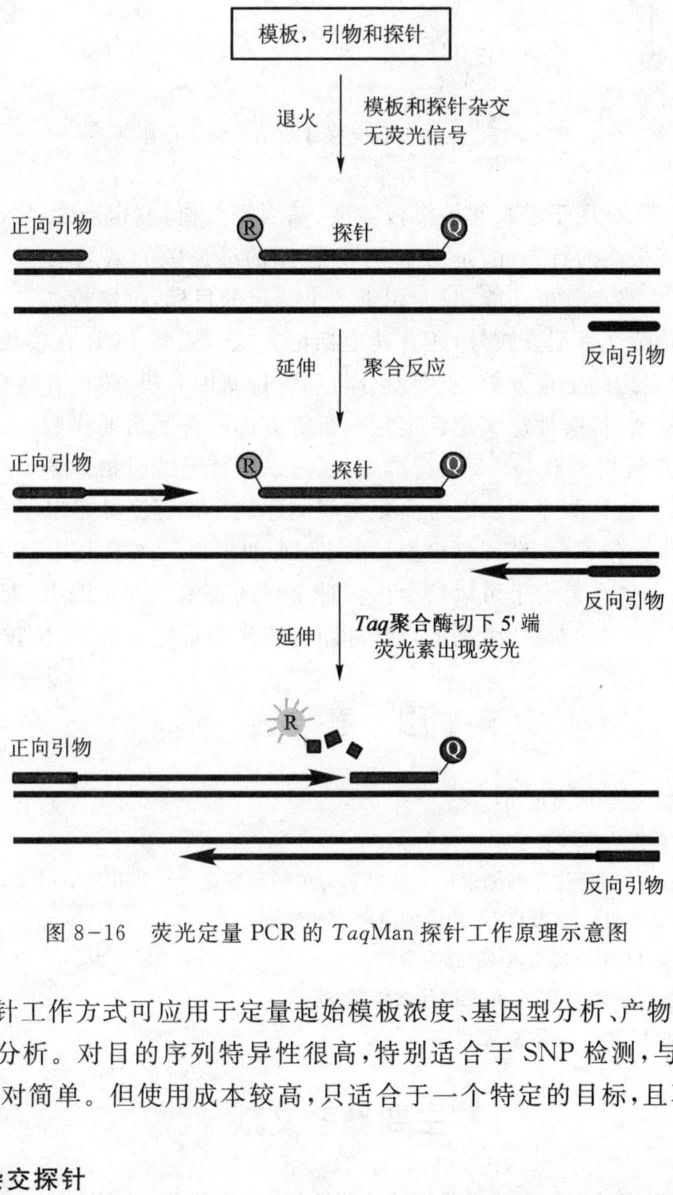

图 8-16 荧光定量 PCR 的 *Taq*Man 探针工作原理示意图

*Taq*Man 探针工作方式可应用于定量起始模板浓度、基因型分析、产物鉴定以及单核苷酸多态性(SNP)分析。对目的序列特异性很高,特别适合于 SNP 检测,与 Molecular Beacons 相比设计相对简单。但使用成本较高,只适合于一个特定的目标,且不能进行融解曲线分析。

3. 发夹型杂交探针

发夹型杂交探针(Molecular Beacons)也是加入了荧光基团和淬灭基团的探针。但在结构上是环状的寡核苷酸探针,由茎部和环部组成,其中茎由互补配对的序列组成,环与目的序列完全配对。探针分子的两端分别标记荧光报告基团和荧光淬灭基团，在无靶序列的情况下，探针始终是环状，报告基团的荧光被淬灭基团淬灭，检测不到荧光信号。当探针与靶序列结合后，荧光基团和淬灭基团分开，从而产生荧光，荧光信号的强弱代表了靶序列的多少（图 8-17）。

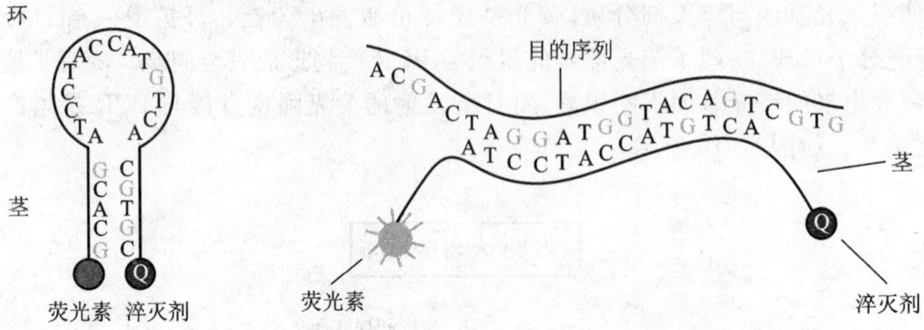

图 8-17　发夹型杂交探针的结构和工作原理

发夹型杂交探针可用于定量起始模板浓度、基因型分析、鉴定产物、SNP 检测。其优点在于对目的序列有很高的特异性，是用于 SNP 检测的最灵敏的试剂之一，荧光背景低。但探针的设计困难，无终点分析功能，只能用于一个特定的目标，价格较高。

除了上述 3 种荧光标记方式外，还有其他标记方式。定量 PCR 在模板 DNA 起始浓度的定量分析、基因表达的定量分析、点突变分析和等位基因分析、单核苷酸多态性分析、疾病有关基因甲基化检测、传染性疾病定性定量分析等方面发挥了重要作用。

PCR 技术还广泛用来对 DNA 进行诱变，通过设计特定的引物介导定点诱变（第十章）；将 PCR 技术应用于核苷酸序列测定可简化常规测序的操作程序并带来革命性的改进（第九章）；通过细胞或组织作原位 PCR 可检测目的 DNA 的定位。PCR 技术是一种基础性技术，是一种平台技术，在这个舞台上可以衍生出多种多样的技术。在实践中，人们可以根据操作方式、模板的形式、应用的对象、引物的设计和组合等来设计特定的 PCR 技术。

思　考　题

1. 如何理解 PCR 扩增的原理和过程？
2. PCR 扩增的温度有哪些要求？
3. 通过 PCR 技术扩增已知序列侧翼的未知序列的关键问题是什么？用 PCR 作染色体步查有何特点？
4. PCR 产物的克隆与一般的 DNA 片段的克隆有何异同点？
5. 为什么在定量 PCR 中要引入 C_t 值的概念？
6. 在 DNA 多态性研究中 PCR 可发挥什么作用？
7. 有哪些方式可以制备 A/T 克隆载体？

主要参考文献

1. 迪芬巴赫 C W，德维克勒 Q S. PCR 技术实验指南. 北京：科学出版社，1998
2. 韩志勇，沈革志. 基于 PCR 的染色体步行技术. 高技术通讯，2000，11：102-105，110
3. Liu Y G，Mitsukawa N，Oosumi T，*et al*. Efficient isolation and mapping of *Arabidopsis thaliana*

T-DNA insert junctions by thermal asymmetric interlaced PCR. Plant J，1995，8(3)：457-463

4. Sambrook J，Russell D W. 分子克隆实验指南. 3版. 黄培堂等译. 北京：科学出版社，2002

5. 黄留玉. PCR最新技术原理、方法及应用. 北京：化学工业出版社，2004

6. Green M R，Sambrook J. Molecular Cloning：a laboratory manual. 4th ed. New York：Cold Spring Harbor Labratory Press，2012

（孙明）

第九章

DNA 序列分析

自 1868 年 Miescher 发现核酸，1952 年 Hershey 和 Chase 证明 DNA 是遗传物质，1953 年 Watson 和 Crick 提出 DNA 双螺旋结构模型，20 世纪 70 年代 DNA 重组技术和 1982 年 PCR 技术的发展，到本世纪初人类基因组序列图的绘制完成，人们逐步揭开了由 DNA 序列决定的复杂、多样的生命界的"神秘面纱"，而解析这些基因的功能成为生物科学工作者的主要课题。为此，首先必须设法知道目的基因的核苷酸排列顺序，即 DNA 测序。DNA 测序是基因操作最基本的技术之一。

传统的 DNA 测序方式主要由两种，即 Maxam–Gilbert 化学降解法和双脱氧链终止法(Sanger 酶学法)，依其开发的测序技术也称第一代 DNA 测序技术。此外，近年来发展出以高通量为主要特征的第二代 DNA 测序技术和基于单分子读取技术的第三代测序技术，这些技术的应用使得 DNA 序列测定更准确、更快速、成本更低。本章将分别对这些测序技术的基本原理进行介绍。

第一节　第一代 DNA 测序技术

第一代 DNA 测序技术主要基于 Maxam–Gilbert 化学降解法和双脱氧链终止法(Sanger 酶学法)的原理，当今使用最广泛的荧光自动 DNA 测序技术是由后者衍生而来的。下面对它们的工作原理分别进行介绍。

一、Maxam–Gilbert 化学降解法测序技术

1977 年 A. M. Maxam 和 W. Gilbert 首先建立了 DNA 片段序列测定方法，该方法用特定化学试剂修饰不同碱基，并在该碱基处切断 DNA 片段，进而分析其序列，故称之为 Maxam–Gilbert 化学降解法。

1. 基本原理

将待测 DNA 片段的 5′端磷酸基团作放射性标记，再采用不同的化学方法对碱基进行化学修饰并打断此位点的核酸链，从而产生一系列 5′端被标记的长度不一且分别以不同碱基结尾的 DNA 片段，将这些片段群通过并列点样(lane–by–lane)的方式用凝胶电泳进行分离和放射自显影，即可读出目的 DNA 的碱基序列。其原理核心在于特定化学试剂可对不同碱基进行特异性修饰并在被修饰的碱基处(5′或 3′)打断磷酸二酯键，从而达到识别不同碱基种类的目的。

2. 化学降解测序法的基本步骤

化学降解测序法的基本步骤包括：对待测 DNA 片段 5′端磷酸基团作放射性标记；用化学修饰剂修饰特定碱基并降解 DNA 链；凝胶电泳分离末端被标记、以不同碱基结尾的不同长度 DNA 片段群；放射自显影检测末端标记的分子及读序。

模板 DNA(待测 DNA)的标记既可在 5′端也可在 3′端。通过核苷酸激酶用 ^{32}P 可对待测 DNA 一条链的 5′端进行标记。再用此单链为模板建立 4 个化学处理反应体系，分别加入能够修饰并破坏特定碱基的化学试剂，如用硫酸二甲酯(dimethylsulphate，DMS)、哌啶甲酸 (piperidine formate，pH2.0)、肼(hydrazine)、肼+NaCl(1.5mol/L)以及热碱等等，它们分别对碱基 G、A 或 G、C 或 T、C 以及 A 或 C 进行修饰(表 9-1)。结果，待测 DNA 链被随机切断，生成 5′端被 ^{32}P 标记、3′端分别断裂于 G、A 或 G、C 或 T、C 以及 A 或 C 的不同长度 DNA 片段群(测序时需要一定数量的模板 DNA)。这些片段经分辨率高的聚丙烯酰胺凝胶电泳按不同大小分离、放射自显影显示出长度不同的片段。由于在同一反应体系中得到的 DNA 片段其起始系列及标记端均相同，只有断裂部位不同，因此，根据片段长度即可知碱基在 DNA 序列中的位置，从而得到 DNA 的顺序(图 9-1)。标记用的放射性同位素主要有 $\gamma-^{32}P$([$\gamma-^{32}P$]ATP，[$\gamma-^{32}P$]GTP，[$\gamma-^{32}P$]TTP 或[$\gamma-^{32}P$]CTP)，或 $\gamma-^{33}P$。

3. 化学修饰试剂

用于修饰和降解 DNA 链的化学试剂和反应条件有多种，其化学反应和裂解的部位各不相同，详见表 9-1。硫酸二甲酯是一种碱性化学试剂，可以使 DNA 链上腺嘌呤(A)的 N_2 和鸟嘌呤(G)的 N_7 甲基化，但是，鸟嘌呤(G)的 N_7 甲基化速度比腺嘌呤(A)的 N_2 速度快 4～10 倍，并且在中性 pH 条件下，主要甲基化鸟嘌呤(G)。哌啶甲酸在酸性条件下可以水解 DNA 链上嘌呤的糖苷，导致 DNA 链脱嘌呤。热哌啶溶液(90 ℃，1mol/L)可在修饰位点两端使 DNA 的糖-磷酸链发生裂解。肼，又称联氨 $NH_2 \cdot NH_2$，在碱性条件下可以作用于胞嘧啶(C)和胸腺嘧啶(T)的 C_4 和 C_6 位置，可打开嘧啶环；在高浓度盐(1.5mol/L NaCl)条件下，肼则主要作用于胞嘧啶(C)；而在高温强碱条件下(90 ℃，1.2 mol/L NaOH)，则可使腺嘌呤位点发生剧烈的断裂反应，对胞嘧啶位点的反应较微弱。

表 9-1　Maxam-Gilbert 化学降解反应的化学试剂和化学反应

碱基体系	化学修饰试剂	化学反应	断裂部位
G	硫酸二甲酯	甲基化	G
A + G	哌啶甲酸，pH2.0	脱嘌呤	G 和 A
C + T	肼	打开嘧啶环	C 和 T
C	肼+ NaCl (1.5 mol/L)	打开胞嘧啶环	C
A>C	90 ℃，NaOH (1.2 mol/L)	断裂反应	A 和 C

哌啶(90 ℃，1 mol/L)在修饰位点两端使 DNA 的糖-磷酸链发生裂解

4. 化学降解测序法的应用

Maxam-Gilbert 化学降解测序法的测序长度大约为 250 个碱基。如果从 DNA 两端分别测定同一条 DNA 链，并相互参照测定结果，可得到准确的 DNA 序列。本方法对未经克隆的 DNA 片段可以直接测序；不需要进行酶催化反应，因此不会产生由于酶催化反应带来的误差。此外，该方法特别适用于测定含有如 5-甲基腺嘌呤、G+C 含量较高等特殊 DNA 片段以及短链寡核苷酸片段的序列。

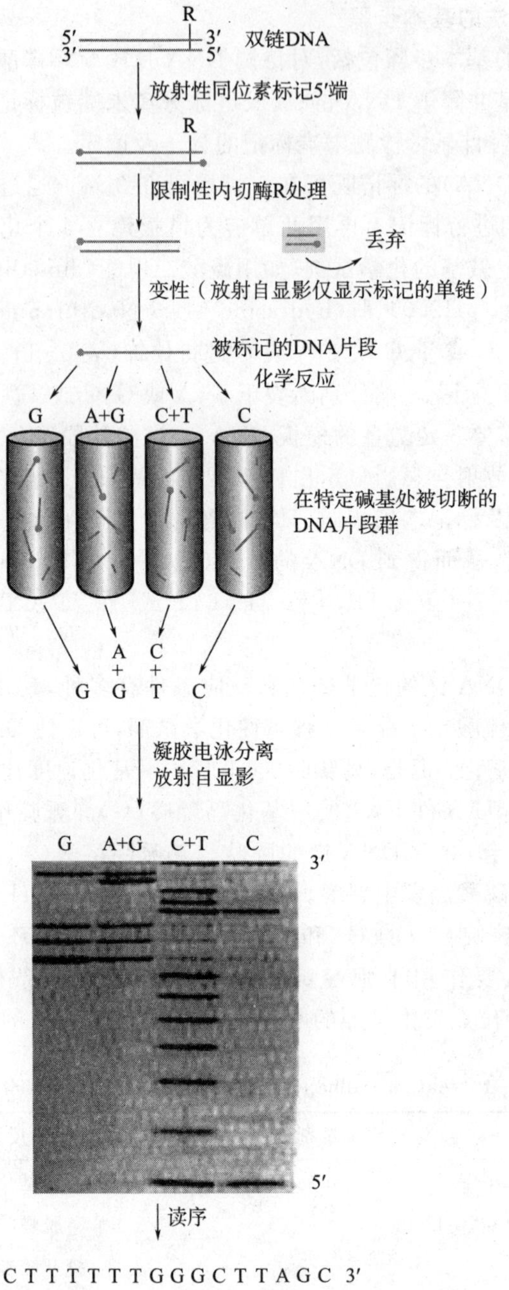

图 9-1　Maxam-Gilbert 化学降解法测序原理

二、Sanger 双脱氧链终止法

1977 年英国科学家 F. Sanger 利用 DNA 复制这一生物学特性，设计了一种通过 DNA 复制来识别 4 种碱基、得到 DNA 序列的方法，即双脱氧链终止测序方法(dideoxy chain termination)，或称 Sanger 酶学测序法。

1. 基本原理

双脱氧链终止测序方法巧妙地使用了双脱氧核苷酸 (dideoxynucleoside triphosphates，2′，3′-ddNTP，N 指 A，T，G 或 C)在同一个扩增(－OH)，它与正常情况下合成 DNA 的脱氧核苷酸(2′-脱氧核苷酸,deoxynucleoside triphosphates,2′-dNTP)的主要不同点在于 3′位置的羟基缺失。当它与正常核苷酸混合于同一个扩增反应体系中,在 DNA 聚合酶的作用下,虽然它也能够像 2′-脱氧核苷酸一样参与 DNA 合成,以其 5′位置的磷酸基团与上位脱氧核苷酸的 3′位置的羟基结合;但是,由于它自身 3′位置的羟基缺失,至使下位核苷酸的 5′磷酸基无法与之结合,使得正在合成的 DNA 链的合成反应终止于此双脱氧核苷酸 (图 9-2)。

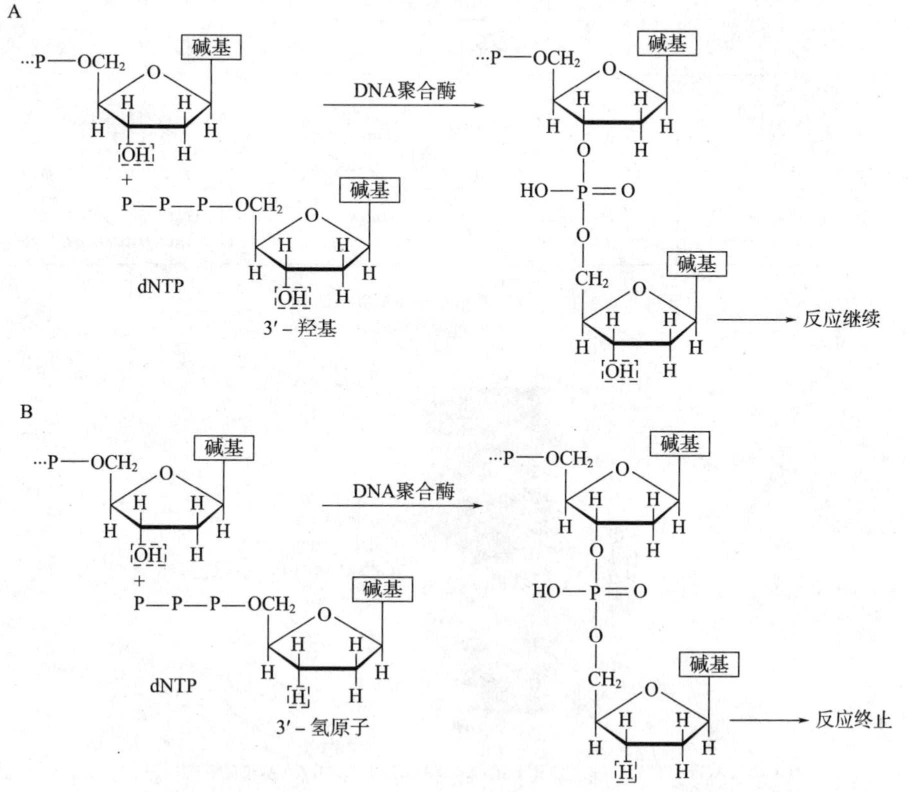

图 9-2　双脱氧核苷酸(ddNTP)分子的结构及 DNA 链合成终止反应
A. 正常的 DNA 合成反应;B. ddNTP 掺入到 DNA 合成反应后导致反应终止

基于双脱氧核甘酸的这种特性,Sanger 于 1977 年建立了以双脱氧链终止反应为基础的 DNA 序列测定的方法。该方法以待测单链或双链 DNA 为模板,使用能与 DNA 模板结合的一段寡核苷酸为引物,在 DNA 聚合酶的催化作用下合成新的 DNA 链。正常情况下的 DNA 聚合酶催化反应在其反应体系中包含 4 种脱氧核苷酸(dATP、dCTP、dGTP 和 dTTP),合成与模板 DNA 互补的新链。当向这个反应体系中加入一种双脱氧核苷酸(ddATP、ddCTP、ddGTP 或 ddTTP)后,在 DNA 合成过程中,ddNTP 将与相应的 dNTP 竞争掺入到新合成的 DNA 互补链中。如果 dNTP 掺入其中,DNA 互补链则将继续延伸下去;而如果 ddNTP 掺入其中,DNA 互补链的合成则到此终止。通常,加入到反应体系中的 ddNTP 的比例较低,因此合成终止位点是随机的。按照这一反应方式,可得到 4 种分别以 ddATP、ddCTP、ddGTP 或 ddTTP 结尾的不同长度 DNA 片段群。

由于反应时新生 DNA 片段的长度取决于模板 DNA 中与该双脱氧核苷酸相对应的互补碱基的位置,即双脱氧核苷酸掺入的位置,而双脱氧核苷酸的掺入是随机的,故各个新生 DNA 片段的长度互不相同。不同长度 DNA 片段在凝胶中的移动速率不同,而聚丙烯酰胺凝胶电泳分辨率极高,能分辨出小至 1 个碱基长度差的 DNA 片段,从而将混合产物中不同长度DNA片段分离开，再通过放射自显影曝光，根据片段尾部的双脱氧核苷酸读出该DNA的碱基排列顺序(图9-3)。

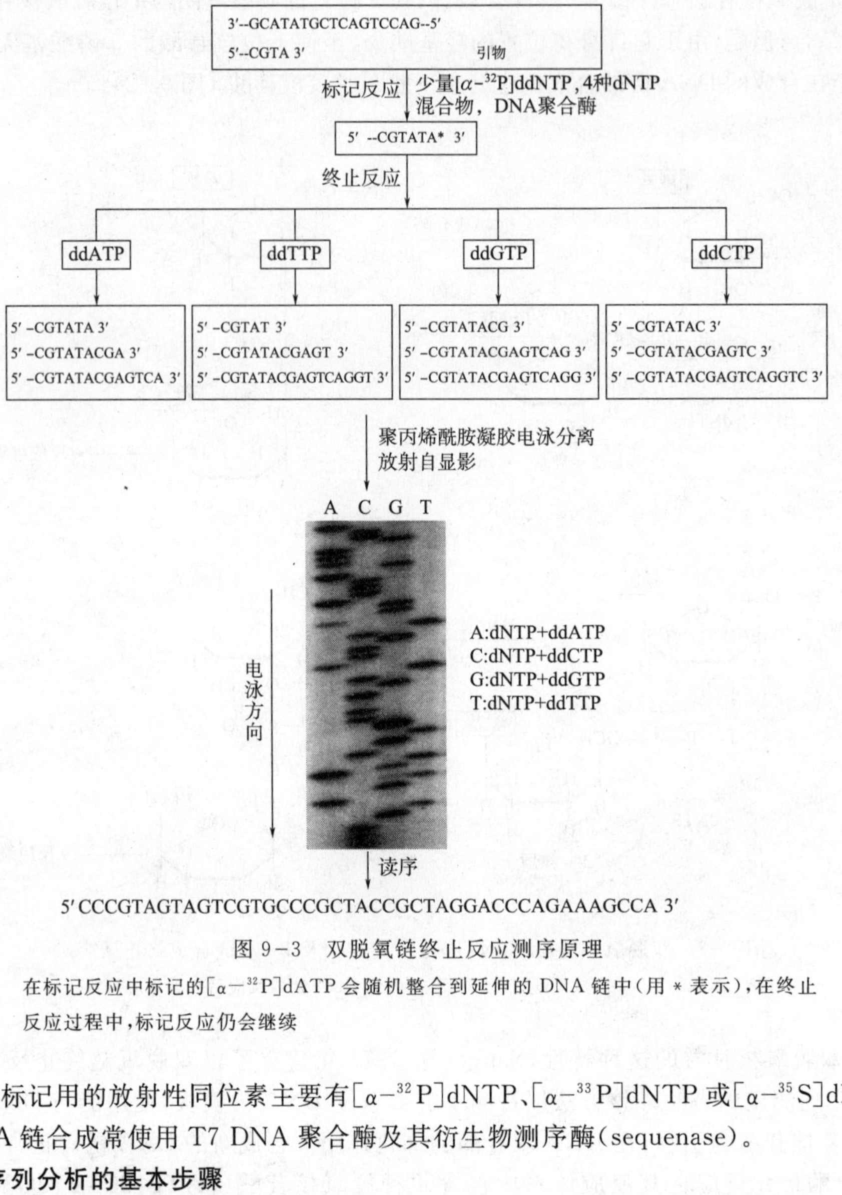

图9-3　双脱氧链终止反应测序原理

在标记反应中标记的[α-^{32}P]dATP会随机整合到延伸的DNA链中(用*表示)，在终止反应过程中，标记反应仍会继续

作为标记用的放射性同位素主要有[α-^{32}P]dNTP、[α-^{33}P]dNTP或[α-^{35}S]dNTP。催化新DNA链合成常使用T7 DNA聚合酶及其衍生物测序酶(sequenase)。

2. 序列分析的基本步骤

(1) 模板制备和引物设计

模板就是所希望得知序列的那一段DNA片段。双脱氧链终止测序的模板在经典方法中是由M13噬菌体载体或噬菌粒载体制备的单链DNA，但也可以是双链DNA。无论使用何种模板，必需保证足够的纯度和浓度，特别是使用双链DNA模板。

由于在该测序方法中涉及DNA的合成，因此必须使用引导DNA合成的引物。作为测序引物一般都是人工合成的寡核苷酸链，在设计时一般满足以下特征：长度为18～22个碱基；尽量避免三个以上相同碱基的重复，尤其是G或C；T_m值约为55～60 ℃(至少要高于45 ℃)；尽量减少发夹结构形成的可能性；引物之间不形成二聚体结构。

为方便使用，在多数情况下可利用通用引物来测序。待测的DNA片段通常都是装载在质粒载体上的，而装载的部位一般都位于*lacZ'*基因中的多克隆位点。在这种情况下，相当于在待测的DNA片段两端各连接了一段已知序列的片段。因此可以根据该已知序列来设计引物。在常用的质粒载体、噬菌粒载体和M13噬菌体载体中都有*lacZ′*基因，例如，M13mp系列、pUC系列、pBluescrip、pGEM系列和pTZ系列等克隆载体。相应的引物有Universal引物（或Forward引物）和Reverse引物。在有些载体中多克隆位点两端还有噬菌体的启动子，如T7、T3和SP6噬菌体启动子。根据这些启动子序列也可用于设计通用引物。通过这些通用引物可以测定待测DNA片段的末端序列。

（2）经典测序方法的反应步骤

由于PCR技术和荧光标记在测序工作中的广泛应用，经典的手工测序方法几乎不再使用。但经典测序方法能更好地体现Sanger链终止法的工作原理。同时，在使用Primer extension技术测定mRNA的5′端点的起点和使用DNase Ⅰ足迹实验检测DNA中与蛋白质相互作用的位点时，需要用到经典测序方法（见第七章）。测序反应过程实际上就是DNA合成的过程，伴随着新生DNA链的标记以及合成的终止。

模板变性（denature template） 将待测DNA模板与引物混合，通过加热使模板变性。

退火（annealing） 将变性的模板与引物混合物缓慢降温，使引物与模板结合。

标记（labeling） 主要有两种标记方式，其一是在DNA合成过程中掺入标记的核苷酸，如[α-^{32}P] dATP。将DNA聚合酶（如sequenase）和4种核苷酸以及一种被标记的核苷酸加入退火模板中，启动DNA的合成，被标记的核苷酸便掺入到新合成的链中。短暂反应后迅速将反应物分成4份，进入延伸反应步骤。这种标记方式相对来说放射性的信号较强。另一种标记方式是标记引物的5′磷酸基团，通过多核苷酸激酶将[γ-^{32}P]ATP中的标记磷酸转移到引物的5′端。使用这种标记方式时，在退火之前必须完成引物标记。

延伸（extension）和终止（termination） 延伸就是反应体系中新生核苷酸链的合成和随机中止的过程。以掺入式标记为例，在4份标记反应体系中分别加入一种双脱氧的核苷酸，一方面DNA链会自然延长，但另一方面，一旦双脱氧核苷酸掺入到新生链中延伸过程便会停止。这样就形成了分别在不同的核苷酸处随机终止的DNA片段群。

电泳分析和数据读取 反应中止后，将终止反应产物并列点样进行聚丙烯酰胺凝胶电泳，分辨出大小相差一个核苷酸的反应产物，然后进行放射自显影，从而显示出不同长度的DNA片段。按照大小顺序排列这些DNA片段，即可根据片段尾部的双脱氧核苷酸类型解读出该DNA的碱基排列顺序（图9-3）。

3. 序列分析的工作模式

（1）手动测序

手动测序（full manual operation）模式就是按以上经典测序方法进行测序，在PCR技术广泛应用之前是DNA测序的主导方法。使用该方法工作强度大，要求操作人员具备娴熟的操作技能。手动测序的基本原理和过程是其他测序模式的基础，只有准确掌握该测序模式的原理，才能领会其他由此而改进的测序模式。

（2）PCR测序

随着PCR技术的发展，可将PCR反应的热循环方式（thermal cycle）应用于DNA测序。在手动测序模式中的模板变性、退火、标记、延伸和终止反应实际上相当于PCR反应的一个循环。因此可以通过类似PCR的热循环反应来完成经典的测序反应过程，而且还可以重复多次这样的反应（20～25次）。这样可以减少手工操作的步骤，减轻工作强度。与经典方法相比，PCR测序模式中使用的是耐热DNA聚合酶，如New England BioLabs公司（简称NEB公司）使用无3′→5′外切活性的Vent DNA聚合酶，有利于连续进行多次测序反应。

NEB公司采用的热循环程序为96 ℃ 10 s,50 ℃ 5 s,60 ℃ 4 min,25个循环。由于只使用一个测序引物,因此反应过程并不会出现典型的链式反应,链终止产物的数量不是指数扩增而是线性扩增。

循环测序法所用的DNA模板量非常少。单链和双链可以用同样条件进行序列测定。PCR反应时,每个循环都包含一次94～98 ℃变性,从而降低了模板二级结构的形成和引物-模板二级结构的形成。双链DNA模板无需碱变性。

(3) 全自动测序

全自动测序是在标记技术发展的基础上形成的。在传统的测序过程中,标记是通过同位素对链终止的产物进行掺入式标记或对引物作5′端标记,而且不能直接识别4种双脱氧寡核苷酸,这样导致链终止反应和电泳检测要分别对含每一种双脱氧寡核苷酸的反应体系分开进行。

全自动测序方法仍基于Sanger双脱氧链终止法的原理,采用PCR测序模式。其核心技术在于不用同位素作标记,而是用4种不同的罗丹明荧光染料分别标记4种双脱氧核苷酸。由于这4种荧光染料可激发出不同颜色的荧光,因此4种链终止反应可在同一个试管中进行并在同一条泳道中检测。将反应产物装入全自动测序仪后,这些产物在聚丙烯酰胺凝胶电泳或毛细管电泳中按相差一个核苷酸大小的DNA片段长度顺序向下泳动,当它们到达检测器时,激光探测仪发出激光,激发荧光染料标记的DNA片段末端碱基发出荧光。由于延伸中的DNA互补链分别终止于不同荧光标记的4种双脱氧核苷酸,故每一种荧光代表一种碱基。这些荧光信号通过检测系统传输至计算机后,计算机便能自动排列出DNA片段的碱基序列。图9-4是测序过程中检测的荧光信号,每一种颜色的信号峰代表一种双脱氧核苷酸,计算机将荧光信号自动转换成双脱氧核苷酸排列顺序,该排列顺序就是待测DNA的核苷酸序列。

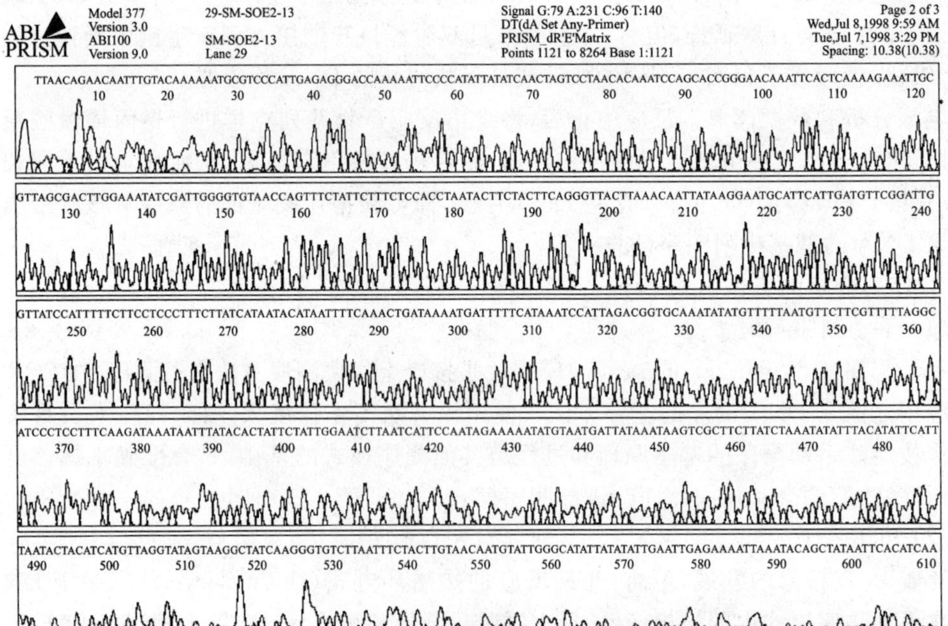

图9-4　ABI377全自动测序过程的荧光信号峰形图

每一种颜色的信号峰代表一种脱氧核苷酸,其排列顺序为待测DNA的核苷酸序列

上述测序方法在1987年由美国Perkin-Elmer公司开发出来,并设立了相关的测序程

序和试剂盒以及 ABI 系列 DNA 自动测序仪。其中使用毛细管凝胶电泳仪来分离链终止产物可大大增大测序的通量，根据毛细管数量的不同，一台仪器可同时完成 96 个样品或更多样品的分析。全自动测序不仅准确性高，操作相对简单，安全性高，可供大规模测序，而且一次测序反应提供的数据也增大。一般用同位素标记的测序只能读出 200～300 个核苷酸序列，而荧光标记测序可读出 500～800 个核苷酸序列。

正是由于全自动测序方法的上述优点，使得原本繁琐而费时的基因测序工作成为常规生物学实验，更使得大规模 DNA 测序以及基因组 DNA 全序列分析研究成为现实。目前生物体的基因组测序工作正在飞速发展，许多物种的基因组测序工作都提前完成。

目前常用 DNA 测序仪有 ABI Prism DNA Sequencer 系列的 377、310、3700 和 3730XL 等型号以及其他公司开发的产品。使用 ABI Prism 377 DNA Sequencer 时，需要人工配制聚丙烯酰胺凝胶板，其他几种测序仪均使用商品化的毛细管凝胶，即将纯化好的 DNA 样品直接放到样品台内，由测序仪自动取样、电泳和读序。

第二节 第二代测序技术

第一代测序技术已经帮助人们完成了从噬菌体基因组到人类基因组草图等大量的测序工作，但由于其存在成本高、速度慢等方面的不足，所以并不是最理想的测序方法。经过不断的开发和测试，进入 21 世纪后，以 Roche 公司的 454 测序技术、Illumina 公司的 Solexa 测序技术和 ABI 公司的 SOLiD 测序技术为标志的第二代测序技术诞生了。第二代测序技术不仅保持了高准确度，而且降低了测序成本并提高了测序速度。使用 Sanger 测序技术完成的人类基因组计划，花费了 30 亿美元巨资，用了三年的时间。然而，使用第二代 Solexa 测序技术，完成一个人的基因组测序只需要 10 天左右的时间。但第二代测序技术产生的测序数据的读取长度较短，因此比较适合于对已知序列的基因组进行重测序(resequencing)，而在对全新的基因组进行从头测序(*de novo*)时还需要结合第一代测序技术或同时使用多种二代技术。

下面将分别对 454 测序技术、Solexa 测序技术和 SOLiD 测序技术的基本工作原理进行介绍。

一、454 测序技术

1. 454 测序技术基本原理

454 测序系统是第二代测序技术中第一个商业化运营的测序平台，该技术基于检测 DNA 合成过程中释放的焦磷酸而鉴别是否有特定核苷酸整合到 DNA 的合成链中而发展的测序技术，因此该测序技术亦称焦磷酸测序技术。首先将 DNA 待测样品打断成小的片段，并在小片段的两端加上不同的接头，通过生物素标记的接头提取单链 DNA 从而构建单链 DNA 文库；这些单链 DNA 通过接头序列可特异性地连接到不同的磁珠(磁珠上带有大量的与接头序列互补的引物)上，将磁珠放置在油包水的 PCR 反应体系中，进行乳化 PCR(emulsion)，获得测序所需量的模板 DNA；将这些磁珠连同其上大量扩增的单链 DNA 转移到含有很多小孔的一种称作叫做 PicoTiterPlate 平板(PTP)上，每个小孔只能容纳一个磁珠，然后开始测序反应；以磁珠上的单链 DNA 为模板，每次加入一种 dNTP，进行 DNA 合成反应。如果这种 dNTP 能与模板配对并延伸，那么在合成之后会释放出焦磷酸基团，焦磷酸基团会在腺苷酰硫酸(adenosine-5′-phosphosulfate，APS)的存在下由 ATP 硫酸化酶(ATP sulfurylase)催化形成 ATP。生成的

ATP 和(luciferase)共同氧化反应体系中的荧光素(luciferin)分子并发出荧光。产生的荧光信号由 CCD 照相机记录,再经过计算机分析转换为测序结果。每轮反应后,由三磷酸腺苷双磷酸酶(apyrase)去除剩余 dNTP,进行下一轮测序反应。

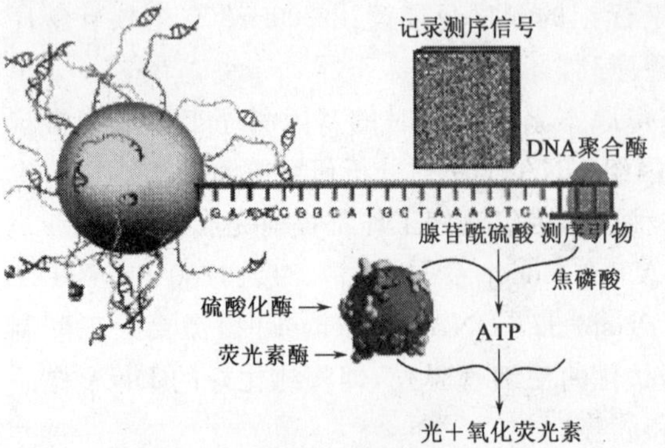

图 9-5　454 测序技术工作原理示意图

2. 454 测序技术基本步骤

454 测序技术的步骤主要包括 DNA 文库的构建、乳化 PCR 和测序反应等三个主要环节。整个技术流程如图 9-5 所示。

(1) 待测 DNA 文库的构建。把待测序列用喷雾法打断成 300～800 bp 的小片段并在小片段两端加上不同的接头,其中一个接头上连接了生物素,通过生物素与链霉亲和素的亲和连接获取单链 DNA,从而构建出单链 DNA 文库。

(2) 乳化 PCR。将这些单链 DNA 与直径大约 28 μm 的磁珠在一起孵育、退火,由于磁珠表面含有大量与接头互补的寡核苷酸引物,因此单链 DNA 会特异地连接到磁珠上。然后磁珠与反应物混合并加入特定的矿物油和表面活性剂,剧烈振荡使反应体系形成油包水乳浊液。在乳液中含有 PCR 反应试剂和一个磁珠,形成一个独立的 PCR 扩增体系,其中每一个与磁珠结合的单链 DNA 都会在体系内独立扩增,扩增产物仍可以结合到磁珠上。磁珠上每一个小片段都被扩增大约 100 万倍,从而达到下一步测序反应所需的模板量。扩增反应完成后,收集带有单链 DNA 的磁珠用于测序反应。

(3) 测序反应。将磁珠放置在一种叫做 PTP 的平板上,其上有很多直径约为 44 μm 的小孔,小孔仅能容纳一个磁珠。测序时以磁珠上大量扩增的单链 DNA 为模板,每次反应加入一种 dNTP 进行 DNA 合成反应。通过记录产生的荧光来判定哪一种核苷酸整合到 DNA 中,从而读取模板 DNA 的序列(图 9-5)。

在一次基础测序反应中能够读取的核苷酸数据,称为 read,read 的长度称为读取长度,简称读长。目前 454 测序技术的平均读取长度达到 450 bp,最新的技术可达 700 bp,每个循环能产生总量为 400～600 Mb 的序列,耗时约 10 小时。该技术通量高,准确性高,一致性好,且可以进行对读测序(pair-end)方式读取固定大小的模板 DNA 片段两端的序列。但 454 测序技术无法准确测量同聚物(homopolymer)的长度,如当待测序列中模板出现 poly(A)时,测序反应中会一次加上多个 T,而加入 T 的数目只能从荧光信号的强度来推测,有可能造成结果不准确。因此 454 技术主要的读序错误不会导致核苷酸的替换,而是产生插入或缺失。454 技术最大的优势在于较长的读取长度,使得后继的序列拼接工作更加高效、准确。

> 对读测序(paired-end):对特定长度的 DNA 模板的两端都测定序列的测序方式,通过这种方式可以大致判断所测定的两个末端序列在对应模板位置之间的距离。在 DNA 测序时使用的模板长度是人为设定的。由于读取长度的限制,多数情况下在一次测序过程中不能通读整个模板的序列,往往只能获得两端的序列。对读测序既能作为测序质量的检验手段,更重要的是对于测序后的序列拼接有重要帮助。

二、Solexa 测序技术

1. Solexa 测序技术基本原理

基于 Solexa 测序技术的 Genome Analyzer 测序仪于 2006 年由 Solexa 公司开发,2007

年该公司被 Illumina 公司收购。该测序系统采用 DNA 簇、桥式 PCR(bridge PCR)和可逆阻断等核心技术，通过边合成边测序的方式(sequence by synthesis，SBS)，按"去阻断→延伸→激发荧光→切割荧光基团→去阻断"循环方式依次读取模板 DNA 上的碱基排列顺序。测序时向反应体系中同时添加 DNA 聚合酶、接头引物和 4 种带有碱基特异性荧光基团的标记 dNTP。由于这些 dNTP 的 3′羟基被化学方法保护，因而每轮合成反应都只能添加一个 dNTP。在 dNTP 被添加到合成链上后，所有未使用的游离 dNTP 和 DNA 聚合酶会被洗脱。再加入激发荧光所需的缓冲液，用激光激发荧光信号，用光学设备完成荧光信号的记录，再通过计算机分析转化为测序结果。

2. Solexa 测序技术基本步骤

Solexa 技术基本步骤主要包括 DNA 文库的构建、DNA 与流动槽(flow cell)的附着、桥式 PCR 扩增和测序等环节，整个技术流程如图 9-6 所示。

(1) 待测 DNA 文库的构建。把待测序列打断成 200～800 bp 的小片段，补平末端并在 5′端加上一个磷酸基团，再在 3′端加上一个碱基 A，最后在两端加上不同的接头，通过 PCR 扩增获得用于测序的 DNA 文库(图 9-6A)。

(2) DNA 与流动槽的附着。将文库中的 DNA 片段随机地附着在流动槽表面的通道(channel)上。流动槽是一种含有 8 个通道的微纤维板，它的表面固定有很多两种不同的接头，这些接头能分别与文库中的接头互补，进而能支持文库 DNA 以单链的形式与接头互补。以接头作为引物，引导 DNA 合成，形成双链，通过变性后双链分子分开，洗掉模板链，新合成链以共价键的形式紧紧连接在流动槽表面(图 9-6B)。

(3) 桥式 PCR。连接在流动槽表面的单链 DNA 能与周边的另一个接头互补，形成桥式结构。向反应体系中添加未标记的核苷酸和酶，进行 PCR 扩增，将桥型单链 DNA 扩增成桥型双链 DNA(图 9-6C)。

(4) 模板 DNA 扩增成簇。将桥型双链 DNA 变性成单链 DNA，可再次形成单链桥式结构，继续 PCR 扩增。经过不断的扩增变性循环，形成众多的双链桥式结构(图 9-6D)。经变性后，双链桥式结构展开，变成单链 DNA 固定在接头上。在模板的互补链与接头之间剪切，去掉互补链，从而使模板单链 DNA 在各自的位置集中成簇(cluster)，每一簇含有单个模版分子的 500～1 000 个克隆拷贝，从而达到能支持下一步测序反应所需信号强度的模板量(图 9-6E)。

(5) 测序反应。测序反应前将模板 DNA 游离的 3′端封闭，防止不必要的 DNA 延伸。然后加入测序引物和测序试剂，第一个碱基被合成，检测延伸链中碱基特定的荧光信号。当荧光信号的记录完成后，加入化学试剂淬灭荧光信号并去除碱基的 3′ 羟基保护基团，以便进行下一轮测序反应。再次加入测序试剂，重复上述步骤，记录荧光信号，从而读取 DNA 的序列(图 9-6F)。

在 2009 年，Solexa 推出了对读测序方法，即在构建待测 DNA 文库时在两端的接头上都加上测序引物结合位点，在第一轮测序完成后，用对读测序模块(paired-end module)引导互补链在原位置再生和扩增，以达到第二轮测序所用的模板量，进行第二轮互补链的合成测序。使用对读测序方法，Solexa 测序技术的读取长度可达 2×100 bp，最大可以达到 2×150 bp。Solexa 测序技术每个循环能获得 300～600 Gb 的测序数据，耗时约 8.5～11 天。由于 Solexa 测序技术在合成中每次只能添加一个 dNTP，因此很好地解决了同聚物长度的准确测量问题。其主要的错误来源是核苷酸的替换，而不是插入或缺失，目前它的错误率大约在 1%～1.5%之间。

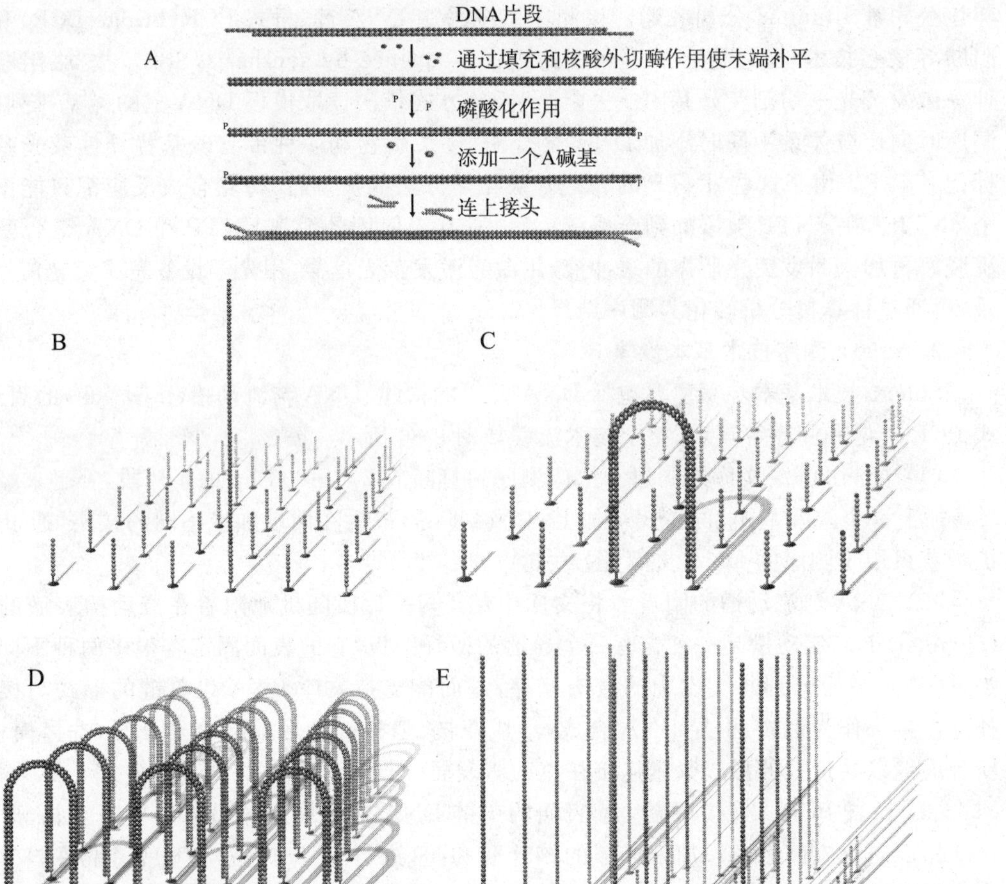

图 9-6　Solexa 测序技术工作原理示意图

三、SOLiD 测序技术

SOLiD 测序系统于 2007 年 10 月投入商业使用，它基于连接酶测序法，即利用 DNA 连接酶在连接过程中进行测序。在测序反应时，并没有常规的在聚合酶作用下的DNA合成反应，模板链的延伸是在测序引物的末端连接一段寡核苷酸，并持续延伸多次。SOLiD测序技术的技巧，或者说序列的读取，依赖于寡核苷酸测序探针的设计和标记方式。测序时向体系中加入DNA连接酶、通用测序引物n和具有3′-XXnnnzzz-5′结构的8聚核苷酸测序探针。在这个8聚核苷酸中，3′端第1和第2位（XX）上的碱基是确定的，也是用来测定模板序列的；5′端可分别标记“Cy5，Texas Red，Cy3，6-FAMTM”4种颜色的荧光染料，第1和2位核苷酸序列与5′端的荧光标记的种类相对应，通过“双碱基编码矩阵”规定了16种双核苷酸排序和4种标记颜色的对应关系（图9-7右上），并由这两个核苷酸的序列来判读模板的序列，这种由两个碱基决定的测序方法被称为两碱基测序（two base encoding）。探针3′端第3～5位的“n”表示随机序列的核苷酸，6～8位的“z”指的是可以和任何碱基配对的特殊碱基。由此可以看出，SOLiD连接反应中的探针是多种不同序列的寡核苷酸混合物。

在SOLiD测序反应中，首先由测序引物与模板退火，然后测序探针中的一种8聚核苷酸的第1和第2位与模板配对从而在连接酶的作用下与测序引物连接，此时会发出5′端对应的荧光信号。在记录下荧光信息后，通过化学方法在测序探针的第5和第6位之间进行切割，淬灭荧光信号。然后进行第二次测序连接反应，共进行5～7次反应。通过这种方法，每次测序的位置都相差五位，即第一次测第1和第2位，第二次测第6和第7位，依次类推。在测到末尾后，将新合成的链变性、洗脱。而后用通用测序引物n-1进行第二轮测序连接反应。通用测序引物n-1与通用测序引物n的差别是，二者在与模板DNA配对的位置上相差一个碱基，即通用测序引物n-1相当于在通用测序引物n配对位置上向3′端移动了一个碱基。因此在加入DNA连接酶和8聚核苷酸探针后，可以测定第0和第1位、第5和第6位等位置的序列。第二轮测序完成后，接下来再分别加入通用测序引物n-2、n-3和n-4进行第三轮、第四轮和第五轮测序连接反应，最终可以完成全部位置的测定，并且每个位置均被测定了两次。最后，通过荧光信号分析和比对，得到模板DNA的核苷酸序列。

SOLiD测序技术的基本步骤主要包括DNA文库的构建、乳化PCR、连接酶测序和数据分析等环节，整个技术流程如图9-7所示。

其中DNA文库的构建和PCR扩增，与454测序技术中相应的技术类似，最终得到大量扩增的带接头的且固定在磁珠表面的单链模板DNA。

测序时，将测序通用引物n与固定在磁珠上的单链模板中的接头部分退火，然后将混合测序探针和连接酶加入体系中，其中会有一个探针在测序引物的5′端完全配对，并在连接酶的作用下连接起来，此时激发出的荧光信号就反映了探针3′端第1和第2位碱基的种类。接着将没有发生连接反应的测序引物的5′磷酸基团去掉，封闭其后续反应。然后，将探针中的第6～8位碱基切除掉，完成第一次连接反应。此后，重复上述连接反应5～7次。通过这一轮连接反应，就将测序引物5′侧第1和2、第6和7、第11和12、第16和17、第20和21和第25和26位的碱基组成与特定的荧光信号建立了联系。

将反应体系变性后去除连接的产物，恢复到初始的测序模板状态。接下来进行第二轮测序反应。总共进行5轮测序连接反应，在每一轮测序反应中，所使用的测序引物分别为n-1、n-2、n-3和n-4，每个测序引物与上一轮测序反应的测序引物相比，其与模板退火的位置向模板的5′端移动了一个核苷酸。经过5轮测序反应后，每个碱基被测定了两次，每轮测序的引物位置和测定的序列等关联性见图9-7。

最后通过数据分析，可判断模板的核苷酸组成。图9-7右上部分显示了探针第1和2位碱基组成与荧光信号的关系，以及某个特定荧光信号对应的碱基组成的4种可能性。由

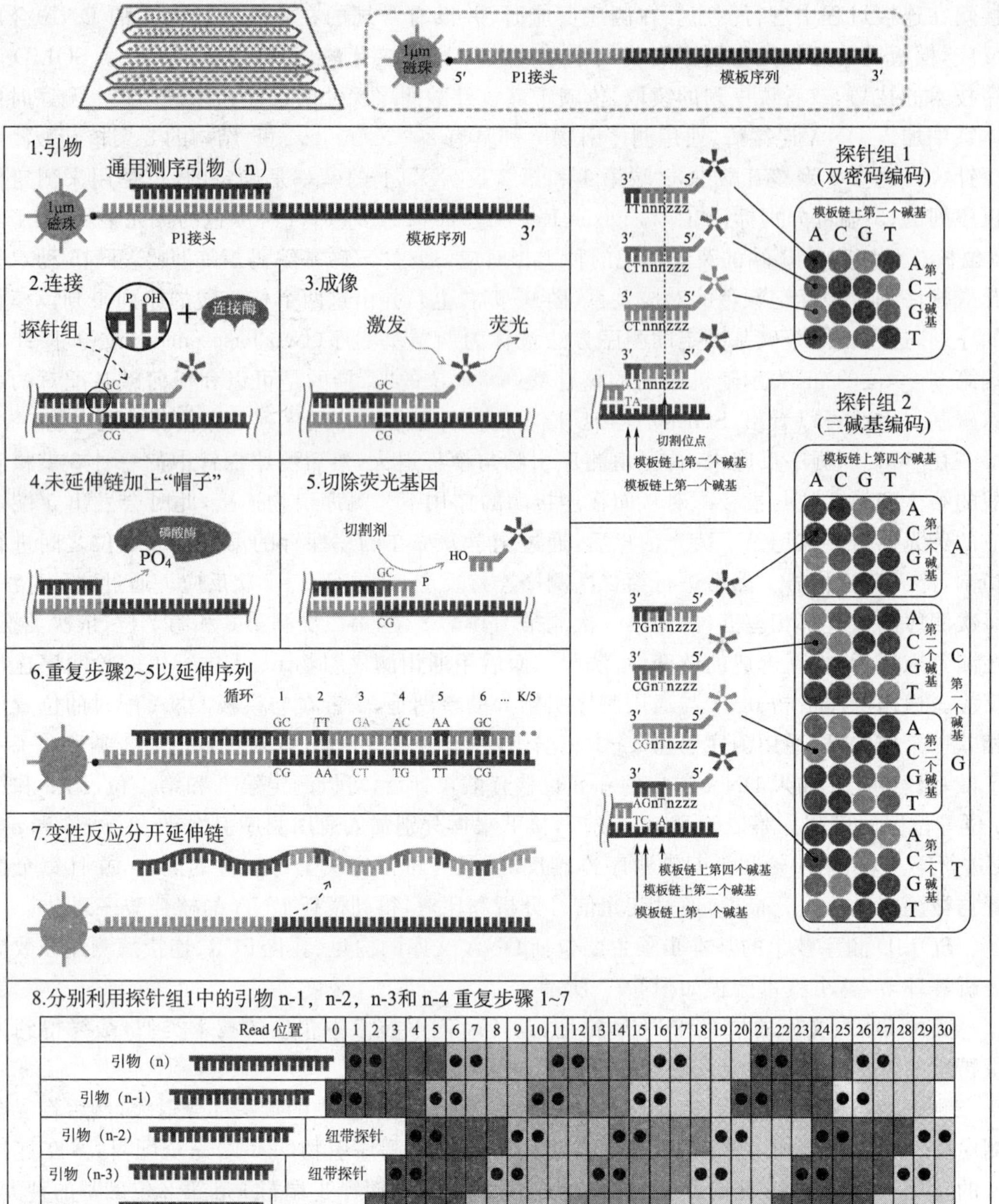

图 9-7　SOLiD 测序技术的基本工作原理、测序步骤和碱基序列的读取方式

于每个碱基的序列测定了两次，因此根据这两次测定时对应的荧光信号，就可推断其碱基组成。以图 9-8 为例，测定第 1 和 2 碱基时呈现蓝色荧光，说明这两个碱基的序列有 AA、CC、GG 和 TT 4 种可能性；而测定第 2 和 3 碱基时呈现绿色荧光，说明碱基的序列有 AC、CA、GT 和 TG 4 种可能性；测定第 3 和 4 碱基时也呈现绿色荧光，与第 2 和 3 位碱基的序列相同。当第 1 个碱基确定后（如接头的序列是已知的），后面的碱基序列就可依次判定出

来，如 AACAAGCCT……

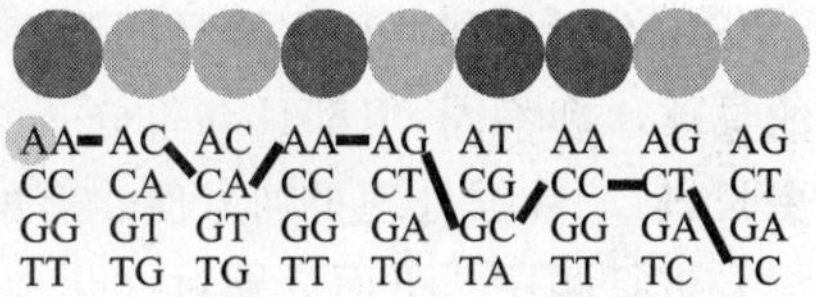

图 9-8　通过 SOLiD 测序读取的荧光信号判断碱基序列

为了提高测序的精确度，还可使用第 2 组测序探针，这些探针属于 3 碱基编码测序探针，其第 1、2 和 4 位碱基的序列组合对应一种荧光标记。通过与 n－4 测序引物配合使用，可以通过荧光信号判断第 2、3 和 5，第 7、8 和 10，第 12、13 和 15，……等位置的序列组合方式，从而判断用第 1 套测序探针获得的序列是否可靠（图 9-7 第 9 步）。

SOLiD 测序技术每个循环可以测两个上样玻片，读取长度可达 2×50 bp，与 Solexa 测序技术类似。SOLiD 测序技术每个循环的数据产出量为 10～15 Gb，耗时约为 6～7 天。由于采用两碱基测序，该技术的准确率能达到 99.94 ％以上，若同时使用 3 碱基测序探针，准确率可达 99.999％。

四、离子肼测序技术

2010 年，Life Techologies 公司推出了基于离子肼（ion torrent）的 Ion Personal Genome Machine（Ion PGM）测序技术仪。Ion PGM 测序仪的设计是基于半导体芯片技术，在半导体芯片的微孔中固定 DNA 链，随后依次掺入无须标记的 4 种 dNTP。在 DNA 聚合酶的作用下，随着每个配对碱基的掺入，新生链中每加入一个碱基就会相应释放出一个氢离子。这些氢离子在它们穿过半导体芯片孔底部时能被检测到，从而实现边合成边测序的目的。

在自然状态下，DNA 在细胞内合成的时候，新生链中每加入一个碱基就会相应释放出一个氢离子。Ion Torrent 采用半导体芯片技术，在半导体芯片中有许多微孔，每个微孔中固定着不同的单链 DNA 模板。此外，在测序芯片微孔的底部紧连着离子敏感层和一个离子感应层，用于感应反应中是否释放出了氢离子。测序时采用的是边合成边测序的策略。DNA 聚合酶和 dNTP 按照一定的顺序添加进去，在每个微孔中以固定的 DNA 单链为模板进行 DNA 合成，当反应中有一个碱基掺入，会有一个氢离子释放出来。氢离子的释放会改变体系中的离子浓度，从而改变体系中的 pH 值，pH 的微量改变会被微孔下面的离子感应器检测到，并将离子信号转变为数字信号，从而在测序仪上直接读出掺入的碱基。一个反应过后对芯片进行冲洗，再进行下一个循环。如果在下一个循环中，加入的碱基在模板中没有配对，则新生链中不会有新碱基的掺入，那么就也不会有氢离子的释放和 pH 值的改变，最后在测序仪上体现出平稳的曲线。如果在一个循环中，模板链中有两个连续的相同碱基，则新生链中会有两个新碱基的掺入，那么释放出来的氢离子也会加倍，这样引起的 pH 值的改变也会加倍。最后在测序仪上体现出一个 2 倍高度的峰。

离子肼测序中独特的流体体系、微体系机械设计和半导体技术的组合，使得研究人员能够在 2 h 内获取从 10 Mb 到 1 Gb 以上高精确度序列。与其他第二代测序技术和单分子测序技术相比，Ion PGM 技术不需要激光、照相机或标记，其测序仪价格要便宜很多，测序所用试剂盒也非常廉价。

第三节　单分子测序技术

近来能实现单分子测序的技术不断发展，这些相关的测序技术被称为第三代测序技术。与前两代技术相比，它们最大的特点是可以实现单分子测序（Single molecule sequencing，

SMS)，在对于那些稀有样品的测序方面具有无可替代的优势。目前开发的第三代测序技术的具体原理不同，但都具有单分子测序的特点。即样品无需提前扩增，无需荧光标记，读长更长，后期数据处理更加方便。有的利用荧光信号进行测序，也有的利用不同碱基产生的电信号进行测序。下面分别对这几种技术的工作原理进行简要介绍。

一、Heliscope 单分子测序技术

Helicos 公司的 Heliscope 单分子测序仪基于边合成边测序的思路，其测序模板的制备吸纳了第二代测序技术的方法。将待测 DNA 片段随机打断成小片段并在 3′端加上 poly(A)，用末端转移酶在接头末端加上 Cy3 荧光标记，然后将小片段与表面带有寡聚 poly(T)的平板杂交，从而将测序模板固定在平板上。测序时，加入 DNA 聚合酶和 Cy5 荧光标记的 dNTP 进行 DNA 合成反应，每一轮反应加一种 dNTP。将未参与合成的 dNTP 和 DNA 聚合酶洗脱。检测每一步延伸反应是否有荧光信号，如果有则说明该位置上结合了所加入的这种 dNTP。然后，用化学试剂去掉荧光标记，以便进行下一轮反应。经过不断地重复合成、洗脱、成像、淬灭过程完成测序。Heliscope 技术的读取长度约为 30～35 bp，每个循环的数据产出量为 21～28 Gb。该技术类似于 454 测序技术，Heliscope 在遇到同聚物时也会遇到一些困难。通过二次测序可提高 Heliscope 的准确度，即在第一次测序完成后，通过变性和洗脱移除 3′端带有 poly(A)的模板链，而第一次合成的链由于 5′端上有固定在平板上的寡聚 poly(T)，因而不会被洗脱掉。第二次测序以第一次合成的链为模板，对其反义链进行测序。采用二次测序方法，Heliscope 可以实现目前测序技术中最低的替换错误率，即 0.001%。

二、SMRT 单分子测序技术

Pacific Biosciences 公司的 SMRT 技术也是基于边合成边测序的思路，以 SMRT 芯片为测序载体进行测序反应。SMRT 芯片是一种带有很多 ZMW 孔(zero-mode waveguides)的厚度为 100 nm 的金属片。将 DNA 聚合酶、待测序列和不同荧光标记的 dNTP 放入 ZMW 孔的底部，进行合成反应。与其他技术不同的是，荧光标记的位置是磷酸基团而不是碱基。当一个 dNTP 被添加到合成链上的同时，它会进入 ZMW 孔的荧光信号检测区并在激光束的激发下发出荧光，根据荧光的种类就可以判定 dNTP 的种类。此外由于 dNTP 在荧光信号检测区停留的时间(毫秒级)与它进入和离开的时间(微秒级)相比会很长，所以信号强度会很大。其他未参与合成的 dNTP 由于没进入荧光型号检测区而不会发出荧光。在下一个 dNTP 被添加到合成链之前，这个 dNTP 的磷酸基团会被氟聚合物(fluoropolymer)切割并释放，荧光分子离开荧光信号检测区。SMRT 技术的测序速度很快，利用这种技术测序速度可以达到每秒 10 个碱基。

三、纳米孔单分子测序技术

Oxford Nanopore Technologies 公司研制的纳米孔单分子测序技术是一种基于电信号测序的技术。该技术以 α-溶血素为材料制作出纳米孔，在孔内共价结合有分子接头环糊精。用核酸外切酶切割单链 DNA 时，被切下来的单个碱基会落入纳米孔，并和纳米孔内的环糊精相互作用，短暂地影响流过纳米孔的电流强度，这种电流强度的变化幅度就成为每种碱基的特征。碱基在纳米孔内的平均停留时间是毫秒级的，它的解离速率常数与电压有关，180 mV 的电压就能够保证在电信号记录后将碱基从纳米孔中清除。纳米孔单分子技术的

另一大特点是能够直接读取甲基化的胞嘧啶，而不像传统方法那样必须要用重亚硫酸盐(bisulfite)处理，这对于在基因组水平研究表观遗传相关现象提供了巨大的帮助。纳米孔单分子技术的准确率能达到99.8 %，而且一旦发现替换错误也能较容易地更改，因为4种碱基中的2种与另外2种的电信号差异很明显，因此只需在与检测到的信号相符的2种碱基中做出判断，就可修正错误。另外由于每次只测定一个核苷酸，因此该方法可以很容易地解决同聚物长度的测量问题。该技术尚处于研发阶段，目前面临的两大问题是寻找合适的外切酶载体以及承载纳米孔平台的材料。

四、现代测序技术的发展趋势和展望

三代测序技术各有其特点，见表9-2。测序成本、读取长度和测序通量是评价测序技术先进与否的重要标准。测序成本是一个很重要的因素，它在一定程度上决定了基因组测序应用的普及性。在1995年，随着自动测序仪的出现，检测一个碱基的成本大约是1美元。随后到1998年，使用ABI Prism® 3700 DNA Analyzer检测一个碱基的成本已经降到了0.1美元。而目前广泛使用的第二代测序技术的测序成本更低。预期在未来5年内，测序成本还将下降100倍。测序的读取长度对测序成本和数据质量有很大的影响。更长的读取长度可以减少测序后的拼接工作量，但也可能会降低测序结果的准确性。测序通量也是衡量测序技术的重要指标，是指在样品准备充分的前提下，测序仪每24小时产生的数据量。更高的测序通量也能够在一定程度上降低测序成本、提高科研工作的效率。

表9-2 三代测序代表技术主要参数比较

	测序平台	测序方法/酶	测序读长(bp)	数据量	耗时	出错类型
第一代	Sanger ABI3730 DNA analyzer	Sanger/DNA聚合酶	1 000	56 kb		
第二代	454 GS FLX Titanium Series	焦磷酸测序法/DNA聚合酶	450	400～600 Mb	10小时	插入缺失
	Solexa/Illumina Genome analyzer	边合成边测序/DNA聚合酶	2×100 2×150	300～600 Gb 60～120 Gb	8.5～11天 ～27小时	替换
	SOLid/SOLid 3 system	连接酶测序/DNA连接酶	2×50	10～15 Gb	6～7天	替换
第三代	Heliscope/Helicos Genetic Analysis System	边合成边测序/DNA聚合酶	30～35	21～28 Gb	8天	替换
	SMRT	边合成边测序/DNA聚合酶	100 000			
	纳米孔单分子技术	电信号测序/核酸外切酶	无限长			

第二代测序技术与第一代Sanger测序法的原理都是基于边合成边测序的思想，而第二代测序技术采用了高通量测序技术，使测序通量大大提高。然而第二代测序技术由于在测序前要通过PCR对待测片段进行扩增，因此增加了测序的错误率。由于Solexa和SOLiD

的测序的读长都较短，因此比较适合用于基因组的重测序，而不太适用于没有基因组序列的全新测序。第三代测序技术解决了错误率的问题，通过增加荧光的信号强度及提高仪器的灵敏度等方法，使测序不再需要PCR扩增这个环节，实现了单分子测序并继承了高通量测序的优点。

由DNA测序技术的发展历史我们可以看到，测序技术的发展呈现着一种层出不穷的态势，新的测序原理和技术将不断产生出来，以满足不同层次的应用需求。而这一切，也依赖于其他众多相关技术的发展和进步。

第四节　DNA片段序列测定的策略

Sanger双脱氧链终止法是DNA测序的主导方法，用该方法测定DNA序列时需要有一段已知序列的寡核苷酸链引物，因此对于一段未知序列的DNA片段来说，选择合适测序的引物是测序的前提。同时，由于一次测序给出的范围一般不超过1 000个核苷酸，因此对于一段长长的DNA片段必须采取一定的策略才能有效地完成其全部序列测定。

一、通用引物指导未知序列的测定

对于一段待测的未知序列DNA片段，由于总是装载在载体上或可以装载在载体上，因此待测DNA片段的两端相当于添加了已知序列的载体片段。这样就可以通过根据载体序列设计的通用引物测定待测DNA片段两端的序列。无论待测片段是大片段还是小片段，无论是装载在常规载体（如质粒、噬菌粒、M13噬菌体载体、λ噬菌体载体），还是大容量克隆载体（如黏粒、BAC、YAC、P1、PAC）上都可以利用特定的通用引物测定待测片段的末端序列。

二、引物步移

在待测DNA片段中如果知道部分核苷酸序列，可以根据该已知序列设计引物来测定其相邻部位的序列，并可依次类推，引物步移（primer walking）。在通过通用引物测定了末端序列后，就可通过该方法测定未知部位的序列。但是该方法适合相对较小的DNA片段，而对于很大的DNA片段，使用该方法将费时费力。

三、随机克隆测序

将待测的DNA片段随机打断并构建随机重叠克隆文库，然后通过通用引物测定每个克隆子的末端序列。当这些末端序列的数量达到一定程度后，相当于待测DNA片段的每一部位的序列都测定出来了。通过这些所测序列之间的重叠部分，最终可将整个DNA片段的序列拼接出来（图9-9），这样的测序策略称为随机克隆测序（random cloning）。

这种测序方法也称鸟枪测序法（shotgun），能快速对大片段DNA进行测序，特别适合于测定中小型基因组的序列。通过该方法已完成多种线粒体、病毒、大质粒以及细菌和真核生物的基因组测序。例如在进行细菌的基因组测序时，将基因组DNA通过机械方式（如超声波）随机打断，然后通过琼脂糖凝胶电泳回收2～5 kb的DNA片段，构建基因文库。随机克隆测序需要对大量的克隆子进行末端测序，工作量很大。例如，对于大小为5.5兆碱基对（Mb）的细菌基因组，如果平均每次有效测序为500碱基，而且所测的序列要覆盖99.99%

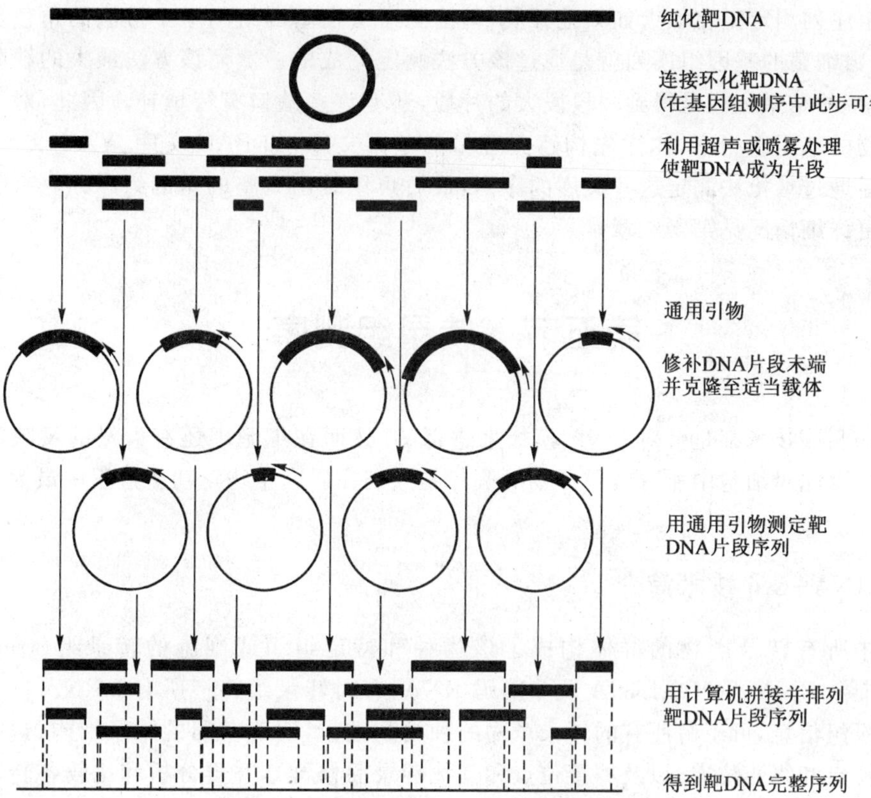

图 9-9 随机克隆测序示意图

的基因组序列，那么可以通过计算基因文库克隆子数目的公式计算所需要测序的次数。该公式为 $Sn=1-(1-\rho/L)^n$。式中 Sn 为覆盖率；L 为待测 DNA 片段的长度；ρ 为平均每次测序的长度；n 为所需的测序次数。对于这个基因组，n 等于 101 309，相当于完成 9.2 倍基因组测序。同时，尽管在计算机的协助下序列的拼接更加容易，但如果基因组中存在重复序列，那么在拼接过程中将遇到很大麻烦。

目前使用的高通量测序技术属于随机克隆测序的范畴，只是对于随机打断的片段不作克隆而已。

四、缺失克隆测序

通过构建一端或两端嵌套缺失的克隆子，然后通过通用引物测定缺失末端的序列，最后排列和比较所有子片段的序列，即能拼接出待测 DNA 的全部序列。利用 BAL 31 外切核酸酶、DNase Ⅰ和外切核酸酶Ⅲ均可构建嵌套缺失克隆（见第十章）。当用嵌套缺失体进行 DNA 测序时，各相邻缺失体之间的大小差异必须小于一次测序读取的核苷酸数目，这样才能保证各次测定的序列可以找到部分重叠的序列，从而才能完成序列的拼接。

对于一个具体的 DNA 片段应该或适合采用哪一种测序方案，要具体分析。要根据待测 DNA 片段的大小、已知序列的多少、对酶切位点或遗传标记掌握的程度、克隆材料的种类和多少等来选择，同时还可以将以上方法综合起来使用。例如，在分析一个 10 kb DNA 片段的序列时，可先作简单的物理图谱分析，将各酶切片段装入克隆载体，然后通过通用引物作末端测序从而将大部分序列测定出来，最后通过引物步移方法将剩余部分的序列分析出来。

基因组序列测定正在如火如荼地开展,鸟枪测序法在基因组测序中扮演的角色越来越重,绝大多数细菌的基因组序列就是通过该方法测定完成的。然而该方法最大的缺陷是拼接困难,拼接的结果往往是得到一段段大的片段,还有许多缺口有待填补。因此,对于较大的真核生物的基因组测序,往往先构建大容量的基因文库(如 BAC 文库、YAC 文库或 P1 文库),然后通过鸟枪法测定这些文库的序列,最后再组装出完整的基因组序列。有关基因组测序的更详细情况见第十二章。

第五节　转录组测序

常规的测序技术都是针对 DNA 模板来进行的,然而在细胞中还有大量的反映遗传信息的 RNA,因此对细胞中所有转录产物的测序是人们在研究生物学功能过程中最为关切的事情之一。

一、RNA-seq 技术简介

细胞中所有转录产物的群体构成了该物种和特定组织或细胞的转录组(transcriptome),包括 mRNA、rRNA、tRNA 及非编码 RNA,有时转录组特指所有 mRNA 群体。通过获悉转录组信息,可了解所有的转录产物的种类和数量,明确基因的转录结构(包括确定转录起始位点和终止位点,以及剪接位点和其他转录后修饰),并可分析和比较各转录本在生长发育过程中或在不同生长条件下(如生理/病理)表达水平的变化。

有关转录组的研究又来已久,传统测定方法和技术包括以杂交技术为基础的各类芯片技术和以 Sanger 测序法为基础的表达序列标签(EST)(见第十二章)和基因表达系列分析(SAGE)(见第十二章)等。2008 年,高通量的第二代测序技术出现后,可用于深度测定转录组序列,从而演变成一种 RNA 测序技术,即 RNA sequencing(RNA-seq)技术。该技术为转录组学研究提供了具有划时代意义的新技术,开启了全基因组范围的转录组学研究的新时代。随后,RNA-seq 技术被引入原核生物的转录组学研究。高通量测序技术应用到真核 mRNA 的测序就是 mRNA 测序或 mRNA-Seq。

目前,RNA-seq 已成为转录组学研究的主流技术,使用时无需预先知道样本的基因组序列,可对任意物种的整体转录活动进行检测并提供更精确的数字化信号。更高的检测通量以及更广泛的检测范围,是目前深入研究转录组复杂性的强大工具。

二、mRNA-Seq 技术流程

mRNA-Seq 技术是针对 mRNA 进行测序的技术,首先获得 mRNA 样本并将其反转录为 cDNA 以及合成双链 cDNA,然后将 DNA 随机剪切为小片段,在两端加上接头,最后利用高通量测序仪测序,从而获得大量的 DNA 序列。通过比对(有参考基因组)或从头组装(*de novo* assembling)(无参考基因组)构建成全基因组转录谱(图 9-10)。如果利用第三代的单分子测序技术,可不经过反转录步骤直接对 RNA 进行测序。

三、mRNA 的富集

一般情况下,细胞中 mRNA 含量稀少,95%以上的 RNA 是 rRNA 和 tRNA。因此,mRNA 的富集是 mRNA-Seq 技术的关键。尽管对于第二代高通量测序而言 mRNA 的富

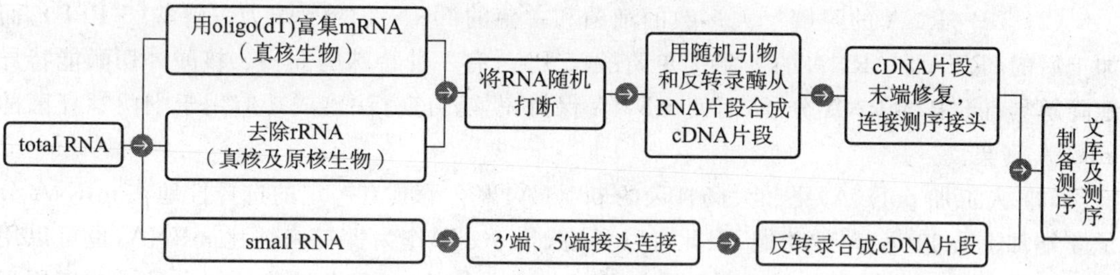

图 9-10　转录组测序实验技术路线

集不是必需的步骤，但 mRNA 的富集可以大大提高测序结果的覆盖度，从而更全面地反映全基因组范围的转录情况。对于真核生物而言，其 mRNA 具有 3′ploy(A)结构，可以使用 oligo(dT)做探针进行纯化和富集，非常方便，所以真核生物的转录组学发展非常迅速。

然而原核生物的 mRNA 没有 3′poly(A)结构，因此不能像真核生物的 mRNA 那样进行富集。这样一来 mRNA 富集技术成为原核生物转录组测序的难点和障碍。尽管如此，人们还是开发了几种应用于原核细胞 mRNA 富集的技术（图 9-11）。

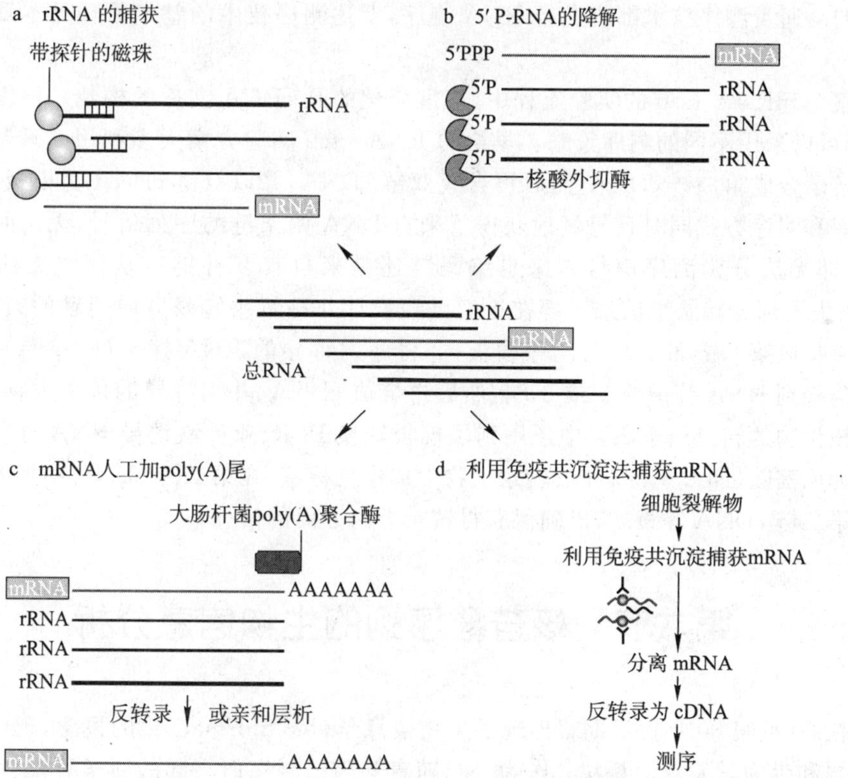

图 9-11　常用的原核生物 mRNA 富集策略(引自 Sorek and Cossart，2010)

(1) rRNA 的捕获和去除　根据细菌 16S 和 23S rRNA 的保守序列设计一系列探针，通过亲和吸附的方式将 rRNA 捕获并去除掉。先将设计的探针固定在磁珠表面，将提取的总 RNA 样品与磁珠充分混匀，然后通过磁铁就可以将与探针结合的 rRNA 连同磁珠一起捕获。通过该原理开发的试剂盒经 2 轮 rRNA 捕获后，rRNA 的含量降低到 5%以下，效果显著。

(2) 5′P-RNA 的降解　大多数的细菌和古菌的 mRNA 的 5′端为三磷酸(5′PPP)，而加工后的 rRNA 和 tRNA 的 5′端为单磷酸(5′P)。有一种特殊的 5′→3′核酸外切酶能特异地降解具有 5′P 的 RNA 分子，而使 mRNA 保持完整。该方法已成功应用于幽门螺杆菌的 mRNA 富集。

(3) 人工加 poly(A)尾　大肠杆菌的 poly(A)聚合酶具有一定的选择性地在 mRNA 分子 3′端加上 poly(A)尾的功能，因此可以利用 oligo(dT)作为探针来纯化 mRNA，也可以用 oligo(dT)作为反转录引物。该方法已被开发出商业化的 mRNA 纯化试剂盒且成功应用于海水样品的宏转录组(metatranscriptome)研究。

(4) 免疫共沉淀法　ChIP-seq 技术已广泛应用于分析转录因子特异识别的 DNA 序列，类似的策略也被用于高通量分析蛋白特异结合的 sRNA 及其靶标 mRNA，但该方法无法满足全基因组范围的转录组学研究。

四、mRNA 的测序

自 2005 年以来，以 454 测序技术、Solexa 测序技术和 SOLiD 测序技术为标志的第二代测序技术相继诞生，之后 Helicos Biosciences 公司等又推出第三代单分子测序技术。原则上所有的高通量测序技术都能进行 RNA 测序，上述测序技术的基本原理见本章第二节和第三节。

在整个 mRNA-seq 的实验流程中，最富变化的是 cDNA 文库的构建。根据研究目的的不同，可以采用不同的测序策略。早期的 RNA-seq 实验方案大多利用 6 碱基随机引物进行反转录合成第一链 cDNA，然后再合成双链 cDNA，并以双链 cDNA 为模板进行测序。这种建库和测序方式同时且等量地获得了来自 DNA 两条链的序列信号，无法判断转录的方向性(即无法分辨测序信号是来自编码链还是来自其互补链)，从而也无法鉴定反义 RNA，丢失了部分转录组信息。现在人们已经设计几种解决转录方向问题的策略：①最简单的是直接以第一链 cDNA 为测序模板；②将序列特异的 RNA 接头(adapter)通过 RNA 连接酶连接到 RNA 分子的 5′或 3′端，然后再合成 cDNA，并用特异的接头引物进行测序；③在真核生物的转录组学研究中还用到了模板转换 PCR、亚硫酸诱导 RNA 分子中的胞嘧啶转变为尿嘧啶(即 C→U)、在反转录引物中加序列标签、在第二链 cDNA 中加入脱氧尿苷并降解第二链 cDNA 等策略，以确保获得转录方向方面的信息。

第六节　核苷酸序列的生物信息分析

早在 20 世纪 80 年代后期就出现了生物信息学(bioinformatics)的概念，现已成为联系实验数据和生物学发现的桥梁。作为一门随着基因组测序而兴起的新学科，生物信息学在 20 世纪 90 年代逐步发展起来。随着测序技术发展以及 1990 年人类基因组计划(the human genome project，HGP)的正式确定，基因和基因组测序工作进展迅猛，因此而积累了大量的基因和基因组数据并构建了众多专项数据库。面对日益庞大的基因数据库，需要系统的整理和分析这些数据的方法和工具。为适应这一需要，人们将信息学的概念运用于基因数据库的分析。庞大的基因组数据经过有效的整理和分析，反过来促进了测序工作的发展，使得人们只用了短短十年时间就完成了人类基因组的全序列测定，进入后基因组时代。本节简要介绍在获得 DNA 核苷酸序列后进行基本信息分析的内容。

一、序列分析和生物信息学的应用

1. 基因序列的信息分析

在获得 DNA 的核苷酸序列后，可进行多种初步的分析，包括使用 ORF Finder(http://www.ncbi.nlm.nih.gov/gorf/orfig.cgi)分析或寻找开放阅读框；结合同源序列(如来自 GenBank 的相似序列)以及转录数据(如来自 GenBank 的 EST 数据以及转录组数据)预测外显子和内含子；结合序列特征分析启动子，如 ppdb(http://www.ppdb.gene.nagoya-u.ac.jp/)、ORegAnno(http://www.oreganno.org/)和 PromBase(http://nucleix.mbu.iisc.ernet.in/prombase/)等；分析终止子，如 ARNold、RNIE 和 WebGeSTer DB 等；分析调控序列及其靶标序列，如 RegulonDB(http://regulondb.ccg.unam.mx/)、PlnTFDB(http://plntfdb.bio.uni-potsdam.de/v3.0/)、BSRD(http://bac-srna.org/BSRD/index.jsp)和 miRWalk-database(http://www.umm.uni-heidelberg.de/apps/zmf/mirwalk/)等；在公共基因数据库中寻找相似的序列以及对相似的两种或多种序列进行同源性比对等。

2. RNA 结构分析

根据 DNA 核苷酸序列，还可在相应的 RNA 水平上进行分析，如预测 RNA 的二级结构、计算折叠数、5′端碱基数和 3′碱基数以及在基因组 DNA 和 RNA 序列中搜索 tRNA 基因等。常用软件以及数据库有 RNAfold(http://rna.tbi.univie.ac.at/cgi-bin/RNAfold.cgi)，RNAstructure(http://rna.urmc.rochester.edu/RNAstructureWeb/)，CONTRAfold(http://contra.stanford.edu/contrafold/)，Rfam(http://rfam.sanger.ac.uk/)，rrnDB(http://rrndb.mmg.msu.edu/)和 tRNAscan-SE(http://lowelab.ucsc.edu/tRNAscan-SE/)。

3. 蛋白质序列的信息分析

根据测序所得到的核酸信息，翻译成蛋白序列后可以预测其信号肽[分析工具如 SignalP(http://www.cbs.dtu.dk/services/SignalP/)]、跨膜结构[分析工具如 TMHMM(http://www.cbs.dtu.dk/services/TMHMM/)]、是否为脂蛋白[分析工具如 LipoP(http://www.cbs.dtu.dk/services/LipoP/)]、蛋白质的二级结构及其三级结构[分析工具如 HHpred(http://toolkit.tuebingen.mpg.de/hhpred)和 wwPDB(http://www.wwpdb.org/)]，从而预测其功能。

除此之外，对核苷酸序列还有更多更深入的分析和发掘。

二、基因数据库和分析工具

目前在互联网上有许多公开的分析 DNA、RNA 和蛋白质序列的软件和数据库，这些软件和数据库能满足日常的一般分析要求。其中最著名和广泛应用的是美国国家生物技术信息中心(NCBI)的网站，该网站提供了大量的数据库和基于互联网形式的检索。

1. 基因数据库

目前世界上有 3 大基因数据库，包括美国的 GenBank、欧洲的 EMBL 和日本的 DDBJ，这 3 大基因数据库已经实现数据互联。当研究人员获得了一段具有功能和作用的 DNA 序列后，可在这些数据库之一登记注册，并获得一个登记号。对于一段 DNA 序列，如果要在发表论文中出现的话，一般要求在这些数据库中公开。

2. 基因分析工具

在 NCBI 网站上提供了许多基因分析工具和其他分析网站的连接点。例如 BankIt 或

Sequin 可以用于将 DNA 序列提交给 GenBank；BLAST 用于在基因库中寻找与待分析的 DNA 序列同源的基因或序列，是判明待分析基因性质的快捷工具。此外该网站还有搜索 ORF 的工具，基因组数据库及其分析的界面等，具备基因分析相对完善的工具和界面。

其他相关的数据库和分析网站主要有欧洲生物信息学研究所（EBI）EMBL 分所，基因组测序 Sanger 中心，瑞士生物信息学研究所蛋白质分析系统（ExPASy）等。其网站网址如下：

NCBI：http://www.ncbi.nlm.nih.gov

EMBL：http://www.ebi.ac.uk

Sanger 中心：http://www.sanger.ac.uk

ExPASy：http://www.expasy.ch

除系统性的分析网站外，还有许多专业分析网站用于特定要求的分析，如提供多重序列比对的 Clustal W 工具、检测序列之间相似性并以此预测进化距离的 Blosun 打分矩阵和 DNA PAM 矩阵等。

此外还有许多独立的序列分析软件，在实践操作中可参考专业文献和网站。

思考题

1. 设想一下在什么情况下你希望知道一个基因或一段 DNA 的序列？
2. 简述双脱氧链终止法即 Sanger 测序方法的基本原理，并简述其应用范围和发展？
3. 高通量测序技术的代表有哪些，并分别介绍其工作原理和特点？
4. 对未知的 100 kb DNA 片段，如何设计测序方案？
5. 在获得了一段未知 DNA 片段的序列后，可做哪些基本的分析工作？

主要参考文献

1. Ausubel F M, Brent R, Kingston R E. Current protocols in molecular biology. New York: John Wiley & Sons, 2003

2. Bankier A T. Shotgun DNA sequencing, Methods Mol Biol, 2001, 167: 89-100

3. Ding F, Manosas M, Spiering M M, *et al*. Single-molecule mechanical identification and sequencing. Nature methods, 2012, 9: 367-372

4. Innis M A, Myambo K B, Gelfand D H, *et al*. DNA sequencing with *Thermus aquaticus* DNA polymerase and direct sequencing of polymerase chain reaction-amplified DNA. Proc Natl Acad Sci USA, 1988, 85(24): 9436-9440

5. Lim H A, Venkatesh T V. Bioinformatics in the pre- and post-genomic eras. Trends Biotechnol, 2000, 18(4): 133-135

6. Maxam A M, Gilbert W. A new method for sequencing DNA. Proc Natl Acad Sci USA, 1977, 74: 560-564

7. Sambrook J, Green M R. Molecular cloning: a laboratory manual. 4th ed. Cold Spring Harbor Laboratory Press, 2012

8. Sanger F, Nicklen S, Coulson A R. DNA sequencing with chain-terminating inhibitors. Proc Natl Acad Sci USA, 1977, 74(12): 5463-5467

9. Sorek R, Cossart P. Prokaryotic transcriptomics: a new view on regulation, physiology and pathogenicity. Nat Rev Gen, 2010, 11(1): 9-16

10. Teer J K, Mullikin J C. Exome sequencing: the sweet spot before whole genomes. Hum Mol Genet. 2010, 19(R2): R145-51

11. Niedringhaus T P, Milanova D, Kerby M B, *et al*. Landscape of Next-Generation Sequencing Technologies. Anal Chem, 2011, 83: 4327-4341

12. Wilson R K, Chen C, Avdalovic N, *et al*. Development of an automated procedure for fluorescent DNA sequencing. Genomics, 1999, 6(4): 626-634

（苏莉　彭东海）

第十章

DNA 诱变

突变是研究基因结构与功能的最基本手段。经典的方法是分离自发突变体或用物理、化学诱变剂处理活体来获得突变，再根据突变体的表型，采用遗传学方法鉴定相应的基因。许多基因及蛋白质的功能就是这样鉴别的。但是，要针对某个基因的结构与功能进行更深入的解析，诱变完整生物体以获得突变的经典方法已经不能胜任，诱变处理发生的突变一般分散于整个染色体，而待研究基因只是整个染色体的极小部分，因而发生在目的基因上的突变极其有限。

通常采用体外诱变(*in vitro* mutagenesis)方式对克隆化的 DNA 进行诱变处理，改变其核苷酸序列，从而获得突变基因，用于基因工程、蛋白质工程等研究。可以在体外对纯化的目的 DNA 进行诱变处理，也可以将目的基因克隆到特定的宿主细胞内进行。体外诱变通常可以得到经典的诱变所能得到的所有种类突变，包括碱基替换突变、片段插入或缺失；突变可以限于 DNA 片段的局部或全部，并可以是随机或定向的；可以通过嵌套缺失、寡核苷酸介导的定点诱变、随机诱变等方式，分别产生缺失突变、定点突变和随机的点突变。

体外诱变能够在 DNA 的特定位置引入限制性内切酶位点，便于基因的亚克隆等基因工程操作；能够任意改变密码子以便研究蛋白质的功能；可得到其性能比相应的天然蛋白"更好"的蛋白质，甚至创造具有新活性的酶，用于医药或工业用途；还能对转录调节因子以及非编码 RNA 等遗传元件进行功能研究。与经典诱变相比，体外诱变具有无可比拟的优点，已成为基因工程、蛋白质工程、基因结构与功能、酶作用机理等研究的重要手段。

进行 DNA 诱变的方法很多，采用的名称更多，不同方法的组合或调整可能会以新的名称出现。一些商业化公司开发的试剂盒也常常会以特殊的名称出现。本章以基础诱变方法的介绍为主。

第一节　随 机 诱 变

体外随机诱变指随机地在克隆化 DNA 中引入碱基置换突变，特点是不需要有序列针对性的合理设计，引入突变的位置及其性质是随机的；结果是在目的 DNA 片段中引入大量的序列多样性，得到的具体突变体可以是单点突变也可能是多点突变。错误掺入诱变、增变菌株诱变、盒式诱变(cassette mutagenesis)和化学诱变等方法均可实现体外随机诱变。随机诱变主要用于诱变基因的编码区，改变氨基酸序列，从而改造蛋白质的性质或活性，以得到符合需要的蛋白质。

随机诱变成功的关键之一是选择合适的突变频率。在随机诱变得到的突变体中，只有少量突变仍编码具有功能的蛋白质，而绝大多数突变是有害的，所编码的相应蛋白质失去活性。当突变频率太高时，同一个 DNA 片段上会有多个点突变，其中有害突变会湮没有益突变，因此几乎无法筛选到有益突变；但突变频率也不能太低，否则在诱变群体中未发生任何突变的野生型将占据优势，很难从其中筛选到理想的突变体。实践经验表明，目的基因内有 1.5～5 个碱基发生碱基替换时，诱变结果是最理想的。

在随机诱变得到的大量突变体中，有益突变的频率很低。因此，随机诱变成功与否的另一个关键是，必须根据研究目的对突变体进行定向选择或筛选，从而找到感兴趣的突变。采用的筛选方法必须灵敏，并能有效地检测基因的功能。常用颜色反应、水解反应和功能互补等进行筛选。

另外，对于某些实验目的，一次突变很难获得满意的结果，通常采用反复多次诱变和循环筛选。即将前一次筛选得到的有用突变基因纯化后，用做下一次诱变的模板，连续反复地进行随机诱变、筛选，使突变得到累积。这种随机诱变-人工定向选择循环的基本原理与自然进化相似，也是重复性的突变、选择循环；但随机诱变和选择都是在人为控制的条件下进行的，其目的是获得满足人们需要的性能改良的蛋白质，因此称为定向进化（directed evolution），也称试管进化（*in vitro* evolution）。

定向进化属于蛋白质的非理性设计（irrational design），其优点是不需事先了解蛋白质的空间结构和催化机制，能够解决合理设计所不能解决的问题；它不仅能改善酶的已有特性，也能进化出非天然特性。同时，定向进化使在自然界需要几百万年的进化过程缩短至几年或更短时间。定向进化成功的基础在于尽可能增加突变的 DNA 序列多样性，成功的关键在于是否具有一个高效灵敏的筛选手段来选择所需要的突变。

一、错误掺入诱变

错误掺入诱变指在体外 DNA 扩增过程中，使用具有错配倾向的 DNA 聚合酶以及反应条件，使碱基错误掺入到新合成的基因中。有些 DNA 聚合酶没有 3′→5′外切核酸酶活性，如突变 DNA 聚合酶和热稳定 *Taq* DNA 聚合酶，导致在 DNA 合成中以一定频率掺入错误的碱基。目前应用最广泛的随机点突变方法是利用 *Taq* DNA 聚合酶的致突变 PCR，即易错 PCR（error-prone PCR）。

标准 PCR 使用最合适的反应条件以确保 DNA 扩增的忠实性，由于 *Taq* DNA 聚合酶不具有 3′→5′外切核酸酶活性而具有错配倾向，因此每扩增一次都会出现错配碱基。碱基错误掺入率为 10^{-7} 到 10^{-3}，错误率因碱基而不同。经过 20～25 次循环，累积突变率约为 10^{-3}/bp，产生的突变绝大多数为碱基置换（substitution）。然而统计分析表明，碱基置换的类型具有很强的倾向性，并不是随机的。如 AT 碱基对倾向于突变为 GC 碱基对；碱基转换（transition）突变的概率为碱基颠换（transversion）突变的 2 倍。

易错 PCR 是指通过改变 PCR 反应条件来调整 PCR 反应中突变的频率，降低聚合酶固有的突变序列倾向性，提高突变谱的多样性，使得错误碱基随机地以一定的频率掺入到扩增的基因中，从而得到随机突变的 DNA 群体，最后用合适的载体克隆突变基因（图 10-1）。易错 PCR 合适的 DNA 长度通常为 1 kb 左右，对于更长的片段其扩增效率明显降低。

与标准 PCR 反应条件相比，针对 *Taq* DNA 聚合酶固有的突变序列倾向性和突变率，易错 PCR 常采用如下方法改变碱基的错误掺入率，以及向提高 G+C 含量或 A+T 含量的方向诱变。

① 增加 $MgCl_2$ 浓度到 7 mmol/L，稳定非互补的碱基配对。

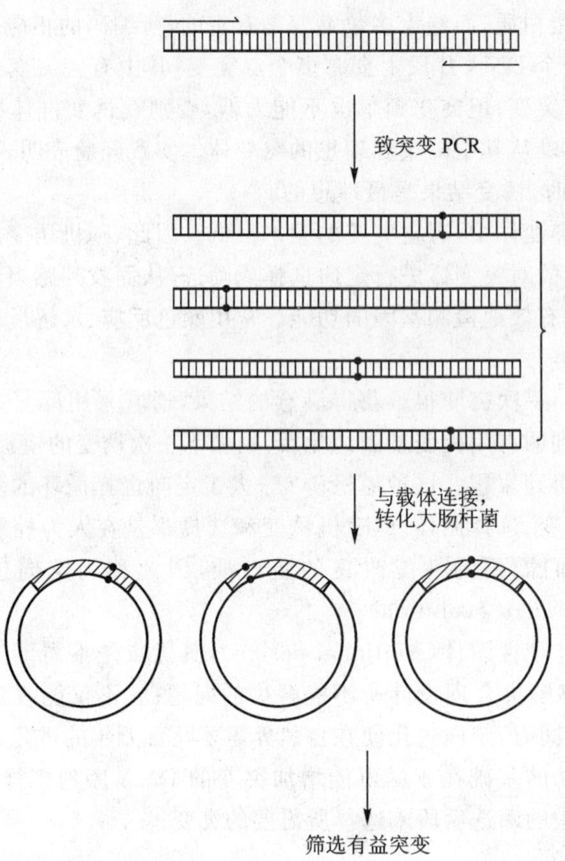

图 10-1　易错 PCR 原理图

② 加入 0.5 mmol/L $MnCl_2$，Mn^{2+} 能降低聚合酶对模板的特异性。

③ 增加聚合酶量到 5 U，促使在错配碱基处继续延伸反应。

④ 限定 4 种碱基中的一种，通常为正常浓度的 1%～10%。在缺乏正确核苷酸时，DNA 聚合酶经短暂停顿后，会插入另外 3 种可用核苷酸的一种。

⑤ 3 种为正常浓度的正常碱基，第 4 种碱基为次黄嘌呤 dITP。次黄嘌呤在缺少正确配对的碱基位置掺入 DNA 链，在下一轮扩增中，次黄嘌呤能与胞嘧啶、胸腺嘧啶和腺嘌呤配对。

⑥ 增加 dCTP 和 dTTP 的浓度到 1 mmol/L，促进错误掺入。

⑦ 使用突变 DNA 聚合酶，如 Mutazyme。Mutazyme 的突变倾向性与 *Taq* DNA 聚合酶相反，倾向于 GC 碱基对突变为 AT 碱基对。

二、盒式诱变

盒式诱变包括简单的盒式取代诱变和混合寡核苷酸诱变 2 种方式。简单的盒式取代诱变是通过限制性酶切除去特定的双链 DNA 片段，再与含有突变的单一序列双链寡核苷酸连接，得到取代突变，是一种定点诱变（图 10-2）。

若用于取代的是含有随机突变的混合双链寡核苷酸，则可在限定区域内引入大量的随机突变。可突变的区域最大为 80 bp，即化学合成寡核苷酸的极限长度。该方案的关键之处在于，设计合适的 5′和 3′端结构，其 3′端必须携带一个限制性内切酶位点，以便介导寡核苷酸互为引物的 DNA 合成反应，限制性内切酶位点则用于将合成的双链 DNA 切割成便于克隆的片段。在诱变寡核苷酸的合成程序中，在不需突变的位置用一种核苷酸前体的同质溶液进行合成；在需要突变的位置则用特定的核苷酸前体混合溶液进行合成，混合溶液中各种前体的相对分子浓度决定了寡核苷酸相应位点的突变频率。实施方案如图 10-3 所示。

图 10-2 和图 10-3 的方案是待突变区域两侧含有单一酶切位点的情况，实践中绝大多数感兴趣的区域没有合适的限制性酶切位点，可以先通过定点诱变等方法引入合适的酶切位点。

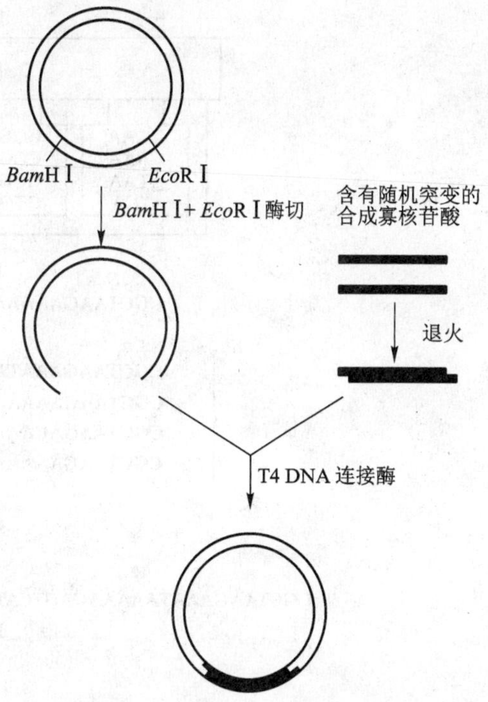

图 10-2　简单的盒式取代诱变

三、增变菌株的诱变作用

增变菌株的诱变作用是在活体细胞中进行，但是诱变的目的基因不是增变菌株的基因，而是克隆化的外源 DNA，因此这里将增变菌株（mutator strain）的诱变作用作为一种体外诱变方法来介绍。

由于 DNA 复制酶具有校正功能，以及细胞内 DNA 复制后修复系统的存在，大肠杆菌自发突变频率较低。与 DNA 错配校正功能和 DNA 损伤修复有关的基因突变后，细胞内基因的突变频率大大增加，这样的菌株叫做增变菌株。将携带待突变目的基因的质粒导入增变菌株中扩增若干代，即可得到随机突变体库，再将该库的重组 DNA 转化到或亚克隆到正常宿主中筛选、鉴定突变体。常用的大肠杆菌增变菌株为 XL1-Red（*mutD mutS mutT*）。其中，*mutD* 突变造成 DNA 聚合酶Ⅲ的 $3'\rightarrow5'$ 外切核酸酶活性缺陷，失去错配碱基的校正功能；*mutS* 突变使 DNA 错配修复系统失去功能；*mutT* 突变不能水解 dGTP 的氧化产物8-oxodGTP，8-oxodGTP 在复制时掺入 DNA 中，造成突变。

XL1-Red 增变菌株的随机突变频率约为 10^{-3}/(bp·代)。除目的基因外，增变菌株对整个质粒均具有致突变作用，质粒的复制必需区和选择标记基因均可能发生突变，但不会对工作造成很大影响。另外，一般不在增变菌株体内进行突变体表型筛选和鉴定工作，因为增变菌株的染色体也随之遭到高频率的突变，其生理及代谢已不同于野生型菌株。

增变菌株的诱变在理论上可以作用于任意长度的克隆化 DNA 片段。

四、化学诱变

化学诱变尽管使用不多，但仍为一种可用的方法。用化学诱变剂处理双链 DNA 片段，将发生随机突变的片段群体克隆到合适的宿主中，构建成一个重组突变体库。用适当的功能分析可鉴别携带突变的重组子。常用的化学诱变剂有亚硝酸、羟胺、亚硫酸氢盐或肼等。

如果用一般的大肠杆菌菌株为克隆宿主，得到突变体的频率非常低。而用大肠杆菌 *ung*⁻ 菌株作为宿主克隆经过化学诱变的片段群，能增加突变的频率。*ung*⁻ 突变菌株缺少尿嘧啶 *N*-糖基化酶（uracil-*N*-glycosylase），不能裂解尿嘧啶碱基与脱氧核糖磷酸骨架间的 *N*-糖苷键，因而不能去除 DNA 中的尿嘧啶残基。

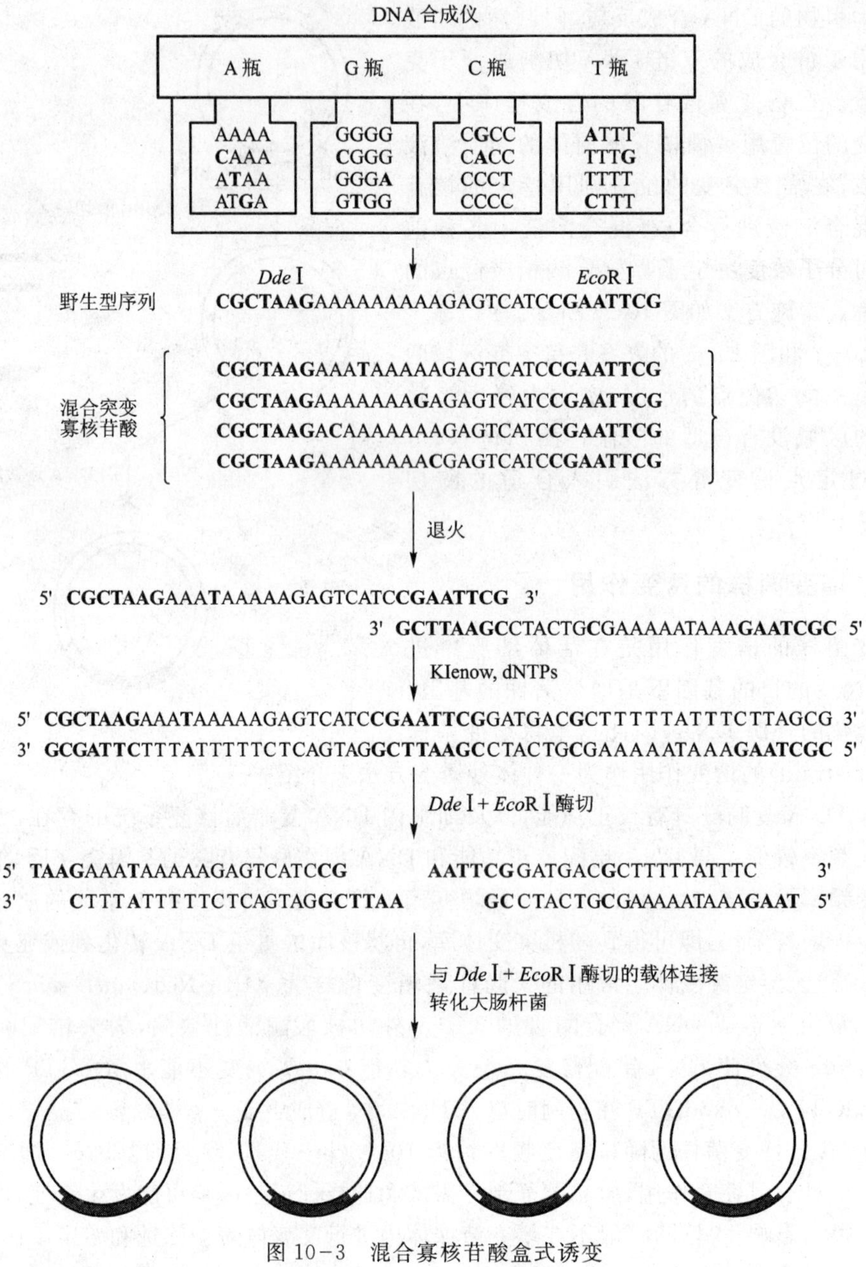

图 10-3　混合寡核苷酸盒式诱变

大多数常用诱变剂都以特异的方式与碱基作用，这样由单种诱变剂获得的突变谱可能太窄，不能满足分析蛋白质特定片段功能的要求。并且双链 DNA 的化学诱变是高度非随机的，倾向变性的区域最易受到攻击。而以单链 DNA 作为诱变的底物，可减弱这一问题。即在诱变后用引物和 DNA 聚合酶将单链 DNA 转变为双链，再用这些 DNA 片段构建突变体库。突变的片段可长达 3 kb。

第二节　DNA 体外重组

DNA 体外重组技术，主要是指依赖序列同源性的 DNA 体外重组，包括经典的 DNA 洗牌(DNA shuffling)以及在此基础上发展出来的交错延伸(staggered extension process, StEP)、随机引发重组(random-priming recombination,RPR)等技术。DNA 洗牌是一种通过将 DNA 随机打碎和 PCR 重新组装(reassembly),使一组突变基因进行体外同源重组的方法。也就是在特殊的 PCR 反应条件下,从一组有一定同源性的亲代 DNA 出发,使 DNA 群体通过同源序列介导,在 PCR 过程中重新组装,产生出各种突变的不同组合,从而加速产生基因多样性。DNA 重新组装要求 DNA 亲本序列之间要有一定程度的同源性,重组交换(crossover)就是在局部序列完全相同的片段内发生的。体外重组技术与以往的体外诱变技术有根本的不同,其中关键是引入 DNA 片段的重新组装过程,因而又称有性 PCR(sexual PCR)或分子育种 PCR(molecular breeding,PCR)。

DNA 体外重组技术的优点在于可以将大量突变中的有益突变快速地组合,加速产生 DNA 序列多样性,使定向进化从以往的"突变-选择"模式变为与自然进化更为相似的"突变-重组-选择"模式。另一方面,DNA 体外重组技术往往也同时引入大量随机突变。计算机模拟进化以及基因操作的实践均表明,就引入有益突变而言体外重组远比单纯的随机突变方案快速和高效,因而很快成为蛋白质定向进化的主要突变方法,几乎有取代易错 PCR 的趋势。在实践中能使已分别优化的酶的两个或多个特性组合起来,产生具有多项优化功能的酶,进而发展和丰富酶类资源。同样,灵敏可靠的选择或筛选方法是 DNA 体外重组技术成功与否的关键。

一、DNA 洗牌法

DNA 洗牌法是 1994 年 Stemmer 实验室首次发展起来的。初始方案用于成功改造单个基因,如荧光蛋白基因和 β-半乳糖苷酶基因等。针对有一定同源性的基因家族进行基因家族洗牌,效果更为显著。

其原理见图 10-4。首先,选择一组分别具有一系列所需性状的基因序列作为重组的亲本,亲本之间有序列同源性(>60%)。亲本可以是经随机诱变得到的一组有益突变体,或天然存在的基因家族。其次,用 DNase Ⅰ或超声波处理,随机切割亲本序列,得到大小不一的片段群,纯化一定大小的片段(如 50～200 bp)。第三,纯化的片段互为引物延伸进行重新组装(reassembling),也叫无引物 PCR。与标准 PCR 一样,先对双链 DNA 片段进行热变性;退火时单链片段与具有足够长度互补序列的其他单链配对,形成 3′或 5′突出端;再经聚合酶延伸 3′凹端。如此反复循环,随着循环数的增加,片段的平均长度也增加,最后达到 DNA 亲本序列的原始长度。第四,用两侧引物进行标准 PCR 反应,扩增全长的重组装 DNA 链。最后,克隆 PCR 扩增的 DNA 产物,从得到的文库中选择或筛选获得优化性状的基因。

二、交错延伸重组

交错延伸重组是将 DNA 洗牌技术进一步改进的 DNA 体外重组技术。其核心技术也是有性 PCR,在一个反应体系中以 2 个以上有一定序列同源性的 DNA 片段为模板进行 PCR 反应,通过变换模板机制实现 DNA 序列的重新组装(图 10-5)。

交错延伸重组在单一试管中进行,不需分离亲本 DNA 和新产生的重组 DNA,此方法与初始的 DNA 洗牌法相比,省去了用 DNase Ⅰ将 DNA 切割成片段以及片段纯化步骤,因而简化了程序(图 10-5)。在具体操作时,首先选择 2 个以上分别具有优良性状的亲本基因作为 PCR 模板。其次通过 PCR 进行交错延伸循环产生杂交基因。在每轮循环中的退火和

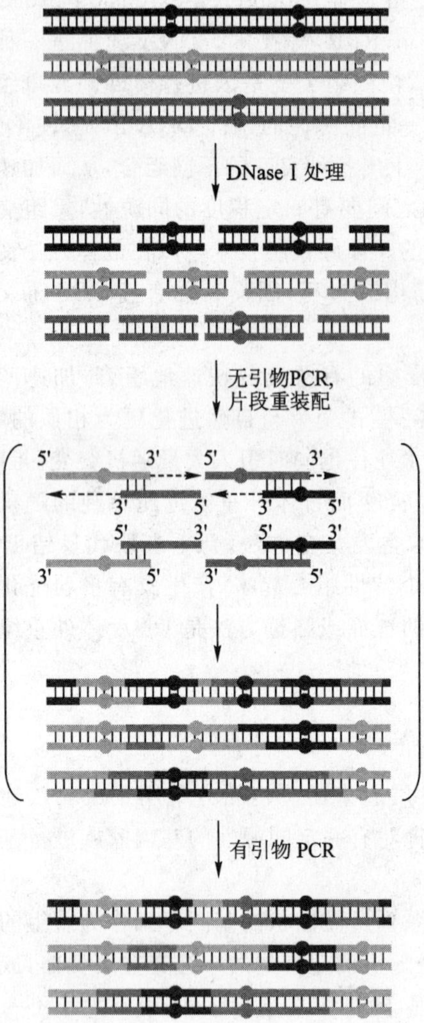

图 10-4　DNA 洗牌法原理图

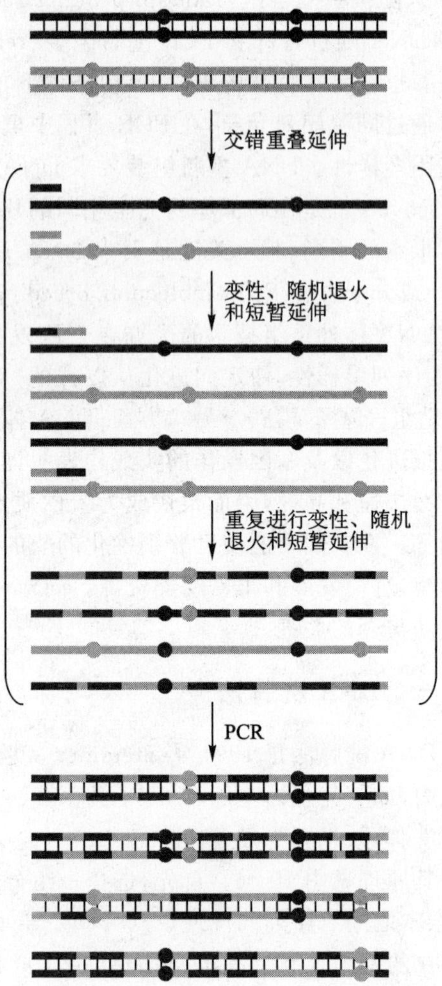

图 10-5　交错延伸重组的原理图

延伸反应控制在短暂的时间(55 ℃,5 s),引物先在一个模板链上延伸,只能合成出非常短的新生链。经变性的新生链再作为引物与体系内同时存在的不同模板退火后继续进行短暂的延伸,此过程反复进行,直到产生全长的基因,得到间隔地含不同模板序列的杂交 DNA 分子。最后用两端引物进行标准 PCR 反应,扩增全长的杂交 DNA 链,克隆 PCR 扩增的 DNA 产物,从得到的 DNA 文库中选择或筛选得到性状优化的基因。

三、随机引发重组

在随机引发重组过程中,用一套随机引物与模板配对延伸,产生互补于模板不同位点的短 DNA 片段混合物。由于碱基的错配和错误引发,这些短 DNA 片段中也会有少量点突变,在随后的 PCR 反应中,这些短 DNA 片段互为引物重新组装产生全长的基因。该法可以用一条 DNA 单链为模板,因此可以直接以 cDNA 为模板进行随机引发重组。

随机引发重组的具体过程见图 10-6。首先,随机引发合成短 DNA 片段混合物。以变性 DNA 为模板,加入随机引物,用大肠杆菌 DNA 聚合酶 Klenow 片段进行延伸反应,得到长短不一的新生 DNA 片段(50～500 bp)。然后,过滤并纯化 DNA 片段混合物,分别去除模板、长的新生 DNA 片段、蛋白质和引物、小的新生 DNA 片段(＜30 bp)。其次,做无引物 PCR,使新生 DNA 片段互为引物并延伸,进行重新组装产生全长的杂交 DNA 链。最后,用两端引物进行标准 PCR 反应,扩增全长的杂交 DNA 链,克隆 PCR 扩增的 DNA 产物,从得到的 DNA 文库中选择或筛选得到性状优化的基因。

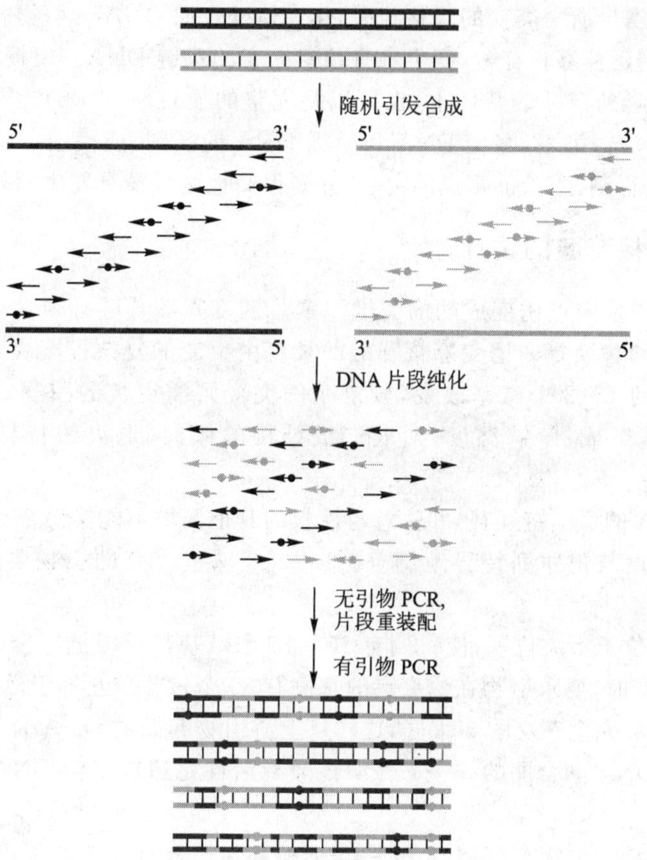

图 10-6　随机引发重组的原理图

第三节　寡核苷酸介导的定点诱变

使已克隆基因或 DNA 片段中的任何一个特定碱基发生取代、插入或缺失突变的过程称为基因的定点诱变(site-directed mutagenesis)。几乎所有定点诱变的方法都需要一个或多个含有突变碱基的诱变寡核苷酸来改变靶序列,应用诱变寡核苷酸为引物进行 DNA 复制,使寡核苷酸引物成为新合成的 DNA 子链的一部分。

寡核苷酸介导的定点诱变可以在任何感兴趣的位置加上限制性酶切位点;能够把一个自然条件下从未被发现的突变精确放置在靶基因的特定位置。在蛋白质工程中定点诱变用于改变基因编码区的氨基酸序列,检验特定氨基酸残基在蛋白质结构、催化活性及其配基结合能力中的作用;能够把蛋白质的功能确定在特异的结构区域内;能够删除蛋白质的非必需活性;能够提高酶的催化活性和改变物理特性。

在蛋白质工程中，与随机诱变相比，寡核苷酸介导的定点诱变主要是在对蛋白质或酶的结构与功能关系有了深入了解的情况下，对序列进行合理或理性设计（rational design），达到改变序列、改良基因的目的。

一、寡核苷酸介导定点诱变的基本流程

寡核苷酸介导定点诱变总体上涉及4个步骤。首先，化学合成能与野生型DNA模板的靶区域退火、并携带所需突变的寡核苷酸，作为体外合成DNA的引物。其次，由DNA聚合酶根据模板序列延伸寡核苷酸，产生含有预定突变的双链DNA。模板既可以是DNA片段，诱变合成后克隆到合适的载体上；也可以是完整的质粒（<9 kb）。模板既可以是单链的，也可以是双链的。第三，突变DNA和模板DNA的区别，或模板DNA的排除。最后，对突变体DNA进行测序，验证靶点的突变，并确保其他区域没有发生额外的突变。

二、诱变寡核苷酸的设计

诱变寡核苷酸是定点诱变成功的关键因素。诱变寡核苷酸必须含有至少1个碱基改变，如插入、缺失和替换等。诱变寡核苷酸的长度由突变的复杂程度决定，25个碱基长度就可以完成简单的1～2个碱基改变，较复杂的突变则需更长的引物。此外还需综合考虑碱基序列、碱基组成、解链温度、形成二级结构的倾向、退火的特异性等。具体要求如下：

① 与靶DNA的适当链互补，并注意与模板的其他区域不能错误杂交。

② 足够的长度与靶序列特异地结合。1～2个碱基改变的引物要求至少25个碱基长度；

③ 错配碱基位于中央位置，使每侧有10～15个碱基与模板链完全匹配。有效引入多于3个核苷酸突变时，要求引物在诱变点的每侧有30个核苷酸互补于模板。

④ 含有与模板完全杂交的5′端区，这样从上游引物起始的DNA合成不至于取代诱变寡核苷酸引物。DNA聚合酶的5′→3′外切核酸酶活性是造成上游DNA合成取代5′核苷酸的原因。

⑤ 诱变寡核苷酸引物3′区域有10～15个碱基与模板链完全匹配，形成足够稳定的杂交分子，以有效地从诱变寡核苷酸引物3′端引发DNA的合成。

⑥ 无回文、重复或自身互补序列，这样的序列会形成二级结构，具有稳定二级结构的诱变寡核苷酸与模板上靶序列的杂交率降低，可能导致得不到突变体。

⑦ 必要时可在诱变寡核苷酸上加入新的酶切位点，或消除靠近诱变点的已有酶切位点，便于诱变后通过限制性酶消化筛选候选突变子。

三、不依赖于PCR的DNA定点诱变

在PCR技术得到广泛使用之前，定点诱变程序均采用普通的DNA聚合酶催化DNA的复制。通常以单链DNA为模板，或对双链模板进行变性后针对其中的单链进行突变操作。

早期的方案诱变效率很低，经过多年的完善已使经典的定点诱变极为有效而可靠。改进的措施主要在于设计出了更富智慧的方式来区别突变DNA链和模板DNA链，或排除模板链或富集突变链。因此，即使PCR相关的诱变技术使用越来越多，但这些不依赖PCR的诱变方法仍然具有很多优势而被使用，或者改造成其他的诱变方法。

1. Kunkel 定点诱变法

通过产生带尿嘧啶的 DNA 作模板的 Kunkel 法，可高效率地筛选突变克隆。该方法在制备单链模板时采用 ung^- dut^- 突变的大肠杆菌菌株（如 CJ236 菌株），该菌株合成的 DNA 中部分胸腺嘧啶被尿嘧啶取代（例如从该菌株中提取的 M13 噬菌体 DNA 中有 20～30 个尿嘧啶）。基因 ung^+ 编码尿嘧啶 N－糖基化酶，该酶可水解尿嘧啶残基和脱氧核糖磷酸骨架之间的 N－糖苷键，产生脱碱基的位点。含有脱碱基的 DNA 链不再具备作为完整复制模板的能力。基因 dut^+ 编码 dUTP 酶，在 dut^- 菌株中细胞内 dUTP 转换成 dUMP 的能力减弱，使细胞内 dUTP 的含量增加 25～39 倍，导致 DNA 合成过程中部分胸腺嘧啶被尿嘧啶取代。在体外用诱变引物引导合成的杂合双链 DNA 在导入正常 ung^+ dut^+ 菌株后，只有带有突变位点的新合成链可作模板进一步复制，而野生型的链不能复制。这样一来，能够生长的细胞就带有突变位点（图 10－7）。

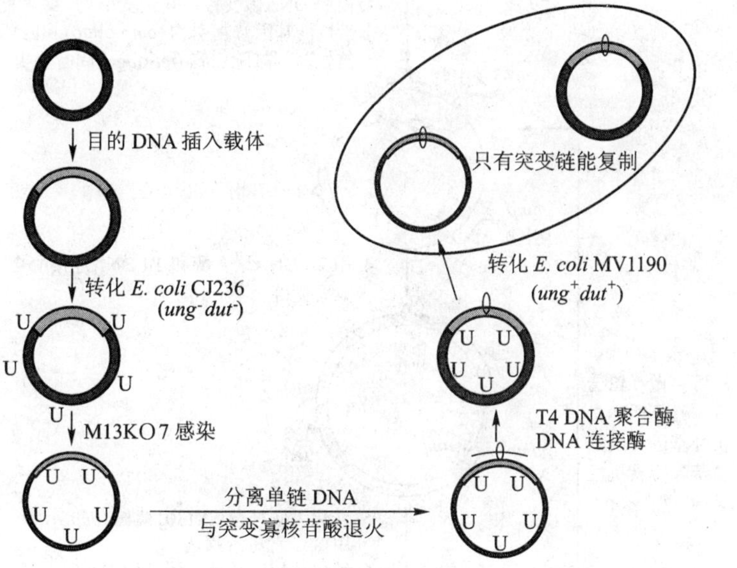

图 10－7　Kunkel 定点诱变原理

2. 位点选择诱变

位点选择诱变（altered sites *in vitro* mutagenesis）法使用了 2 个寡核苷酸引物，一个是用来引入突变的突变引物，另一个是用来选择用的。选择性引物可用来恢复有缺陷的抗生素抗性基因，同时可用来选择引入突变的 DNA 链。详细原理见图 10－8。该方法的优点在于可正向选择突变链，使用高保真的 T4 DNA 聚合酶合成 DNA，可以使用双链 DNA 作模板，可进行多轮筛选。但该方法需要特定的载体，即含有一个有缺陷的抗生素抗性基因。

这样的突变方式也可用来在模板 DNA 上同时引入多个突变位点，进行多位点定点诱变（multisite－directed mutagenesis）。

3. 转化子诱变

转化子诱变（transformer site－directed mutagenesis）也使用了 2 个寡核苷酸引物，除了突变引物外，还使用了 1 个用来剔除单一酶切位点的引物。因此该方法亦称酶切位点剔除法（restriction site－elimination site－directed mutagenesis）。将待突变的 DNA 片段装载到克

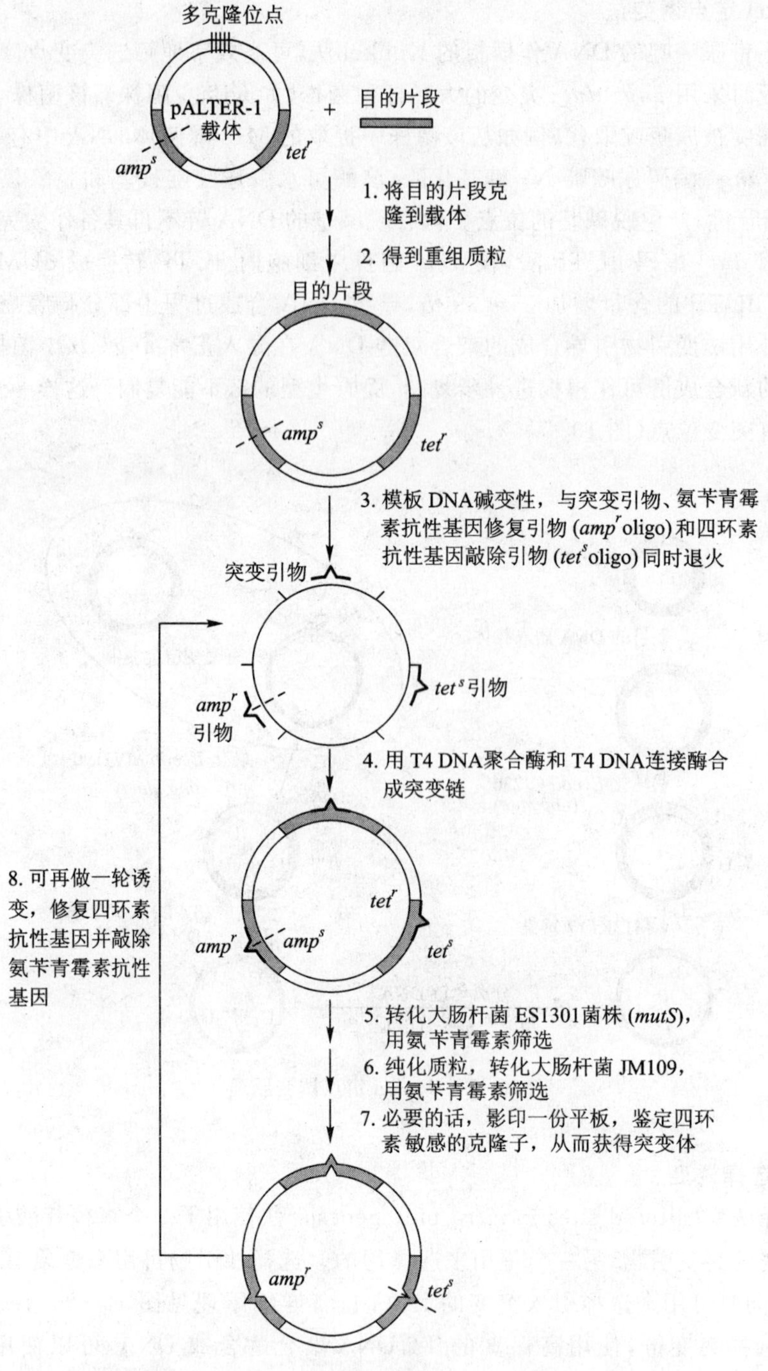

图 10-8 位点选择定点诱变法

隆载体上，该载体上必须存在 1 个单一酶切位点。当这 2 个引物同时指导 DNA 合成时，突变的 DNA 链将不再含有该单一酶切位点，而模板 DNA 在该位置能被切割。通过转化大肠杆菌，线性化的模板 DNA 不能复制，只有突变链保持环状，可以获得转化子。详细工作原理见图 10-9。

随着生物技术的发展，还会出现一些新的定点诱变方法，一些目前尚不成熟的方法也会逐渐开发成商业化的工具。

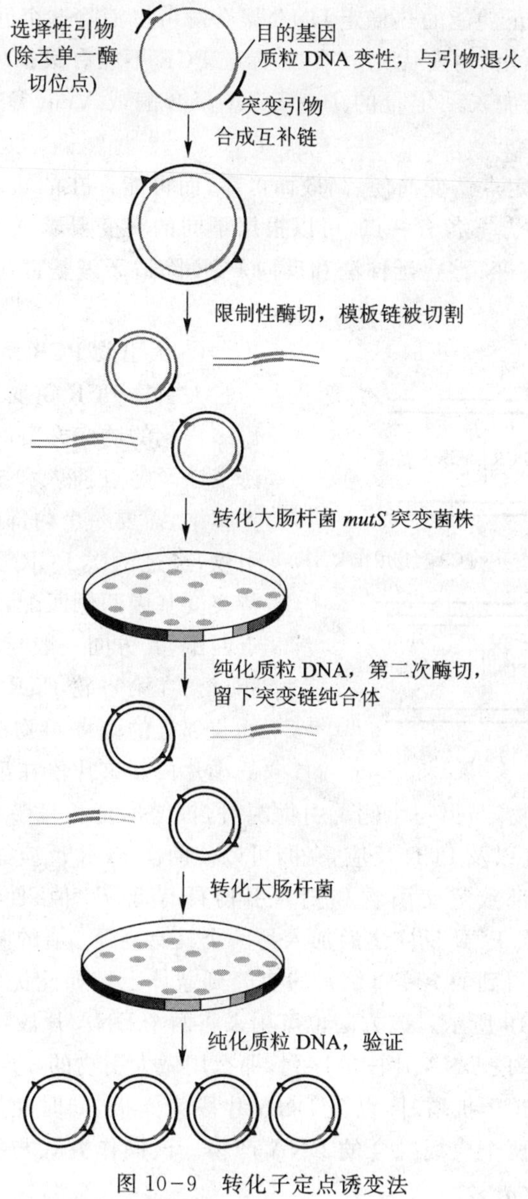

图 10-9　转化子定点诱变法

四、PCR 介导的定点诱变

PCR 技术诞生以后，尤其是采用热稳定 DNA 聚合酶后，很快就被应用于基因的定点诱变实践中。PCR 介导的定点诱变具有明显的优点，第一，突变体的回收率高。一些改进的方案可使得回收率达到近 100%。第二，快速简便。能用双链 DNA 为模板，不需制备单链模板，因而不需将目的 DNA 亚克隆到单链噬菌体载体上。第三，高温度的利用，可降低模板 DNA 形成二级结构的几率。第四，大多数反应可以在同一只试管中进行。

同样，PCR 介导的定点诱变也有潜在的缺点。第一，PCR 扩增 DNA 时会产生一定程度的碱基错配，除预定突变外常包含一些非预定突变。通过限制扩增的循环数、应用具有校正功能的热稳定 DNA 聚合酶（如 *Pfu* DNA 聚合酶和 Vent DNA 聚合酶）可以将错误降低到最小。第二，在扩增 DNA 的 3′端加上非预设的碱基，如用 *Taq* DNA 聚合酶常在产物的

3′端加上A。用具有校正功能的热稳定DNA聚合酶可以消除这个问题。第三，对每套引物和模板，PCR反应的条件都需要优化。第四，标准PCR不能有效扩增大于3 kb的DNA片段。可用重叠延伸法或加入一定量的*Pfu* DNA聚合酶或Vent DNA聚合酶来解决这个问题。

总之，PCR介导的定点诱变简便、高效而可靠，而可能存在的缺点都有有效的方法加以克服。常用的下述几种方案各有特点，可以根据不同的突变要求选择合适的方案。大引物PCR法适于碱基替换突变；重叠延伸法和反向PCR除适于碱基替换突变外，还适于片段插入和缺失突变。

1. 大引物PCR诱变

大引物PCR诱变是一个非常简单并且用途多样化的诱变方案，可用于单核苷酸的定点诱变以及定点插入和缺失甚至基因融合。该方案中，需要一个内部致突变引物和一对侧翼引物，经过两次PCR反应。侧翼引物分别与待突变基因两侧匹配，内部致突变引物与靶位点匹配，其方向一般与较靠近的一个侧翼引物相对。在第一轮PCR扩增过程中，致突变引物与邻近的侧翼引物配对扩增出带诱变位点的小片段。该片段在第二轮PCR扩增中可以作为引物，也就是大引物，与另一个侧翼引物配对，扩增出全长且带有突变位点的片段。巧妙设计引物的解链温度以及PCR反应条件，可以使两次PCR反应能在同一只试管中进行。第一次PCR反应中内部致突变引物和侧翼引物具有低T_m值，使用低退火温度；第二次PCR反应直接在第一次PCR反应之后加入另一个具有高T_m值的侧翼引物，使用高退火温度（一般为72 ℃）。将得到的突变基因片段克隆到载体上。如此优化后平均诱变效率可达到80%，程序如图10-10所示。该方法也可用来将两个DNA片段融合起来，将致突变引物的5′端带有一段另外一段DNA片段的序列，那么用做大引物的3′端将能与该DNA片段配对和退火。在第二轮PCR扩增时，以该DNA片段为模板，同时使用一条与该模板对应的侧翼引物，能扩增出将两个模板融合的DNA产物。该操作方式与接下来要阐述的重叠延伸剪接法有异曲同工之处。

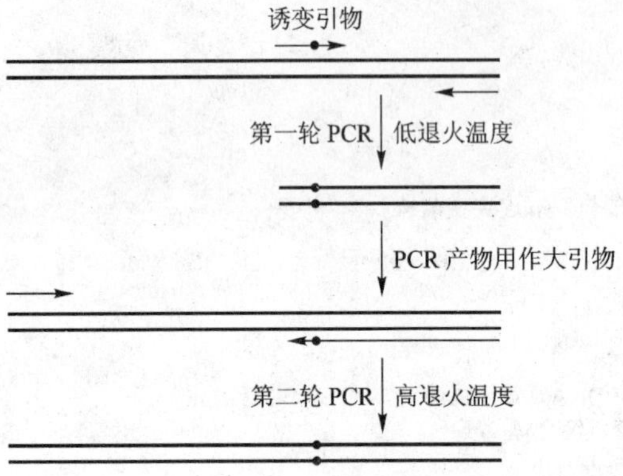

图10-10　大引物PCR诱变

另外，将通过易错PCR获得的随机突变的片段用做大引物，可以用来制作局部随机突变的突变体，来研究蛋白质功能域或启动子的功能变化。

2. 重叠延伸PCR诱变

重叠延伸（overlap extension）是指在3′端具有互补配对序列的DNA片段或寡核苷酸，在配对后能够互为引物互为模板进行DNA合成的过程，可以生成包含这两个模板所有序列的产物。重叠延伸PCR诱变需要一对内部致突变引物和一对侧翼引物，经过三个PCR反应获得突变基因，效率非常高。两个内部致突变引物与模板DNA的不同链匹配，都含有预设突变。两个独立的PCR反应分别扩增出两个重叠的DNA片段，突变位点位于重叠区域；混合两个PCR反应产物、或分别纯化后再混合，变性、退火后进行第三个PCR反应，得到突变基因片段（图10-11），再克隆到载体上。如有必要，可在两个侧翼引物的5′端引入合适的限制性酶切位点，便于对诱变DNA片段进行克隆。

重叠延伸PCR还可以将两个独立的基因拼合在一起，如重叠延伸剪接法（splicing by

overlap extension，SOE）。图 10－12 展示了将基因 *A* 的启动子序列与基因 *B* 的 N－端编码序列在翻译起始密码子 ATG 处进行定点拼接的过程。该方法的核心要点在于合成一对融合寡核苷酸引物，对图 10－12 中的基因 *B* 来说，引物的 5′ 端部分为基因 *A* 的 ATG 密码子上游紧邻的序列，而 3′ 端则为基因 *B* 从 ATG 密码子开始的序列。对于基因 *A* 来说，其融合引物与基因 *A* 的融合引物完全互补。这两个融合引物各自与侧翼引物扩增的产物就有完全同源的序列，因此可以进行重叠延伸。通过重叠延伸剪接法将两个 DNA 片段在指定的位点进行连接的操作方式，同样也可以用来在一段 DNA 片段中插入另一段 DNA 片段，或者在 DNA 片段中删除其中的一部分片段。对于前者，也就是相当于将待插入的片段分别与待插入位点的两个末端（片段）进行定点连接；后者相当于将待删除片段的外侧端点（片段）进行定点连接。

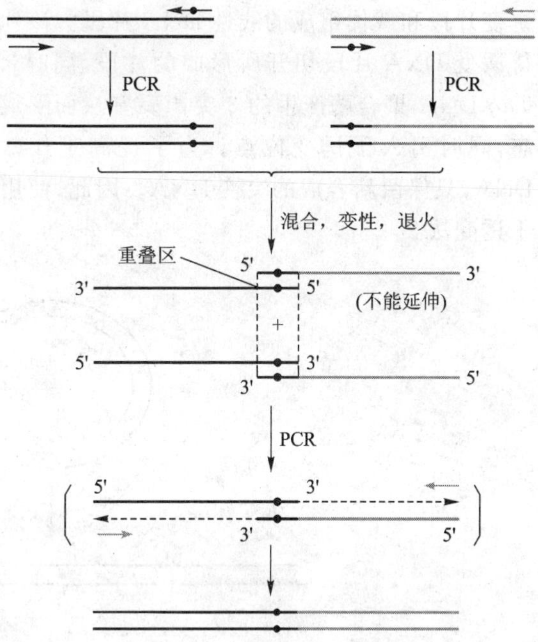

图 10－11　重叠延伸 PCR 诱变

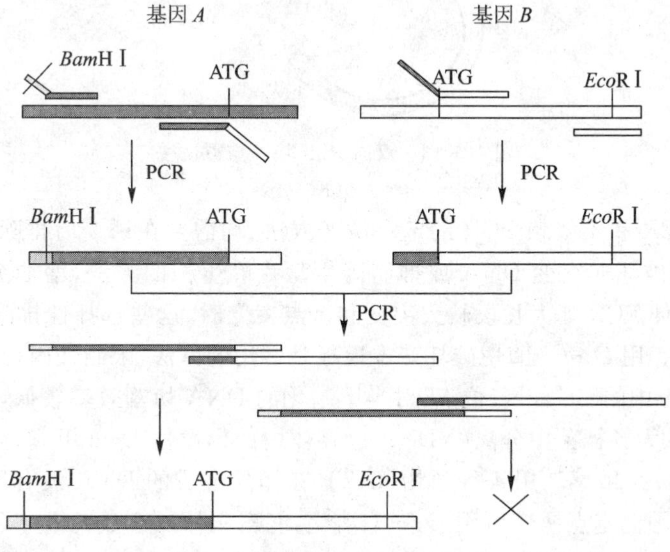

图 10－12　利用重叠延伸剪接术将基因 A 与基因 B 定点连接示意图

3. 双向 PCR 快速定点诱变

双向 PCR 快速定点诱变的特点主要在于引物的设计上，同时待诱变的 DNA 片段需克隆至载体上。该方法只需要 1 对引物，经过一次 PCR 反应。要求 2 条引物间不重叠，而且它们的 5′ 端所对应的序列在模板中是连续的。错配碱基在引物的 5′ 端，引物 3′ 端至少有 15 个碱基与模板完全配对，并且要求至少 1 个引物的 5′ 端磷酸化，以使 PCR 产物末端能连接，如图 10－13。首先将待诱变的 DNA 片段克隆到载体中，通过上述两个引物扩增出由待诱变片段和载体组成的线性DNA片段。该片段相当于在两个引物的5′端所对应的位置将待诱变DNA片段切开所形成的片段，同时带有引入的诱变位点。再通过末端修饰（去除*Taq* DNA聚合酶产生的3′突出碱基从而形成平末端片段）和连接，恢复到原来的克隆化状态，同时引入了诱变位点。为了提高工作效率，可通过*Dpn* Ⅰ限制酶切割并去除模板DNA，只保留新合成的突变DNA。因此，使用了*Dpn* Ⅰ限制酶的快速定点诱变法也称*Dpn* Ⅰ诱变法。

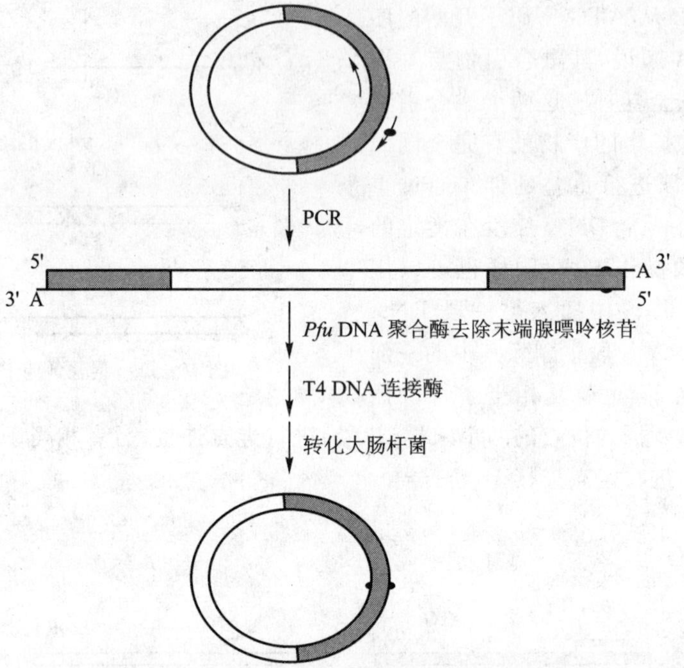

图 10-13　双向 PCR 快速定点诱变

无论依赖PCR和不依赖PCR的定点诱变方法，均需要在诱变后排除野生型DNA，通过在体外选择性破坏非突变DNA或抑制野生型克隆生长的方法，增加突变克隆的比例。在以低效引物延伸PCR如大片段缺失突变和多点突变时，这些选择性排除野生型DNA的方法尤其有价值。用*Dpn* Ⅰ酶切破坏亲本模板是常用的方法，限制性内切酶*Dpn* Ⅰ可特异性切割双链DNA中的G^{m6}ATC位点，对半甲基化的DNA切割效率较低，完全不能切割非甲基化DNA。从大肠杆菌中分离的DNA已在体内的内源性Dam甲基化酶催化下完全甲基化，因而对*Dpn* Ⅰ敏感。用4种通用dNTP在体外合成的DNA没有甲基化，可以抵抗*Dpn* Ⅰ的切割。因此定点诱变后用*Dpn* Ⅰ消化，能富集体外合成的非甲基化DNA。在实践中排除野生型DNA的措施一般有机地与具体的操作方法融合在一起，就像Kunkel诱变法一样对野生型DNA的排除是操作流程的内在部分。

4. 扫描诱变

随着对蛋白质结构与功能研究的深入开展，常常需要研究某个氨基酸残基或某一区域各个氨基酸残基的变化对蛋白质功能的影响。通过诱变产生的这种变化并不是单一位点的改变，而是一系列位点的变化，或单一位点发生多种形式的变化，为此人们设计了多种不同形式的扫描诱变（scanning mutagenesis）来解决这一问题。扫描诱变并不是一种诱变方法，而是采用基础诱变方法而衍生的工作方案。

(1) 丙氨酸扫描诱变(alanine scanning mutagenesis)。丙氨酸扫描诱变主要用来分析蛋白质表面的氨基酸残基对功能的影响。蛋白质表面分布的带正电荷的氨基酸残基一般不会涉及蛋白质结构的稳定,但会涉及配体的结合、寡聚化以及催化等功能。因此系统性地将这些表面氨基酸残基改变成丙氨酸残基,将能消除β-碳上的侧链基团并破坏相应氨基酸残基的活性功能,而不影响蛋白质主链的构象。因此,通过丙氨酸扫描诱变,构建蛋白质表面氨基酸残基的突变体库,是用于研究蛋白质表面特定区域功能的有效方案。另外,半胱氨酸由于具有大小适中、不带电荷和具疏水性等特性,也用于扫描诱变。

通过前面所述的定点诱变方法可以进行扫描诱变工作。

(2) 随机扫描诱变(random scanning mutagenesis)。在研究蛋白质结构与功能的过程中,常常需要将某个氨基酸残基改变成其他 19 中氨基酸残基,这种系统性地将某个氨基酸残基改变成其他所有氨基酸残基的诱变方案称为随机扫描诱变。一方面可以通过常规的定点诱变的方式制备这些突变体,但也可以采取系统性的方式来完成。如采用前面所述的 Kunkel 定点诱变法(图 10-7)来做随机扫描诱变。不同的是,需采用 19 种致突变引物,每一个引物在诱变位点对应一个不同的氨基酸密码子。操作时,将 19 种引物的混合物与单链模板退火,在获得诱变子库后,随机挑选诱变子进行测序分析从而判断各诱变子发生了哪些突变,最终获得 19 种发生了氨基酸突变的诱变子。

(3) 饱和诱变(saturation mutagenesis)。饱和诱变是指在蛋白质的某一位点或某一区域产生一系列各种可能的氨基酸诱变,形成突变体库。以下介绍一种基于密码子盒式插入法(codon cassette insertion)的饱和诱变。该方案使用由 11 个通用密码子突变盒(双链寡核苷酸片段),将待诱变基因片段中特定的某个密码子改变成其他 19 个氨基酸的密码子。为了操作的高效性,该方案巧妙地使用了 *Sap* Ⅰ这一限制酶切位点的属性。*Sap* Ⅰ限制酶识别的序列是非对称的(因此其识别位点具有方向性),且切割位点在识别位点的一侧,切割出在 5′端带 3 个碱基的突出末端。首先,构建待诱变前提 DNA 片段。将待诱变 DNA 片段中待诱变的密码子通过基础诱变的方法更换成内含两个 *Sap* Ⅰ位点且其识别位点方向相反同时切割位点朝外的小片段,当这样的待诱变前提 DNA 片段经 *Sap* Ⅰ酶切、末端补平和连接后,形成的产物相当于去除了待诱变的密码子。其次,将前提 DNA 片段用 *Sap* Ⅰ酶切并补平末端,形成去掉了待诱变密码子的两个 DNA 片段。然后,将 11 种通用密码子突变盒分别与上述两个 DNA 片段在断裂处进行平末端连接。密码子突变盒的组成方式是本方案的关键。图 10-14 是其中一个密码子突变盒的组成示意图,其有三部分组成,最外侧是正向重复的希望引入的密码子序列,往内是方向相反的 *Sap* Ⅰ酶切位点,中间是填充序列。最后,将连接的产物用 *Sap* Ⅰ酶切割,产生互补的黏末端,自身连接,从而在原待诱变 DNA 片段的待诱变密码子处产生一个新的密码子序列。如果密码子突变盒是按相反的方向插入的话,将产生另一种密码子(图 10-15)。例如,图 10-14 显示的密码子突变盒,正向连接时

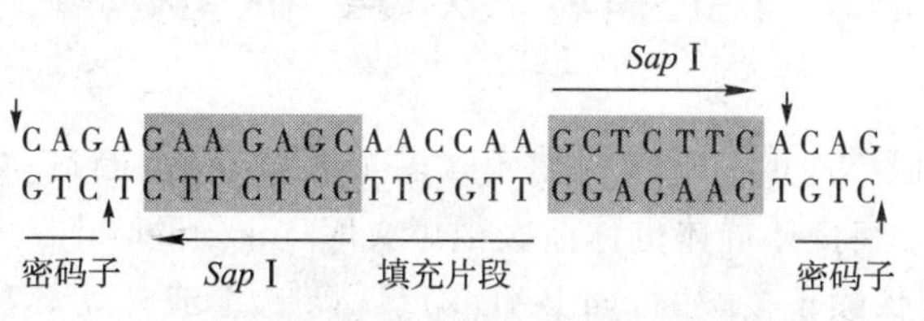

图 10-14　一种通用密码子盒的结构示意图

该密码子盒可产生 CAG 密码子(正向)和 CTG 密码子(反向),分别编码谷酰胺残基和亮氨酸残基。垂直箭头表示 *Sap* Ⅰ限制酶的切割位点

将产生 CAG 密码子(编码谷酰胺),而反向连接时将产生 CTG 密码子(编码亮氨酸)。因此,只要 11 种通用密码子突变盒就可产生所有 20 种氨基酸的密码子,这些密码子正反链编码的氨基酸残基分别为:ATG(甲硫氨酸/组氨酸)、TGG(色氨酸/脯氨酸)、CAG(谷酰胺/亮氨酸)、GAC(天冬氨酸/缬氨酸)、AAC(天冬酰胺/缬氨酸)、TAT(酪氨酸/异亮氨酸)、GGC(甘氨酸/丙氨酸)、AAA(赖氨酸/苯丙氨酸)、TTC(苯丙氨酸/谷氨酸)、AGA(精氨酸/丝氨酸)和 ACA(苏氨酸/半胱氨酸)。

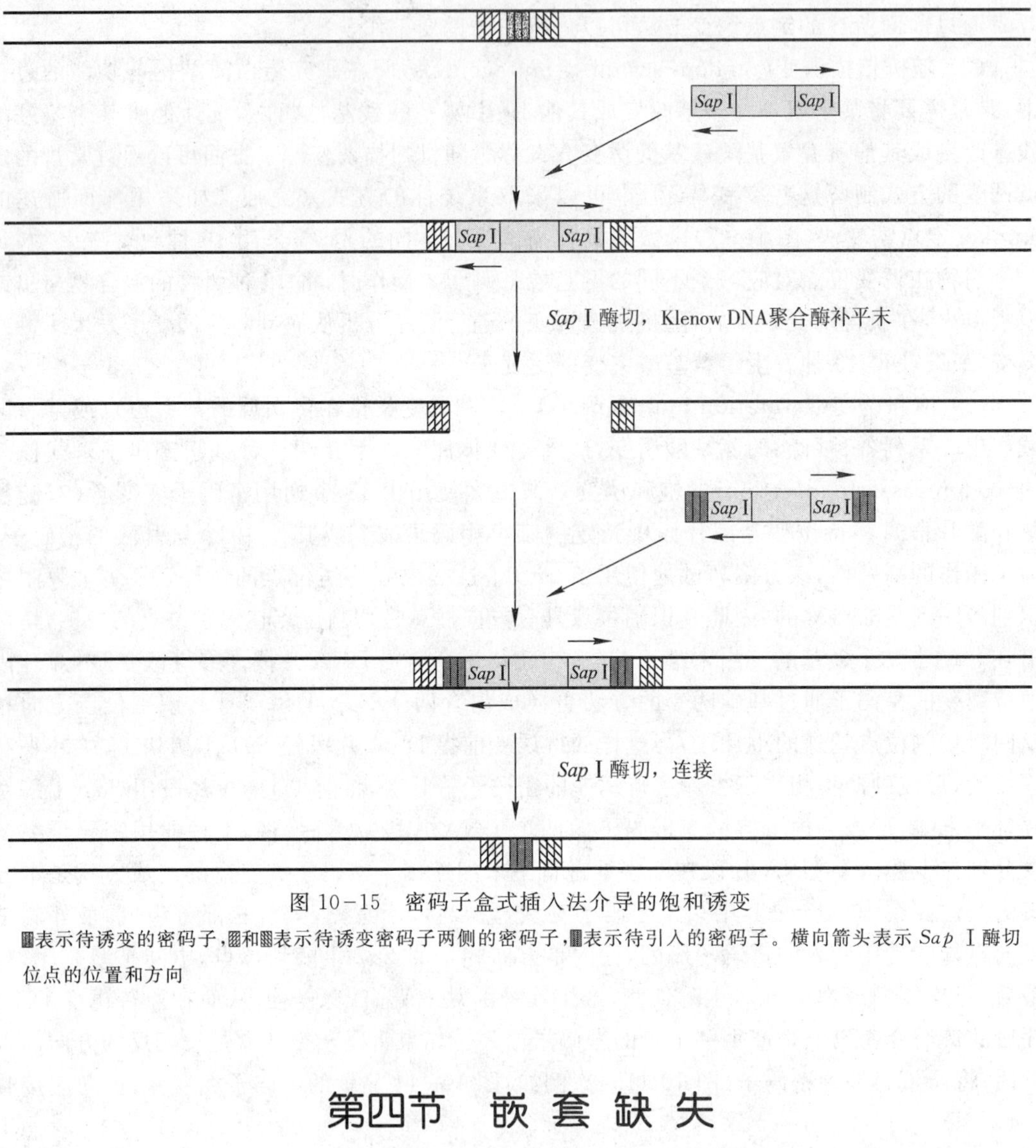

图 10-15　密码子盒式插入法介导的饱和诱变

▨表示待诱变的密码子,▨和▨表示待诱变密码子两侧的密码子,▨表示待引入的密码子。横向箭头表示 *Sap* Ⅰ酶切位点的位置和方向

第四节　嵌 套 缺 失

逐步从感兴趣的 DNA 的一端或两端删除多个寡核苷酸,得到一套终末端长短不同的嵌套缺失突变体,这个突变体群体也称渐次截短文库(incremental truncation library,ITL)。嵌套缺失的制备主要依赖于核酸酶,如 BAL 31、DNase Ⅰ或外切核酸酶Ⅲ,这些核酸酶均以特定的作用方式消化 DNA,同时消化 DNA 的速率是可控制的,因此能够同时分离嵌套缺失和多组终末端相差无几的缺失体。外切核酸酶Ⅲ和 BAL 31 都能用来制备单向或双向

嵌套缺失突变体。其中外切核酸酶Ⅲ是目前最好的。

一、嵌套缺失的制备

1. 利用外切核酸酶Ⅲ

大肠杆菌外切核酸酶Ⅲ具有多种催化活性，其中 3′→5′外切核酸酶活性可从双链 DNA 的 3′羟基末端除去单核苷酸产生突出的 5′端。这种酶活性决定于反应的温度、单价阳离子浓度和 DNA 3′端的浓度及其结构，在 37 ℃下酶与 DNA 结合一次导致除去有限数量的单核苷酸，去除单核苷酸是以均匀和准同步方式进行的。此外，外切核酸酶Ⅲ不能切割带有 3′端突出的 DNA。通过特定的限制酶消化，以及 λ 噬菌体外切核酸酶或末端转移酶加"尾"的方法，可抵抗外切核酸酶Ⅲ对 3′端的消化。图 10-16 所示为利用外切核酸酶Ⅲ制备单向嵌套缺失突变体的原理图。

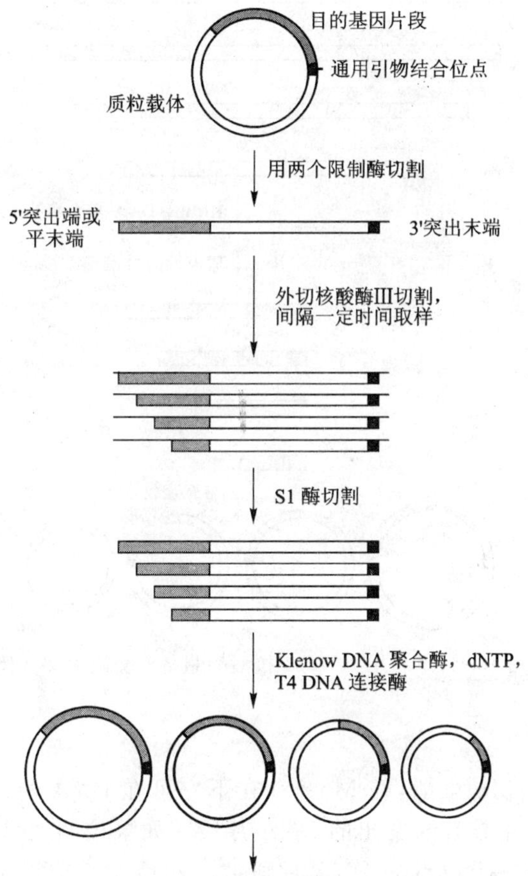

图 10-16　利用外切核酸酶Ⅲ制备单向嵌套缺失突变体

2. 利用 BAL 31 核酸酶

BAL 31 核酸酶是从海洋细菌埃氏交替单胞菌（*Alteromonas espejiana*）中分离的钙依赖性核酸酶，具有多种催化活性。其 3′→5′外切核酸酶活性可从双链 DNA 的 3′羟基末端除去单核苷酸，而较弱的单链内切核酸酶活性则可将单链降解。两种核酸酶活性相结合，从而产生平末端或较短 5′突出端的缩短分子。图 10-17 所示为利用 BAL 31 核酸酶制备嵌套缺失突变体的原理图。

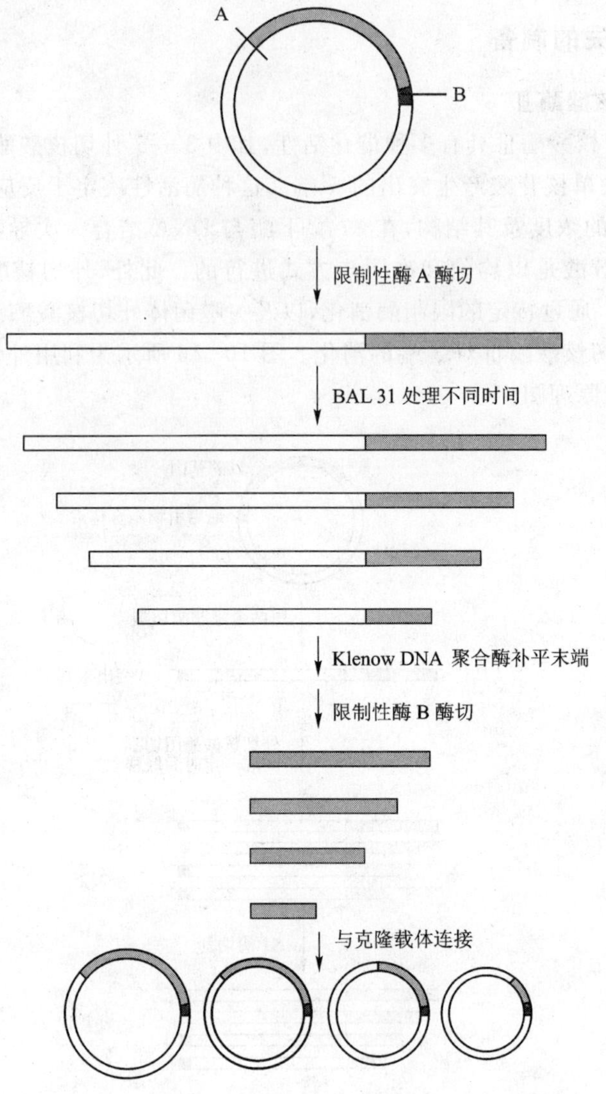

图 10-17　利用 BAL 31 核酸酶制备嵌套缺失突变体

3. 利用 DNase Ⅰ

DNase Ⅰ是一种内切核酸酶，在 Mn^{2+} 存在下它可在 DNA 两条链的大致同一位置切割，产生平末端或1～2个核苷酸突出的 DNA 片段。如果控制酶量和作用时间，可获得在 DNA 分子上平均切割一个位点的 DNA 片段群。然后切割位点单一且位于载体和目的 DNA 片段之间的酶切位点，使含载体的 DNA 片段自身连接，转化大肠杆菌，便得到嵌套缺失突变体库。详细原理见图 10-18。

二、嵌套缺失的应用

嵌套缺失在基因或蛋白质结构与功能关系、蛋白质折叠机理和酶的催化机理等方面的研究中有重要作用，比如界定基因的最小功能单位、蛋白质独立折叠单位和酶结构域的功能。大多数哺乳动物顺式调控元件等的定位或鉴定，都是通过对有关 DNA 区域进行一系列嵌套缺失突变而完成的。嵌套缺失界定顺式调控元件的边界后，可以通过接头分区诱变和基于PCR的定点诱变进一步分析调控元件的内部序列。

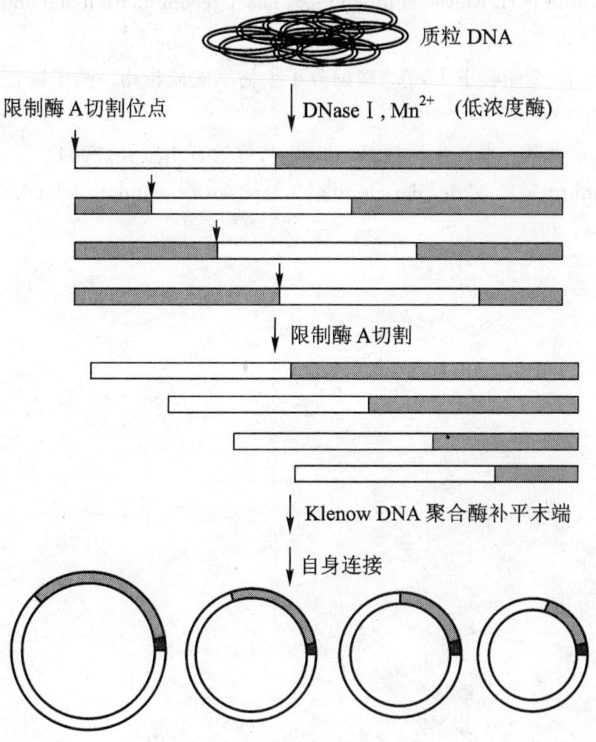

图10-18　利用DNase Ⅰ核酸酶制备单向嵌套缺失突变体

嵌套缺失突变体也曾是DNA测序的主要模板来源。使用通用引物可测定缺失末端的序列，通过所测序列的重叠可将全长DNA片段的序列拼接出来。当然，用于测序时相邻缺失体的大小差异一定要小于一次测序所读序列的长度。

此外，嵌套缺失也在蛋白质工程研究中发挥重要作用。在酶的定向进化研究中，嵌套缺失是一种新颖的建库手段。

思　考　题

1. DNA诱变有哪些种类，各有何特点？
2. PCR应用在DNA诱变过程中有何优势？
3. 简述Kunkel定点诱变基本原理。
4. 扫描诱变有何特点和用途？
5. 通过PCR如何将两段DNA片段在任意指定的位点进行连接？

主要参考文献

1. Sambrook J, Fritsch E F, Maniatis T. 分子克隆实验指南. 2版. 金冬雁，黎孟枫等译. 北京：科学出版社，1995

2. Sambrook J, Russell D W. 分子克隆实验指南. 3版. 黄培堂等译. 北京：科学出版社，2002

3. Stemmer W P C. Rapid evolution of a protein *in vitro* by DNA shuffling. Nature, 1994, 370: 389-391

4. Volkov A A, Arnold F H. Methods for *in vitro* DNA recombination and chimeragenesis. Meth Enzymol, 2000, 328: 447-456

5. 奥斯伯 F,布伦特 R,金斯顿 R E,等. 精编分子生物学实验指南. 颜子颖,王海林译. 北京:科学出版社,1998

6. 瞿礼嘉,顾红雅,胡萍等. 现代生物技术. 北京:高等教育出版社,2004

7. Green M R, Sambrook J. Molecular cloning: a laboratory manual, 4th ed. New York: Cold Spring Harbor Laboratory Press, 2012

（陶美凤　孙明）

第十一章

DNA 文库的构建和目的基因的筛选

文库的英文名称是 library，指图书管理系统。基因文库（也称 DNA 文库）是指某一生物体全部或部分基因的集合，像一个没有目录的“基因图书馆”。某个生物的基因组 DNA 或 cDNA 片段与适当的载体在体外重组后，转化宿主细胞，并通过一定的选择机制筛选后得到大量的阳性菌落（或噬菌体），所有菌落或噬菌体的集合即为该生物的基因文库（gene library）。基因文库由外源 DNA 片段、载体和宿主 3 个部分组成。随着基因组时代的到来，基因文库也出现了多元化的表现形式，固定外源 DNA 片段群体的载体既可以是分子克隆载体，也可以是克隆载体以外的媒介，如 DNA 芯片中的芯片和高通量 DNA 测序中的微珠等可固定和控制文库的固相载体。

高等生物的基因组十分复杂，单个基因在基因组或某个特定发育阶段或特定组织中所占比例很小。哺乳动物单倍体基因组大约含有 3×10^9 个碱基对，一个3 000 bp 的 DNA 片段只占基因组总 DNA 的百万分之一。同样，一种稀有 mRNA 可能只占总 mRNA 的十万或百万分之一。因此，要想从庞大的基因组中分离某个特定的未知序列基因并进行遗传操作是很难的，必须构建基因文库对该基因进行体外扩增，利用一些文库筛选技术获得包含该基因的阳性克隆，然后对阳性克隆进行分析。

构建基因文库的基本程序包括：① 提取研究对象基因组 DNA，制备合适大小的 DNA 片段，或提取组织或器官的 mRNA 并反转录成 cDNA；② DNA 片段或 cDNA 与经特殊处理的载体连接形成重组 DNA；③ 重组 DNA 转化宿主细胞或体外包装后侵染受体菌；④ 阳性重组菌落或噬菌斑的选择。构建基因文库的目的是为了从中筛选出感兴趣的目的基因，常用的文库筛选方法有核酸探针杂交法、抗体免疫法和差异杂交法等，必须根据所研究基因的各种信息，如表达丰度、蛋白质特性和 DNA 序列等，以及基因文库的特点和类型选择适当的筛选方法。

按照外源 DNA 片段的来源，可将基因文库分为基因组 DNA 文库（genomic DNA library）和 cDNA 文库（complementary DNA library）。基因组 DNA 文库是指将某生物体的全部基因组 DNA 用限制性内切酶或机械力量切割成一定长度范围的 DNA 片段，再与合适的载体在体外重组并转化相应的宿主细胞获得的所有阳性菌落。其实质就是采用“化整为零”策略，将庞大的基因组分解成一段段，每段包含一个或几个基因。

cDNA 文库中的外源 DNA 片段是互补 DNA（complementary DNA，cDNA）。cDNA 是由生物的某一特定器官或特定发育时期细胞内的 mRNA 经体外反转录后形成的。也就是说，cDNA 文库代表生物的某一特定器官或特定发育时期细胞内转录水平上的基因群体。由于基因表达具有组织和发育时期特异性，因此 cDNA 文库所代表的基因也具有同样的时空特性，它仅包含所选材料在特定时期里表达的基因，并不能包括该生物的全部基因，且这些基因在表达丰度上存在很大差异。

基因组文库与 cDNA 文库最大的区别在于 cDNA 文库具有时空特异性。cDNA 文库反映了特定组织(或器官)在某种特定环境条件下基因的表达谱,因此对研究基因的表达、调控及基因间互作是非常有用的。由于 mRNA 是基因转录加工后的产物,不包含基因间间隔序列、内含子及基因的调控区。而基因组文库包含了基因的全部信息,如编码区及非编码区、内含子和外显子、启动子及其所包含的调控序列等。

由于基因组 DNA 文库和 cDNA 文库性质不同,用途也不同,因此在实际应用中应根据研究的目的选择构建和利用何种文库。如果研究的目标不是表达的基因,而是控制基因表达的调控序列或在 mRNA 分子中不存在的另外一些特定序列(如内含子),则只能选用基因组 DNA 文库来研究。而对于原核生物来说,由于没有内含子和 mRNA 的 poly(A)尾,因此没有必要同时也不便于构建 cDNA 文库,主要通过构建基因组文库来克隆目的基因。总的说来,两种文库都在基因的分离与克隆领域应用广泛,其中在结构基因组研究中,全基因组物理图谱构建和测序等工作都离不开基因组 DNA 文库,而 cDNA 文库在注释基因和研究基因的功能方面应用更多。随着基因组数据的累积越来越多,通过构建基因文库来克隆单个基因已不是主要目的,更多的是用来获得大片段基因组 DNA、构建覆盖生物体基因组的物理图谱、基因组测序以及研究基因的表达谱等。

随着社会分工和社会服务的发展,一些模式生物的基因文库已经制成了商业化的试剂或工具,同时用户也可以向服务机构订制所需要的文库。

第一节 基因组 DNA 文库的构建

一、基因组 DNA 文库的类型和发展

用于构建基因文库的载体主要有质粒、噬菌体、黏粒及人工染色体等,有关这些载体的知识参见本书第五章和第六章。根据特征,这些载体可以分为两类:一类是基于噬菌体基因组改建的,利用了噬菌体的包装效率高和杂交筛选背景低的优点;另一类是经改造的质粒载体和人工染色体。构建大片段基因组 DNA 文库的载体主要有 λ 噬菌体载体、黏粒载体、细菌人工染色体载体(BAC)、酵母人工染色体载体(YAC)、P1 噬菌体载体和 P1 人工染色体载体(PAC)。载体的类型决定了插入片段的大小和用途。每类载体适于构建不同的基因文库,满足不同的研究目的。下面分别描述各类文库。

1. 质粒文库

质粒是最早用于构建基因组文库的载体,现已发展了数十种适用于基因克隆、表达和测序等不同目的的质粒载体。质粒载体所容纳的外源 DNA 片段一般在 10 kb 以内。这类基因组 DNA 文库一般应用于“鸟枪法”全基因组测序研究和用于构建亚克隆文库或亚基因组文库。

2. 噬菌体文库

噬菌体文库是以细菌噬菌体基因组衍生的一系列载体系统构建的,常用的有 λ 噬菌体载体、M13 单链噬菌体载体、P1 噬菌体载体及由噬菌体衍生的质粒载体(phagemid 或 phasmid)。M13 载体所容纳的外源片段较小,一般用于构建 cDNA 文库或 BAC 和 PAC 亚克隆文库。

噬菌体文库中应用最广的是λ噬菌体。由于其有利于利用分子杂交的方法进行筛选，用λ噬菌体构建的基因组 DNA 文库在小基因组物种的基因克隆中起着重要的作用。

3. 黏粒文库

黏粒又称柯斯质粒，是由λ噬菌体的 *cos* 序列、质粒的复制序列及抗生素抗性基因构建而成的一类特殊的质粒载体。黏粒载体和噬菌体载体类似，主要用于构建小基因组物种的基因组 DNA 文库。有时也采用这类系统构建大基因组物种的基因组 DNA 文库，利用它们在筛选上的优势来分离单个基因或构建一定区间范围的亚基因组 DNA 文库等。

4. 人工染色体文库

包括酵母人工染色体文库、细菌人工染色体文库和 P1 人工染色体文库，也称为大片段基因组 DNA 文库，容纳的外源 DNA 片段为 100 kb～1 Mb。主要用于大基因组物种的基因克隆、物理图谱构建和基因组测序等，在基因组研究中应用越来越广泛。

5. 亚基因组文库

亚基因组文库是相对于基因组文库提出的，文库的对象不是全基因组范围，而是基因组的某一区段，如基因组 DNA 某一特定大小酶切片段的组合、一条染色体或更小的区段（如一个 YAC 或 BAC 克隆等）。在基因组研究中，有时通过 Southern 杂交可以判断出携带目的基因的 DNA 片段大小，此时可以利用该酶对基因组 DNA 进行消化并回收这一大小的 DNA 片段来构建文库进行基因的筛选；也可以利用原位杂交等技术将基因定位于某一条染色体，然后通过显微切割的方法分离单条染色体来构建亚基因组文库；还可以先将基因定位于一个 YAC 或 BAC 克隆，再构建该克隆的亚基因组文库。一般而言，亚基因组文库主要应用在基因组较小的物种基因克隆或大基因组物种的后期研究。

6. 基因组文库的发展

基因组 DNA 文库系统的发展是基于研究的需要而不断开发和改良的，当主要用于分离自己感兴趣的包含一个基因或几个串联在一起的基因时，质粒、λ噬菌体和粘粒载体就可以满足其要求。但随着是研究目的和手段的变化，构建装载容量更大的 BAC 文库等便成了在基因组研究中最为常用的工具，同时用于高通量 DNA 测序和芯片分析的专用文库也使用广泛。

二、文库的代表性和随机性

为保证能从基因组文库中筛选到某个特定的基因，基因组文库必须具有一定的代表性和随机性。所谓代表性是指文库中所有克隆所携带的 DNA 片段可以覆盖整个基因组，也就是说，可以从该文库中分离任何一段基因组 DNA。代表性是衡量文库质量的一个重要指标。在文库构建过程中通常采用以下两个策略来提高文库的代表性：一是采用部分酶切或随机切割的方法来打断染色体 DNA，以保证克隆的随机性，保证每段基因组 DNA 在文库中出现的频率均等；二是增加文库的总容量，也就是重组克隆的数量，以提高覆盖基因组的倍数。文库总容量由外源片段的平均长度和重组克隆的数量共同决定，外源片段的长度受所选用的载体系统限制。从经济的角度考虑，重组克隆的数量并不是越多越好，因此选用一个合适的重组克隆数量是很有必要的。为预测一个完整基因组文库应包含克隆的数目，Clark 和 Carbon 于 1975 年提出如下的计算公式：

$$N=\ln(1-p)/\ln(1-f)$$

式中：N——代表一个基因组文库所应该包含的重组克隆个数；

p——表示所期望的目的基因在文库中出现的概率；

f——表示重组克隆平均插入片段的长度和基因组 DNA 总长的比值。

以大肠杆菌为例，其基因组大小约为 4.6 Mb，若 $p=99\%$，平均插入片段大小为20 kb时，$f=20$ kb/4 600 kb，则 $N=1\,057$，即当期望从一个平均插入片段为 20 kb 的大肠杆菌基因组文库中筛选到任意一个感兴趣的基因的概率达到 99%，该基因组文库至少应包含1 057个重组克隆。人类基因组核苷酸总长度为 3×10^9 bp，如果以同样要求来构建一个基因组文库，则需要克隆数 $N=6.9\times10^5$。由此可以看出，当基因组较小时，只需要较少数目的克隆即可筛选到目的基因；而当基因组很大时，所需要的克隆数是一个天文数字，在实际操作中是很困难的。对于基因组较大的生物，应该选择装载能力更大的载体系统，这样可以大大减少所需克隆的数目。因此，选择合适的载体系统和挑取一定数量的阳性克隆是构建基因组 DNA 文库时首先要考虑的问题。

三、基因组 DNA 文库的构建流程

基因组 DNA 文库的构建流程相对简单，但需要很多特殊的处理以及必要的仪器设备，尤其是构建插入大片段基因组文库如 BAC、PAC 和 YAC 文库。基因组文库成功的关键都体现在操作的细节上。基因组 DNA 文库的构建程序包含 5 个部分：① 载体的制备；② 高纯度大相对分子质量基因组 DNA（high molecular weight DNA，HMW DNA）的提取；③ HMW DNA 的部分酶切与脉冲电泳分级分离（PFGE size selection）；④ 载体与外源片段的连接与转化或侵染宿主细胞；⑤ 重组克隆的挑取和保存。构建噬菌体文库如 P1 等的程序稍有不同，连接产物不用电转化的方法转化宿主，而是采用包装蛋白进行包装并侵染宿主。最后还要对文库的质量进行检测。

基因组 DNA 文库的构建方法、原理和思路都比较简单，综合起来主要是高质量的载体、完整的基因组 DNA 的提取方法和高效的转化或体外包装体系的结合。然而，要构建一个高质量的大片段 DNA 文库并不容易，如何在操作中最大限度地减少 DNA 片段的外部剪切因素是成功的关键所在。有关操作的细节可参考《分子克隆实验指南》等实验手册和工具书。

第二节　cDNA 文库的构建

一、cDNA 文库的特征和发展

将来自真核生物的 mRNA 体外反转录成 cDNA、与载体连接并转化大肠杆菌的过程，称为 cDNA 文库的构建。由于真核生物基因组大，结构复杂，含有大量的非编码区、基因间间隔序列和重复序列等，直接利用基因组文库有时很难分离到目的基因片段。即使分离到 DNA 片段，也必须同其 cDNA 序列进行比较，从而确定该基因的编码区、非编码区、翻译产物和调控序列。mRNA 是基因转录加工后的产物，不含有内含子和其他调控序列，结构相对简单，且只在特定的组织器官、发育时期表达。因此，在某些情况下从 cDNA 文库分离基因比从基因组文库中分离基因更具优势。此外，mRNA 决定了功能蛋白的初始肽链的翻译，可以用来研究蛋白质的功能。自 20 世纪 70 年代中期首次合成 cDNA 以来，运用 cDNA 文库进行基因克隆和基因功能研究发展很快，cDNA 文库已成为分子生物学研究的一种基

本工具。

基因的表达具有时空性和表达量上的差异，时空性取决于cDNA文库的取材。构建cDNA文库时最好选取目的基因表达最高的发育时期或这一时期的特殊组织。而表达量的差异决定了构建的cDNA文库要具有合适的容量。在一定时期的单个细胞中，约有500 000个mRNA分子，可能代表了1～2万个基因。根据基因表达的丰度可以将这些mRNA分成3类：高丰度、中等丰度和低丰度。其中，高丰度的mRNA约有几十种，每个细胞中可能含有5 000个拷贝；中等丰度的mRNA分子可能含有1 000～2 000种，每个细胞含有约200～300个拷贝；低丰度的mRNA种类最多，但每个细胞仅含有1～15个拷贝左右。根据Clarke-Carbon的计算公式，如果要从文库中筛到每个细胞只含1个mRNA分子的基因（期望值$p=0.99$），cDNA文库应包含5 000 000～10 000 000个重组子，而对于高丰度或中等丰度基因，文库包含10^5个克隆于就足够了。早期的cDNA文库多以噬菌体为克隆载体，主要用于筛选单个目的基因。

随着分子生物学研究的发展，构建cDNA文库的目的发生了重大转变。构建cDNA文库的一个重要用途是研究特定器官或组织或发育时期基因的表达谱，发现新基因，或寻找差异表达的基因，或发现基因的单核苷酸多态性（single nucleotide polymorphism，SNP）。通过大规模测定cDNA序列还可获得（expressed sequence tag，EST）；随着高通量测序技术的普及，获取全长转录组信息的工作越来越多；通过扣除杂交文库来寻找差异表达的基因越来越受到人们的重视。

二、cDNA文库的构建

cDNA文库的构建共分4步：① 细胞总RNA的提取和mRNA分离；② 第一链cDNA合成；③ 第二链cDNA合成；④ 双链cDNA克隆进质粒或噬菌体载体并导入宿主中繁殖（图11-1）。

1. RNA的分离

mRNA是构建cDNA文库的起始材料。总RNA中绝大多数是tRNA和rRNA，而mRNA只占总RNA的1%～5%，mRNA的含量取决于细胞类型和细胞的生理状态。在单个哺乳动物细胞中，大约有360 000个mRNA分子，约12 000种不同的mRNA，有些mRNA分子占细胞mRNA的3%，而有些mRNA分子只占不到0.01%。这些“稀有”或“低丰度”mRNA分子多达11 000种，在每个细胞中只有5～15个分子，占基因总数的45%。由于mRNA在总RNA中所占比例很小，因此从总RNA中富集mRNA是构建cDNA文库的一个重要步骤。通过降低rRNA和tRNA含量，可大大提高筛选到目的基因的可能性。

真核生物mRNA的3′端都含有一段poly(A)尾巴，这是真核生物mRNA的一个重要特征。目前各种分离纯化mRNA的方法正是利用了mRNA这一特征。纯化mRNA的方法都是在固体支持物表面共价结合一段由脱氧胸腺嘧啶核苷组成的寡核苷酸[oligo(dT)]链，oligo(dT)与mRNA的poly(A)尾巴杂交，将mRNA固定在固体支持物表面，进而可将mRNA从其他组分中分离出来的。由于oligo(dT)链和poly(A)都不长，杂交可形成的杂合双链在高盐离子浓度下可以保持，在低盐离子浓度下或较高温度下就会分开，利用这一性质从RNA组分中分离纯化出mRNA。

原核生物的mRNA由于没有poly(A)尾，一般不构建cDNA文库，加上原核生物的基因组总体上没有内含子，基因组序列与mRNA的序列是共线性的，因此也没有构建cDNA文库的必要。但在分析原核生物的表达谱时，也需要构建其cDNA文库。只不过，在富集

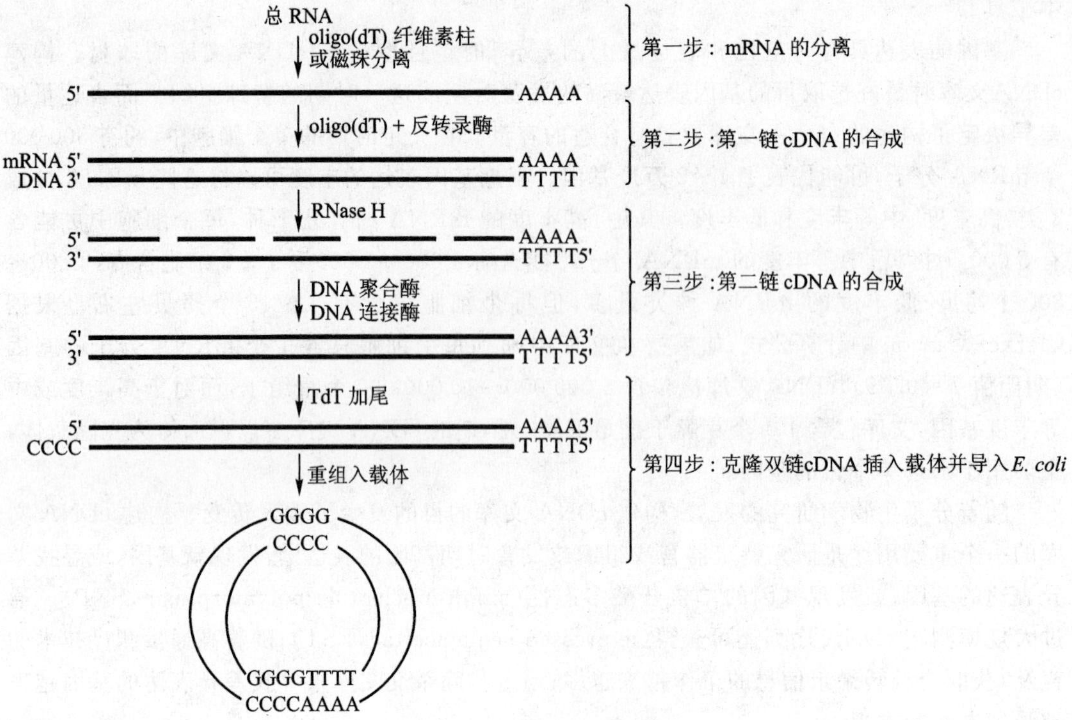

图 11-1　cDNA 文库的构建流程图

mRNA 时主要是通过去除总 RNA 中的 rRNA 等方式来实现。

2. 第一链 cDNA 的合成

由 mRNA 到 cDNA 的过程称为反转录，由反转录酶催化。常用的反转录酶有 2 种，即 AMV(来自禽成髓细胞瘤病毒)和 Mo-MLV(来自 Moloey 鼠白血病病毒)，二者都是依赖于 RNA 的 DNA 聚合酶，有 $5'\rightarrow3'$ DNA 聚合酶活性。目前常用的反转录酶多是通过点突变去掉了 RNase H 活性的 Mo-MLV。

反转录酶是依赖 RNA 的 DNA 聚合酶，合成 DNA 时需要引物引导。常用的引物主要有 oligo(dT)引物和随机引物。oligo(dT)引物一般包含 15～30 个脱氧胸腺嘧啶核苷和一段带有稀有酶切位点的寡核苷酸片段，随机引物一般是包含 6～10 个碱基的寡核苷酸短片段。

oligo(dT)引导的 cDNA 合成是在反应体系中加入高浓度的 oligo(dT)引物，oligo(dT)引物与 mRNA 3′端的 poly(A)配对，引导反转录酶以 mRNA 为模板合成第一链 cDNA。这种 cDNA 合成的方法在 cDNA 文库构建中应用极为普遍。由于 cDNA 末端存在较长的 poly(A)，对后续的 cDNA 测序会产生一定影响。

随机引物引导的 cDNA 合成是采用 6～10 个随机碱基的寡核苷酸短片段来锚定 mRNA 并作为反转录的起点。由于随机引物可能在一条 mRNA 链上有多个结合位点而从多个位点同时发生反转录，比较容易合成特长的 mRNA 分子的 5′端序列。由于随机引物法难以合成完整的 cDNA 片段，因而不适合构建 cDNA 文库，一般用于 RT-PCR 和 5′-RACE(见第八章)。

3. 第二链 cDNA 的合成

cDNA 第二链的合成就是将上一步形成的 mRNA－cDNA 杂合双链变成互补双链 cDNA 的过程。cDNA 第二链合成的方法大致有 4 种，自身引导合成法、置换合成法、引导合成法和引物－衔接头合成法。

（1）自身引导合成法　自身引导法合成 cDNA 第二链的过程见图 11－2，首先用氢氧化钠消化杂合双链中的 mRNA 链，解离的第一链 cDNA 的 3′端就会形成一个发夹环（发夹环的产生是第一链 cDNA 合成时的特性，原因至今未知，据推测可能是与帽子的特殊结构相关），并引导 DNA 聚合酶复制出第二链，此时形成的双链之间是连接在一起的，再利用 S1 核酸酶将连接处（仅该位点处为单链结构）切断形成平末端结构。这样的处理要求很高纯度的 S1 核酸酶，否则容易导致双链分子的降解从而丧失部分序列。1982 年前，自身引导合成法是 cDNA 合成中的常用方法，但由于 S1 核酸酶的操作很难控制，经常导致 cDNA 的大量损失，现在已经不常使用。

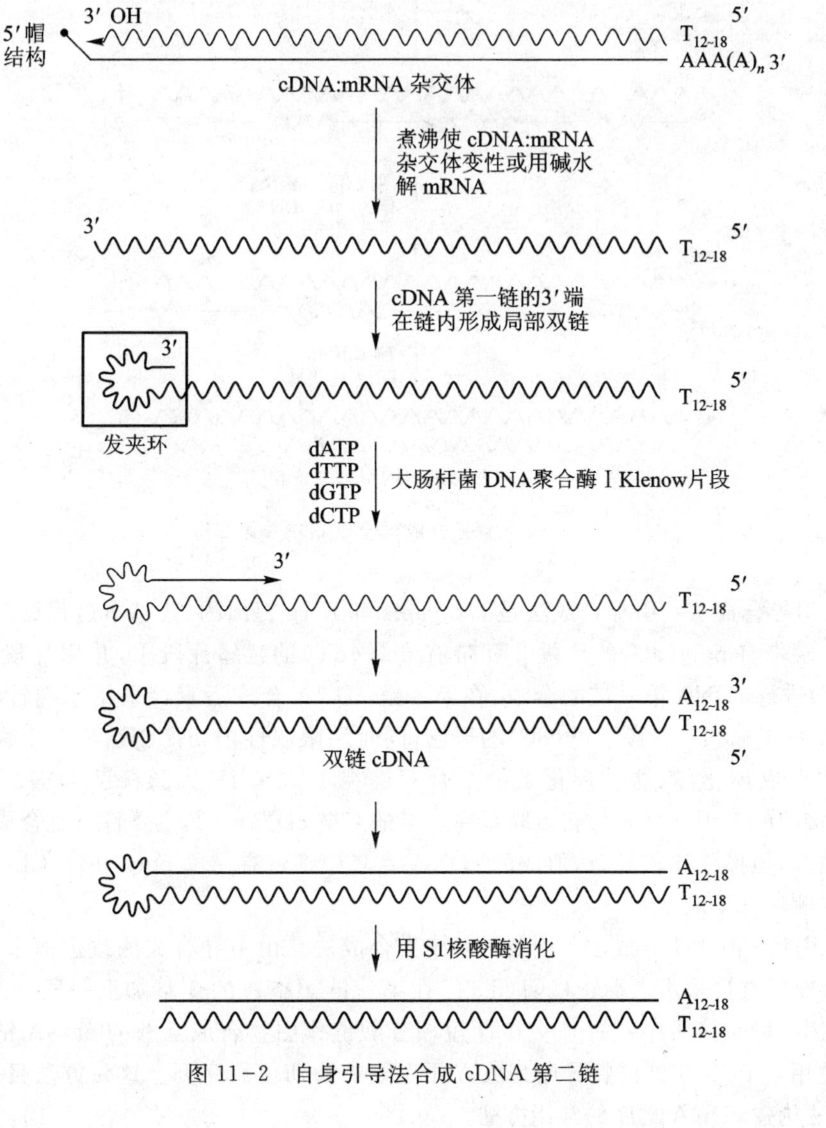

图 11－2　自身引导法合成 cDNA 第二链

（2）置换合成法　置换合成法的过程见图 11-3，它是由一组酶共同控制，包括 RNase H、大肠杆菌 DNA 聚合酶 Ⅰ 和 DNA 连接酶。在 mRNA-cDNA 杂合双链中，RNase H 在 mRNA链上切出很多切口，产生很多小片段，大肠杆菌 DNA 聚合酶 Ⅰ 以这些小片段为引物合成第二链 cDNA 片段。这些 cDNA 片段进而在 DNA 连接酶的作用下连接成一条链，即 cDNA 的第二链。遗留在 5′端的一段很小的 mRNA 也被大肠杆菌 DNA 聚合酶 Ⅰ 的5′→3′外切核酸酶和 RNase H 降解，暴露出与第一链 cDNA 对应的 3′端部分序列。同时，大肠杆菌 DNA 聚合酶 Ⅰ 的 3′→5′外切核酸酶的活性可将暴露出的第一链 cDNA 的 3′端部分消化掉，形成平末端或接近平末端。这种方法合成的 cDNA 在 5′端存在几个核苷酸缺失，但一般不影响编码区的完整。

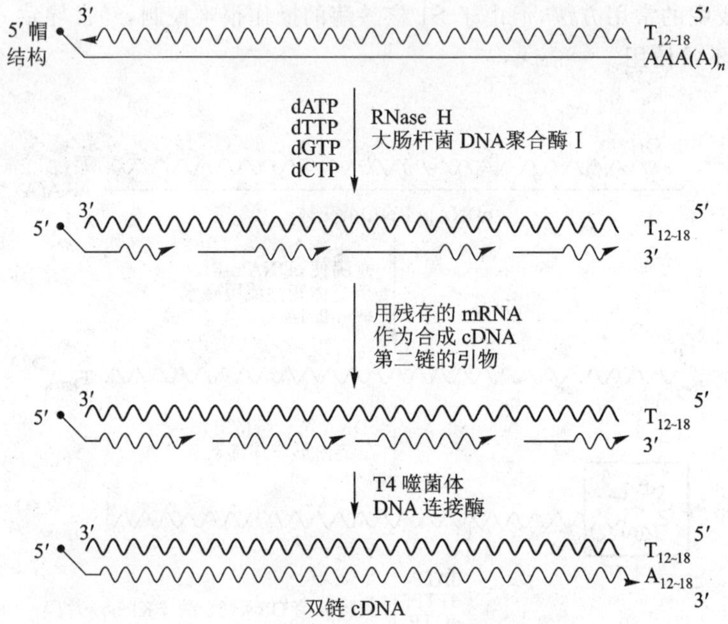

图 11-3　置换合成法合成 cDNA 第二链

（3）引导合成法　引导合成法是 Okayama 和 Berg 提出的，其基本过程见图 11-4。首先制备一端带有 poly(dG)的片段 Ⅱ 和带有 poly(dT)的载体片段 Ⅰ，并用片段 Ⅰ 来代替 oligo(dT)进行 cDNA 第一链的合成，在第一链 cDNA 合成后直接采用末端转移酶在第一链 cDNA 的 3′端加上一段 poly(dC)的尾巴，同时用限制性内切酶创造出一个黏末端，与片段 Ⅱ 一起形成环化体，这种环化了的杂合双链在 RNase H、大肠杆菌 DNA 聚合酶 Ⅰ 和 DNA 连接酶的作用下合成与载体联系在一起的双链 cDNA。其主要特点是合成全长cDNA 的比例较高，但操作比较复杂，形成的 cDNA 克隆中都带有一段 poly(dC)/(dA)，对重组子的复制和测序都不利。

（4）引物-衔接头合成法　引物-衔接头合成法是由引导合成法改进而来的。第一链 cDNA 合成后直接采用末端转移酶（TdT）在第一链 cDNA 的 3′端加上一段 poly(dC)的尾巴，然后用一段带接头序列的poly(dG) 短核苷酸链作引物合成互补的 cDNA 链，接头序列可以是适用于 PCR 扩增的特异序列或方便克隆的酶切位点序列。这一方法目前已经发展成 PCR 法构建 cDNA 文库的常用方法。

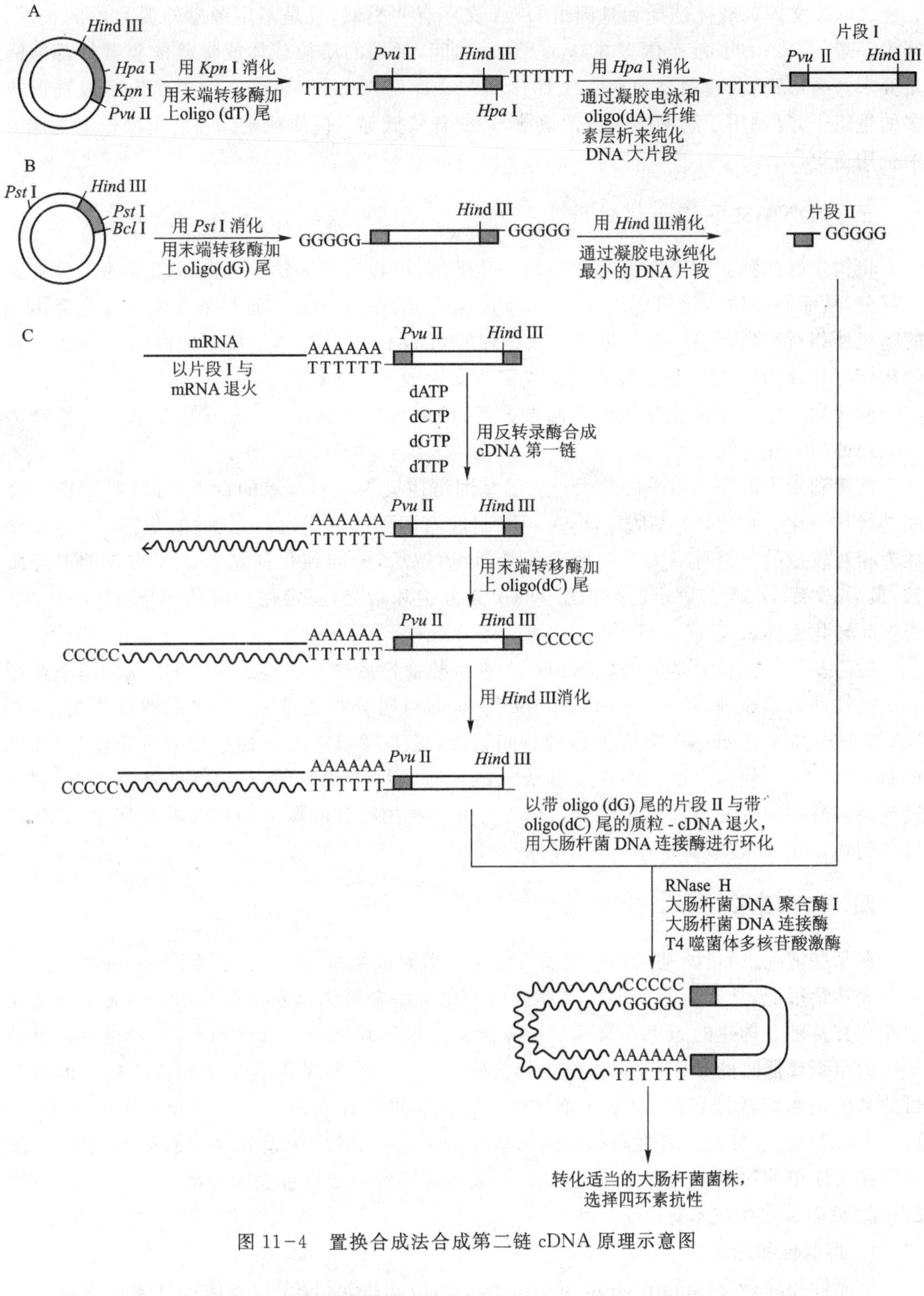

图 11-4　置换合成法合成第二链 cDNA 原理示意图

4. 双链 cDNA 连接到质粒或噬菌体载体并导入大肠杆菌中繁殖

由于平末端连接的效率低，双链 cDNA 在和载体连接之前，要经过同聚物加尾、加接头等一系列处理，其中添加带有限制性酶切位点接头是最常用的方法。

双链 cDNA 在连接之前最好经过 cDNA 分级分离，回收大于 500 bp 的 cDNA 用于连接。

cDNA 文库的载体选择和基因组 DNA 文库有些类似，只是不用考虑外源片段的长度，因为一般 cDNA 的长度范围多在 0.5～8 kb 之间，常用的质粒载体或噬菌体类载体都能满足要求。一般而言，噬菌体 cDNA 文库比质粒文库筛选方便，如单个培养皿内可以铺展更多的重组子，复制用于杂交的膜方便快捷，杂交背景低等。但质粒文库在后续操作上更加方便且用途更广。

三、cDNA 文库均一化处理

将构建好的独立 cDNA 文库进行均一化处理，可将其中表达丰度高或较高的组分去除一部分，从而制备均一化 cDNA 文库（normalized cDNA library），这样的文库中各克隆出现的随机性相对一致。在一个经过均一化处理的 cDNA 文库中，丰度高或较高的 cDNA 克隆的比例之和仅为 4.6%，低丰度表达的克隆在文库中的比例高达 95.4%。

构建均一化 cDNA 文库主要有两条途径，即基因组 DNA 饱和杂交法和基于复性动力学原理的均一化方法。

前者利用不同表达水平的基因对应的基因组拷贝数相对一致的特点，可以对 cDNA 文库进行均一化。首先，将基因组 DNA 用限制性内切酶消化固定，消化后的基因组 DNA 变性为相对较短的单链且最大可能地覆盖基因组；然后，分离纯化独立 cDNA 文库的混合质粒；最后，文库 DNA 与固定的基因组 DNA 充分饱和杂交，固定住相应的 cDNA，并将它洗脱重新转化受体菌。

后者基于复性动力学原理，双链 DNA 在加热变性后再复性形成双链 DNA 的速率遵循二次复性动力学原理（second－order kinetics），即与组分中的单链 DNA 的浓度相关。cDNA 文库中高丰度 cDNA 复性所需的时间较短，低丰度 cDNA 复性所需的时间较长，通过控制复性时间可使高丰度 cDNA 复性成双链状态，而低丰度 cDNA 仍保持单链状态，利用羟基磷灰石柱很容易将单链和双链 cDNA 分开。再用得到的单链 cDNA 转化宿主细菌，即可得到均一化cDNA文库。

四、扣除杂交 cDNA 文库

在某些情况下，目的基因在特定发育时期的器官或组织、在一定环境下特异表达。这些基因表达量很低，从普通的 cDNA 文库或均一化文库中筛选起来很难。扣除杂交文库是在扣除杂交基础上构建的 cDNA 文库。扣除杂交技术（subtractive hybridization）是将含目的基因的组织或器官的 mRNA 群体作为待测样本（tester），将基因表达谱相似或相近但不含目的基因的组织或器官的 mRNA 群体作为对照样本（driver），将 tester 和 driver 的cDNA进行多次杂交，去掉在二者之间都表达的基因，而保留二者之间差异表达的基因，使低丰度基因在文库中的比例大大提高，筛选到差异表达基因的可能性也大大提高。现在，广泛应用的扣除 cDNA 文库技术有以下 2 种。

1. 抑制性扣除杂交

抑制性扣除杂交（suppression subtractive hybridization，SSH）方法已开发出商业化的试剂盒，即 PCR Select cDNA Subtraction Kit。其原理见图 11－5，首先，含目的基因的cDNA称为“供体（tester）”，不含目的基因的 cDNA 称为“驱动”（driver），它们是由对应的 mRNA 组分在体外独立反转录成的，同时利用识别 4 个碱基的限制性内切核酸酶 *Rsa* Ⅰ将这些 cDNA 消化成平末端的小片段。将供体一分为二，分别加上 2 种不同的接头（接头 1 和接头 2R，其序列和组成见图 11－5A）。

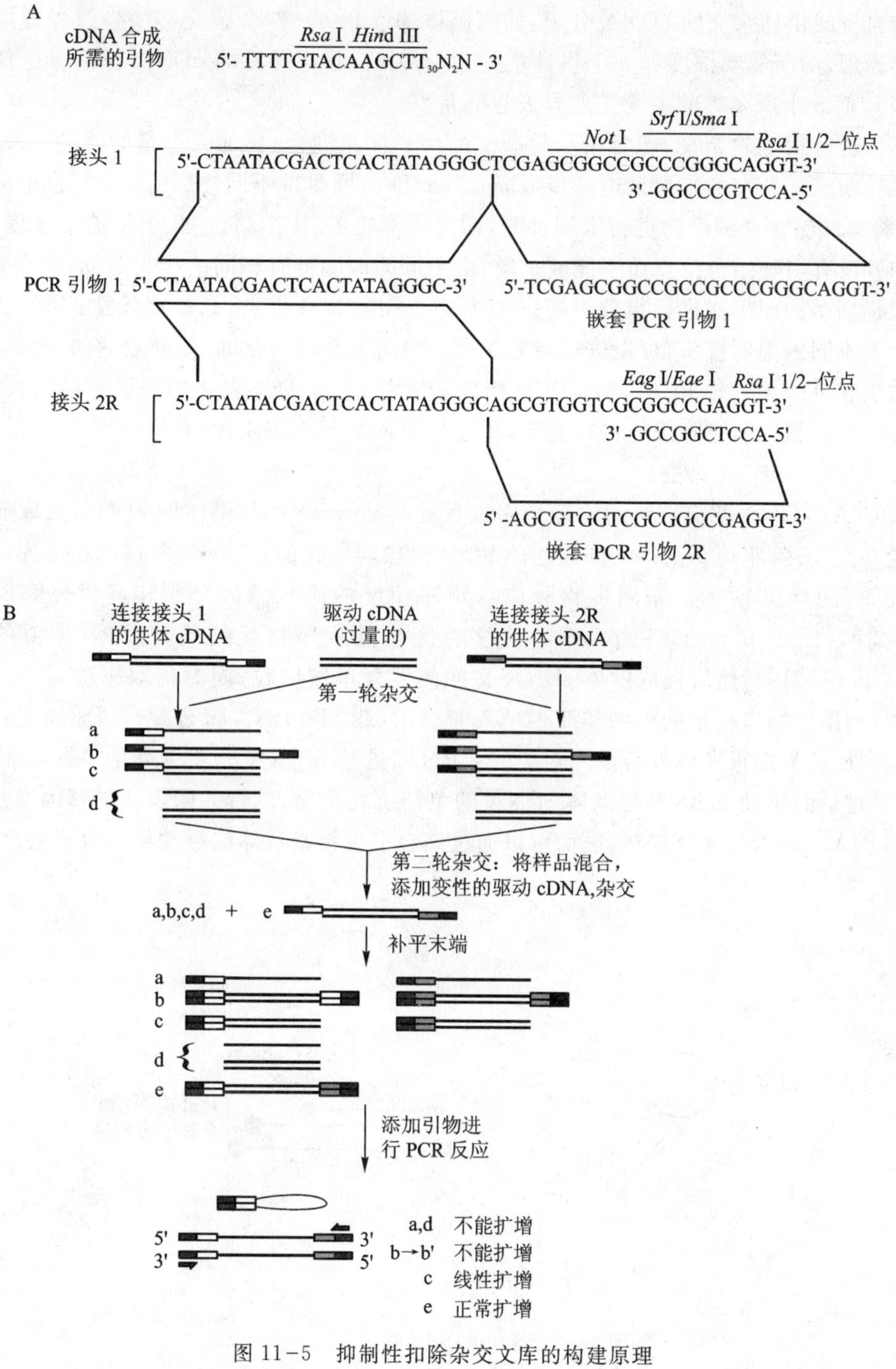

图 11-5　抑制性扣除杂交文库的构建原理

A. 引物以及接头；B. 扣除文库的构建流程图

在第一轮杂交中，用过量的驱动 cDNA 分别与带 2 种不同接头的供体 cDNA 杂交，在 2 个独立的杂交体系中，供体与驱动 cDNA 就会形成 4 种类型的 cDNA 片段(如图所示的 a、b、c、d)。其中 a 代表供体中既没有与供体杂交，又没有与驱动杂交的 cDNA 分子，这些 cDNA一般浓度很低，不能和与自己互补的链杂交；b 代表供体中自身杂交的 cDNA 分子；c 代表供体和驱动中共同表达的基因杂交形成的双链 cDNA 分子；d 代表驱动中自身杂交和不能与自身或供体杂交的 cDNA 分子,如同供体的 a 和 b。整个杂交(复性)过程遵循复性动力学原理,由于驱动浓度远大于供体的量,供体中与驱动同源的 cDNA 理论上全部形成了类型 c,而 a 中所聚集的主要是差异表达的基因。

然后进行第二轮杂交,即将第一轮杂交的两个体系混合,再加入过量的驱动 cDNA,进行第二轮杂交。杂交的结果会进一步形成 a、b、c 和 d,同时带不同接头的 a 会复性形成新类型 e。将第二轮杂交的产物进行末端补平,再进行两轮 PCR 扩增。在 PCR 扩增过程中,由于 a 和 d 没有引物结合位点而不能被扩增;由于 b 的两端带有相同的接头序列,大多数的 b 会形成锅柄结构而不能进行指数扩增;c 只有 1 个引物结合位点,只能被线性扩增。只有 e 带有 2 个不同的引物接头,可以进行指数扩增。只有 e 是均一化的、差异表达的基因。接着用巢式引物进行第二轮 PCR,降低 PCR 产物的背景,富集差异表达的基因。最后,将第二轮 PCR 产物用 T/A 克隆载体进行克隆,构建扣除杂交 cDNA 文库。

2. mRNA－cDNA 杂交

mRNA－cDNA 杂交方法的原理是用过量的驱动 mRNA 与供体的 cDNA 文库质粒反复多轮杂交,去除驱动和供体共同表达的基因,构建均一化的、扣除杂交 cDNA 文库。其实验原理如图 11－6 所示。先用多克隆位点顺序相反的质粒载体分别构建供体和驱动的 cDNA文库(图中 pSport1 和 pSport2 为多克隆位点顺序相反的质粒载体,类似的还有 pUC18 和 pUC19);然后提取供体 cDNA 文库的混合单链质粒;同时提取驱动 cDNA 文库的质粒,利用生物素标记的引物和 T7 DNA 聚合酶(或 SP6 DNA 聚合酶),以驱动 cDNA 文库的混合质粒为模板在体外转录出对应的 mRNA,这些 mRNA 的末端都是生物素标记的。然后,将过量的驱动 mRNA 与供体 cDNA 的单链质粒杂交,二者共同表达的基因通过杂交形成 cDNA－mRNA 杂合双链,进而可以通过结合了生物素抗体的磁珠将杂合子去除,保留

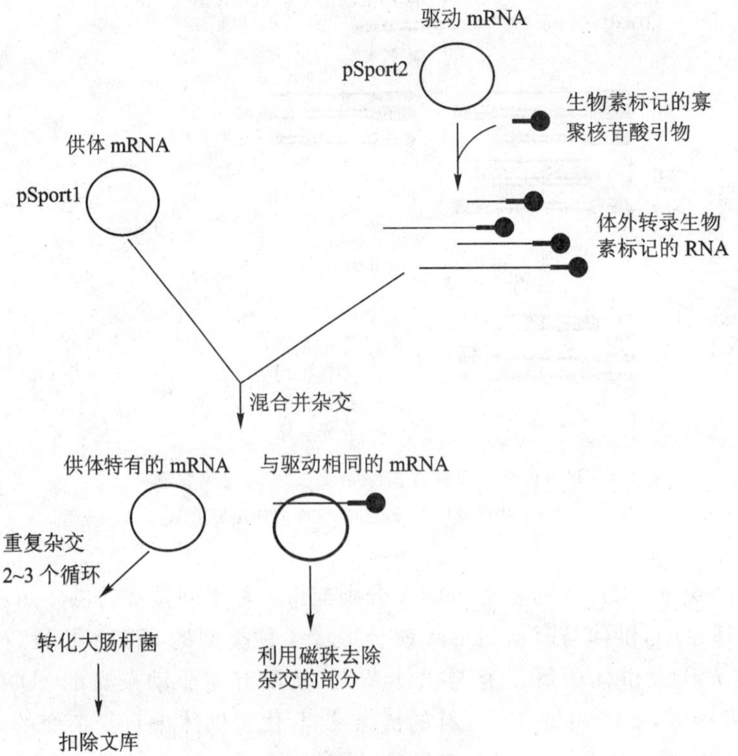

图 11－6　基于 mRNA－cDNA 杂交法构建扣除 cDNA 文库

供体中特异表达的、没有杂交的单链质粒 DNA。经过如此多轮杂交，尽可能多地去除驱动和供体中共同表达的基因，富集供体中特异表达的 cDNA。最后，将没有杂交的单链质粒转化大肠杆菌即得到扣除杂交的 cDNA 文库。

抑制性扣除杂交系统主要依赖 PCR 反应过程，不涉及到体外反转录和纯化的过程，操作起来相对简单，而且已经有商品化的试剂盒。但该系统相对比较复杂，尤其杂交的过程非常灵敏，稍不注意就会导致构建的差异文库中出现大量的“假阳性”克隆(指这些克隆其实不是差异表达基因的克隆)，而后一种方法可以通过多次的杂交来克服这一缺点。另外，抑制性扣除杂交文库中的 cDNA 是打断了的片段，一般在 200～500 6p 之间，而后一种方法获得的 cDNA 相对比较完整。

五、全长 cDNA 文库

全长 cDNA 在基因克隆和基因功能定性研究中有很重要的作用，但用置换合成法、引导合成法以及引物-衔接头法构建的 cDNA 文库中，全长 cDNA 克隆的比例比较低，因此提高 cDNA 文库中全长 cDNA 比例即构建全长 cDNA 文库(full-length cDNA library)就显得非常重要。

导致 cDNA 不完整有多方面的原因，cDNA 第二链合成过程中聚合酶的外切核酸酶活性是一个重要原因。此外，至少还有两种因素。第一是 mRNA 的降解，mRNA 很容易从 5′端开始降解，涉及的因素有很多，包括起始的生物材料、抽提和纯化过程中 RNase 的污染、机械断裂等。第二是反转录酶的合成特性，即便是去除了 RNase H 活性的反转录酶在反转录全长的 mRNA 时，其合成的也是全长和非全长反转录产物的混合物，这一方面与 mRNA 分子的结构有关，也与反转录酶从转录复合体上脱落有关。因此，要想构建真正意义上的全长 cDNA 文库，不仅要考虑如何确保第二链的完整合成，还要考虑如何避开反转录或mRNA 本身的影响。从理论上分析，如果有一种方法能够在合成 cDNA 之后对全长 cDNA 进行选择，就可以大幅度提高全长 cDNA 克隆的比例。目前发展的全长 cDNA 文库构建方法都根据这种思路设计的。下面选择 3 个具有代表性的例子来进行进一步的阐述。

1. SMART 全长 cDNA 文库的构建方法

SMART(switching mechanism at 5′ end of RNA transcript)方法在第一链 cDNA 合成时，由于反转录酶带有末端转移酶的活性，当其到达 mRNA 5′端时会自动在第一链 cDNA 的 3′端加上几个 d(C)。加入带有 3 个 d(G)的特异性引物，该引物会与全长 cDNA 第一链互补结合，然后继续以该引物为模板合成互补链(图 11-7)。该法聪明地利用了反转录过程中用接头锚定的方法，与传统的方法相比，全长 cDNA 的比例得到大幅提高。在第一链 cDNA 分子中，出现 3 个 d(C)的几率相对较高。但由于其仅是靠 3 个 d(G)来锚定，因而由于错配造成假全长 cDNA 的可能性也较大，所以该法还不是理想的全长 cDNA 文库构建的方法。但由于其已经商品化，操作起来方便，目前应用非常广泛。

2. Cap-Trapper 法构建全长 cDNA 文库

在利用 Cap-Trapper 法克隆全长 cDNA 时，使用了生物素标记和甲基化标记。首先利用 3′带锚定碱基的 oligo(dT)12 引物引导合成第一链 cDNA。合成第一链 cDNA 时用 dm^5 CTP 代替 dCTP，使所有的胞嘧啶都被 5-甲基-dCTP 取代，以保护 cDNA 不被随后的限制性内切酶消化。其次在 mRNA 的 5′和 3′端标记上生物素，并用 RNase Ⅰ 消化单链 RNA。由于全长第一链 cDNA 与 mRNA 形成的杂合双链分子中不存在单链 mRNA，而不完整的

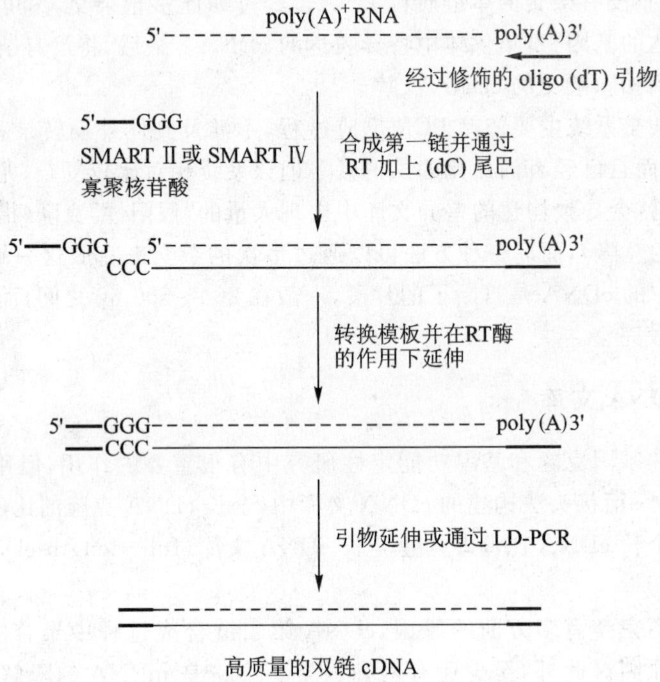

图 11-7　SMART 技术构建全长 cDNA 文库的基本原理

第一链 cDNA 与 mRNA 形成的杂合双链分子中 mRNA 的 5′端仍然处于单链状态，可以用 RNaseⅠ将单链部分的 mRNA 消化掉，从而也将标记的生物素切割掉。然后利用偶联了生物素抗体的磁珠分离出生长的 cRNA-mRNA 杂合双链，水解 mRNA 链后再利用加尾法在第一链 cDNA 末端加上 oligo(dG)，并合成第二链 cDNA。最后用合适的限制性内切酶消化双链 cDNA，与载体连接，包装后感染大肠杆菌即可以获得全长的 cDNA 文库。利用这种方法构建的全长 cDNA 文库中有 88.1%～95%的克隆包含了 ATG(图 11-8)。

3. 烟草酸焦磷酸酶法构建全长 cDNA 文库

近年来开发的烟草酸焦磷酸酶(tobacco acid pyrophosphatase，TAP)法自一诞生就被广泛应用于构建各种全长 cDNA 文库。TAP 能特异地识别真核生物 mRNA 的 5′端帽子结构并将其去除，暴露出切口 5′端的磷酸基团，可以在该切口处连接一段特异的接头来引导 cDNA 第二链的合成。其基本原理如图 11－9 所示。在反转录合成第一链前对 mRNA 进行去磷酸化处理，使不完整的 mRNA 分子中暴露的 5′端磷酸被去掉；然后在反应中加入 TAP，特异性地去掉完整 mRNA 分子 5′端的帽子结构，暴露出 5′端磷酸基团。在T4 RNA 连接酶的作用下，可以在 5′端连接上一段特异的 RNA 接头。不完整的 mRNA 分子中由于缺少磷酸基团而不能连接上接头，因此只有添加了接头的全长 mRNA 分子才能在该接头引导下合成第二链 cDNA 合成，理论上讲，用此方法合成的 cDNA 都是全长的 cDNA。在 cDNA 第二链合成时，可以通过对应 RNA 接头的序列和 oligo(T)中序列，设计引物作巢式 PCR 将完整 cDNA 扩增出来。

六、其他 cDNA 文库

除了上面介绍的几类文库之外，表达载体和全长 cDNA 文库的结合产生了表达 cDNA 文库，可以在蛋白质水平对基因进行免疫学筛选。将表达文库与酵母双杂交系统结合使用，利用酵母作宿主的融合蛋白 cDNA 文库已经成为蛋白质组学研究的重要工具。上述的文库构建策略都是基于连接酶将外源 cDNA 片段和载体连接在一起的,为提高连接效率,都存在着利用酶切来创造黏末端的操作。

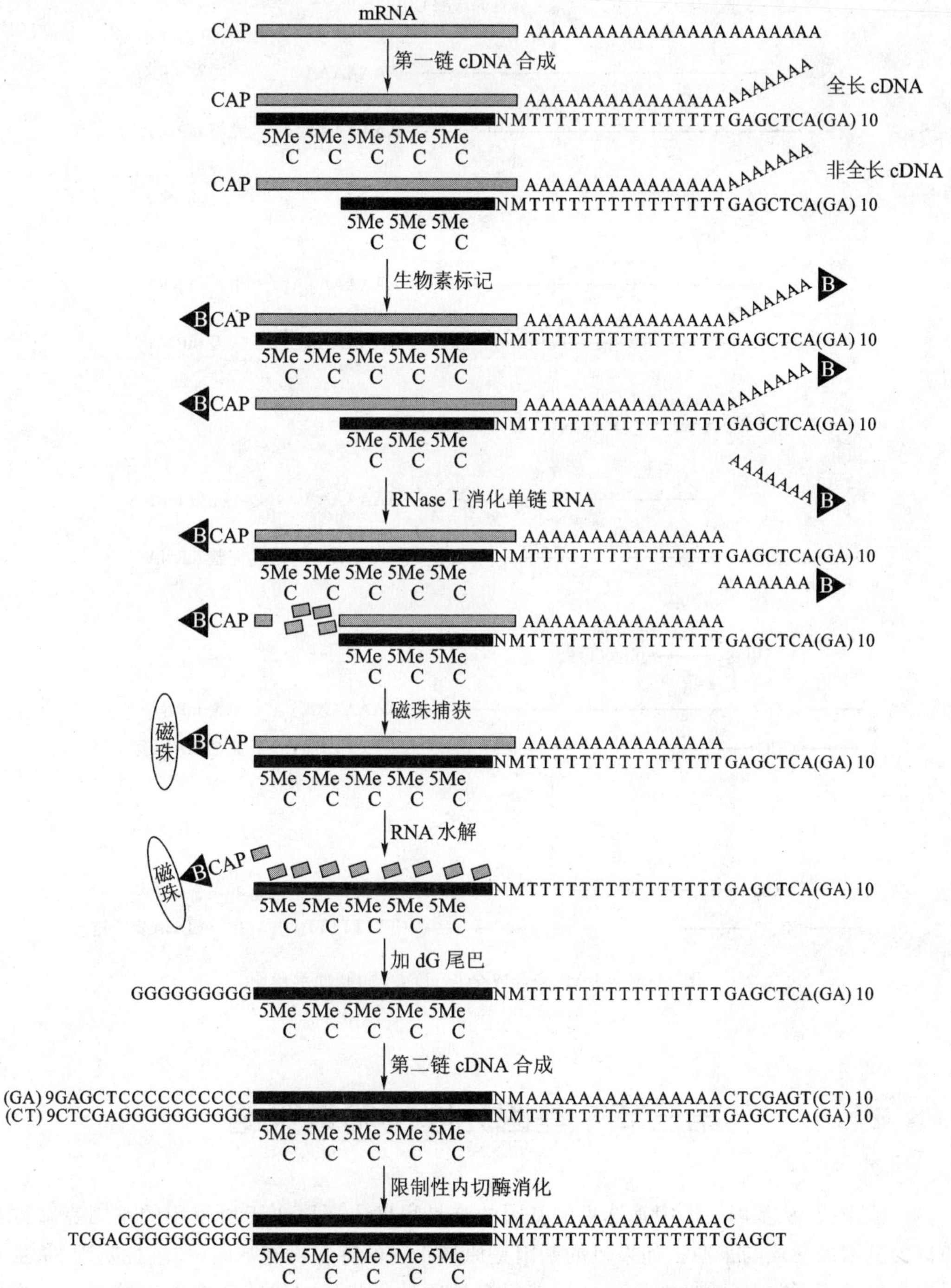

图 11-8 Cap-Trapper 法构建全长 cDNA 文库的原理示意图

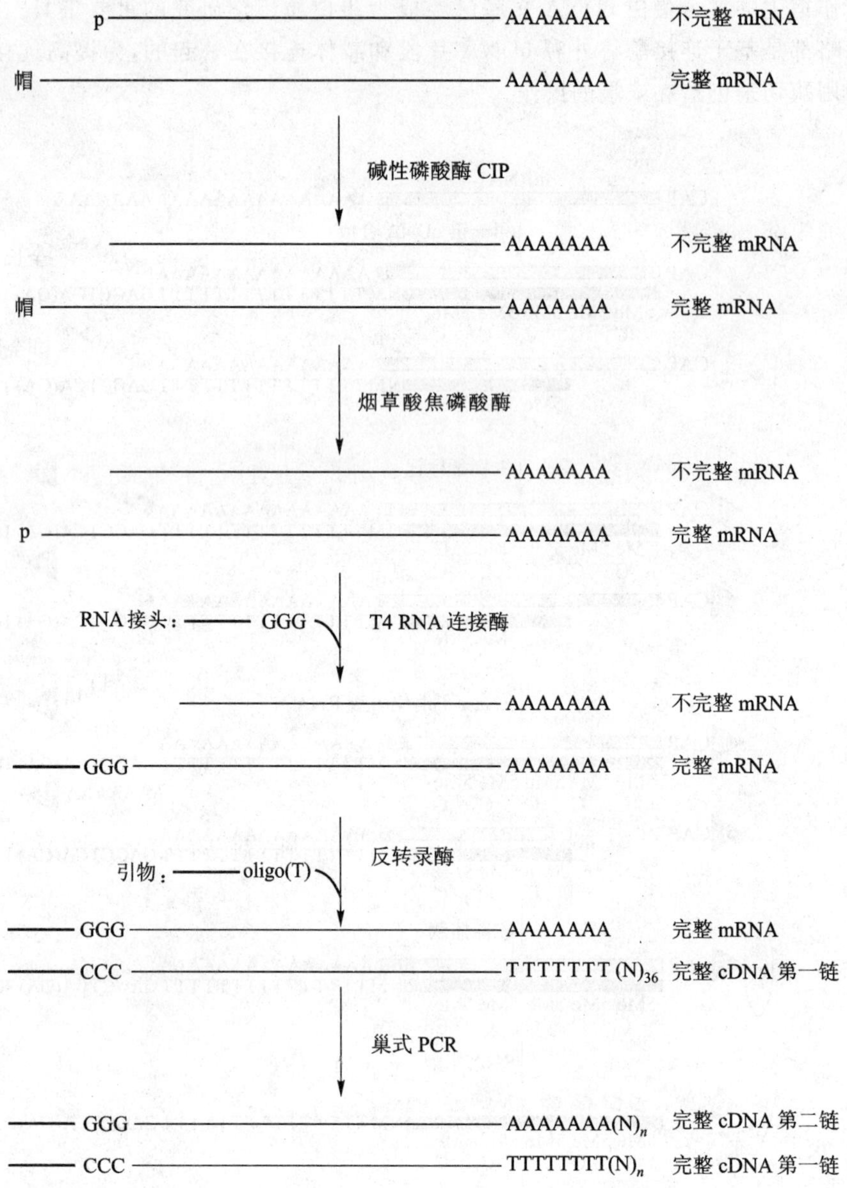

图 11-9　TAP 法合成全长 cDNA 的原理示意图

第三节　基因克隆的筛选策略

一般来说，从基因文库中筛选目的基因的难易程度主要取决于所采用的基因克隆方案和目的基因的性质与来源。如果目的基因是原核生物的特殊功能基因（如抗性基因、杀虫基因或是启动子/复制子等功能元件）时，就很容易通过这些基因的特殊功能来筛选。而真核生物的基因筛选要复杂得多。为了解决类似的筛选问题，已经发展了一系列方便快捷、可靠性高的筛选方法，包括特异性探针的核酸杂交、特异性抗原的免疫学检测和 PCR 筛选法等。本节就这些具体的策略分别进行介绍。

一、表型筛选法

表型筛选法就是在宿主菌(如大肠杆菌)中表达目的基因,使宿主产生新的表型或使宿主恢复其突变基因的表型来筛选目的基因。表型筛选法对具有明显形态学特征或比较容易检测的生化性状的基因筛选是非常有效的,比如营养缺陷型相关的基因和抗生素抗性基因。该方法要求宿主为不携带该目的基因或是该基因的缺失突变体。

由于该法要求筛选的基因在宿主(一般是原核生物或酵母)中表达,而真核生物编码的基因,尤其是基因组 DNA 编码的基因很难在原核宿主中表达,因此表型筛选法主要用于原核生物的基因筛选。经过长期的积累,原核生物(尤其是大肠杆菌)已经拥有相当数量的表型突变体,且已经作了详尽的研究。目前,在酵母中也已经成功运用该法鉴定了一些未知功能的基因,如编码拟南芥的脂肪酸延长酶 1(fatty acid elongase 1,FAE1)基因,其 cDNA 在酵母中表达可导致芥酸的合成。另外,表型筛选法还在一些基因功能元件(如启动子、复制起点)。如将 DNA 片段与不含启动子的报告基因连接构建文库,可以根据文库中报告基因的表达来筛选相应的启动子元件。

二、杂交筛选和 PCR 筛选

当目的基因是未知功能的基因或一些不能在原核生物中表达的真核生物的基因时,可以利用核酸探针来筛选。探针的来源成为筛选的核心。探针可以根据该基因的部分序列、同源基因片段或不完整的蛋白质产物(例如,通过测定其 N-末端氨基酸序列设计简并寡核苷酸引物)来设计,或利用遗传定位的性质通过与基因紧密连锁的一些分子标记设计探针。杂交筛选法是应用最为广泛的筛选目的基因克隆的一种方法,常用的有菌落杂交和噬菌斑杂交,相关的杂交技术在前面的章节中有详细的阐述。分子杂交的灵敏度很高,因此为减少假阳性出现的几率,探针的特异性要非常高。

用已知基因为大片段 DNA 文库中筛选目的基因时,还可以采用更加简单快捷的方法——混合池 PCR 筛选法。首先,根据已知序列设计基因特异性引物,然后将文库质粒(也可以直接是细菌)进行有序的混合。如果一个文库贮藏在 10 个 384 孔培养板中,先将整个文库以培养板为单位混合,构成 10 个"主混合池";再将这 10 个培养板分别按"行"和"列"混合,构成 16 个"行混合池"和 24 个"列混合池"。以 10 个"主混合池"为模板进行的 PCR 反应可以确定阳性克隆所在的培养板,以"行混合池"和"列混合池"为模板进行的 PCR 可以确定阳性克隆在各个培养板上所在的行和列。这样,通过 50 个 PCR 反应,即可从 3 840 个克隆中筛选出阳性克隆。在具体应用中,一旦"主混合池"、"行混合池"和"列混合池"构建好以后,PCR 筛选将非常方便,每天可以做大量的 PCR 反应,筛选大量的标记。

三、免疫筛选

如果能得到目的基因产物对应的抗体,就可以通过免疫学方法来筛选。免疫筛选法和核酸杂交的方法类似,只是其使用的探针不是核酸,而是特异性抗体。适合免疫杂交法筛选的外源基因首先要在宿主细胞中存在抗原蛋白的表达,用于筛选的 DNA 文库必须是表达文库,通常是原核生物的基因组 DNA 文库和真核生物的 cDNA 表达文库(如用 λgt11 作载体构建的文库)。而且,所检测的对象为宿主中不编码的基因或宿主中缺失表达的基因。

根据检测方法的不同,免疫筛选法可以分为两种方式,原位检测和免疫沉淀检测。这些方法最突出的优点是能够检测在宿主细胞中不产生任何表型特征的基因。原位检测与菌落或噬菌斑的原位杂交相似，通常将菌落或噬菌斑原位影印到固相支持膜（如硝酸纤维素膜），原位溶解菌落释放出抗原蛋白。以下的操作就像 Western 杂交一样，将抗体与固定了抗原蛋白的膜杂交，使抗原抗体发生反应并结合在一起，然后将标记的第二种抗体与之反应，这样就可以通过对标记物的检测，找到阳性克隆子。

免疫沉淀检测法是在培养基中添加特异性的抗体，如果有菌落分泌出对应的抗原蛋白，抗原-抗体结合形成的沉淀会在菌落周围形成白色圆圈。这种方法主要用于检测分泌蛋白。

四、酵母双杂交系统

酵母双杂交系统简称双杂交系统（two-hybrid system），也叫相互作用陷阱（interaction trap），是根据真核生物转录调控的特点创建的一种体内鉴定基因的方法。其筛选的基因不是“探针”的直接编码物，而是能够与其相互作用的蛋白质的编码基因，即筛选与已知基因的产物发生相互作用的蛋白的编码基因。

双杂交系统的基本原理来自对酵母转录激活因子（transcriptional activator）GAL4 的认识。许多真核生物转录激活因子有两个功能域，一是 DNA 结合结构域（DNA binding domain，BD），可与 DNA 序列的特定位点即上游激活序列（upstream activating sequence，UAS）结合；二是转录激活结构域（activation domain，AD），协助 RNA 聚合酶Ⅱ复合体激活 UAS 下游基因的转录。这两个结构域的功能是独立的。正常情况下它们都是同一种蛋白质的组成部分，缺一不可，但如果利用 DNA 重组技术把它们彼此分开并放置在同一宿主中表达，也不能激活相关基因的转录，其原因是由于它们彼此之间在空间上存在一定距离，不会直接发生相互作用。如果能将它们空间上的距离拉近，就可以形成有功能的转录激活因子，从而启动下游基因的转录。酵母双杂交理论就是建立在此原理上，利用融合蛋白的策略，将蛋白 X 与 BD 融合，蛋白 Y 与 AD 融合，将它们导入酵母细胞中共表达，如果 X 与 Y 相互作用，则会导致 BD 和 AD 在空间上接近，形成一个有功能的转录激活因子，激活下游报告基因的表达。X 为已知蛋白，把要筛选的“探针X”与 BD 构建融合蛋白 BD-X（通常称为诱饵，bait），并以含有 BD-X 融合蛋白基因和报告基因的细胞为构建文库的受体菌；而将所要筛选的对象 Y 与 AD 构建成融合蛋白 AD-Y 的 cDNA 文库（即将目的 cDNA 与 AD 基因构建融合基因文库），通常称 AD-Y 为猎物（prey），当 Y 基因产物能与 X 基因产物发生作用时，就可启动报告基因的表达（图 11-10）。

酵母双杂交系统为研究蛋白质间的互作提供了很好的工具。酵母双杂交系统也存在一些局限性，其中的一个主要问题是“假阳性”。由于某些蛋白质本身具有转录激活功能（如转录因子）或在酵母内表达时具有转录激活作用，使两个融合基因的表达产物无须特异结合就能启动转录；另外，有些蛋白质表面有对其他蛋白质的低亲和区，容易与诱饵蛋白等多个蛋白形成蛋白质复合体，引起报告基因表达，使酵母出现相应的表型，产生假阳性结果。另一个问题是，酵母双杂交系统要求相互作用启动转录的蛋白质位于细胞核内，因此要求研究的蛋白质也位于核内才能激活报告基因，在应用上具有局限性。为克服这些不足，近年来对该系统作了改进。

五、克隆基因的验证和分析

前面已经描述了几种常见的基因克隆的筛选方法，但在基因克隆过程中，利用这些方法

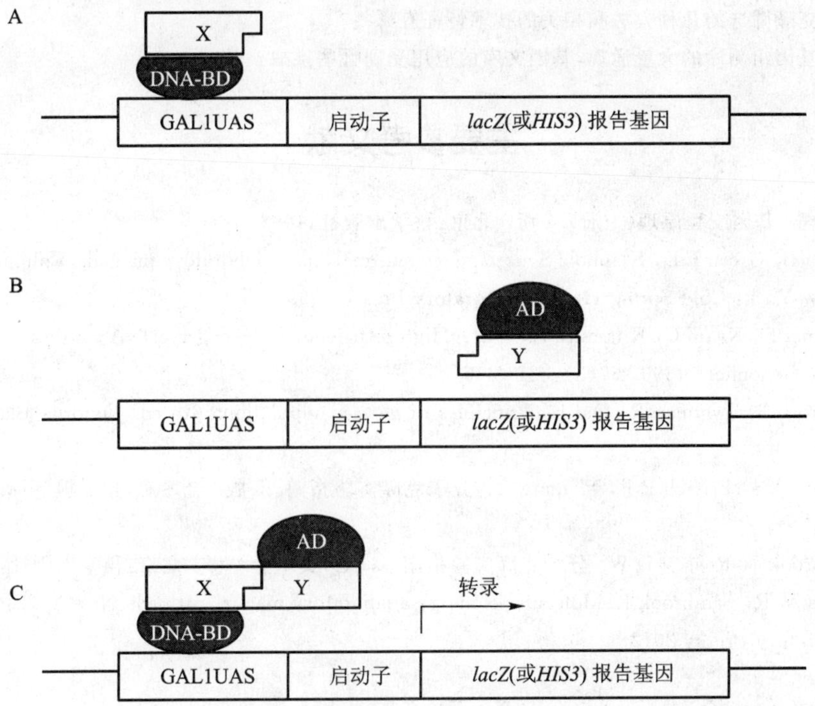

图 11-10　酵母双杂交体系原理示意图

A. GAL4 的 BD 和蛋白质 X 形成的融合蛋白同 GAL1 的 UAS 序列结合，但由于没有 AD 的结合所以不能激活报告基因的转录；B. GAL4 的 AD 与蛋白质 Y 形成的融合蛋白在没有 BD 结合时，也不能激活报告基因的转录；C. BD-X 和 AD-Y 的相互作用重建了 GAL4 的功能，使 AD 激活启动子从而引发报告基因的转录

都存在假阳性的问题，因此对直接筛选的克隆需要进一步作阳性鉴定，常用的方法包括酶切指纹图谱、Southern 杂交、二次杂交、体外表达蛋白和 DNA 序列分析法等。

第四节　DNA 文库的保存

从本章第一节和第二节 DNA 文库的构建方法和过程不难看出，构建一个高质量的 DNA 文库需要大量的时间和昂贵的试剂，因此研究者都希望可长期使用，充分发挥文库的作用。要达到长期使用的目的，必须有效保存文库。文库保存的方法与所使用的载体和宿主相关，不同载体的文库保存方法不同，但长期保存的温度都必须在 −80 ℃。详细方法可参考《分子克隆实验指南》等实验手册和工具书。

思　考　题

1. 基因组 DNA 文库有哪些类型？其相关的特点是什么？
2. 构建大片段基因组文库过程中需要注意哪些问题？
3. 为什么要构建均一化 cDNA 文库？
4. 扣除 cDNA 文库的基本原理是什么？主要用途是什么？
5. 全长 cDNA 文库的构建的原理和基本类型是什么？

6. 基因克隆筛选的几种方法和相关的技术特征有哪些？

7. 随着基因组测序的大量涌现，基因文库的应用受到哪些挑战？

主要参考文献

1. 吴乃虎. 基因工程原理(上册). 2版. 北京：科学出版社，1998

2. Birren B, Green E D, Klapholz S, *et al*. Genome analysis: a laboratory manual. Volume 3: Cloning systems. New York: Cold Spring Harbor Laboratory Press, 1999

3. Carninci P, Kvam C, Kitamura A, *et al*. High-efficiency full-length cDNA cloning by biotinylated CAP trapper. Genomics, 1996, 37(3):327-336

4. Primrose S, Twyman R, Old B. Principles of gene manipulation. 6th ed. Oxford: Blackwell Publishing, 2002

5. Sambrook J, Fritsch E F, Maniatis T. 分子克隆实验指南. 2版. 金冬雁，黎孟枫等译. 北京：科学出版社，1995

6. Sambrook J, Russell D W. 分子克隆实验指南. 3版. 黄培堂等译. 北京：科学出版社，2002

7. Green M R, Sambrook J. Molecular cloning: a laboratory manual. 4th ed. New York: Cold Spring Harbor Laboratory Press, 2012

（刘克德　储昭辉　孙明）

第十二章

基因组研究技术

基因组(genome)一词系由德国汉堡大学植物学教授汉斯·温克勒于 1920 年首次提出。一个生物的基因组蕴含了该生物体全部的遗传信息。原核生物基因组相对较小(几万到几十万碱基对),而且一个细胞中通常只有一个核基因组。真核细胞除含有非常大的核基因组(几兆到几千兆碱基对)外,还包括大小与原核生物基因组相近的线粒体基因组和质体基因组(如叶绿体基因组)。原核生物基因组、线粒体和质体基因组由于碱基对数目相对较少,比较容易采用现代先进的自动测序技术在较短时间内确定其全部 DNA 序列。而真核生物核基因组全部 DNA 序列的确定则要复杂而且困难得多。但是,随着现代基因组测序技术的迅猛发展,获得一种生物的基因组核苷酸序列已变得相对简单,人们早已开始将焦点从单一获得基因组序列,逐渐转移到在已知的全基因组范围内研究所有基因的组成、功能、互作及其进化,以期最终阐明基因组作为一个整体是如何在细胞内协调发挥作用、控制各种细胞活动以及生物个体的表型。

基因组学研究立足于全基因组的高度,以测定基因组的序列数据为出发点,随后对其进行高通量解读,从整体水平上去研究基因的存在、基因的结构与功能、基因之间的相互关系,甚至于染色体分子水平的结构特征以及不同物种基因组之间的进化关系等,为系统地解码生命开辟了崭新的道路。基因组蕴含了生物体全部的遗传信息,基因组研究技术的核心内容就是从不同层次上对基因组全部或某一区段遗传信息的有序性排列方式以及它们对应功能的揭示。

第一节　传统基因组研究技术

在基因组学新兴之初,如何获得一个生物的基因组 DNA 序列是研究关注的焦点。获取基因组序列的主要方法是进行 DNA 测序,然后再将读取的序列组装。现已知的最小细菌基因组为 580 kb,而目前 DNA 测序每次反应仅能读取不到 1 000 bp 的长度。因此基因组测序的基本策略是,先将整个基因组 DNA 随机打断成一组小片段,再将各小片段逐一测序,最后将测序小片段按位置关系进行排列组装。但是,如果基因组中重复 DNA 序列多,或者测得的序列间总有补不齐的缺口(gap),那么精确的序列拼接工作便难以完成。因此,必须借助基因组图谱的精确指导,将位置顺序模糊的测序片段依据图谱中的信息对号入座,从而拼接组装成一个准确、完整的生物基因组。根据对基因组解析的一般过程,可以将基因组研究归纳成为构建 4 张相互关联的基因组图谱:遗传图谱、物理图谱、序列图谱和功能图谱。

一、基因组遗传图谱的构建

遗传作图(genetic mapping)是对某个未知真核生物基因组中的遗传信息(或者是控制某个性状的基因)在染色体上的位置和分布状况进行初步确定。它是采用遗传学分析方法将基因或其他DNA序列标定在染色体上使之成为一条条有标识的“公路”。很显然,标识之间的距离越短,就越容易对“公路”进行具体地理位置定位和准确的描述。这些标识被统称为遗传标记,标记之间的距离以细胞减数分裂时同源染色体的非姐妹染色单体之间发生交换的频率所对应的遗传图距表示。

1. 遗传作图标记

凡是位于染色体上易于检测识别、在不同个体之间存在变异(即多态性,polymorphism)而且可以稳定遗传的位点(locus)都可以作为遗传作图的标记。遗传作图标记可分为形态标记和分子标记,分子标记主要指DNA标记。

(1) 形态标记　在经典遗传学中,常使用可见的几种表型来研究遗传规律,如选用植株高与矮这种相对性状。每个相对性状都由一个不同的等位基因(allele)控制。但这些可见的表型性状十分有限,特别是当多个基因影响同一个性状时,精细的遗传作图分析往往陷入困境。因此,要构建高分辨率(标记间距离非常近)的遗传图,就必须有数量极其丰富的遗传标记。

(2) DNA标记　凡是满足遗传标记特征的一段DNA序列都可以被发展成为DNA标记。与利用基因作标记一样,DNA标记所在遗传位点也必须有不同等位基因(即具有多态性),特定个体相应的基因型可以通过实验手段很容易检测出来。由于DNA标记类型丰富,数量众多,因而已成为遗传作图的主要工具,这里只介绍遗传作图中常用的几种DNA标记技术。

限制性酶切片段长度多态性(restriction fragment length polymorphism,RFLP),简单地说是目标DNA经限制性内切酶酶切后产生的DNA片段组成状态,涉及片段的多少和大小。对不同的物种来说,相当于形成了由DNA片段多态性组成的指纹。由于同源染色体同一区段DNA序列的差异,当用限制性内切酶处理时,可产生长度不同的限制性片段。限制性内切酶切割产生的DNA片段经琼脂糖凝胶电泳分离,可直接显示不同个体在同一位点DNA组成的差异。限制性内切酶识别的碱基序列有专一性,所以用不同的限制性内切酶处理同一DNA样品时,可以产生与之对应的不同限制性片段,可提供大量位点多态性信息。RFLP是第一种被用于作图研究的DNA标记。

简单序列长度多态性(simple sequence length polymorphisrm,SSLP),产生于重复顺序的可变排列,同一位点重复顺序的重复次数不同表现出DNA序列的长度变化。SSLP具有复等位性(multiallelic),每个SSLP都有多个长度不一样的变异体。常用于作图的有2种类型SSLP,即小卫星序列(minisatellite sequence)和微卫星序列(microsatellite sequence)。小卫星序列又称可变串连重复(variable number of tandem repeats,VNTR),其重复单位的长度为数十个核苷酸。微卫星序列又称简单重复(simple tandem repeats,SSR),其重复单位为1～6个核苷酸,由10～50个重复单位串联组成。微卫星序列在作图上更具优势,原因有两个方面,第一,小卫星序列在基因组中的分布很不均匀,大多集中在染色体端部和着丝粒区,而微卫星序列则高密度地分布在整个基因组中;其二,微卫星序列便于PCR分析,而小卫星序列因其重复单位较长且许多重复序列往往形成串联,而不利于PCR扩增。SSLP标记在基因组中的分布具有多态性频率高以及分布较均匀的特点,克服了RFLP标记多态性频率低以及不同染色体区域间分布密度相差悬殊的不足。SSLP 也被称为第二代分子标记。

单核苷酸多态性(single nucleotide polymophisms,SNP),是指在不同物种、不同等位基因之间,在基因组水平上单个或少数几个核苷酸的差异(如发生转换、颠换、插入、缺失等变异)。在基因的编码序列中,SNP 大多位于密码子的摇摆位置,表现为沉默突变而被大量保留下来。大多数 SNP 所在的位置不能被限制酶识别,必须采取测序或寡核苷酸杂交的方法进行检测。在人类基因组中位于基因内部的 SNP 据估计超过 20 万,内外总数在 300 万左右。由于数量极大,几乎任何 2 个人的基因组都有许多不同的 SNP 而得以区分。由于 SNP 标记的检测需要 DNA 测序或芯片杂交,程序复杂,费用昂贵,因而仅限于一些特定的基因型检测研究。SNP 也被称为第三代分子标记。

2. 遗传作图的方法

(1) 遗传作图的遗传学原理　遗传图谱绘制主要依据的是经典的孟德尔遗传学的连锁和交换定律。减数分裂时,同源染色体彼此靠拢,同源区段并排形成双联体(bivalent)。在双联体中,并列的染色体臂(非姐妹染色单体)在等价的位置发生 DNA 交换(crossing-over)或 DNA 重组。因交换的频率与在染色体上所间隔的距离成正比,重组率(recombination frequency)则可成为衡量基因之间相对距离的尺度。通过重组率可判断基因在染色体上相对位置,从而绘制遗传图。遗传标记在染色体上的排列顺序是比较准确的,同时也提供了基因间的大致距离,为基因组研究提供了极有价值的工作框架。

(2) 不同模式生物的连锁分析　对于不同的模式生物可采用有性杂交实验连锁分析以及系谱分析作图进行遗传作图。对于细菌来说,由于不发生减数分裂,可通过使 DNA 片段从一个细胞转移到另一个细胞的频率来测定遗传距离,如转化、转导和结合转移。

二、基因组物理图谱的构建

遗传图谱虽然提供了大量的遗传信息,并发挥了重要作用,但由于遗传图分辨率有限而且精确性较低。随着科学的发展遗传图谱远不能满足人们的需求。仅有遗传图谱仍不能精确指导基因组的研究,原因有三。其一,遗传图谱的分辨率有限。人们理想的人类遗传图谱标记密度应为 1 Mb (1 000 kb),但估计可能达到最好的标记密度是 2～5 Mb。其二,遗传图谱的覆盖面较低。染色体上重组热点的存在使得某一区段的交换频率高于其他区段,而由于许多未知原因,有些染色体区段却很少发生重组事件,因而无法在此区段绘制高密度连锁图谱。第三,遗传分子标记的排列有时会出错。遗传作图的依据主要是子代个体的基因型重组及其分离比。由于环境因素和取样误差,可能出现非随机的群体组成。如此一来,采用不同的杂交组合有时会得出不同的结果,相同的分子标记在连锁图谱上的位置可能不同。因此,可极大丰富基因组图谱内容的物理图谱(physical map)应运而生。物理作图是采用分子生物学方法直接将 DNA 标记、基因或克隆标定在基因组上的实际位置。遗传图谱与物理图谱的相互参考是进一步精确认识基因组(如基因组测序和功能分析)的基础。物理图谱的制作有许多方法,但最常见的方法分为以下 4 类。

1. 限制性作图

限制性作图(restriction mapping)是在基因组上标定限制性内切酶酶切位点的相对位置,主要适合对小基因组的原核生物进行限制性位点分析。

限制性作图实质上是标注一条 DNA 序列上限制性内切酶识别位点所处的位置。但是当涉及的限制位点过多时,定位的难度增大。随着切点数目的增多,单酶切、双酶切及部分酶切产生的条带数成正比扩大，需要对大量的片段进行比对与组装。虽然可借助计算机帮助完成一些可明显区分的DNA条带的排序，但仍不可避免会产生许多问题。稀有切点限制酶产生的DNA片段往往超过50 kb，对限制性作图往往有帮助。所谓稀有切点限制酶是指该酶识别的碱基顺序在基因组中只有少量，因此可产生较大的DNA片段。如 *Not* Ⅰ识别的切点序列为5′-GCGCGCGC-3′，在人类基因组DNA中平均每1 Mb含一个 *Not* Ⅰ切点。通过脉冲场凝胶电泳可以分离大分子DNA，满足物理图谱的制作。

2. DNA大片段重叠克隆的基因组作图

重叠克隆的基因组作图（contig-based genome mapping）是先构建基因组的大片段基因文库，然后根据克隆片段之间的重叠顺序构建重叠群，从而绘制物理图谱。覆盖基因组某一区域的若干具有一定重叠的DNA片段所组成的群体，称为重叠群（contig）。通过检测一系列重叠的克隆能获得这个区域完整、连续的信息，最终可提供完整的基因组大片段物理图谱。描述代表完整染色体片段的小片段重叠克隆的排列顺序的图谱称为重叠群图谱（contig map）。这是真核生物基因组物理作图的主要方法。在第二章已详细介绍了常见大片段克隆载体的构建和工作原理，在进行重叠群构建时，BAC和PAC目前用得最为广泛。

采用染色体步查可构建重叠群图谱。首先从基因组文库中挑取一个指定的（如含有遗传图谱上某个DNA标记）或随机的克隆，以该克隆的末端序列为探针在文库中寻找与之有重叠的第二个克隆，在此基础上再寻找第三个克隆，依次延伸。但该方法速度缓慢，仅适合小基因组和小区段染色体的物理图谱绘制。对大基因组的物理图谱绘制，必须寻找更快而准确的方法。

通过克隆指纹排序（clone fingerprinting）对重叠群作图更快捷。一个克隆的指纹表示该克隆所具有的序列特征，可以同其他克隆产生的同类指纹相比较。如果两个克隆的指纹有部分重叠，表明这两个克隆具有共同的区段。指纹的类型很多，可单独或组合使用。如限制性酶切图谱（restriction map），用不同限制性酶酶解克隆的DNA片段，经凝胶分离产生DNA片段图谱。如果2个克隆产生的DNA条带有部分是相同的，说明它们含有重叠的序列。其他还有重复序列DNA指纹、分散重复序列PCR（interspersed repeat element PCR，IRE-PCR）指纹、序列标签位点（sequence-tagged site，STS）以及STS目录（STS content mapping）等指纹。

3. 荧光标记原位杂交作图

荧光标记原位杂交（fluorescent *in situ* hybridzation，FISH）是通过荧光标记的探针与染色体杂交，从而确定分子标记在染色体上的实际物理位置。在细胞分裂中期染色体处于高度浓缩状态，有可分辨的染色体带型及明显的着丝粒位置，通过测定原位杂交所显示的荧光信号所处的位置与染色体短臂末端的相对距离，经过比例换算可将分子标记标定在物理图谱上。细胞分裂中期染色体高度压缩，分辨率较低，要求2个分子标记之间至少需间隔1 Mb。

4. 序列标签位点作图

序列标签位点（STS）作图通过PCR或分子杂交将序列标签小段DNA序列在基因组DNA中进行定位。可用于构建最为详细的大基因组物理图谱（图12-1）。

序列标签位点是一小段长度在100～500 kb的单拷贝DNA序列。当两个DNA大片段含有同一STS序列时，说明这两个片段彼此重叠，根据重叠关系可以逐段绘制DNA物理图谱。两个不同的STS在同一DNA大片段中出现的概率取决于它们在基因组中距离

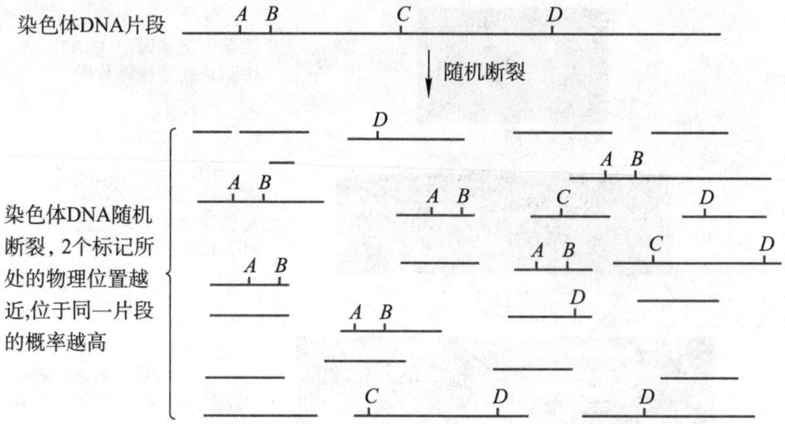

图 12-1　STS 作图原理

随机收集的 STS 片段分布在整条染色体上，该图显示了 4 个 STS 位置，其中 A 与 B 紧密连锁。随机打断的染色体 DNA 长度不一，彼此靠近的 2 个标记有很大的概率位于同一片段，相距越远的标记分开的概率越高

的远近。STS 的分析资料可用来估算两个分子标记之间的相对距离，其原理与连锁分析相似。

用做 STS 的片段首先它应是一段序列已知的片段，其次是单拷贝。最常见的有表达序列标签(expressed sequence tag，EST)，这是一些从 cDNA 克隆中找到的小段序列，代表了 mRNA 所在的细胞中表达的基因。此外，还有微卫星序列和其他的 SSLP，以及随机基因组序列。

5. 基因组光学图谱

随着科学技术的发展，对于基因组物理图谱的构建也发展出了许多新的技术，其中 OpGen 公司开发的基因组光学图谱技术就是一个典范。光学图谱(optical mapping)是指一个来源于细菌、酵母或者真菌的单个基因组 DNA 分子有序、高信息含量的限制性内切酶酶切位点的图谱。具体做法是，将细胞经过温和的裂解抽提长的基因组 DNA 分子，得到系列基因组 DNA 片段，这些 DNA 片段可组成一个群体，最终可包含整个基因组的序列信息。之后利用微流体装置将抽提的 DNA 片段群按照单个 DNA 分子的方式分别在光学芯片上锚定成平行的阵列；再利用限制性内切酶对这些锚定的 DNA 分子进行原位消化并染色，那么在微阵列上形成的缺口就代表该位置是限制性内切酶的识别位点。单个 DNA 分子在光学芯片上经过限制酶消化并染色后，可以通过分析软件测量限制性酶切产生片段的大小和顺序，从而将光学信号转换成数字信号，这样就可以得到单个分子的光学图谱。由于这些 DNA 片段群可以覆盖整个细菌的基因组，因此多个单分子的光学图谱经过比对和拼接就可以得到一条完整的染色体光学图谱(图 12-2)。

随着 DNA 测序技术的发展，研究人员可以花费更低的成本得到更多有效的数据。但是，测序获得的基因组中仍然有许多无法定位和无法鉴别的基因序列存在。OpGen 公司开发的基因组光学图谱技术，不依赖于序列信息，可以快速生成基于单个 DNA 分子的高分辨率、有序、全基因组的限制性内切酶酶切图谱。该技术已经被广泛应用于菌株分类、全基因组序列组装等微生物基因组学研究。

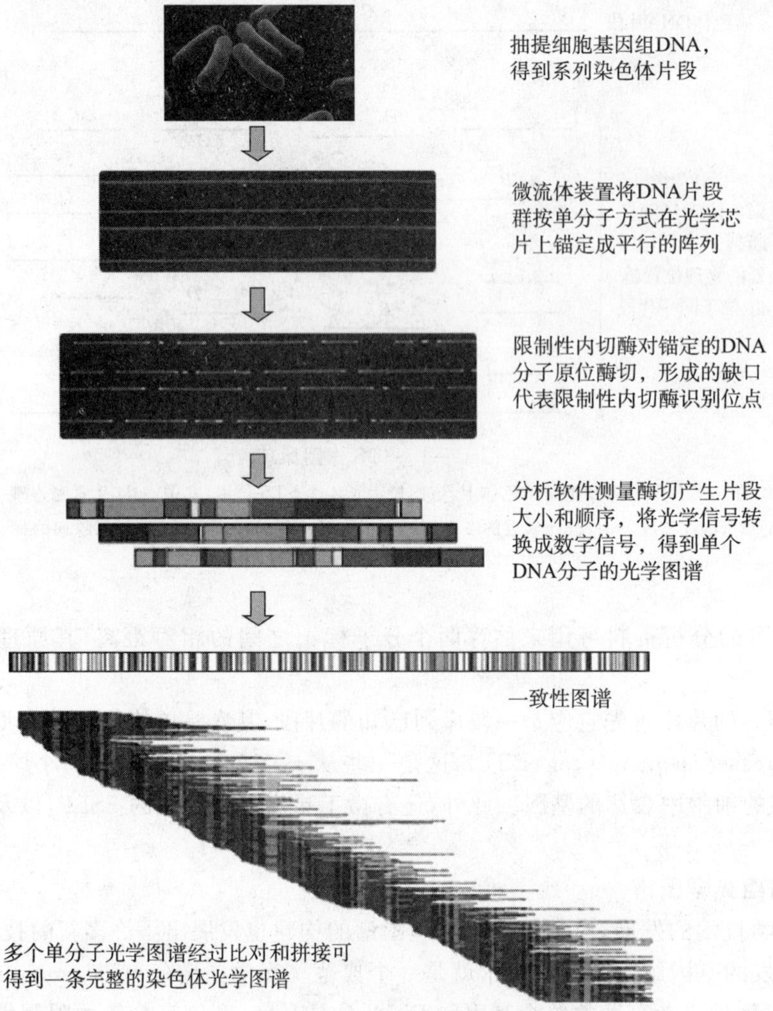
抽提细胞基因组DNA，
得到系列染色体片段
微流体装置将DNA片段
群按单分子方式在光学芯
片上锚定成平行的阵列
限制性内切酶对锚定的DNA
分子原位酶切，形成的缺口
代表限制性内切酶识别位点
分析软件测量酶切产生片段
大小和顺序，将光学信号转
换成数字信号，得到单个
DNA分子的光学图谱
一致性图谱
多个单分子光学图谱经过比对和拼接可
得到一条完整的染色体光学图谱

图 12-2　基因组光学图谱绘制过程示意图

三、基因组测序

基因组测序可以获得相关生物全部 DNA 序列，是功能基因组研究的基础。对大型生物来说，基因组的遗传和(或)物理图谱是完成基因组测序的基础。

1. 大规模基因组测序方法学改进

基因组测序的基础工作是常规 DNA 片段的测序。DNA 测序的原理性方法主要有双脱氧链终止法测序和化学降解法测序两种。由于 PCR 技术的发展和在 DNA 测序中的应用，以及用荧光标记代替同位素标记 ddNTP，使每种 ddNTP 被标记上发射不同荧光的染料，从而使双脱氧链终止法可以快捷、灵敏、自动地进行测序，为大规模基因组测序打下技术基础。近年来，以 454 测序技术、Solexa 测序技术和 SOLiD 测序技术为标志的第二代测序技术和以单分子测序技术为基础的第三代测序技术等也随之诞生并得到快速发展(具体测序原理见第九章)。

2. 基因组 DNA 序列的确定

第一代和第二代高通量测序技术测出的单个序列数据(read)的读长都在 1 000 bp 以下，对于基因组测序来说，必须将每一个所测得的数据拼接成一个完整的基因组序列。拼接方法与测序的策略是相关联的，主要有 3 种方法，即鸟枪法或随机测序法、克隆重叠群法和定向鸟枪法。

(1) 通过鸟枪法拼接序列　鸟枪法(shotgun)测序的原理，即把染色体 DNA 随机打断成上万甚至几十万的小片段，并直接对这些小片段测序得到大量短序列，通过检测短序列间可能的重叠区逐级拼接并推导出完整序列。这种方法不需要事先了解基因组信息，不依赖于遗传或物理图谱。流感嗜血杆菌(*Haemophilus influenzae*)的基因组序列是第一个用鸟枪法获得的，证明该方法是可靠的，现在大量的基因组测序都是通过这种方式完成。以下是流感嗜血杆菌基因组测序的实际过程。

首先用超声波把基因组 DNA 随机打成小片段，从琼脂糖凝胶上回收 1.6～2.0 kb 的片段，用质粒建立 DNA 文库，在随机挑取的19 687个克隆中，进行了28 304个末端测序反应，获得有效的24 304个序列共计11 631 485 bp，相当于基因组长度的 6 倍，这一数量对于确保覆盖全基因组是必需的。通过计算机处理，得到 140 个重叠群。如何填补重叠群之间的缺口(gap)，把它们互相拼接起来是完成基因组测序的关键步骤。首先检测文库中是否有一些克隆的末端序列位于不同的重叠群中。如果有则对插入片段进一步测序就可以封闭这两个重叠之间的“序列间隙”。其中 99 个缺口就是这样填补的。剩余的 42 个缺口可能由在克隆载体中不稳定的 DNA 序列组成，所以在文库中没有出现。要封闭这些“物理缺口”，就需要用另外一种载体制备第二个克隆文库。由于那些第一次未克隆进入载体的序列在另一种质粒载体中可能仍然不稳定，因此选用 λ 噬菌体作为第二种克隆载体。然后用 84 个寡核苷酸探针检测新建的 DNA 文库，这 84 个寡核苷酸序列来自 42 个缺口末端。如果两个寡核苷酸序列与同一个 λ 文库克隆子杂交，那么这两个寡核苷酸所在的重叠群的末端就必定位于该克隆内，对该 λ 克隆进行 DNA 测序就能封闭缺口。42 个物理缺口中的 23 个是用于这种方法补平的。封闭缺口的另一种策略是用上述 84 个寡核苷酸作为 PCR 引物，扩增流感嗜血杆菌基因组 DNA。对 PCR 产物测序就可以封闭相关缺口。最后测定的基因组大小为 1 830 137 bp。

在填补缺口的过程中，除了通过构建文库来填补外，反向 PCR 方法(具体原理见第八章)能发挥重要作用，有时会成为主要的技术手段。

利用鸟枪法已经测出了许多微生物基因组的序列，实践证明能相对比较快地测定小基因组序列。现在普遍认为，任何小于 5 Mb 的基因组序列，即使不知道基因组的任何信息，都可以在短时间内测完它的全部序列。但是对于更大的基因组需要使用其他方法来测定，因为鸟枪法策略的技术难点在于对海量序列数据的处理，尤其是对高重复序列含量的基因组的拼接和组装。因此，开发出具有强大基因组数据分析处理功能的专用软件和超强运算功能的大型计算机，是影响此策略在大型基因组测序中应用前景的决定性因素。

(2) 克隆重叠群法测序策略　克隆重叠群方法是获得真核生物基因组序列的基本方法，也可用于那些已有物理和(或)遗传图谱的微生物基因组序列测定。克隆重叠群法是在鸟枪法基础上发展起来的。先构建重叠克隆群，通过部分酶解把大基因组降解成重叠的、大小位于该范围内的大片段。最好这些重叠片段位于该基因组的遗传和(或)物理图谱上，这样就借助于基因组特定位置的标记序列(如 STS、SSLP、基因)为探针进行有计划的筛选，然后对大片段克隆重叠群做鸟枪法测序，最后通过重叠群将基因组序列组装起来(图 12-3)。

基因组测序的具体方式很多，此处只是介绍了基因组测序的主体策略，目前采用的第一代、第二代以及部分第三代测序技术中都会利用到这些策略，只是在各种方法的具体实施过

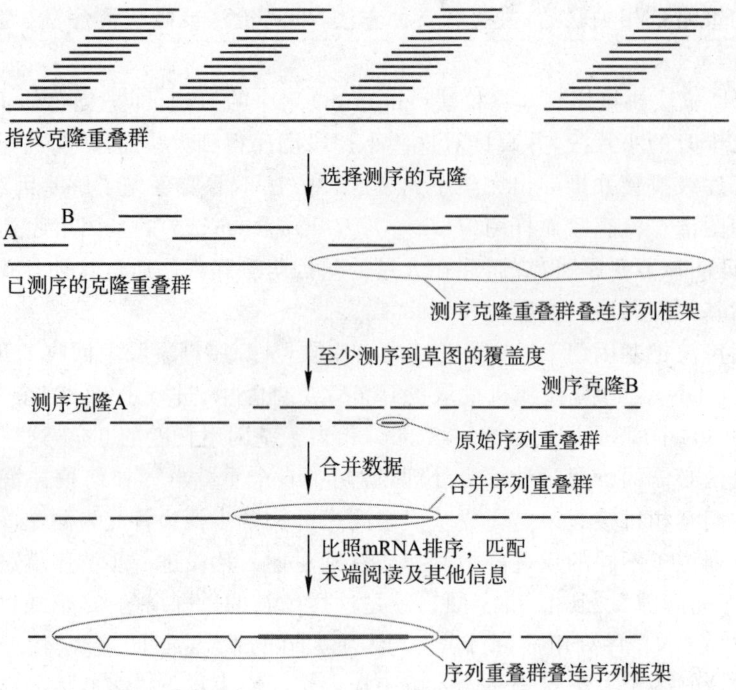

图 12-3　人类基因组 BAC 克隆测序和重叠群搭建工作流程

首先将靶基因组部分酶切产生大分子 DNA 片段，经电泳分离纯化克隆到 BAC 载体中。根据分子标记和指纹图谱构建 BAC 克隆重叠群，挑选单个克隆采取鸟枪法测序。在每个 BAC 克隆内根据测序结果进行顺序拼接，并与 BAC 克隆重叠群物理图谱对比，完成全部主体顺序的组装

程中还会涉及许多其他问题，必要时还需将各种策略交错在一起使用。

表 12-1、表 12-2 和表 12-3 列出了基因组测序的完成情况和一些典型生物基因组序列信息。

表 12-1　完成基因组测序的数目*

生物	全基因组	草图	正在测序中	共计
原核生物 Prokaryotes	2 474	8 569	8 932	19 975
古生菌 Archaea	154	142	86	382
细菌 Bacteria	2 320	8 427	8 846	19 593
真核生物 Eukaryotes	194	802	2 143	3 139
动物 Animals	71	253	606	930
哺乳动物 Mammals	42	78	243	363
鸟类 Birds	3	10	20	33
鱼类 Fishes	7	26	54	87
昆虫 Insects	14	77	182	273
扁形动物 Flatworms	1	3	6	10
圆形动物 Roundworms	2	10	43	65
两栖动物 Amphibians	0	3	8	11
爬行动物 Reptiles	1	4	9	14

续表

生物	全基因组	草图	正在测序中	共计
其他 Other animals	1	32	41	74
植物 Plants	35	66	294	396
陆生植物 Land plants	31	62	284	377
绿藻 Green Algae	4	4	10	18
真菌 Fungi	54	352	975	1 381
子囊菌 Ascomycetes	45	268	380	693
担子菌 Basidiomycetes	5	59	545	609
其他 Other fungi	4	25	50	79
原生生物 Protists	27	128	258	39
其他真核生物 other	7	3	9	19
共计	2 668	9 371	11 075	23 114

* 根据美国 NCBI 网站（http://www.ncbi.nlm.nih.gov）数据编译，截至 2013 年 5 月 6 日。

表 12-2　完成病毒基因组测序情况*

病毒种类	数量
Deltavirus	1
类反转录病毒	122
卫星病毒	190
双链 DNA 病毒	1 462
双链 RNA 病毒	164
单链 DNA 病毒	559
单链 RNA 病毒	1 047
尚未分类的噬菌体	50
尚未分类的病毒	7
总计	3 656

* 根据美国 NCBI 网站（http://www.ncbi.nlm.nih.gov）数据编译，截至 2013 年 5 月 6 日。

表 12-3　完成测序的部分模式生物基因组大小*

	染色体数	基因组大小	质粒数	备注
原核生物 Prokaryotes				
根癌农杆菌菌株 C58 *Agrobacterium tumefaciens* str. C58	2	染色体 1：2.84 Mb 染色体 2：2.07 Mb	2	
炭疽芽胞杆菌艾姆斯菌株 *Bacillus anthracis* str.'Ames Ancestor'	1	5.22 Mb	2	
蜡状芽胞杆菌菌株 ATCC 10987 *Bacillus cereus* ATCC 10987	1	5 224 283 bp	1	

续表

	染色体数	基因组大小	质粒数	备注
枯草芽胞杆菌菌株 168 *Bacillus subtilis* subsp. *subtilis* str. 168	1	4 214 547 bp		
苏云金芽胞杆菌菌株 YBT－1520 *Bacillus thuringiensis* subsp. *kurstaki* str. YBT－1520	1	5 602 565 bp	11	已完成未提交
衣原体 *Chlamydia muridarum* Nigg	1	1 072 950 bp	1	
大肠杆菌菌株 K12 MG1655 *Escherichia coli* K12 MG1655	1	4 639 675 bp		
肺炎支原体菌株 M129 *Mycoplasma pneumoniae* M129	1	816 394 bp		
生殖道支原体菌株 G－37 *Mycoplasma genitalium* G－37	1	580 074 bp		
流感嗜血杆菌菌株 Rd KW20 *Haemophilus influenzae* Rd KW20	1	1 830 138 bp		
蓝细菌菌株 PCC 6803 *Synechocystis* sp. PCC 6803	1	3 573 470 bp		
幽门螺旋杆菌菌株菌株 26695 *Helicobacter pylori* 26695	1	1 667 867 bp		
盐沼盐杆菌菌株 NRC－1 *Halobacterium salinarum* NRC－1	1	2 014 239 bp	2	
詹氏甲烷球菌菌株 DSM 2661 *Methanocaldococcus jannaschii* DSM 2661	3	1 664 970 bp		
热自养甲烷嗜热菌菌株 Delta H *Methanothermobacter thermautotrophicus* Delta H	1	1 751 377 bp		
结核分支杆菌菌株 H37Rv *Mycobacterium tuberculosis* H37Rv	1	4 411 532 bp		
天蓝色链霉菌菌株 A3(2) *Streptomyces coelicolor* A3(2)	1	8 667 507 bp	2	
无害李斯特(氏)菌菌株 Clip11262 *Listeria innocua* Clip11262	1	3 011 208 bp	1	
荧光假单胞菌菌株 Pf0－1 *Pseudomonas fluorescens* Pf0－1	1	6 438 405 bp		
荧光假单胞菌菌株 PAO1 *Pseudomonas aeruginosa* PAO1	1	6 064 404 bp		
金黄色葡萄球菌菌株 N315 *Staphylococcus aureus* subsp. *aureus* N315	1	2 814 816 bp	1	

续表

	染色体数	基因组大小	质粒数	备注
肺炎链球菌菌株 ST556 *Streptococcus pneumoniae* ST556	1	2 145 902 bp		
鼠疫耶尔森氏杆菌菌株 A1122 *Yersinia pestis* A1122	1	4 553 770 bp	2	
沙门氏菌菌株 ATCC 9150 *Salmonella enterica* subsp. *enterica* serovar *Paratyphi* A str. ATCC 9150	1	4 585 229 bp		
水稻白叶枯病菌菌株 PXO99A *Xanthomonas oryzae* pv. *oryzae* PXO99A	1	5 240 075 bp		
地衣芽胞杆菌菌株 ATCC 14580 *Bacillus licheniformis* ATCC 14580	1	4 222 645 bp		
乳酸杆菌菌株 WCSF1 *Lactocobacillus plantarum* WCSF1	1	3 308 273 bp	3	
钩端螺旋体 *leptospira interrogans*	2	4 338 762 bp 359 372 bp		
真核生物 Eukaryotes				
拟南芥 *Arabidopsis thaliana*	5	115.13 Mb		叶绿体:154 478 bp; 线粒体:366 924 bp
秀丽隐杆线虫 *Caenorhabditis elegans*	6	100.31 Mb		线粒体:13 794 bp
斑马鱼 *Danio rerio*	25	1 097.52 Mb		线粒体:16 596 bp
黑腹果蝇 *Drosophila melanogaster*	4	150.28 Mb		线粒体:19 517 bp
兔脑微孢子虫 *Encephalitozoon cuniculi*	11	2 497 519 bp		
冈比亚按蚊 *Anopheles gambiae*	5	265.03 Mb		线粒体:15 363 bp
家蚕 *Bombyx mori*		431.75 Mb		线粒体:15 643 bp
新型拟线黑粉菌 *Filobasidiella neoformans*	14	19.70 Mb		线粒体:24 919 bp
人类 *Homo sapiens*	23	3 197.57 Mb		线粒体:16 570 bp
小家鼠 *Mus musculus*	20	2 586.28 Mb		线粒体:16 295 bp
大家鼠 *Rattus norvegicus*	21	2 718.88 Mb		线粒体:16 313 bp

续表

	染色体数	基因组大小	质粒数	备注
熊猫 *Ailuropoda melanoleuca*	22	2 245.37 Mb		
黑猩猩 *Pan troglodytes*	25	3 323.27 Mb		线粒体:16 554 bp
绒猴 *Callithrix jacchus*	24	2 914.96 Mb		
犬 *Canis lupus familiaris*	39	2 528.45 Mb		线粒体:16 727 bp
牛 *Bos taurus*	31	2 983.32 Mb		线粒体:16 338 bp
马 *Equus caballus*	32	2 474.93 Mb		线粒体:16 660 bp
家山羊 *Capra hircus*	30	2 635.83 Mb		
绵羊 *Ovis aries*	27	2 619.05 Mb		线粒体:16 616 bp
野猪 *Sus scrofa*	20	2 476.01 Mb		线粒体:16 613 bp
家猫 *Felis catus*	19	3 160.29 Mb		线粒体:17 009 bp
原鸡 *Gallus gallus*	33	1 074.96 Mb		线粒体:16 775 bp
水稻 *Oryza sativa*	12	417.02 Mb		叶绿体:134 525 bp; 线粒体:490 520 bp
玉米 *Zea mays*	10	2 065.7 Mb		
小麦 *Triticum aestivum*	21	3 802.88 Mb		
马铃薯 *Solanum tuberosum*	12	663.16 Mb		
苹果 *Malus x domestica*	17	1 874.37 Mb		
小果野蕉 *Musa acuminata*	11	472.24 Mb		
柑橘 *Citrus sinensis*	9	327.67 Mb		

续表

	染色体数	基因组大小	质粒数	备注
啤酒酵母 *Saccharomyces cerevisiae*	16	12.32 Mb	2	线粒体:85 779 bp;
青枯菌 *Ralstonia solanacearum*	1	5.96 Mb	5	
硕大利什曼原虫 *Leishmania major*	2	0.65 bp		
一种超小型原始红藻 *Cyanidioschyzon merolae* strain 10D	20	16.55 Mb	1	
痢疾阿米巴虫 *Entamoeba histolytica*	14	14 Mb		

* 根据美国 NCBI 网站(http://www.ncbi.nlm.nih.gov)数据编译,截至 2013 年 8 月 6 日。

3. 人类基因组测序

人类基因组计划从 1999 年开始正式实施,终于在 DNA 双螺旋结构发现后的第 50 年(2003 年)全部完成。人类基因组测序分别采用了两种方法,图谱测序法和全基因组鸟枪法。

国际人类基因组测序协作组(International Human Genome Sequencing Consortium)采用图谱测序法。第一步构建高精度的物理图谱。构建物理图谱时,先构建含 100～200 kb 片段的 BAC 文库。一个人类基因组的 BAC 文库需要大约 2 万个 BAC 克隆。然后对这些 BAC 克隆作指纹图谱,使用特定的限制性内切酶分析克隆子的酶切片段组成,找到互相重叠的克隆,从而确定 BAC 文库的相互排列次序,以及来自哪条染色体,进而将每一个克隆在染色体上的精确位置确定下来。第二步对每一个克隆子作鸟枪法测序,对直接测定的小片段序列数据(read)进行拼接,形成重叠群,然后拼接出整个染色体的序列,最终获得基因组全部序列。

美国 Celera Genomics 公司采用全基因组鸟枪法来测定人类基因组序列。在完成工作草图时,获得了27 271 853个高质量的序列数据,覆盖基因组 5.11 倍,拼接出 2.91 亿个碱基对。高性能的计算机在基因组拼接中起着重要作用。

以上两种测序结果和分析于 2001 年分别发表在 *Nature* 和 *Science* 杂志上。将两种方法得到的数据合在一起,得到了完整连续的人类基因组序列。这两种不同的拼接结果相互比较,也可以用于检测拼接的准确性。

随着现代基因组测序技术的迅猛发展,测序通量越来越高,成本也在不断降低,获得一种生物的基因组核苷酸序列已变得相对简单。到目前为止,大量的生物物种的基因组被公布,或者正在测序中。这些海量的基因组信息为科学工作者们提供了最终解析生命奥秘而不可或缺的重要科学材料。

第二节　现代基因组研究技术

在传统基因组学时代,由于科学技术和人类意识发展所处高度的时代客观性等限制因素，使得人们更多地致力于物种遗传图谱、物理图谱等基因组图谱的绘制，以及基因组的大规模测序等技术方法的实施与发展，并且在获得一种生物的全基因组序列后，更多地注重阐明单个或少数基因的表达与调控，且只有当一个基因的表达与另一个基因相关时才考虑一组基因。但是，随着生命科学技术的飞速发展，只停留在小范围内的独立基因的研究已满足不了科学发展的需要。进入后基因组时代以来，获得更多生物的基因组序列早已不是基因组学研究的最终目的，如今的时代使命是把一个基因组或一类基因组作为一个独立单位，来研究众多基因是如何精妙地组织构成基因组、基因组之间的进化关系和演化方向以及基因组仅靠静态的核苷酸序列是如何在瞬息万变中有条不紊地指挥生命活动的。获得的纷繁复杂的各生物基因组序列只是人类为达到最终解析生命奥秘而不可或缺的重要科学素材。

一、基因组序列的解读

不论生命的表现形式多么绚丽多彩，回归到本质都是由几百甚至成千上万的基因彼此协调而体现的。因此，解析出一个基因组中所蕴含的基因是解读整个基因组的基础。获得基因组序列后，可以用一系列方法来鉴定出其中的基因，包括人工或借助计算机进行序列筛查以寻找基因的特殊序列特征，以及对 DNA 序列进行实验分析。

1. 通过序列分析查找基因

基因并非是核苷酸的随机排列，而是具有明显特征。这些特征决定了一段序列是否是基因。利用这些特征可以设计软件进行序列分析和基因预测。但由于人们还未完全清楚决定一个基因的序列特征以及不同基因序列特征的特殊性，通过序列分析预测基因还不能达到百分之百的准确。

(1) 寻找基因的开放阅读框　编码蛋白质的基因含有开放阅读框(open reading frame, ORF，亦称可读框)，ORF 以起始密码子(通常为 ATG)开始，以终止密码子(TAA、TGA 或 TAG)结束。寻找以起始密码子开始，以终止密码子结束的 ORF 序列是寻找基因的一种方法。

由于细菌基因组中缺少内含子，非编码序列仅占全基因组序列的 11%，对阅读框的排查干扰较少。加之假定基因间几乎不存在重叠序列，也无基因内基因(gene-within-gene)，因而寻找 ORF 对简单的细菌基因组通常很有效，但对高等真核生物基因预测的效果较差。主要是因为两个问题，其一是真核生物基因之间有较大的间隔(如人基因组中 70% 是基因间隔序列)，使虚假 ORF 出现的可能性增大；其二是基因被内含子断开，在 DNA 序列中没有连续的 ORF。因此要综合考虑真核生物基因组的特征，才能使注解更加准确。

Getorf 是一款通过核苷酸序列搜寻 ORF 的软件。两个终止子间或一个起始密码子和一个终止密码子之间的序列均可构成 ORF，该软件可以核苷酸序列或蛋白质序列形式输出。根据不同的物种可选择不同的遗传密码子表，并设置 ORF 的最小长度。Getorf 的输入格式为 FASTA 的一条至数条核苷酸序列文件，网址为：http://bioweb. pas-teur. fr/seqanal/interfaces/getorf. html。

(2) 借助序列的同源性寻找基因　通过同源性检索(homology search)检验一段三联密码子是否是真的外显子还是随机序列，在一定程度上可以弥补高等真核生物基因组中 ORF 扫描软件的不足。通过查询 DNA 或蛋白数据库来判断所查序列是否与已知基因的序列相同或相似。如果所查序列与已知基因具有整体上的相似性，那么所查序列就可能与匹配序列同源(homologous)，即它们代表进化上相关的基因。根据同源性进行基因注释的常用软件包括 TWINSCAN 和 SGP2 (syntenic gene prediction tool)，主要依据亲缘物种之间的一致性和相似性的编码序列查找基因。但是即使某个序列通过同源性检索完全没有匹配序列，也不能断定它一定不是表达的基因。因为毕竟在数据库中有功能注解的基因数量还是有限的。随着数据库中真实基因序列数目的增加，同源性检索方法越来越有价值。

在基因注释中经常涉及同源性、一致性和相似性的概念，它们之间既有联系又有区别，熟练掌握并善于区分这些易混淆的基础概念是作为生物科学研究者所必备的科学素质。同源性（homology）系指起源于同一祖先但序列已发生变异的序列，分布在不同物种间的同源基因又称种间同源基因（orthologous gene）。同一物种的同源基因则称种内同源基因（paralogous gene），种内同源基因由重复趋异产生。需指出的是，基因同源性只有“是”和“非”的区别，无所谓百分比。一致性（identity）系指同源 DNA 序列的同一碱基位置上相同的碱基成员，或者蛋白质中同一氨基酸位置相同的氨基酸成员的比例，可用百分比表示。相似性（similarity）则指同源蛋白质的氨基酸序列中一致氨基酸和可取代氨基酸所占的比例。可取代氨基酸系指具有相同性质如极性氨基酸或非极性氨基酸的成员，它们之间的代换不影响蛋白质（或酶）的生物学功能。因此，同源基因的相似性百分比往往高于一致性百分比。不论同源性的高低，一个预测的基因都必须通过其他实验技术加以确认。

2. 基因确定的实验技术

（1）分子杂交检验某一片段是否含有表达序列　任何基因都可转录为 RNA 拷贝，这是通过实验手段确认基因的依据，研究某一片段是否含有表达序列最简单的方法是进行 DNA－mRNA的杂交分析（Northern 杂交）。从理论上讲，Northern 杂交可以确定一个 DNA 片段上的基因数目和每个编码基因的大小。但由于某些基因的差异剪接（differential splicing）产生两个或更多长度不等的转录物，以及从单个器官组织中提取的 RNA 中可能不含待检测基因的转录物，这样会带来一些麻烦。

（2）EST 和 cDNA 测序有助于鉴定基因　Northern 杂交可以判断 DNA 片段中有无基因，但却不能给出基因的定位信息。建立某种生物材料或组织的 cDNA 文库，进行 cDNA 测序，将所得到的 EST 数据与 dbEST 等数据库比对，确定已知基因和未知基因。用 EST 和 cDNA 序列与基因组 DNA 序列进行相似性比较，可以确定很大基因的位置并揭示外显子－内含子边界。

（3）确定转录物末端　克隆的 cDNA 不完整，给出的遗传信息就不完整。通过 cDNA 末端快速扩增（rapid amplification of cDNA end，RACE）可以确定基因转录物精确的起点和终点（RACE 方法的详细内容见第八章），从而判断基因的真实性。

（4）异源双链分析　如果将 DNA 片段克隆入 M13 载体中，可以得到单链 DNA。当单链 DNA 与相应的 mRNA 杂交，就可形成异源双链。单链区可用单链特异的核苷酸酶如 S1 来消化。异源双链的大小可以通过碱降解 RNA 成分和单链 DNA 在琼脂糖凝胶中进行电泳来判定（见第七章第二节）。异源双链的长度测定结果可用来定位转录物的起始点位置，还可用来定位外显子－内含子边界。

（5）外显子捕获　外显子捕获（exon trapping）可用来寻找外显子。这种方法需要一个由 2 个已知外显子及插入其中的一内含子组成小基因的载体，且第一个外显子前面有真核生物细胞中转录起始所需的启动子。将所研究的基因组 DNA 片段插入载体内含子区域的限制酶酶切位点中，然后导入合适的细胞系进行表达，转录产生的 RNA 再进行剪切。如果插入的基因组 DNA 片段含有至少一个完整的外显子及其边界序列，那么转录物经过剪切后就会产生比载体本身的两个外显子组成的 RNA 要长的 RNA 分子。利用载体上两个已知外显子序列设计引物进行 RT－PCR 扩增，如果扩增片段比两个已知外显子序列组成的片段要长，可判定插入的片段含有外显子，通过测序还可判定插入的外显子起始和终止的核苷酸位置。如果将大量基因组片段插入该载体中构建成外显子捕获文库，将文库表达后利用上述引物进行 RT-PCR 扩增获得大量片段并测序，理论上可以确定出一个基因组上所有外显子序列。

二、基因功能的预测和验证

一旦某段序列确定为基因，那么接下来就要阐明其功能，这是基因组研究的最终目的，也是为基因工程获得有价值基因的重要过程。基因功能的确定涉及多学科理论和技术的综合运用，这里仅介绍生物信息学和分子生物学技术在基因功能鉴定中的应用。

1. 利用生物信息学分析基因功能

狭义的生物信息学分析是以同源性检索为基础，通过把待鉴定的 DNA 序列或氨基酸序列与数据库中所有的已知序列进行比较所获得的相似性来发现新基因和推测相应的功能。针对一些已完成测序的基因组序列分析表明，我们所了解的基因组内容比真实情况少得多。这一局面促使新的基因解读方法的变革。根据基因结构、功能与进化的内在联系，采用生物信息学预测基因功能已成为基因功能前期研究的主流内容。狭义的生物信息学分析是以同源性检索为基础，通过把待鉴定的 DNA 序列或氨基酸序列与数据库中所有的已知序列进行比较所获得的相似性来发现新基因和推测相应的功能。

同源基因有共同的进化祖先，基因间序列相似是分子系统进化的基础。同源性检索可以用 DNA 序列来进行，但通常在检索前先将基因序列转换为氨基酸序列。因为蛋白质有 20 种不同氨基酸，而 DNA 只有 4 种核苷酸，所以比较氨基酸序列时，无关基因会表现出更大的差别。因此使用氨基酸序列进行同源性检索得到的假阳性可能会较少。同源性检索相当简单，有多个用于此项分析的软件，常用的是 BLAST（basic local alignment sequence tool）。目前很多公共数据网站上都能做同源性检索。

2. 用实验手段确定基因功能

获得基因组序列之前研究基因功能是从表型开始，确定控制表型相关的基因及其序列；而当获得基因组序列之后则需要从未知功能的基因序列开始，确定它对应的功能和相关的表型，即反向遗传学。下面介绍几种主要的反向遗传学分析基因功能的技术。

(1) 基因失活　使特定基因失活的最简单的方法是用一段无关 DNA 将其替换，这可以通过将基因的染色体拷贝与一段和靶基因有相同的序列的 DNA 进行同源重组（homologous recombination）来达到基因敲除（knock-out）的目的。然后通过基因失活对表型的影响判断基因的功能，最后还可通过回补缺失基因进一步地进行功能的验证。

但是，基因失活或基因敲除技术目前还不能用于所有生物，特别是对于高等植物。这样往往采用其他一些方法获得功能缺失突变体，如 T-DNA 插入突变体库、RNA 干扰、反义 RNA、sgRNAi 等。

(2) 基因超量表达探索基因功能　这种技术是将目的基因的表达量提高或使表达蛋白的活性增强（或获得功能）来观察表型的改变从而推测基因的功能。一方面可通过超量表达（overexpression）检测基因的表达造成的特殊功能；另一方面，由于所研究的基因正常情况下在某些组织中可能是失活的，因此该基因产物表达过多会导致环境异常，从而产生非特异性的表型变化。尽管有这种限制，超量表达还是为探索基因功能提供了一些重要信息。

(3) 目的基因异源表达　将目的基因克隆到合适的载体上并转化宿主进行异源表达，通过观察这种外源基因为宿主带来的附加表型，从而确定目的基因行使的功能。

3. 基因编码的蛋白质功能的深入研究

基因失活和超量表达是探索新基因功能所用的基本技术，失活和超表达可以确定基因的大致功能，但却不能提供蛋白功能的详细信息，因此需要从蛋白质水平上深入研究已知基因编码的蛋白质功能。如可利用定点诱变探索基因的具体功能，利用报告基因和免疫细胞化学研究基因的时空表达，通过噬菌体表面展示（phage surface display，也称为噬菌体展示）或酵母双杂交系统（yeast two-hybrid system）研究蛋白质间的互相作用。

三、功能基因组学研究技术

即使鉴定出基因组中的每个基因的功能，但对于基因组作为一个整体是如何在细胞内协调发挥作用、控制各种细胞活动以及生物个体的表型还不清楚。要完整描述和解释基因组如何行使功能无疑是一个巨大的工程。在对一个基因组的序列进行解读和基因功能确定后，我们便可以利用结构基因组所提供的信息和产物，发展和应用新的实验手段。通过在基因组或系统水平上全面分析基因的功能，使得生物学研究从对单一基因或蛋白质的研究转向对多个基因或蛋白质同时进行系统的研究，这就是功能基因组学（functional genomics），又称为后基因组学（post-genomics）。要对众多基因进行彼此间功能关系的系统研究，就必须在转录组和蛋白质组的水平上开展工作。这种分析的需求促进了对大量 mRNA 和蛋白质分子进行研究的新技术的发展。如以了解某个物种或者特定细胞类型产生的所有转录单位的集合来确定哪些基因开启，哪些基因关闭，即转录组学（transcriptomics）；研究相应的蛋白表达谱和蛋白功能，即蛋白质组学（proteomics）；以及更深入系统地研究基因和蛋白行使功能的代谢网络即代谢组学（metabomics）等技术都在蓬勃发展。

1. 转录组学相关研究技术

基因组学的发展经历了大规模克隆和测序方法巨大发展的历程，将这些新技术用于基因的功能分析是顺理成章的。最初的功能基因组学方法是在 DNA 测序基础上建立起来的，用于在全局水平（转录组）上研究 mRNA 表达谱。基因的表达谱能显示许多关于基因在细胞中的作用，也能帮助鉴定它与其他基因在功能上的联系。

目前，在功能基因组学研究领域中用于全局分析基因表达情况的技术主要有以下几种：

（1）cDNA-AFLP（cDNA-amplified fragment length polymorphism）技术　是从基因组 AFLP 方法发展来的 RNA 指纹技术，将 RT-PCR 与 AFLP 技术结合。基本原理是，以纯化的 mRNA 为模板，反转录合成 cDNA。用识别序列分别为 6 bp 和 4 bp 的两种限制性内切酶酶切双链 cDNA，酶切片段与人工接头连接后，利用与接头序列互补的引物进行预扩增和选择性扩增，扩增产物通过聚丙烯酰胺凝胶电泳显示。cDNA-AFLP 不需要预先知道任何序列信息，实验操作简便，可在任何实验室进行。与前两种技术相比，该技术更适合对生物体转录组进行全面分析。

（2）差异显示 PCR（differential display reverse transcription PCR，DDRT-PCR）技术　是基于反转录和 PCR 的功能基因组研究方法，此技术目的在于快速鉴定两个或更多样品之间差异表达的 cDNA 序列。该法无法通过一次实验处理整个转录组，而是用一个 oligo（dT）引物和一条随机引物通过 RT-PCR 产生标记的 cDNA 片段群体，它们代表转录组亚组分的 cDNA 片段库。将来自两个生物样品经同样扩增的产物（即用相同引物组合扩增的产物）在测序胶上并排地进行电泳，电泳带的强弱表示差异表达的 cDNA（详见第八章）。该法主要用于差异表达基因的鉴定，但是常出现假阳性，所以必须要用别的方法进一步证实预测的表达谱。

(3) 抑制性扣除杂交(suppression subtractive hybridization,SSH)技术　是一种简便而高效地寻找差异表达 cDNA 的新方法。该方法是以抑制 PCR 为基础的 cDNA 扣除杂交方法。抑制 PCR 是指利用非目标序列片段两端的长反向重复序列在退火时产生"锅柄"结构,无法与引物配对,从而选择性地抑制非目标序列的扩增。SSH 方法既利用了扣除杂交技术的扣除富集,又利用抑制 PCR 进行了高效的复性动力学富集(详细的原理和技术见第十一章)。抑制性扣除杂交技术广泛运用于动植物和微生物的基因组研究。

(4) 基因表达系统分析(serial analysis of gene expression,SAGE)技术　是一种转录物水平上研究细胞或组织基因表达模式的快速、有效的技术,也是一种高通量的功能基因组研究方法,它可以同时将不同基因的表达情况进行量化研究。SAGE 的基本原理是,每一条 mRNA 序列都可以用它包含的 9 bp 的小片段(tag)代替,考查这些 tag 出现的频率就能知道每一种 mRNA 的丰度。

具体操作时,首先利用生物素标记的 oligo(dT)引物将 mRNA 反转录成双链 cDNA,然后利用 *Nla* Ⅲ酶切双链 cDNA。*Nla* Ⅲ酶的识别位点是 4 bp 的回文对称序列(CATG↓),因此 cDNA 都被切成几十 bp 的小片段。带有生物素标记的小片段 cDNA 被分离出来,平均分成 2 份。这 2 份 cDNA 分别跟 2 个接头连接,2 个接头中均有一个 *Fok* Ⅰ酶切位点。*Fok* Ⅰ是一种Ⅱs 型限制酶,识别位点和切割位点为 GGATG(−9/−13),其识别位点不对称,切割位点位于识别位点下游 9 bp 且不依赖于特异的 DNA 序列。*Fok* Ⅰ酶切割分成 2 份的 cDNA 之后,带有部分接头序列的 cDNA (tag)就被释放下来。这时将 2 份 cDNA 混合起来,进行连接反应,得到两个 tag 连接在一起的片段且两端分别为接头序列。根据接头序列设计引物扩增连接反应的产物,然后通过 *Nla* Ⅲ酶切 PCR 产物得到连接在一起的两个 tag(ditag),再将 ditags 串联起来,并克隆到质粒载体中,构建成 SAGE 库。每一个 tag 在 SAGE 库中出现的频率就代表了该基因的表达水平。利用 SAGE 可以在短期内得到丰富的表达信息,与直接测定 cDNA 克隆序列方法相比,减少了大量的重复测序,从而大大节省了研究时间和费用。这种方法对研究细胞或组织中基因的差异表达有一定优势(图 12-4)。

(5) 微阵列(microarray)技术　可用于大规模快速检测基因差别表达、基因组表达谱、DNA 序列多态性、致病基因或疾病相关基因的一项新的基因功能研究技术。其原理基本是利用光导化学合成、照相平板印刷以及固相表面化学合成等技术,在固相表面合成成千上万条寡核苷酸"探针"(cDNA、ESTs 或基因特异的寡核苷酸),并与放射性同位素或荧光物标记的来自不同细胞、组织或整个器官的 DNA 或 mRNA 反转录生成的第一链 cDNA 杂交,最后用特殊的检测系统对每个杂交点进行定量分析(基因芯片相关知识详情见第四章)。

微阵列技术可以同时对大量基因,甚至整个基因组的基因表达情况对比分析。杂交的结果表示这一样品中基因的表达模式,通过比较两份不同样品的杂交结果就可以得到在不同样品中表达模式存在差异的基因。

(6) 转录组测序技术　转录组学是后基因组时代兴起的一门前沿学科,是在整体水平上研究细胞中基因转录的情况及转录的时空调控规律的学科,是系统生物学的重要组成部分。随着第二代高通量测序技术的诞生,可在单核苷酸水平对任意物种的整体转录活动进行检测,在分析转录单位的序列、结构和表达水平的同时,还能发现未知转录本和稀有转录本,精确地识别可变剪切位点以及 cSNP(编码序列单核苷酸多态性),提供最全面的转录组信息。

相对于传统的芯片杂交平台,转录组测序无需预先针对已知序列设计探针,即可对任意物种的整体转录活动进行检测,提供更精确的数字化信号,更高的检测通量以及更广泛的检测范围。

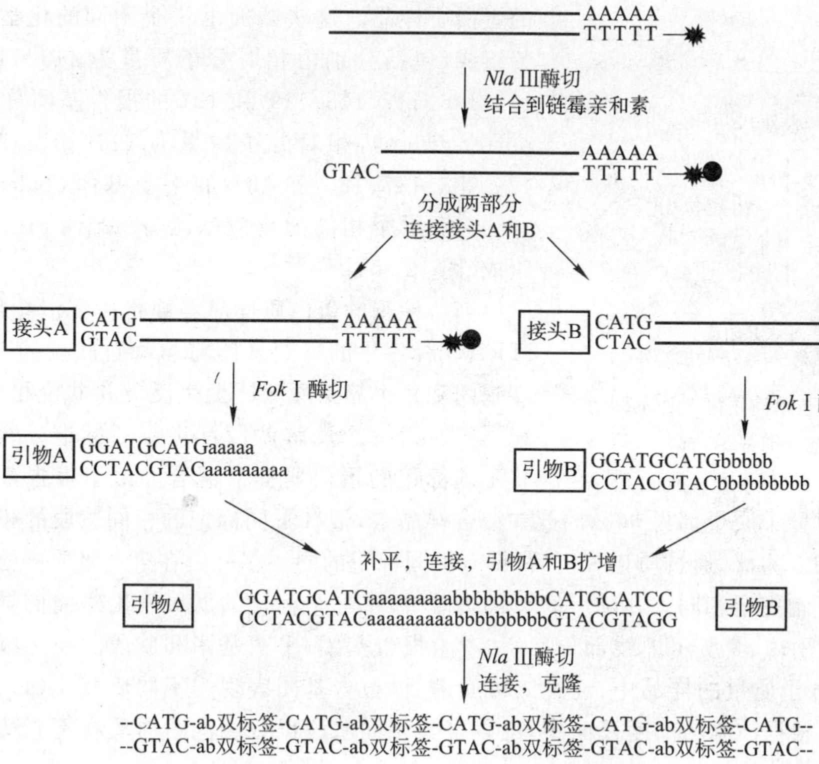

图 12-4　SAGE 工作原理

2. 蛋白质组学(proteomics)相关研究技术

蛋白质是各项生命活动的承担者，它们几乎负责细胞所有的生物化学活性，这是通过彼此相互作用以及和其他完全不同类的分子(如 DNA 等)相互作用完成的。突变和 RNA 干扰只是粗糙的大规模功能分析工具，单凭转录物的丰度也不能确定相应蛋白的表达丰度，加之蛋白质的活性通常依赖精密的折叠构象、翻译后修饰及精确的细胞定位，这些关键信息均无法从相应的转录水平预测。所以从这个意义来讲，蛋白质才是生物系统中最终端、最关键的成分，必须对蛋白质展开直接研究，这就是蛋白质组学所承担的任务。

(1) 双向凝胶电泳(two dimensional gel electrophoresis, 2DGE)　该技术已成为研究蛋白质组的最有使用价值的核心方法，该技术在一维电泳中基于蛋白质等电点的差异使用等电聚焦对各蛋白组分进行分离，第二维电泳则按相对分子质量的不同经 SDS-PAGE 进一步分离各蛋白质，把复杂蛋白混合物展开在二维平面上，截取其上感兴趣的蛋白质斑点借助质谱测序技术对其进行鉴定，达到对不同样品中差异蛋白的鉴定和定量分析的目的。

(2) 定量蛋白质组学(quantitative proteomics)技术　该技术可对一个基因组表达的全部蛋白质或一个复杂混合体系内所有蛋白质进行精确的定量和鉴定，可用于筛选和寻找不同样本之间的蛋白差异表达，也可对某些关键蛋白进行定性和定量分析。目前，基于质谱技术的定量蛋白质组学研究方法主要有同位素标记定量方法(iTRAQ 等)和非标记定量方法(label-free)等。下面以 iTRAQ 技术为例介绍定量蛋白质组学的工作原理。

iTRAQ 技术是同位素标记相对和绝对定量(isobaric tags for relative and absolute quantitation)技术的简称，该技术可使用多种(如 8 种)不同的同位素试剂来标记多种不同

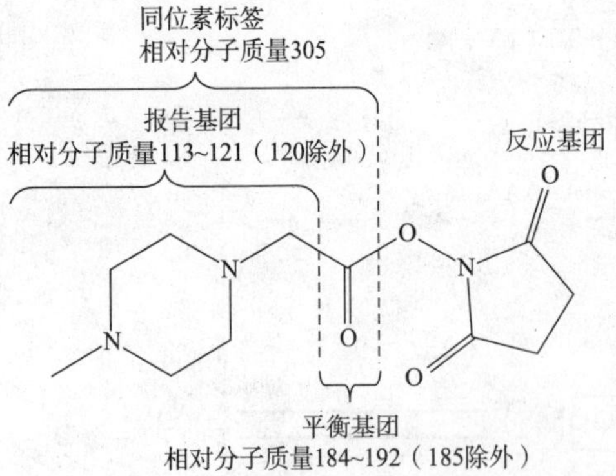

图 12-5 iTRAQ 技术使用的 8 种不同的同位素标记试剂分子结构

的蛋白质样品。这些试剂由 3 个不同的化学标签组成，包括分别由相对分子质量为 113、114、115、116、117、118、119 和 121 的报告基团（reporter group），相对分子质量为 192、191、190、189、188、187、186 和 184 的平衡基团（balance group）和 1 个相同的反应基团（reactive group）组成（图 12-5）。

当待检测的蛋白质样品经胰蛋白酶消化后，iTRAQ 标签中的反应基团将与酶解肽段的 N-端基团和每个赖氨酸侧链发生反应并共价相连，相当于对每一个酶解肽段都进行了标记。然后将不同标记的蛋白质样品混合。由于报告基团和平衡基团的相对分子质量都为 305，因此在混合样品中，带有不同标记的相同肽段的相对分子质量是相同的。为此，通过质谱分析后，带有不同标记的同一多肽后在第一级质谱检测中的相对分子质量都完全相同。在随后的串联质谱中，每一个标记的肽段发生碰撞诱导的解离，标记肽段自图 12-5 所示虚线部分裂解，产生报告基团、平衡基团和肽段。在一级质谱形成相同相对分子质量的样品中，经过二级质谱后，报告基团表现为不同质荷比（113～121）的峰。因此，根据波峰的高度及面积，可以得到相同肽段以致相同蛋白质在不同待测样品中的定量信息。

iTRAQ 技术的大体流程如图 12-6 所示，样品一般先经胰蛋白酶裂解、烷基化、酶解为肽段，所产生的肽段用 iTRAQ 试剂多重标签进行差异标记，再将标记样本相混合，最后用 LC-MS/MS 进行分析。每一个 iTRAQ 实验都会产生成千上万个光谱。许多新近开发的数据管理和分析工具可以用来分析这些庞大的数据，并鉴定出光谱数据对应的多肽和蛋白，从而达到对多个样品中差异蛋白的鉴定和定量分析的目的。

（3）蛋白质相互作用和相互作用组　蛋白质在生物体内发挥生物学功能往往是通过相互作用来完成的，很少有独立发挥作用的。蛋白质之所以能承担各项复杂的生命活动，关键在于它们彼此间的相互作用。某个物种细胞内所有的蛋白质相互作用网络也被称之为相互作用组（interactomics）。全面建立起一张生物体内蛋白质互作网络图将促进基因组功能的解析。酵母双杂交技术、细菌双杂交技术、噬菌体表面展示技术等都是高通量研究蛋白质间相互作用的经典并被广泛应用的手段（具体原理见第六章和第十八章）。此外，蛋白质芯片技术（protein chip）也是一种鉴定蛋白互作行之有效的高通量研究方法。

3. 代谢组学（metabomics）相关研究技术

随着人类基因组测序工作的完成，人们对生命过程的理解有了很大的提高，研究的热点转移到基因的功能和几个“组学”研究方面，包括基因组学、转录组学和蛋白质组学。代谢组学是对某一生物或细胞所有低相对分子质量代谢产物进行定性和定量分析的一门新学科，包括对低相对分子质量的代谢产物进行定性和定量分析，以及它们在细胞中的变化途径。

代谢组学、基因组学、转录组学和蛋白质组学的研究对象不同，分别是代谢产物、DNA（基因）、mRNA 和蛋白质。基因、mRNA 和蛋白质之间具有一种一一相互对应的关系，而它们与代谢产物之间则相互独立，不存在一一相互对应的关系。

代谢组的分析技术包括化合物的分离、检测及鉴定技术两部分。分离技术通常有气相色谱（gas chromatography，GC）、液相色谱（liquid chromatography，LC）、毛细管电泳（capil-

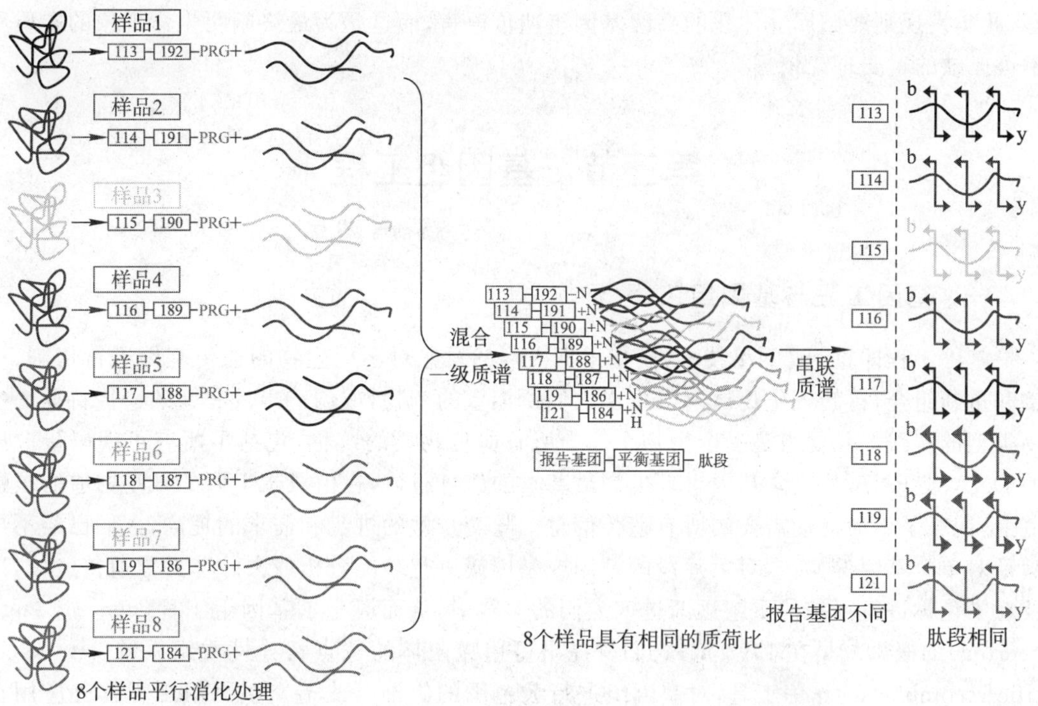

图 12-6　iTRAQ 技术工作流程示意图

lary electrophoresis，CE）等。检测及鉴定技术通常有质谱、光谱（红外光谱、紫外、荧光）、核磁共振、电化学（electronic chemistry，EC）等。在选择代谢组分析方法时，要综合考虑仪器和技术的检测速度、选择性和灵敏度，以及分离的化合物的特性等。

4. 基因组学研究展望

当人们利用现有知识经验对基因组序列进行力所能及的解析后却发现，只能粗略地识别仅占全基因组 1%～2%的序列所传递的信息，即编码序列，而对剩下基因组 99%的序列一无所知，这就给人们留出了足够大的想象创造空间。生物学发展至今，人们只破译了“三联体遗传密码”的 DNA 遗传语言，在庞大的占全基因组序列 99%的非编码区中很可能还存在着不为人所知的新式遗传语言。不过这些所谈及的基因组遗传语言仅涉及 DNA 序列，仍属一维线性层面。

由于科学家们在基因组三维立体结构领域的不懈钻研，终于在 2011 年绘制出了人类基因组的 3D 图谱。细胞以 3D 空间为背景执行生理功能，基因组通过一定的折叠方式包装在其中。通过基因组 3D 图像，可以看到每个基因相对于其他基因所处的位置，并了解这种排列对于细胞功能的重要性；通过分析不同细胞间的基因组结构的异同，可以找到 3D 组织的基本规则，能够确定 DNA 链所偏好的姿势，提出 DNA 链最可能呈现的样子。有了基因组甚至染色体的架构模型后，人们对于这种自然形成的架构模式在基因调控中的作用仍知之甚少。借助于基于匹配末端标签测序技术的染色质相互作用分析（chromatin interaction analysis using paired end tag sequencing，ChIA-PET）新型测序方法，揭示出在人类基因组中虽然基因间相隔甚远但相关的基因，能通过长距离的染色体互作以及高度有序的染色体架构，有条不紊地进行精密的基因表达的组织实施，即借助 DNA 的三维折叠实现相隔较远区域的基因调控指令。这一研究领域的成果揭示了基因表达调控更高级的模式，使人们对整个基因组中各组分间的交流的认识更加饱满。相对于经典的一维线性的基因组遗传语言，此类发现则要归属立体化的高级基因组遗传语言，而这是为最终阐明生命现象的本质所不可或缺的重要理论依据。

第三节 基因组工程

一、基因工程与基因组工程

基因工程即重组 DNA 技术，是指根据人们的意愿对不同生物的遗传基因进行切割、拼接和重新组合，再转入生物体内产生出人们所期望的产物，或创造出具有新的遗传特征的生物类型的实践。基因组是一个生物个体中所有遗传物质的统称，包括了所有可编码蛋白质的 DNA 或 RNA 片段。基因组是生命最基本的信息载体，在由成千上万的碱基构成的核酸链上，记载了生命活动需要的所有遗传信息。随着技术的进步和需求的提高，人们已经不再满足对单个基因的操作，对大片段的基因或基因簇进行功能分析或去除非必需遗传区域，以及对染色体进行可控的重组逐渐进入人们的实践中，从而诞生了基因组工程（genome engineering）的概念。早在 1993 年，人们就提出可用噬菌体的位点特异性重组系统（site-specific recombinase）作为工具，对基因组进行大范围的修饰与改造。基因组工程首先应用在一些模式生物，如大肠杆菌、枯草芽胞杆菌、小鼠等。在其操作的过程中，不仅包括对 DNA 的操作，同时也有对 RNA 的操作。

基因工程和基因组工程，虽然都是对基因进行工程性的遗传操作，但两者却有着质的不同。

1. 操作的基因和载体

基因工程常用的载体是质粒和病毒载体，克隆基因的容量有限，通常只包含一个或少数几个基因，称为 kb 级工程性遗传操作。在基因组工程研究中，则采用人工染色体，可容纳几十甚至几千个基因，是基因群体克隆和表达，而且这种表达是按生理活动过程予以遗传控制。由于克隆 DNA 片段长度可达几千 kb，也称为 Mb 级工程性遗传操作。

2. 克隆和扩增的宿主

重组后的基因或基因群体需要在适当的宿主体内繁殖，或独立于宿主染色体，或整合到宿主染色体内。用于基因工程研究的克隆和扩增的宿主有细菌（如大肠杆菌、枯草芽胞杆菌等）、真菌（如酵母等）、动植物细胞（如昆虫细胞、哺乳类细胞等），但大多以大肠杆菌细胞为主，而用于基因组工程研究的克隆和扩增的宿主也可以是细菌、真菌、动植物细胞，但主要以酵母和哺乳类培养细胞为主。

3. 工程性遗传操作手段

重组 DNA 导入宿主细胞的手段通常有转化、接合转移、转导、转染和显微注射等。基因组工程在重组 DNA 技术应用基础上，发展人工染色体作为载体，建立了遗传同源重组技术作为 Mb 级 DNA 大片段切割和整合的手段，加之完善的酵母和培养细胞的转化和融合技术，以实现其工程性遗传操作。

4. 产物检测

基因或基因群体导入宿主后，通常需对宿主作基因或表达产物的检测和分析。在基因工程研究中，利用限制性酶切图谱、Southern 杂交、Northern 杂交、PCR 等手段分析基因表达情况，对其表达产物可以用蛋白分析、酶学分析、免疫分析等手段来研究。而在基因组工程研究中，由于操作的基因数量庞大，产物复杂，除用常规手段检测基因及其产物外，还需用高通量的研究手段，如生物芯片（包括核酸芯片、蛋白/酶芯片、抗体芯片等），即通过一次实验便可获得大量信息以检测基因群体、表达图谱及产物群，给检测环节带来极大便利，也因此使芯片技术成为基因组工程研究的重要手段。

从上述比较中，不难看出基因组工程的原理和技术方法是在基因工程的研究基础上进行的延伸，两者之间既有差别也有重叠。

二、基因组工程研究中的遗传同源重组系统

1. 基于 Cre-*loxP* 重组系统的基因组工程

之前谈到在基因组工程研究中，人们运用遗传同源重组技术操作 Mb 级 DNA 大片段的切割和整合。Cre-*loxP* 重组系统（Cre-*loxP* recombination system）便是最常用的遗传同源重组系统。Cre-*loxP* 重组系统源于侵染大肠杆菌的 P1 噬菌体，Cre 重组酶相对分子质量 3.8×10^4，无论在大肠杆菌体内或体外，它都能启动 DNA 分子间或分子内的联合与重组，重组发生在 *loxP* 位点（*loxP* site），且不需要其他蛋白质因子。在 Cre 重组酶存在时，可介导两个 *loxP* 位点之间发生同源重组。在同一个顺式单位中，两个同向 *loxP* 位点之间的重组导致切除其中间的部分，留下一个 *loxP* 位点；反向位点之间的重组导致倒位。在两个反式复制单位之间的重组，导致彼此之间的整合。两个同源位点之间同时发生重组导致 DNA 片段的互换（图 12-7）。

随着基因组测序的累积以及生物信息学的发展，通过对单个基因的破坏及基因理论上的考虑，估计细菌基因组包含 250～500 个必需基因，从而出现最小基因组（minimal genome）的概念。估计大肠杆菌基因组必需基因大概有 306 个。基于 Cre-*loxP* 重组系统等构建了非必需基因的突变株，使染色体一次性缺失 100～200 kb 大片段，这些所有能缺失的区域最大可达为大肠杆菌基因组的 63%。另外 23 个区域是不能缺失的，这表明有些基因是与致死相关的。在枯草芽胞杆菌中也开展了类似工作，发现基因组可减少 7.7% 或 320 kb，缺失 332 个基因。这种基因组的最小化既不影响细胞的生活力，也不影响其生理及其进化过程。

在哺乳动物细胞中 Cre 重组酶也同样能引起 DNA 联合和位点特异性重组。通过胚胎干细胞可以在老鼠基因组中插入基因或基因敲除，从而对基因组作微小的突变（点突变、短缺失，或者是插入等）和染色体的重排，为完善哺乳动物的研究模型打下基础。

2. 基于 Red/ET 重组系统的基因组工程

Red/ET 重组是一种基于 λ 噬菌体重组系统的 DNA 编辑技术，其中 ET 是指 Rac 噬菌体的重组系统 RecE/RecT；Red 是指 λ 噬菌体的 Red 操纵子 Redα/Redβ/Redγ。Red/ET 重组系统的基本原理是通过噬菌体重组酶（Redα/Redβ/Redγ 或 RecE/RecT）介导大肠杆菌体内的同源重组，从而对 DNA 序列进行修饰和编辑。该技术不受酶切位点的限制，不依赖于宿主的重组 RecA 蛋白，在 Redα/Redβ/Redγ 或 RecE/RecT 重组酶系统的相互配合下，两端带有短同源臂（35～50 bp）的供体 DNA 分子就能直接重组到受体 DNA 分子的同源区域上（图 12-8），实现对受体分子的替换、插入、删除和突变等多种修饰。

该系统中 Redα、Redβ 和 Redγ 三个基因在 λ 噬菌体基因组中相邻排列。Redα 在重组过程中结合 dsDNA 发挥 5′→3′外切活性，产生 3′单链突出端；Redβ 蛋白与 3′端 DNA 单链紧密结合，催化单链 DNA 之间的同源配对和退火，并保护 DNA 不受单链核酸酶的攻击。Redγ 蛋白可与具有极强 DNA 降解活性的 RecBCD 全酶中的 RecB 亚单位结合，形成

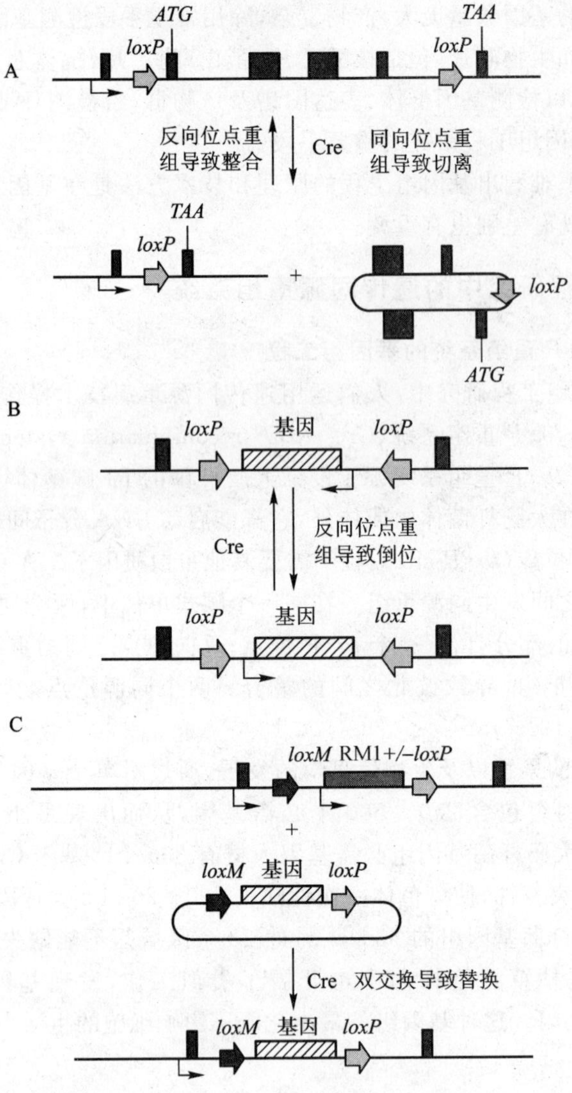

图 12-7　Cre-*loxP* 重组系统介导的重组类型

的 RecBCD-Redγ 复合物可以抑制 RecBCD 全酶对 DNA 的降解活性，使得外源线性 DNA 能够更加稳定地存在于宿主细胞中，从而有利于重组的发生。RecE 和 RecT 蛋白在生物功能上与 λ Red 重组途径中的 Redα 和 Redβ 蛋白很相似，但它们彼此之间在相对分子质量和氨基酸序列上却相似性很低。RecE 蛋白是一种非 ATP 依赖的 $5'\rightarrow3'$ 方向的核酸外切酶，RecE 降解线性 dsDNA 以暴露出 $3'$ 单链 DNA；随后 RecT 蛋白结合单链 DNA 并介导不依赖 ATP 的互补单链 DNA 间的退火，再催化异源 dsDNA 分子的延伸和部分链的交换。

Red/ET 系统可以在体内进行同源重组，从而将目标 DNA 片段直接克隆到合适的载体上。其具体操作方式是通过 PCR 使同源臂序列存在于带有复制子和抗性基因的线性载体的两端，在 Red/ET 重组系统的作用下，靶标 DNA 分子就会通过同源重组被克隆到载体上，同时使载体环化，实现其在宿主中的复制并可筛选。其操作方式与第三章描述的 Gateway 克隆技术相似。Red/ET 重组系统能对各种大小的 DNA 分子进行操作，尤其是在 BAC、PAC 等大分子 DNA 修饰方面独具优势。Red/ET 重组对靶标 DNA 快速、精准、高效

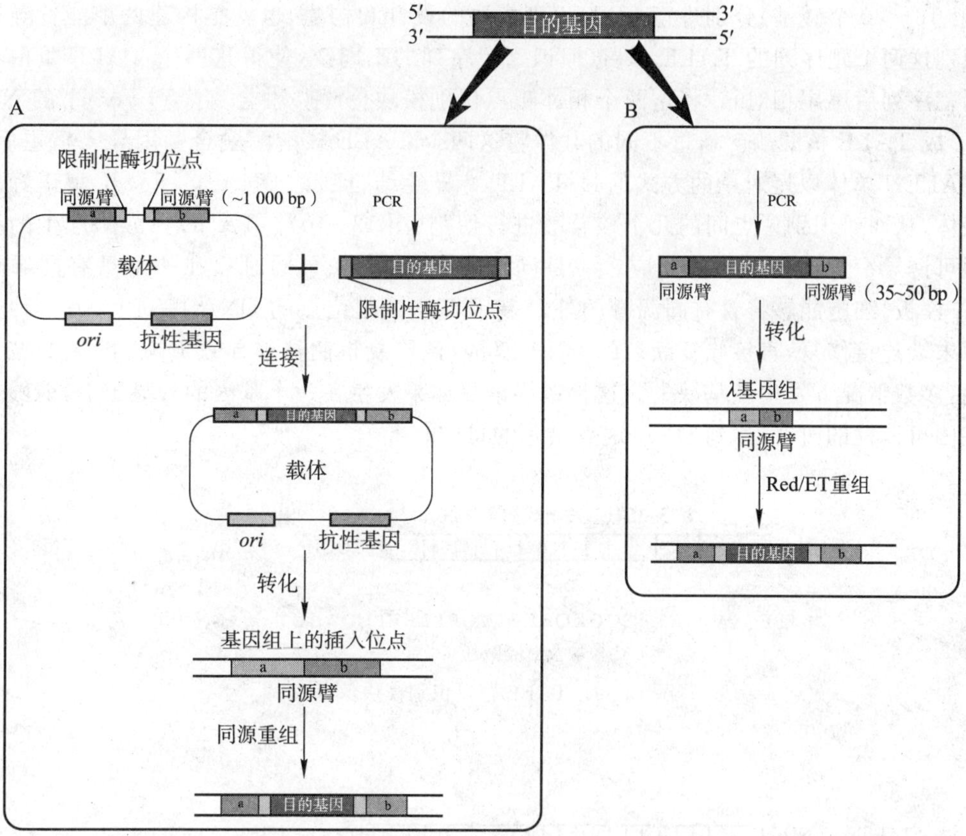

图 12-8 传统基因工程技术(A)和 Red/ET 重组技术(B)改造 *E. coli* 染色体的实验步骤比较

的修饰，同源臂短，不受内切酶位点和 DNA 片段大小限制，在基因工程特别是基因组工程领域发挥了重要作用。

3. TALEN 靶向基因组编辑技术

TALEN 技术是利用一种转录激活样效应因子(transcription activator-like effectors, TALE)开发的对目标 DNA 和基因组进行高效定点修饰的新技术。该技术的核心原理是利用 TALE 核酸酶(TALE nucleases, TALENs)的核酸结合域的氨基酸序列与其靶位点的核苷酸序列有恒定的对应关系。利用 TAL 的序列模块，可组装成特异结合任意 DNA 序列的模块化蛋白，从而达到靶向操作内源性基因的目的。

来自植物病原黄单胞菌(*Xanthomonas*)中的 TALE 蛋白中 DNA 结合域由数目不同的(12～30)、高度保守的重复单元组成，每个重复单元含有 33～35 个氨基酸，除了第 12 和 13 位氨基酸可变外，其他氨基酸都是相同的。这两个可变氨基酸被称为重复序列可变的双氨基酸残基(repeat variable di-residues, RVD)，每个 RVD 可特异性识别 4 个碱基中的 1 个，其中 HD (组氨酸与天冬氨酸)特异识别 C 碱基，NI (天冬酰胺与异亮氨酸)识别 A 碱基，NN (天冬酰胺与天冬酰胺)识别 G 或 A 碱基，NG(天冬酰胺与甘氨酸)识别 T 碱基，NS (天冬氨酸与丝氨酸)识别 A、T、G、C 中的任一种。利用氨基酸序列与其靶点 DNA 序列有恒定的对应关系，可构建组装成特异性结合特定 DNA 序列的模块化 TALE 蛋白(图 12-9)。该模块化的 TALE 蛋白与核酸内切酶 *Fok* Ⅰ融合后，形成 TALE 核酸酶(TALEN)。*Fok* Ⅰ限制酶为Ⅱ型限制酶，识别位点和切割位点位为 GGATG(－9/－13)，在切割 DNA 时需要形成二聚体。在对某段 DNA 进行操作时，选择两处相邻(间隔 13～22 个碱基)的靶序列

(一般 16～20 个碱基)分别进行 TAL 识别模块的设计和构建,也就是构建两个能特异性分别识别这两个靶序列的 TALE 蛋白(但识别靶序列的不同链,使得这两个 TALE 蛋白在结合到靶序列后尾尾相对)。将这两个相邻靶点识别模块(分别)融合克隆到 *Fok* Ⅰ的 N-末端,形成 TALE 核酸酶。通过不同的载体将这两个 TALE 核酸酶融合基因导入宿主后,两个 TALEN 单体以尾对尾的方式通过 TALE 特异性结合到靶 DNA 上,*Fok* Ⅰ酶正好形成二聚体,从而对识别位点间的几个核苷酸进行切割(图 12-10)。TALE 核酸酶产生的双链断裂可诱导宿主的损伤修复反应。一是同源重组修复,如果同时存在一个具有同源臂的 DNA 模板,细胞能够将含有同源臂的外源基因整合到靶位点的 DNA 序列上;另一种是非同源末端连接修复,直接修复断裂的 DNA 双链,该修复机制往往导致 DNA 断裂处碱基的突变,多数情况下发生碱基缺失。这种错误修复如果发生在一个基因的外显子上,能够导致该基因可读框的改变,达到 DNA 定点敲除的目的。

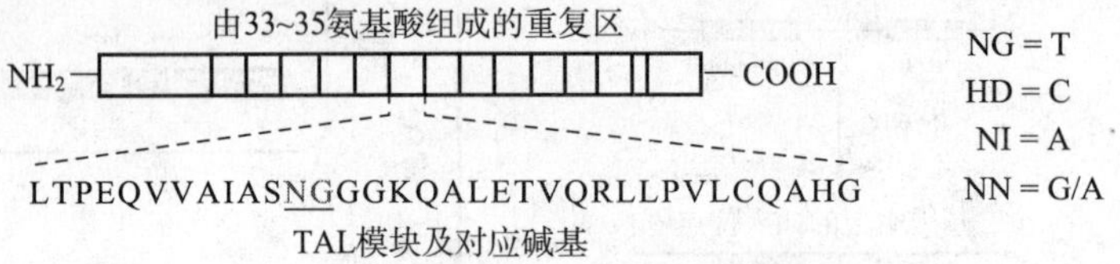

图 12-9　TALE 靶点识别模块示意图

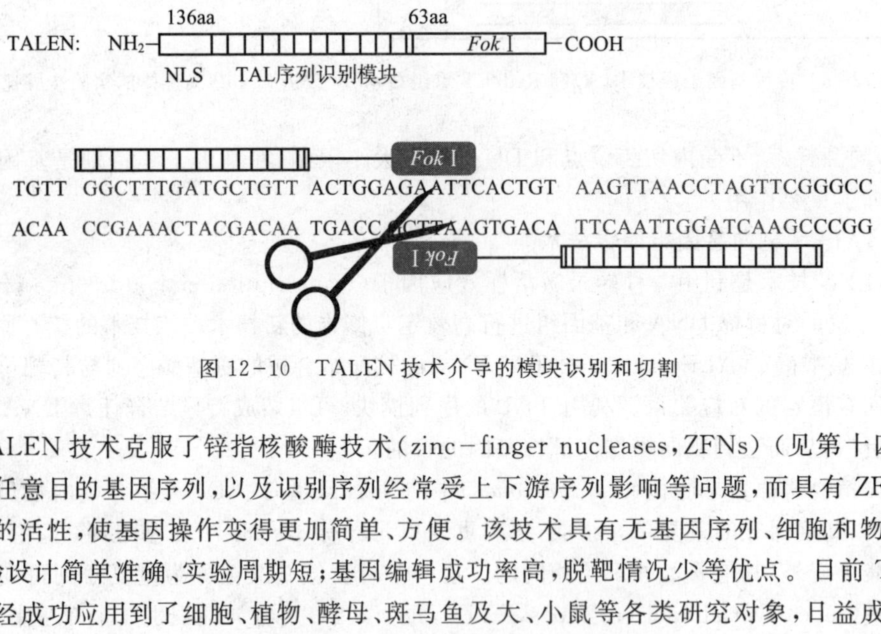

图 12-10　TALEN 技术介导的模块识别和切割

TALEN 技术克服了锌指核酸酶技术(zinc-finger nucleases,ZFNs)(见第十四章)不能识别任意目的基因序列,以及识别序列经常受上下游序列影响等问题,而具有 ZFN 相等或更好的活性,使基因操作变得更加简单、方便。该技术具有无基因序列、细胞和物种等限制;实验设计简单准确、实验周期短;基因编辑成功率高,脱靶情况少等优点。目前 TALEN 技术已经成功应用到了细胞、植物、酵母、斑马鱼及大、小鼠等各类研究对象,日益成为功能强大的基因组编辑工具,使得过去许多无法实施的项目成为可能。

4. 基于 Cas9 核酸酶和 sgRNA 导向的 CRISPR 基因组编辑技术

有一种细菌编码的核酸酶 Cas9 能够利用向导 RNA (guide RNA)分子对特定的 DNA 片段进行定向切割,人们利用这种特点开发出了一种能够对基因组进行特异性定点改造的工具,即 CRISPR 基因组编辑技术。

在细菌和古细菌中存在很多成簇的、规律间隔的短回文重复序列(clustered regularly interspaced short palindromic repeat sequences),即 CRISPR 序列。CRISPR 序列和与之连

锁的 CRISPR 相关基因(CRISPR-associated genes,Cas gene)组成 CRISPR-Cas 系统。CRISPR-Cas 系统是生物体抵御病毒等外来入侵的一套特异性防御机制。当外源 DNA 进入到细胞后,细胞会将这些外源 DNA 整合到自身的基因组中,如果再次遇到同样的外源 DNA 侵入,会引发细胞的免疫反应最终使得外源 DNA 被切除。

虽然大部分的 CRISPR-Cas 系统需要多种 Cas 蛋白的参与,但是其中的 2 型系统只需要一种核酸内切酶——Cas9 就可以发挥功能。基因组中的 CRISPR 位点由以下几个部分组成:启动子、重复序列(repeat)和重复序列间的间隔序列(spacer)。在同一个 CRISPR 位点中,重复序列是相同的,但是间隔序列可以是来源不同的外源 DNA。当外源 DNA 进入到细胞后,激活 CRISPR 免疫反应,CRISPR 位点便转录出一条长 RNA。同时,细胞会形成一段与该 RNA 中重复序列配对的 RNA 序列,并且这段 RNA 序列会带有一段约 20 bp 的末端序列,该组合 RNA 序列称为反式作用 CRISPR RNA(trans-acting CRISPR RNA, tracrRNA)。tracrRNA 与 CRISPR 转录的长 RNA 形成局部配对后, Cas9 蛋白能够识别配对的双链 RNA,并与 RNase Ⅲ 协同作用在这段双链 RNA 内部发生双链切割反应,形成一段段的 CRISPR RNA(crRNA)。形成的 crRNA 又包括以下三个部分:由 CRIPR 位点间隔序列转录形成的 RNA,负责与外源入侵的 DNA 进行配对;由 CRISPR 位点重复序列转录形成的 RNA 与 tracrRNA 配对并切割后剩余的双链 RNA 序列;来源于 tracrRNA 的末端 RNA 序列。其中由间隔转录形成的 RNA 能够与间隔序列同源的外源 DNA 中非模板链配对。在配对区的上游,外源 DNA 会有 3~6 个碱基的 PAM 位点(protospacer adjacent motif),Cas9 通过识别 PAM 位点而作用于 crRNA 与外源 DNA 配对的区域,并切割外源双链 DNA,最终导致外源 DNA 降解。

简单而言,Cas9 内切酶能特异性识别由 3~6 个碱基组成的 PAM 位点,并对该位点附近的双链分子进行切割。Cas9 内切酶在切割之前需形成 Cas9 切割复合体。亦即 Cas9 与一个特定的双链 RNA 分子结合形成复合体,这个双链 RNA 就相当于 CRISPR 系统中的 crRNA 和 tracrRNA。在实际操作过程中可将这双链 RNA“改装”成一个向导 RNA(single-guide RNA,sgRNA)。这个 sgRNA 由三个部分组成,一个可变的 20 nt 的区域,其转录产物可以用于与待切割的靶标 DNA 进行配对;一个 42 nt 的发夹结构,其转录产物相当于上面所述的双链 RNA,可于与 Cas9 蛋白特异性结合,形成切割复合体;一个 40 nt 的转录终止子,用于 sgRNA 的转录终止。

Cas9 蛋白载体能够在目标细胞中表达 Cas9 蛋白,而构建的 sgRNA 载体能够在目标细胞中转录形成 sgRNA。sgRNA 能够与目标 DNA 序列中的非模板链发生互补配对,这样 Cas9 蛋白能够识别目标 DNA 序列中的 PAM 位点和 sgRNA 与非模板链 DNA 构成的复合体,并与之结合形成切割复合物,导致目标序列双链被切割。细胞通常会通过两种方式对发生双链断裂的 DNA 进行修复。在修复的过程中细胞有可能会对修复位点进行修饰,或者插入新的遗传信息,以逃避再次的被切割。研究表明细胞更倾向于通过同源重组机制进行修复,如果我们对用于修复的模板 DNA 进行体外设计,就可以通过同源重组修复机制将突变的模板序列导入基因组,从而实现对基因组的定向编辑功能(图 12-11)。

此外,通过对 Cas9 蛋白进行改造,使得 Cas9 蛋白失去了核酸内切酶活性仅具有对 PAM 位点和 crRNA 与外源 DNA 配对复合体的识别结合活性,从而构建了一个新的可同时用于多个基因和顺式作用元件沉默的 CRISPRi 系统。改造的 dCas9 蛋白载体能够在目标细胞中表达 dCas9 蛋白,而 sgRNA 载体能够在目标细胞中转录形成 sgRNA。sgRNA 能够与目标 DNA 序列中的非模板链发生互补配对识别,dCas9 蛋白能够识别目标 DNA 序列

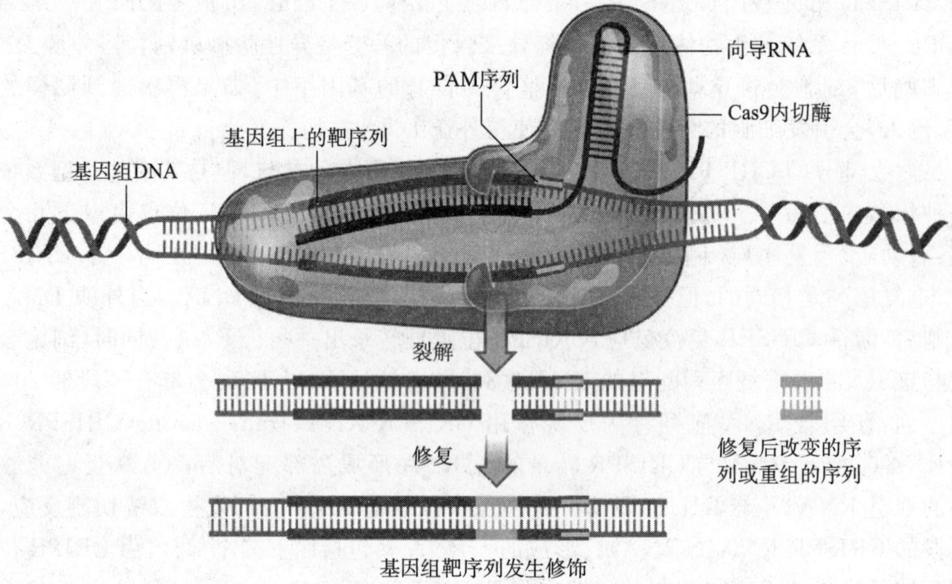

图 12-11　sgRNA 介导的 Cas9 内切酶切割靶标 DNA 示意图

中的 PAM 位点和 sgRNA 与非模板链 DNA 构成的复合体，并与之结合阻碍 RNA 聚合酶对模板链的结合导致目标序列不能够正常进行转录起始和 mRNA 的延伸，最终使得目的基因或是顺式元件沉默。

这种基因组改造技术还可以被应用于合成生物学、基因定向干扰或者多重基因干扰（即基因网络干扰）和基因治疗等领域。目前 sgRNA 介导的 Cas9 系统已经成功用于人类和小鼠细胞，以及细菌以及斑马鱼胚胎等进行了基因改造工作，该技术有望实现对细胞乃至整个生物体进行基因组改造。

细胞的神奇魅力在于能按遗传语法执行指令并同时指挥成千上万个基因有条不紊地工作。除了能帮助解析生命本质的奥秘外，基因组工程的魅力还体现在能够模仿细胞的功能，最终按照人类的意愿去控制它、改造它，指挥它。2010 年，人们通过合成丝状支原体（*Mycoplasma mycoides*）的基因组并导入到去掉基因组的山羊支原体（*M. capricolum*）细胞中，创造了第一个人工合成生命，从而开创了按照需求合成和改造基因组的时代。随着生命科学的进一步发展，还会出现更多更先进的基因组操作方式和工具。不仅为研究生物体的基本规律提供重要手段，更重要的是可更好地开发基因工程产品为人类服务。

思　考　题

1. 简要叙述基因组物理图谱的构建方法和原理？
2. 鸟枪法和克隆重叠群法这两种基因组测序方法各自有何优缺点，适用范围有何不同？
3. 如何对基因组测序获得的序列进行注解以确定哪些序列为编码序列？对这些预测的基因如何进行功能鉴定？
4. 功能基因组研究有哪几个层次，并试论其分别采用的技术手段和原理？
5. 有哪些技术手段可用进行基因组编辑，并介绍其原理？

主要参考文献

1. 杨金水. 基因组学. 3 版. 北京:高等教育出版社,2013

2. Bedell V M, Wang Y, Campbell J M, *et al*. *In vivo* genome editing using a high-efficiency TALEN system. Nature, 2012, 491(7 422): 114-118

3. Charpentier E, Doudna J A. Biotechnology: Rewriting a genome. Nature, 2013, 495(7 439): 50-51

4. Gibson D G, Glass J I, Lartigue C, *et al*. Creation of a bacterial cell controlled by a chemically synthesized genome. Science, 2010, 329(5 987): 52-56

5. Hwang W Y, Fu Y, Reyon D, *et al*. Efficient genome editing in zebrafish using a CRISPR-Cas system. Nat Biotechnol, 2013, 31(3): 227-229.

6. Jiang W, Bikard D, Cox D, *et al*. RNA-guided editing of bacterial genomes using CRISPR-Cas systems. Nat Biotechnol, 2013, 31(3): 233-239

7. Mali P, Yang L, Esvelt K M, *et al*. RNA-guided human genome engineering via Cas9. Science, 2013, 339(6 121): 823-826

8. Qi L S, Larson M H, Gilbert L A, *et al*. Repurposing CRISPR as an RNA-Guided Platform for Sequence-Specific Control of Gene Expression. Cell, 2013, 152(5): 1 173-1 183

9. The International Human Genome Sequencing Consortium. Initial sequencing and analysis of the human genome. Nature, 2001, 409: 860-921

10. Venter J C, Adams M D, Myers E W, *et al*. The sequence of the human genome. 2001, Science, 291(5 507): 304-1 351

（彭东海　熊立仲）

主要参考文献

第二篇　基因工程应用

第十三章

植物基因工程

第一节 植物基因工程的发展现状

植物的遗传改良在人类发展史中扮演着重要角色，从远古时代的植物驯化到20世纪初植物育种学的建立，人类无时无刻不在努力进行着植物的遗传改良，以便使其更好地为人类服务。传统的育种方法从遗传学本质上讲，是以基因突变体为种质基础，以有性杂交为基因导入手段，以选择优良基因型重组体为目的的植物性状的改良过程。然而由于远缘杂交的生殖隔离等原因，某种植物可被利用的种质资源往往局限在一个非常有限的范围内，这就使植物的遗传改良在很大程度上受到遗传种质资源狭窄的限制，在农艺性状的改良上难以获得新的突破。始于20世纪80年代的植物基因工程研究为拓宽植物可利用的基因库提供了新的可能，为实现基因在动物、植物、微生物以及人等四大生物系统间的广泛“交流”奠定了重要的基础，也为植物的遗传改良开辟了一条新途径。

植物基因工程是以植物为受体的一种基因操作，即以分子生物学为理论基础，采用基因克隆、遗传转化（根癌农杆菌Ti质粒介导法、基因枪法、原生质体介导法等），以及细胞、组织培养技术将外源基因转移并整合到受体植物的基因组中，并使其在后代植株中得以正确表达和稳定遗传，从而使受体获得新性状的技术体系。通过植物基因工程获得转基因植物具有广阔的应用前景和重要的理论意义：①通过将目的基因导入农作物、园艺作物中，改变它们的遗传特性，使植物免受病虫的危害，或获得抗除草剂的特性，或改变种子中淀粉、蛋白质的含量和组成、或改变花的形状和颜色，或改变植物的育性和不亲和性以及改变植物的抗逆性等。②转基因植物可作为一种生物反应器，生产药用蛋白和植物次生代谢产物，或生产某些有机化合物。③转基因植物为人们研究某一基因功能及其在生长发育中的作用提供了强有力的工具。

1983年人们获得了第一株转基因植物（烟草），从而开创了利用基因工程技术改良植物的时代。1985年创立了叶盘转化法，使得农杆菌转化过程大为简化，从此植物基因转化研究得到了迅速发展。1986年首个转基因植物材料获准进入田间试验，1994年第一个延熟保鲜转基因番茄被批准商品化生产。从第一株转基因植物获得以来，随着分子生物学理论的发展，转基因技术日趋成熟。目前至少已有35科200余种转基因植物问世，玉米、棉花、油菜、大豆、烟草、甜菜、亚麻、南瓜、马铃薯、番茄、西葫芦、番木瓜、菊苣等约24种作物的上百个转基因品种被批准进行商业化生产。除了29个种植转基因作物的国家外，另有31个国家允许进口转基因作物用于食品和饲料使用，以及环境释放。2011年世界总人口就已经突破了70亿,根据联合国粮食与农业组织、世界粮食计划署和国际农业发展基金会2012年10月9日发表的数据,指出全球近8.7亿人长期营养不良,占全球总人口的八分之一,其中大部分生活在发展中国家,13亿人口为贫穷所困扰。传统杂交育种的方式,由于选育周期长等特点,无法独立地解决急速增加的人口问题所带来的粮食短缺问题,以及随着人类生活水平提高而提出的对粮食品质的要求,因此转基因技术成为了对全球粮食、饲料与纤维安全做出了极大贡献并充满希望的新技术。在1996—2011年间,全球转基因植物的生产和利用超出了当初预料,并因其能够带来更为方便和更具变通性的管理,更高的生产力或净回报率,以及由其造成的传统化学农药用量的减少而具有更安全的环境效应,令生产者感到满意,它必将促进农业生产的可持续发展。

据ISAAA(International Service for the Acquisition of Agri-biotech Applications)统计,2011年全球转基因作物种植面积达到了1.6亿公顷,与2010年相比新增1 200万公顷,比2010年增长了8%。全球的转基因作物种植面积从1996年的170万公顷增加到2011年的1.6亿公顷,迅猛增加了近94倍。而且在1996至2011的16年间,种植转基因作物的国家数量亦翻了近5倍,从1996年的6个到2011年的29个。转基因技术因此成为近代农业史上普及最快的作物技术。目前在这全球29个国家中的数百万的农民自主选择种植和补种累计种植面积超过1.25亿公顷,相当于美国或中国国土面积的1/4,这一增长态势反映了工业化国家和发展中国家的农民们已逐步接受转基因作物。ISAAA预测,到2015年,全世界种植转基因作物的国家数将增加到40个,种植面积也将增加到约2亿公顷。

种植的转基因作物主要有棉花、大豆、玉米和油菜,其种植面积在2011年分别占该作物全球种植总面积的82%、75%、32%和26%。全球转基因大豆仍然为主要的转基因作物,占地7 540万公顷,占全球转基因作物种植面积的47%;其次为转基因玉米(占地5 100万公顷,占32%);转基因棉花(2 470万公顷,占15%);转基因油菜(820万公顷,占5%)。转基因作物的性状中耐除草剂一直是主要性状,2011年耐除草剂大豆、玉米、油菜、棉花、甜菜和苜蓿的种植面积为9 390万公顷,占全球转基因作物种植面积59%。与此同时,具有多重性状的转基因作物的种植面积增加速率为31%,达到了4 220万公顷,占全球转基因作物种植面积26%。2004年全球转基因作物种植面积有66%在工业化国家,在发展中国家的种植面积不足1/8,而在2011年29个国家中就有19个为发展中国家,其种植面积也占了50%。因此,在发展中国家大力发展转基因技术,推广转基因作物,提高产量,改良粮食、饲料和纤维作物的品质和生产方式具有极为广阔的市场和社会与经济效益。

中国是一个农业大国,政府十分重视生物技术的研究和应用。自20世纪80年代中期开始,国家"863"、"973"和国家自然科学基金等渠道对生物技术给予了重点扶植;并专门设立了"国家转基因植物研究与产业化"和"水稻功能基因组研究"专项,重点发展农业生物技术。2008年7月,我国启动了转基因生物新品种培育重大专项,通过这一系列重大项目的执行,我国转基因技术研发取得了重大进展,培育出了36个转基因抗虫棉花新品种,转基因抗虫水稻和转植酸酶基因玉米获得安全证书,获得优质抗旱等重要基因339个,筛选出具有自主知识产权和重大育种价值功能基因37个。总体来看,中国在生物技术领域的研究已经走在了发展中国家的前列,在某些领域达到了国际先进水平。目前,我国涉及农业生物技术的各类研究机构已超过200家,初步形成了从基础研究、应用技术研究到产品开发相互衔接、相互促进的创新体系。到2010年,通过国家商品化生产或安全证书的有转基因耐贮藏番茄、转查尔酮合成酶基因矮牵牛、抗病毒甜椒、抗病毒番木瓜、抗虫水稻、转植酸酶玉米、抗虫棉花等七种我国自主研制的转基因植物。还有转基因水稻、棉花、玉米、油菜、马铃薯、大豆、小麦及林木等30余种植物已批准进入中间试验、环境释放或生产性实验。2011年全国转基因作物种植面积为390万公顷，成为继美国、巴西、阿根廷、印度、加拿大之后的转基因植物种植第六大国。其中，转基因抗虫棉自上世纪90年代中期开始商业化，目前国产抗虫棉已经累计推广种植2 100万公顷，在我国棉花主产省种植比例已高达95%，有效控制了棉铃虫的危害。转基因作物的商品化生产也创造了丰厚的经济回报，每公顷抗虫棉化学农药施用量降低70%～80%，生产成本降低20%～23%，平均每公顷增收节支2 400元，为棉农带来直接经济效益590多亿元。

第二节　植物基因工程方法

植物基因工程试验虽起步较晚，但发展迅速。从1986年至2000年，“经济合作与发展组织”(OECD)共批准10 313例转基因生物进入田间试验，其中植物占总数的98.4%，细菌占1.0%，病毒占0.3%，真菌占0.2%，动物占0.1%。转基因作物在20世纪90年代中期已经实现商业化，在2011年转基因作物全世界种植面积已经达到了1.6亿公顷。从目前的研究现状来看，转基因生物在很大程度上是指转基因植物。造成植物基因工程快速发展的原因归纳起来有以下几方面：①植物单个细胞具有发育成完整个体的“细胞全能性”；②植物是人类食物和能源的主要来源，与人类的生活及环境息息相关；③许多高等植物都具有自花授粉或自交的能力，因而很容易得到转基因的纯合个体；④漫长的植物遗传育种历史积累了丰富的突变体资源，为植物基因的分离提供了良好条件。将外源基因导入植物细胞的方法不下10种，其中最常用的有3种，即：原生质体介导法、基因枪法和根癌农杆菌介导法。基因枪法和根癌农杆菌介导法避开了原生质体的培养和再生，因而是使用最多、最成功、最成熟的方法。

一、原生质体介导法

原生质体介导法是以原生质体为受体，借助于特定的化学或物理手段将外源DNA直接导入植物细胞的方法。初期的方法是从促进原生质体融合的方案衍生而来，近年来才建立了有效的技术。目前已发展出以下一些方法介导的基因转化：PEG、脂质体、电激法、显微注射法和激光微束法等。

1. PEG介导的基因转化

PEG(聚乙二醇)法的主要原理是利用化学试剂，如聚乙二醇、聚乙烯醇(PVA)、多聚-L-鸟氨酸(pLO)和磷酸钙等，诱导原生质体摄取外源DNA分子，进入原生质体的外源DNA分子就有可能通过某种机制整合到基因组中，完成遗传转化过程。

聚乙二醇、聚乙烯醇和多聚-L-鸟氨酸等都是细胞促融剂。据推测，它们诱导外源DNA跨膜进入原生质体的可能机制是作为外源DNA与膜结合的分子桥梁，促使外源DNA与膜之间的接触和黏连。另外也有人推测，它们可能是通过引起膜表面电荷的紊乱，干扰外源DNA与细胞表面同种负电荷的相互排斥，从而促进外源DNA进入原生质体。

关于磷酸钙促进外源DNA进入原生质体的机制，大家认为是因为外源DNA与磷酸钙结合形成DNA-磷酸钙复合物，从而被原生质体摄入。此外，因为钙离子是二价阳离子，可以直接诱导带相同负电荷的外源DNA与膜结合。

第一例成功的转基因烟草就是用该转化方法获得的。

2. 脂质体介导的基因转化

脂质体介导的基因转化方法是利用脂类化学物质包裹外源 DNA 成球体，通过植物原生质体的吞噬或融合作用把包含外源 DNA 的脂质体转入受体细胞。

一般来说，脂质体介导基因转化的转化率要高于 PEG 介导基因转化的转化率，其转化率可达到 10^{-3}。但其不足之处是操作较为烦琐，相对于 PEG 法来说，技术性更高。

3. 电激法介导的基因转化

电激法(electroporation)是利用高压电脉冲作用，在原生质体膜上"电激穿孔"，形成可逆的瞬间通道，从而促进外源 DNA 进入原生质体。此法在动物细胞中应用较早并取得很好效果，1985 年首次将其应用于植物细胞的基因转化，现在这一方法已被较广泛应用。

随着实验方法的改进并与化学法结合，电激法的转化率得到很大改善，转化率可达到 1.2%。

电激法相对于前面两种转基因方法，具有操作简便、转化效率较高的特点，特别适于瞬时表达的研究。缺点是易造成原生质体的损伤，使植板率降低，且仪器也较昂贵。

近年来对电激法的使用有所发展，可以通过电激法直接在带壁的植物组织和细胞上打孔，将外源基因直接导入植物细胞，这种技术也称为"电注射法"。使用该技术可以不制备原生质体，提高了植物细胞的存活率，而且简便易行。

4. 显微注射法介导的基因转化

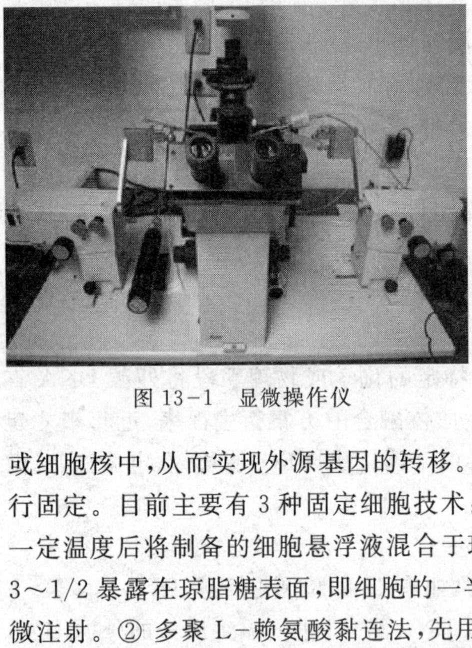
图 13-1　显微操作仪

显微注射(microinjection)是一种比较经典的基因转化技术，其理论和技术方面的研究都比较成熟。特别在动物细胞或卵细胞的基因转化、核移植及细胞器的移植方面应用很多，并已取得重要成果。植物细胞的显微注射在以前使用较少，但近年来发展较快，并且无论在理论上，还是在技术上都有所创新，已经成为当今一个重要的植物基因工程的新途径。

其基本原理比较简明，就是利用显微注射仪(图 13-1)将外源 DNA 直接注入受体的细胞质或细胞核中，从而实现外源基因的转移。显微注射中的一个重要问题是必须把受体细胞进行固定。目前主要有 3 种固定细胞技术：① 琼脂糖包埋法，把低熔点的琼脂糖熔化，冷却到一定温度后将制备的细胞悬浮液混合于琼脂糖中。需要注意的问题是，在包埋时细胞约 1/3～1/2 暴露在琼脂糖表面，即细胞的一半埋在琼脂糖中起固定作用，暴露的一半可以进行微注射。② 多聚 L-赖氨酸黏连法，先用多聚 L-赖氨酸处理玻片表面，由于多聚赖氨酸对细胞有黏连作用，因此当分离的细胞或原生质体与玻片接触时被固定在玻片上。而且一个玻片上可固定较多数量的细胞或原生质体。③ 吸管支持法，用一固定的毛细管将原生质体或细胞吸着在管口，起到固定作用，然后再用微针进行 DNA 注射。这种方法的优点是吸管可以旋转或移动位置，使操作者能选择最佳位置进行注射。

显微注射具有许多优点：① 方法简单、转化率高；② 它是一种纯粹的物理方法，适用于各种植物和各种材料，无局限性；③ 整个操作过程对受体细胞无药物等毒害，有利于转化细胞的生长发育；④ 转化细胞的培养过程无需特殊的选择系统。其缺点是需要有精细操作的技术及低密度原生质体培养的基础，注射速度慢、工作效率较低。

近年来这一技术已发展为以培养细胞或胚性细胞团为受体，例如用油菜花粉起源的 12

细胞期的体细胞胚注射含 *NPT*－Ⅱ基因的 DNA，转基因植株的频率可达 27%～51%。DNA 直接注射花粉粒、卵细胞、子房等也获理想结果。

5. 激光微束介导的基因转化

激光微束照射是近代科学发展的新兴技术，这种激光微束法较常规的显微注射法具有定位准确、操作简单及对细胞损伤小等优点，因而越来越受到生物学、医学界的重视，至今已发展成为一门新的学科——激光生物学。随着生物技术的发展，激光微束技术开始向基因工程、细胞工程等高技术领域渗透，并取得了良好的开端。

激光微束法转化外源 DNA 的基本原理是，将激光引入光学显微镜聚焦成微米级的微束照射培养细胞，在细胞膜上形成能自我愈合的小孔，使加入细胞培养基里的外源 DNA 流入细胞，实现基因的转移。

激光导入法与显微注射法相比具有以下优点：① 操作简便，整个导入过程能在较短的时间内完成；② 工作效率提高，每分钟可操作 100 多个细胞，比人工的显微注射法效率提高 20 倍以上；③ 无宿主限制，可适用于各种动植物；④ 对受体细胞正常的生命活动影响小，而且不需加抗生素来防止污染；⑤ 受体的类型广泛，可以使用细胞、组织、器官等作为试材；⑥ 可用于细胞器的基因转化。由于激光微束小于细胞器，它可以在显微水平上直接对细胞器击孔，实现外源 DNA 对细胞器的转移；⑦ 穿透力强，深度方向可作调整。

但激光导入法与其他转化系统相比也有缺点，比如需要昂贵的仪器设备，转化效率虽明显高于化学转化法但比基因枪轰击法低，在稳定性和安全性等多方面比基因枪法差。

原生质体介导的基因转化法是植物遗传转化研究中最早建立的一个转化系统。它随着原生质体培养技术的发展而兴旺。它与其他方法相比具有以下特点：① 利用原生质体自身具有的摄取外来物质的特性，对细胞的伤害少，而且转化较顺利。② 可以避免嵌合转化体的产生。因为获得的转化再生植株来自一个原生质体。③ 转化体的选择比较容易。因为转化操作的受体是单个的原生质体，在筛选过程中可以避免转化细胞与非转化细胞之间的交叉影响。④ 原生质体转化是理论研究得极好的实验系统，例如分析早期转化动态、外源基因在细胞内的表达调控等。⑤ 受体植物不受种类的限制，只要能建立原生质体再生系统的植物都可以采用。

另一方面，由于原生质体介导法本身固有的一些缺陷，使其使用率逐渐降低。其缺点主要表现在以下几方面：① 建立原生质体再生系统非常困难。② 转化率较低。③ 从原生质体再生的无性系植株变异较大。

二、基因枪法

基因枪法（particle gun）又称微弹轰击法（microprojectile bombardment，panicle bombardment 或 biolistics），最早是由美国康乃尔大学研制。

1. 基因枪的基本原理

将外源 DNA 包被在微小的金粒或钨粒表面，然后在高压的作用下将微粒高速射入受体细胞或组织。微粒上的外源 DNA 进入细胞后，整合到植物染色体上并得到表达，从而实现外源基因的转化。

根据基因枪的动力系统，可将它们分为 3 种类型：一类是以火药爆炸力（gun power）为加速动力，也是最先出现的一种基因枪。其显著特征是采用塑料子弹和阻挡板。塑料子弹前端载放着 DNA 包裹的钨（金）粉。当火药爆炸时，塑料子弹带着钨（金）粉向下高速运动，至阻挡板时，塑料子弹被阻遏，而其前端的钨（金）粉粒子则继续以高速向下运动，击中样品

图 13-2　PSD-1000 基因枪

室的靶细胞。这种基因枪的代表枪型有PDS-1000系统(美国杜邦公司,见图 13-2)及JQ-700(中国科学院生物物理所)。其金属粒子的轰击速度主要是通过火药的数量及速度调节器控制,不能做到无级调整,可控度较低。第二类是以高压气体(high pressure gas)作为动力,如氦气、氢气、氮气等。其工作原理是把载有 DNA 的钨(金)粉铺洒在一张微粒载片(microprojectiles carrier sheet)上,在压缩空气的冲击下,驱动载片,当载片受阻于金属筛网时,载有 DNA 的钨(金)粒继续向下冲击射入细胞。第三类是以高压放电为驱动力。其最大优点是可以无级调速,通过变化工作电压,粒子速度就可准确控制,使载有 DNA 的钨(金)粉粒子能到达目的细胞层。高压放电及高压气体轰击的转化率均高于火药引爆法。总之,基因枪的种类多样,不同的受体植物,不同的组织、器官和外植体材料应选用不同类型的基因枪。3 种类型基因枪的机械结构装置基本相同。由动力装置、发射装置、挡板、样品室及真空系统等几部分组成。

2. 基因枪的操作步骤

(1) DNA 微弹的制备　① 取 50～100 mg 金粉或钨粉,其微粒直径最好为细胞直径的 1/10,溶于 1 mL 无水酒精,用超声波振荡洗涤。② 在使用前,离心除净酒精,加入 1 mL 无菌水,振荡离心,移去上清液。如此重复 2 次,将残留的酒精除净,再用 1 mL 无菌水重悬沉淀。③ 每份样品取 25 μL 微粒重悬液,依次加入 25 μL DNA(0.5～1 μg/μL)、25 μL 2.5 mol/L $CaCl_2$ 溶液、20 μL 40% PEG4000 和 2.5 μL 亚精胺(spermidine 自由碱基),每次加液之后用手指轻轻振荡几次。最后将混合液在室温下静置 10 min,使 DNA 沉淀到微粒上。④ 低速离心 5 min,移去 50～60 μL 上清液(严格掌握体积,使剩余溶液量可以进行 3 次枪击)。制备好的 DNA 微粒存放在冰上,时间不能超过 4 h,枪击时每枪取 8 μL。

(2) 靶外植体材料准备　在无菌条件下取靶外植体(有菌的外植体按常规方法消毒处理),放于直径为 9 cm 的无菌培养皿中,外植体大小按基因枪要求选择;在无菌条件下,把靶外植体放进基因枪的样品室的载物台,按实验要求调整载物台高度,并对准子弹发射轴心。

(3) DNA 微弹轰击　按照不同的基因枪说明书操作。

(4) 轰击后外植体的培养　DNA 微弹轰击后立刻转入相应的培养基中培养,以免材料脱水加重细胞受伤害的程度,通过一系列的筛选获得抗性愈伤组织,最终分化出再生植株。

3. 转化率及其影响因素

关于基因枪法的转化率,目前不同的作者报道结果差别很大,不同的植物、同一植物的不同外植体均有明显差异,例如大豆茎尖基因枪轰击转化率高达到 2%,但一般在 10^{-3}～10^{-2} 频率范围。影响转化率的因素很多:

(1) 金属微粒的影响　目前主要采用两种金属微粒作为 DNA 包裹的载体:一种是钨粉,其直径可根据不同植物材料进行选择,一般以 0.6～4 μm 为宜,其优点是廉价易得,制备容易。但钨粉容易被氧化,在其表面产生一层对植物有害的氧化物。为克服此缺点,在制备时应进行碳化处理。另一种是金粉颗粒,它比钨粒具有更规则的球形表面,相同体积下具有更大的附着面积;化学性质也更加稳定,也不像钨粒那样易形成氧化膜。此外,金粉对 DNA 的吸附力更强,因此许多学者认为金粉比钨粉更理想,但金粉价格昂贵。

(2) DNA 沉淀辅助剂的影响　目前常用的 DNA 沉淀辅助剂有 $CaCl_2$、亚精胺、聚乙二醇等。这些化合物对 DNA 在微粒上的黏附有重要作用，但对植物受体细胞也产生一定的伤害。

(3) DNA 的纯度及浓度对转化率的影响　DNA 的纯度越高越容易获得成功的转化。这是由于高纯度的 DNA 射入受体细胞后整合到植物基因组的几率更高。加入介质 DNA (carrier DNA)，如 4～6 kb 的小牛胸腺 DNA 及鲑鱼精 DNA，可提高转化率。DNA 的浓度对转化率也有影响。有实验报道，在一定范围内，转化率随着 DNA 浓度的增加而提高。但注意 DNA 浓度不宜过高，因为 DNA 浓度过高易使金属微粒凝聚成块，反而降低转化率。

(4) 微弹速度的影响　基因枪的许多轰击参数，如微弹速度、入射浓度、阻挡板至样品室高度、轰击次数等均影响转化率。其中，微弹速度是影响转化率的一个重要因素。它直接决定了微弹对细胞和组织的作用力及产生损伤的程度。

(5) 植物材料的内在因素的影响　在基因转化中起主导作用的是植物细胞本身，各种基因转化的系统只是导入外源基因到植物细胞的方法。因此，植物受体细胞本身的因素在转化中起主要作用。这些生物因素包括外植体的种类、细胞的生理状态、细胞潜在的再生能力、轰击前后的培养条件以及细胞内环境对外源 DNA 的接受能力等。因为只有具有潜在分裂能力的细胞才可能接受外源 DNA，因此，选用具有分生能力的细胞、幼嫩的组织、幼胚、茎尖及采取预培养等使细胞处于感受态的技术都有利于转化率的提高。基因枪转化中经常遇到的问题是，嵌合体比率很大、转化率低、遗传稳定性差等，都尚需进一步研究解决。

4. 基因枪转化技术的应用前景

由于基因枪技术具有许多优点，因此可应用于现代分子生物学的许多领域，如植物基因转化、外源基因导入植物细胞的细胞器、应用于种质转化和植物基因表达调控研究等。可以预料，随着基因枪技术的进一步完善，它必将对 21 世纪的基因工程发展起到推动作用。

三、根癌农杆菌介导法

根癌农杆菌(*Agrobacterium tumefaciens*)广泛侵染双子叶植物和裸子植物。过去一般认为单子叶植物对农杆菌不敏感，但近年研究显示农杆菌对有些单子叶植物也有侵染能力。根据根癌农杆菌诱导植物细胞形成的根瘤中冠瘿碱的不同可将根癌农杆菌分为章鱼碱型(octopine type)、胭脂碱型(nopaline type)和农杆碱型(agropine type)3 种类型。在根癌农杆菌内有一个大的致瘤质粒(tumor inducing plasmid)，简称 Ti 质粒。当根癌农杆菌感染植物的时候，菌体本身并不进入植物细胞内，而仅是 Ti 质粒中的一部分称之为“T-DNA”的 DNA 片段进入寄主细胞并插入基因组中，T-DNA 中的基因利用植物的酶系统进行转录和翻译，其表达产物可诱发植物产生肿瘤。因此根癌农杆菌感染植物诱发肿瘤的过程实际上就是一个天然的植物转基因过程，改造的 Ti 质粒就是一个优良的植物转基因载体。

根癌农杆菌 Ti 质粒的基因结构主要分为 T-DNA 区(transferred DNA region)、Vir 区(virulence region)、Con 区(region encoding conjugation)和 Ori 区(origin of replication)4 个区段(见图 13-3)。T-DNA 区又称转移 DNA 区，即根癌农杆菌侵染植物时转移到植物基因组中的一段 DNA 序列，该序列上的基因与肿瘤形成相关。Vir 区与 T-DNA 区相邻，该区基因可激活 T-DNA 的转移，使植物致瘤，故称毒性区。Con 区段上存在与细菌接合转移有关的基因，调控 Ti 质粒在根癌农杆菌之间的转移，因此称之为接合转移编码区。Ori 区主要调控 Ti 质粒的自我复制，故称之为复制起始区。

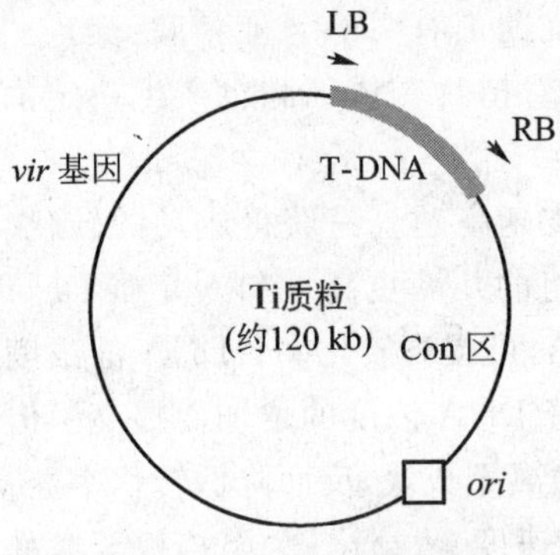

图 13-3　Ti 质粒模式图

1. Ti 质粒的改造策略

Ti 质粒是植物基因工程的一种天然载体，但野生型 Ti 质粒直接作为植物基因工程载体存在许多障碍：① 质粒过大(一般 120 kb 左右)，操作困难；② 大型的 Ti 质粒上有各种限制酶的多个切点，因此难以找到可利用的单一切割位点的内切酶，也就难以通过基因操作方法向野生型 Ti 质粒导入外源基因；③ T-DNA 区的 *onc* 基因产物属植物激素类，会干扰受体植物内源激素的平衡而诱发肿瘤，阻碍转化细胞的分化和再生；④ Ti 质粒存在一些对 T-DNA转移不起任何作用的序列；⑤ Ti 质粒不能在大肠杆菌中复制，而农杆菌本身的遗传背景又不太清楚。

为了使 Ti 质粒变成操作简便且有效的外源基因转移载体，必须对野生型 Ti 质粒进行改造。基于植物转基因有一元载体系统和二元载体系统，那么对野生型 Ti 质粒可以采取两种不同的改造策略。

一元载体构建的基本原理是：首先将 Ti 质粒上 T-DNA 中的致瘤基因全部去掉，使其丧失对植物的致瘤性，仅保留其两侧边界与 T-DNA 准确转移所必需的 25 个碱基序列，故这种载体又称卸甲载体。由于根癌农杆菌的 Ti 质粒比较大，难以进行体外遗传操作，所以需另外引入一个较小的中间载体，将欲转化的目的基因构建于中间载体上。同时在卸甲载体 T-DNA 区中删除致瘤基因的位点插入一段与中间载体同源的质粒序列。然后，再采用特定的转移方法如“接合转移法”或“三亲本杂交法”将中间载体转移到含有卸甲载体的根癌农杆菌中，由于卸甲载体的 T-DNA 区与中间载体具有同源序列，故可在根癌农杆菌中发生同源重组，将中间载体整合到卸甲载体的 T-DNA 区，并与卸甲 Ti 质粒载体一起复制。未发生整合的中间载体因其没有在根癌农杆菌中复制的元件，会自行消失。随后只需根据中间载体上所携带的抗性基因进行抗性筛选，即可获得含有发生了遗传重组的根癌农杆菌菌株。使用这种菌株去侵染植物组织细胞，就可获得含有目的基因的转基因植物。

对于一元载体来说，因为其 T-DNA 区与 Vir 区是在同一载体上的，故又称顺式载体。而事实上 T-DNA 区与 Vir 区完全没有必要一定要构建到同一载体上，当它们处于不同载体上时，Vir 区通过反式作用依然可以使 T-DNA 区发生转移，这就是二元载体的基本原理。在二元载体系统中，根癌农杆菌菌株中含有两个 Ti 质粒，一个称为微型 Ti 质粒，一个称为辅助 Ti 质粒。其中微型 Ti 质粒缺失了 Vir 区，其 T-DNA 区也进行了卸甲处理，同时引入多个酶切位点，方便外源基因的插入，此外它具有广谱的复制元件，可同时在大肠杆菌和根癌农杆菌中生存。这个经过改造的微型 Ti 质粒相当小，可以像一般质粒一样进行遗传操作。而辅助 Ti 质粒相对较大，它只是去掉了 T-DNA 区，可激活微型 Ti 质粒上的 T-DNA区发生转移。利用二元载体系统进行遗传转化时，首先需将外源基因重组于微型 Ti 质粒上，再将微型 Ti 质粒转入含有辅助 Ti 质粒的根癌农杆菌菌株中，随后侵染植物组织，两种 Ti 质粒可通过反式作用将含有外源基因的 T-DNA 区转移到植物组织细胞中。

二元载体较一元载体有更多的优点。首先，二元载体的构建较为方便。同时已有可供选择的各种商品化的二元载体系统，使用时只需将外源目的基因整合到微型 Ti 质粒上，并转入已构建好的根癌农杆菌菌株中即可使用；而一元载体还需在根癌农杆菌中进行共整合，构建效率相对较低。其次，由于一元载体的 T-DNA 区中含有中间载体，它们会随同外源目的基因一起被转入植物细胞内，而二元载体不会带入大量无用的冗余 DNA 序列。因此外源基因的转化效率要高于一元载体。所以目前在植物的基因工程研究中主要使用二元载体系统。

2. 根癌农杆菌 Ti 质粒介导的基因转化的分子机理

农杆菌 Ti 质粒上的 T－DNA 导入植物基因组整个过程大致可分为以下 6 个步骤(图 13－4)：① 农杆菌对受体的识别；② 农杆菌附着到植物受体细胞；③ 诱导启动毒性区基因表达；④ 类似接合孔复合体的合成和装配；⑤ T－DNA 的加工和转运；⑥ T－DNA 的整合。

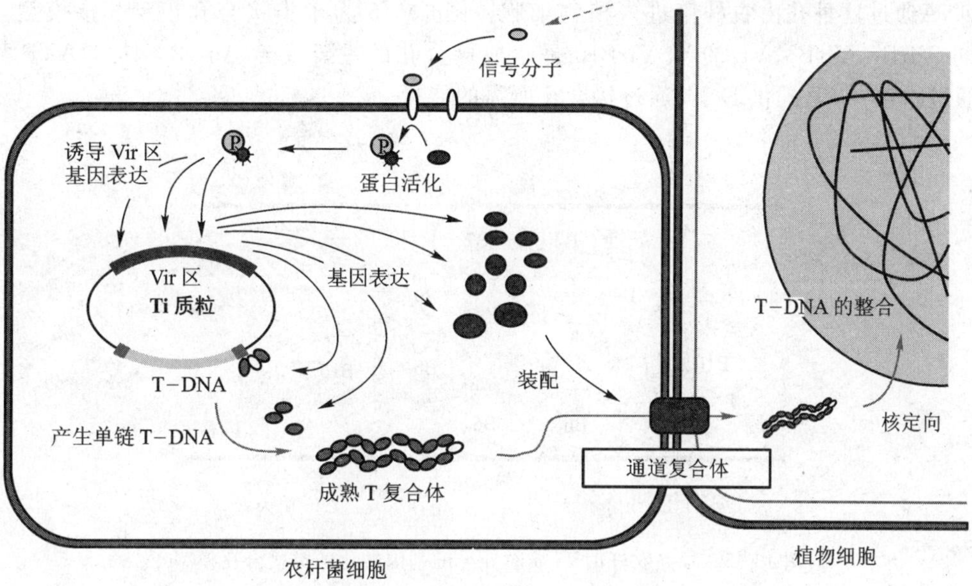

图 13－4　Ti 质粒上的 T－DNA 导入植物基因组的过程

(1) 农杆菌对受体的识别　农杆菌对植物受体识别的基础是细菌的趋化性，即菌株对植物细胞所释放的化学物质产生趋向性反应。受伤植物组织产生的一些糖类、氨基酸类、酚类物质具有趋化作用。

(2) 农杆菌附着到受体细胞　根癌农杆菌附着于植物细胞是 T－DNA 加工和转移的前提。植物细胞表面的农杆菌附着位点是有限的，每个植物细胞可以同时附着多种不同的农杆菌菌株，但仅仅只能被一个或少数几个菌株所转化。实验证明，只有在创伤部位生存了 8～16 h之后的菌株才能诱发肿瘤。这段时间称为细胞调节期。在调节期内，农杆菌会产生细微的纤丝而将自身缚附在植物细胞壁表面。

(3) 诱导和启动毒性区基因表达　当农杆菌在生长培养基上大量繁殖时，所有的 Vir 区基因均处于非转录活性状态。当把植物受伤细胞提取液加入培养基时，所有的 Vir 区基因均被诱导和活化。所以，植物细胞分泌物(糖、氨基酸和酚类物质等)既是农杆菌定向附着到植物细胞表面的物质，也能诱导和启动毒性区基因的表达，为 T－DNA 的转运做准备。

Vir 区基因在接受植物细胞产生的创伤信号分子后，首先是 *virA* 编码一种结合在膜上的化学信号受体蛋白。

当 VirA 受体蛋白与化学信号分子(如酚类物质乙酰丁香酮)结合后，构象发生变化，C 端活化。活化的 C 端有激酶的功能，使蛋白上的组氨酸残基发生磷酸化，从而激活 VirA 蛋白。激活的 VirA 蛋白可以转移其磷酸基团至 VirG 蛋白，使 Vir 族蛋白活化。

virG 编码 DNA 结合活化蛋白，该基因有两个启动子：第一个启动子对磷酸饥饿敏感，

受磷酸缺乏的诱导；第二个启动子可被强烈的 pH 变化、DNA 损伤及重金属离子等因素所诱导。从总体上讲，*virG* 基因属组成型表达。当 VirG 蛋白活化后，以二聚体或多聚体形式结合到 *vir* 启动子的特定区域，从而成为其他 *vir* 基因转录的激活因子，打开 *virB*、*virD* 和 *virE* 等基因簇。

(4) 类似接合孔复合体的合成和装配　T-DNA 转运的第一步是穿过细菌细胞膜。因此，农杆菌必须形成一个跨膜通道。现在认为，VirB 蛋白充当了这个角色，这些蛋白可能一起在膜上形成一种类似于细菌接合转移时所必需的结构，即接合孔或性菌毛(sex pilus)，T-DNA通过这种孔由农杆菌进入植物细胞。图 13-5 为 1 类接合孔模型。该模型认为 VirB6、VirB7、VirB8、VirB9 和 VirB10 是组成接合孔的主要成分，VirB11 具有 ATP 酶活性，通过水解 ATP 提供 DNA 通过接合孔所需的能量。

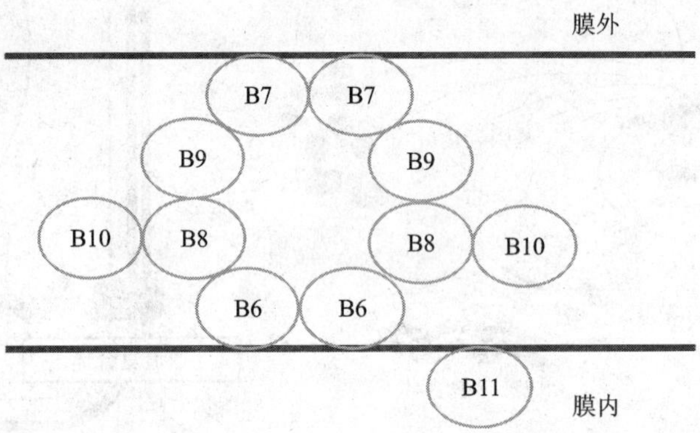

图 13-5　根癌农杆菌 Ti 质粒介导的基因转化的类接合孔模型

(5) T-DNA 的加工和转运　*vir* 基因操纵子被激活后，VirD1 和 VirD2 蛋白在边界重复序列的特定位点上(一般认为在末端第 3 和第 4 碱基处)切下单链 T-DNA。同时，单链 T-DNA 的 5′端与 VirD2 蛋白共价结合，以免 5′端受到 5′外切酶的攻击；VirE2 蛋白与单链 T-DNA 非共价结合，形成细长的核酸-蛋白质丝，抵抗 3′和 5′外切核酸酶及内切核酸酶的降解。

加工好的单链 T-DNA 复合体穿过由 VirB 蛋白形成的类接合孔进入植物受体细胞，然后由 VirD2 和 VirE2 的核导向作用进入植物细胞核。

(6) T-DNA 的整合　关于 T-DNA 整合到植物基因组的确切机制还不非常明确，但根据遗传作图的分析结果提出的 T-DNA 整合模型(图 13-6)已经得到大多数学者的支持。

根癌农杆菌 Ti 质粒介导的转基因方法是目前研究最多、机理最清楚、技术方法最成熟的转基因方法。迄今所获得的 200 多种转基因植物中，80%以上是利用根癌农杆菌 Ti 质粒介导的转基因方法产生的。

3. T-DNA 转移的影响因素

(1) 农杆菌菌株　由于农杆菌染色体基因的作用直接影响 T-DNA 转移的效率，不同的农杆菌菌株有不同的宿主范围，并有其特异侵染的最适宿主。不同类型的农杆菌菌株的毒力(侵染力)不同。一般而言，3 类农杆菌菌株侵染力的排列顺序为：农杆碱型(琥珀碱型)菌株(如 *A281*)>胭脂碱型菌株(*C58*)>章鱼碱型菌株(*Ach5*，*LBA4404*)。选择适宜的转化菌株对于植物转基因工程来说是非常重要的。

(2) 农杆菌菌株高侵染活力的生长时期　高侵染活力的菌株一般处在对数生长期，也

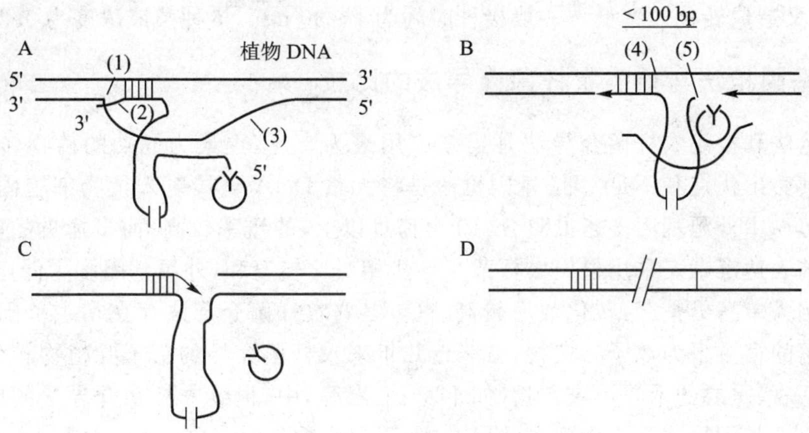

图 13-6　T-DNA 的整合过程

即 0.3～1.8 OD 范围。1.0 OD 约对应 1×10^9 细胞/mL。一般用 0.3～1.0 OD 农杆菌菌液接种植物材料。

(3) 基因活化的诱导物　Vir 区基因的活化是农杆菌 Ti 质粒转移的先决条件。前面谈到，酚类化合物、单糖或糖酸、氨基酸、磷酸饥饿和低 pH 都影响 Vir 区基因的活化。在操作过程中，最常用的诱导物是乙酰丁香酮(AS)和羟基乙酰丁香酮(HO—AS)，但 AS 效果更佳。关于诱导剂的使用有 3 种方法：① 在农杆菌菌液培养时加入诱导剂的时间一般是制备工程菌侵染液 4～6 h 前，也有在农杆菌制成侵染液时加入；② 加在共培养基中；③ 在农杆菌液体培养基和共培养基中都加。AS 的使用浓度一般为 5～200 μmol/L，培养基的 pH 值为 5.1～5.7，共培养温度为 15～25 ℃，D-半乳糖酸为 100 μmol/L，葡萄糖酸为 10 mmol/L，葡萄糖为 10 mmol/L，磷酸根浓度为 0～0.1 mmol/L。

(4) 外植体的类型和生理状态　正确选择外植体是植物转基因操作成功的重要条件，明确受体细胞的转化能力是选择外植体的依据。但转化只发生在细胞分裂的一个较短时期内，只有处于细胞分裂 S 期(DNA 合成期)的细胞才具有被外源基因转化的能力。因此，细胞具有分裂能力是转化的基本条件。发育早期的组织，如分生组织、维管束形成层组织、薄壁组织及胚、雌和雄配子体等，这些组织的细胞具有很强的分裂能力。当这些组织发生创伤或环境诱导时，则加速分裂，即处于转化的敏感期。

(5) 外植体的预培养　外植体的预培养与外植体的转化有明显关系，每种外植体均有其最佳预培养时间，时间太长反而降低外植体的转化率，一般以 2～3 天为宜。一般认为，外植体的预培养有以下作用：① 促进细胞分裂，使受体细胞处于更容易整合外源 DNA 状态；② 田间取材的外植体通过预培养起到驯化作用，使外植体适应于试管离体培养的条件；③ 有利于外植体能与培养基平整接触。因为外植体在开始培养过程中，由于其迅速生长而出现上翘和卷曲，使农杆菌的接种切面离开培养基致使农杆菌生长受抑制而实现对受体的转化。

(6) 外植体的接种及共培养　外植体的接种是指把农杆菌工程菌株接种到外植体的侵染转化部位。常用的方法是将外植体浸泡在预先准备好的工程菌株中，浸泡一定时间后，用无菌吸水纸吸干，然后置于培养基中进行共培养。共培养即指农杆菌与外植体共同培养的过程。外植体的接种时间和接种农杆菌菌液的浓度因物种和外植体的类型不同而不同。接种时间过长及接种菌液浓度过高，容易引起后续培养中的污染。而接种时间太短和接种菌液浓度过低，又造成转化效率低。一般接种时间为1～30 min，接种菌液浓度为0.3～1.5 OD。

四、基因枪法与根癌农杆菌介导法的比较

基因枪法和根癌农杆菌介导法是当今应用最为广泛，也最为成功的植物转基因方法。它们各有其突出优点和不足。① 基因枪法是将大量DNA直接射入植物细胞内，故其产生的转基因植物中外源基因多拷贝整合(10个拷贝以上)的概率较高，而多拷贝的整合易导致外源基因的表达沉默。采用根癌农杆菌介导法相对比较温和，外源基因多为低拷贝整合，且有很大比例为单拷贝整合，转化效率较高。② 根癌农杆菌介导法存在宿主范围的局限性。根癌农杆菌的宿主多为双子叶植物，虽然近几年来农杆菌介导的单子叶植物转化有了长足进步，但在一些重要的禾谷类农作物(如小麦、玉米等)中，根癌农杆菌介导法的应用还有相当的难度。而基因枪法属于物理的转化方法，不存在物种的限制，这也是基因枪法的最大优势。③ 采用基因枪法进行转基因时，有可能使目的植物的细胞器如线粒体、叶绿体获得外源基因，所以基因枪法非常适合于以细胞器为转化目标的转基因研究。

五、植物基因工程新技术

目前，一些新的生物技术被广泛地应用到植物基因工程研究中，例如，近几年开发的靶向基因修饰技术(ZFN技术和TALEN技术)，可以解决当前核转基因技术中，外源目的片段插入到染色体上的随机性所带来的位置效应和基因沉默，以及无法对内源目的基因进行靶向修饰等缺憾。

ZFN(锌指核糖核酸酶)技术和TALEN(转录激活子样效应因子核酸酶)技术是近年来发展起来的对核基因组DNA实现靶向修饰的新兴技术，能够进行定点断裂和基因敲除，显著提高同源重组效率。由一个DNA识别域和一个非特异性核酸内切酶*Fok* Ⅰ构成。其中*Fok* Ⅰ需形成2聚体方能发挥活性，大大减少了随意剪切的几率。通过作用于基因组DNA上特异的靶位点产生DNA双链断裂(double strand break，DSB)，然后经过同源重组(homologous recombination，HR)和非同源末端连接(nonhomology end joining，NHEJ)等途径实现对基因组DNA的靶向敲除或者替换，近些年来该技术已经被广泛应用于基因靶向修饰的研究。

2009年左右，研究人员发现一种来自黄单胞杆菌属(*Xanthomonas*)中称为(TALEN)的蛋白。TAL蛋白核酸结合域的氨基酸序列与其靶位点的A、G、C、T有较恒定的对应关系，因此TAL的序列模块可以构建针对任意核酸靶序列的重组核酸酶，在特异的位点打断目的基因，敲除该基因功能，使基因敲除变得简单方便。在实际操作中需在目的基因中选择两处相邻(间隔17碱基)的靶序列(一般十几个碱基)分别进行TAL识别模块构建。该系统的效率和灵活性均要高于ZFN技术，在短短3年里在植物领域也获得了很大的突破与应用。

第三节 转化子细胞的筛选

当采用某种转基因方法处理外植体后，通常外植体中仅仅只有少数细胞获得转化。只有采取有效的筛选方法，才能高效准确地选择到转化细胞。一般情况下，转化载体上除了带有目的基因外，大多还携带选择基因，以供转化细胞筛选使用。转化细胞筛选的方法主要有

两种：一是根据选择基因的特点在筛选培养基中加入能抑制非转化细胞生长的有毒物质（如抗生素、除草剂等），选择基因通常为一种解毒基因，可以解除培养基中有害物质对细胞生长的抑制作用，这样只有转化细胞才能生长繁殖；另一种方式是，受体细胞为营养缺陷型细胞，在选择性培养基中不能增殖，而选择基因可以补偿这种缺陷，使转化细胞在选择性培养基上正常生长。

一、植物基因工程中的选择基因

植物基因工程中的选择标记基因主要是一类编码可使抗生素或除草剂失活的蛋白酶基因。最常用的有新霉素抗性基因（neo^r）、庆大霉素抗性基因（$gent^r$）、潮霉素磷酸转移酶（HPT）基因（*hpt*），以及膦丝菌素乙酰转移酶基因（*bar*）等。

1. 新霉素抗性基因（neo^r）

新霉素抗性基因是从大肠杆菌转座子 Tn5 中分离的，其对应失活的选择试剂为卡那霉素、新霉素和 G418。卡那霉素、新霉素可通过与核糖体小亚基结合抑制蛋白质的合成，G418 可通过抑制 80 S 核糖体的功能而阻断真核细胞中的蛋白质合成。新霉素抗性基因可使选择试剂磷酸化而失效。该选择基因广泛应用于双子叶植物，对茄科植物如烟草、马铃薯和番茄等特别有效。在水稻、玉米、小麦及甘蔗等作物中也得到了成功的应用。

2. 庆大霉素抗性基因（$gent^r$）

庆大霉素抗性基因编码一种乙酰转移酶，属抗生素标记基因，它通过对庆大霉素的乙酰化而使其失活。该选择系统目前也有一定的应用，例如矮牵牛、烟草和番茄。

3. 潮霉素磷酸转移酶基因（*hpt*）

潮霉素是一种很强的细胞生长抑制剂，对许多植物都有很强的毒性。潮霉素磷酸转移酶基因可通过对潮霉素磷酸化而使其失活。该基因目前已广泛应用于单子叶植物，特别是水稻的转基因研究，是一种筛选效率很高的选择基因。

4. 膦丝菌素乙酰转移酶基因（*bar*）

膦丝菌素乙酰转移酶基因是从吸水链霉菌中克隆的一种基因，其对应的选择试剂为膦丝菌素（basta），膦丝菌素可抑制谷氨酰胺合成酶的活性，从而导致非转化细胞发生氨的致死性累积。*bar* 基因编码的膦丝菌素乙酰转移酶可通过乙酰化作用使膦丝菌素失活。*bar* 基因是一种对禾谷类作物特别有效的筛选基因，已成功应用于水稻、玉米、小麦、高粱、大麦、燕麦、黑麦等多种禾本科粮食作物以及大豆、油菜等油料作物的转基因研究。

二、报告基因

报告基因是指其编码产物能够被快速测定、常用于判断外源基因是否成功地导入受体细胞（器官或组织），是否启动表达的一类特殊用途的基因。它与选择基因的区别在于，选择基因往往要与外界存在的筛选压力如抗生素等相互作用，以筛选出被转化的细胞；而报告基因是提供一种快速测定外源基因是否成功导入的检测手段，它的应用不依赖于外界选择压力的存在。它既可作为一种转基因鉴定的方法，也可以作为转基因筛选的一种手段。此外，由于报告基因具有检测方便快捷的特点而被广泛应用于基因表达调节机理如启动子、反式作用因子等的相关研究。理想的报告基因具备的基本要求有：① 受体细胞中不存在相应的内源等位基因的活性；② 它的产物是唯一的，且不会损害受体细胞；③ 具有快速、廉价、灵敏、定量和可重复性的检测特性。目前最常用的报告基因有：β-葡萄糖苷酸酶基因（*gus*）、氯霉素乙酰转移酶基因（*cat*）、荧光素酶基因（*luc*）和绿色荧光蛋白(GFP)基因(*gfp*)等。

1. β-葡萄糖苷酸酶基因(*gus*)

gus 基因编码 β-葡萄糖苷酸酶(β-glucuronidase,GUS),存在于某些细菌体内,该酶是一种水解酶,能催化许多 β-葡萄糖苷酸类物质的水解。绝大多数的植物细胞内不存在内源的 GUS 活性,许多细菌及真菌也缺乏内源 GUS 活性,因而 *gus* 基因被广泛用做转基因植物、细菌和真菌的报告基因,尤其是在研究外源基因瞬时表达的转化实验中,*gus* 基因应用最多。

用于 *gus* 基因检测的常用底物有 3 种:5-溴-4-氯-3-吲哚-β-D-葡萄糖苷酸酯(X-Gluc)、4-甲基伞形酮酰-β-D-葡萄糖苷酸(4-MUG)及对硝基苯-β-D-葡萄糖苷酸(PNPG)。这 3 种底物需分别采用不同的检测方法。GUS 可将 X-Gluc 水解生成蓝色物质,通过显色反应可直接观察到组织器官中 GUS 基因的活性。GUS 催化 4-MUG 水解为 4-甲基伞形酮(4-MU)及 β-D-葡萄糖醛酸,4-MU 分子中的羟基解离后被 365 nm 的光激发,产生 455 nm 的荧光,可用荧光分光光度计定量。GUS 将 PNPG 水解生成对硝基苯酚(p-nitrophenol),在(pH 7.15)时离子化的发色团吸收 400～420 nm 的光,溶液呈黄色,可采用分光光度法测定。进行转化后,常常只需要简便快速地检测 GUS 活性,不需要严格地定量检测,故通常采用以 X-Gluc 为底物通过组织化学染色的方法进行检测。

2. 氯霉素乙酰转移酶基因(*cat*)

氯霉素乙酰转移酶(chloramphenicol acetyl transferase,CAT)基因来自大肠杆菌转座子 Tn9,它能够催化乙酰基团从乙酰辅酶 A 转移到氯霉素分子上,导致氯霉素分子发生乙酰化作用,从而使其失去活性。真核细胞中不含有氯霉素乙酰转移酶基因,无该酶的内源活性,因而该基因可作为真核细胞转化的选择基因及报告基因。CAT 的活性可以通过反应底物乙酰辅酶 A 的减少或反应产物还原型辅酶 A 的生成来测定,目前常用的方法有硅胶 G 薄层层析法及 DTNB 分光光度法。

3. 荧光素酶基因(*luc*)

荧光素酶基因有许多种,它可以催化荧光素发出荧光。荧光素是荧光素酶催化的底物总称,不同荧光素的化学结构有一定差异甚至完全不同。目前用做报告基因的荧光素酶基因主要是来自萤火虫或细菌的荧光素酶基因。荧光素酶基因的活性检测非常简单,直接将被检的材料浸入加有荧光素和 ATP 的缓冲液中,置于暗室用肉眼直接观察荧光,或覆盖 X-光片曝光,也可通过荧光分光光度计定量检测。

第四节　转化体的鉴定与证实

外源基因是否整合到染色体上?整合的方式如何?整合到染色体上的外源基因是否表达?基因表达是否产生了完整的蛋白质?以及能否产生目的性状?对于这些问题,在获得大量的转化体后都还需要进一步研究与证实,包括外源基因整合的分子生物学鉴定、表型鉴定及外源基因的表达调控研究,通过遗传学分析确定外源基因是否可稳定遗传。目前无论是在动物、植物还是微生物的基因工程研究中,对外源基因转化验证的内容和技术基本相同,即验证外源基因是否整合可采用 PCR 技术和 Southern 杂交技术,验证外源基因是否表达可采用 RT-PCR 技术、Northern 杂交技术和 Western 杂交技术。

一、PCR 检测外源基因的整合

PCR 技术自 1985 年问世以来，在许多领域都得到了广泛的应用，特别适用于微量 DNA 样品的检测。在转基因个体的检测中，通过设计外源基因两端的特异引物，采用 PCR 技术就可以使外源基因片段得以大量扩增，然后通过琼脂糖凝胶电泳检测特异性扩增带的有无，从而判断外源基因是否整合到受体植物的基因组中。由于 PCR 技术对模板 DNA 量要求很少(对转基因植物一般只需在苗期取一点叶尖提取少量 DNA 即可进行检测)，对模板 DNA 质量要求也不高，特别适合转基因体的早期检测。

PCR 技术用于检测外源基因是否整合到受体生物基因组内，结果基本是准确的。但由于 PCR 技术十分灵敏，在引物设计不当以及其他一些外界因素干扰下，有时也会出现假阳性扩增；并且，载体携带外源基因进入受体细胞仍有可能以游离的方式存在于基因组外，即未能整合到染色体上，因而对外源基因是否整合的鉴定，最可靠的方法还是 Southern 杂交。

二、Southern 杂交检测外源基因的整合

Southern 杂交与 Northern 杂交同属核酸分子杂交，其基本原理是类似的。核酸分子杂交是指来源不同但具有互补序列(或某一区段互补)的两条多核苷酸链通过 Watson-Crick 碱基配对形成稳定的双链分子的过程。其中的一条链被同位素或生物素标记后，即称为探针。探针与其互补的核苷酸序列杂交后，通过放射自显影等技术，杂交位点就可被检测出来。核酸分子杂交是进行核酸序列分析、重组子鉴定、检测外源基因整合及表达的有效技术手段。它具有灵敏度高(可检出 10^{-12} g，即 1 pg DNA 样品)、特异性强(可鉴别出 20 个碱基对左右的同源序列)的特点。

Southern 杂交有 3 种方式即 Southern 斑点杂交、Southern 印迹杂交和 Southern 原位杂交。在外源基因是否整合的鉴定中，最常用的是 Southern 印迹杂交，它不仅可以判断外源基因是否整合，还可确定外源基因插入的拷贝数。Southern 印迹杂交的一般原理和过程是：先将欲检测的转基因个体的总 DNA 用适当的限制性酶酶切(一般该酶在外源目的基因上没有或仅有一个切点)，通过凝胶电泳分离各酶切片段，然后将凝胶中 DNA 片段变性(一般用碱变性)并转移到固相膜上(如尼龙膜)。将外源目的基因或其部分 DNA 片段标记为探针，与转移膜杂交。最后漂洗以除去膜上未被结合的和非特异性结合的探针，X-光片放射自显影。通过 X-光片所显现的带的有无和多少，即可判断外源基因是否插入整合到受体细胞基因组染色体上和插入的拷贝数。但整合的外源基因是否表达以及表达的动态还需采用 RT-PCR、Northern 杂交和 Western 杂交技术进行检测。

三、RT-PCR 检测外源基因的表达

RT-PCR 主要用于外源基因在受体细胞内是否转录的初步检测。其原理是以转基因个体总 RNA 或 mRNA 为模板进行反转录，然后再经 PCR 扩增，如果能获得特异的 cDNA 扩增条带，则表明外源基因实现了转录。此方法简单、快速，对 mRNA 抽提的数量和质量要求都不高。与 PCR 技术一样，RT-PCR 也存在假阳性的问题，所以外源基因转录的最后确定，还需用 Northern 杂交的结果进行验证。

四、Northern 杂交检测外源基因的表达

Northern 杂交与 Southern 杂交的不同之处在于 Northern 杂交固相膜上转移固定的是

总 RNA 或 mRNA，探针与膜上 RNA 形成 RNA-DNA 杂交双链，通过显示的杂交带及放射自显影的强度即可判断外源基因的表达水平。Northern 杂交也分为斑点杂交及印迹杂交。由于斑点杂交的假阳性率较高，故一般都采用 Northern 印迹杂交的方法进行检测。

五、Real-time PCR 实时荧光定量 PCR 检测外源基因的表达

当需要进行 DNA 或 RNA 的绝对定量分析或是表达差异分析时，特别是希望进行高通量的检测时，则可以利用新兴的 Real-time PCR 技术。Real-time PCR 即为实时定量荧光 PCR，因其无需电泳，且具有快速性及定量性而越来越被广泛应用。

实时荧光定量 PCR 的化学原理包括探针类和非探针类两种，目前这两类的主要代表分别是 TagMan 探针和 SYBR Green Ⅰ染料。

实时荧光定量 PCR 技术是 DNA 和 RNA 定量技术的一次飞跃。运用该项技术，可以对样品进行定性和定量分析。定量分析又包括绝对定量分析和相对定量分析。前者可以得到某个样本中基因的拷贝数和浓度，例如检测病原微生物或病毒含量、转基因动植物转基因拷贝数、RNAi 基因失活率等；相对定量即为基因表达差异分析，例如比较经过不同处理样本之间特定基因的表达差异（如药物处理、物理处理、化学处理等），特定基因在不同时相的表达差异以及 cDNA 芯片或差异显示结果的确证。而定性分析多用于基因分型，例如 SNP 检测、甲基化检测等。

六、Western 杂交检测外源基因表达的产物

Western 杂交主要是用于检测外源基因在蛋白质水平上的表达。其基本原理和过程是：首先从转基因材料中提取总蛋白或目的蛋白，经 SDS 聚丙烯酰胺凝胶电泳使蛋白质按分子大小分离，将分离的各蛋白质条带原位转移到固相膜上，膜在高浓度的蛋白质溶液中温育，以封闭非特异性位点。然后加入特异抗体（即可与目的蛋白特异结合的抗体，通常称为一抗），膜上的目的蛋白（抗原）与一抗结合后，再加入带有特殊标记的能与一抗专一结合的抗体（通常称为二抗），最后通过二抗上标记物的性质进行检测。

第五节　植物基因工程研究的应用和展望

基因工程是现代生物技术在农业生物遗传改良中应用最为重要的领域。常规育种目前主要是通过物种杂交来进行品种选育，但这种方法育种周期较长，而且远缘物种之间还存在着生殖隔离，这样给常规育种带来很大局限，一些优良基因只能局限于亲缘关系较近的物种中进行交流。而运用基因工程手段可以打破物种间的生殖隔离，实现远缘物种甚至微生物、植物、动物等不同生物大系统物种间的基因“交流”。

虽然基因工程还只是一门新兴的学科，但是它在农业领域取得了相当多的研究成果，并将在生物技术领域发挥愈来愈大的作用。归纳转基因技术在植物遗传改良研究方面的成果，主要包括以下几个方面。

一、抗性基因工程

也被称为第一代植物基因工程，是研究最早、技术最为成熟、而且应用规模最大的植物转基因技术。主要包括抗虫基因工程、抗除草剂基因工程、抗病基因工程以及抗逆（抗盐碱、

寒、冻、旱)基因工程。

1. 抗虫基因工程

虫害是造成农业减产的重要原因之一,化学农药的使用虽然可以在一定程度上减少产量损失,但长期大量使用农药不但费用较高,而且强大的选择压力易使具抗药性的害虫突变体成为优势类群(即所谓害虫产生抗药性),同时还会造成农药残毒和环境污染。重要农作物几乎难以找到具有较好抗虫性的种质资源,因此基因工程技术在该领域的应用研究最为活跃。将编码具有杀虫活性产物的基因导入植物后,其表达产物可以影响取食害虫的消化功能,抑制害虫的生长发育甚至杀死害虫,从而使植物获得对取食害虫的耐性,减少或基本不使用农药。

目前用于植物抗虫基因工程的基因主要包括以下几类:① 毒素蛋白基因,如苏云金芽胞杆菌(*Bacillus thuringiensis*,Bt)杀虫晶体蛋白基因等;② 蛋白酶抑制剂基因,如豇豆胰蛋白酶抑制剂基因(*CpTI*)等;③ 淀粉酶抑制剂基因,如菜豆 α-淀粉酶抑制剂基因等;④ 植物外源凝集素类基因,如雪花莲外源凝集素(*GNA*)基因等。已有大量实验结果表明,Bt 杀虫晶体蛋白对人及哺乳动物没有危害,因此已经在转基因抗虫育种中得到广泛应用。目前苏云金芽胞杆菌杀虫晶体蛋白基因已导入了玉米、棉花、大豆、番茄、烟草、马铃薯、水稻、杨树等植物,其中转 Bt 基因抗虫玉米、棉花、大豆、番茄和杨树已经商品化生产,2011 年全球转 Bt 基因作物及转 Bt 和抗除草剂基因作物的种植面积为 2 390 万公顷。其他种类的抗虫基因对人及哺乳动物是否安全还有待进一步的实验证明。

2. 抗除草剂基因工程

为减轻农民的劳动强度,顺应农业机械化的要求,除草剂在农业生产中应用越来越广泛,通过化学方法来控制杂草已成为现代化农业不可缺少的一部分。目前,除草剂的年产量已跃居农药之首,因此利用转基因技术手段选育抗除草剂植物品种,已成为当今的一大重要研究课题。在地广人稀、劳动力成本较高的国家和地区,该领域的研究尤为活跃。

抗除草剂基因的研究往往是与广谱高效除草剂相结合的,利用的基因主要包括两类,一是修饰改造的除草剂作用靶蛋白基因,其表达产物对除草剂不敏感;另一类是除草剂解毒基因。它们主要针对以下几种除草剂发挥作用:① 草甘膦(glyphosate),它是目前应用最为广泛的广谱非选择性除草剂,可特异性地抑制 5-烯醇丙酮酰莽草酸-3-磷酸合成酶(EPSPS)的活性。将从细菌、植物抗性细胞系分离克隆的 EPSPS 基因导入植物品种中,可以大大提高植物对草甘膦的耐受性。这类基因已成功导入烟草、大豆、番茄、马铃薯、棉花、玉米等植物,许多转基因品种已投入商品化生产。② 草丁膦[glufosinate,phosphinothricin(PPT)],是一种谷氨酰胺类似物的灭生性除草剂,它可抑制谷氨酰胺合成酶(GS)的作用,使氨积累造成植物中毒。来自土壤的吸水链霉菌(*Streptomyces hygroscopicus*)的 *bar* 基因和绿棕褐链霉菌(*Streptomyces viridochromogenes*)的 *pat* 基因编码草丁膦乙酰转移酶(PAT),能够使草丁膦的自由氨基乙酰化从而使其解毒。目前 *bar* 基因已成功导入烟草、番茄、马铃薯、拟南芥、水稻、小麦、玉米和油菜等植物,有些转基因品种已经商品化生产。但一般把它作为筛选标记基因加以利用。③ 磺酰脲类及咪唑啉酮类除草剂,这类广谱性除草剂的作用是抑制乙酰乳酸合成酶(ALS)的活性,从而影响缬氨酸、亮氨酸、异亮氨酸的合成。将从对磺酰脲类除草剂不敏感的拟南芥突变株中分离的 *als* 基因及从对磺酰脲类除草剂不敏感的烟草突变株中分离的 *SURB-Hra* 导入番茄、甜菜、油菜、苜蓿、玉米、亚麻等植物后都获得了耐除草剂植株。④ 溴苯腈,是光系统Ⅱ的强抑制剂,能通过与酶联蛋白结合抑制电子转移。源于土壤微生物肺炎克雷伯氏菌臭鼻亚种(*Klebsiella pneumoniae* subsp. *ozaenae*)的 *bxn*

基因编码的腈水解酶可以降解溴苯腈，从而对其解毒。该基因导入烟草、棉花、番茄、小麦等植物后也获得了抗性植株。⑤ 2,4-D，是一种生长素类似物，可选择性地抑制双子叶植物的生长，源于土壤细菌富养罗尔斯通氏菌（*Ralstonia eutropha*，以前的名称是真养产碱杆菌 *Alcaligenes eutrophus*）的 *tfdA* 基因编码的 2,4-D 单氧化酶可以将其氧化解毒，该基因已在大豆等双子叶植物中显示了作用。

抗除草剂转基因植物是最早进行商业化应用的转基因植物之一，在 2011 年已有玉米、棉花、大豆、油菜、甜菜以及苜蓿等作物的抗除草剂转基因品种进行商业化生产，种植面积为 9 390 万公顷，占全球 1.6 亿公顷的转基因作物面积的 58.7%。

3. 抗病基因工程

病害也是造成植物减产的重要原因之一，传统植物抗病育种在病害防治中发挥了重要作用，但由于植物病原菌致病小种进化相对较快，传统抗病育种手段往往因育种年限较长，使生产中应用的主要品种在较长时间内必须借助化学杀菌剂来进行病害防治。由于基因工程方法能在短时间内获得抗性基因纯合的转基因植株，从而为植物抗病育种拓展了新的途径。

植物对病原菌的抗性机理至今尚不十分清楚，因而相应抗病基因的克隆较为困难。目前用于植物抗病基因工程研究的基因比较庞杂，抗病机理也很复杂，主要包括以下几种类型：①抗病基因，如水稻白叶枯病抗性基因 *Xa21* 等；②解毒酶类基因，如对烟草野火毒素具有解毒作用的 *ttr* 基因、对草酸毒素起作用的草酸氧化酶基因 *germin* 等；③抗菌肽及抗菌蛋白类基因，如溶菌酶基因 *HL*、天蚕素基因 *Cecropin*、兔防御素基因 *NP-1*、核糖体失活蛋白基因 *RIP* 等；④病程相关蛋白类基因，如几丁质酶基因、β-1,3-葡聚糖酶基因等；⑤活性氧类基因，如葡萄糖氧化酶基因 *GO* 等；⑥植保素类基因，如 stilbene 合成酶基因等。白叶枯病抗性基因 *Xa21* 可明显提高水稻品系的抗性；*ttr* 基因导入烟草后，已获得了高抗烟草野火病的株系；将大麦的草酸氧化酶基因导入油菜后也增强了其对草酸的耐受性；转天蚕素基因 *Cecropin* 的烟草、广藿香均获得了对青枯病的抗性；几丁质酶基因和 β-1,3-葡聚糖酶基因成功地介导了黄瓜对灰霉病、番茄对枯萎病的抗性；源于黑曲霉的葡萄糖氧化酶基因 *GO* 导入马铃薯后大大提高了其对软腐病的抗性。

病毒是造成植物病害的另一个主要原因，自 1986 年将烟草花叶病毒（TMV）外壳蛋白基因导入烟草获得了第一例抗病毒转基因烟草后，植物抗病毒基因工程的研究日趋活跃。目前抗病毒基因工程研究的策略主要有以下几种：① 病毒复制酶介导的抗性，主要利用源于病毒的复制酶基因干扰病毒的复制，如黄瓜花叶病毒复制酶基因、烟草花叶病毒复制酶基因、番木瓜环斑病毒复制酶基因等；② 病毒外壳蛋白介导的抗性，主要是利用无毒性的病毒外壳蛋白抑制病毒的复制或激发宿主的抗性反应，如烟草花叶病毒外壳蛋白基因、黄瓜花叶病毒外壳蛋白基因、大麦黄矮病毒外壳蛋白基因等；③ 失活的病毒移动蛋白介导的抗性，主要是利用编码失去活性的病毒移动蛋白的基因干扰病毒的扩散和转移，如烟草花叶病毒移动蛋白基因等；④ 病毒基因相关序列介导的抗性，主要是利用病毒基因反义序列、核酶（一种能够特异性切割 RNA 的 RNA）基因等抑制病毒基因的复制、剪接和表达，如马铃薯卷叶病毒基因的反义序列等；⑤ 其他来源的基因介导的抗性，如核糖体灭活蛋白类基因、抗体基因等。

目前已获得了转番木瓜环斑病毒复制酶基因的抗病毒番木瓜、转烟草花叶病毒外壳蛋白基因的抗病毒马铃薯、转马铃薯卷叶病毒移动蛋白突变体基因的抗病毒马铃薯、转多种病毒外壳蛋白基因反义 RNA 序列的抗病毒烟草等。这些转基因抗病毒植物的获得大大拓宽了植物抗病毒研究的思路和视野，并创造了大量抗病毒新种质。

4. 抗逆基因工程

盐碱、旱涝、高温、低温、强光、紫外线、农药残毒等环境逆境在一定程度上限制了具经济价值植物的产量和种植范围。为了更充分地利用现有耕地、提高产量，植物抗逆育种一直都较受重视。但由于抗源少、抗逆机理不明，其研究进展不够理想。现代生物技术的发展为改变这一局面提供了新的可能，抗逆育种也成为第二代转基因植物研究开发的重点之一。

目前用于该领域的基因大体有以下几类：① 逆境诱导的植物蛋白激酶基因，如受体激酶基因、促分裂原活化蛋白激酶基因、核糖体蛋白激酶基因、转录调控蛋白激酶基因等；② 编码细胞渗透压调节物质的基因，如1-磷酸甘露醇脱氢酶基因 *mtlD*、6-磷酸山梨醇脱氢酶基因 *gutD*、海藻糖合成酶基因 *otsA* 与 *otsB*、甜菜碱合成酶基因 *BADH*、脯氨酸合成酶基因 *P5CR* 等；③ 超氧化物歧化酶（SOD）基因，SOD可以消除植物在恶劣环境下产生的活性氧基（ROS，reactive oxygen species），如Mn-SOD基因等；④ 异黄酮途径相关酶基因，如苯丙氨酸解氨酶基因 *pal*、苯基苯乙烯酮合成酶基因 *CHS* 等，异黄酮提高植物体抗氧化与抗紫外线的能力；⑤ 防止细胞蛋白质变性的基因，如来源于动物的编码热激蛋白族HSP60、HSP70的基因等；⑥ 转录因子编码基因，如 *DREB*（dehydration responsive element binding）、*myb*（包括保守的MYB DNA-binding domain）、*bZIP*（Basic-leucine zipper）、*Hsfs*（heat shock transcription factors）、*OXS*（oxidative stress）等。目前已获得了耐盐碱、耐旱的转基因烟草、玉米、水稻等，耐土壤农药残毒的转基因亚麻已在美国进行商业化生产。

二、植物品质改良基因工程

随着人们生活水平的不断提高，植物产品的品质越来越受到重视。但植物的品质相关性状往往是受多基因控制的数量性状，且往往与产量相关。而在缺乏有效选择手段的条件下，利用常规杂交育种方法对多个基因进行操作，实现既高产又优质的育种目标难度较大。外源物种基因资源的利用在很大程度上受到种间生殖隔离的限制，优良的外源基因常常是可望而不可即。然而，基因工程为有效利用外源基因，改良植物品质提供了全新的技术路线，并取得了一定的成绩。

目前植物品质改良已经成为植物转基因技术的研究热点，主要包括植物蛋白品质改良、碳水化合物（如淀粉、糖等）品质改良、脂肪、维生素种类和含量改良以及后熟品质改良等方面。

1. 蛋白质、碳水化合物和脂肪品质改良

目前利用植物基因工程技术进行的相关研究主要集中在改良种子贮藏蛋白、淀粉、油脂等的含量和组成上。其改良途径主要有：① 将编码广泛氨基酸组成或高含硫氨基酸的种子贮藏蛋白基因导入植物，如将玉米醇溶蛋白基因导入马铃薯等以改善其蛋白质的营养品质等；② 将某些蛋白质亚基基因导入植物，如将小麦高分子质量谷蛋白亚基基因导入小麦以提高其烘烤品质等；③ 将与淀粉合成有关的基因导入植物，如将支链淀粉酶基因导入水稻以改善其蒸煮品质和食味品质等；④ 将与脂类合成有关的基因导入植物，如将脂肪代谢相关基因导入大豆、油菜以改善其油脂品质等。目前已有油脂改良的转基因大豆和油菜品种在美国获得商业化生产许可。

2. 果品的后熟品质改良

果品的货架存放期将直接影响其商业价值，因此，人们非常希望利用基因工程技术来改变果品的后熟品质。目前已分离到几个控制果实成熟和果实细胞壁代谢的特异基因。将反义多聚半乳糖醛酶基因导入番茄后可明显降低其成熟时的软化进程，在美国已有这种基因番茄品种获得商业化许可。干扰乙烯的生物合成会降低果实收获后成熟的进程，可通过干扰乙烯合成的前体——氨基环丙烷羧酸（ACC）的合成酶（ACS）和分解酶（ACO）基因来实现。例如，华中农业大学利用 Anti-ACO（ACO 反义基因）基因工程技术培育的耐贮藏番茄“华番一号”成为我国第一个被批准进行商品化生产的转基因农产品。

3. 观赏园艺植物的品质改良

鲜花外形、色泽及存活时间的改良将对年贸易额数 10 亿美元的鲜花产业产生巨大的影响。目前已可利用基因工程技术对类黄酮合成途径的有关酶进行操作来改变花色，利用特殊启动子控制下的 Mn-SOD 基因超量表达增加内源氧的收集能力，也有望延长其保鲜期。目前已有改变花色的牵牛花品种在中国获得商业化生产许可。

三、植物杂种优势的利用

杂种优势的利用在农业生产中发挥着重要的作用，已在多种植物中取得了明显的增产效果。利用杂种优势的关键是选育稳定遗传的雄性不育系及其保持系和恢复系。传统育种方法选育的雄性不育系多是在自然群体中鉴定，并从中筛选的细胞质雄性不育材料，然后通过多代回交转育成不同遗传背景的不育系和保持系。植物基因工程技术的兴起为创造植物雄性不育系提供了新的策略和可能。

由于迄今尚未克隆到效果明显的雄性不育基因，从而推动人们利用基因工程方法创造雄性不育系。这一方法多是采用特异性启动子与 RNA 酶基因构建嵌合基因这一策略来实现的。利用烟草花药绒毡层特异性启动子 *TA29* 与源于解淀粉芽胞杆菌（*Bacillus amyloliquefacieus*）的 RNA 酶基因 *barnase* 拼接构建成嵌合基因 *TA29-barnase*，导入烟草和油菜后获得了这两种作物的雄性不育基因工程植株。随后，又将 RNA 酶抑制基因 *barstar* 与 *TA29* 拼接构建成 *TA29-barnase* 基因的恢复基因 *TA29-barstar*，该基因转化烟草和油菜后能使利用 *TA29-barnase* 基因创造的雄性不育植株的育性得以恢复。利用这一策略已在烟草、油菜、小麦、水稻和一些果树育种中获得了雄性不育植株。采用类似的方法，如用花粉特异性启动子 *ps1* 替代 *TA29* 启动子以及用葡聚糖酶（glucanase）基因替代 *barnase* 基因等，在烟草中也获得了雄性不育植株。目前已有利用这一技术育成的玉米雄性不育品系在美国获得了商业化生产许可。

有研究者提出将反义豌豆肌动蛋白基因与花粉/花药特异性启动子拼接构建“雄性不育基因”的策略，并在小麦、番茄中获得了初步成功。该领域的研究很可能为利用基因工程技术培育植物雄性不育系提供一条新途径。

四、植物代谢工程

植物基因工程的研究发展方向即为现在正在开展的第二代植物基因工程。第二代植物基因工程的中心是植物代谢工程，重点在于改良产品品质、增加营养、提高食品的医疗保健功能，或用做工业原料，增加农副产品的附加值。如富含 β-胡萝卜素的金色稻、能降血脂的大米、高赖氨酸或高油玉米、高油酸大豆、低咖啡因含量的咖啡、彩色棉、改良油脂成分的油菜，以及生产疫苗、药物、工农业用酶制剂、能源、塑料制品等的转基因植物等。

五、生物反应器

利用植物作为生物反应器相对于微生物或动物具有生产过程简单、成本低廉，可大规模生产、安全性好等优点，目前研究热点在生产生物能源（利用植物中的纤维素生产乙醇）、人类药用相关疫苗和蛋白，以及工业酶制剂。如我国研究人员 2011 年报道利用转基因水稻可大规模生产重组人血清清蛋白，利用特异启动子让稻米可溶解蛋白质成分中的 10% 为重组人血清清蛋白，且表达的蛋白和人类自然产生的物质完全一致，目前该研究已进入规模化生产的阶段。利用叶绿体转化的高效表达体系，植物可以表达链球菌抗体蛋白，占植物可溶解蛋白成分的 70% 左右。2009 年获得农业部颁布的转基因生物安全证书的转植酸酶玉米的种子表达植酸酶活性达到1 000～120 000单位，可高效降解饲料中含量丰富的植酸，减少动物排泄物中磷的含量，减轻环境污染。

六、复合性状

复合性状转基因作物的研发是目前转基因植物研究的方向。复合性状转基因作物多是通过杂交，共转化和再转化等手段获得，目前复合性状转基因大豆、玉米、棉花等物种均已商业化种植。例如杜邦公司的转基因大豆 DP305423 不光具有耐除草剂的特点，同时种子中的油酸含量大幅度增加。这主要是通过利用大豆种子特异启动子 Kunitz trypsin inhibitor 3(KTi3)驱动编码大豆去饱和酶的 *gm-fad2-1* 基因片段，引起内源该基因的沉默，导致大豆种子中油酸向亚油酸的转换受阻，从而提高大豆种子中油酸含量。而导入的 *gm-hra* 基因可以赋予植物抵抗抗磺酰脲类草甘膦的特性，在转化过程中又可以作为选择标记使用。DP305423 自 2002 年开始田间试验，并于 2009 年允许商业化种植。2011 年先正达种子公司选育获得了含有 5 个抗虫基因和 2 个除草剂抗性基因的转基因玉米。目前具有复合性状的转基因棉花的转化事件有 21 个，其中拜尔公司的转基因棉花 GHB614 X LLCotton25 X MON 15958 品种具有 2 个抗虫基因(*cry1Ab* 和 *cry2Ab*)和 2 个除草剂抗性基因。

七、筛选标记基因的去除

随着商业化植物转基因品种的不断出现，人类生活水平质量的不断提高，转基因生物可能带来的环境安全和食品安全问题引起了公众越来越多的关注(生物安全评价详见第十九章)。筛选标记基因在选育转基因材料过程中起着关键作用，但是一旦获得了转基因材料该筛选基因就不再需要了，同时选择标记对转化植物发育分化也可能带来不可避免的代谢负担。因此，去除筛选标记基因成为转基因研究的另一个研究热点，以期避免标记基因对应的抗生素在与人类和动物相关的上市抗生素品种上的出现，减少消费者的隐忧。

目前主要四大类不同的策略消除标记基因：①位点特异性重组系统，利用重组酶催化两个特定 DNA 序列的重组而消除标记基因，例如 FLP/FRTS 系统，Cre-*loxP* 系统和 R/RS 系统。②直接重复介导的同源重组系统，通过链置换和单链侵入形成异源双链，借助细胞内的重组修复酶可使两条异源 DNA 链发生交换。该技术已成功应用于微生物和动物，但在植物中的应用尚处于探索阶段，不过在烟草中利用该系统实现了标记基因的去除。③共转化分离系统，将选择标记基因和目的基因分别设计在两个不同的 DNA 分子上或T-DNA片段中，通过转化，这些基因进入植物后，将整合在基因组中 2 个非紧密连锁位点，在植物杂交或自交分离后代中获得不含有标记基因的转基因植物。目前我国获得安全证书的转基因抗虫水稻华恢 1 号和 Bt 汕优 63 就是应用共转化分离方法去除了筛选标记基因。④转座子系统，目前 Ac/Ds 系统是研究的比较清楚的一个转座子系统。通过把目的基因置于整个转座子的外部，将标记基因置于转座子内部，转化后利用转座子的流动性可以使带标记基因的 DNA 片段和目的基因分离，最后通过自交后代中的重组分离，得到无标记的转基因后代。

相信随着现代生物技术的不断发展，针对消费者对遗传工程生物的环境安全和食品安全的担忧，利用安全标记和建立无选择标记转基因系统势在必行。

思考题

1. 什么叫植物基因工程，试比较植物基因工程与常规植物遗传育种的异同点。
2. 在植物基因工程操作过程中农杆菌转化和基因枪转化各自有何优点？
3. 转基因植株的鉴定方法有哪些，作为一组完整的转基因植株鉴定数据至少应包含哪些参数？
4. 植物基因工程中可使用哪些标记基因，有何特点？
5. 植物基因工程在农作物增产、改良作物品质以及植物反应器方面能发挥哪些作用？

主要参考文献

1. 王关林，高宏筠. 植物基因工程. 2版. 北京：科学出版社，2002
2. 孙晗笑，陆大祥，刘飞鹏. 转基因技术理论与应用. 郑州：河南医科大学出版社，2000
3. 贾士荣，郭三堆，安道昌. 转基因棉花. 北京：科学出版社，2001
4. 吴乃虎. 基因工程原理(上册). 2版. 北京：科学出版社，1998
5. 吴乃虎. 基因工程原理(下册). 2版. 北京：科学出版社，2001
6. 陈章良. 植物基因工程研究. 北京：北京大学出版社，2001
7. Desmond S T N. An introduction to genetic engineering. 2nd ed. Cambridge：Cambridge University Press，2002
8. Birch R G. Plant transformation：problems and strategies for practical application. Annu Rev Plant Physiol，1997，48：297-326
9. James C. Global Status of Commercialized Biotech/GM Crops：2011. ISAAA Briefs No. 43. Ithaca：ISAAA，2011
10. Shah D M，Rommens C M T，Beachy R N. Resistace to diseases and insects in transgenic plants：progress and applications to agriculture. Trends Biotechnol，1995，13：263-268

（林拥军　周菲）

第十四章

动物基因工程

动物基因工程是指利用DNA重组技术对动物所进行的工程操作。从遗传学角度分为遗传性与非遗传性两种形式。外源基因能够通过配子进行垂直传递并稳定遗传的称为遗传性动物基因工程；转基因(gene transfer)仅在当代表现，不能够遗传给子代的被称为非遗传性动物基因工程，如外源基因在动物体内的瞬间表达、非生殖细胞整合的嵌合体等。本章只介绍遗传性动物基因工程。

第一节　动物基因工程的发展现状与趋势

人类对动物个体进行遗传操作始于20世纪70年代末和80年代初。1977年Gorden将mRNA和DNA注射到蟾蜍的卵细胞，发现注射的核酸非但不会被降解，反而能发挥正常功能。1981年利用显微注射方法首次获得了表达疱疹病毒胸苷激酶基因(thymidine kinase，tk)的转基因小鼠，这种整合到动物基因组中的外源基因被称为转基因，相应的动物称为转基因动物。具有划时代意义的动物转基因事件是1982年Palmiter用受精卵原核显微注射法获得编码大鼠生长激素(growth hormone)基因的转基因小鼠，其体重是非转基因小鼠的2～4倍，被称为硕鼠(gigantic mouse)(图14－1)。此项研究成果引起了全世界的轰动，并掀起了转基因动物研究、利用和开发的浪潮。30多年来，人类运用受精卵原核显微注射法先后生产出转基因小鼠、大鼠、家兔、绵羊、山羊、猪、牛、鸡和多种鱼类，部分转基因动物产品已经实现了产业化，造福着人类与社会。

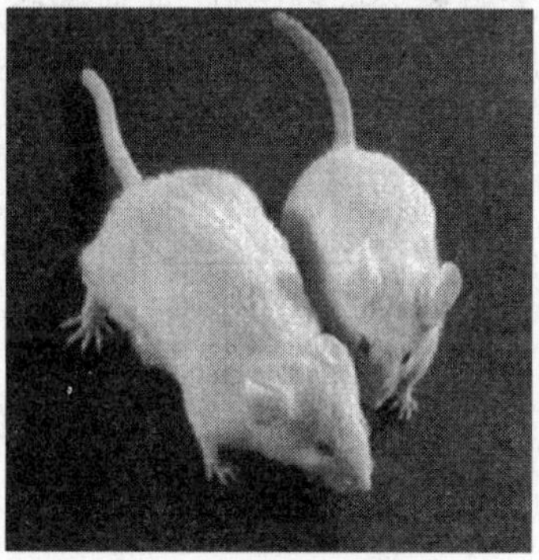

图14－1　转基因小鼠

图中左边为转大鼠生长激素基因的小鼠，重44 g，生长速度比非转基因小鼠快2～3倍；右边为同龄的对照小鼠，重29 g(Primrose等，2003)

动物基因工程将在人类疾病模型、长寿与衰老分子机理、针对重大疾病的蛋白药物研发、提升动物优势性状表现程度等诸多方面发挥重要作用。由美国GTC公司利用转基因羊乳腺生产的、用于预防或治疗人类血栓的抗凝血因子III(商品名)于2006年在欧洲上市；该药物2009年获得了美国FDA批准在美国上市，标志着世界上动物生物技术产业取得了里程碑式的突破。美国将珊瑚虫的荧光基因转移到斑马鱼基因组内，获得了可以检测水质污染的转基因斑马鱼，并被开发成观赏鱼类在德克萨斯州上市。有效推动了动物基因工程技术的发展，展示了其广阔的发展空间。

动物基因工程的实质是改变动物的遗传组成,增加动物的遗传多样性,赋予转基因动物新的表型特征,使其能够更好地服务于人类社会。

一、精细与安全的动物遗传修饰新技术

1. 高效转基因技术逐步成为动物基因工程的主流

从转基因的技术手段来看,除DNA显微注射法(DNA microinjection)外,人们先后尝试过反转录病毒载体介导法(retrovirus-mediated gene transfer)、精子介导法(sperm-mediated gene transfer)、胚胎干细胞介导法(embryo stem cell-mediated gene transfer)和转基因体细胞核移植法(nuclear transfer)等多种转基因方法。显微注射法转基因成功率较低(一般仅为1%～3%),且需要特殊的设备和一定的操作技巧,因其制备简单仍然是目前转基因动物制作的一种常用方法。胚胎干细胞介导法目前主要用于制作转基因小鼠和转基因鸡,而新近建立的诱导型多能干细胞(induced pluripotent stem cell,iPS)技术将有效扩大干细胞法制备转基因动物的适用物种。利用转基因体细胞和核移植相结合技术生产转基因动物,可以使转基因的成功率接近100%,同时在转基因细胞筛选阶段可以检测外源基因的完整性和表达水平,有助于生产出高表达的转基因动物。1997年世界上第一只整合了人凝血因子IX(human factor IX)基因的转基因体细胞克隆绵羊波莉(Polly)诞生,堪称为转基因动物研究史上的一个新里程碑。此后又制备了敲除β-半乳糖苷转移酶基因和适用于异种器官移植的转基因克隆猪、抗蓝耳病的转基因猪等动物,转基因体细胞的核移植技术已经成为转基因动物生产的主流方法。

2. 从外源基因随机插入(或整合)到定点整合的转变

外源基因在基因组中的存在方式有两种,即随机整合(random integration)和定点整合。在随机整合中由于插入位点的随机性,插入位点的邻近序列对外源基因产生位置效应而影响转基因的表达,或使某些重要的内源基因发生插入突变,进而影响转基因动物的生长发育。

基因打靶(gene targeting,也称为定点整合)是通过外源基因与靶细胞基因组上同源序列间的同源重组,将外源基因定点整合到靶细胞特定染色体的确定位置上,或使某一个特定位点上的基因发生定点突变。借助动物体细胞的长期传代培养和同源重组克隆筛选,可以获得大量被修饰的转基因细胞系,再通过转基因体细胞核移植技术制备定点修饰转基因动物。通过基因打靶获得的敲出(或失活)Myostatin(骨骼肌发育抑制因子,MSTN)基因的转基因小鼠,其肌肉产量比非转基因小鼠高出2～3倍,证明了肌肉发育抑制基因的缺失可造成肌肉的异常发育,为人类肌肉萎缩症治疗提供了有用转基因动物模型。基因组的定点遗传修饰无论在转基因动物的安全性,还是在应用领域上都具有独特的优势,已经成为动物基因工程中的主要研究方向。

3. 对外源基因控制更加精细与安全

从转基因的策略来看,有"超表达"(overexpression)、"异位表达"(ectopic expression)、"基因敲降"(knock-down)和"基因敲除"(knock-out)等动物转基因形式。超表达是指在转基因动物体内过量表达其本身含有的功能基因;异位表达是指在转基因动物特定组织中表达该组织不表达的蛋白质;基因敲降是指通过RNA干扰技术使靶基因的表达水平大幅度降低;基因敲除是指将目的基因从动物的基因组中删除,使转基因动物概念得到了拓展。在常规的转基因动物中,人们无法对转基因的表达或内源性基因的敲除进行时间和空间上的控制。随着技术的发展,条件性转基因技术得到了快速发展,并逐渐成熟。科学家研发了

诱导型启动子(Tet-On、Tet-Off 等系统)来控制转基因表达开启或表达水平调节;或用组织特异性启动子来控制转基因在特定组织中表达或敲除。

借助转基因技术可将单一的功能基因和基因簇引入高等动物的基因组,或将目的基因从动物基因组中敲除,实现了种系内和种系间的基因转移或修饰,产生新的基因型和表型。动物基因工程在超越生物王国种属界限的同时,简化了生物物种的进化程序,大大加速了生物物种的进化速度。虽然由此引发出一系列争议,但丝毫没有影响转基因动物的研究与应用。

二、转基因动物将成为有限自然资源高效利用的主力军

我们赖以生存的地球存在着有限的自然资源,战争、人口数量增加、居住面积扩大,生态平衡受到威胁,有些物种已经灭绝,部分物种濒临灭绝。如何从越来越少的自然资源中获得足够量的动物产品,以满足人类活动的需求,已经成为今后动物资源利用的主要方向。我国培育出的转生长激素转基因猪(二、三代),生产水平提高 20%。转基因鲤鱼 5 个月时体重可达 1 000 克以上,而一般的鲤鱼,此时只能长到 300～800 克。敲除成纤维细胞生长因子 5(fibroblast growth factor 5,FGF5)的转基因小鼠,其毛长比非转基因个体长 1 倍之多。这些实验结果充分证明了利用动物基因工程技术可有效改善自然资源的利用水平,减少环境压力,提高单产效益。

目前,在饲料利用率、对抗重大传染性疾病、产蛋量、产奶量、被毛颜色、生长速度、繁殖性能等影响畜禽生产效率等方面,研制了相应的转基因动物模型,获得了优异的表型特征。随着对性状形成机制研究的深入,多基因在转基因动物基因组中的有效集成,更加安全、更加高效的转基因动物将为人类社会提供丰富的食品来源。

第二节　动物转基因技术

因减数分裂的同源染色体配对,或双链 DNA 断裂与重接(DNA 修复)时所产生新等位基因的过程被称为遗传重组(genetic recombination)。在真核与原核细胞中普遍存在着因 DNA 修复所产生的遗传重组。遗传重组是维持遗传信息稳定、造就新的 DNA 突变和新表型的主要机制,也是制备转基因动物的主要理论依据。

一、动物基因工程载体

作为动物基因工程载体必须具备以下几个功能。第一,为外源基因提供进入受体细胞的转移能力。从理论上讲,任何 DNA 分子均可以物理渗透方式进入生物细胞中,但这种频率非常低,以致在常规的实验中难以检测到。某些种类的载体 DNA 分子本身就具有高效转入受体细胞的特殊生物学特性,因此由外源基因与载体所拼接的重组 DNA 分子转入受体细胞的概率比外源 DNA 片段提高几个数量级。第二,为外源基因提供在受体细胞内复制或整合的能力。外源基因在受体细胞内面临两种选择:①直接整合在受体细胞染色体 DNA 的某个区域,作为基因组的一部分进行复制与遗传;②独立于受体细胞染色体 DNA,以附加体形式存在。第三,为外源基因提供在受体细胞内的表达能力。载体中需要具备使外源基因在受体细胞内有效表达的相应调控元件和终止序列。

上述三大功能并非所有的载体分子都必须具备的,应依据实验目的的不同而有所不同,

但为外源基因提供复制或整合能力的特性是必不可少的。在制备转基因动物时常用的载体一般都具有整合能力，只有目的基因整合到受体细胞基因组中，才能实现可遗传性。根据载体携带目的基因在受体细胞基因组的整合情况，载体大致分为两类：一类是随机整合载体；一类是定点整合载体。另外从转基因动物目的基因表达水平的角度来看，动物基因工程载体可以分为三类：过表达载体；敲降载体；敲除载体。本节将以后者分类方式分别介绍三类载体的特点和功能。

1. 过表达载体

过表达载体其作用就是使目的基因水平超量表达，也就是在转基因动物受体细胞中，载体携带目的基因的表达水平高于受体细胞原有该基因的表达水平。表达载体的共同特点是都带有原核复制区和选择性标记基因，保证重组 DNA 分子能够在大肠杆菌中扩增，同时也必须包括能在真核细胞表达的相关元件。一般包括转录外源 DNA 序列的启动子元件、转录产物有效地加上 poly(A)尾巴所必需的信号序列、真核细胞中的选择性标记(如新霉素抗性基因 neo^r；胸苷激酶基因 *tk*；绿色荧光蛋白基因 *gfp*；腺嘌呤磷酸核糖转移酶基因 *aprt* 等)，另外还可增加了一些附加元件，如增强子、内含子、剪接供体与受体点，以保证外源基因的高效表达。通常过表达载体包括以下几类：

(1) 通用型表达载体

通用型表达载体可使携带的目的基因高效表达，而且一般无物种或细胞类型的特异性，是研究基因功能的有力工具。其应用非常广泛，可以应用于转基因改良畜禽生产性能和品质，细胞示踪等基础研究。启动子是一段能够与 RNA 聚合酶结合且起始 RNA 合成的 DNA 序列，位于基因的上游，其长度因物种不同而不同。所谓通用型表达载体拥有真核细胞表达载体共同结构特征，主要差别在于启动子，这类表达载体的启动子可以驱动目的基因在同物种或不同物种中所有类型细胞(组织)表达。常用的通用启动子一般是病毒来源的启动子，其长度大约 300～700 bp，能够高效驱动目的基因表达，如巨细胞病毒(cytomegalovirus，CMV)启动子、猿猴空泡病毒 40(Simian virus 40，SV40)启动子。另外细胞持家基因的启动子也可以作为过表达载体的启动子，如肌动蛋白(actin)、组蛋白基因调控区。如图 14-2 为一个典型的过表达载体，CMV 为启动子，保证目的基因高效表达；MCS(multiple cloning site)是多克隆位点，利用这些酶切位点可以把目的基因插入；同时有 SV40 聚腺嘌呤信号序列，这样就构成了一个完整的目的基因表达结构。载体骨架中的 SV40 *ori*(SV40 origin)使该载体在任何表达 SV40 T 抗原的真核细胞内进行复制；新霉素抗性盒(neo^r)由 SV40 早期启动子、Tn5 的 neomycin(新霉素)/kanamycin(卡那霉素)抗性基因(neo^r/kan^r)以及 HSV-TK(单纯疱疹病毒胸苷激酶，herpes simplex virus thymidine kinase)基因的聚腺嘌呤信号组成，能应用 G418 筛选稳定转染的真核细胞株。此外，载体中的 pUC *ori*(pUC origin)能保证该载体在大肠杆菌中复制。

(2) 组织特异性表达载体

在高等的真核生物中，有些基因只在特定的组织中表达，也就是说一些特定的调控序列(启动子)可以调控基因在特定的组织中有效表达。因此可以利用这些特定的调控元件构建真核表达载体，驱动目的基因在特定组织中表达，这样的载体称为组织特异性表达载体。常用的组织特异性表达载体有乳腺组织特异性表达载体、肌肉组织特异性表达载体和神经组织特异性表达载体等等。

以山羊乳腺特异性表达载体 pBC1 为例(图 14-3)，该质粒中含有一个可以保证重组质粒在原核细胞内大量复制的复制原点(来自质粒 pBR322)和选择性标记(氨苄青霉素抗性

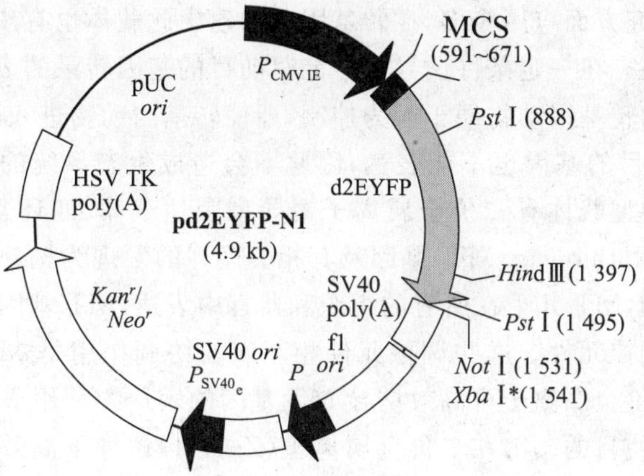

图 14-2 通用型表达载体 pd2EYFP-N1 图谱

基因)。所选用的启动子为山羊乳腺特异性表达的β-酪蛋白(β-casein)基因启动子,外源DNA片段插入到外显子2和7之间的 *Xho* Ⅰ多克隆位点上,其后为β-酪蛋白基因的3′调控区,保证转录的有效终止。为了防止随机整合外源基因插入位点的位置效应,在启动子上游增加了两个β-肌球蛋白 (β-globin) 基因的隔离子序列,保证转基因的高效表达。该载体还可以通过在 *Sal* Ⅰ和 *Not* Ⅰ位点插入靶基因的两侧同源臂,制备成同源重组转基因结构,实现基因敲除(knock-out)与敲入(knock-in)。利用该转基因结构所制备的转基因动物乳腺中外源基因的表达水平达到了 60 mg/L。

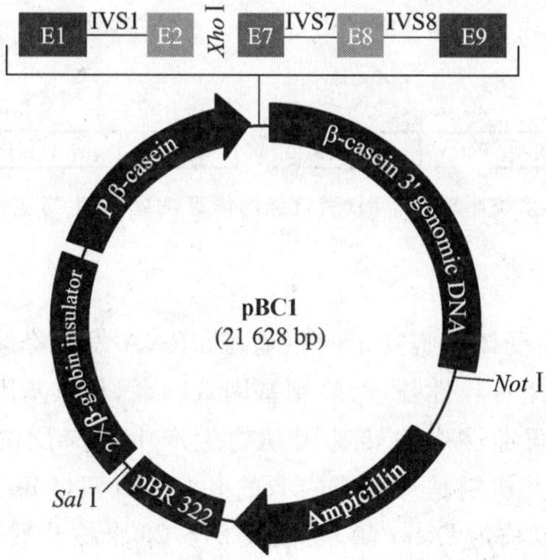

图 14-3 乳腺组织特异性表达载体 pBC1 图谱

β-globin insulator (2X),肌球蛋白基因的隔离子;Pβ-casein,β-酪蛋白基因的启动子;E1、E2、E7、E8、E9,β-酪蛋白外显子 1(非编码);IVS1、IVS7、IVS8,β-酪蛋白基因的内含子;β-casein 3′ genomic DNA,β-酪蛋白基因 3′调控区;Ampicillin,氨苄青霉素抗性基因;pBR322 的复制原点

关于人工改造的质粒载体很多,并有大量的商业化产品,但各具各的特点,应针对不同目的适当选择。

(3) 条件控制表达载体

条件控制表达载体的优点是可以人为控制其所携带的目的基因的时空表达,在胚胎发育、干细胞等基础研究方面应用较多,在转基因鱼构建中此载体也有广泛应用。诱导型表达载体是指其启动子只有在一定条件诱导下才能驱动目的基因转录的表达载体。采用这种诱导型表达载体制备的转基因动物便于人为控制,即使转基因动物进入自然环境中,如果不存在合适的诱导条件,目的基因也不能表达,因此不会造成生态系统的破环和生物安全等问题。目前常用的诱导型载体有二价金属离子诱导型表达载体、四环素诱导型表达载体等。人金属硫蛋白(metallothionein,MT)基因及其相关序列的发现为构建二价金属离子诱导型表达载体提供了基础,MT 几乎在所有的组织和器官中表达,MT 基因的启动子含有多个金属调控元件和激素调控元件。这些调控元件相互间的协调作用是 MT 高效表达和多因素诱导的基础,尤其二价金属离子可高效诱导 MT 基因的表达。利用 MT 基因的启动子构建的真核表达载体,可使目的基因在二价金属离子(ZnSO4)诱导下高效表达。四环素诱导型表达载体也称 Tet-On 系统(如图 14-4),此系统主要由三部分构成,即调节单位、与目的基因相连的反应元件和诱导剂。四环素调控的转录激活子(rtTA)由突变的大肠杆菌 Tn10 的四环素阻遏蛋白(TetR)的 DNA 结合区与 VP16 融合而成。四环素应答元件(TRE)由人巨细胞病毒 IE 启动子的微小启动序列(Pcmv)、大肠杆菌的 tet 操纵子序列和目的基因三部分连接而成。四环素或强力霉素(doxycycline,Dox)存在时,rtTA 与 tetO 结合,激活 Pcmv 继而启动目的基因的转录;而当 Dox 不存在时,rtTA 不与 tetO 结合或结合很弱,因而不能启动目的基因的转录。

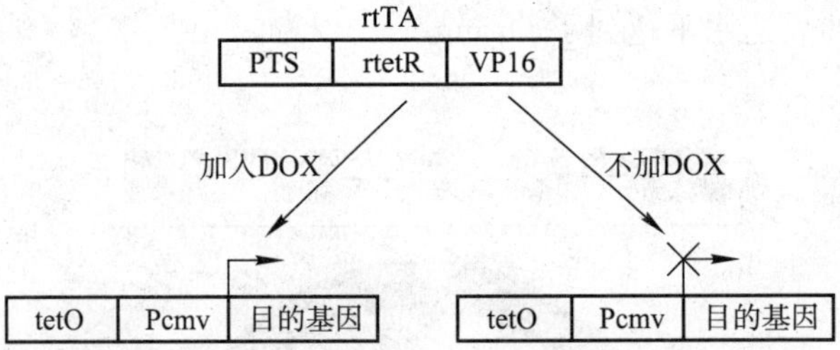

图 14-4　Tet-On 系统原理示意图(引自杨丽华等,中国优生与遗传杂志,2009,17(2))

2. 敲降载体

敲降载体的作用是使受体细胞特定的靶基因 mRNA 发生降解,从而使靶基因的表达水平大幅降低,其优点是作用特异性强,敲降靶基因效率高,相对基因敲除载体操作简单,筛选细胞周期短。目前在抗病毒性疾病转基因动物生产中有广泛的应用。原理主要是依据 RNA 干扰(RNAi)技术,其机制是外源或内源的 dsRNA(双链短 RNA)被细胞内能剪切特异 dsRNA 的核糖核酸酶(称为 Dicer 酶)切割成 21～23 个核苷酸(nt)大小、每个 siRNA(短的干扰 RNA)的 3′端带有两个突出碱基的干扰双链 RNA,此双链 siRNA 与一个核糖核酸酶复合物结合,形成 RNA 诱导沉默复合物(RISC,至少含有 siRNA、RNase 和 RNA 解旋酶),RISC 中的 siRNA 引导识别靶向同源 mRNA,由 RNA 解旋酶完成靶向 mRNA 与 siRNA 正义链换位,RNase 在距离 siRNA 3′端 12 个 nt 处切割靶 mRNA,使其降解,从而使转录后基因沉默。

敲降载体结构和前面所述的真核表达载体基本相同(图 14-5),区别在于启动子和转录单元。目前常用的敲降载体一般选择 U6 启动子和 H1 启动子,是类依赖 RNA 聚合酶Ⅲ的启动子,有明确的启始和终止序列,在离启动子一个固定距离的位置开始转录合成 RNA,遇到 4～5 个连续的 U 即终止,并且转录产物在第二个尿嘧啶处被精确切下来。转录的干扰

RNA 多数为一段 45～50 nt 的发夹结构 RNA(small hairpin RNA,shRNA),在哺乳动物细胞中的表达,shRNA 在细胞内会自动被加工成为 siRNA,从而引发基因沉默或者表达抑制。

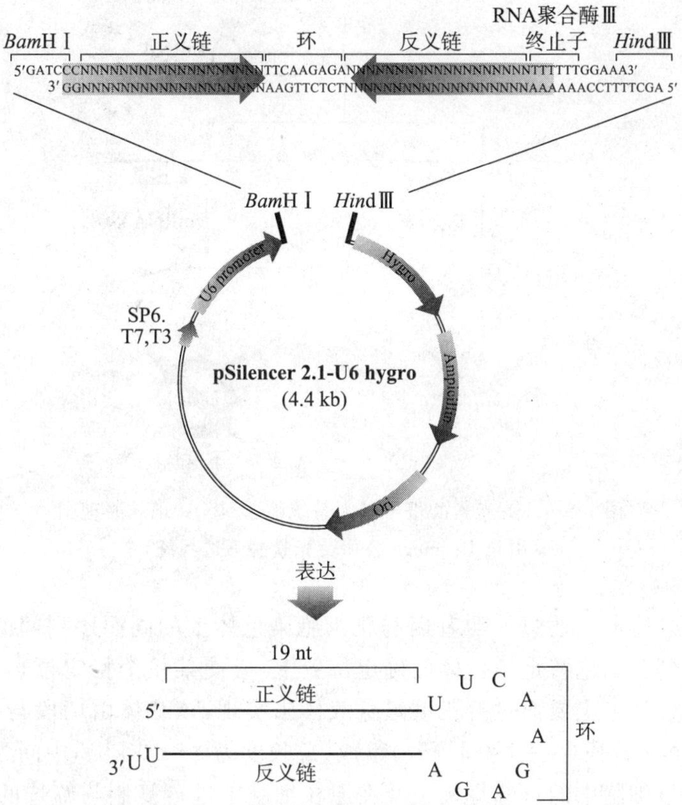

图 14-5　敲降载体结构示意图

对于 RNAi 靶点的筛选,首先采用生物信息学对靶基因干扰靶点进行预测,然后通过生物学实验验证,在这里介绍一种比较常用的生物学实验验证方法(重组质粒法)。以荧光素酶报告基因系统为例(图 14-6),首先构建一个真核表达载体,在报告基因(荧光素酶或 GFP 等)的翻译终止密码子后插入目的基因片段。将构建后的载体和 shRNA 共转染 293T 细胞,在细胞内就会转录出荧光素酶基因和目的基因的融合 mRNA,如果 shRNA 在目的基因上无靶点,不会影响荧光素酶基因的翻译,在添加荧光素酶化学发光底物情况下,底物就会被分解并产生一定波长光,通过检测器可检测发光情况;反之,若 shRNA 在目的基因上有靶点,融合 mRNA 被降解,光素酶基因不能翻译,就不会产生一定波长光。通过本系统可以快速、准确的验证 RNAi 干扰靶点。

3. 敲除载体

敲除载体是在 DNA 水平对受体细胞内靶基因实施编辑与修饰,具有作用位点的特异性,因而该载体在研究基因功能、转基因动物疾病模型、转基因改良畜禽性能等方面有着广泛应用。敲除载体主要作用是破坏靶细胞中特定基因表达结构,使其不能表达,而且是位点特异性。为了实现此目的,一直利用同源重组技术来实现,随着基因敲除技术的发展产生了效率更高的锌指蛋白酶、TALEN 和 CRISPR/Cas9 等技术,下面分别对这些技术介绍。

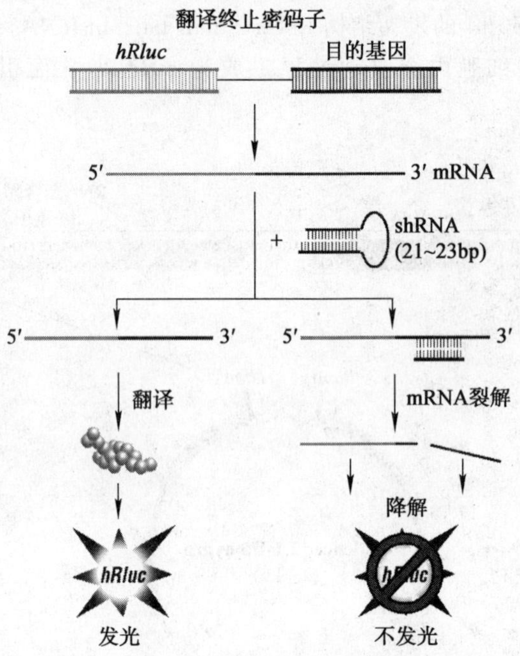

图 14-6　荧光素酶报告基因系统筛选 RNAi 靶点原理图

（引自 Promega 公司荧光素酶筛选系统）

(1) 同源重组技术　通过外源基因与靶细胞染色体上的同源序列间的同源重组，将外源基因定点整合到靶细胞特定染色体的确定位置上，或使某一个特定位点上的基因发生定点突变的技术。该技术主要通过打靶型敲除载体来实现，该载体由两段与基因组内靶基因座序列同源的 DNA 片段（又称为同源臂）组成（总长度为 4～10 kb），中间为正向选择标记，同源臂外侧为真核细胞中的负选择标记及在原核细胞中进行复制与筛选的载体 DNA 序列（图 14-7）。

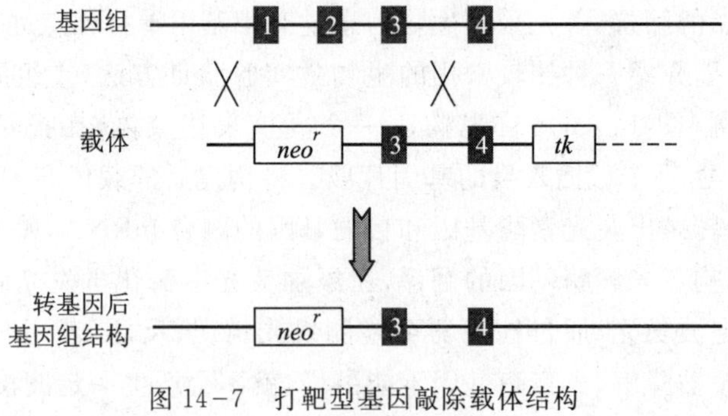

图 14-7　打靶型基因敲除载体结构

黑块为外显子

正筛选标记通常是细菌的新霉素抗性基因（氨基糖苷磷酸转移酶基因，*neo*^{r}），该基因的表达可以抵抗 G418 对细胞的致死效应。G418，即 geneticin，是一种氨基糖苷类抗生素，是硫酸新霉素类似物，通过干扰核糖体功能而阻断蛋白质合成，对原核和真核等细胞均产生毒性。当 *neo*^{r} 基因被整合进真核细胞 DNA 后，表达氨基糖苷磷酸转移酶，使细胞获得抗性而能在含有 G418 的选择性培养基中生长，因此被称为正筛选标记。负选择标记是胸苷嘧啶激酶基因(tk),该基因可以使培养液中所添加 GANC(9-(1,3-二羟二丙氧)-甲基鸟嘌呤)磷酸化,进而参与 DNA 复制并造成 DNA 复制的提前终止,从而引发细胞死亡。因此这种标记又被称为自杀基因。两侧同源臂主要是引发两次交换,造成同源臂间的 DNA 序列取代靶位点上的相应序列。

转染了同源重组结构的细胞,其外源基因有两种去向,即基因组中没有整合外源基因的细胞和整合了外源基因的细胞。两者可以通过在细胞培养液中添加 G418 杀死没有整合外源基因的细胞,保留整合外源基因的细胞。整合了外源基因的细胞又分为两种情况,即随机整合及定点整合(发生了同源重组)。两者可以通过添加 GANC 而将随机整合的细胞杀死,剩下的正常生长细胞便是基因敲除的细胞系。经过传代后用于嵌合体或核移植,便可生产转基因克隆动物。同源重组细胞系筛选原理见图 14-8。

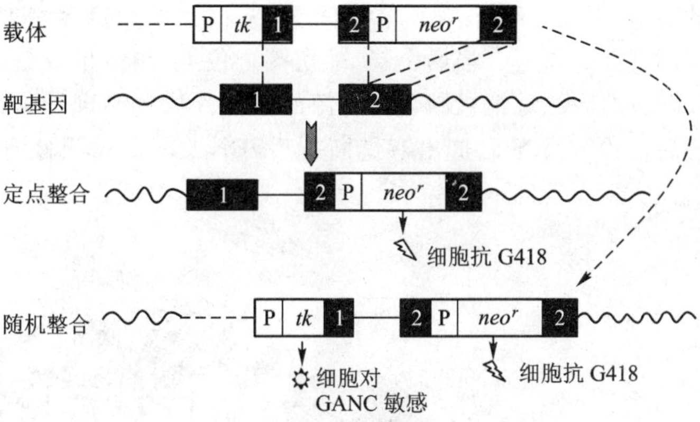

图 14-8 同源重组与随机整合细胞系的筛选示意图

基于同源重组原理人们又开发出适合于不同需求的穿梭型载体(Hit-Run)、双置换型载体和共整合型载体等。

(2) 基因敲入 基因敲入是利用同源重组原理将外源基因插入到染色体的特定位点上。基因敲入的转基因结构设计上相似于基因敲除结构,但区别在于:或用外源基因替换并失活靶基因,或在不影响靶基因功能的前提下插入新的基因,或在染色体上特定位点插入新的外源基因,从而实现基因转移,并使外源基因高效表达。在对靶基因的选择上,应依据实验目的和靶基因或靶位点的功能认真选择,以免阻碍外源基因的表达。如对早期发育至关重要的基因进行失活,就会造成胚胎早期死亡,不能得到转基因成活个体。

基因敲入载体结构相当于在图 14-8 中的 neo^r 基因和 3′同源臂交界处增加一个外源基因,既在敲除的同时又插入了一个新的基因。其转基因细胞系的筛选原理和过程也是相同的。

利用同源重组的原理衍生出了许多新型载体,如无启动子载体,利用靶基因上的启动子来转录标记基因的 mRNA 并翻译出特定的蛋白质,而达到筛选之目的。也就是说只有外源基因整合到特定基因的特定位点上,才能引发标记基因的表达。为此,必须在打靶载体上将正选择标记基因,如 neo^r 基因的启动子去掉,使其在发生非同源重组时保持沉默。如果 neo^r 基因正确放置在打靶载体上,经过同源重组之后,将恢复 neo^r 基因的转录与翻译活性,也使定点整合的转基因细胞获得了抗 G418 的能力。

另一种是无 poly(A)信号序列载体。poly(A)是 mRNA 成熟的主要标志,否则mRNA

不能走出细胞核，因此在成熟 mRNA 的 3′端均有 poly(A)信号。基于 poly(A)信号的特殊作用和依据无启动子筛选原理，又发展出了无 poly(A)信号转基因结构。如果打靶载体上的标记基因没有 poly(A)信号，就必须利用靶基因上的 poly(A)信号才能得到表达，因此此法也同无启动子筛选法一样，也能富集同源重组的细胞克隆。

(3) 锌指核酸酶(zinc-finger nucleases，ZFNs)技术　锌指酶技术是继同源重组后发展的新型技术，锌指蛋白可以识别所有的 GNN 和 ANN 以及部分 CNN 和 TNN 三联体。在基因组水平上至少有 18 bp 的 DNA 序列才能确保靶位点的特异性，所以可通过多个锌指蛋白串联起来形成一个锌指蛋白组，以识别一段特异的碱基序列，具有很强的特异性和可塑性。与锌指蛋白组相连的非特异性核酸内切酶来自 *Fok* Ⅰ的 C 端的 96 个氨基酸残基组成的 DNA 剪切域。*Fok* Ⅰ是来自海床黄杆菌的一种限制性内切酶，只在二聚体状态时才有酶切活性，每个 *Fok* Ⅰ单体与一个锌指蛋白组相连构成一个 ZFN，识别特定的位点，当两个识别位点相距恰当的距离时(6～8 bp)，两个单体 ZFN 相互作用产生酶切功能，从而达到 DNA 定点剪切的目的(图 14-9)。当两个 ZFN 切割靶位点，制造出双链断裂以后，细胞的修复机制被激活，DNA 的同源重组机制会将外源的同源片段复制到断裂缺口上，从而达到引入外源基因片段的目的。ZFN 制造出双链断裂后，DNA 同源重组修复引入外源片段的效率增加了几千倍。

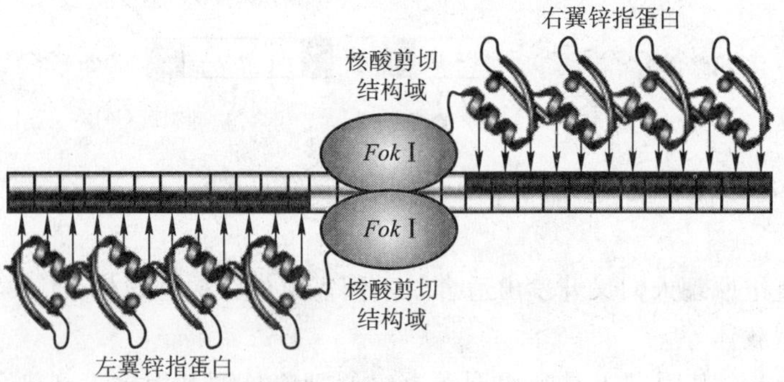

图 14-9　锌指酶靶 DNA 结合示意图(Urnov F D，Nat Rev Genet，2010，11：636-646)

(4) TALENs 技术　TALE 核酸酶(TALE nucleases，TALENs)是继锌指核酸酶技术以来发展的一种能够对基因组进行高效定点修饰的新技术。来自植物病原黄单胞菌(*Xanthomonas*)中的 TALE 蛋白 DNA 结合域由数目不同(12～30)、高度保守的重复单元组成，每个重复单元含有 33～35 个氨基酸，除了第 12 和 13 位氨基酸可变外，其他氨基酸都是相同的，这两个可变氨基酸被称为重复序列可变的双氨基酸残基(repeatvariable di-residues，RVD)，每个 RVD 可特异性识别 4 个碱基中的 1 个，HD(组氨酸与天冬氨酸)特异识别 C 碱基，NI(天冬酰胺与异亮氨酸)识别 A 碱基，NN(天冬酰胺与天冬酰胺)识别 G 或 A 碱基，NG(天冬酰胺与甘氨酸)识别 T 碱基，NS(天冬氨酸与丝氨酸)识别 A、T、G、C 中的任一种。利用氨基酸序列与其靶点 DNA 序列有恒定的对应关系，构建与核酸内切酶 *Fok* Ⅰ的融合蛋白，在特异性位点打断目的基因组 DNA 序列，从而可在该位点进行 DNA 编辑修饰。两个 TALENs 单体以尾对尾的方式通过 TALE 部分特异性结合到靶 DNA 上，非特异性的 *Fok* Ⅰ通过形成二聚体对识别位点间 spacer 的几个核苷酸进行切割并使 DNA 断裂。TALENs 产生的双链断裂(double strand break，DSB)能够通过以下两种途径进行修复：一种是同源重组(homologous recombination，HR)修复，在一个具有同源臂的 DNA 模板存在下，细胞能够将含有同源臂的外源基因整合到靶位点的DNA序列上；另一种是非同源末端连接(non-homologous end joining，NHEJ)修复，直接修复断裂的DNA双链，该修复机制往往导致DNA断裂处碱基的突变，多数情况下发生碱基缺失。这种错误修复如果发生在一个基因的外显子上，能够导致该基因阅读框的改变，达到DNA定点敲除的目的(图14-10)。

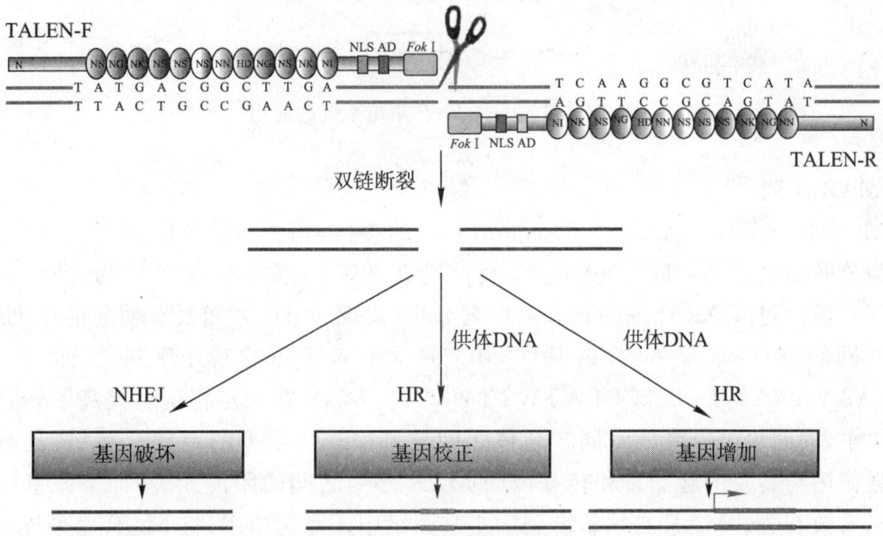

图14-10　TALENs作用靶点基因组DNA位点产生双链断裂后，不同修复机制应用示意图
(引自Mahfouz和Lixin，GM Crops，2011，2(2)：99-103)

二、载体相关调控元件

基本骨架载体能够保证目的基因在受体细胞表达，但有时根据研究需要或客观原因及生物安全性考虑，要求靶基因的表达可以人为控制，需要时表达，不需要时不表达，或增加特定元件以删除不需要的冗余序列。下面分别对这些调控元件作介绍。

1. Cre-*loxP*重组系统

在进行转基因操作过程中，由于有些基因在胚胎发育过程中是至关重要的，这些基因的表达或缺失会引发胚胎的死亡，如果对这些基因实施操作就不会得到成活转基因个体，为此人们开发除了条件性重组系统(如Cre-*loxP*重组系统)。Cre酶是来自于噬菌体P1的重组酶，能催化具有相同或相似的特殊序列位点两条DNA链间的重组，根据参与反应的*loxP*的方向和相对位置，Cre酶可以分别催化DNA的整合、切除或重组等多种反应。有关Cre酶和噬菌体P1的关系请见第四章人工染色体载体。Cre酶是一个38kD的蛋白质，调节*loxP*位点间的染色体内(切除、反接)和染色体间(整合)的特异性重组。*loxP*位点由34对碱基组成，除了中间的8个碱基对(此8个碱基对决定了*loxP*的方向性)外，其余部分为一个反向重复序列。当两个*loxP*位点方向相同时，Cre酶催化两个*loxP*位点发生重组，删除两个*loxP*位点间的DNA片段和一个*loxP*位点。如果有多个串联重复且方向相同的*loxP*位点时，Cre酶将删除两端最远的两个*loxP*位点间的DNA片段，以保证只有一个*loxP*位点，这样就防止了转基因的串联重复，提高转基因的表达水平(图14-11)。当两个*loxP*位点方向相反时，Cre酶仅使两个*loxP*间的DNA片段发生倒转，不会发生删除，且依然保持两个*loxP*位点。

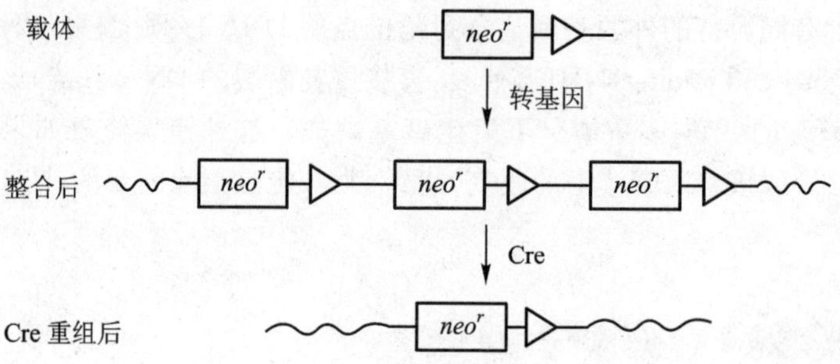

图 14-11　Cre-*loxP* 重组系统的应用

2. MAR 序列

MAR 序列(matrix attachment region,基质结合区,简称 MAR 序列)是真核生物基因组中可与核基质结合的一段 DNA 序列,目前已在果蝇、家蚕、鸡、哺乳动物、酵母和一些植物中发现。通过对 MAR 序列的核苷酸序列分析,发现 MAR 之间没有明显的序列同源性,但却有共同的特征:富含 A、T 碱基(≥70%);含有若干短的基元序列/模体,如 A-box (AATAAAYAAA)、T-box(TTWTWTTWTT)。MAR 在一定程度上提高了转基因的平均表达水平,同时也可以降低不同转化体之间转基因表达水平的差异。MAR 具有的这种转录增强作用与转录的起始点和转基因同 MAR 序列之间的距离无关,而与该基因的整合状态及拷贝数有关。MAR 必须整合到宿主基因组中才能起作用,将 MAR 序列连接到报道基因的两翼,那么任何整合进不活跃区的外源 DNA 都有可能形成一个独立的环区,使得外源基因能够进行高水平的转录。MAR 序列可以限制凝聚染色质结构的扩展,使相邻的转录单元彼此独立以免受周围染色质中顺式调控元件的影响,从而达到基因正常表达。

3. 绝缘子

绝缘子(Insulator)既是基因表达的调控元件也是一种边界元件,能够阻止临近的调控元件对其所界定基因的启动子增强或抑制作用,以将表达域保护起来。边界元件通常有两个功能:一是有抵抗染色体位置效应的能力;二是可以作为增强子的阻碍物阻断增强子对启动子的作用。通过对脊椎和无脊椎动物的多种具有特异性功能细胞的研究,已经在不同基因中找到若干绝缘子,并且采用标准的转基因方式评估了异源边界元件的功能。为了克服位置效应,通过增加表达域所需的调控元件,增加绝缘子,可提高目的基因的表达水平。

将基本骨架载体与相应的调控元件有机组合,可以实现转基因结构的多样化,以适合不同的转基因动物研究需求,因此对转基因载体结构的精细设计,可以达到事半功倍的效果。

三、基因转移技术

向真核细胞转移外源基因的方法大致可分为三类:物理法、化学法和生物法。物理法中主要是电激法、微注射法、基因枪法(见第十三章)和超声波转染法;化学法中最为常用的是磷酸钙沉淀法、DEAE 葡聚糖转染法(二乙氨基乙基交联葡聚糖)、脂质体法;生物法中主要是病毒感染法。

1. 动物细胞的物理转染法

物理转染法是一种利用机械刺激将外源 DNA 导入细胞内,从而达到基因转移的实验方法。物理法对所转基因的长度没有限制,但转染效率随着 DNA 长度的加大而降低。

(1) 电激法(electroporation)　电激法也叫电脉冲刺激法、电场转移基因法或电转化法。其基本原理是在外加短暂高压电脉冲的作用下,细胞膜电位发生改变,细胞质膜瞬间形成纳米级的微孔。外源DNA通过这些微孔或者伴随微孔关闭时膜成分的再分布而直接进入细胞内，并进一步整合到宿主DNA上，达到转基因目的。具有游离末端的线性DNA分子，易于发生重组，因而更容易整合到寄主染色体，形成永久性转化子。影响电转染效率和细胞存活效率的主要因素有电脉冲的最大电压、电容、持续时间，及电转液的温度与组成、DNA浓度、细胞类型与数量。因此当转染不同细胞时须进行条件优化，以期得到最佳的转染效果。

其主要特点表现为具有较强的通用性，可用于动物、植物和微生物等各类细胞；除了能够将外源DNA导入细胞，还可以将蛋白质等物质转入细胞；具有效率高、无毒性、参数容易控制等优点；操作简便、成本低；对于大片段DNA转染效果较好；对细胞损伤大，不易存活。

基于电激转染适合于所有类型的细胞，并具有较强的通用性，为此Amaxa公司优化了电激条件、开发了适合于不同细胞类型的专用转染试剂，形成了一种新的高效物理转染方法——核转染。节省了研究者优化转染条件的时间，提高了转染效率，特别适用于转染原代细胞和难以转染的细胞系。

(2) 显微注射法(microinjection)　显微注射法是将外源DNA在显微操作系统的辅助下，通过玻璃微管直接将外源DNA注入哺乳动物受精卵的原核内，使外源基因整合到基因组上。利用显微注射法已经制备了转基因牛、羊、猪、兔、小鼠等动物，并逐步发展成为转基因动物生产的主要方法。

随着加工工艺的改进，显微注射法不但可以进行受精卵的微注射，还可以自动化地进行贴壁或悬浮细胞的微注射(30～40个细胞/min)，注射基因无需载体，长度可达100 kb，存活下来且注射过的细胞均能瞬时表达，约有1%～30%的克隆是稳定表达的克隆，外源基因整合率较高。此种转基因方法的缺陷是需要昂贵的设备和操作熟练的技术人员，费时且效率低，基因的拷贝数无法控制。

(3) 基因枪法　基因枪法的基本原理是将要转染的DNA吸附到高黏度的金属(钙或金等)颗粒上，在一种加速装置的作用下，将这些粒子高速打入细胞或组织内，达到转基因目的。该方法应用的细胞范围广，可以进行活体的基因转移，但需要特殊的仪器设备，影响因素也很多，如金属粒子的大小、DNA浓度和冲击力大小等。

(4)超声波转染法　细胞膜在超声波的作用下通透性会增加并出现可逆的瞬间通道(小孔)，这种现象称为声致孔(sonoporation)效应。这些通道可作为药物或基因进入细胞内的通道。而通过添加超声造影剂能降低空化域值，增强空化效应，促进外源基因进入细胞内，提高基因的转染效果。超声造影剂为内含气体的微气泡，它的蛋白质或脂质体外壳带正电荷，可以同带负电荷的DNA相结合，当声能达到一定强度时，就会导致微气泡破裂，产生空化效应，使局部毛细血管和临近组织的细胞膜通透性增高，外源基因能更容易进入组织或细胞内。

此法操作简便、转染效率高、适合于活体局部转染，已经成为了一种常用于瞬间表达的转基因方法。但不同细胞种类、不同长度目的基因、超声辐照方式、超声能量大小以及微泡声学造影剂的种类和剂量不一，会使转染效率差别很大。

2. 动物细胞的化学转染法

(1) 磷酸钙法　基于二价金属离子能促进细胞吸收外源DNA的特性，人们发展了简便、高效的磷酸钙共沉淀的转染方法：将待转染的DNA溶解在磷酸缓冲液中，与后加入的$CaCl_2$形成碳酸钙的纳米级微颗粒；将此微颗粒悬浮液加入贴壁培养的细胞中，外源DNA被靶细胞所吸收，进而实现转基因。影响转染效率的因素包括pH值、$CaCl_2$和DNA的浓度、温度、沉淀与转染时间等，且细胞类型对转染效率也有较大影响。

磷酸钙法的转染效率较低，而且对较长（>20 kb）的DNA片段效果更差。应用甘油或DMSO（二甲基亚砜）对靶细胞进行休克，转染效率会得到一定程度提高。该法适用于外源基因的瞬时表达，也可用于建立稳定表达的转基因细胞系。

（2）脂质体包埋法（lipofection） 脂质体是由脂质双分子定向排列而成的直径由几微米到几毫米的人工制备的超微粒子。制备脂质体的主要材料为磷脂和类固醇，因其能够将DNA分子有效地转入细胞内，且可生物降解、无毒和无免疫原性，而用于动物细胞的转染。中性脂类在表面活性剂的作用下，可将DNA包裹入脂质体内。阳离子脂类通过表面的正电荷与DNA或RNA分子骨架上带有负电荷的磷酸基团相互吸引，形成DNA-脂质体复合物，脂质体上的多余正电荷与细胞膜上的负电荷接触，通过内吞与细胞膜融合等作用，将外源DNA转入细胞内。

脂质体包埋法的优越性表现在：与生物膜有较大的相似性和相容性，可生物降解，对细胞毒性低；操作简便、易于制备，不需要特殊的仪器设备；但对细胞类型有选择性，转染效果随细胞类型不同变化大；转染靶向性不强；对DNA的质量要求高，且血清对转染有一定的抑制作用。

（3）微细胞介导染色体转移技术

微细胞介导染色体转移技术（microcell-mediated chromosome transfer，MMCT）是利用微细胞将染色体转移至受体细胞内的技术。其原理是利用秋水仙素抑制供体细胞的纺锤体形成，获得由核膜包裹的不同数量染色体的微核，通过超速离心获得含有单个或多个染色体的微细胞，借助细胞融合技术，将微细胞与受体细胞融合，实现染色体的转移。

该方法适用于基因大片段乃至染色体转移，既可用于基因的瞬间表达，也适用于建立稳定表达的哺乳动物转基因细胞系。缺点是操作繁复。

3. 动物细胞的生物感染法

反转录病毒是一种单链RNA病毒，当病毒进入受体细胞后，在反转录酶作用下将病毒基因组RNA反转录为双链DNA，并整合到受体细胞的核基因组中，进而实现基因转移，因此反转录病毒是天然的转基因载体。反转录病毒通过其基因组上的LTR（长末端重复区，long terminal region）高效整合到靶细胞的基因组内，实现外源的基因永久表达。

为了保证反转录病毒转基因的生物安全性，人们开发出了3质粒和4质粒的病毒包装系统。将两段带有LTR、中间带有报告基因和病毒包装所需信号序列以及外源基因插入的多克隆位点的质粒结构为核心质粒；将表达病毒核心蛋白和反转录酶/整合酶等基因的质粒为包装质粒；将表达被膜蛋白的质粒为被膜质粒。将三种质粒共转染包装用真核细胞，将包装出含有核心质粒中两个LTR以及其间序列的缺陷型病毒粒子。新病毒粒子的基因组内缺乏反转录酶、包装蛋白、病毒核心蛋白等关键基因，不能复制和致病，使其更加安全（详细结构见图14-12）。收集由包装细胞分泌出来的重组反转录病毒，感染其他类型动物受体细胞，即可将外源基因整合到受体细胞的基因组内，实现转基因。

反转录病毒感染法操作简便，无需特别的仪器设备；转染效率很高，且可感染各种类型细胞，对于含有上万细胞的鸟类胚盘细胞更为实用，也是转基因鸡制备的首选方法；通常情况下，外源基因是以单拷贝整合到受体基因组中；但制备的转基因胚胎往往出现嵌合体，经过选育后才能培育出稳定遗传的转基因动物。缺点是对外源基因承载量有限，一般仅为8 kb以内；尽管是复制缺陷型，但在包装过程中若与整合型辅助病毒基因组发生同源重组，则可能装配成野生型反转录病毒颗粒，引发生物安全问题，这种方法受到了严格限制。

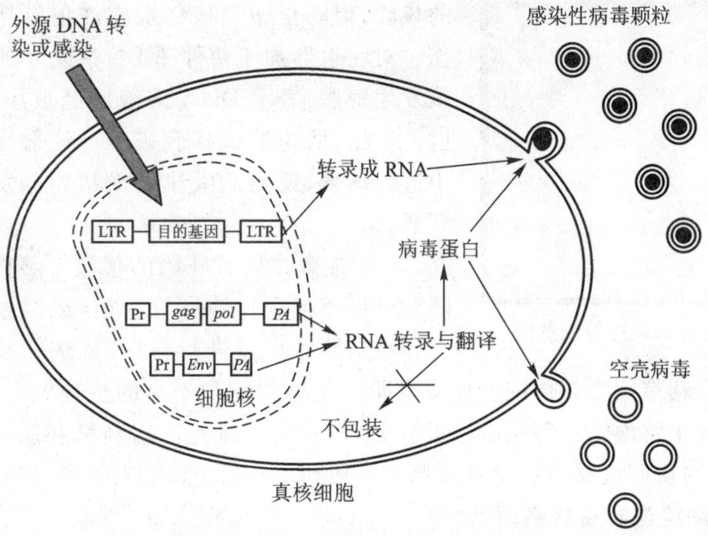

图 14-12　反转录病毒的包装过程

第三节　转基因动物制备

一、转基因动物的制备方法

转基因动物的制备方法主要有精子载体法、单精注射法、原核期胚胎显微注射法、精原细胞病毒感染法、转基因胚胎干细胞的嵌合体制备法、转基因原始生殖细胞(primordial germe cell,PGC)移植法和转基因体细胞核移植法等,不同的转基因动物制备方法有着各自的特点和应用局限性。

1. 利用DNA显微注射法制备转基因动物

显微注射法因其操作简便、技术成熟度高和不受DNA长度限制等优点,依然是转基因动物制备的首选方法。

(1) 外源基因准备　显微注射法转基因的成功率受外源DNA纯度影响很大,应用专业性纯化试剂盒进行纯化,杜绝有害物质残留,保证注射后胚胎的存活率。从整合率上看线形DNA分子要好于环形,而环形DNA在细胞内的半衰期较长,适用于瞬间表达与基因治疗。尽管载体DNA序列不影响外源DNA的整合效率,但载体序列能抑制转基因的表达,因此应尽量去除转基因结构中的载体部分。

(2) 原核期胚胎制备　对年轻、健康、性成熟的雌性动物利用促性腺激素诱导超数排卵,本交或子宫内输精,从输卵管的壶腹部收集原核期受精卵,放入培养液中培养至注射。

(3) 显微注射　显微注射是在倒置相差显微镜下进行的,如果使用微分干涉(DIC)的镜头,这样雄原核与雌原核能够清晰可见,可将外源基因准确注射到较大的雄原核核内(图14-13)。猪受精卵内含有丰富的卵黄颗粒,不易透光,即使在DIC光学显微镜下也不容易看到原核,因此可通过离心(使细胞核偏向细胞一侧)或Hoechst 33342荧光染料(可与染色质高效结合)等方法显现原核。

注射过程中,调整好受精卵的原核位置。用注射针轻柔而快速地穿透透明带和雄原核

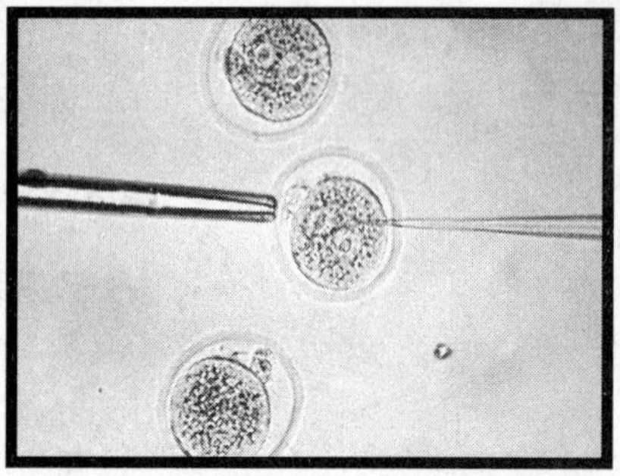

图 14-13　DNA 显微注射示意图

的核膜，但防止碰到核仁造成注射针堵塞和受精卵损伤。对注射器加压使外源 DNA 进入原核，一旦看到原核发生膨胀，表示 DNA 溶液已经被注入，应立即将注射针撤出，防止造成核膜破裂。注射完后送回培养液中进行培养，观测显微注射受精卵的发育情况及判定死活。

（4）显微注射后胚胎的移植　显微注射后的早期胚胎可以直接进行输卵管移植，或经过体外培养后发育到特定阶段后再进行移植，或进行胚胎冷冻保存用于以后的移植。移植原则是保证胚胎发育阶段与输卵管和子宫的生理状态同步，一般是囊胚期胚胎移植在子宫内，囊胚前胚胎移植到输卵管内。未经注射新鲜胚胎移植的成功率为 50%～70%，注射后胚胎移植后发育成胎儿的成功率有所下降，仅为 10～30%。

2. 胚胎干细胞法制备转基因动物

胚胎干细胞（embryonic stem cell，ESC）是从早期胚胎内细胞团（inner cell mass，ICM）中分离出的未分化、具有正常二倍体染色体和发育全能性的细胞。诱导型多能干细胞（induced pluripotent stem cell，iPS cell）是在体外条件下利用四个转录因子（Oct4，Sox2，Klf4 和 c-Myc）组合处理分化的体细胞，使其重编程而得到的类似胚胎干细胞的一种细胞类型。当将 ESC 或 iPSC 注入宿主囊胚腔内（又称为内细胞团注射）可以同宿主胚胎共同发育，分化成成体动物的各种组织（包括生殖细胞），形成嵌合体（图 14-15）。ES（或 iPS）细胞的最大优点是可以在体外进行人工培养、长期扩增和冷冻保存，因此可以在体外进行基因工程操作。

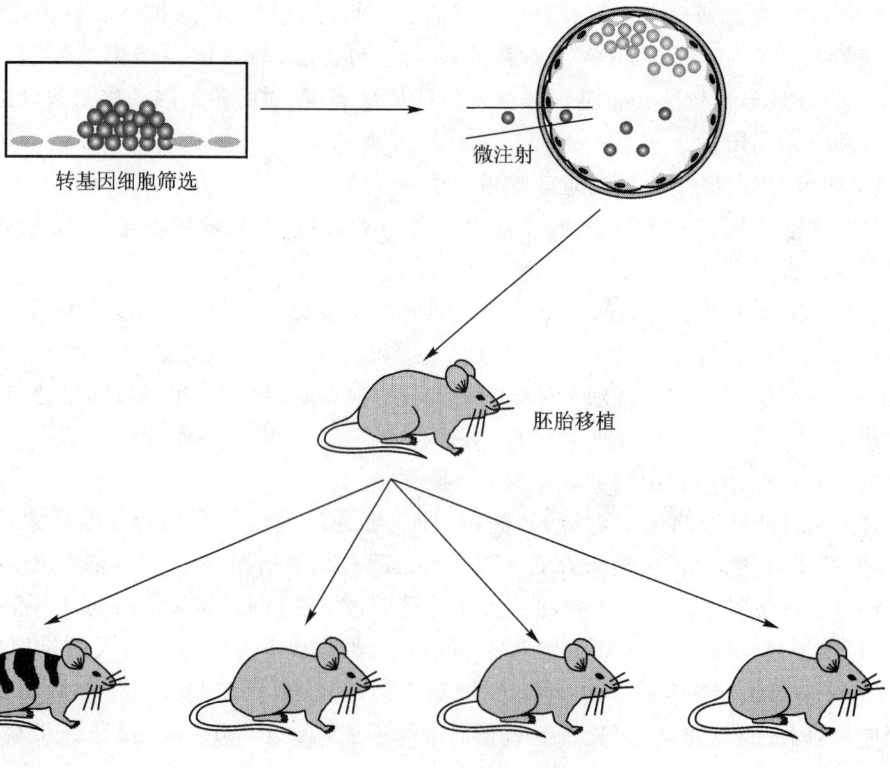

图 14-14　胚胎干细胞法制备转基因动物过程

(1) 转基因胚胎干细胞(或 iPS)的获得　利用电击、脂质体包埋等方法对小鼠胚胎干细胞或 iPS 进行转染,通过药物筛选获得转基因胚胎干细胞或 iPS 细胞系。对转基因细胞进行放大培养和分子鉴定。

(2) 囊胚的转基因干细胞注射　收集囊胚期的胚胎,在显微操作系统下向囊胚腔内注入转基因胚胎干细胞或 iPS 细胞,经过短暂培养后,将质量好的囊胚移植到受体的子宫内,进行妊娠观察。

(3) 嵌合体的检测和育种　在嵌合体制备时应选择具有同一性状(毛色性状等)两个明显不同的表现型的个体进行嵌合,这样可以通过外观直接判定是否为嵌合体。另外还可以通过特异性表达的基因或基因组扫描方法,在分子水平上予以判定。

转基因嵌合个体的制备主要目的是获得转基因后代,因此要判定所发生的嵌合是否为种系嵌合(生殖腺嵌合)。用转基因嵌合体个体与正常野生型个体交配获得转基因杂合子个体,然后杂合子个体进行横交就会获得转基因纯合子和杂合子个体。如果在后代中没能发现转基因纯合子,应注意是否因为转基因的纯合造成了胚胎的早期死亡,无法得到成活个体。

自小鼠建立以来,修饰小鼠基因组已经变成了一项常规工作。至今已经有 200 余个转基因嵌合体小鼠诞生,为动物功能基因组学研究做出了巨大贡献。利用转基因胚胎干细胞方法生产转基因动物明显优于单细胞受精卵的显微注射法,因为将胚胎干细胞和同源重组技术有机结合可以进行基因的定点插入、敲除与校正;可以体外检测外源基因的整合情况;通过分化诱导体外测定外源基因的表达水平;还可以进行目的蛋白的少量制备,测定其生物学活性。

3. 转基因体细胞核移植法生产转基因动物

不经过有性生殖过程,而是通过核移植生产遗传基础相同动物个体的技术叫做动物克隆。使用的核供体细胞如果来自于多细胞阶段的胚胎,叫做胚胎克隆;使用的核供体细胞来自于动物个体的体细胞,叫做体细胞克隆。如果将经过核移植而发育成的胚胎或动物个体的细胞再次作为核供体进行核移植,叫做连续克隆;利用转基因体细胞做为供体细胞所进行的核移植,叫做转基因体细胞克隆。

1997 年 Wilmut 等人首次克隆了来自于一只 6 岁母羊乳腺上皮细胞的克隆绵羊,并命名为“多莉”(Dolly),证明了已经程序化(分化)的细胞可以进行脱程分化形成新的个体。同年,利用转基因克隆技术获得了乳腺特异性表达人凝血因子 IX 的转基因克隆羊——“波利”(Polly),极大地推动了转基因克隆研究的深入。此后,人们陆续克隆了牛(奶牛、黄牛、水牛等)、羊(绵羊、山羊)、猪、兔、鼠(大鼠、小鼠)等物种,克隆用重构囊胚的发育率明显上升,已达 40%以上,移植的克隆胚胎受胎率也明显增加(其具体规程见图 14-15)。由于核移植技术依赖于设备条件和操作人员的技术水平,限制了核移植技术的大面积推广,无透明带卵母细胞核移植的成功,为动物核移植技术的简单化、实用化开辟了新的途径。

转基因体细胞的准备是核移植法的关键步骤,其流程有严格的要求,包括以下步骤:①体细胞的选择与传代培养。②体细胞的转染与阳性细胞筛选。③体细胞克隆中的 MⅡ 期卵母细胞主要做为细胞质供体,为核供体的再程序化提供必要的因子(如 MPF 等),恢复核供体的全能性潜能。④移核、融合、激活与培养。在体细胞核移植中,供体细胞和受体细胞核质同步化是影响移植效率的关键因素。⑤转基因克隆胚胎的移植。按照常规胚胎移植的方法对核移植胚胎进行移植,并依据核移植胚胎的发育阶段以及受体的发情周期状态以及黄体情况调整移植的时间与部位。⑥转基因克隆个体的接产与护理。体重过大所造成的

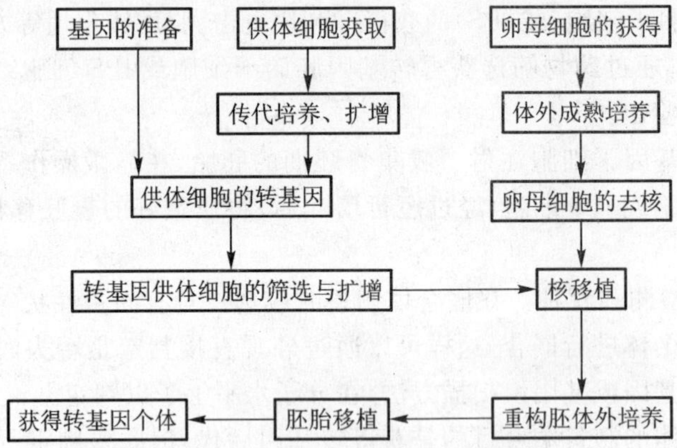

图 14-15　转基因体细胞核移植的技术过程

高难产率、分娩时母体同胎儿信号不同步以及核移植个体肺部发育不良等因素,造成了克隆个体的死亡率明显增加,因此接产与产后处理已经成为了提高克隆个体存活率的重要环节。

基于转基因体细胞核移植法生产转基因动物的诸多优势,已经成为了转基因动物生产的主要方法。1997 年 Willmut 领导的研究小组利用选择标记基因(*neo*^{r})和人凝血因子 IX(用于治疗白血病的药物)基因共同转染绵羊胎儿成纤维细胞系,得到了转基因细胞系,以这些转基因细胞系为核供体,生产了 6 只转基因绵羊。2003 年我国利用转基因体细胞克隆技术,大规模生产了整合有乳铁蛋白(lactoferrin)、岩藻糖转移酶和溶菌酶等基因的转基因克隆牛,解决了克隆个体剖腹产的弊端,为克隆与转基因克隆个体的产业化推广奠定了基础。

第四节　转基因动物鉴定与安全评价

转基因动物基因组中外源基因由于外源基因失活、沉默、整合位点(位置效应)、基因拷贝数等不同均会影响外源基因的表达水平,因此须从基因组、转录、蛋白、信号通路、表型和遗传稳定性等多个侧面进行系统鉴定。

一、外源基因的基因组水平鉴定

1. PCR 的快速检测

利用外源基因的特定区段设计特异性引物,进行 PCR 扩增,以判定目的基因是否存在于基因组内。对同源重组的转基因结构来讲,利用 PCR 还可以进行转基因细胞系的基因型测定以及整合位点检测。PCR 检测法具有使用材料少,对 DNA 要求不是很高,检测速度快等优点,已经成为了转基因鉴定的重要手段。但因其灵敏性较高,少量污染就会影响其准确性,因此应防止交叉污染,并通过提高重复次数来提高准确性。另外 PCR 检测存在着假阳性现象,因此 PCR 检测出的阳性个体还应用 Southern 杂交等方法做进一步的确认。

2. Southern 杂交

Southern 杂交是鉴定外源基因是否整合在基因组内的可靠方法,其原理与操作过程见第八章。利用 Southern 杂交法还可以进行目的基因拷贝数的半定量分析。

3. 外源基因整合位点测定

测定转基因动物外源基因的侧翼序列,可以有效评价外源基因的插入是否会影响内源基因的表达，是否造成了内源基因的突变（插入突变等）。通过生物信息学手段，还可初步预测外源基因表达水平以及对内源基因的影响。

基因组步移法（genome walking）又被称为染色体步移法（chromsome walking）是指从生物体基因组或基因组文库的已知序列出发，逐步探明其旁侧未知序列或与已知序列呈线性关系的目标序列的方法。包括连接成环 PCR、外源接头介导 PCR、半随机引物 PCR 和热不对称交错 PCR（thermal asymmetric interlaced PCR，TAIL－PCR）。TAIL－PCR 因其操作简单、高效灵敏、特异性强、再现性高等优点，已经成为转基因旁侧序列测定的主要方法。

二、转基因动物中外源基因表达水平检测

动物基因工程的主要目的是在活体水平上调控目的基因的表达（包括过表达、异位表达、敲降或敲除等）。通过对目的基因表达水平的测定，可以准确判断转基因是否有效。

1. 基于报告基因的快速检测

报告基因是编码容易检测的蛋白质的核苷酸序列，用以替换难于测定的蛋白质基因，或制备融合蛋白，或利用内部核糖体进入位点（internal ribosome entrysite，IRES）与目的蛋白形成一条 mRNA 序列，分别翻译出两种蛋白，来研究目的蛋白的功能及其表达特性。

报告基因应具备以下一些特点：①不存在于宿主中或易于区别；②拥有简单、快捷、灵敏及经济的测定方法；③测定结果应具有很强的线性范围，便于分析启动子活性的大小变化；④对受体细胞或生物没有不良影响。常用的报告基因包括氯霉素乙酰转移酶（chloramphenicol acetyltransferase，CAT）基因、增强型绿色荧光蛋白（enhanced green fluorescent protein，EGFP）基因等。这些报告基因产物可以通过薄层色谱、放射性自显影、ELISA、荧光分光光度计、荧光显微镜等方法进行快速测定。

EGFP 基因是目前应用最多的报告基因，已经制备了表达绿色荧光的斑马鱼、猪和牛等遗传修饰动物，揭示了转基因动物的奇特表型以及广阔的应用潜力。

利用报告基因还可以检测启动子和信号传递系统的效率、目的基因在细胞内的命运、蛋白之间的相互作用、翻译起始效率等内容。随着基因工程技术的发展，新的报告基因将不断涌现，检测过程将得到进一步简化。

2. Northern 杂交

Northern 杂交可以检测转基因动物或转染细胞是否转录出目的基因所对应的 mRNA，是确定基因是否表达的重要方法。可以鉴定目标 mRNA 分子的大小与含量、目的基因是否表达、表达强度和在哪些组织中表达，具体杂交过程见第六章第三节。

3. 实时荧光定量 PCR 对目的基因表达进行定量检测

实时荧光定量 PCR 技术是在定性 PCR 技术基础上发展起来的核酸定量检测技术，是目前确定样品中 DNA（或 cDNA）拷贝数最敏感、最准确的方法。如果用于 RNA 检测，则被称为反转录实时 PCR（reverse－transcription real time PCR，Real－time RT－PCR）。具体工作原理见第八章。

三、转基因动物中目的基因的蛋白水平测定

1. 聚丙烯酰胺凝胶电泳

通过聚丙烯酰胺凝胶电泳分析靶组织或转基因细胞的总蛋白，依据相对分子质量标准判定是否有目的蛋白条带的出现，进而判定外源基因的表达情况，同时可以初步判定目的蛋白的表达水平。

2. Western 杂交

Western 杂交可用来检测混合蛋白样品中是否存在目的蛋白，此法快捷、灵敏，可检测微量目的蛋白，最小检出量为 1 ng。可对目的条带进行定性分析。

同时可以利用 ELISA(enzyme-linked immuno sorbent assay，酶联免疫吸附测定)对目的蛋白进行表达的定量分析。

3. 目的蛋白的生物活性检测

利用转基因技术生产目的蛋白的最终目的是得到具有相应生物学活性的产品，因此应针对不同蛋白的生物学作用，选择相应的生物学测定方法进行测定。当产品的生物学活性较低时，应当对与蛋白质结合的功能分子基团进行研究(包括糖基化、磷酸化等)。

四、转基因动物传代与检测

判定是否生产了转基因动物的重要标准是检查外源基因是否整合到动物的生殖系统中，即是否能够稳定遗传。如果整合发生在单细胞受精卵发生卵裂之前，则每个细胞中都会有外源基因，可以稳定遗传；如果整合发生在卵裂之后，有的就没有发生整合而形成了嵌合体，而只有外源基因整合到生殖细胞中的嵌合体，才是有意义的实验材料，在它们的后代中才会出现真正的转基因动物。

转基因动物的传代常采用常规繁殖方法进行扩繁，如本交、人工授精或胚胎移植等技术，如有必要，也可采用特殊的方法，如动物克隆技术。在选配方式上，一般用转基因检测阳性动物与已知的非转基因动物交配，可以较好地度量被整合外源基因的传递规律。若采用转基因检测阳性的原代动物互配，由于基因整合在同一位点的可能性较小(基因打靶的除外)，会造成外源基因传递规律计算的复杂化。在转基因动物传代过程中应尽量增加后代数量，因外源基因整合拷贝数以及整合位点不同，会产生多个品系，如果后代数量不多，极易造成某些位点外源基因在育种过程中丢失。在转基因动物育种进程中应采用定量 PCR 方法对外源基因拷贝数进行测定，并获得整合位点的侧翼序列，开发出相应的多态性标记，用于标记辅助选择和培育转基因纯合子。

生产合格的转基因动物是一件非常困难的事情，即便生产出个别有价值的转基因动物，也可能意外地失去它们，只有繁殖出较多的后代，保险系数才能更大。因此只有将外源基因的监测与常规育种手段相结合，才能培育出具有突出性状的新品系。

五、转基因动物及其产品的安全性评价

转基因动物做为一种新生事物包含着许多人类未知的现象和特殊机制，如同核能与太空开发一样，人类对此也提出了很多争议，但转基因动物的正能量将会对解决粮食危机、高效利用自然资源、改善自然环境条件、满足人类对动物蛋白需求等起到至关重要的作用。基因重组疫苗、基因重组抗癌药物尽管有着一定的副作用，但依然挽救着患者的性命。因此所谓的安全都是相对的，应该有一个相对的范围。随着生命科学研究的深入，转基因动物的安全性质疑会越来越小，对人类的贡献将越来越大。

1. 转基因动物产品对人体健康的直接或间接影响

转基因动物基因组和人类基因组一样具有相同的四种碱基，所以食品中的转基因 DNA 本身并没有安全性的问题。转基因载体中的药物筛选基因(如新霉素抗性基因等)一直是人们关注的焦点，但目前已经开发出了 Marker-Free(无标记基因)的转基因方法，使转基因动物基因组内不含有任何标记基因，有效解决了人们对标记基因的担忧。如果蛋白产品是用

做药物，则需进行临床实验。美国星联公司原用于动物饲料或工业用途的转基因玉米，却被用做人类食品后诱发了腹泻等疾病，引发了转基因食品的安全争议，企业蒙受了巨大损失，因此对不同类型的转基因产品应区别对待，不能混淆。对每一种新获得的转基因动物性食品，在其上市前必须经过长时间的、反复的、多方位和多学科的安全实验，以确保对人的健康无直接或间接的损害。

2. 对自然界中生态平衡以及物种多样性的影响

基因漂移是影响转基因生物安全的主要因素，如果出现漂移将严重威胁生物多样性。生物在漫长的进化过程中形成了防止外源 DNA 整合入自身基因组内的完善保护机制。动物每日采食了大量、各种动植物基因组 DNA，而依然保持着自身稳定的遗传物质，没有发生基因污染。人类基因组内含有 8%～9%的内源病毒序列，主要是由于在漫长的进化过程中反转录病毒将其基因组整合到人类基因组内的结果。有一些病毒序列对机体产生了有害影响，造成了动物环境适应能力差而被自然选择所淘汰；而另一些病毒序列却增强了动物的适应能力而被保留下来。而转基因生物也遵循着相同的规律，对人类活动起正向作用的转基因生物被选留，不利的被淘汰，不但加速了生物的进化，还有目的地增加了生物多样性。

转基因动物主要是在人为控制之下进行饲养的，不会参与大自然的生态链。但需谨防一味追求经济效益的不法分子，窃取优良转基因动物做为种用，造成非法扩散。因此需要制定相关的政策法规，杜绝和防止失控。

3. 动物基因工程技术带来的伦理道德问题

动物基因工程技术打破了物种之间的生殖隔离，实现了物种间的横向基因交流，使得转基因生物向着人类要求的方向快速演变，有效缩短了新品种培育进程，但人们担心外源基因的引入会改变动物的行为模式，从而对动物本身产生伤害。对于这样的转基因个体在早期就会被淘汰。

第五节　转基因动物的应用与展望

随着动物基因组重测序、转录组、表观组等研究的深入，生命的遗传信息将逐步被注释，新的与疾病和动物生产性能密切相关基因将逐步被发现，而动物转基因技术将成为基因功能研究与基因产品开发的中心环节。

一、转基因动物的应用

1. 大幅度提升畜禽重要经济性状表现力

在转生长激素基因"硕鼠"的启发下，人们试图通过外源基因的导入迅速提高畜禽生长速度、饲料转化率和改良产品品质。科学家先后制备了转生长激素基因猪、羊、兔等动物，转基因猪腰部肌肉生长快一倍，脂肪减少 70%，日增重提高 15%；在不增加饲料的情况下，转生长激素的羊的产乳量提高了 8%～12%；敲除抑肌素基因的转基因小鼠骨骼肌重量达到了非转基因同窝小鼠的 2～3 倍。动物基因工程技术将通过针对主效基因或调节主效基因相关基因的过表达、敲降或敲除等工程操作，使特定表型得到最大程度发挥，培育出优良的种质资源。

2. 增强畜禽抗病力，推动健康养殖业发展

传染病的流行，动物源性人畜共患病（SARS、禽流感、沙门氏菌污染等）的爆发，已对畜牧生产和人类生活产生了巨大影响。英国罗斯林研究所利用RNA干扰技术制备了抗禽流感转基因鸡，该转基因鸡感染禽流感后不会传染给其他个体，有效预防了病原体的传播，预防了重大传染性的流行。疯牛病是由朊病毒蛋白(prion protein，PrP)引起的潜伏期长、共济失调、精神失常、后肢瘫痪和狂暴不安的神经症状为特征的人畜共患传染病，利用基因敲除技术获得了双位点prion缺失的转基因牛，以及利用基因敲降技术获得了转基因羊，使转基因牛羊具备了良好的抗疯牛病能力。转基因动物抗病力的增强，可有效减少抗生素使用，以及超级耐药菌的出现；有效减少病原体的排放，为环境友好型现代养殖业提供优良的种质资源。

3. 转基因动物将成为特种蛋白因子开发的最佳模型

利用转基因动物生产人类药用蛋白等非常规畜产品，是目前世界上转基因动物研究的热点之一。其主要原理是将某些对人类医用价值高的蛋白质编码基因导入动物基因组内，这些转基因动物便成为了生物反应器。根据目的蛋白表达部位的不同可分为乳腺生物反应器、血液生物反应器、输卵管生物反应器、膀胱生物反应器、精囊腺生物反应器、唾液腺生物反应器等。利用山羊乳腺表达的人抗凝血酶Ⅲ(商品名ATryn，一种预防和治疗血栓药物)于2006年在欧洲上市，且于2009年在美国上市，标志着转基因动物产品已经产业化并造福着人类。

利用动物生物反应器还可以生产特种蛋白。含有有机磷的化合物具有很强毒性，是农药的主要成分，每年造成了大量的人类中毒事件。利用转基因奶山羊乳腺表达的丁酰胆碱酯酶(产品名Protexia)是一种高效有机磷化合物的解毒剂，可用于反恐和农药解毒。

动物生物反应器具有诱人的商业前景和潜在的巨额利润。经济学家曾算过一笔帐，若用其他生产工艺来生产1 g蛋白质，成本需800～5 000美元，而利用转基因动物只需0.02～0.5美元。利用动物乳腺生物反应器将会发展成为一个新兴的产业。

4. 动物基因工程器官将为挽救垂危病人生命和延长人类寿命做出巨大贡献

器官移植是治疗器官衰竭、挽救和延长生命的有效手段。中国每年有数百万人等待器官移植手术，能够移植的器官数量有限，极大地制约了器官移植技术的发展。猪的消化、呼吸、循环等系统与人体极为相似，因此国内外试图利用猪作为异种器官移植的器官供体。

利用猪做为器官供体的最大障碍是移植后发生超急性免疫排斥反应，主要原因是猪细胞膜表面糖蛋白上的β-半乳糖形成的抗原，在移植到人体后与人天然的抗体发生作用，引发超急性免疫排斥。我国科学家在国际上率先制备了同源重组敲除β-半乳糖转移酶基因的转基因克隆猪，解决了超急性免疫排斥的障碍，为成功进行异种器官移植奠定了坚实基础。

转基因动物将成为人类最好的“器官库”，提供从皮肤、角膜，到心、肝、肾等几乎所有的“零件”，让器官移植专家有充分施展才华的用武之地，让体内部分“零部件”出了故障的病人获得重生的希望，进而有效延长人类的寿命。

5. 动物基因工程已成为生命本质正确解析和疾病发生机理探索的研究平台

生命是具有等级层次结构、能够新陈代谢和自我复制的自组织系统。生命活动则是一系列的生物化学反应过程，包括了基因的启动、转录、蛋白表达、代谢产物和生理活动的发生。利用动物基因工程技术可以在活体水平上研究基因过表达或缺失情况下的表型变化，探明基因对表型调节的信号通路，为基础理论研究和新药筛选提供高效平台。已经建立了人血红蛋白β链突变的转基因小鼠模型，转基因小鼠也出现了与人镰刀型贫血症相似的红细胞形态异常变化。转基因动物模型具有药物筛选准确、经济、试验次数少、显著缩短试验时间等优点。目前已建立的疾病模型有：糖尿病、癌症、动脉粥样硬化、镰状细胞性贫血、囊状纤维化、红细胞增多症、肝炎、免疫缺陷、自发性高血压等。建立转基因动物疾病模型可用于疾病发病机理的研究，对于人们认识疾病、预防和治疗疾病有着不可替代的作用。

二、转基因动物的展望

人口数量的急剧增加，对动物产品刚性需求的加剧，自然资源的日益消耗，动物养殖业将面临着巨大挑战，因此有限自然资源的高效利用与转化，将成为现代养殖业发展的主流方向。动物基因工程做为动物遗传改良最直接与最快速的方法，将在短期内获得资源高效型、环境友好型、生态安全型的新型动物种质资源，保障人民的菜篮子需求。动物基因工程技术的进步，将有效拓展动物产品的应用领域，如生产工业材料、供体器官、医药和军事产品等，推动动物养殖业的跨越式发展。世界范围内已经掀起了转基因动物研究热潮，生物工程产品不断推陈出新，大型转基因动物公司相继应运而生，加剧了转基因动物研究与开发的激烈竞争，同时也充分显示了转基因动物的无穷魅力。

思　考　题

1. 在动物基因工程实践中采用的条件控制表达载体、锌指核酸酶技术、绝缘子有何特点？
2. 简述反转录病毒的包装过程及其与基因工程的关系。
3. 质粒载体与病毒载体有何异同？
4. 试述转基因动物的鉴定方法。
5. 请谈谈你对转基因动物的生物安全性的看法。
6. 动物细胞转染有哪些方法？
7. 转基因动物的应用领域有哪些？

主要参考文献

1. Ratledge C, Kristiansen B. Basic biotechnology. Cambridge: Cambridge University Press, 2001

2. Hartl D L, Jones E W. Genetics: analysis of genes and genomes. New York: Johnes and Bartlett publisher, 2001

3. Galli C, Lagutina I, Crotti G, *et al*. A cloned horse born to its dam twin. Nature, 2003, 424: 635.

4. Lyall J, Irvine R M, Sherman A, *et al*. Suppression of *Avian influenza* transmission in genetically modified chickens. Science, 2011, 14(331): 223-226

5. Walker J M, Raplay R. Molecular biology and biotechnology. 4th ed. London: The Royal Society of Chemistry, 2000

6. Lai L, Kolber-Simonds D, Park K W, *et al*. Production of α-1, 3-galactosyltransferase knockout Pigs by nuclear transfer cloning. Science, 2002, 295: 1089-1092

7. Peura. TT Improved *in vitro* development rates of sheep somatic nuclear transfer embryos by using a reverse-order zona-free cloning method. Cloning and Stem Cells, 2003, 5(1): 13-24

8. Mahfouz M M, Lixin L. TALE nucleases and next generation GM crops. GM crops, 2011, 2: 99-103

9. Urnov F D, Rebar E J, Holmes M C, *et al*. Genome editing with engineered zinc finger nucleases. Nat Rev Genet, 2010, 11(9): 636-646

10. Sander J D, Cade L, Khayter C, *et al*. Targeted gene disruption in somatic zebrafish cells using en-

gineered TALENs. Nat Biotechnol, 2011, 29(8): 697－698

11. Wood A J, Lo T W, Zeitler B, *et al*. Targeted genome editing across species using ZFNs and TALENs. Science, 2011, 333(6040): 307

12. 顾健人,曹雪涛. 基因治疗. 北京:科学出版社,2001

13. 吴常信. 动物遗传学. 北京:中国农业出版社,2009

14. 李志勇. 细胞工程. 北京:科学出版社,2003

15. 罗伯特·兰扎. 精编干细胞生物学. 北京:科学出版社,2009

16. 温进坤,韩梅. 医学分子生物学理论与研究技术. 北京:科学出版社,2002

17. 徐晋麟,徐沁,陈淳. 现代遗传学原理. 3版. 北京:科学出版社,2011

18. 何水林. 基因工程. 上海:华东理工大学出版社,2008

19. 郭葆玉. 生物技术药物. 北京:人民卫生出版社,2009

20. 郑晓飞,梅柱中,付汉江,杨明. RNA实验技术手册. 北京:科学出版社,2004

（连正兴）

第十五章

酵母基因工程

第一节　酵母基因工程的发展现状和发展趋势

酵母菌是一类群体庞大的单细胞真核微生物，种类繁多，至少包括 80 个属，600 多种，10 000 多菌株。酵母菌有完整的亚细胞结构和严谨的基因表达调控机制，它既能通过有丝分裂进行无性繁殖，也可以通过减数分裂实现有性繁殖。人类对酵母菌的应用，尤其是酿酒酵母(*Saccharomyces cerevisiae*)，具有几千年的悠久历史，积累了大量的生物化学和遗传学方面的资料。1974 年发现大多数酿酒酵母中存在一种质粒，其大小为 6.3 kb，每个二倍体细胞有 60～100 个拷贝，即 2 μm 质粒。1977 年编码酵母 tRNA 的基因克隆以后，推动了酵母基因克隆的蓬勃开展。1978 年建立了能在酵母和大肠杆菌中复制的新型质粒，该技术被称为酵母 DNA 重组技术上的重要突破。自 20 世纪 80 年代初应用酿酒酵母表达了人干扰素基因以来，应用酵母这种单细胞真核生物表达外源基因越来越受重视。随后发展的酵母人工染色体(YAC 载体)使克隆和表达高等真核生物基因组 DNA 成为可能。1989 年发展的酵母双杂交系统已被广泛用来研究蛋白质和蛋白质之间的相互作用。1996 年，酿酒酵母作为第一个真核生物已在全世界科学家的通力合作下完成了全基因组的测序，为人类对酿酒酵母更深入的研究及更广泛的利用打下了坚实的基础。

一、酵母基因工程的优点

酵母基因工程相对于应用成熟的原核生物基因工程而言表现出一些优点，具体表现在以下方面。

① 酵母是真核生物，大多具有较高的安全性，如酿酒酵母可作为单细胞蛋白直接添加于饲料中；

② 酵母繁殖速度快，能够像细菌一样在廉价的培养基上高密度培养，因此能大规模生产，具有降低基因工程产品成本的潜力；

③ 将原核生物中已知的分子和基因操作技术与真核生物中复杂的转译后修饰能力相结合，能方便地用于外源基因的操作；

④ 采用高表达的启动子，如 MOX、AOX、LAC4 等基因的启动子，可高效表达目的基因，而且可诱导调控；

⑤ 作为真核生物，提供了翻译后加工和分泌的环境，使得产物与天然蛋白一样或类似；

⑥ 酵母菌可将表达的外源蛋白与 N-末端前导肽融合，指导新生肽分泌，同时在分泌过

程中可对表达的蛋白进行糖基化修饰；

⑦ 不会形成不溶性的重组蛋白包含体，易于进行分离提纯；

⑧ 酵母还能像高等真核生物一样移去起始甲硫氨酸，这避免了在作为药物使用中引起免疫反应的问题；

⑨ 酵母菌（主要是酿酒酵母）的分子生物学研究已取得重大进展，已完成全基因组测序，它具有比大肠杆菌更完备的基因表达调控机制和对表达产物的加工修饰及分泌能力；

⑩ 酵母可进行蛋白的N-乙酰化、C-甲基化、十四酰化，对定向到膜的胞内表达蛋白具有重要作用。

二、酵母基因工程的发展现状

酵母既具有原核生物生长快、遗传操作简单的特点，又有哺乳类细胞的翻译后加工和修饰功能，如二硫键的正确形成、前体蛋白的水解加工、糖基化作用等，用来生产来源于真核生物的生物活性蛋白有很多优点。目前在酵母基因工程中发展和应用较多的酵母有酿酒酵母、乳酸克鲁维酵母（*Kluyveromyces lactis*）、巴斯德毕赤酵母（*Pichia pastoris*）、多形汉逊酵母（*Hansenula polymorpha*）、烷烃利用型解脂耶氏酵母（*Yarrowia lipolytica*）和粟酒裂殖酵母（*Schizosaccharomyces pombe*）等，其应用主要体现在三个方面，一是改造酵母本身用以提高发酵性能；二是利用酵母作为宿主表达异源蛋白；三是通过一系列的基因敲除和基因导入改变酵母的代谢途径，从而让酵母产生新的代谢产物。

1. 酿酒酵母自身的改造

酿酒酵母的应用已有很悠久的历史，但现代酿造技术主要着眼于提高质量、降低成本，比如安全性要求、产品质量要求、生产成本低廉的要求等。要解决这些问题必须综合考虑，因此关于酿酒酵母的改造研究取得了很多新的进展。

（1）将葡萄糖淀粉酶基因导入酿酒酵母　酿酒酵母一般只能利用单糖、双糖和麦芽三糖，而占麦芽汁总糖25%的多糖和糊精则不能被利用。这些未被发酵的糖类和糊精将导致啤酒的高热量。为了生产低热量啤酒，传统的啤酒酿造工艺一般会加入一些外源的葡萄糖淀粉酶。但这些酶的用量难以控制，而且或多或少存在一些杂质活性酶。采用基因工程的手段将异源的葡萄糖淀粉酶基因导入酿酒酵母，可以自身分泌葡萄糖淀粉酶，较好地解决了这些问题。

（2）将外源的蛋白水解酶基因导入酿酒酵母　酿酒酵母的胞外蛋白酶活力很微弱，简单地利用麦汁中的氨基酸为氮源进行同化不是最佳的办法，因为麦汁中残留的大分子蛋白质很容易影响啤酒的胶体稳定性。将外源的蛋白水解酶基因导入酿酒酵母的基因组中，利用自身分泌蛋白水解酶的方式克服了这些问题。

（3）将β-葡聚糖酶基因导入酵母　大麦的β-葡聚糖酶不耐热，在发芽和糖化过程中极易被破坏，同时啤酒中残留的β-葡聚糖易引起过滤困难，形成冷凝物、沉淀物和胶凝等问题。为了解决这些问题，将β-葡聚糖酶基因导入酵母，从而有效地降解麦芽汁中的β-葡聚糖，改善啤酒的过滤效率。

（4）将ATP硫酸化酶和腺苷酰硫酸激酶基因在酿酒酵母体内表达　将ATP硫酸化酶和腺苷酰硫酸激酶基因在酿酒酵母体内表达，获得SO_2产量大增的酵母菌株，从而促进了SO_2的生成，可以维持啤酒风味的稳定。

（5）将人血清清蛋白（HAS）的基因转化到酿酒酵母　将编码治疗用的人血清清蛋白的基因包括其调控表达系统转化到酿酒酵母中去，生产出富含HSA的啤酒新品种。

2. 酵母表达异源蛋白

(1) 表达水平　酵母表达系统主要用于表达外源基因，表达水平的高低直接关系到其应用价值。大量用于农业、食品加工上的产品，由于用量大、产品附加值低，至少需要每升发酵液产生几克以上的产物表达水平才可能开发成产品。因此，提高表达水平是酵母表达系统重要的技术开发内容。目前利用酵母表达系统已成功地表达了多种蛋白，近来由于巴斯德毕赤酵母、克鲁维亚酵母和多形汉逊酵母具有旺盛的生长能力和独有的一些生物学特性，利用它们已经高效表达了多种外源基因，大多表达产物都超过 1 g/L 的水平，甚至有的高达 10 g/L 以上。利用克鲁维亚酵母表达系统已成功地高水平表达了牛凝乳酶、人血清清蛋白和人溶菌酶等外源基因。利用多形汉逊酵母的表达系统已高效表达了乙型肝炎表面抗原、葡糖淀粉酶、内酰胺酶等，胞外表达黑曲霉葡萄糖氧化酶达到 2.25 g/L。应用这些系统生产的胞内表达的外源蛋白的产量更高，其中最突出的例子是破伤风毒素 C 片段和植酸酶，分别为 12 g/L 和 13.5 g/L。

酵母的高效表达主要从 3 个方面实现，一是通过开发高效的启动子提高和控制外源基因的转录水平，如在毕赤酵母表达系统中广泛应用的强启动子 AOX1 已经高效表达了多种外源基因；二是提高表达载体在细胞中的稳定性，目前已发展成产品的酵母基因工程产品主要是通过整合型载体达到稳定表达的目的；三是通过多次同源重组以及 rDNA 介导的整合两种方式提高表达基因在细胞中的拷贝数。此外，在提高翻译效率、克服表达产物的降解等方面也做了大量工作。

(2) 表达质量　除表达水平外，外源基因表达质量的好坏也直接关系到酵母表达系统的应用价值。酿酒酵母表达的异源蛋白经常由于过糖基化导致潜在免疫性而不能医用，因此在食品添加剂和药品开发中必须使酵母表达的产物在结构上尽可能地与天然产物一致，避免可能产生的毒副反应；对于工农业用蛋白制剂，必须保证表达产物的酶学性质有利于应用，否则酵母表达系统就失去了应用价值。

为了改善表达质量，首先要提高酵母的遗传稳定性。一株菌株从实验培养到大规模的持续发酵到最后废弃，要经 10～15 次扩大培养，即每一酵母细胞要经历 60～100 世代，这就要求含有外源基因的酵母细胞具有足够稳定的表型。其次，根据表达蛋白的不同，选用不同的酵母宿主。这是由于不同酵母在蛋白质合成、加工和修饰功能上有一定的差别，即表达后的修饰可改善表达产物的性质。

3. 酵母的代谢工程

酿酒酵母全基因组已经测序，是酵母研究的模式生物，遗传背景相对清晰，并且具有耐受低 pH、高温和一些抑制剂的能力，是很好的代谢工程改造的宿主。近年来，利用酿酒酵母生产新的代谢产物或者提高已有代谢产物的量研究越来越多，但是由于酵母菌复杂的代谢途径使得研究者很难精确的预测代谢途径改造后的结果，往往是通过反复试错法，几种不同的改造方法同时进行，最后挑选一个效果最好的方法，因为代谢工程涉及敲除和导入不同的基因，这种试错法导致实验的工作量加大，效率低。目前，酵母代谢工程中，在改良酵母使之能利用木糖，以及产生异丁醇和谷胱甘肽等方面有较多的研究。

三、酵母基因工程的发展趋势

对于酵母基因工程，在构建各种表达载体、建立新的表达系统方面取得了一系列进展。在未来一段时间内，酵母基因工程的研究将逐步转移到完善现有的表达系统、解决存在的缺陷、扩大应用领域等方面。对酵母自身的改造集中体现在如何通过转基因技术使酿酒酵母能利用纤维素和半纤维素等可再生物质来生产廉价的酒精，缓解能源紧张。

1. 解决酵母基因工程中还存在的缺陷

酵母基因工程还有很多不够完善的地方，如表达的外源蛋白会形成聚合体从而影响产率；信号肽加工不完全以及内部降解等因素造成表达产物结构上有差异，即表达产物不均一，从而影响酵母基因工程产物的纯化和工业化生产；外源基因在酵母细胞中的表达还有很多规律没有认识，一个基因能不能在酵母中表达，能不能高表达还有很大的随机性；酵母在表达高等真核生物基因时，所得到的表达产物与其天然产物相比在结构上还不能做到十分满意。

要解决上述问题就需要从各个环节进一步深入研究外源基因在酵母中的表达规律，同时还要通过包括代谢工程在内的各种手段对现有酵母宿主菌进行改造，使其具有必要的蛋白质加工和修饰功能。目前酵母分子生物学已有很好的基础，并还将进一步得到发展，经过努力可以设计出各种新的酵母表达系统，相信酵母对外源基因的表达可以有更好的通用性，表达产量可以更高，表达产物的可靠性会更好。

2. 在人类基因组计划中的应用研究是一个重要的发展方向

酵母基因工程独有的特性和优点必将鼓舞一些研究向人类基因组研究领域深入。如根据部分人类疾病基因和酵母基因有较高的同源性这一事实，人们将进一步利用酵母表达系统开展人类基因的功能分析；利用高通量技术和酵母双杂交技术，人们将进一步利用酵母表达系统开展人类蛋白质相互作用网络图谱分析；利用胞外蛋白在多细胞生物形成、分化和维持中的重要作用，人们将进一步利用酵母表达系统开展人类分泌蛋白质和受体基因的快速筛选。

3. 利用酵母基因工程筛选更多的新药

利用酵母基因工程将筛选更多的新药，如N－型钙通道阻断剂药物、与促生长素抑制素(somatostatin)有相同功能的小分子药物、利用酵母展示技术筛选亲和力高的抗体、细胞凋亡的抑制剂、抑制 HIV－1 整合的药物等。

4. 改造酿酒酵母自身，降低生产酒精的成本

能源危机促使人们寻求可再生的能源，将与纤维素和半纤维素降解有关的基因导入酿酒酵母，使之利用自然界大量存在且可再生的纤维素和半纤维素类物质生产酒精，进一步降低酒精的生产成本，这将是对酿酒酵母自身进行改造的主要发展趋势。

5. 酵母的生理承受极限研究将引起人们的关注

目前的研究已成功地将一些功能基因分别或部分转化到酵母中，用来改造宿主。但是这些基因改良酵母的优点并未集中在一株酵母上，而工业化生产又希望将各种新的重组基因联合起来在一株酵母上表达，所以如何将联合基因引入并且不超出酵母的生理承受极限的研究将引起人们的关注。

6. 利用酵母表达膜蛋白成为新的发展趋势

膜蛋白占了细胞蛋白的20%～30%，在细胞的生长、分化等功能中起了重要作用。很多动物和人的疾病与膜蛋白功能的丧失有关，因此膜蛋白成为很多药物作用的靶点。但是由于膜蛋白从天然宿主中难于纯化，目前对膜蛋白结构和功能的了解并不多。因此发展膜蛋白的异源表达系统，获得大量的膜蛋白对膜蛋白结构的解析至关重要。酵母表达系统相对原核表达系统具有翻译后加工的功能，更适合用来表达真核生物的膜蛋白，已经有在毕赤酵母表达膜蛋白并成功解析出其结构的报道，比如水通道蛋白(aquaporins)和 ABC 转运蛋白(ATP binding cassette transporters)。但是相对来说，目前能够大量表达的膜蛋白数量还是很少，已经有利用密码优化，培养条件优化等策略提高膜蛋白在酵母中表达量的报道，如何利用其他策略，利用酵母表达更多的膜蛋白成为未来发展的新趋势。

7. 酵母的代谢工程和系统生物学

随着系统生物学的发展，在计算机模拟的辅助下，设计一条优化的代谢途径，再根据这个途径敲除和转入相应的基因，相对反复试错法，这将大大提高酵母代谢工程改造的效率，是未来酵母代谢工程的发展趋势。

第二节　酵母表达系统

酵母菌作为单细胞真核生物，既具有细菌生长迅速、操作简单的特点，又具有真核细胞对翻译后蛋白的加工及修饰的能力，所以是表达外源基因的理想宿主。

一、酵母表达系统概述

1. 酵母表达载体

(1) 载体的基本构架　典型的酵母表达载体均为大肠杆菌和酵母菌的“穿梭”质粒。它是由来自酵母的部分基因序列和细菌的部分基因序列所组成。其原核部分主要包括可以在大肠杆菌中复制的起点序列(*ori*)和特定的抗生素抗性基因序列。酵母部分包括在酵母中维持复制的元件，如附加型的 2 μm 质粒复制起点序列，或染色体的自主复制序列(auto-replication sequence，ARS)，或整合型载体的整合介导区；酵母转化子的筛选组分，这主要是与宿主互补的营养缺陷型基因序列或特定的抗生素抗性基因序列；以及编码特定蛋白的基因启动子和终止子序列。分泌型表达载体还要带有信号肽序列，其编码信号肽的 DNA 序列已和表达盒式结构一起构建到载体中。

外源蛋白在酵母中的分泌表达可以使用异源信号肽也可使用酵母自身信号肽。自身信号肽可能要优于异源信号肽，但是外源蛋白在酵母系统中表达时选择一个合适的信号肽是相当复杂的，对于有些蛋白自身信号肽可以引导分泌表达，有些异源信号肽在酵母中分泌表达外源蛋白也非常有效，尤其是对较小分子蛋白产物的分泌表达。

(2) 载体的复制形式　酵母表达系统的载体主要分为附加型载体和整合型载体两种。附加型载体在酵母宿主中的拷贝数量大，但是在传代过程中易丢失，影响重组菌的稳定性和表达量；整合型载体导入酵母宿主细胞后与酵母细胞染色体基因组 DNA 整合，稳定性高，但是基因的拷贝数量低。若整合型载体上介导整合的序列为基因组中的重复序列，也能获得多拷贝基因的重组子，还可以人工构建串联重复的多拷贝基因，然后再转化酵母宿主细胞，形成多拷贝基因的重组子。① 附加型。酵母附加型载体的一类是利用酿酒酵母 2 μm 质粒的 DNA 复制有关的元件所构建，这类载体的转化效率很高，每 μg DNA 可得 10^3～10^4 个转化子。但是这类载体在没有选择压力时不能稳定存在。野生型的 2 μm 质粒在酵母细胞中非常稳定，这是因为 2 μm 质粒的复制除了需要 ORI-STB 复制区外，还需要自己编码的 *rep1* 和 *rep2* 基因的配合等原因。另一类酵母附加型载体是利用酵母基因组 DNA 的自主复制序列 ARS，因此能在酵母染色体外自主复制。这类载体的转化效率也高，每 μg DNA 可得 10^3～10^4 个转化子，并且每个细胞的质粒拷贝数可高达上百个。然而，由于这种类型的载体在细胞分裂时很难在母细胞与子细胞之间平均分配，而且大多滞留在母细胞内，因此，即使在有选择压力的条件下，随着转化细胞不断地分裂繁殖，子代细胞中的质粒拷贝数也会迅速减少，最终导致整个群体的平均拷贝数变得很低(每个细胞只有 1～10 个拷贝)。如果在没有选择压力的条件下培养，丢失了载体的细胞会以每世代高达 20%的速率累积。因此，这类质粒虽然是一种较好的构建基因文库的载体，也可作为实验研究的表达载体，但难以用于工业生产中高表达外源蛋白。② 整合型。这类载体不含酵母的 DNA 复制起始区，而是含与受体菌株基因组有某种程度同源性的一段 DNA 序列，它能有效地介导载体与宿主染色体之间发生同源重组，使载体整合到宿主染色体上并随同酵母染色体一起复制。一般地说，酵母染色体的任何片段都可作为整合介导区，但最方便、最常用的单拷贝整合介导区是营养缺陷型选择标记基因序列。这类载体虽然稳定性好，但要实现外源基因的高效表达，必须在酵母细胞内找到拷贝数很高的靶位点。而位于酵母细胞第 7 号染色体上的 rDNA 单元，是 100～200 个拷贝的串联重复序列，正好是合适的外源基因整合靶位点。

酵母 rDNA 单元大小为 9.1 kb，每个单元包含有 35 S rRNA 前体和 5 S rRNA 基因，这两个转录单元之间有非翻译区(NTS)，在非翻译区含有 DNA 复制原点，如图 15-1 所示。在rDNA单元中有两个 HOT 区和一个 TOP 区，前者能激活 rDNA 间的重组，而后者则能抑制这种重组。如果所取 rDNA 片段只有 HOT 区，就容易发生重组，整合拷贝就容易丢失。如果所取的 rDNA 片段既有 HOT 区，又有 TOP 区，或者两者都不存在，整合拷贝间就不容易重组，整合拷贝就很稳定。所以利用 rDNA 这样的多拷贝整合介导区构建的整合型载体可以大大提高整合的拷贝数和外源基因的表达水平，具有很大的实用性。具有内源质粒的酵母并不多，但是，所有酵母菌株都有 rDNA。至今已有很多种酵母利用 rDNA 片段介导了表达载体的多拷贝整合，并使外源基因得到很高水平的表达。酵母整合型载体因其转化子的高度稳定性而被广泛应用。

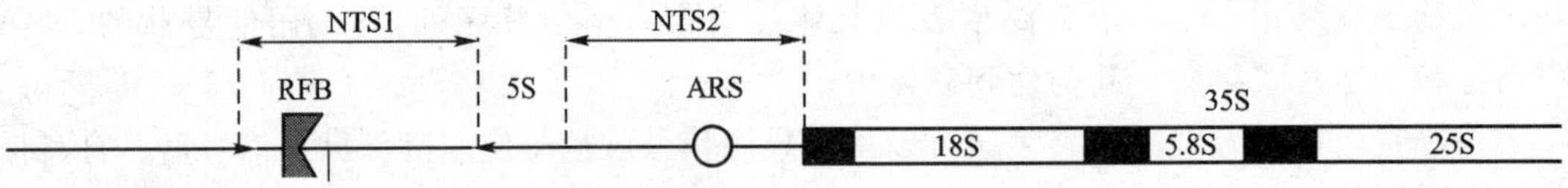

图 15-1　酵母 rDNA 单元结构示意图

2. 宿主

酵母菌种类繁多，但不是所有的酵母菌都可以发展成基因表达系统的宿主。能够发展成基因表达系统的宿主应该具备一定的条件。

(1) 安全无毒，不致病　目前已知的酵母菌绝大多数是安全的，只有白假丝酵母(*Candida albicans*)和新型隐球菌(*Cryptococcus neoformans*)等极少数是致病菌或条件致病菌。

(2) 遗传背景清楚，容易进行遗传操作。

(3) 构建的载体 DNA 容易进入，转化频率较高。

(4) 发酵周期短，培养条件简单，容易进行高密度发酵。

(5) 蛋白质分泌能力良好。

(6) 有类似高等真核生物的蛋白质翻译后的修饰功能。

3. 酵母的 DNA 转化

酵母的 DNA 转化方法有以下几种方法。

(1) 原生质体法　原生质体法是最早用于酵母载体 DNA 转化的方法。其缺点是控制酵母细胞原生质体化的程度比较困难，转化效率不稳定。另外，做原生质体转化时间长、成本较高。

(2) 离子溶液法 将酵母细胞用各种离子(如一价碱性阳离子 Cs^+、Li^+)溶液进行处理,然后进行DNA转化,能明显地增加外源DNA的吸入。这种方法的转化效率虽然不及原生质体法高,但是,也能达 10^3 个转化子/μg DNA,对于一般的应用来说已经足够高了。其优点是操作简便、容易掌握,所以很快被广泛采用。

(3) 一步法 一步法是在离子溶液法基础上建立的,每 μg DNA 可得到 10^4 个转化子,特别适用于处于静止期的酵母细胞的转化,使酵母转化的方法变得越来越简单。

(4) PEG1000 法 通过PEG处理酵母细胞获得类感受态再转化,每 μg DNA 至少可得到 10^3 个转化子。

(5) 电穿孔法(electroporation)和粒子轰击法(particle bombardment 或 biolistics) 电穿孔法和粒子轰击法最早用于植物细胞的DNA转化,后来证明也能用于酵母细胞的转化。其优点是转化效率最高,每 μg DNA 可产生 10^5 个转化子。常用于一些新的酵母宿主细胞的DNA转化。缺点是需要特殊的设备、成本较高,所以不是常规的转化方法。

4. 酵母分泌外源蛋白的糖基化

不同酵母细胞对分泌蛋白的糖基化方式和程度不同,加到分泌蛋白上的碳水化合物的长度和结构是由酵母本身决定的。酿酒酵母分泌的多数外源蛋白均是过度糖基化的(>40个甘露糖残基),而巴斯德毕赤酵母分泌表达糖蛋白的寡糖链平均长度大约是8~14个甘露糖残基,解脂耶氏酵母分泌的tPA(tissue plasminogen activator)仅含短的寡糖链(8~10个甘露糖残基)。因此,不同酵母表达系统分泌糖蛋白的分子质量可能不同。另外,酿酒酵母和巴斯德毕赤酵母分泌表达的糖蛋白在寡糖链的结构上有区别。通常巴斯德毕赤酵母分泌的糖蛋白的聚糖末端不含α-1,3连接的甘露糖残基,而这种形式的糖残基恰是酿酒酵母所分泌的糖蛋白末端的特点。这种糖蛋白具有很强的免疫原性,因此酿酒酵母分泌的外源糖蛋白不适合作为药物治疗使用。

二、常用酵母表达系统

利用酿酒酵母和巴斯德毕赤酵母现已开发出成熟的表达系统,并在科学研究和基因工程实践中扮演了重要角色。除此之外,利用乳酸克鲁维酵母、多形汉逊酵母、粟酒裂殖酵母和解脂耶氏酵母也开发出了各具特色的表达系统。

1. 酿酒酵母表达系统

酿酒酵母很早就被应用于食品和饮料工业,是发酵工业中的主要生产菌株,是人们最先建立的酵母表达系统。长期实践已证明,酿酒酵母具有较高的安全性。自人重组干扰素基因在酿酒酵母中表达成功后,酿酒酵母已被广泛地用做外源蛋白表达的宿主,并发展了许多相应的表达系统。酿酒酵母的全基因组序列可以在酵母基因组数据库(*Saccharomyces* Genome Database,SGD)http://www.yeastgenome.org 免费获得,该数据库对很多酵母突变株进行了详细的描述,并不断更新。

目前已发展和建立的酿酒酵母表达载体既有整合型载体又有附加体型载体。应用于酿酒酵母的附加体型表达载体多为大肠杆菌-酿酒酵母穿梭表达质粒,此载体可在细菌宿主中进行选择和增殖,常使用pUC质粒的复制起点和氨苄青霉素抗性选择标记。酵母部分通常包括酵母菌的2 μm质粒的复制区,用于酵母转化的选择元件主要是营养缺陷型相关的基因,如*LEU2*(亮氨酸合成途径中β-异丙基苹果酸脱氢酶,β-isopropylmalate dehydrogenase)基因、*HIS4*(组氨醇脱氢酶,histidinol dehydrogenase)基因和*URA3*(尿嘧啶合成途径中乳清酸核苷-5′-磷酸脱羧酶,orotidine-5′-phosphate decarboxylase)基因。这类载体能独立于酵母染色体之外复制，常以 30 或更多拷贝存在，但没有选择压力时不稳定。表达盒式结构中启动子常用乙醇脱氢酶启动子 P_{ADH1}、半乳糖诱导型启动子 P_{GAL}；分泌信号一般用酿酒酵母自身 α-交配因子的分泌信号；终止子用 *CYC1* 基因的转录终止子。图 15-2 是酿酒酵母利用 2 μm 质粒复制区的自主复制型表达载体，pYES2 不带信号肽序列，可在细胞内表达，也可利用基因自身的信号肽进行分泌表达，pHBM363 是带有信号肽的分泌表达载体。

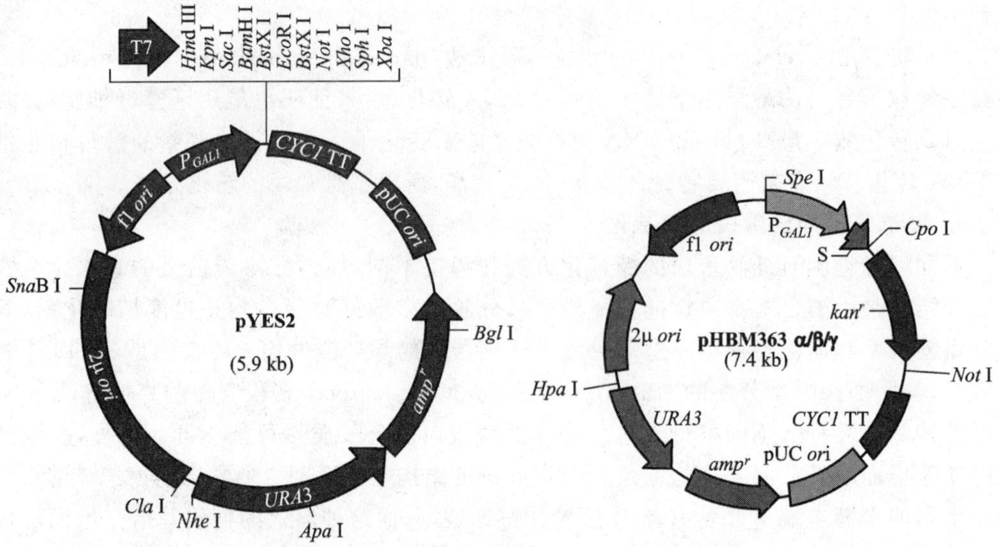

图 15-2　酿酒酵母附加型表达载体

P_{GAL1}：半乳糖诱导型启动子；S：分泌信号；*CYC1* TT：终止子；*URA3*：尿嘧啶合成途径中乳清酸核苷 5′磷酸脱羧酶基因；2μ *ori*：酵母菌 2 μm 质粒的复制区；amp^r：氨苄青霉素抗性基因；pUC *ori*：大肠杆菌 pUC18 质粒的复制区；f1 *ori*：f1 噬菌体的复制区；kan^r：卡那霉素抗性基因

这种类型表达载体在细胞中必须有选择压力才能稳定表达，不适于工业化生产，但是对于科学研究中利用酵母重组体系对外源基因进行定向进化时，可简单地通过抽提质粒而获得突变基因。

另一类载体没有在酵母中复制的质粒复制区，而是利用同源片段将载体整合到染色体上。这类载体稳定性高，但拷贝数低。与附加体型载体一样，该类载体也有用于酵母转化的选择元件和原核生物部分的复制起始序列以及某种抗生素抗性基因。图 15-3 是通过 rDNA介导整合的酿酒酵母表达载体 pHBM367H。

在表达时，外源基因与来自酿酒酵母的高效表达基因启动子融合，这些启动子既有组成型表达，也有诱导型表达。启动子 P_{GAL1} 在半乳糖存在的条件下表达水平提高 1 000 倍，诱导表达的 *GAL1*、*GAL7* 及 *GAL10* 基因产物占细胞总蛋白的 0.5%～1.5%，是常用的启动子。酿酒酵母可指导外源蛋白分泌，通常是将重组蛋白的成熟蛋白形式与酵母 α-交配因子的前导序列融合，该引导序列可用 Kex2 酶的蛋白水解作用切去，这个步骤是广泛存在于真核生物中的。在分泌中，糖基化能在正确位点发生，但常异于天然蛋白的糖基化，因为其糖链一般过长，且为高甘露糖型，得到的这种蛋白会有免疫性，限制了这种糖蛋白用于人类疾病的治疗。

目前通过两种方式提高拷贝数：① 用酵母转座子以产生多个插入拷贝；② 通过 rDNA

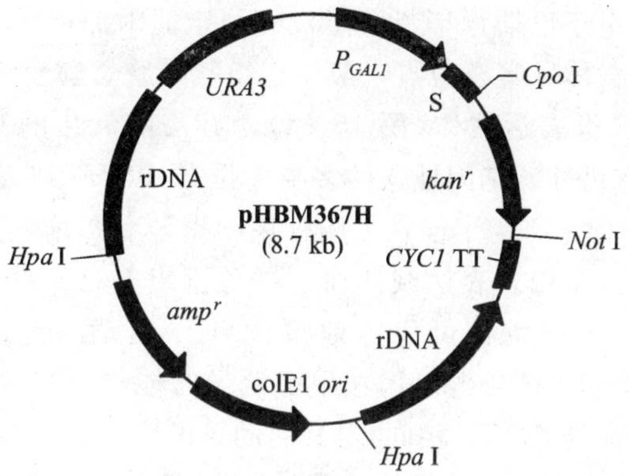

图 15-3　酿酒酵母 rDNA 介导的整合型分泌表达载体

P_{GAL1}：半乳糖诱导型启动子；S：分泌信号；*CYC1* TT：终止子；*URA3*：尿嘧啶合成途径中乳清酸核苷 5′磷酸脱羧酶；amp^r：氨苄青霉素抗性基因；ColE1 *ori*：大肠杆菌 ColE1 质粒的复制区；kan^r：卡那霉素抗性基因；rDNA：酿酒酵母的 rDNA 片段

介导的重组插入到核糖体 DNA 簇中，在宿主的染色体上以约 150 个串联重复序列存在。

酿酒酵母表达系统也有其不足之处，主要是：① 较难进行高密度发酵，因为其发酵时会产生乙醇，乙醇的积累会影响酵母本身的生长；② 蛋白质的分泌能力较差。面对酿酒酵母上述问题人们一方面对其进行遗传改造，改善其特性；另一方面又开始从酵母菌这个巨大的生物资源寻找更好的宿主。因此许多新的酵母表达系统也发展起来。

2. 巴斯德毕赤酵母表达系统

甲醇营养型酵母（methylotrophic yeast 简称甲醇酵母）是能在以甲醇为唯一碳源和能源的培养基上生长的酵母，涵盖假丝酵母、汉逊酵母、毕赤酵母和球拟酵母 4 个属。与酿酒酵母相比，甲醇酵母表达系统具有以下优点：① 启动子强并受甲醇严格诱导，因此可用于调控外源蛋白的表达。② 作为真核表达系统，能对重组蛋白进行翻译后必要的剪接、折叠和修饰，糖基化也更接近高等真核生物甚至人类。③ 甲醇酵母在转化、基因替换、基因敲除等基因操作技术上与酿酒酵母相似，简单易行，但是外源蛋白的表达量却比酿酒酵母增加了 10～100 倍。④ 重组菌的遗传性质稳定，表达量和分泌效率高，适于大规模发酵。⑤ 能在无机盐培养基中快速生长，易进行工业化生产，高密度培养干细胞量可达 100 g/L 以上。

巴斯德毕赤酵母是近十年来迅速发展起来的一种表达宿主，能以甲醇为唯一的能源和碳源，其中菌株 GS115 的全基因组测序于 2005 年完成，目前可以免费获得基因序列（http://bioinformatics.psb.ugent.be/webtools/bogas/），另外毕赤酵母菌株 DSMZ 70382 的基因组序列也于 2009 年公开（http://www.pichiagenome.org），可以免费获取。甲醇能够迅速诱导巴斯德毕赤酵母合成大量的乙醇氧化酶（alcohol oxidase，AOX）。在巴斯德毕赤酵母中有 2 个基因（*AOX1* 与 *AOX2*）编码 AOX，约占全部可溶性蛋白质的 30%以上，基因严格地受甲醇的诱导和调控。*AOX2* 基因与 *AOX1* 基因序列相似，有 92%的同源性，其编码蛋白质有 97%的同源性，但 *AOX1* 基因的编码产物在氧化过程中起主要作用。甲醇能诱导 AOX 的合成，而甘油和葡萄糖则抑制 AOX 的产生。所以当细胞以葡萄糖、甘油、乙醇为碳源生长时，不能检测到 AOX1 的活性，而在甲醇培养的细胞中，该酶可大量产生。巴斯德毕赤酵母的表达载体大多是利用 *AOX1* 启动子的强诱导性使它下游的外源基因易于调控，并具有很高的表达量。主要的巴斯德毕赤酵母表达载体有 pPIC9K、pHILD2、pHILS1 和 pPICZα 系列等，适合于胞内表达和分泌表达。

(1) 载体的发展　由于巴斯德毕赤酵母没有稳定的附加体质粒，所以一般用整合型质粒作为外源基因的表达载体。整合位点一般位于组氨醇脱氢酶编码基因 *HIS4* 区或 *AOX1* 区，典型的巴斯德毕赤酵母表达载体(图 15-4)含有乙醇氧化酶基因 5′*AOX1* 启动子、3′*AOX1* 终止子，其中还有供外源基因插入的多克隆位点，以 *HIS4* 基因作为互补选择标记或抗 Zeocin 作为抗性选择标记。为了能在大肠杆菌中繁殖和扩增，它还含有 pBR322 质粒的复制区和氨苄青霉素抗性基因。表达载体通过同源重组整合到酵母细胞染色体 DNA 中，整合后的外源基因随酵母的生长可稳定地传代。① 启动子。最常用的启动子是基因 *AOX1* 的启动子，在它控制下的外源基因在甲醇诱导时能得到高效表达。也有人曾经用过 P_{AOX2} 和 P_{DAS}，*AOX2* 功能与 *AOX1* 相同，但其启动子的强度大大低于 *AOX1*。P_{DAS} 是二羟丙酮合成酶基因启动子。P_{GAP}(三磷酸甘油醛脱氢酶启动子)是最近在巴斯德毕赤酵母中克隆到的一个组成型启动子，在它控制下的 *β-LacZ* 基因表达率比甲醇诱导下的以 P_{AOX1} 启动的产量更高。由于该组成型启动子不需甲醇诱导，发酵工艺应该更为简单，而同时其产量很高，所以成为代替 P_{AOX1} 的最有潜力的启动子。② 选择标记。选择标记一般为对应于营养缺陷型受体的野生型基因，常用 *HIS4*，最近又构建了以 *ARG4*、*TRP1* 或 *URA3* 作选择标记的载体。由于巴斯德毕赤酵母不能利用蔗糖，所以也可用来源于酿酒酵母的蔗糖酶基因 *SUC2* 作为选择标记。抗性选择标记有抗生素 G418 抗性基因和 Zeocin 抗性基因，Zeocin 抗性基因在细菌和酵母宿主中都可表达，缩短了穿梭载体的长度，但 Zeocin 是一种强诱变剂，可能导致转化子产生不可预料的突变。③ 信号肽序列。巴斯德毕赤酵母表达外源蛋白分胞内表达和分泌到胞外两种方式。毕赤酵母本身基本不分泌内源蛋白，所以外源蛋白的分泌需要具有引导分泌的信号序列。当然，利用外源蛋白本身的信号序列很方便，因为基因的全部编码序列可以插入到表达载体的单个或多个克隆位点，像人血清清蛋白、转化酶、小牛溶菌酶等分泌蛋白，用自身的信号肽序列即可在巴斯德毕赤酵母中成功表达。如果自身信号肽序列效果不佳，可由 89 个氨基酸组成的酿酒酵母的分泌信号——α-交配因子引导序列引导外源蛋白的分泌。在巴斯德毕赤酵母载体中还使用过蔗糖酶基因 *SUC2* 的信号肽序列、酸性磷酸酶基因 *PHO1* 的信号肽序列，以及基质金属蛋白酶(matrix metal proteinase，MMP)/基质金属蛋白酶组织抑制剂(tissue inhibitor of matrix metal proteinase，TIMP)的信号肽序列。

(2) 受体菌　常用毕赤酵母宿主菌主要有 GS115 和 KM71，均为 *HIS4* 突变型。GS115 菌株含甲醇利用 *AOX1* 和 *AOX2* 基因，其甲醇利用能力与野生型一样，是 mut^+(methanol utilization plus)表型，是使用最广泛的巴斯德毕赤酵母宿主菌。KM71 菌株是 *AOX1* 基因缺陷的菌株，其 *AOX1* 基因被酿酒酵母的 *ARG4* 基因取代，因而它必须依赖更微弱的 *AOX2* 表达 AOX，是 Muts(methanol utilization slow)表型，在甲醇培养基中生长缓慢，但有时在摇瓶培养条件下表达量更高，所以 KM71 也广泛用于多种外源蛋白的表达。不过由于其达到表达高峰的时间太长，一般不用于工业生产。

此外，为增加分泌蛋白的稳定性，避免被宿主蛋白酶降解，可使用蛋白酶缺陷型菌株，如 SMD1168(*pep4*)、SMD1165(*prb1*)和 SMD1163(*pep4*，*prb1*)。*pep4* 和 *prb1* 分别表示编码蛋白酶 A 和蛋白酶 B 的基因缺陷型。

(3) 转化方式　巴斯德毕赤酵母的转化方法有原生质体法、电激法、氯化锂法和 PEG 法等。一般来说原生质体法和电激法转化效率较高。电激法转化简单，原生质体法复杂，但电激法相对比较昂贵；PEG 法和 LiCl 法很简单，但这两种方法转化效率较低，且不易形成多拷贝的整合；进行转化之前，将表达载体酶切线性化，使之整合于酵母基因组 *AOX1* 或

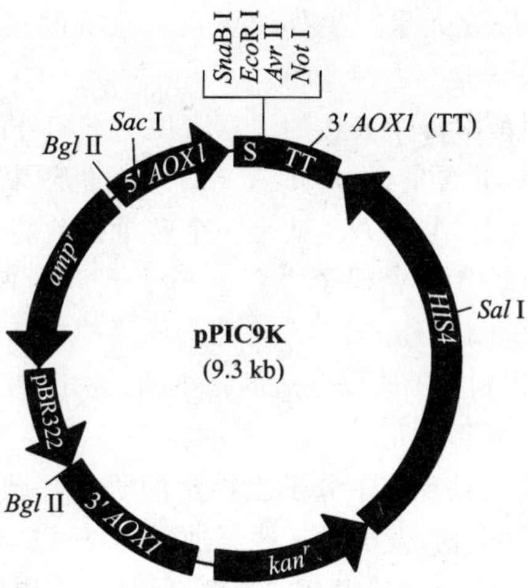

图 15-4 毕赤酵母整合型分泌表达载体

5′*AOX1*：乙醇氧化酶基因启动子；S：分泌信号；3′*AOX1*(TT)：乙醇氧化酶基因终止子；*HIS4*：组氨醇脱氢酶基因；3′*AOX1*：乙醇氧化酶基因片段；pBR322：大肠杆菌 pBR322 质粒的复制区；amp^r：氨苄青霉素抗性基因；kan^r：卡那霉素抗性基因

HIS4 基因位置，随酵母生长稳定地存在。

(4) 整合方式 导入酵母体内的重组表达载体和酵母染色体上的同源区发生重组，从而整合到染色体上，形成稳定的重组转化子。当整合载体转化受体菌时，它有 3 种整合方式。一是 5′*AOX*1 和 3′*AOX1* 能与染色体发生同源重组，使受体染色体带有一个拷贝的外源基因；二是染色体 *AOX1* 区与载体质粒的 *AOX1* 区发生单位点互换；三是染色体 *HIS4* 基因与载体的 *HIS4* 基因发生置换。*HIS4* 区的整合方式为位点特异性单交换引起的基因插入，整合后使组氨酸缺陷型宿主(*HIS4*)恢复野生型，*HIS4* 区或 *AOX1* 区位点的整合都使转化子具有 *HIS4* 基因，因而可利用表型差异进行筛选。同源重组有时会产生多拷贝的整合，一般占转化子的 1%～10%，这是因为一个拷贝整合到染色体上以后，整合位点依然存在，则另外的拷贝又可整合上去。

(5) 获得高拷贝数整合转化子的方法 巴斯德毕赤酵母载体在宿主染色体上大多为单拷贝整合，但由于 P_{AOX1} 在甲醇诱导下的强启动性，以及整合后的高稳定性，单拷贝也能获得较高的产量，但有时提高拷贝(10 个以上)可大大增加表达。目前许多研究者把提高整合拷贝数作为提高表达的重要方面，获得高拷贝数整合转化子的方法主要有以下几个方面。其一，不同的转化方法导致产生天然高拷贝转化子，前面讲到的巴斯德毕赤酵母的转化方法以原生质体法转化使细胞群中产生多拷贝转化子频率相对较高，但若通过 G418 抗性水平筛选高拷贝，则配合电激法转化的效果较好；其二，体外在载体上多次插入目的基因片段，但这种多拷贝整合不太稳定，且拷贝数有限；其三，将载体中目的基因两端连上来自宿主 rDNA或其他非必需高重复的基因片段，通过同源重组而达到高拷贝整合的目的；其四，利用基因的功能筛选高拷贝整合，高拷贝整合提高了基因的表达量，直接通过表达量的差异进行筛选。例如利用含植酸钙的底物平板，筛选到植酸酶毕赤酵母高产工程菌。

(6) 巴斯德毕赤酵母表达菌株的培养条件 适宜的培养液缓冲系统及适当的发酵液 pH，可以降低蛋白酶的活性。添加适量的蛋白胨或酪蛋白水解物可以避免产物被蛋白酶降解，并为外源蛋白的合成及分泌提供氨基酸和能量。在甘油作碳源的培养液中，细胞迅速生长，菌体密度逐渐增大，但此时外源基因的表达被完全抑制，只有当甘油缺失或被完全消耗，甲醇被添加到培养液中，才诱导大量产生外源蛋白。此阶段菌群生长迟缓，但产物表达旺盛。用最大的通气量可提高表达量。

(7) 提高外源基因在甲醇酵母中表达的注意事项 影响外源基因在甲醇酵母中表达的因素较多，① 外源基因中 A、T 含量，许多高 A+T 含量的基因常会由于提前终止而不能有效转录，共有序列 ATTATTTATAAA 就是一个转录提前终止信号；② 密码子是否符合甲醇酵母的偏好性，在所有的 61 个密码子中有 25 个是酵母所偏爱的，对这些偏好密码子的使用程度和基因表达水平成正比，③ mRNA 5′非翻译区的核苷酸序列和长度会影响到核糖体40 S亚单位对 mRNA 的识别；④ 选取合适的宿主菌；⑤ 产物自身的稳定性；⑥ 甲醇酵母液体深层发酵时的培养条件是否合适。

甲醇酵母表达系统也有其缺点：① 分子生物学的研究基础差，要对其进行遗传改造困难较大。② 不是一种食品微生物，发酵时又要添加甲醇，所以，要用它来生产药品或食品还没有被广泛接受。③ 发酵虽然能达到很高的密度，但是发酵周期一般较长。

除巴斯德毕赤酵母表达系统外，多形汉逊酵母表达系统是另一种高效的甲醇酵母表达系统，存在可利用的强诱导型启动子，重组菌在非选择性培养基上减数分裂稳定，可高效表达外源蛋白和易于实现高密度发酵和产业化等。多形汉逊酵母具遗传操作简单、外源蛋白产量高、易于工业化生产等特点，是一个优于大肠杆菌和其他酵母的外源基因表达系统，已得到广泛关注，但对其表达系统的研究相对较少，不如巴斯德毕赤酵母应用广泛。

3. 酵母表面展示系统

酵母展示主要应用的是酿酒酵母，主要采用与酵母匹配型有关的 a-凝集素和 α-凝集素作为骨架蛋白，与外源基因编码的蛋白质或多肽相融合，使外源基因编码的蛋白质或多肽表达在酵母细胞壁表面。其中，a-凝集素是由大、小两个亚基组成的糖蛋白，大亚基 Aga1 由 725 个氨基酸组成，通过葡聚糖的共价键锚定在细胞壁上，小亚基 Aga2 由 69 个氨基酸组成，通过二硫键与 Aga1 相连，C 端为结合活性部位，外源蛋白结合于此(如图 15-5)。α-凝集素的锚定能力是由 C 端的 320 个氨基酸决定的，这一端富含 Ser 和 Thr，容易发生 *O*-糖基化，形成杆状区，是 N 端部分在细胞壁外展示的间隔区(如图 15-6)。目前，已有多种酶和蛋白质在本系统中展示。但是如果展示的酶和蛋白质的活性域偏向 C 端，此系统则不适合，为了解决这个问题，又发展了基于絮凝蛋白 Flo1p 的展示系统。酿酒酵母的 *flo1* 基因编码类似于外源凝集素的细胞壁蛋白，Flo1p 有几个结构域，分别是分泌信号域、絮凝功能域、GPI 锚定附属信号域和膜锚定域。其中，絮凝功能域在 N 端，能识别细胞壁中的 α-甘露糖酶，并以非共价键与之结合，促进絮凝物的生成。将活性域偏向 C 端的外源蛋白与 Flo1p 的 N 端结合，可实现展示。

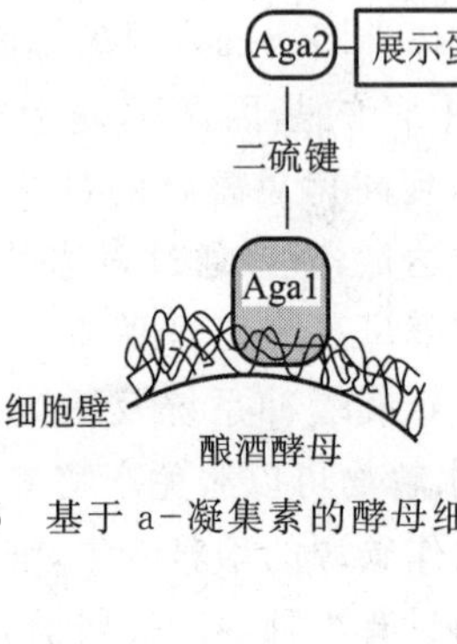

图 15-5 基于 a-凝集素的酵母细胞表面展示

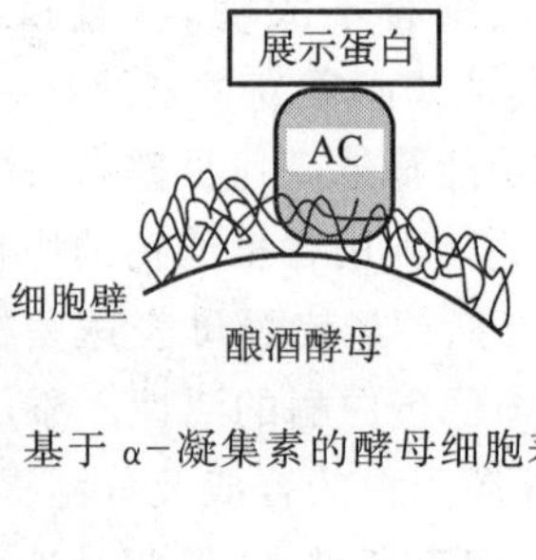

图 15-6 基于 α-凝集素的酵母细胞表面展示

虽然酵母表面展示技术发展的时间不长，但是发展的速度极快。人们正在努力将酵母表面展示系统代替动物反应器发展新的抗体、生物传感器、诊断工具和治疗药物。用酵母表面展示系统展示了几种有功能活性的酶。图 15-7 是酿酒酵母 α-凝集素介导的不带信号肽(A)和带信号肽(B)的整合型展示表达载体。

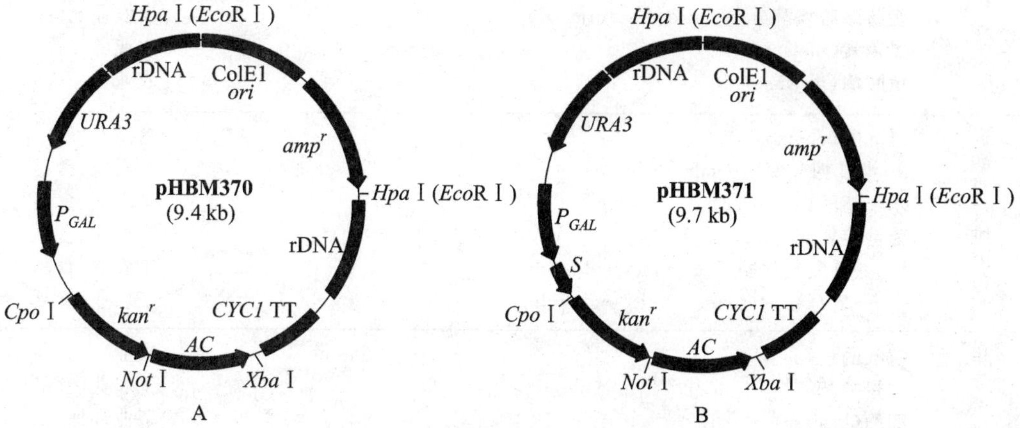

图 15-7　酿酒酵母整合型展示表达载体

P_{GAL}：半乳糖诱导型启动子；S：分泌信号；*AC*：编码 α-凝集素的 C 端基因片段；*CYC1* TT：终止子；*URA3*：尿嘧啶合成途径中乳清酸核苷 5′磷酸脱羧酶基因；amp^r：氨苄青霉素抗性基因；ColE1 *ori*：大肠杆菌 ColE1 质粒的复制区；kan^r：卡那霉素抗性基因；rDNA：酿酒酵母 rDNA

酵母表面展示技术作为噬菌体展示技术和细菌表面展示技术的有益补充，具有以下优点：① 酵母细胞是真核细胞，更适于真核蛋白质表达和展示。② 酵母的细胞壁是由糖蛋白和葡聚糖构成，异源蛋白可定位于糖蛋白层并与葡聚糖骨架共价连接。③ 酵母细胞大，利用流式细胞仪进行筛选和分离更为方便。④ 酵母安全无毒，可用于研究基因治疗和开发口服疫苗等方面。因此，发展酵母展示表达系统具有广阔的前景，特别是在蛋白质分子间相互作用以及疫苗生产等方面。

第三节　酵母基因工程的应用

一、酵母基因工程的应用情况

利用酵母基因工程成功地生产了人类、动物、植物或微生物来源的异源蛋白，在医药生物技术上发挥了重要作用。近年来，酵母基因工程菌已经实现了工业化生产，酵母产生的蛋白已经用在食品、饲料、洗涤、纺织和造纸等行业。尤其在酶制剂领域，国内有近 10 家企业的酶制剂年产量达到万吨，年总产值约 10 亿，并且以每年 10%左右的速度增长。在本书医药基因工程中介绍了一些酵母基因工程药物的内容，本章主要列举在工业、农业、食品卫生上的应用。一些相关基因在酵母表达的情况见表 15-1。

表 15-1　酵母表达异源蛋白的实例

宿　主	表达产物	应用领域
酿酒酵母	糖化酶(glucoamylase)	工农业、食品
	α-淀粉酶(α-amylase)	工农业、食品
	内切葡聚糖酶(endoglucanase)	工农业
	木糖异构酶基因(xylose isomerase)	工农业、食品
	脂肪酸脱氢酶(fatty acid desaturase)	工农业、食品
	黑色素(melanin)	农业
	植酸酶(phytase)	农业
乳酸克鲁维酵母	凝乳酶(chymosin)	食品
	α-半乳糖苷酶(α-galactosidase)	工农业、食品
	木聚糖酶(xylanase)	工农业、食品
	葡糖淀粉酶(glucoamylase)	工农业、食品
	D-氨基酸氧化酶(D-amino acid oxidase)	工农业、食品
	o-β-乳球蛋白(ovine-β-lactoglobulin)	工农业、食品
毕赤酵母	植酸酶	农业
	木聚糖酶	工农业、食品
	漆酶(laccase)	工业环保
	甘露聚糖酶(mannase)	工农业、食品
	脂肪酶(lipase)	工农业、食品
	昆布多糖酶(laminarinase)	工农业、食品
	几丁质酶(chitinase)	工农业、食品
	单宁酸酶(tannase)	食品
多形汉逊酵母	氨基氧化酶(amino oxidase)	工农业、食品
	过氧化氢酶 T(catalase T)	工业、食品
	α-半乳糖苷酶	工农业、食品
	葡萄糖氧化酶(glucose oxidase)	工业
	糖化酶	工农业、食品
	β-内酰胺酶(β-Lactamase)	工业
	人脂肪酶(h-lipase)	工业
	转化酶(invertase)	工农业、食品
粟酒裂殖酵母	β-葡糖醛酸酶(β-glucuronidase)	农业
	绿色荧光蛋白(green fluorescent protein)	农业
	已糖转运蛋白(hexose transporter)	农业
	细胞色素 P450(cytochrome P450)	工业、医药
	细菌视紫红质(bacteriorhodopsin)	工农业
	鼠 α-淀粉酶(mouse α-amylase)	工农业、食品
	酿酒酵母转化酶(*S. cerevisiae* invertase)	工业
解脂耶氏酵母	单链血红蛋白(single-chain hemoglobin)	工业
	酿酒酵母转化酶	工业
	纤维素酶(cellulase)	工农业、食品
	木聚糖酶	工农业、食品
	脂肪酶	工农业、食品
	内切葡聚糖酶	工农业、食品
	糖化酶	工农业、食品
	漆酶	工业
	α-淀粉酶	工农业、食品

二、酵母基因工程的应用举例

1. 利用毕赤酵母生产饲料用植酸酶

(1) 高产植酸酶重组酵母菌的构建　表达载体的构建见图 15-8。根据已克隆烟曲霉植酸酶基因的序列设计引物，通过 PCR 扩增出所要表达的基因，与表达载体 pHBM905B 连接后转化大肠杆菌，获得重组质粒。出于基因工程安全性的考虑，将重组质粒用 *Sal* Ⅰ部分或完全酶切，以去掉氨苄青霉素抗性基因，然后用 PEG1000 介导的方法转化毕赤酵母，获得重组酵母。通过水解圈的大小筛选高表达量的重组酵母。

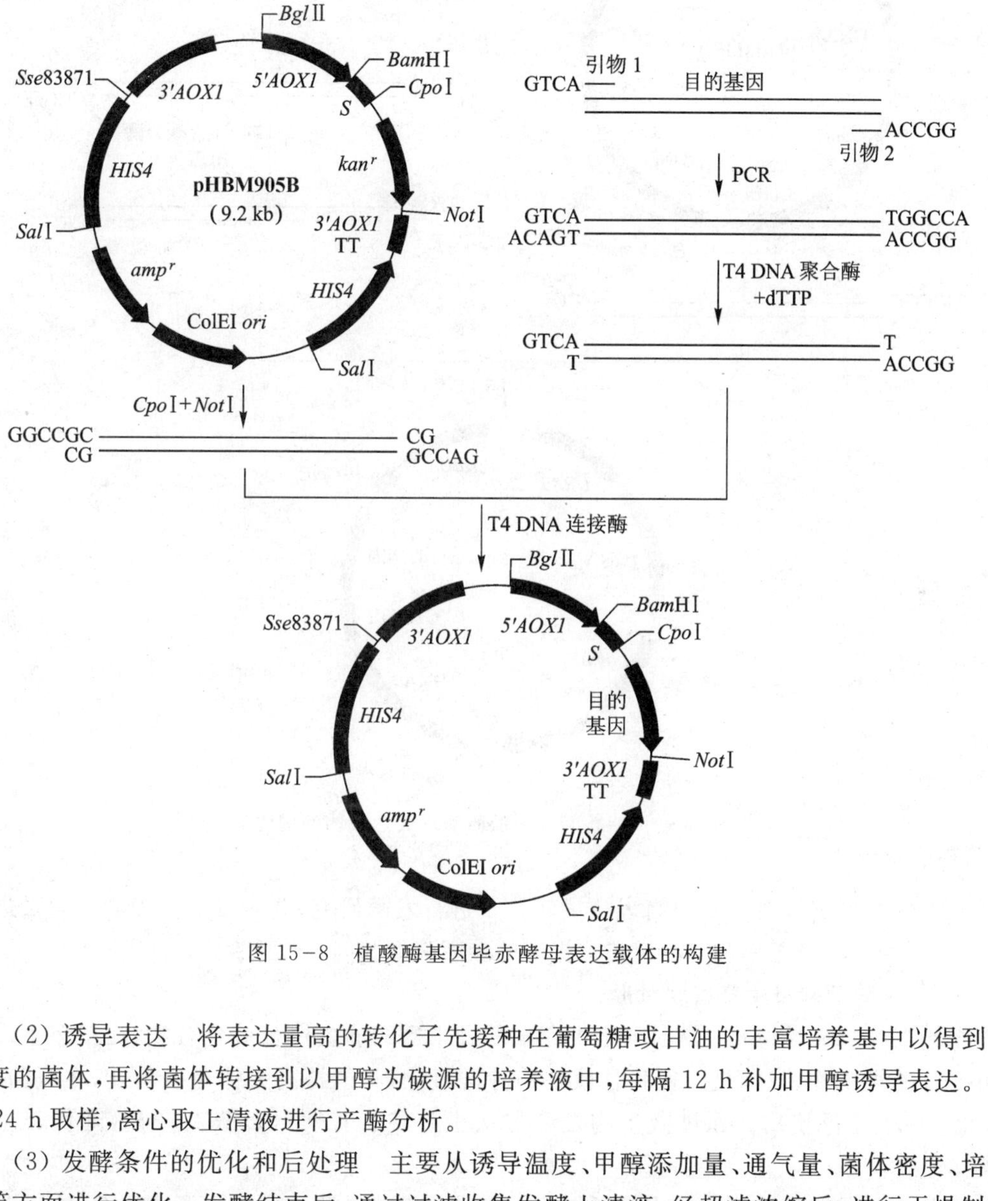

图 15-8　植酸酶基因毕赤酵母表达载体的构建

(2) 诱导表达　将表达量高的转化子先接种在葡萄糖或甘油的丰富培养基中以得到高密度的菌体，再将菌体转接到以甲醇为碳源的培养液中，每隔 12 h 补加甲醇诱导表达。每隔 24 h 取样，离心取上清液进行产酶分析。

(3) 发酵条件的优化和后处理　主要从诱导温度、甲醇添加量、通气量、菌体密度、培养基等方面进行优化。发酵结束后，通过过滤收集发酵上清液，经超滤浓缩后，进行干燥制粒后可直接作为饲料添加剂。

2. 可利用淀粉酿酒酵母的基因工程

天然的酿酒酵母由于酵母菌缺乏分解淀粉的酶类，用做发酵原料的淀粉需经液化、糖化等复杂步骤变成葡萄糖后才能被利用。构建具有较高的水解淀粉和产生酒精能力的酵母工程菌，有利于简化发酵工序，降低生产成本。

(1) 高产淀粉酶重组酵母菌的构建　表达载体的构建见图 15-9。淀粉酶基因的获得、表达载体 pHBM367H 的处理、连接转化以及重组克隆筛选与表达植酸酶基因毕赤酵母的构建过程相同。

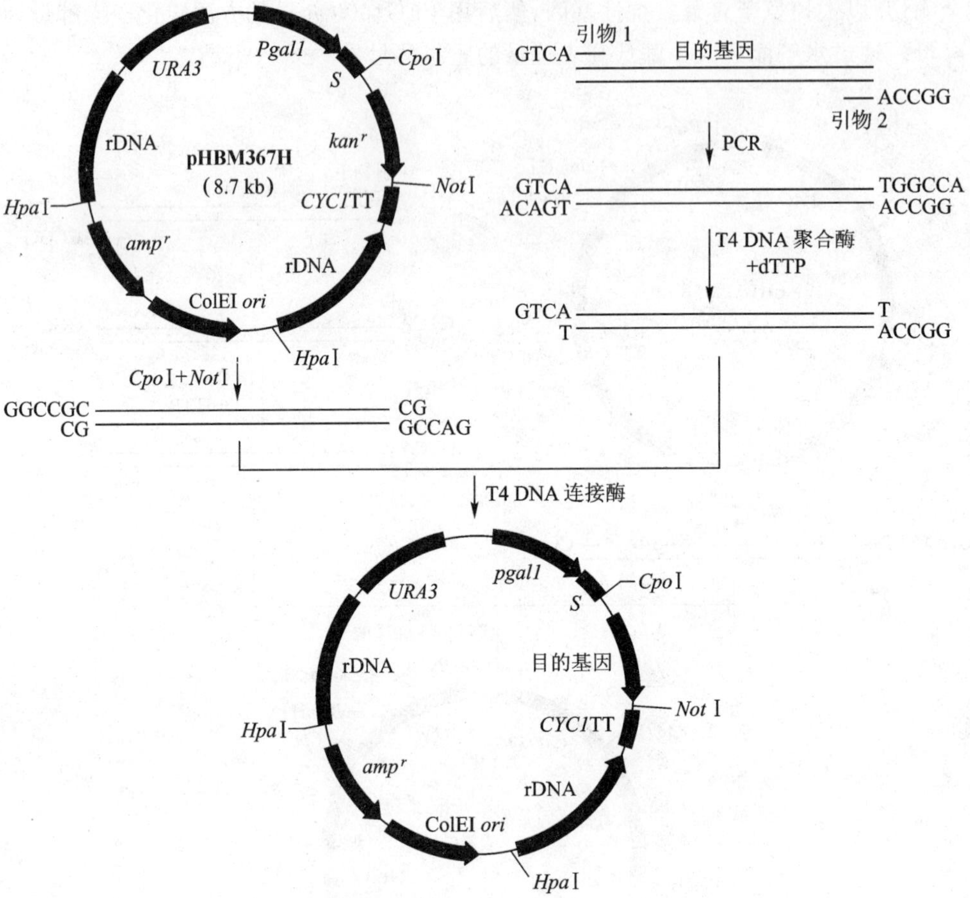

图 15-9　淀粉酶基因酿酒酵母表达载体的构建

(2) 性能测定　对可能的高表达量转化子进行发酵研究，并对发酵液中酒精含量进行测定，筛选出淀粉利用率和产酒精量均提高的酿酒酵母基因工程菌。

3. 利用酿酒酵母生产谷胱甘肽

谷胱甘肽(glutathione)是活细胞中存在的最丰富的非蛋白巯基化合物，在很多生理过程中起了重要的作用。而且，谷胱甘肽是一种抗氧化剂，能提高人体免疫功能，在医药、食品、化妆品上广泛使用。通过微生物发酵方法生产谷胱甘肽可以提高产量，降低其生产成本。

酿酒酵母谷胱甘肽生物合成途径如图 15-10。谷胱甘肽的合成由两步连续的 ATP 消耗反应组成。同时，合成的谷胱甘肽也会在酶的作用下发生改变。因此，代谢工程改造的方式就是要提高谷胱甘肽的合成量并阻止其转换。首先，导入 GCS 和 GS 编码基因，提高合成谷胱甘肽的能力。其次，敲除 γ-GTP 编码基因，降低谷胱甘肽的降解。谷胱甘肽合成以后，在酶 γ-GTP 的催化下，会进一步降解成半胱胺酰甘氨酸，造成谷胱甘肽的产量降低。敲除掉 γ-GTP 编码基因后，可阻断谷胱甘肽向半胱胺酰甘氨酸的反应，提高谷胱甘肽的产率。最后，超量表达转录因子 YAP1 和 MET4，提高谷胱甘肽表达量。转录因子 Yap1P 和 Met4P 可以调节由 GCS 和 GS 催化的两步连续反应，因此改造的第三步就是超量表达转录因子 YAP1 和 MET4，进一步提高谷胱甘肽的产量。

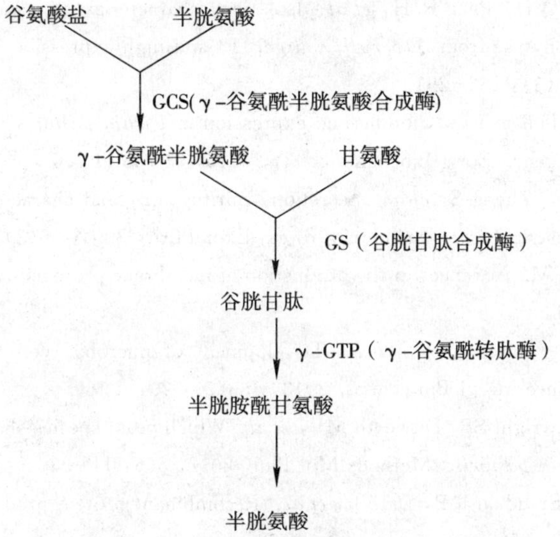

图 15-10　酿酒酵母谷胱甘肽生物合成途径

随着现代分子生物学技术的发展，人们将进一步地探索各种酵母基因工程的强启动子元件，分泌信号肽以及对外源蛋白表达、分泌的影响因素，并通过代谢组学，系统生物学的方法利用酵母产生新的化合物，有理由推测酵母基因工程在未来的发展和应用中将占有重要的地位。

思　考　题

1. 举例说明酵母基因工程相对于大肠杆菌基因工程的优势与不足。
2. 作为一个酵母表达载体，包括哪些基本元件？
3. 叙述附加型表达载体和整合型表达载体用在表达外源基因上的区别。
4. 现要构建一个高产木聚糖酶的酵母工程菌，请设计实验的过程。
5. 如何通过提高基因在染色体上的拷贝数来提高异源基因的表达量？
6. 如何通过代谢工程利用酵母产生新的化合物？

主要参考文献

1. 李育阳. 基因表达技术. 北京：科学出版社，2001

2. 张柳莹. 酿酒酵母的基因改良研究动态. 食品与发酵工业，2001，26(5)：47-52

3. Fitches E，Wilkinson H，Bell H，*et al*. Cloning，expression and functional characterization of chitinase from larvae of tomato moth（*Lacanobia oleracea*）：a demonstration of the insecticidal activity of insect chitinase. Insect Biochem Mol Biol，2004，34(10)：1 037-1 050

4. Liu W, Chao Y, Liu S, *et al*. Molecular cloning and characterization of a laccase gene from the basidiomycete *Fome lignosusand* expression in *Pichia pastoris*. Appl Microbiol Biotechnol, 2003, 63: 174–181

5. Resina D, Serrano A, Valero F, *et al*. Expression of a *Rhizopus oryzae* lipase in *Pichia pastoris* under control of the nitrogen source–regulated formaldehyde dehydrogenase promoter. J Biotechnol, 2004, 109(1–2): 103–113

6. Xiong A S, Yao Q H, Peng R H, *et al*. Isolation, characterization, and molecular cloning of the cDNA encoding a novel phytase from *Aspergillus niger*113 and high expression in *Pichia pastoris*. J Biochem Mol Biol, 2004, 37(3): 282–291

7. Xu B, Sellos D, Janson J C. Cloning and expression in *Pichia pastoris* of a blue mussel (*Mytilus edulis*) beta–mannanase gene. Eur J Biochem, 2002, 269(6): 1 753–1 760

8. Zhong X, Peng L, Zheng S, *et al*. Secretion, purification, and characterization of a recombinant *Aspergillus oryzae* tannase in *Pichia pastoris*. Protein Expr Purif, 2004, 36(2): 165–169

9. Ramón A, Marín M. Advances in the production of membrane proteins in *Pichia pastoris*. Biotechnol J, 2011, 6: 700–706

10. Kondo A, Ishii J, Hara KY, *et al*. Development of microbial cell factories for bio–refinery through synthetic bioengineering. J Biotechnol, 2013, 163(2): 204–216

11. Darby RA, Cartwright SP, Dilworth MV, *et al*. Which yeast species shall I choose? *Saccharomyces cerevisiae* versus *Pichia pastoris*. Methods Mol Biol, 2012, 866: 11–23

12. Mattanovich D, Branduardi P, Dato L, *et al*. Recombinant protein production in yeasts. Methods Mol Biol, 2012, 824: 329–358

（张桂敏）

第十六章

细菌基因工程

第一节　细菌基因工程的发展现状和发展趋势

一、细菌基因工程的发展简史

细菌与基因工程密不可分。细菌是单细胞、结构简单的原核微生物，其生理代谢途径以及基因表达的调控机制研究较为透彻；细菌的物种和代谢类型多样，对环境因子敏感，易于获得各类突变株；最显著的特征是生长速度快，便于大规模培养，容易进行遗传操作等，因此基因重组技术首先在细菌中获得成功并得到广泛应用。

1973年，波依尔(Boyer)和科恩(Cohen)首次完成外源基因在大肠杆菌中的表达，为基因工程开启了通向现实应用的大门，使人们有可能按照自己的意愿利用重组DNA技术改造和设计新的生命体。几年后，第一个基因工程产品——利用构建的基因工程菌生产人胰岛素获得成功，从此人类进入了生物技术的产业时代。

细菌不仅在现代生物技术的核心——基因重组技术的诞生和技术进步中起到举足轻重的作用，而且细菌的遗传改造也是基因工程中历史最早、研究最广泛、取得实际应用成果最多的领域。

在细菌基因工程诞生之前，人们主要通过诱变来提高产量或者通过控制代谢途径而在有限程度上改变产品的性质。现在则可以将源于微生物、动物或植物甚至源于人类的基因，转移到大肠杆菌、枯草芽胞杆菌、乳酸菌、根瘤菌等细菌中，获得具有特殊性状的基因工程菌，它们在发酵工业、农业生产、食品加工、医药卫生和环境保护中的应用十分广泛，发展势头强劲。

二、细菌基因工程的发展现状

1. 细菌工程菌与人类药物生产

1982年美国首先将重组胰岛素投放市场，标志着世界第一个基因工程药物的诞生。基因工程的技术成果60%集中应用于医药工业，为生物医药的发展带来一场崭新的革命。细菌是生产蛋白药物的最好生物反应器，利用细菌基因重组技术，可以实现：① 对化学方法难以合成的中间体进行合成，从而生产活力更强的衍生物，例如更高效的抗肿瘤药物羟基喜树碱和前列腺素；② 使微生物产生新的合成途径，从而获得新的代谢产物，例如去甲基四环素等；③ 利用微生物产生的酶对药物进行化学修饰，例如多种半合成青霉素的生产；④ 生产天然稀有的医用活性多肽或蛋白质，例如用于抗病毒、抗肿瘤的药物干扰素和白细胞介素；

用于治疗心血管系统疾病的尿激酶原和组织型溶纤蛋白酶原激活因子；用于防治传染病的多种疫苗（如乙型肝炎疫苗和腹泻疫苗）；用于体内起调节作用的胰岛素和其他生长激素等。细菌基因工程药物已成为制药行业的一支奇兵。

2. 细菌工程菌与环境保护

利用环境微生物基因工程技术治理环境污染和遏制生态恶化趋势、促进自然资源的可持续利用，是一条安全和有效的途径。它主要采用现代分子生物学和分子生态学的原理和方法，充分利用环境微生物的生物净化、生物转化和生物催化等特性的功能基因，构建高效表达的基因工程菌进行污染治理、清洁生产和可再生资源利用，多层面和全方位地解决工业和生活废弃物污染、石油和煤炭脱硫、农药残留、能源和材料短缺等问题。与化学、物理等其他技术相比，环境微生物基因工程技术具有效率高、成本低、反应条件温和以及无二次污染等显著优点，同时还可以增强自然环境的自我净化能力。

目前环保细菌基因工程菌的应用已有不少成功的例子，如能同时降解 4 种烃类的“超级工程菌”(superbug)、能抗高浓度汞且分解烷烃的工程菌，降解除草剂 2,4－二氯苯氧乙酸(2,4－D)的工程菌和降解有机磷的工程菌等。

3. 细菌工程菌与食品、饲料及其他工业

在发酵工业上，利用生物技术改造的品质优良的食用乳酸杆菌提高了生产菌在食品发酵过程中的稳定性，改善了发酵食品的质量并且降低了成本，大大缩短生产周期，具有巨大的经济价值和社会效益。食品生产加工过程中要应用的许多食品添加剂或加工助剂，例如酶制剂、氨基酸、维生素等都可以采用发酵生产而得到。理论上所有发酵食品与食品配料生产菌，都可以利用基因工程技术进行遗传改良，但是由于氨基酸、有机酸、维生素、色素、香料等均属于微生物代谢产物，涉及的基因较多且调控复杂，目前这方面的工作还处于研究阶段。但已有少数氨基酸、有机酸及维生素等重要发酵产品是以基因工程菌进行工业化生产。相对而言，酶制剂的合成所涉及的基因较为单纯，适合利用基因工程技术进行改良。

芬兰的一家公司用基因工程芽胞杆菌生产 α－淀粉酶(α－amylase)，取得了可观的经济效益。除食品用酶制剂外，细菌基因工程菌也已成功应用于生产其他酶，如葡萄糖异构酶、耐热 DNA 聚合酶、青霉素酰化酶、碱性蛋白酶以及饲料用酶。

在过去的 20 年里，重组细菌参与的全新的或者说是更高效的生产过程已经投入工业应用，纯度更高、成本更低廉的以及用传统化学方法不能得到的物质被大量生产出来。现在的细菌基因工程完全能够做到：① 将次级反应转换到主要代谢途径中；② 优化产品质量及其产量；③ 改变初始代谢途径使之能够利用更廉价的原料，或者得到以前未知的新产物；④ 利用酶的异构体特性获得新的手性分子。在许多工业领域里，通过这些方法得到的产品每年都在递增。

4. 细菌工程菌与农业生产

细菌工程菌可为实现优质高产、无污染、少病虫害和高效益的绿色生态农业以及可持续农业提供有力保证。

据不完全统计，世界各国获准进入田间释放的重组微生物占已登记在案的遗传工程菌环境释放总数的 1.15%，其中受体微生物为细菌的占 1.04%、病毒 0.32%、真菌 0.19%。美国环境保护局(EPA)和美国农业部(USDA)批准环境释放的微生物遗传工程菌涉及十几种微生物约 50 例左右，能提高苜蓿共生固氮能力和大田产量的转基因重组苜蓿根瘤菌(*Sinorhizobium meliloti*)是世界上首例通过了安全性评价并进入有限商品化生产的工程根瘤菌。在东南亚如菲律宾等国，生物肥料已广泛应用于水稻等粮食作物的生产。目前至少有

70多个国家在研究、生产和使用微生物肥料，主要以根瘤菌剂和促植物生长细菌（plant growth-promoting rhizobacteria，PGPR）制剂为主。20世纪90年代以来，以苏云金芽胞杆菌为龙头的微生物工程杀虫剂迅速发展。已采用基因工程技术构建出多个高毒力、广谱的新型重组菌杀虫剂并进入商业化生产。在美国，转Bt遗传工程菌用以防治蔬菜害虫和玉米害虫的面积分别占总面积的80%和50%。

目前，中国是世界上农业重组微生物环境释放面积大、种类多和研究范围广的国家，在我国境内申报并通过农业生物基因工程安全委员会批准的农业重组微生物在40例以上，目前还有10余株转基因细菌处于安全性评价和田间试验阶段。由我国研制的转*ntrC-nifA*基因固氮斯氏假单胞菌AC1541和多个苏云金芽胞杆菌高产广谱工程菌，均已通过农业部农业生物基因工程安全委员会审批获得转基因安全证书；重组大豆根瘤菌HN01（pHN307）通过农业部农业生物基因工程安全评价审批，该菌是世界上第二例获准进行环境释放的重组根瘤菌。这标志着我国一批拥有自主知识产权的重组微生物农药、肥料和饲料用酶产品已初具产业规模。

三、细菌基因工程的发展趋势及前景展望

随着基础生物科学和分子遗传学研究的突飞猛进，特别是随着人类对包括细菌在内的各种生物的基因组研究的深入，为揭示各类生物基因结构与功能提供了大规模、高通量和自动化的研究手段和全新思路，细菌基因工程研究的范围也进一步拓宽。微生物的生活环境高度多样化，种类繁多，这就决定了微生物所表现的性状丰富多彩，蕴藏着为人类服务的巨大潜力。细菌基因工程的研究重点将会放在细菌资源的发掘和利用上，即从现存丰富的细菌资源中鉴定分离具有杀菌、杀虫、防病、除草、固氮、促生、抗逆、降解污染物、促进养分转化等各种功能的新基因，以及难培养和极端环境微生物资源的开发利用，为构建多方位满足人类需要的基因工程菌打下牢固基础。同时要注意革新细菌基因工程菌的生产工艺，发展适用的加工剂型，尽快提高“下游”技术的水平。

此外，在积极促进细菌重组技术发展的同时也要高度重视和预防转基因细菌对健康和环境可能存在的风险。为此，要严格按照转基因生物安全管理条例的要求，认真开展重组细菌的生物安全性评价研究。尤要注意建立准确、灵敏的检测方法，加强转基因细菌在环境中定殖、存活、传播能力以及与非靶标生物种群相互关系的监测；为了尽可能保证安全，应设法去除抗性标记基因和非目的基因的序列。

第二节　细菌基因工程的表达系统

一、细菌基因工程的表达系统

细菌基因工程的表达系统由3部分组成：外源基因、表达载体和宿主细菌。要使克隆的外源基因在宿主细胞中高效表达，首先需要构建专门的表达载体（expression vector），用来控制转录、翻译、蛋白质稳定性以及克隆基因产物的分泌等。基因工程的宿主细胞多种多样，但目前大多数重组DNA技术生产的蛋白产品都是在大肠杆菌中合成的。大肠杆菌主要作为外源蛋白超量表达的平台，如制备基因工程疫苗、蛋白质组学研究等。其他一些宿主体系如枯草芽胞杆菌、苏云金芽胞杆菌、蓝细菌等，也可以用来表达某些克隆基因。

关于大肠杆菌表达系统，在本书的前面章节已有详细介绍，在此不作赘述。本节主要介绍细菌基因工程中构建表达载体的一般原则及其他常见的一些表达系统。

二、表达载体构建原则

表达载体实际上是在克隆载体的基础上装载了用于表达的一些元件（cassette），当外源基因插入到合适的位点后，在宿主菌中就可启动表达。目前在大肠杆菌和酵母中使用的表达载体种类繁多，形成了最成熟的表达系统。但在其他细菌中，一般没有或很少有固定的表达系统，通常是将目的基因与表达元件（主要是相关的启动子）连接，再装载在特定的克隆载体上，然后导入宿主菌中表达。因此，表达载体的构建主要体现在表达元件的选择和利用。只要满足在宿主菌中复制和选择要求的载体，都可用做克隆载体。大肠杆菌以外的细菌中应用的克隆载体一般都是穿梭载体，都含有大肠杆菌克隆载体的序列，便于在大肠杆菌中扩增和制备。例如，用于苏云金芽胞杆菌的克隆载体 pHT304 的基础骨架为大肠杆菌克隆载体 pUC18，另装有能在 Bt 中复制的质粒复制区序列 *ori1030* 和用于选择的红霉素抗性基因。克隆载体可以是质粒载体，也可以是将外源基因整合到染色体上的整合载体。

1. 启动子的选择

通过基因工程手段表达外源基因的目的大致有 2 种，其一是超量表达，最大限度地获得蛋白质产物。如在大肠杆菌中常用 *lac*、*tac* 和 T7 等可调控强启动子，使外源基因高水平表达。其二是表达某个关键基因，使宿主菌表现出特殊的性状，或启动其他产物的大量合成。在这种情况下，不一定要高量表达，正常表达就可，往往可采用基因自身的启动子或宿主菌的相关性状基因的启动子。在细菌的代谢工程中，常见这种情况。例如，2-酮-L-古龙糖酸（2-KLG）是商业合成维生素 C 的中间物，但草生欧文菌（*Erwinia herbricola*）只能将 D-葡萄糖转化成 2,5-二酮-L-古龙糖酸（2,5-DKG），缺乏进一步转化 2,5-DKG 的还原酶基因。将棒杆菌（*Corynebacterium* sp.）的 2,5-DKG 还原酶基因转入欧文菌，能成功地将 D-葡萄糖转化成 2-KLG。详细内容见后文。

2. 转录的有效性

为保证外源基因转录的有效性，在表达载体上应设法除去衰减序列或插入抗转录终止序列以避免转录的提前终止，保证 mRNA 有效地延伸和终止。也可在终止密码子后增加终止子序列，使转录正确、有效终止。

3. 翻译起始的有效性

翻译起始是多种成分包括 mRNA、16 S rRNA、fMet-tRNA，核糖体 S1 蛋白、蛋白合成起始因子之间协同作用的过程。要使翻译起始效率最高，要满足以下条件：① 选用最佳起始密码子 AUG（偶尔为 GUG 和 UUG）；② 与 SD 序列（Shine-Dalgarno sequence）接近或与以下序列完全相同：5′…AGGAGG…3′；③ 除 SD 序列外，处于起始密码前的两个核苷酸应该是 A 和 U；④ 在不改变蛋白质功能的前提下，如果在起始密码 AUG 后的序列是 GCAU 或 AAAA 序列，能使翻译效率提高；⑤ 在翻译起始区不能形成明显的二级结构。

4. 翻译的有效终止

在基因工程中，一般采用 UAA 或一连串的终止密码来有效终止原核细胞的翻译。

三、外源基因表达的方式

1. 外源基因以融合蛋白形式表达

融合表达是指目的基因与编码具有特殊活性的多肽或蛋白质的基因融合，构建成一个融合蛋白基因。用于融合的表达标签(tag)蛋白和多肽有六聚组氨酸肽(6×His)和谷胱甘肽S转移酶(GST)。利用tag的特性通常可以对融合蛋白进行亲和层析等分离提纯,因此选择融合表达既可以保护外源蛋白不受宿主内蛋白酶的降解,同时也大大简化了重组蛋白的纯化过程。

2. 构建可分泌蛋白,分泌到胞外培养基中

通常位于蛋白质N端称为信号肽(信号序列,引导肽)的一段氨基酸序列会帮助蛋白通过细胞膜。通过基因操作可在外源蛋白的N端添加编码信号肽的DNA序列,形成一个分泌蛋白。然而,仅仅是信号肽序列的存在并不能确保高效分泌,并且大肠杆菌和其他革兰氏阴性细菌由于外膜的存在,也不能使分泌蛋白进入周围的培养基。因此可使用革兰氏阳性细菌或真核生物细胞,它们都缺少外膜,能直接分泌蛋白进入培养基。另一种办法是通过遗传工程将革兰氏阴性细菌改造成蛋白质分泌型。

3. 外源蛋白在宿主细胞中以包含体的形式表达

包含体是致密的不溶性复合物,含有大部分的表达蛋白,可以抵抗宿主细胞中蛋白水解酶的降解,也便于纯化。一些以可溶性蛋白形式表达时易被降解的蛋白质,以包含体形式表达时却可以很稳定。通过超声波破碎、离心等能较容易地对之进行初级纯化。用盐酸胍或尿素变性溶解包含体中的蛋白质,透析除去变性剂后,蛋白质可重新折叠复性。然而经变性/复性后正确折叠的蛋白质的产量不稳定,有时会很低,更有些蛋白尤其是相对分子质量较大的蛋白基本上不能正确进行重折叠。目前研究人员正在努力寻求出一种稳定、高效表达的技术以获得具有天然构象和高活性的蛋白质。

4. 外源基因在细胞表面的表达(表面展示技术)

微生物细胞表面展示(cell surface display)技术是把目的蛋白基因序列(外源蛋白)与特定的载体蛋白基因序列(又叫定位序列)融合后导入微生物宿主细胞,从而使目的蛋白表达并定位于微生物细胞表面。

四、常见细菌表达系统

大肠杆菌并不一定是所有外源蛋白表达的理想微生物。除了大肠杆菌以外,还有许多其他细菌的表达系统,但是目前对其他微生物在遗传和分子生物学方面的研究程度不及大肠杆菌,幸运的是,适用于大肠杆菌的方法和策略也同样可以应用于其他一些微生物。因此,其他细菌没有可专门利用的通用型表达载体,通常研究者只有在使用它们时才构建特异性或专一性的表达载体。在下面的章节里,主要介绍几种比较常见的其他细菌基因工程表达系统的结构和特点。

1. 革兰氏阴性细菌通用的表达载体

革兰氏阴性细菌通用的表达载体如pAV10等都是在低拷贝数、广宿主质粒pRK290的多克隆位点中插入来源于转座子Tn5末端反向重复序列的一段70 bp DNA而构建的(图16-1)。来源于Tn5的DNA克隆片段包含两个独立而重叠的启动子,每一个启动子分别负责一个Tn5基因的转录。Tn5能有效地作用于许多细菌宿主,它的启动子也能促进这些生物的转录。在其他革兰氏阴性细菌中所用的表达载体与此类似,但使用的并不多。

2. 芽胞杆菌表达系统

枯草芽胞杆菌(*Bacillus subtilis*)是一种革兰氏阳性、无荚膜、能运动的杆状细菌,无致病性,对人畜无毒,是革兰氏阳性细菌的主要代表。它最显著的特点是在极端生长条件或生命后期在细胞内形成中生芽胞,芽胞具有极强的抗逆境能力。它们不仅是重要的工业菌种,

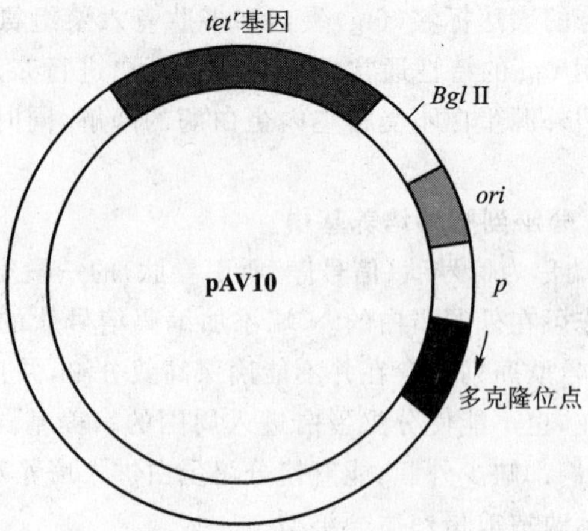

图 16-1 克隆载体 pAV10

多克隆序列中插入目的基因,使基因处于 Tn5 启动子(p)的控制之下。箭头表示转录的方向。

也是基因表达研究的有价值材料,具有良好的分泌能力,遗传背景清楚,生长迅速,培养条件简便。

下面介绍两个应用于枯草芽胞杆菌的表达载体。

(1) 穿梭载体 作为穿梭载体(shuttle vector),应同时具有大肠杆菌载体和枯草芽胞杆菌载体的复制起点,pDG148-Stu 就是一个穿梭载体(图 16-2),它利用大肠杆菌 pBR322 和枯草芽胞杆菌载体 pVB110 的复制起点,能够超量表达插入其 *Stu* Ⅰ 酶切位点的外源蛋白。

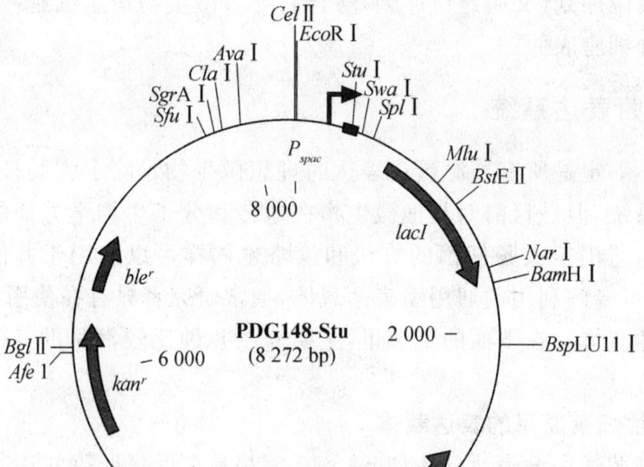

图 16-2 pDG148-Stu 表达载体的结构

ble^r:博莱霉素抗性基因;amp^r:氨苄青霉素抗性基因;kan^r:卡那霉素抗性基因;P_{spac}:杂合启动子;*lacI*:乳糖操纵子阻遏蛋白基因

pDG148-Stu 克隆表达载体的结构特点:① 具有乳糖操纵子调节基因 *lacI* 及其调控序

列，使外源蛋白的表达受 IPTG 的调控。② 具有一个杂合启动子，它来源于乳糖操纵子的表达调控区域和枯草芽胞杆菌 SPO-1 菌株的启动子区域，有利于外源蛋白的高效合成。③ 3 个抗性基因作为筛选标记，*kan*^{r}（卡那霉素抗性基因）和 *ble*^{r}（博莱霉素抗性基因）可同时用于大肠杆菌和枯草芽胞杆菌的抗性筛选，*amp*^{r}（氨苄青霉素抗性基因）只能用于大肠杆菌的抗性标记。

（2）整合载体　能将目的基因整合到宿主的基因组中的载体称为整合载体（integration vector），一般通过同源重组或转座因子的转座特性实现外源基因的整合。pDG1730 是典型的枯草芽胞杆菌整合载体，可将外源基因整合到 α-淀粉酶基因内部。该载体的基本骨架是大肠杆菌的克隆载体和用于革兰氏阳性细菌的红霉素抗性选择标记基因（*erm*^{r}）；用做整合的元件是中间插入了壮观霉素抗性基因（*spe*^{r}）的 α-淀粉酶基因，并且其中含有多克隆位点（参见图 5-13）。

将目的基因插入到 pDG1730 多克隆位点（*Bam*H Ⅰ，*Hin*d Ⅲ 或 *Eco*R Ⅰ）后，用 *Sca* Ⅰ将重组质粒切成线状，再转化枯草芽胞杆菌，通过壮观霉素进行筛选。只有当载体上的 α-淀粉酶基因与宿主染色体上 α-淀粉酶基因发生同源重组，通过双交叉置换，目的基因和抗性基因（*spe*^{r}）替换染色体上同源序列之间的区域，整合到染色体后，壮观霉素的抗性才能表现出来。

整合载体 pDG1730 的整合是有针对性的，其工作原理也可用于整合其他基因的整合载体的构建，以及其他细菌整合载体的构建。

3. 微生物细胞表面表达系统

微生物细胞表面展示系统的构成包括载体蛋白、目的蛋白和宿主菌株 3 部分。位于细胞表面的蛋白都可用于细胞表面展示，常见的载体蛋白包括大肠杆菌的外膜蛋白（如OmpA 和 OmpC）和与肽聚糖相关的脂蛋白（Peptidoglycan-associated lipoprotein，PAL）、假单胞菌（*Pseudomonas* spp.）的外膜蛋白 F（OprF）和冰核蛋白 INP（ice nucleation protein）、蜡状芽胞杆菌群（*Bacillus cereus* group）的 S-层表面蛋白（surface layer protein，S-layer protein）、葡萄球菌的表面蛋白 A（SpA）、胞外附属结构（如鞭毛）的蛋白等。为了将目的蛋白展示于微生物细胞表面，还需要构建目的蛋白和外表面蛋白的融合。在大多数细菌表面融合蛋白中，目的蛋白位于融合蛋白的 N 端或 C 端，有时目的蛋白的短片段也可以在融合蛋白的中间表达（图 16-4）。

微生物细胞表面展示技术有着广泛的用途，可开发一些独特的生物产品如活疫苗、细胞催化剂、细胞吸附剂、生物传感器等，还能开发用于医学诊断、工业、环境保护等的细胞受体等。

4. 蓝细菌表达系统

蓝细菌能进行产氧光合作用，它们通常不积累用于存储能量的油脂，但可以大量生产碳水化合物和次级代谢产物，其世代时间较短（$<$10 h），某些种类还可固定大气中的氮气并生产氢气，培养成本低，且很多类群能够进行基因操作，如自发转化、双同源重组和蛋白质标记都是蓝细菌系统中的常规技术，如集胞蓝细菌 *Synechocystis* 至少有 6 种遗传标记可适用，因而非常适宜作为生物反应器来生产各种有机物质，特别是利用蓝细菌将太阳能高效转化为可再生的生物质能源。

通过遗传改造使蓝细菌产生物质能源的主要策略是：在整合质粒中将可控启动子与驱动调控或参与油脂合成的基因进行融合，然后通过同源重组技术将质粒整合到蓝细菌染色体上。2010 年 Roy Curtiss 等人利用染色体上的镍离子（Ni^{2+}）诱导型启动子驱动大肠杆菌

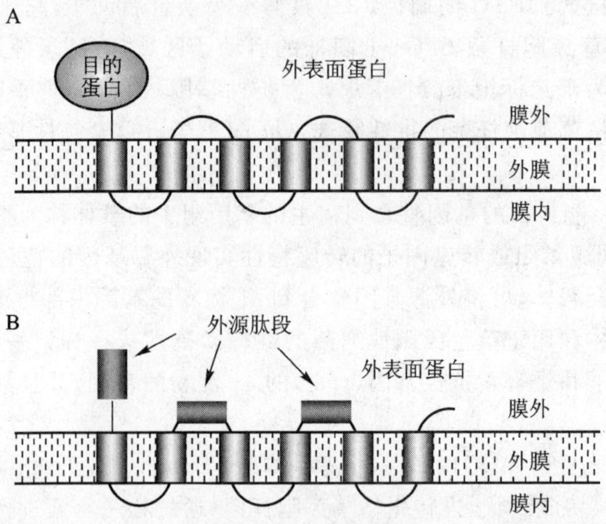

图 16-3　与细菌外膜蛋白在 N 端或 C 端连接的目的蛋白

A. 外源蛋白插入到细菌外膜蛋白暴露于表面的环中；B. 形成融合蛋白。两种情况中，外源蛋白或肽段都是位于细菌细胞的外表面

脂肪酸合成调控基因 *tesA* 的表达，从而使单细胞 *Synechocystis* PCC6803 得以成功大量分泌油脂(每升菌液约 197 mg 油脂)；在 2012 年，他们用低 CO_2 诱导型启动子代替镍离子诱导型启动子，进一步实现了菌体在高密度培养时自动分泌油脂。可以预计，在不久的将来，蓝细菌会成为生物质能源的主要生产者之一。

第三节　细菌基因工程的应用

基因工程的实践主要有 3 种表现形式，其一是改造细菌，获得更好的应用效果，如杀虫、固氮等。其二是制作生物反应器，利用细菌来生产某种物质。最典型的是大肠杆菌反应器，用来生产多种酶类和多肽。其三是中间类型，即基因工程改造的是细菌本身，但需要的是产物或改造的产物。通常为了得到某些高表达量的细胞内代谢产物，会将某些与目的代谢产物合成有关的基因转入到合适的细菌，在宿主菌中重新载入了或加强了某条生理代谢途径，从而在宿主细菌中得到理想的细胞次级代谢产物，如通过基因工程改造后提高某种代谢产物的产量或去除了杂质产物，或产生一种新的代谢产物(如链霉菌中新抗生素的合成)等。

现在人们可以将源于微生物、动物、植物甚至源于人类的基因，转移到诸如大肠杆菌、枯草芽胞杆菌等细菌中，获得了种种具有特殊能力的基因工程细菌。这些基因工程细菌在过去的十几年内开始大量应用于卫生、农业、工业、环境保护等诸多行业和领域，产生了巨大的经济效益和社会效益。

在接下来的内容里，将简单介绍一些重要的基因工程细菌。

一、农业领域的基因工程细菌

1. 微生物基因工程农药

微生物农药主要有微生物杀虫剂、杀菌剂、除草剂及利用微生物代谢分泌的有效活性物质制成的农用抗生素杀虫、杀菌剂等。微生物杀虫剂中细菌类杀虫剂以苏云金芽胞杆菌推广应用面积最大，而且杀虫效果非常理想。

近几年来，微生物基因工程农药的研究十分活跃，并先于抗病虫转基因植物进入了实用化阶段，显示出生物技术用于生物防治微生物遗传改良的巨大潜力，并为新一代微生物农药的研究开发奠定了基础。

(1) 重组微生物杀虫剂——苏云金芽胞杆菌基因工程及应用　苏云金芽胞杆菌是目前国内外产量最大、应用范围最广的微生物杀虫剂。Bt 在其生长过程中产生不同类型的杀虫晶体蛋白，主要作用于鳞翅目、鞘翅目、双翅目、膜翅目等昆虫幼虫以及原生动物门、螨类、扁形动物门等类群。Bt 杀虫蛋白对农业上许多重要作物害虫具有专一毒杀性，而对人、哺乳动物以及昆虫的天敌非常安全。

从 Bt 中发现并正式命名的杀虫晶体蛋白基因已有 73 大类，总数超过 700 种，其中 *cry1Aa*、*cry1Ab* 和 *cry1Ac* 3 个基因是杀虫毒力最高的基因种类，主要存在于库斯塔克亚种(subsp. *kurstaki*)中，其作用对象也是农业经济中最重要的一类害虫，如危害蔬菜、棉花、玉米、水稻、烟草以及森林等的鳞翅目昆虫。*cry3Aa* 杀虫晶体蛋白基因主要来自 Bt 拟步行甲亚种(subsp. *tenebrionis*)，它对鞘翅目昆虫如马铃薯甲虫有特异性毒力，目前开发的防治鞘翅目昆虫的苏云金芽胞杆菌杀虫剂主要由该亚种制备。

通过基因工程技术改造 Bt 主要是为了增强杀虫毒力、拓宽杀虫范围、延长持效期、克服可能出现的昆虫抗性等。

1) 增强杀虫毒力　提高某个高毒力杀虫基因的表达量在一定程度上可增强杀虫活性。例如将 *cry1Ac* 杀虫基因导入高毒力生产菌株(一般都是库斯塔克亚种)，可增加其杀虫活性。为了提高目的基因的表达量，可利用帮助蛋白基因使表达的晶体蛋白更易形成伴胞晶体而提高表达量，或通过更换 *cry3Aa* 杀虫晶体蛋白基因的启动子来克服 σ 因子的竞争而提高表达量。我国通过这种方法构建的高毒力 Bt 菌株已通过农业基因工程安全审批完成了商品化生产试验。通过导入活力提高的杀虫基因或杂合基因(如 *cry1Ab* 与 *cry1C* 基因的嵌合基因)也可提高杀虫活性。

2) 拓宽杀虫范围　Bt 的杀虫基因的活性范围各不相同，不同的菌株所含的杀虫基因的种类和数量也不同，因此不同菌株的杀虫活性和杀虫范围各不相同。高毒力生产菌株一般对甜菜夜蛾和鞘翅目昆虫低毒或无毒，将 *cry1C* 基因或 *cry3Aa* 基因导入库斯塔克亚种中可扩大其杀虫谱。相关的基因工程菌株已有部分进入“环境释放”试验。

3) 延长持效期　将芽胞形成较后阶段的基因突变，使杀虫基因正常表达，但芽胞不能完全成熟，细胞外壳相当于一层生物囊可保护伴胞晶体不受紫外线(UV)等自然条件的不利影响。

4) 克服可能出现的昆虫抗性　来自以色列亚种的 *cyt1A* 基因具有克服昆虫抗性的能力，将该基因导入库斯塔克亚种中能克服昆虫抗性。

苏云金芽胞杆菌表达系统的构建涉及以下方面：首先确定载体的类型，主要是质粒载体，同时用 Bt 自身质粒的复制区作为载体的复制单元，如前面所述的穿梭载体 pHT304(参见图 5-12)。为了最大限度地保证基因工程菌环境释放的安全性，要求将载体中非 Bt 来源的 DNA 片段去掉，如抗生素抗性基因以及来自大肠杆菌的 DNA 片段。为此，采用了 Bt 转座子中的位点特异性重组系统，在携带重组酶基因的辅助质粒的帮助下，质粒载体内部发生重组，形成两个质粒，其中携带抗生素抗性基因和大肠杆菌基因片段的质粒由于不能复制而丢失，保留来自 Bt 的 DNA 片段。这种载体称为解离载体，其工作过程见图 16-4。

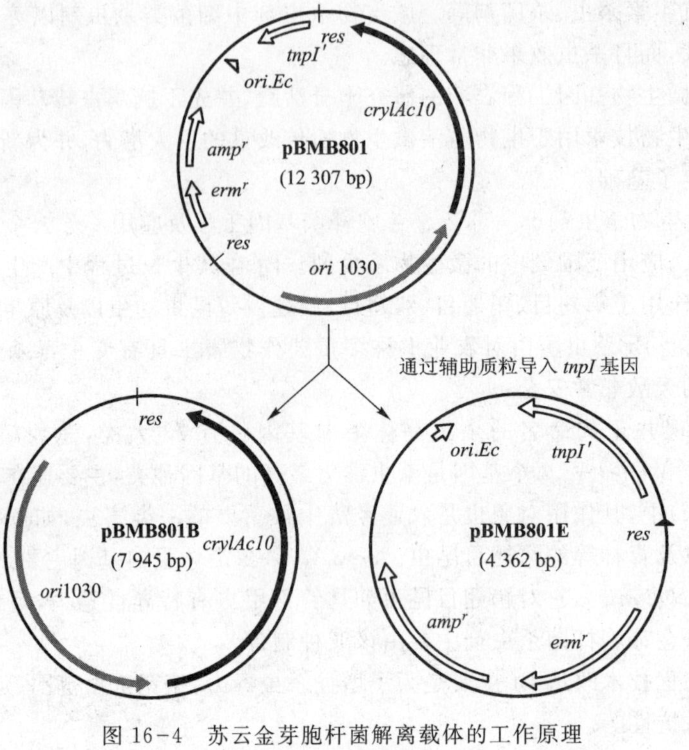

图 16-4　苏云金芽胞杆菌解离载体的工作原理

当重组质粒 pBMB801 进入 Bt 菌后，再通过温度敏感复制的辅助质粒将解离酶基因 *tnpI* 导入重组菌，由此导致两个 *res* 位点之间发生重组，从而形成两个质粒。其中 pBMB801B 只含有来自 Bt 的 DNA 片段且含有质粒复制区，能够在 Bt 中稳定复制，就像 Bt 的内源质粒一样；pBMB801E 不含在 Bt 中的复制单元，随着菌体的复制而逐渐消失。erm^r：红霉素抗性基因；amp^r：氨苄青霉素抗性基因；*ori*. Ec：大肠杆菌克隆载体复制起点；*res*：Bt 转座子 Tn4430 的重组位点（解离位点）；*cry1Ac10*：杀虫晶体蛋白基因；*ori*1030：来自 Bt 内源质粒的复制区

（2）农用抗生素产生菌的遗传操作　农用抗生素是由抗生菌发酵所产生的具有农药功能的次生代谢物质，如阿维菌素（Avermectin）、链霉素（Streptomycin）和日光霉素（Nikkomycin）等，具有杀虫、杀螨、杀线虫或杀真菌活性。阿维菌素是目前世界上有关生物合成基因簇研究得最为深入的抗生素之一，产生阿维菌素的阿维链霉菌（*Streptomyces avermitilis*）的全基因组测序已经完成，在利用基因工程进行抗生素的人工改造方面已有了许多成功的范例。我国通过缺失其生物合成途径中的 C_5-*O*-甲基转移酶而阻断支路代谢，获得了仅产 B 组分的工程菌，这种微生物农药更加高效和低毒，还大大简化工艺流程和降低生产成本。由于目前有关链霉菌的基因簇克隆和遗传操作技术平台已经建立并日趋完善，随着现代分子生物学和生物信息学技术的迅速发展，特别是聚酮生物合成调控的分子机理的阐明，人们已经能够有的放矢地利用抗生素基因簇资源，提高农用抗生素产量与品种。

（3）杀虫抗病重组微生物　许多细菌具有杀死或抑制植物病原菌的作用，或具有促进植物生长的作用，或在植物的叶面或根部具有优势定殖能力，将杀虫基因导入这些细菌，可以获得改良的杀虫细菌。例如荧光假单胞菌（*Pseudomonas fluorescens*）对作物病原菌具有抑菌活性（如对小麦全蚀病菌）以及较强的根部定植能力，以这类假单胞菌为受体构建的工程菌，能表现出良好的防虫抗病活性。有些枯草芽胞杆菌能稳定地在土壤和植物表面定殖，产生抗生素，分泌刺激植物生长的激素，并能诱导寄主产生抗病性，是一种理想的微生物杀菌剂，有广阔的应用前景。将 Bt 杀蚊晶体蛋白基因或 *cry1A* 杀虫晶体蛋白基因转入枯草

芽胞杆菌，成功获得杀蚊和杀虫并能抗水稻纹枯病的重组菌。

(4) 其他重组杀虫抗病微生物　微生物种类繁多，生物性状丰富，构建出的杀虫抗病重组菌也非常多。以下简要举例。

1) 生物囊杀虫剂　将 Bt 毒素蛋白基因转入荧光假单胞菌中，使其高效表达并形成伴胞晶体，发酵后通过物理和化学方法将菌体杀死但不破坏伴胞晶体而且菌体外形保持完整，从而形成一种生物囊制剂(图 16-5)，这种制剂在田间应用时其有效期平均增加了 200 多倍，对小菜蛾的杀虫效果与化学农药相当，无污染环境的副作用，成为一种新型的微生物杀虫剂，用于蔬菜害虫防治。

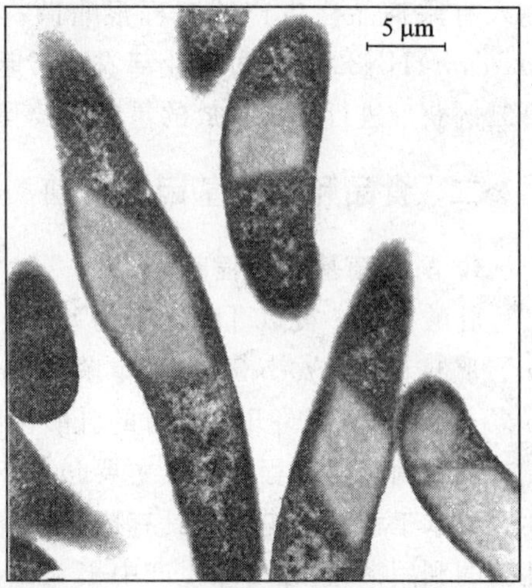

图 16-5　荧光假单胞菌合成苏云金芽胞杆菌的伴胞晶体，用于开发生物囊杀虫剂

2) 基因工程抗病菌　放射农杆菌(*Agrobacterium radiobacter*) K-84 可产生农杆菌素(agrocin) 84，其组分为腺嘌呤脱氧阿拉伯糖苷氨基磷酸盐，可有效地防治根癌农杆菌(*A. tumefaciens*)引起的桃、樱桃、葡萄、玫瑰等植物的根癌病。但在该菌的质粒 pAgK84 上含有抗该核苷酸杆菌素的抗性基因，在应用过程中该质粒会通过接合转移转到病原菌中，从而使病原菌获得抗性，防病效果大大降低。将该质粒上接合转移必需的 *tra* 基因删掉后构建的重组菌可克服这一问题，并开发成第一个商品化的重组微生物杀菌剂 Nogall，该制剂已在澳大利亚、美国、加拿大等 9 个国家推广应用。

3) 杀虫抗病工程菌　将具有抑制欧文氏菌病原基因表达的 *aii* 基因(AHL-内酯酶)通过 S-层蛋白为载体在 Bt 细胞表面表达，构建出杀虫抗病工程菌，在魔芋田间试验中表现出对软腐病菌的良好抗病效果。

转基因杀虫抗病作物的推广，无疑对微生物农药的发展形成挑战，但微生物农药具有可靠的安全性、防治的有效性、防治对象的多样性及生产方式的灵活性，难以被取代。可以期待微生物防治在低残毒、难以产生抗药性的优点的基础上，借助基因工程的方法能合成或创造出更多新的产物以提高生物农药的稳定性及作用效率，微生物农药依然有着良好的发展前景。

2. 微生物肥料

利用微生物的生命活动及代谢产物的作用，改善作物养分供应，为农作物提供营养元素、生长物质、调控生长、增强抗逆性，达到提高产量、改善品质、减少化肥使用、提高土壤肥力的一类生物制品就是微生物肥料。这类制品都有一个共同的特点，即含有一定量的特定功能的微生物，而且这些活体微生物起着重要作用。微生物肥料的使用可减少化肥用量、减少能源资源消耗。

用做肥料的微生物主要有以下种类：①固氮菌，主要利用自身的固氮能力，将大气中的氮气转变为植物可以吸收利用的铵盐等氮源。②解磷菌。③解钾菌。④植物根际促生菌或植物根圈促生细菌(PGPR)。⑤VA 菌根真菌。⑥光合细菌。⑦复合菌肥。

固氮是一个非常复杂的过程，需要许多不同蛋白质的协调作用。*nifA* 基因是绝大多数固氮细菌固氮酶基因的正调节基因。通过基因工程方式，将不受铵阻遏的组成型表达的 *nifA* 导入根瘤菌中，得到了固氮作用不受铵阻遏的基因工程菌，可提高其固氮效率，特别是提高其在“老区”农田的固氮效率。

另外，将外源四碳二羧酸转移酶基因 *dctABD* 导入苜蓿根瘤菌能提高根瘤菌固氮效率和稳定性，从而提高大田苜蓿产量，该工程菌是世界上首例通过了遗传工程菌安全性评价并进入有限商品化生产的工程根瘤菌。我国研制的重组大豆根瘤菌（*Bradyrhizobium japonicum*）HN32 已通过农业部农业转基因生物安全评价审批进行环境释放，该菌是世界上第二例获准进行环境释放的重组根瘤菌。

二、食品和工业基因工程菌

1. 乳酸菌基因工程菌

乳酸菌是一类以乳酸发酵为基本特征的革兰氏阳性菌群，包括乳酸杆菌（*Lactobacillus*）、乳球菌（*Lactococcus*）、链球菌（*Streptococcus*）、片球菌（*Pediococcus*）和明串球菌（*Leuconostoc*）5 个菌属。几乎所有的乳酸菌都是非致病性的。

乳酸菌基因工程的改良主要包括 3 个方面：① 提高生产菌在食品发酵过程中的稳定性。要求工程菌对噬菌体具有抗性，乳糖代谢和蛋白酶合成基因能全程稳定表达，从而提高乳糖的利用率，这在奶酪生产中极为重要；② 改善发酵食品的品质。通过控制蛋白酶基因的表达程度可以优化发酵乳制品的组成，提高其营养价值；在生产菌中导入某些天然香料的生物合成基因以及甜味蛋白或多肽基因，可以改善产品的风味和口感；③ 缩短生产周期。重新设计乳糖发酵与其他细菌生长所必需的代谢途径之间的物流控制，最大限度地提高生产菌的生长速度，同时阻止乳酸合成途径或强化表达杀菌素合成途径，以增加乳制品的保鲜期。

2. 生产食品添加剂的基因工程菌

(1) 氨基酸工程菌　氨基酸的大规模工业化生产，主要有蛋白质降解和微生物发酵两种方法。用于大规模发酵生产氨基酸的高产菌株以前是利用传统诱变技术改良棒杆菌（*Corynebacterium* spp.）的野生株，现在主要是利用 DNA 重组技术建构高产工程菌，其优点是：① 能特异性地高效表达氨基酸生物合成途径中的限速步骤控制基因；② 能将氨基酸的生物合成控制在细菌的最佳生长阶段；③ 能将棒杆菌有效的氨基酸生物合成和分泌系统移植到易于控制培养且生长迅速的其他细菌（如大肠杆菌）中。

目前，氨基酸工程菌的构建主要集中在 3 方面：① 将氨基酸生物合成途径中的限速酶基因导入生产菌中，增加其表达量。②强化表达氨基酸输出系统的关键基因，或者降低某些基因产物的表达速率，最大限度地解除氨基酸及其生物合成中间产物对其生物合成途径可能造成的反馈抑制。③ 将一种完整的氨基酸生物合成操纵子导入另一种氨基酸的生产菌中，建构能同时合成 2 种甚至多种氨基酸的工程菌。

与其他多种革兰氏阳性菌不同，谷氨酸棒杆菌（*C. glutamicum*）能够识别包括革兰氏阴性菌在内的许多原核细菌的外源基因表达调控组件，大量的外源基因在这种细菌中可获得高效表达，这为高产氨基酸的基因工程菌建构创造了有利条件。世界上第一个氨基酸的基因工程菌是产苏氨酸的重组大肠杆菌，其建构于 1980 年完成，随后又对该工程菌进一步改造，使其苏氨酸产量高达 86.4 g/L。与此同时，高产苏氨酸的棒杆菌基因工程菌的建构也获得成功，产率达到 33 g/L 以上。

1) 色氨酸工程菌的建构　邻氨基苯甲酸合成酶（anthranilate synthetase）是色氨酸合成途径中的限速酶（图 16-6），在野生型谷氨酸棒杆菌中引入编码该酶的基因，色氨酸的产量大约提高 130%。如果将 3 个关键的酶，3-脱氧-D-阿拉伯糖-庚酮糖酸-7-磷酸合成酶、邻氨基苯甲酸合成酶和邻氨基苯甲酸磷酸核糖转移酶基因转入谷氨酸棒杆菌，色氨酸的产量将会更高。同时还可以对编码这些酶的基因进行突变，使它们不易受到终产物反馈抑制。

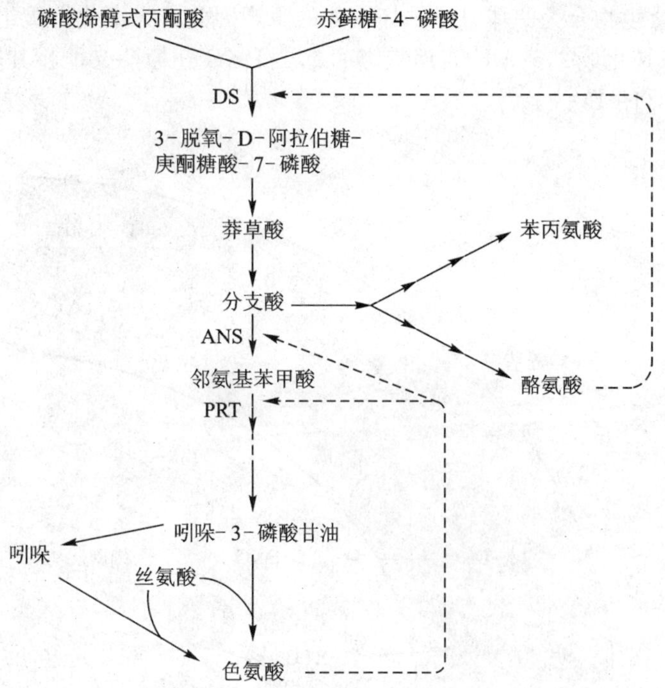

图 16-6　谷氨酸棒杆菌合成色氨酸的简化途径和调节

DS、ANS 和 PRT 分别表示 3-脱氧-D-阿拉伯糖-庚酮糖酸-7-磷酸合成酶、邻氨基苯甲酸合成酶和邻氨基苯甲酸磷酸核糖转移酶。实线代表合成途径，虚线表示反馈抑制。吲哚在副反应中产生，并在色氨酸合成酶作用下转化为色氨酸

由于大肠杆菌的代谢途径以及遗传操纵已较清晰，其操作的简易使之成为代谢工程的一种理想宿主，因此也可利用大肠杆菌来代替棒杆菌以及短杆菌进行氨基酸的合成。

2) L-半胱氨酸高产菌的建构　L-半胱氨酸是药物、食品和化妆品工业中最重要的氨基酸之一，传统方法是通过酸水解人和动物的毛发提取。许多微生物都可以合成 L-半胱氨酸，但由于 L-半胱氨酸会反馈抑制参与催化 L-半胱氨酸生物合成的丝氨酸乙酰转移酶，因而不能从葡萄糖大量合成 L-半胱氨酸(图 16-7)。将大肠杆菌丝氨酸乙酰转移酶氨基酸序列上第 256 位的蛋氨酸残基逐一突变为其他 19 种氨基酸，并将该突变 *cys*E 基因转化不降解 L-半胱氨酸大肠杆菌，获得 L-半胱氨酸产量高的转化子。为提高成功率，在丝氨酸乙酰转移酶缺陷和 L-半胱氨酸非利用型的大肠杆菌中表达来自植物拟南芥的不受反馈抑制影响的丝氨酸乙酰转移酶基因，能产生更高水平的 L-半胱氨酸。

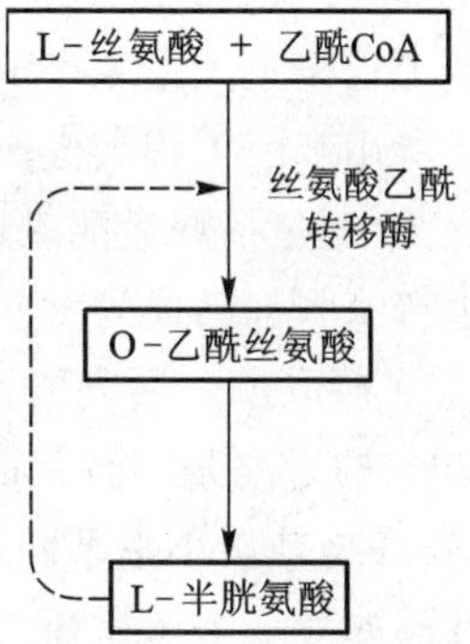

图 16-7　乙酰 CoA 催化 L-丝氨酸合成 L-半胱氨酸

虚线表示反馈抑制

(2) 合成 L-抗坏血酸的重组菌　L-抗坏血酸的合成从 D-葡萄糖开始，包括一步微生物发酵和一系列的化学反应，最后由 2-酮-L-古龙糖酸(2-KLG)在酸催化作用下转变成

L-抗坏血酸。

目前抗坏血酸合成是通过适宜的微生物共发酵,从而利用葡萄糖生成2-KLG。由于共发酵的两种微生物的适宜温度、生长条件与pH可能不同,易出现不相容性。利用基因工程技术从棒杆菌中分离2,5-DKG还原酶基因并在草生欧文菌中表达后,可以使代谢途径完全不同的两种微生物合为一体,L-抗坏血酸的生产因此大大简化。重组草生欧文菌可以直接将D-葡萄糖转化成2,5-DKG,而克隆的2,5-DKG还原酶又能将其转变成L-抗坏血酸的前体2-KLG(图16-8)。

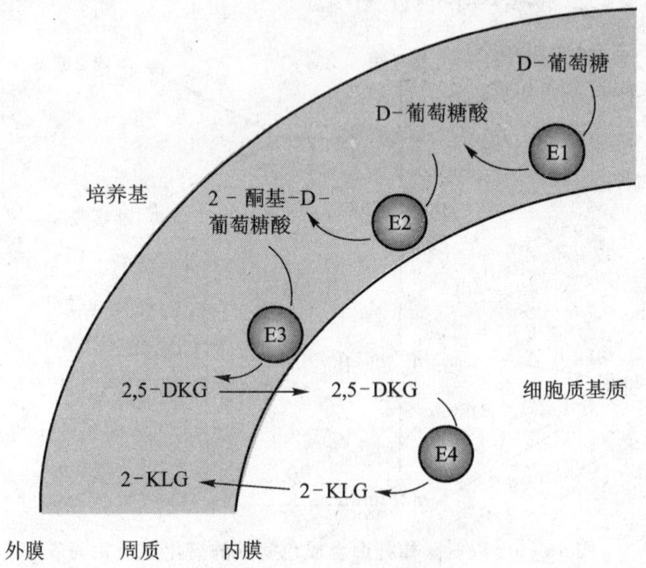

图16-8　重组草生欧文菌将D-葡萄糖转化成2-KLG

(3) 生产酶制剂的工程菌　酶在食品工业的应用范围十分广泛。目前酶制剂生产发展的主要方向是将生物技术应用于酶工程领域,生物酶工程主要包括3方面的内容:① 利用基因工程技术大量生产酶;② 对酶基因进行遗传修饰;③ 设计出新的酶基因。早在1995年就能用基因工程菌生产工业用酶(包括食品与洗洁剂)。目前已有100多种酶基因导入了工程菌中,包括尿激酶基因和凝乳酶基因等。除了转基因作物外,食品工业上利用基因工程菌生产酶制剂已成为另一个高度应用基因工程技术的领域。

1) 凝乳酶　凝乳酶(chymosin)是第一个应用于食品工业的基因工程酶。美国已有高达70%的干酪是以转基因微生物所生产的凝乳酶加工制造的。凝乳酶是生产奶酪的必须用酶,最早是从小牛第四胃的胃膜中萃取出来的一种凝乳物质,产量难以满足市场的需求。凝乳酶的另一生产途径是直接从微生物中萃取,但它常常会引起奶酪的苦味,实际应用中受到限制。转基因凝乳酶成分单一,纯度高(小牛胃萃取液仅含70%～90%凝乳酶),作用时间容易把握,生产的奶酪在风味上也与用从小牛胃中萃取的凝乳酶生产的奶酪相同。1990年美国FDA已批准转基因凝乳酶在干酪生产中使用。

2) 耐热α-淀粉酶和β-淀粉酶　1979年,日本将高产α-淀粉酶基因转到枯草芽胞杆菌中,得到的转化株酶活力比野生型原始菌株高500倍。将耐热的嗜热脂肪芽胞杆菌(*B. stearothermophilus*)的α-淀粉酶基因转到枯草芽胞杆菌中,获得了高产、耐热α-淀粉酶工程菌。将一种梭状芽胞杆菌(*C. thermosufurogenes*)的β-淀粉酶基因转到短短芽胞杆菌(*Brevibacillus brevis*)中,获得的工程菌培养温度是 37 ℃,产酶能力在 6 天内持续增长,然后稳定在最高产酶水平,此工程菌可望用于耐热β-淀粉酶的工业生产。

3) β-环状糊精葡基转移酶　β-环状糊精可将多种有机物质包埋在分子内部,从而赋予这些物质以新的物理和化学性质,广泛应用在医药、食品、化妆品等领域,具有良好的市场发展前景。但由于β-环状糊精葡基转移酶(β-cyclodextrin glucosyltransferase,β-CGT)生产菌产酶活力低,导致β-环状糊精因生产成本高,应用受到限制。我国科学家应用染色体整合扩增技术,成功地建构了大量表达β-CGT 的基因工程菌 BS16-7,振荡试验表明酶活力最高达 8 900 U/ml,有很好的应用潜力。

4) 其他酶制剂　采用基因工程手段生产工业用的酶种类很多,如超氧化物歧化酶(SOD)、生产高果糖糖浆的葡萄糖异构酶等,都获得了比原始菌高出数倍酶产率的基因工程菌株。今后还会有更多的基因工程酶制剂问世。

酶是食品加工中的重要辅助剂,利用基因工程菌生产酶有许多优点,例如:产量高、质量均一、稳定性佳、价格低廉等,因此具有很好的发展前景。目前,利用基因工程技术开发食品用酶的主要目的在于生产具有优于现有酶加工特性,且对产品的感官属性影响不大的酶,但是随着蛋白质工程技术的日新月异,开发出稳定性、特异性与催化效率更佳的酶,将是今后研究的焦点。

3. 合成靛蓝的工程菌

靛蓝可用于印染棉布和羊毛制品,特别是用来印染蓝色牛仔服装。它最初分离自植物,现在通过化学合成而生产。科学家偶然发现转化假单胞菌降解质粒 NAH7DNA 片段后的大肠杆菌能合成靛蓝,因大肠杆菌能合成色氨酸酶,将培养基中的色氨酸转变成吲哚;NAH7 质粒编码的萘双加氧酶又能将吲哚氧化成对吲哚-2,3-二氢二醇(cis-indole-2,3-dihydrodiol),后者自动脱水、空气氧化后形成靛蓝(图 16-9)。可见遗传操作能将不同的代谢途径和微生物组合在一起意外地合成靛蓝。而且,利用质粒 TOL 编码的二甲苯氧化酶能将色氨酸转变成吲哚酚,吲哚酚又会自动氧化成靛蓝。因此可以利用重组大肠杆菌制备合成靛蓝的生物反应器(bioreactor),大量生产靛蓝,高效、安全又经济,避免了化学方法合成时不得不接触的一些危险化合物如苯胺、甲醛、氰化物等。

4. 限制性内切酶的生产

限制性内切酶的商品化生产是将限制性内切酶基因克隆到大肠杆菌内,在人为条件下使其超量表达。为了避免异源限制性内切酶对宿主 DNA 的降解作用,可以同时克隆限制性内切酶基因及其对应的修饰酶,但要求这 2 个基因在染色体上距离很近(最好在同一个操纵子中)。例如限制性内切酶 *Pst* Ⅰ基因分离自革兰氏阴性细菌斯氏普威登斯菌(*Providencia stuartii*),但大肠杆菌中 *Pst* Ⅰ限制性内切酶的表达量大约是斯氏普威登斯菌的 10 倍,并且 *Pst* Ⅰ分布在周质而甲基化酶分布在细胞质,因此利用大肠杆菌能更简单而有效地生产 *Pst* Ⅰ。对于其他限制性内切酶以及其他分子克隆工具酶也可以用类似的方法超量表达从而大规模生产。

三、重组 DNA 技术生产医用抗生素

自 20 世纪 20 年代发现青霉素至今,从不同的微生物中分离出的抗生素已超过 12 000 种。抗生素在细菌疾病治疗中的广泛使用不仅使人类的健康水平有了巨大的提高,也挽救了无数的生命。

虽然真菌和细菌也能产生抗生素,但重要的医用抗生素绝大多数都是从革兰氏阳性链

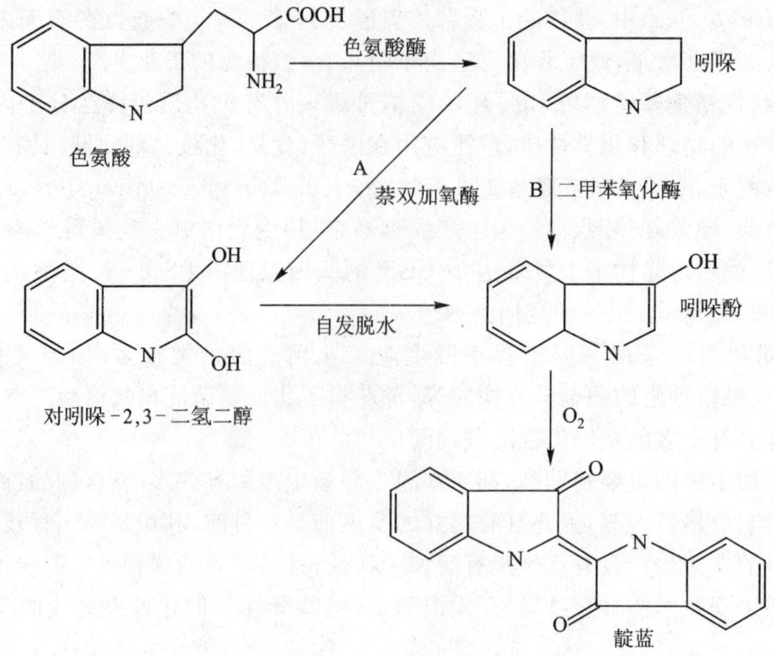

图 16-9　利用重组大肠杆菌从色氨酸合成靛蓝

大肠杆菌合成色氨酸酶。途径 A 中的萘双加氧酶由 NAH7 质粒编码；途径 B 中的二甲苯氧化酶由质粒 TOL 编码。合成靛蓝的大肠杆菌转化子只含有两种途径之一

霉菌(*Streptomyces*)中分离得到。重组 DNA 技术的应用，使人们可以用来产生结构上独一无二、活性上升而副作用减小的新抗生素；其次，通过遗传操作也能够迅速提高产量从而降低生产成本。

1. 合成新抗生素

对现有抗生素的生物合成进行遗传操作可以合成具有独特性质的新抗生素。已知某链霉菌能合成梅德霉素(medermycin)，天蓝色链霉菌(*S. coelicolor*)能合成放线菌紫素(actinorhodin)。链霉菌质粒(pIJ2303)上带有天蓝色链霉菌染色体 DNA 一个 32.5 kb 的片段，它包含了从乙酸开始进行放线菌紫素生物合成的所有相关酶的基因。将完整的质粒和携带 32.5 kb DNA 片段的亚克隆(pIJ2315)转入链霉菌 AM-7161 时，能合成相应抗生素梅德霉素；当它转入紫红链霉菌(*S. violaceoruber*)B1140 或 Tu22 时，能合成相应的榴菌素(granaticin)和二氢榴菌素(dihydrogranaticin)。但用 pIJ2303 转化紫红链霉菌 Tu22，将同时合成放线菌紫素和一种新的抗生素二氢榴菌紫素。如用 pIJ2315 转化链霉菌株系 AM-7161，也得到了另一种新抗生素——梅德紫素 A(mederrhodine A)(表 16-1)。

表 16-1　不同的链霉菌菌株及质粒 pIJ2303 和 pIJ2315 转化株产生的抗生素

菌株/质粒	培养基颜色		抗生素
	酸性	碱性	
天蓝色链霉菌	红	蓝	放线菌紫素
链霉菌	黄	棕	梅德霉素
链霉菌/pIJ2303	红	蓝	梅德霉素、放线菌紫素
链霉菌/pIJ2315	红	紫	梅德紫素 A、梅德霉素

续表

菌株/质粒	培养基颜色		抗生素
	酸性	碱性	
紫红链霉菌 B1140	红	蓝-紫	榴菌素、二氢榴菌素
紫红链霉菌 B1140/pIJ2303	红	蓝-紫	榴菌素、二氢榴菌素、放线菌紫素
紫红链霉菌 Tu22	红	蓝-紫	榴菌素、二氢榴菌素
紫红链霉菌 Tu22/pIJ2303	红	蓝-紫	二氢榴菌紫素、放线菌紫素

随着链霉菌基因组测序和合成基因簇发掘的不断开展，人们对抗生素的生物合成途径的了解也不断深入，已能利用基因工程技术产生新的“杂合”抗生素。

2. 改进抗生素生产

基因工程不仅可用于开发新抗生素，也可用于提高现有抗生素的产量和生产效率。

(1) 开发能有效利用氧气的链霉菌　利用链霉菌进行大规模抗生素生产时常常遇到缺氧的问题。由于氧气在液体介质中溶解度低，加之丝状链霉菌培养基浓度较高，常常使细胞处于氧气耗尽状态，导致生长微弱，抗生素产量下降。科学家借鉴好氧微生物用来抵御缺氧环境的策略，如好氧菌透明颤菌属(*Vitreoscilla*)能合成同源二聚体血红素蛋白，将该基因克隆入链霉菌质粒载体，在天蓝色链霉菌中利用透明颤菌属血红蛋白基因的启动子表达。在溶解氧较少的情况下(即约 5%氧饱和溶液)带有透明颤菌属血红蛋白的转化细胞每克多生产 10 倍放线菌紫素，且细胞密度也比未转化细胞高。可见在缺氧微生物细胞中表达透明颤菌属血红蛋白可以使细胞获得足够的氧气进行增殖。

(2) 转基因产黄头孢工程菌大量生产 7ACA(7-氨基头孢酸)　化合物 7ACA 由头孢菌素 C 合成(图 16-10)，是许多头孢烯类抗生素(头孢菌素)合成的起始物质，但几乎没有已知微生物可以合成 7ACA。通过基因重组，将来自真菌茄病镰刀菌(*Fusarium solani*)的D-氨基酸氧化酶基因和来自缺陷短波假单胞菌(*Pseudomonas diminuta*)的头孢菌素酰化酶基因转化能产生头孢菌素 C 的产黄头孢(*Acremonium chrysogenum*)，得到的基因工程菌就能大量合成 7ACA(图 16-10)，展现出用于工业生产的潜力。

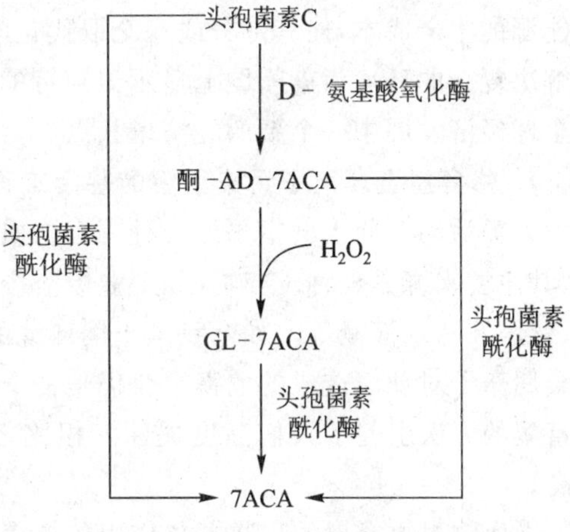

图 16-10　由头孢菌素 C 合成 7ACA(7-氨基头孢酸)的基因工程途径

抗生素生产菌的遗传改良还包括其他方面：① 通过解除抗生素生物合成中的限速步骤来提高抗生素的产量；② 通过引入抗性基因和调节基因来提高抗生素的产量；③ 通过敲除或破坏次要组分的生物合成基因来消除或减少次要组分以提高抗生素的产量。

3. 青蒿素的合成

通过对细菌本身的遗传改造或重构，可生产出自身没有的代谢产物，甚至新型代谢产物，或者使自身某代谢产物的合成能力和效率进一步提高。在抗生素生产、小分子代谢活性化合物合成、化合物的生物修饰和改造等方面发挥了重要作用，并产生了许多重要药物或活性化合物。其中青蒿素前提物的基因工程合成具有一定代表性，同时也是合成生物学的成功范例。

青蒿素(Artemisinin)是中国上世纪70年代从传统中药青蒿中分离提取的治疗疟疾的药物。该类药物需求量大，但采用植物提取生产青蒿素产量过低，而化学合成尚不成熟。基于合成生物学，人们利用微生物细胞来生产青蒿素及其中间体，大大缓解了青蒿素药物的市场供需矛盾。

青蒿素的合成从细胞三羧酸循环中间产物乙酰辅酶A开始，通过酶学催化反应逐步生成法呢基焦磷酸、双青蒿酸以及青蒿素。2003年，美国研究人员将青蒿的*ADS*基因导入大肠杆菌，同时利用酵母的萜类合成途径替代大肠杆菌的萜类合成途径，第一次在细菌体内合成了青蒿素的第一个关键性前体——紫穗槐-4,11-二烯，实验室小规模生产的产量达到了450 mg/L。目前利用基因工程菌生产青蒿素前体物质的产量和速度已接近工业发酵的水平，有关青蒿素合成与合成生物学的关系可参考第十八章。

除了青蒿素类药物，另外一种具有抗肿瘤活性的中草药紫杉醇的重要前体紫杉二烯的基因工程菌生产也在近期获得突破。2010年，美国科学家根据紫杉醇的合成途径，构建了从大肠杆菌的异戊烯焦磷酸(IPP)逐步合成紫杉二烯的基因工程菌，使紫杉二烯的产量提高了1 500倍。

四、环境微生物基因工程菌的应用

环境微生物基因工程技术是实现有机废物资源化的首选，它能将有机污染物转化为沼气、酒精、有机材料或原料、单细胞蛋白等。它还能改造传统生产工艺，实现生物制浆、生物漂白和生物制革等生产过程的清洁化、生态化或无废化，能大大降低环境友好生物材料和生物能源的生产成本，使其部分或完全取代化学材料和化石能源。环境微生物基因工程技术在解决复杂的环境污染问题上显示出独特的能力，目前该技术及其相关产业已成为各国乃至全球经济发展中一个新的经济增长点。

1. 修复重金属离子污染土壤的基因工程菌

人类活动会向土壤中添加各种有害物质，造成土壤污染。引起土壤污染的物质种类繁多，其主要来源是各种废弃物(如工业废渣废水、生活污水、汽车尾气等)，以及不合理施用农药、化肥及污水灌溉等。如今我国土壤环境的重金属污染日趋严重。如何降低和消除这些重金属离子对环境造成的危害至今仍是一个挑战。利用微生物和植物对这些重金属离子进行富集的方法引起了人们高度关注。相比之下，微生物的生物富集不仅成本低，而且效率更高。

微生物对重金属的生物富集作用包括表面吸附、固定和吸收等。目前已有研究者利用细菌表达金属硫蛋白MT(metallothionein)提高其固定污染土壤中游离重金属离子的能力。金属硫蛋白是真核生物中一类富含半胱氨酸的小肽(约60个氨基酸)，它能够结合金属离子(如Zn^{2+}、Cd^{2+}、Hg^{2+})。小鼠MT基因已被克隆，而且在分子水平上其固定重金属的机理已经清楚，它的两个结构域能够结合7个二价金属离子。富养罗尔斯通氏菌CH34是一种对多种重金属离子产生抗性的菌株，能在高度污染的土壤中生存。以淋病奈瑟球菌(*Neisseria gonorroheae*)中IgA蛋白β-domain编码区与小鼠MT基因编码区融合，构建的重组蛋白通过转座子载体Tn*MTβ-1*导入富养罗尔斯通氏菌CH34中，得到的基因工程菌MTβ能够有效固定镉离子，明显降低了镉离子对烟草生长的毒性(图16-11、图16-12)。

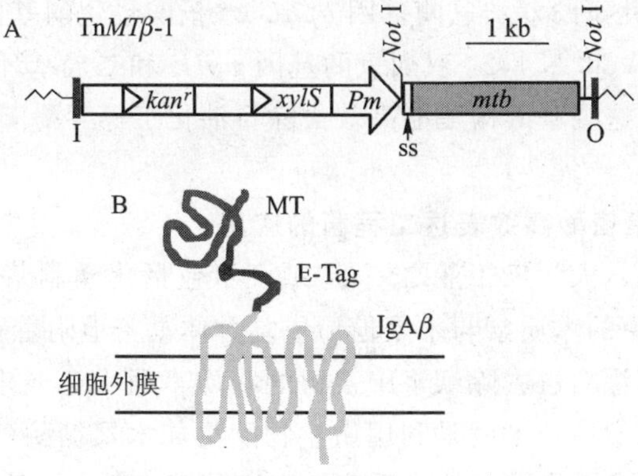

图 16-11　转座子 Tn*MTβ-1* 的结构(A)以及微生物细胞表面的融合蛋白 MTβ(B)

A. Tn*MTβ-1* 的遗传组成:*mtb* 基因;卡那霉素抗性基因(kan^r);*xylS* 基因(编码启动子 *Pm* 转录激活蛋白 XylS);启动子 *Pm*;mini-Tn5 的 I 末端和 O 末端;*mtb* 基因的 *pelB* 信号序列(ss)。B. 微生物细胞表面的融合蛋白 MTβ

图 16-12　重组富养罗尔斯通氏菌 MTβ 对重金属污染土壤的修复

A. 1-15 天烟草苗生长在灭菌对照土壤中;2-土壤中接种富养罗尔斯通氏菌 CH34 10^8 个/g 土;3-土壤中接种重组富养罗尔斯通氏菌 MTβ10^8 个/g 土。B. 土壤含镉(Cd^{2+}) 150 μmol/kg土,1、2 和 3 的处理同 A

2. 含酚工业废水中典型污染物的生物降解技术

含酚工业废水是含芳烃及其氯代衍生物类污染物的石油化工、印染等几类工业废水的统称,对生态环境和人类健康危害极大。从污染环境中已分离到高效降解细菌,如苯酚降解菌、苯胺降解菌、萘降解菌以及对偶氮染料、蒽醌染料和三苯基甲烷染料均具有脱色能力的广谱脱色菌。但是许多微生物在实验室条件下能高效降解污染物,而在自然条件下却不能很好地发挥作用。因为这类微生物菌株通常是通过单一底物富集分离的,在自然条件下不具备降解混合污染物的能力。通过基因工程的手段增强或增添菌株的污染物降解能力,能使其在工业、城市废物或多种污染物混合环境中高效发挥生物解毒或降解功效。

许多重要的芳烃及其氯代衍生物降解基因位于大小超过 40 kb 的降解质粒上,如儿茶酚降解质粒、3-氯代苯甲酸(3CBA)、2,4-二氯苯氧乙酸(2,4-D)降解质粒等。芳烃及其衍生物降解基因通常连锁成簇组成操纵子,如儿茶酚降解基因 *catABCD*、氯代联苯降解基因 *bphABCD*、2,4-D 降解基因 *tfdCDEF*、氯代苯甲酸降解基因 *xylABC* 和 *xylDFEFG* 等。

我国已克隆了3-苯基儿茶酚双加氧酶基因 *bphC*、水杨酸羟化酶基因 *nahG*、2,4-二氯苯氧乙酸单加氧酶基因 *tfdA*、甲苯1,2-双加氧酶基因 *xylD* 和二羟基环乙二烯羧酸脱氢酶基因 *xylL* 等,目前正在利用这些基因构建能高效去除石油化工等含酚工业废水中多种污染物的"超级生物降解细菌"。

3. 造纸工业中木聚糖酶高效表达工程菌的应用

造纸工业是世界上六大污染工业之一,造纸废水包括化学制浆和化学漂白两部分。在制浆过程中,纸浆中残留的木质素与木聚糖形成复合体紧密地附着在纤维上,影响纸张的白度和强度。用传统化学漂白法去除纸浆中残留的木质素通常会产生大量有毒的、强烈致癌致畸的含氯废水。生物漂白技术就是利用微生物酶类如木聚糖酶(xylanase)与漆酶(laccase)的共同作用,降解造成纸浆褐色的木质素-木聚糖复合体,在不使用含氯漂白剂的条件下,使纸浆的白度、强度等各种参数达到指标,从根本上防止有毒漂白废液的产生。采用生物漂白技术替代化学漂白法是今后造纸工业实现清洁生产的一个最重要发展方向。

国内外通过基因工程已经表达了多种来源的木聚糖酶,除了在造纸工业中应用外,在食品工业、饲料工业、制药工业、生产燃料等众多行业中有着十分诱人的应用前景。

4. 石油产品的微生物脱硫技术

汽油和柴油等石油产品的加工过程会使产品中硫含量提高,它们燃烧产生的一氧化碳、氮氧化物(NO_x)、二氧化硫、碳氢化合物及可吸入颗粒物等严重污染了空气。石油产品中的含硫化合物能严重毒化石油精炼时的催化剂,导致产率降低。其次,含硫化合物的存在加重了石油精炼设备如贮存罐、运输管线等的腐蚀,增加了精炼成本。为了降低汽柴油中硫含量,生产环境友好的清洁燃料,解决汽车尾气污染问题,必须开发深度脱硫的汽柴油生产新技术。

微生物在脱硫的同时,不降低柴油的热值和汽油的辛烷值,因此可用于石油污染的生物整治。目前从红平红球菌(*Rhodococcus erythropolis*)中已分离得到脱硫相关基因并成功地在大肠杆菌中表达,有望在石油污染的治理中大显身手。

5. 农药残留的微生物降解技术

农药残留微生物降解技术就是针对农业生产过程中杀虫剂、杀菌剂、除草剂等化学农药的大量施用造成农产品以及农业生态环境中农药残留严重超标、农产品市场竞争力下降等严重情况,克服物理、化学处理修复难度大、成本高,并且还会有二次污染的缺点,利用微生物种类繁多、代谢类型极为丰富的特点,通过筛选高效农药残留降解菌株,克隆降解基因并重组多种降解基因于某些宿主菌中,在可控条件下高效表达有降解活性的酶类应用于农药残留的原位生物修复,达到彻底清除土壤、水体、农产品中有机污染物的目的。

我国克隆了一系列农药解毒或降解酶基因,利用甲基对硫磷水解酶基因 *mpd* 构建了完全矿化甲基对硫磷的工程菌;将氯代邻苯二酚1,2-双加氧酶基因导入甲胺磷降解菌株中,构建了降解甲胺磷和苯环类化合物的工程菌TP2,将昆虫高抗性酯酶基因(解毒酶基因)转入大肠杆菌中,得到高效表达;构建了能降解有机氯及有机磷和同时降解3种以上有机磷农药的降解菌;构建了能同时高效降解甲基对硫磷和呋喃丹农药的工程菌,在实验室条件下降解性能显著,酶活提高6倍。此外,还实现了甲基对硫磷水解酶基因在芽胞杆菌中的高效表达,表达量提高了20多倍,获得既有农药降解能力又有生物防治功能的工程菌株。农药残留微生物降解菌剂获得国家级新产品证书并制定了农药残留微生物降解菌剂的产品质量标准。人们正期待基因工程技术在农药残留的微生物降解中发挥重要作用。

6. 合成友好可再生材料的微生物工程菌

(1) 合成生物可降解塑料的基因工程菌　许多种类的微生物如球菌、杆菌、能进行光合作用的细菌、好氧类群及有机营养细菌等，尤其是真养产碱菌在不平衡生长(如氮或磷不足)条件下，以颗粒状态在细胞内储存的各种生物高分子聚合物统称为聚羟基脂肪酸酯(polyhydroxyalkanoate，简称 PHA)，聚 3-羟基丁酸酯(poly-3-hydroxyl-butyrate，简称 PHB)是其典型代表，其物理性质与化学合成塑料聚丙烯(PP)相似，同时还具有生物可降解性、生物相容性等优良性能，能用于合成生物可降解塑料，但 PHB 因缺乏足够的韧性，其应用受到局限。

生物可降解塑料在一定时期内，在自然环境里能够被微生物分解为二氧化碳和水。因此，生产生物降解塑料除了可以解决"白色污染"的环保问题外，还开辟了可再生、可持续发展的原料来源。

目前在大肠杆菌中已经能够超量表达 PHA，同时人们正在研究不同碳链长度和不同侧链基团 PHA 的合成与调控，以期控制 PHA 的物理性状，从而获得更好的生物塑料。美国、英国、德国、日本等国已相继推出了生物可降解塑料。我国也成功开发了一种新的生产 PHB 的专利技术，使生产成本降低了 1 倍，达到国际领先水平。此外，我国还研发成功了新一代生物塑料——羟基丁酸和羟基己酸共聚物(PHBHHx)，具有更好的机械性能和加工性能，并实现了工业化生产。

此外，聚乳酸亦是正在发展中的生物可降解塑料，日本已开始生产聚乳酸的产品。

(2) 合成纳米磁性颗粒的基因工程菌　某些细菌由于体内含有铁、镍等磁性颗粒物质，在磁场作用下表现出强烈的趋磁行为，被称为趋磁细菌(magnetotactic bacterium)。趋磁细菌合成的磁性颗粒大小在25～100 nm 之间，作为纳米材料可研制酶固定化载体、新型生物传感器或用于高灵敏度免疫检测的抗体载体等。趋磁细菌一般分布在氧浓度极低的环境中。一些能生成 FeS、Fe_3S_4 和 FeS_2 的趋磁细菌存在于含硫丰富的海洋淤泥中。目前已得到纯培养的趋磁球菌、趋磁弧菌和趋磁螺菌等。人们已经构建了表达细菌纳米磁性颗粒的基因工程大肠杆菌，在 20 L 和 80 L 自动发酵罐里细胞密度(OD_{600})已超过 2.0，磁颗粒产率可稳定在 15～20 mg/L。

7. 新型秸秆发酵乙醇代谢基因工程菌

自从上世纪 70 年代发生能源危机以后，人们一直努力寻找新的可再生燃料来代替石油，而木质纤维素是地球上数量最大的可再生资源。在秸秆中，纤维素、半纤维素和木质素通过共价键或非共价键紧密结合而成的木质纤维，占秸秆总重量的 70%～90%左右，利用其作为廉价的糖源生产燃料乙醇是解决世界能源危机的最有效的途径之一。

秸秆生产燃料乙醇时，首先要利用微生物或其产生的纤维素酶、半纤维素酶等多糖水解酶将纤维素、半纤维素等降解为戊糖、己糖等单糖，为乙醇发酵菌提供碳源，使之能把糖转化为乙醇。为了使乙醇发酵菌获得分解秸秆的能力，人们把一系列编码纤维素酶和半纤维素酶的基因克隆进能利用单糖发酵产乙醇的代谢工程菌，并使其表达，直接将秸秆分解成单糖进而转化成乙醇。

8. 直接利用藻类或蓝细菌进行生物质能源的生产

藻类或蓝细菌能进行产氧光合作用，因其光合效率高、生长速度快、生长周期短、不与农业生产竞争耕地与肥料、成本相对较低、油脂及生物质产率高，并且其生长过程中可吸收大量氮、磷等营养物质，固定二氧化碳，环境效益显著，因此利用藻类或蓝细菌进行生物质能源的生产已成为新型生物质能源研究的热点和前沿。

近年来，人们已尝试直接利用蓝细菌生产生物柴油甚至其他碳基化合物。2009年，美国率先在集胞蓝细菌中导入硫脂酶，使得脂肪酸能够直接“分泌”到细胞外，与细胞有效分离，避免细菌体内大量积累脂肪酸所带来的生长压力，同时能够直接收获生物质能源而不需要裂解细胞，极大地简化了生产路径，省去了提取和纯化等步骤，显著降低了生产成本。他们还进一步优化蓝细菌脂肪酸合成途径，增加其合成速率。经过优化的蓝细菌基因工程菌在实验室以每天197±14 mg/L细菌培养物的水平持续生产C_{10}～C_{18}的脂肪酸（生物柴油）（Liu *et al*.，2011），为高效、可持续性地生产生物质能源提供了一个全新的思路。

总之，当代微生物学的研究已进入后基因组时代，细菌基因工程已经发生翻天覆地的变化并显示出了激动人心的前景。通过高通量研究技术，如基因组学、转录组学和蛋白质组学，可以在整个细胞内进行深度分析，从而为细菌基因工程带来革命性的变化，微生物学家借助于分子生物学、基因组学、生物信息学和基因芯片技术等手段，开始在前所未有的时空范围内，探索微生物的多样性以及微生物在生命起源、进化，生物圈的演化、发展，全球元素循环等过程中的作用，大量的基因资源被认识和发掘。人们可以根据需要，设计改造所需基因，然后导入微生物细胞内进行大量表达，在很短的时间内就能“制造”出符合要求的基因工程菌。

思　考　题

1. 食用乳酸杆菌基因工程的改良主要包括哪几个方面？
2. 构建苏云金芽胞杆菌基因工程菌的策略有哪些？
3. 在细菌中表达外源基因所用的表达载体一般应该具备哪些条件？
4. 简略设计分离限制性内切酶 *Eco*RⅠ基因的方法。
5. 简述从棒杆菌分离2,5-二酮古龙糖酸还原酶基因并转入欧文菌（*Erwinia* sp.）的方法及原理。
6. 如何通过遗传操作的简单方法增加链霉菌中抗生素的产量？
7. 如何利用微生物彻底清除农药残留？
8. 如何提高谷氨酸棒杆菌中色氨酸的产量？
9. 如何利用微生物从秸秆中生产燃料乙醇？
10. 如何改造大肠杆菌用来过量生产半胱氨酸？
11. 如何利用细菌大量生产7ACA？
12. 如何利用蓝细菌生产生物质能源？

主要参考文献

1. 美国能源部生物质项目署．藻类生物质能源——基本原理、关键技术与发展路线图．胡洪营，李鑫，于茵等译．北京：科学出版社，2011

2. 格利克 B R，帕斯捷尔纳克 J J．分子生物技术：重组DNA的原理与应用．陈丽珊，任大明主译，北京：化学工业出版社，2005

3. 格拉泽 A N，二介堂弘．微生物生物技术：应用微生物学基础原理．陈守文，喻子牛等译．北京：科学出版社，2002

4. Ajikumar P K，Xiao W H，Tyo K E，*et al*. Isoprenoid pathway optimization for Taxol precursor overproduction in *Escherichia coli*. Science，2010，330：70-74

5. Barona-Gómez F，Hodgson D A. Occurrence of a putative ancient-like isomerase involved in histidine and tryptophan biosynthesis. EMBO Reports，2003，4(3)：296-300

6. Gaertner F H, Quick T C, Thompson M A. CellCap: an encapsulation system for insecticidal biotoxin proteins. In Kim L (ed.). Advanced engineered pesticides. New York: Marcel Dekker, Inc., 1993, 73-83

7. Hopwood D A, Malpartida F, Kieser H M, *et al*. Production of 'hybrid' antibiotics by genetic engineering. Nature, 1985, 314(6012): 642-644

8. Joseph P, Fantino J R, Herbaud M L, *et al*. Rapid orientated cloning in a shuttle vector allowing modulated gene expression in *Bacillus subtilis*. FEMS Microbiology Letters, 2001, 205(1): 91-97

9. Lee J S, Shin K S, Pan J G, *et al*. Surface-displayed viral antigens on *Salmonella* carrier vaccine. Nat Biotechnol, 2000, 18(6): 645-648

10. Liu X, Curtiss R 3rd. Nickel-inducible lysis system in *Synechocystis* sp. PCC6803. Proc Natl Acad Sci USA, 2009, 106: 21550-21554

11. Liu X, Fallon S, Sheng J, *et al*. CO_2-limitation-inducible Green Recovery of fatty acids from cyanobacterial biomass. Proc Natl Acad Sci USA, 2011, 108: 6905-6908

12. Liu X, Sheng J, Curtiss R 3rd. Fatty acid production in genetically modified cyanobacteria. Proc Natl Acad Sci USA, 2011, 108: 6899-6904

13. Valls M, Atrian S, Lorenzo V, *et al*. Engineering a mouse metallothionein on the cell surface of *Ralstonia eutropha* CH34 for immobilization of heavy metals in soil. Nature Biotechnology, 2000, 18: 661-665

14. Martin V J, Pitera D J, Withers S T, *et al*. Engineering a mevalonate pathway in Escherichia coli for production of terpenoids. Nat Biotechnol, 2003, 21: 796-802

15. Vermaas W F. Gene modifications and mutation mapping to study the function of photosystem II. Methods in enzymology, 1998, 297: 293-310

（陈雯莉）

第十七章

病毒基因工程

病毒(virus)是一种介于生命与非生命之间的生命形式,是最原始的生命体。病毒结构简单,没有细胞结构,由蛋白质外壳和一种核酸(DNA 或 RNA)组成。病毒粒子的体积极其微小,直径在 10～300 nm 之间,能通过细菌滤器,需借助电子显微镜才能观察到它的存在。电子显微镜下的病毒粒子呈球形、卵圆形、杆状、丝状和蝌蚪状等形态,其中以近球形和杆状为多(图17-1)。病毒是一种严格的细胞内寄生生物,必须依赖宿主细胞才能完成自身的复制增殖;一旦离开宿主细胞就失去了增殖能力,但保留了对宿主细胞的感染能力。

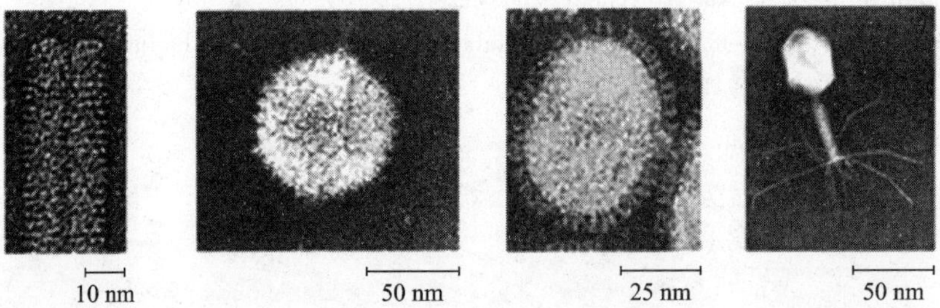

烟草花叶病毒　　腺病毒　　流感病毒　　噬菌体

图 17-1　4 种形态、结构和大小不同的代表性病毒的电子显微观察图

病毒在生物系统中是一个独立的界(kingdom),可感染几乎所有的生物体,在脊椎动物、无脊椎动物、植物、真菌和细菌(一般称细菌病毒为噬菌体,bacteriophage 或 phage)中都有病毒的寄生。有些病毒的宿主范围宽,可感染多种生物,如禽流感病毒可感染鸡、鸭、鸟、猪,其中某些分离株如禽流感病毒 H5N1 甚至感染人类;有些病毒的宿主范围窄,只感染一种特定的生物,如杆状病毒科病毒仅感染某一特定种的昆虫,但还没有发现病毒的宿主范围超越了原核生物和真核生物的界限。

自 1892年伊万诺夫斯基(Iwanovski)首次发现滤过性病原物——烟草花叶病毒(TMV)以来,已发现各种病毒 4 千多种。由于对病毒间的进化关系知之甚少,以至于还没有一个获得一致赞同的病毒分类系统。国际病毒分类委员会(International Committee on Taxonomy of Viruses,ICTV)对病毒的分类原则做了规定,病毒分类依据有病毒的核酸类型(DNA 或 RNA,单链还是双链);病毒粒子的大小、形状、衣壳的对称性、有无囊膜;有时也根据它们所引起的疾病、传播方式等特征进行分类。而根据宿主的不同,把病毒分为脊椎动物(包括人类)病毒、无脊椎动物病毒、植物病毒和微生物病毒 4 大类。

病毒因其具有结构简单、可通过感染而大量复制、易于操作和大量获得等特点,所以从一开始就成为分子生物学与基因工程研究的好材料，并对其发展起到了积极的推动作用。遗传物质是DNA而不是蛋白质这一重大发现，对分子生物学及以分子生物学为基础的基因工程的发展极为重要。自70年代基因工程兴起后，病毒成为基因工程的改造对象，包括病毒全基因组序列的测定、基因功能的鉴定、抗病毒药物的开发等，为病毒性疾病的预防、诊断和治疗提供了先进的手段。与此同时，病毒作为基因工程的优良载体，在基因转移与表达、作物改良、疾病的基因治疗中发挥了巨大作用。病毒基因工程已成为基因工程大家族中一个不容忽视的重要部分，渗透到了基因工程的方方面面，影响着基因工程的发展，并反映着基因工程的发展水平。

第一节　病毒载体

在基因工程中，除了质粒以外还有许多由病毒改造而来的克隆和表达载体，如前面介绍的噬菌体载体以及由其衍生的各种载体，其本质也是一种在细菌中复制和表达的病毒载体。由于原核表达系统的局限性，经常需要在真核细胞尤其是哺乳动物细胞中表达各种目的基因，因此设计了3种类型载体。一种是通过改造质粒载体，将包括真核启动子、终止子、poly(A)信号在内的真核表达盒式结构(expression cassette)引入质粒载体，重组载体通过转染培养的真核细胞进行瞬时表达，因为这类真核表达质粒不能在真核细胞内复制，只能实行瞬间表达。另外一种就是通过整合载体将表达盒式结构整合到真核细胞染色体上，因其一般只能整合一个拷贝基因，故表达水平较低，而且操作复杂。最后一种是利用病毒能在宿主细胞内繁殖并同时表达自身基因和外源基因这一特点，设计出能在真核宿主细胞内表达目的基因的病毒载体。病毒载体作为基因转移和表达载体的主要特点有：病毒具有能够被宿主细胞识别的有效启动子；多数病毒在其感染周期中都能够持续地复制，使其基因组拷贝数达到相当高的水平；有些病毒具有控制自己复制的顺式(*cis*)和反式(*trans*)作用因子，能够在细胞内长时间高拷贝保持外源基因的复制型质粒；有些病毒在它们的复制过程中能高效稳定地整合到寄主基因组，利用这个特性，可以提高外源基因导入寄主细胞染色体的效率；病毒的衣壳蛋白能够识别细胞受体(acceptor)，可作为感染剂(infectious agent)将外源基因高效导入寄主细胞。使用病毒衣壳蛋白包装重组质粒DNA形成的假病毒颗粒(pseudovirion)，相当于构成了一种高效的转化体系。目前，各种病毒载体已经广泛用于蛋白表达、疫苗制备、基因转移与基因治疗。无论是何种病毒载体，在构建和使用过程中都需要非常重视防止病毒本身的致病性以保证病毒载体的安全性。

一、动物病毒载体

1. SV40载体

SV40(Simian vacuolating virus 40，猿猴空泡病毒)是迄今为止研究最为详尽的乳多空病毒之一，也是第一个完成基因组DNA全序列分析的动物病毒。SV40病毒的基因组是环状双链DNA，大小仅为5 243 bp，与质粒大小相似，适于基因操作(图17-2)。SV40在感染敏感宿主细胞后，其基因组DNA进入细胞核，首先启动早期基因转录，在细胞质中表达出早期基因t抗原和T抗原，当这2种蛋白质积累到一定程度时DNA开始复制，同时开始驱动病毒晚期基因转录，翻译产生VP1、VP2和VP3等病毒衣壳蛋白，并开始进行病毒粒子的装配。当病毒粒子数量积累到一定量时，细胞裂解释放出子代病毒粒子。由于SV40病

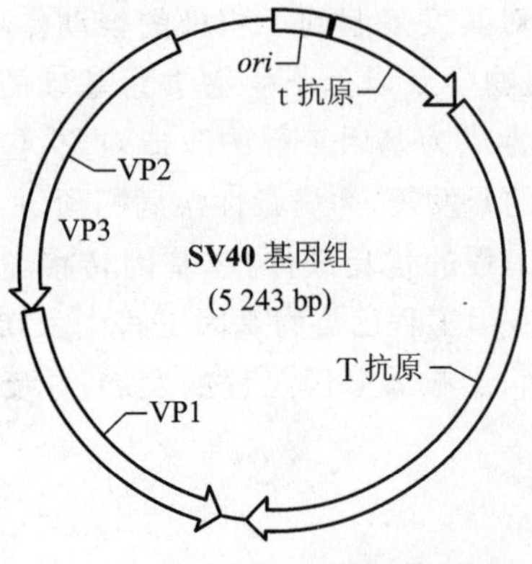

图 17-2 SV40 病毒基因组物理图谱及转录示意图

毒包装十分严格，不能包装大于 SV40 基因组的 DNA 分子，因此外源基因只能通过取代病毒本身的 DNA 片段进行克隆。其克隆外源片段的能力有限，只能达到约 2.5 kb。

以 SV40 病毒为基础的克隆载体主要有 2 种不同的类型。其一为置换型的重组病毒载体，在这种类型的载体中，外源 DNA 是直接插入在缺陷性的病毒基因组中。根据所置换位置的不同可分为 2 种，一种是早期置换型病毒载体，另一种是晚期置换型载体。在早期置换型病毒载体中，早期基因 T 抗原基因被缺失掉，外源基因可以通过常规酶切连接的方式克隆到载体中，其本质是取代了早期基因 T 抗原基因。由于病毒载体本身不能表达维持病毒复制的 T 抗原，因此也不能在正常的敏感细胞中进行复制，只能在一种可以持续表达 SV40 的 T 抗原的猴肾细胞即 COS 细胞中才能复制和繁殖。在晚期取代型载体中，晚期转录区被外源基因取代。由于缺少晚期基因，病毒 DNA 不能被包装，因此必须由辅助病毒提供包装必需的蛋白质，而辅助病毒本身因不能表达 T 抗原而不能复制。

另一类为重组的病毒-质粒载体。这是一类穿梭载体，该载体中病毒基因组部分只保留下维持在哺乳动物细胞中进行复制所必需的有关序列，但它融合上了一个细菌质粒，因而还能够在大肠杆菌细胞中进行复制和增殖，从而避免了从培养细胞中提取 SV40-DNA 的繁琐步骤。当然这种穿梭载体只能使外源基因在细胞内瞬时表达，因为载体上只保留了复制序列，没有衣壳蛋白等基因，不能产生病毒粒子。但是载体 DNA 可以进行复制并产生很多拷贝，依然可以高水平表达外源基因。

2. 痘苗病毒载体

痘苗病毒(vaccinia virus)为感染哺乳动物细胞的双链线性 DNA 病毒，基因组大小在 180 kb 左右，其中有 30 kb 左右为非必需区，可以被外源 DNA 片段取代而不影响病毒的复制与繁殖。痘苗病毒容易培养、相当稳定并能在大多数哺乳动物细胞中复制繁殖，因此是一种理想的病毒载体。由于其基因组很大，因此只能通过先将目的基因克隆到到转移载体上，然后将重组转移载体与野生型痘苗病毒 DNA 共转染哺乳动物细胞，在细胞内发生同源重组而获得重组痘苗病毒。由于痘苗病毒本身是一种高效活疫苗，当将一种或者几种外源基因引入该病毒时，能够构建出多价疫苗株，同时预防几种病原微生物引起的传染病，这是目前痘苗病毒载体最吸引人的特点。

3. 反转录病毒载体

反转录病毒(retrovirus)为单链 RNA 病毒，可高效地感染许多类型的宿主细胞。病毒进入细胞后，其基因组 RNA 反转录成双链 DNA，DNA 进入宿主细胞核并整合在细胞染色体中，且以此为模板合成病毒蛋白及子代基因组 RNA，然后装配成病毒颗粒。反转录病毒基因组大约 10 kb，含有 3 个最重要的基因，即 *gag*(编码核心蛋白)、*pol*(编码反转录酶)和 *env*(编码病毒外膜蛋白)，并依次由 5′向 3′方向排列。*env* 基因中含有病毒包装所必需的序列，同时两端存在长末端重复区(LTR)，用于介导病毒的整合。目前使用的反转录病毒载体主要源于鼠白血病病毒(murine leukaemia virus，MLV)，其中病毒的大部分序列，如 *gag*、*pol* 和 *env* 缺失，仅保留病毒基因组 5′、3′端的长末端重复序列(LTR)(包括启动子、增强子、整合必需序列)和包装信号 φ 及其相关序列(图 17-3)。

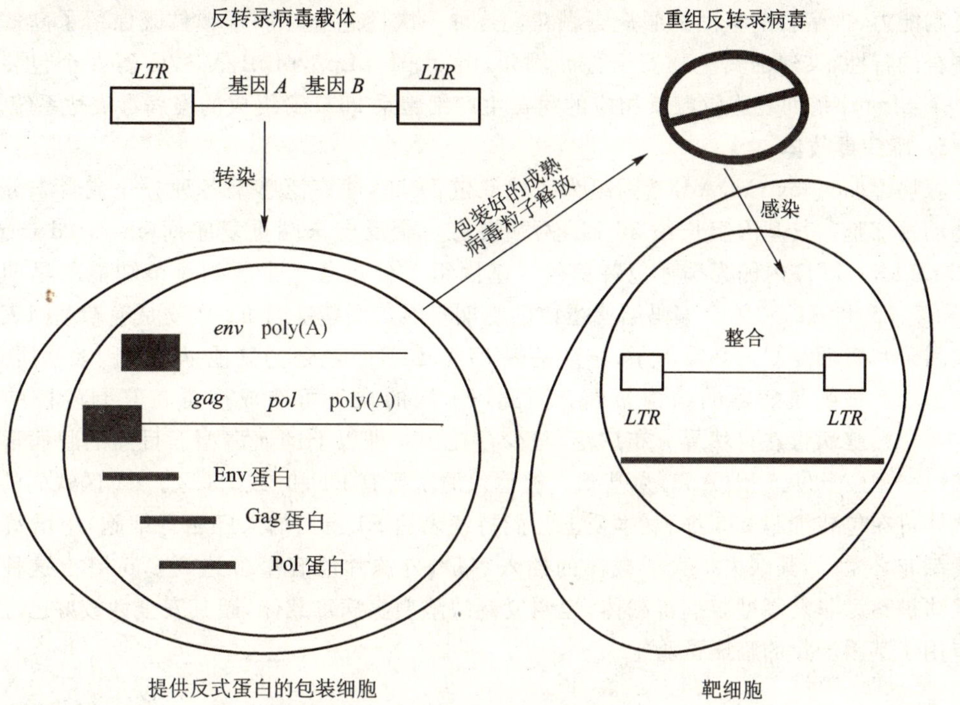

图 17-3　反转录病毒载体构建复制缺陷型重组病毒的原理

克隆了外源基因的反转录病毒载体转染细胞后,由包装细胞反式提供结构蛋白,包装成具有一次感染性的病毒颗粒,然后感染靶细胞,病毒基因组整合进靶细胞染色体,进一步复制和表达

在应用上,携带外源目的基因的反转录病毒载体需要由能提供 Gag、Pol 和 Env 等结构蛋白的包装细胞如 ProPak(最常用)或 PA317 等细胞系才能成为成熟的重组“假病毒粒子”。因此将反转录病毒载体 DNA 转染包装细胞后,能产生有感染能力的复制缺陷型病毒。这种复制缺陷型的重组病毒仅仅具备一次感染性,从而避免了在正常细胞间扩散感染,也降低了病毒本身的致癌性与致病性。重组病毒感染靶细胞,可使外源基因整合入靶细胞的染色体,稳定地表达。反转录病毒载体主要优点就是介导目的基因随机整合到宿主细胞染色体上,使外源基因稳定、持久地表达。其最大缺点是存在载体与人内源性反转录病毒序列之间发生重组而产生有复制能力的人反转录病毒的潜在危险,也存在原病毒 DNA 随机整合靶细胞染色体而激活染色体上癌基因或失活抑癌基因的可能性。

4. 慢病毒载体

慢病毒(Lentivirus)为反转录病毒的一种,因在细胞内增殖较慢,故称慢病毒。慢病毒载体均由人免疫缺陷病毒(HIV)基因组改造而来,与只能感染分裂期细胞的普通反转录病毒载体相比,慢病毒载体对分裂期细胞和非分裂期细胞均具有感染能力,因而具有更广泛的宿主范围,并且很少引发机体免疫反应。另外,慢病毒载体介导的外源基因整合入宿主细胞基因组效率更高,其整合的外源 DNA 片段更加稳定、外源基因的表达水平更高。慢病毒载体不仅应用于常规的整合型稳定表达细胞系,进行外源基因表达和内源基因 RNA 干扰,也常用于转基因动物研究。

慢病毒载体由辅助质粒和目标表达载体两部分组成。辅助质粒能够提供生产病毒颗粒所必需的蛋白质及RNA元件；表达载体则包括了需要在宿主细胞内表达的目的基因。通过辅助质粒与目标表达载体共转染哺乳动物细胞，即可从细胞上清液中收获具有感染能力、无复制能力、携带目的基因的假病毒颗粒。这种一次性感染性病毒颗粒既保留了高效感染和整合的特性，又保证其生物安全性。例如，由pLp1，pLp2，pLp1/VSVG等3个包装质粒和1个pLenti系列表达质粒及相应的病毒生产细胞系293FT组成的慢病毒表达系统。

5. 腺病毒载体

腺病毒(adenovirus，Ad)基因组为线状双链DNA，能广泛感染各种分化或者未分化的哺乳动物细胞。其基因组长约36 kb，两端各有一个反向末端重复序列(inverted terminal repeat，ITR)，ITR内侧为病毒包装信号。基因组上分布着4个承担调节功能的早期基因(*E1*、*E2*、*E3*和*E4*)和1个编码结构蛋白的晚期基因。早期基因*E2*产物是晚期基因表达的反式因子和病毒复制的必需因子，早期基因*E1A*、*E1B*产物还为其他早期基因表达所必需，晚期基因产物则是病毒的结构蛋白。因此，E1区的缺失可造成病毒在复制阶段的流产(图17-4)。腺病毒在自然界分布广泛，至少存在100种以上的血清型。目前的腺病毒载体大多以2型(Ad2)、5型(Ad5)为基础。被替代的主要有E1和/或E3区。E1区缺失的腺病毒载体可在包装细胞293细胞(本质上为能持续表达E1蛋白的人胚胎肾细胞)中增殖。E3为复制非必需区，其缺失扩大了载体的插入容量，外源片段容量可达到8.5 kb。这种腺病毒载体被称为非复制型腺病毒载体，也叫复制缺陷型腺病毒载体，因其安全性较好已经被广泛应用于基因治疗的临床试验中。

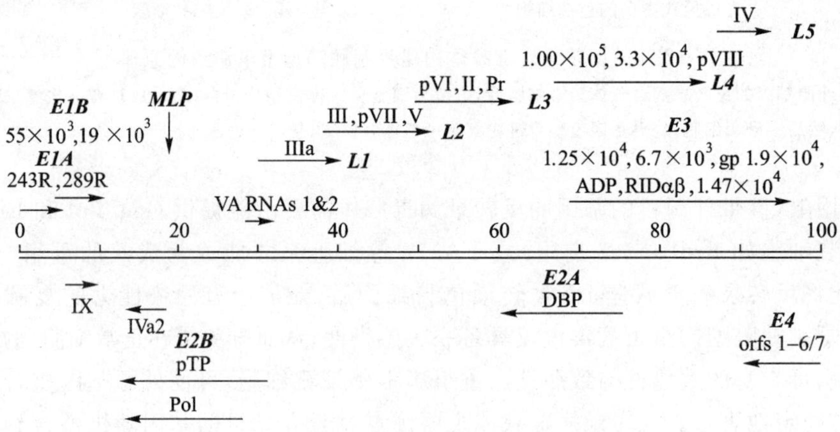

图17-4　腺病毒基因组的结构和表达时相

腺病毒的基因可分为立即早期基因(*E1A*)，早期基因(*E1B*，*E2A*，*E2B*，*E3*，*E4*和部分结构蛋白基因)和晚期基因(*L*，编码大部分结构蛋白)。图中箭头表示转录方向

构建复制缺陷型重组腺病毒除了通过在293细胞中进行同源重组方式外，另一种便是在细菌中发生重组的AdEasy腺病毒载体系统。该系统中包括2个载体，一个为33.4 kb的大质粒pAdEasy，含有缺失了E1和E3区的Ad5基因组，另一个为供外源基因克隆的转移载体pShuttle，该质粒载体中有腺病毒基因的一段序列作为与腺病毒基因组进行同源重组时的同源臂。首先将目的基因克隆到转移载体pShuttle上巨细胞病毒(cytomegalovirus，CMV)启动子下游的合适位置，然后将重组转移载体线性化，再转化到含有pAdEasy-1的特殊菌株中，该菌株能提供在细菌内发生高效同源重组的所有因子，从而将重组转移载体中含目的基因的表达盒重组到pAdEasy中。提取重组的pAdEasy质粒DNA，经合适的酶切，成为线性病毒DNA，然后转染能提供*E1*基因产物的293细胞即能获得重组病毒。因

此该系统能够避免繁琐复杂的病毒空斑纯化过程，即使是不熟悉病毒操作技术的研究者也很容易构建出重组病毒(图 17-5)。

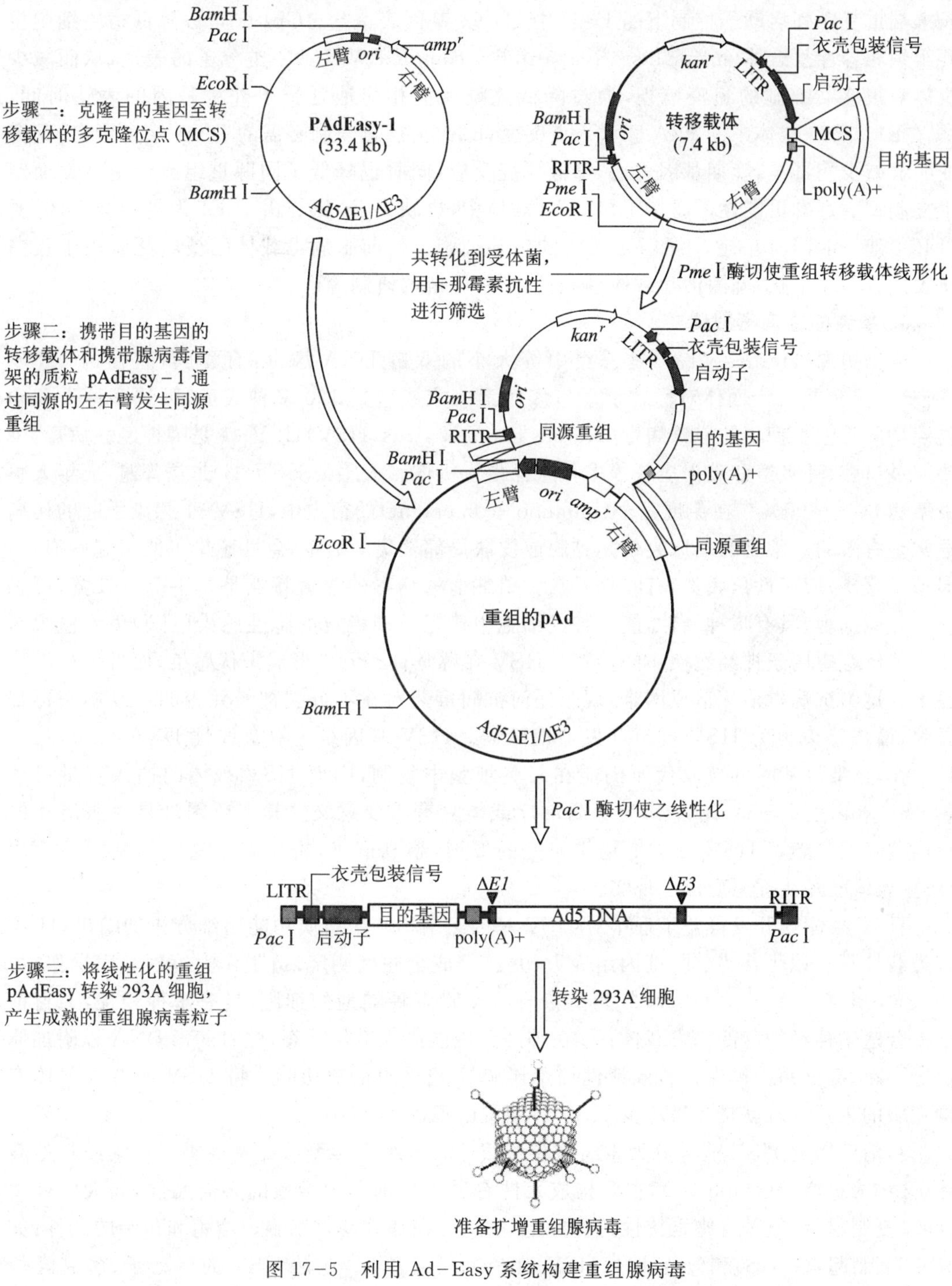

图 17-5　利用 Ad-Easy 系统构建重组腺病毒

腺病毒由于不整合到宿主细胞的基因组中，因此难以像反转录病毒载体那样较长时间地表达外源基因。外源基因表达的持续时间约 2～6 周。腺病毒载体主要的缺点在于能诱导机体产生免疫反应，同时也存在有安全性问题。即腺病毒载体在包装细胞中增殖时，*E1*

序列间有可能发生同源重组而产生有复制能力的野生型腺病毒，复制缺陷型腺病毒也有可能在已感染野生型腺病毒的宿主体内被拯救。为克服以上缺点，目前已从几方面对腺病毒载体进行改造：① 在 $E1^-$、$E3^-$ 载体中，插入一个劳斯肉瘤病毒（Rous sarcoma virus，RSV）长末端重复序列启动子控制下的 E3 区中 *gp19k* 基因表达盒。Gp19k 可以降低宿主细胞主要组织相容性复合体（major histocompatibility complex，MHC）Ⅰ类分子的表达，从而减少机体对被感染细胞的免疫监视，通过降低免疫反应相应地延长了外源基因的表达时间。② 在$E1^-$、$E3^-$载体中的 E2A 区引入点突变，E2A 为病毒复制必需的 DNA 结合蛋白，其突变明显减少病毒早、晚期基因表达，降低免疫反应，同时也降低了同源重组或标记拯救而产生复制型病毒的可能性。③ 在$E1^-$、$E3^-$载体中，再缺失 E4 区。由于 E4 为复制必需区，所以必须建立能同时互补 E1 和 E4 功能的包装细胞。目前腺病毒载体已被广泛应用于蛋白质表达、RNA 干扰、基因治疗载体、肿瘤治疗和疫苗的研制等。

6. 单纯疱疹病毒载体

疱疹病毒（Herpes virus）是一类中等大小的双链 DNA 病毒，有囊膜，直径为 120～200 nm，外形呈二十面体对称。整个疱疹病毒大家族包括 100 多种成员，可致多种人和动物疾病。其中Ⅰ型单纯疱疹病毒（Herpes simplex virus，HSV）HSV-1 是嗜神经性病毒，主要通过口腔、呼吸道和破损皮肤等多种途径侵入机体。人感染 HSV-1 非常普遍，成年人感染率达 80%～90%。在免疫完全（immuno-competent）的宿主中，HSV-1 感染引起的疾病通常是有限的。常见的临床表现是黏膜或皮肤局部聚集的疱疹，急性感染可能引起唇疱疹、湿疹样疱疹、疱疹性角膜炎，有时伴发热。单纯疱疹病毒的显著特点是宿主范围较宽，可感染非分裂细胞；具有嗜神经性，能在神经细胞中建立长期稳定的隐性感染（逃避免疫监视），作为载体有望用于神经性疾病的治疗。HSV 在感觉神经元中形成潜伏感染，而且往往潜伏终生。这给抗病毒治疗造成困难，现今任何抗病毒药对在不分裂神经元内的不复制病毒都无效，潜伏感染也为 HSV 疫苗开发造成障碍。HSV 基因组为双链线性 DNA 分子，长达 152 kb，且半数基因可被取代而仍能在某些细胞中复制，因而 HSV 载体的插入容量可达 40～50 kb以上。改造 HSV 作为基因治疗载体具有重要意义。其主要困难是克服潜在的致病危险性。随着 HSV 分子生物学研究的发展，趋利避害，构建安全高效的基因治疗用 HSV 载体已经从理想变成了现实。

HSV 载体的开发得益于近年对 HSV 基因组结构和蛋白质功能精细分析的结果，HSV 作为载体具有以下优点：① 基因组庞大，并已完成全序列测定，适于作大范围基因操作，可插入 30 kb 以上的外源 DNA；② 可感染脊椎动物多种类型的细胞，具有嗜神经性，为目前唯一合适于神经细胞的病毒载体；③ 在神经元内能进入潜伏状态，此时病毒 DNA 以附加体形式存在，部分基因可保持转录活性而不影响神经元的正常功能。将 HSV 改造成载体有待克服的主要困难就是尽量减少 HSV 对细胞的毒性。

目前应用的 HSV 载体分为重组质粒型载体和重组病毒型载体两大类。重组质粒型载体，又称为扩增子（amplicon），主要构成元件有适于在细菌中增殖的必需元件，如大肠杆菌 DNA 复制起点、氨苄青霉素抗性选择标记等；适于在哺乳动物细胞内增殖和包装的元件，如 HSV 复制起点（*oriS*）和包装信号（HSV-1-a）；转录单位，包括 HSV 的启动子、多克隆位点和串联的选择性标记。目前构建的重组质粒型载体的典型代表是 pHSVlac（图17-6）。将上述重组质粒和 HSV 辅助病毒导入培养细胞，重组质粒 DNA 即可作为连接体被包装进毒粒内。这一类载体的主要优点是构建过程相对简单；缺点是重组质粒 DNA 携带外源基因的容量有限，且包装效率不如病毒 DNA。

重组病毒型载体是直接利用经改造的病毒基因组作载体，操作时通常需采用两步操作。首先将疱疹病毒基因组适当区段克隆进中间转移载体，进行体外改造，然后将重组质粒与感染性病毒 DNA 共转染培养细胞，使其在细胞内发生同源重组，再筛选重组病毒。重组病毒型载体的优点是它们在神经元内能真正进入潜伏状态，能携带多个外源基因，无需辅助病毒，传递效率相当高，目前 HSV 载体是唯一可将外源基因和启动子导入神经系统的成功载体。缺点是病毒基因组内的毒性元件和转录因子可能影响细胞代谢乃至杀死细胞，外源基因表达水平低。

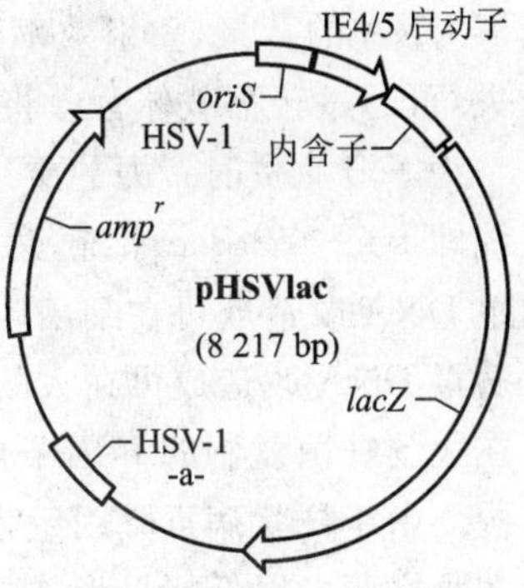

图 17-6　重组质粒型单纯疱疹病毒载体 pHSVlac 的结构图

7. 杆状病毒载体

杆状病毒(baculovirus)属于杆状病毒科，病毒粒子呈杆状，其基因组大小为 90～180 kb 双链闭合环状 DNA，在自然界中仅感染节肢动物，主要感染鳞翅目昆虫。杆状病毒的病毒粒子封闭在由多角体蛋白质形成的包含体中，这种包含体形式的病毒在环境中十分稳定。杆状病毒具有高度的宿主特异性，对人与哺乳动物十分安全，因此常用做生物杀虫剂。此外，杆状病毒还是进行分子病毒学尤其是研究病毒和宿主关系的良好研究材料，因为杆状病毒培养简单，操作方便，不需要特殊安全级别实验室，并且杆状病毒-昆虫细胞这一病毒-宿主系统研究技术成熟。其代表种为苜蓿银纹夜蛾多粒包埋型核型多角体病毒(*Autographa californica* multiple nucleocapsid nucleopolyhedrovirus，AcMNPV)。利用杆状病毒表达载体系统表达的外源基因来源于病毒、细菌、真菌、动物和植物等各种生物，其应用范围涉及蛋白质结构和功能、蛋白质之间相互作用等基础研究及疫苗生产、疾病诊断、病毒杀虫剂改良等应用研究。

(1) 杆状病毒表达载体的强启动子　杆状病毒作为表达载体系统的优势之一源于杆状病毒强大的多角体蛋白基因启动子。多角体蛋白在正常的感染循环中被用以将病毒粒子包装在包含体内起保护作用，其含量占被感染细胞蛋白总量的 20%～50%，这一高比例在真核细胞中是相当少见的。通过研究，人们认识到虽然多角体对昆虫口服感染是必需的，但对于在体外培养细胞中维持病毒的感染则是非必需的。通过多角体基因编码区的缺失实验证实，不产生多角体蛋白并不影响芽生型感染病毒粒子的形成。这样，从逻辑上讲，可用外源基因替代多角体基因编码区，利用多角体蛋白基因强启动子带动外源基因在昆虫细胞中高效表达。同样的实验证实杆状病毒另一个晚期高表达基因 *p10* 编码区的缺失不会影响杆状病毒的复制和繁殖，因此 *p10* 基因启动子也经常被用做杆状病毒表达载体的启动子。

(2) 外源基因插入杆状病毒载体的方式　由于杆状病毒基因组庞大，外源基因的克隆不能像细菌或酵母载体一样通过酶切连接的方式直接插入，而必须通过转移载体的介导，因此将转移载体和亲本病毒进行同源重组成为构建重组杆状病毒的最初方式。首先是将目的基因克隆到转移载体上特定启动子(如多角体蛋白启动子或者 *p10* 基因启动子)的下游，侧翼序列源自杆状病毒的非必需 DNA 序列，例如 AcMNPV 的多角体蛋白基因或者 *p10* 基因，然后野生型病毒 DNA 与转移载体共转染昆虫细胞。如果目的基因插在多角体蛋白基因的位置，就可根据空斑的形态差异来筛选重组病毒；如果将 *lacZ'* 盒式结构引入杆状病毒基因组中，那么空斑的颜色差异有利于筛选重组病毒。但是经典的同源重组方法只能得到 0.1%～1%的重组病毒，而且需要做多轮病毒纯化实验，其过程复杂繁琐，非常耗费时间。后来发展的几种技术进一步简化和加快了构建过程：AcMNPV 基因组线性化降低了野生型病毒DNA的背景，重组效率可达到10%～25%；AcMNPV基因组的必需基因(ORF1629)缺失，可通过转移载体营救将重组效率提高到85%～90%。

为了避免费时费力的重组病毒空斑纯化过程，1993年发展了一种全新的杆状病毒表达系统即Bac-to-Bac系统，意思为从细菌(bacteria)到杆状病毒，其本质上是将AcMNPV基因组DNA改造成可在细菌内复制同时对昆虫细胞保留感染性的大型穿梭载体。通过将杆状病毒DNA改造成可在大肠杆菌菌株中复制的Bacmid载体，即在杆状病毒基因组中含有可在大肠杆菌复制的F因子复制区、卡那霉素抗性基因、Tn7转座接触位点以及*lacZ′*盒式结构。由于杆状病毒基因组为环状闭合双链DNA分子，因此这种Bacmid可以像质粒一样在大肠杆菌中以低拷贝形式复制。其转座原理基于Tn7转座子的专一位点转座系统。而在转移载体中外源基因位于多角体蛋白基因启动子的下游，两端分别为Tn7转座子的左、右端转座序列。当将重组转移载体转化到含有Bacmid的大肠杆菌中后，在辅助质粒提供的转座作用因子的介导下进行转座，将重组转移载体上含外源基因的表达盒式结构转座到Bacmid的*lacZ′*盒式结构中，破坏α-互补，因此重组病毒可以通过简单的蓝白斑方法筛选，从白色菌落中分离的重组病毒DNA直接转染昆虫细胞即可包装成有感染性的重组病毒(图17-7A、B)。其具体构建过程如下：首先将感兴趣的基因克隆到供体质粒pFastBac1中，然后将该重组质粒转化到DH10Bac感受体细胞中，此大肠杆菌细胞内有由AcMNPV基因组改造而成的Bacmid和辅助质粒pHelper，在Bacmid中引入了一个mini-*att* Tn7转座靶标位点。在辅助质粒pHelper提供的转座蛋白的作用下，供体质粒pFastBac上的mini-*att* Tn7元件(内有由多角体蛋白启动子驱动的目的基因)转座到Bacmid中的mini-*att* Tn7转座靶标位点上，这样就会把感兴趣的基因转座到Bacmid中。由于转座成功后会破坏Bacmid中的*lacZ′*从而破坏α-互补，因此含有阳性重组Bacmid的菌落可以通过蓝白斑筛选，白斑即为阳性菌落。将含有阳性重组Bacmid的菌落培养后提取大分子Bacmid DNA，最后将此Bacmid DNA直接转染昆虫细胞即可得到病毒。这种专一位点转座方法只需一步分离纯化和扩增重组病毒DNA，病毒滴度就可达到10^7 pfu/ml，全过程只需7～10天，十分简单、迅速。

传统Bac-to-Bac系统依靠转座酶的协助将目的基因从供体载体转座到受体Bacmid中，结合抗性和蓝白斑筛选获得重组Bacmid，然其转座效率并不高，通常在5%～10%之间。使用R6Kγ条件型复制子转座供体质粒(它的生长依赖于宿主菌*pir*基因的表达，在无*pir*基因表达的*E. coli* DH10Bac中无法复制)并且同时封闭宿主菌*E. coli* DH10Bac中潜在的*att* Tn7位点，构建出了零背景转座Bac-to-Bac系统，减少转座后重组Bacmid的鉴定。在零背景转座Bac-to-Bac基础上，将携带重组Bacmid并表达侵染蛋白(invasin)的DAP(二氨基庚二酸)营养缺陷型大肠杆菌和昆虫细胞按一定的比例直接混合可以获得感染性重组杆状病毒粒子，进一步完善了杆状病毒表达系统。

(3) 杆状病毒载体的优点　杆状病毒表达载体还可将外源基因投送至各种哺乳动物细胞，并且通过哺乳动物启动子使外源蛋白得到高效稳定的表达，而其自身基因组并不复制。同时，经过适当的修饰或预处理，杆状病毒表达载体还可介导外源基因在哺乳动物体内表达。由于杆状病毒载体的容量大，感染、表达效率高，生物安全性好，因而在基因治疗、疫苗开发、药物筛选等医学各领域具有广阔的应用前景。杆状病毒作为一种优秀的真核表达载体还具有以下几个方面的优点。

第一，载体安全性高。杆状病毒迄今未发现对任何高等动物和植物细胞及个体有不良影响，相对其他病毒载体而言，它对人类的安全性是可以信赖的。

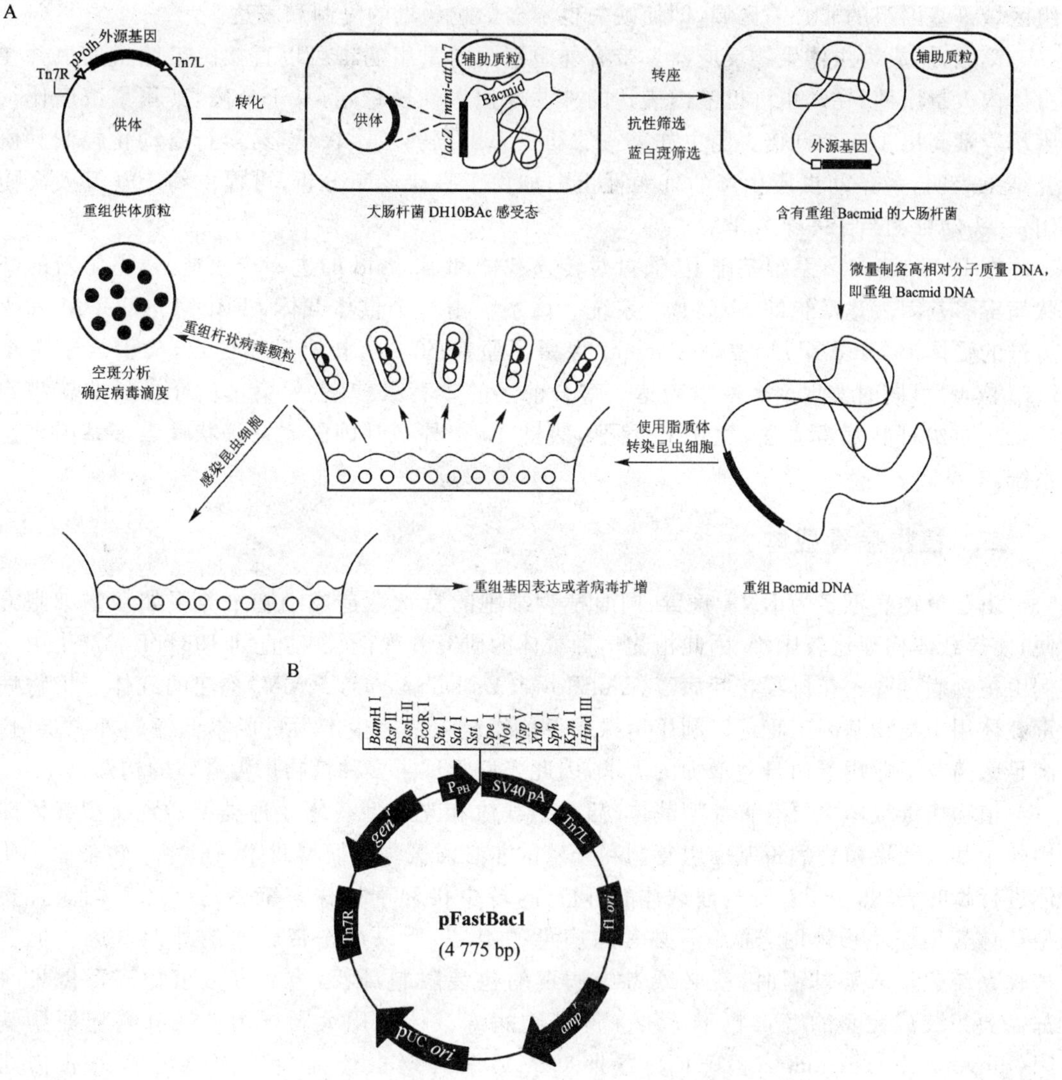

图 17-7　用 Bac-to-Bac 系统构建表达型重组病毒示意图

A. Bac-to-Bac 构建重组杆状病毒的具体流程。B. 供体转座质粒 pFastBac1 图谱，在 Tn7 转座子左右长臂之间有一个庆大霉素抗性基因和多角体蛋白基因启动子驱动的表达盒式结构

第二，具有克隆大片段外源基因能力。杆状病毒基因组大小差异很大(88～200 kb)，病毒可容纳大量外源 DNA 而不影响正常复制和 DNA 的包装，是一种同时进行多基因表达的首选载体。

第三，表达效率高。理论上讲外源基因的表达量应当和多角体蛋白基因或 *p10* 基因表达量相当，但实际上很难做到这一点。即便如此，该系统中外源基因的表达量相对其他真核细胞表达系统来说仍是相当可观的，往往可以达到细胞蛋白总量的 1%～10%或更高。

第四，表达产物具有正确的后加工。大多数蛋白质表达后须在细胞中经过一定的修饰加工，输送到细胞一定的位置或分泌出，才能具有生物活性。昆虫细胞对蛋白质表达后修饰加工与哺乳动物接近，能识别并正确地进行信号肽切除、多肽切割、高级结构形成、蛋白质定位、磷酸化和糖基化等，表达产物通常具有很高的生物活性。

第五，病毒具有自主感染性。具有完整的感染性，不需要辅助病毒。杆状病毒载体的重组区域是基因组的非必需区域，即使缺失也不会影响病毒的复制和表达。

第六，能成为虫体生物反应器。带有外源基因的重组病毒可以直接感染昆虫幼虫并在虫体内大量增殖，在幼虫淋巴液内表达的外源性蛋白性质稳定，易于分离，其积累浓度比细胞培养液高出 10～100 倍。昆虫如家蚕的幼虫人工饲养成本极低，易实行自动化控制。研究结果表明，一条幼虫所生产的外源性蛋白如用于临床诊断分析，可提供约 100 万人次使用，一头幼虫相当于一个发酵罐。

在 Bac-to-Bac 系统基础上，通过对转移载体和 Bacmid 的进一步改造，建立了新的杆状病毒多基因表达系统即 MultiBac 系统。该系统由 2 个供体载体 pFBDM、pUCDM 和改造过的受体 Bacmid 组成，受体 Bacmid 保留了原有的 Tn7 转座受体位点，又引入了 1 个 loxp 位点，可同时实现 8 个基因表达。整合前述的零背景转座、侵染蛋白介导的非转染程序产生重组杆状病毒方法，建立了可同时表达 10 个外源基因的家蚕杆状病毒多基因表达系统。

二、植物病毒载体

由于植物病毒多为 RNA 病毒，同时植物细胞的特殊性造成细胞培养不如动物细胞方便，使得载体构建比较困难，因此植物病毒载体的研究开展得较晚，直到 1984 年才产生第一例由植物病毒——花椰菜花叶病毒（cauliflower mosaic virus，CaMV）构建的载体。植物病毒载体用于植物基因工程可以利用植株或者植物组织快速生产大量成本低廉的外源蛋白，满足医药及工业用蛋白日益增加的需求，因此人们尝试了多种植物病毒载体的构建。

植物病毒载体主要有置换型载体、插入型载体和互补型载体 3 种类型。置换型载体即用外源基因置换植物病毒基因组复制和繁殖的非必需区。置换型载体一般用于转染原生质体进行瞬时表达，用于验证构建载体的可行性，较少接种于植株系统表达外源基因。置换型载体转染原生质体时，通常不必考虑病毒的组装，所以可携带较大的外源基因。但在植株系统表达外源基因时，就必须考虑病毒的包装限制，因为绝大多数植物病毒侵染时都需要组装成完整的病毒粒子。第一例植物病毒载体是用大肠杆菌二氢叶酸还原酶基因（dihydrofolate reductase，DHFR）置换 CaMV 编码蚜虫传播蛋白因子的基因Ⅱ构建而成。

插入型载体的构建方式是将外源编码序列插入病毒基因组不重要的非编码区，以避免对病毒的复制或移动造成不利影响。对于球状或二十面立体等轴对称病毒来说，包装限制决定了插入的外源编码序列不能太大。丝状或杆状植物病毒，如烟草花叶病毒（TMV）、马铃薯 Y 病毒（potato virus Y）和杆状 DNA 病毒（Badnavirus）等因不存在包装限制，适于构建插入型载体。

互补型载体是将外源基因插入缺陷型病毒或用外源基因置换病毒的某个基因构建而成，在构建互补型载体时，一些重要的基因也被外源基因置换或插入。为了得到感染性病毒则必须反式提供失活基因的表达产物，一种是由转基因植株反式提供失活基因产物，另一种是将构建的植物病毒载体与辅助病毒一起接种，由辅助病毒提供失活基因产物。

三、噬菌体载体

噬菌体是一类专一感染细菌的病毒，又称为细菌病毒。由于噬菌体和细菌之间的密切关系，成为生物学研究的极好材料与模式，同时也和分子生物学、分子遗传学的创立和发展过程密切相关。DNA 复制机理的阐明、转录的终止作用、连接酶和解旋酶的发现、位点特异的重组作用、SOS修复机制等,均是以噬菌体为材料取得的重要研究成果。依据噬菌体的复制和生活周期等特点,已经构建了许多噬菌体载体,并广泛用于基因克隆、表达、基因组文库的构建等,是基因工程中不可缺少的优良载体。

此外,利用噬菌体载体还可以应用于疾病治疗、基因工程疫苗、研究蛋白质相互作用以及药物设计与开发等领域。由于抗生素的过度使用,许多细菌对抗生素药物产生了抗性,因此人们开始利用噬菌体溶解细胞的作用来治疗人和动物的病原细菌的临床感染,即所谓噬菌体治疗(bacteriophage therapy)。通过改造噬菌体基因组上的潜在致病因子以及表达特殊的治疗性蛋白因子,有望开发出高效的抗细菌感染药物。近年来发展起来的称为噬菌体表面展示系统的体外筛选技术,通过将外源基因克隆到噬菌体衣壳蛋白pⅧ或pⅢ的N-端编码区可以将该基因融合表达并展示在噬菌体表面。通常使用抗原去淘洗抗体或随机多肽构成的噬菌体展示文库,根据抗原-抗体反应原理,可以将与抗原紧密结合的抗体或多肽片段筛选出来。随着噬菌体展示技术的发展和成熟,该技术已经成为研究蛋白质相互作用的有力工具和多肽药物筛选的一种重要手段,世界上有很多著名的制药公司都将噬菌体展示系统作为高通量药物筛选的技术平台。

第二节　病毒与基因工程

病毒与宿主细胞密切关系使得病毒成为有效的基因克隆与表达载体,此外病毒的某些特殊元件如高效启动子、终止子和加尾信号等已经被广泛应用于各种非病毒载体的构建。而通过对病毒进行基因工程改造后可以获得满足人们需要的特殊"人工病毒",达到为人类健康与生活服务的目的,下面就有关病毒在基因工程疫苗与基因治疗以及生物防治方面的应用作具体描述。

一、基因工程病毒疫苗

许多病毒都因为能引起动物、植物或人类的严重疾病而备受关注,如人的天花、流感、艾滋病、麻疹、肝炎、脊髓灰质炎、腮腺炎、疱疹、流行性乙脑炎、SARS(severe acute respiratory syndrome)和一些肿瘤;动物的口蹄疫、猪瘟、鸡瘟、牛痘、狂犬病;植物的烟草花叶病、水稻矮缩病、黄化病等。

目前,对病毒性疾病的治疗远不如控制细菌感染那样驾轻就熟,用于细菌治疗的各种抗生素类药物对病毒分子不起作用。病毒疫苗依然被公认为预防和控制病毒性疾病的最好甚至唯一的出路。随着对病毒及其与宿主关系认识的不断深入,已运用基因工程的方法生产出比传统的病毒疫苗毒力更低、效果更好、使用更安全的基因工程疫苗。

疫苗(vaccine)是人类在同烈性传染病的不断抗争中逐渐被发现和利用的。中国人在宋朝(11世纪)就利用天花的干痂粉来预防天花这种烈性传染病,但直到1796年,英国乡村医生琴纳(Edward Jenner)用一种弱毒的奶牛痘病毒接种人类来对抗人类天花痘病毒的感染,才标志着真正意义上的疫苗的诞生。疫苗是利用机体免疫系统的免疫特异性和免疫记忆性,在机体接触致病或致死的病原体之前,先用低剂量的不足以致病的死病原物、弱毒病原物或病原物的某些成分接种机体,使机体免疫系统产生针对该种病原物的特异免疫力(抗体或免疫效应细胞)。当机体再次接触相同的病原物时,体内的记忆性抗体或免疫效应细胞就可发挥作用,将来犯的病原物消灭在萌芽状态,免除疾病。现今许多对儿童健康危害极大的传染病如天花、麻疹、白喉、百日咳、破伤风、脊髓灰质炎等都列入了计划免疫，有效地防止了这些疾病在人群中的发生，极大地保障了儿童的健康成长。

传统的疫苗主要是灭活或减毒的病原物，这种疫苗因具有病原物的所有抗原成分，能激发很强的免疫保护力。灭活疫苗有脊髓灰质炎、麻疹、风疹、腮腺炎、甲肝、乙脑等病毒疫苗，减毒疫苗有牛痘、动物（牛、猪、羊和猴）轮状病毒等病毒疫苗。

尽管传统疫苗在疾病的预防中功不可没，但有其局限性：① 不管是灭活的还是减毒的病毒疫苗，它们都必须经过培养动物或细胞来生产，产量低，成本高，生产人员需要防护；② 生产出的死疫苗存在灭活不彻底的危险，而减毒疫苗有回复突变的危险存在；③ 有些疾病如艾滋病，用传统的疫苗预防效果收效甚微。从 20 世纪 80 年代中期开始，DNA 重组技术的日益成熟为制造新一代重组疫苗提供了崭新的方法，研究人员可用基因工程技术改造、设计和生产理想的疫苗。

1. 通过删除野生型病毒中毒性基因制备弱毒疫苗

传统的弱毒疫苗制备往往通过将野生型的病毒在不适宿主或不适培养条件下培养而获得，这些野生型病毒在不适的宿主或温度下可能产生了某些突变，改变了原来的毒性。现在采用基因工程的方法，定向地敲除某些有毒基因，制成减毒疫苗。

口蹄疫是当今世界上最为严重的家畜传染病，危害牛、猪、羊等偶蹄类动物。以传播速度快、感染率高著称，国际兽疫局（OIE）将其列为 A 类传染病之首。通常用甲醛灭活口蹄疫病毒（foot-and-mouth disease virus，FMDV）作为疫苗。FMDV 属于小 RNA 病毒科，运用基因工程技术先反转录出 FMDV 的全长 cDNA，构建感染性克隆，在 DNA 水平上缺失毒力相关基因，制备减弱其毒力而不丧失免疫原性的弱毒疫苗。研究者用 SGSNPGSL 氨基酸序列取代病毒衣壳蛋白 VP1 上的 SGSGVRGDFGSL 序列，缺失了对病毒吸附宿主细胞受体来说至关重要的 RGD 氨基酸序列。用这种缺失病毒进行小鼠和猪的动物实验，发现野生型病毒对照组出现典型的 FMD 症状，实验组无任何症状。接种 28 天后的血液免疫学监测表明，缺失病毒不能在宿主内复制。而这种病毒可使海福特牛产生中和抗体，在刺激机体免疫应答、动物保护等方面与灭活疫苗一致，甚至优于灭活疫苗，而且不会构成感染威胁。

伪狂犬病病毒（pseudorabies virus，PRV）可引起家畜和多种野生动物的伪狂犬病，临床上以仔猪的神经症状、严重的呼吸道疾病以及种猪发生流产、死产和产仔数下降等症状为特征。PRV 基因组中的 *tk*、*gC*、*gI*、*pk* 和 *cp*（衣壳蛋白）等基因与 PRV 毒力相关。*TK* 基因缺失株病毒的毒力显著下降，当再缺失其他毒力基因时，这种多基因缺失的 PRV 即成为病毒弱毒疫苗株。世界上第一个获得批准使用的基因工程缺失疫苗就是伪狂犬病 *TK* 缺失疫苗株 BUK-d13，它就是 *TK* 与 *gE* 基因双缺失的基因工程病毒疫苗。我国研究者通过在基因组中插入 *lacZ* 表达盒构建的双基因缺失 PRV 疫苗（$tk^-/gG^-/lacZ^+$）已经完成了中试与区域试验，经动物实验和中试应用证明该疫苗产品刺激接种动物产生抗体的时间和保护效果优于目前的国内外同类产品。该基因工程疫苗为当前我国控制猪伪狂犬病提供了强有力的措施。

单纯疱疹病毒主要感染皮肤、黏膜和神经组织，引起多种疾病，并有潜伏感染的趋向，威胁人类健康。由于对 HSV 的基因功能了解比较清楚，目前正在开展删除毒力基因、制备减毒疫苗的尝试。动物实验表明，缺失神经毒性基因 r34.5 的病毒 RAV9395 具有免疫原性，可保护动物抵抗病毒的攻击。另外，缺失 *gH* 基因的 HSV 可在细胞内复制增殖，但失去了进一步感染细胞的能力。这种病毒能很好地刺激机体产生体液和细胞免疫，有效地阻止原发和复发性感染，安全可靠。

2. 活体重组疫苗

直接将抗原基因重组到一种更安全的病毒载体上，将重组后的病毒用做疫苗，这样的疫苗叫活体重组疫苗(live recombinant vaccine)。活体重组疫苗所表达的抗原构象与来源病毒中的完全一致或非常相似，因此具有更高的免疫原性，能激发很强的免疫应答，起到很好的免疫防护作用。

活体重组疫苗中所用的病毒载体是被实践证明的确很安全的常见病毒，如痘病毒、腺病毒、水痘-带状疱疹病毒、腺相关病毒等。活载体疫苗利用载体自身的免疫激活作用，增强了机体对亚单位疫苗的反应，所以活载体疫苗兼具减毒疫苗的强免疫原性及亚单位疫苗的安全性，还可以达到“一针治两病”的目的。目前研究者已经将艾滋病毒(HIV)的 *gag* 基因重组到复制缺陷型腺病毒载体中，这种携带 *gag* 基因的重组腺病毒免疫后的小鼠显示出对 HIV 良好的免疫能力，目前已经进入Ⅱ期临床实验。

3. 病毒样颗粒疫苗

病毒具有自我组装成颗粒的特性，在病毒增殖或者传代培养过程中会产生一类没有包装病毒基因组的颗粒，这类病毒颗粒被形象地称为“空壳病毒”或“假病毒”或者“病毒样颗粒(virus like particles，VLPs)”。病毒样颗粒通常由病毒结构蛋白自我组装形成，不包含病毒基因组，其形态构相和真实病毒颗粒非常接近。因此这种缺乏核酸物质的 VLPs 大分子聚合体正成为一种高效安全的新型疫苗，将在病毒疾病的预防与控制方面发挥巨大作用。与传统减毒或者灭活病毒疫苗不同的是，VLPs 在高效诱发细胞和体液免疫同时，不存在有病毒未完全灭活，病毒复活甚至成为强毒株，病毒基因组交换重组等潜在风险。而单个基因工程亚单位疫苗则存在使用剂量大，免疫原性不强等缺点，如果蛋白不组装成 VLPs 的话，几乎很难成为有效疫苗。VLPs 使用剂量与传统疫苗接近，在刺激 B 细胞介导的免疫反应的同时还能有效地刺激 CD4 增生反应(proliferative)和 T 淋巴细胞毒性反应(CTL)。VLPs 还可通过口服感染肠胃系统而获得黏膜免疫反应。因此病毒样颗粒疫苗被认为是具有完全免疫原性的最安全的基因工程疫苗。

VLPs 的生产通过基因工程手段在合适的表达系统中表达一至多个结构蛋白而获得。目前已经获得 30 多种动物病毒的 VLPs，包括常见的人乳头瘤病毒(HPV)，乙型肝炎病毒(HBV)，丙型肝炎病毒(HCV)，人免疫缺陷病毒(HIV)，流感病毒(IFV)，轮状病毒(RV)等，而 HPV 和 HBV 的 VPLs 疫苗最先被美国 FDA 所认证。除此之外，目前还有数十种 VLPs 正进入 III 期临床即将上市，其中包括季节性流感病毒 VLPs、肠道病毒诺如病毒(Norovirus)和轮状病毒 VLPs、细小病毒(parvovirus) Vlps，以及一些由几种亚型嵌和病毒 VLPs。通过杆状病毒-昆虫细胞来表达病毒结构蛋白是获得 VLPs 最主要的方法，尤其在需要表达 2 个或者多个结构基因才能组装成 VLPs 或者需要通过动物细胞膜参与形成 VLPs 的情况下，该系统优势明显。如完整的三层轮状病毒样颗粒需要通过杆状病毒表达系统表达 *VP*2，*VP*6，*VP*7 三个结构基因，VLPs 在宿主昆虫细胞内形成。而完整的流感病毒样颗粒则通过杆状病毒表达系统同时表达 *H1*，*NA*，*M1* 三个结构基因，VLPs 需要整合昆虫细胞膜结构，分泌生产。相对传统减毒或者灭活病毒疫苗而言，VLPs 疫苗制备周期更短，对爆发性病毒疾病预防反应速度也更加快捷。随着杆状病毒多基因表达系统的完善和发展，表达由多个病毒结构蛋白构成的 VLPs 变得更加简便。VLPs 的另外一个优势是构建多价疫苗，既可以将同一种病毒的不同病毒亚型病毒结构蛋白组装成多价 VLPs，如正在进行临床实验的三价杂合流感病毒样颗粒疫苗。也可以通过将一种病毒的关键性抗原表位展示在另外一种病毒的 VLPs 表面而构建出新型多价疫苗。同样地也可以将一些免疫逃避因子或者免疫增强因子甚至展示在 VLPs 表面以增加其免疫原性,降低 VLPs 的使用剂量,提高其免疫效果。

二、病毒与基因治疗

基因治疗是一种基于核酸的治疗,将遗传物质(DNA 或 RNA)转入机体的目的细胞中以实现对疾病的治疗,其实质是利用正常基因更换人体内有缺陷或变异基因的治疗方法。在基因治疗的过程中,新的基因被引入到体细胞中,基因治疗仅仅影响被治疗的患者本人,而不会有基因的改变,不会遗传到后代。随着现代基因工程和细胞工程技术的发展以及对基因在疾病中的重要作用的了解,基因治疗已经成为生物技术发展最快的领域之一,在对先天及后天疾病的治疗方面都显示出良好的应用前景。许多人类的疾病都是由于某种蛋白质的缺乏或者错误表达引起的,为了补偿这种蛋白质的缺乏,可以针对性地加入这种蛋白质进行治疗,而基因治疗是一种终极的蛋白质加入方案。进入机体细胞的基因将这些细胞变成了生产蛋白质的"工厂",从而在相当长的一段时期内起到治疗作用。目前用于基因治疗的载体可分为病毒载体(利用治病基因取代天然病毒某些基因)和非病毒载体(基于 DNA 的人工复合物或微粒)两种。

病毒载体相对于非病毒载体而言具有转染效率高、基因持续表达时间长等优点,但免疫原性通常较强,有一定的危险性。非病毒载体包括裸 DNA 和脂质体包埋 DNA 等方法,尽管安全性及免疫原性方面的问题较少,但是基因转化效率低,基因稳定性差,表达时间较短。一个理想的基因治疗载体应具备的特征包括,能靶向性转染目的细胞;转染效率高,作用的宿主范围广;包装容量大;可调控性表达;免疫原性弱;容易生产及运输,有一定的保质期等。然而,目前还没有完全符合上述条件的理想载体系统。由于肿瘤的基因治疗需要高转染率的载体,因此目前仍以病毒载体为主(表 17-1),其中腺病毒载体应用于基因治疗领域最为广泛和成熟。

表 17-1　用于基因治疗的病毒载体

病毒载体	生物学特性	适用范围
反转录病毒载体 单链 RNA 病毒(8～10 kb)	可感染分裂细胞,整合到染色体中,表达时间较长,有致癌的危险	离体法(*ex vivo*)基因治疗、肿瘤基因治疗
腺病毒载体 双链 DNA 病毒(36 kb)	可感染分裂和非分裂细胞,不整合到染色体中,外源基因表达水平高,表达时间较短,免疫原性强	直接体内法(*in vivo*)基因治疗、肿瘤基因治疗、疫苗
腺相关病毒载体 单链 DNA 病毒(～5 kb)	可感染分裂和非分裂细胞,整合到染色体中,无致病性,免疫原性弱,可长期表达外源基因,在骨骼肌,心肌,肝脏,视网膜等组织中表达较高	*in vivo* 基因治疗、*ex vivo* 基因治疗、遗传病基因治疗、获得性慢性疾病的基因治疗
HSV 病毒载体 双链 DNA 病毒(152 kb)	具有嗜神经性,可逆轴突传递,可潜伏感染,容量大,可感染分裂和非分裂细胞	神经系统疾病的基因治疗、肿瘤的基因治疗

腺病毒载体用于基因治疗的首次临床试验,是在体内导入调节蛋白(CFTR)以治疗囊型纤维化病,给药的途径是由气管内注射入肺。目前临床中应用的腺病毒载体主要是复制缺陷型腺病毒载体,治疗的疾病包括肿瘤、遗传病、心血管疾病等。在腺病毒载体中引入治疗的基因包括抑癌基因(*p53*)、自杀基因(胸苷激酶基因 *tk*)、各种细胞因子基因等。国内研制开发的抗癌新药——重组人 p53 腺病毒注射液(商品名"今又生"),2003 年获得国家仪器

药品监督管理局颁发的新药证书，2004 年批准上市销售。这标志着我国在基因治疗药物研制和产业化方面已达世界领先水平，在国际竞争中抢占了先机。此外利用腺病毒载体表达单纯疱疹病毒胸苷激酶（HSV-*tk*）最常用于肿瘤治疗药物前体的转换策略，单纯疱疹病毒胸苷激酶/丙氧鸟苷（ganciclovir，GCV）系统是目前研究较为广泛的自杀基因治疗系统，研究发现该系统对多种恶性肿瘤细胞株具有明显的杀伤作用，并已开始应用于临床实验。药物前体丙氧鸟苷（GCV）为无环核苷，正常哺乳动物细胞对 GCV 代谢率极低。但是当它被单纯疱疹病毒胸苷激酶一磷酸化，继而被哺乳动物细胞激酶二磷酸化、三磷酸化成为三磷酸 GCV 之后，在 DNA 复制过程中，这种三磷酸 GCV 即可竞争抑制正常核苷酸的掺入从而抑制细胞生长，引起细胞死亡。这就是在肿瘤细胞中利用病毒载体表达单纯疱疹病毒胸苷激酶基因（HSV-*tk*），继之施用 GCV，对肿瘤细胞进行前药转换基因疗法的理论基础。

三、溶瘤病毒与癌症治疗

随着对癌细胞分子机制研究的深入，通过基因工程手段构建出一类只能在癌细胞内复制与繁殖，不能在正常细胞内繁殖的重组病毒，通过病毒在癌细胞内繁殖并释放子代病毒而特异性裂解癌细胞，达到癌症治疗的目标，这类重组病毒被称为溶瘤病毒（oncolytic virus，OV）。在临床应用中，溶瘤病毒治疗既可作为单一治疗手段，也可与传统的化疗和放疗等手段相结合治疗肿瘤。用于构建溶瘤病毒的种类较多，由于 DNA 病毒的可操作性更强，因此主要集中在使用腺病毒（Ad），单纯疱疹病毒（HSV）以及痘病毒（poxvirus）进行溶瘤病毒的构建，其中 HSV 因其嗜神经性而更多用于脑瘤等治疗。无论是使用哪一种病毒载体，其基本构建思路一致：一般通过删除病毒基因组的某个片段，使得该病毒无法在正常细胞内复制与包装，但是能利用癌细胞能特异性表达因子或者癌症特异性启动子驱动被删除的基因使得病毒在癌细胞内复制与繁殖，并且能释放出子代病毒，子代病毒再感染其他癌细胞，甚至能感染转移中的癌细胞和癌症干细胞从而杀死目标癌细胞。目前已经有许多溶瘤病毒处于临床研究阶段，而世界上第一个被批准上市的商业化产品为 2005 年我国生产的重组人 5 型腺病毒（H101）溶瘤病毒（商品名为安柯瑞），主要用于治疗晚期鼻咽癌，也可用于治疗肝癌、胰腺癌、肺癌等。

溶瘤病毒 H101 为缺失了 E1-B55KD 基因的重组人 5 型腺病毒，主要通过 p53 分子信号途径来实现特异性杀死肿瘤细胞，产生溶瘤治疗作用；同时删除 E3 区 78.3～85.8 mu 基因片段，使肿瘤抗原信息能通过树突状细胞（DC）的传递而激活 T 细胞产生全身免疫，从而通过局部应用产生全身性的抗肿瘤效应。在正常细胞中，当腺病毒感染后表达早期蛋白（E1A 和 E1B），而早期蛋白与病毒复制有关。细胞对 E1A 蛋白表达的反应就是刺激 P53 的表达。P53 是重要的转录调控因子和抑癌基因产物，P53 过表达的结果，使得细胞有以下三种变化：①细胞周期的停顿（cell arrest），②启动 DNA 损伤修复机制，③诱发细胞凋亡（apoptosis）。以上的变化都不利于病毒在正常细胞内的复制。E1B-55KD 可以降解 P53 蛋白，从而有利于病毒的复制。当 E1-B55KD 被删除后，一方面与野生型病毒相比复制能力减低，另一方面不能有效降解 P53，所以在正常细胞内不能复制。而在 P53 缺陷的肿瘤细胞内，由于 P53 的缺陷不能诱发细胞本身的应对机制，同时肿瘤细胞生长的不可控性，从而有利于改建病毒的复制。不仅仅 P53 本身的突变，只要涉及 P53 通路的缺陷都有利于溶瘤病毒 H101 的选择性复制。

HSV-1 病毒（Ⅰ型单纯疱疹病毒）载体是另外一种被广泛使用重组溶瘤病毒的载体，其中一种缺失 $\gamma_1$34.5 基因的溶瘤病毒被研究最多，该病毒通过干扰素/dsRNA 依赖型磷酸激酶途径(PKR)实现在癌细胞繁殖。$\gamma_1$34.5蛋白有两个作用,其一是产生HSV的神经毒性主要成分,其二是能阻止由病毒感染所造成的宿主细胞诱导的蛋白合成下降反应,维持病毒繁殖。当正常细胞被$\gamma_1$34.5缺陷性HSV-1病毒感染时,细胞会激发由磷酸激酶途径介导的细胞保护通路,抑制被感染的正常细胞内蛋白质合成,从而抑制溶瘤病毒繁殖。但是癌细胞内能高水平表达MAPK激酶(MPK),该酶能够有效促进$\gamma_1$34.5缺陷性HSV-1溶瘤病毒的复制,从而裂解癌细胞。已有多种基于HSV-1的溶瘤病毒处于临床研究阶段。

单纯使用溶瘤病毒在癌细胞内特异性繁殖裂解癌细胞用于癌症治疗的效果并非最佳,因此可用通过对溶瘤病毒进行进一步改造,如表达一些促进杀灭癌细胞的免疫反应细胞因子。一种被命名为M002的HSV-1溶瘤病毒,在缺失$\gamma_1$34.5基因的基础上同时插入2拷贝的白介素12(IL-12)表达盒,以实现在癌细胞内超表达IL-12。IL-12既是一个前炎症因子,也具有抗血管生成作用,能够诱导抗肿瘤免疫反应。高表达IL-12促进HSV-1溶瘤病毒对未感染细胞的抗肿瘤活性,从而显著增加了抗肿瘤效果。高表达IL-12 HSV-1溶瘤病毒M002对治疗乳腺癌脑转移具有明显效果,这种整合溶瘤治疗与免疫治疗的癌症方法将是未来发展方向之一。与其他利用病毒载体的进行治疗一样,溶瘤病毒作为一个大的抗原分子,非常容易引起免疫系统的识别,能产生相应抗体及免疫细胞来清除溶瘤病毒,造成治疗效果下降,尤其在多次注射治疗情况下,更为严重。因此如何逃避免疫系统清除将是提高溶瘤病毒治疗癌症效果所必须解决的问题之一。

四、病毒与生物防治

生物防治是指利用有益生物及其代谢产物和基因产品等控制有害生物的方法。它具有不污染环境、对人和其他生物安全、防治作用比较持久、易于同其他植物保护措施协调配合并能节约能源等优点,已成为植物病虫害和杂草综合治理中的一项重要措施。除害虫天敌外,许多昆虫病原微生物已经广泛应用于害虫生物防治中,包括特异性感染昆虫的病原真菌、细菌与病毒,目前在世界范围内应用最广泛的微生物杀虫剂是一种名为苏云金芽胞杆菌的昆虫病原性细菌。同时,人们也一直在开发昆虫病毒进行害虫的生物防治,其中杀虫专一性极强的杆状病毒是一类很有发展前途的生物农药之一。

1. 杆状病毒简介

杆状病毒是一类基因组大小为90～180 kb的双链环状DNA病毒,在自然界中主要感染鳞翅目昆虫。杆状病毒尤其是核型多角体病毒对宿主昆虫的感染一般持续7天左右,在病毒感染的大部分时间内,被感染幼虫依然保持取食活动。被感染的幼虫在感染初期虫体不表现明显的外部病症,到后期体表肿胀,发亮,体色变浅发白,行动迟缓,停止取食,最后体内组织液化,表皮脆弱易破,流出脓汁状体液,经常被称为"脓病"。有些幼虫发病后常向植物顶部爬行,倒悬于其上而死,因此也称为"树顶病"。

杆状病毒作为生物杀虫剂,其显著优点是流行性和持久性,在某些地区一年使用可多年受益,不破坏生态平衡,但它也有潜伏期长、杀虫谱窄的缺点。目前世界上已经有数十种野生型杆状病毒杀虫剂注册或者商品化生产。我国自1993年第一个病毒杀虫剂产品棉铃虫核型多角体病毒(HaSNPV)可湿性粉剂登记以来,已先后有10多种病毒杀虫剂登记入市。昆虫杆状病毒用于防治害虫始于20世纪初,目前已有大量杆状病毒被用于防治果树、棉花、蔬菜和大豆等作物上的害虫。比较成功的实例有在巴西利用梨豆夜蛾核型多角体病毒(*Anticarsia gemmatalis* NPV)防治大豆害虫大豆螟,以及在南太平洋地区利用棕榈独角仙病毒防治危害椰子树的害虫棕榈独角仙(*Oryctes rhinoceros*)。我国使用棉铃虫核型多角体病毒大面积防治棉铃虫，取得了很好的防治效果。

2. 基因工程改造杆状病毒

野生型杆状病毒杀虫谱窄、杀虫速度慢、时间长，施用后4～14天才表现出杀虫活性。与化学农药接触致死不同的是，杆状病毒杀虫剂只有当昆虫进食足够量的病毒粒子，通过病毒的复制增殖来破坏昆虫组织和器官之后才能起到杀虫效果。这是一个相对复杂的过程，它与杆状病毒的施用率、稳定性，靶标害虫的生理、遗传特性及害虫群体的组成高度相关。因此利用基因工程手段改造野生型病毒，使重组后的基因工程病毒杀虫剂更具有实用价值。由于杆状病毒分子生物学研究和表达载体的发展，使得人们可以利用基因工程的方法改造杆状病毒。目前主要从3个方面进行基因改造：一是通过修饰或去除与宿主范围相关的基因来拓宽病毒的杀虫谱；二是插入某些昆虫选择性毒素基因以提高杀虫速度；三是通过缺失某些非必需基因来增加杀虫效果。

（1）杆状病毒杀虫谱的改造　杆状病毒的专一性决定了它们具有狭窄的宿主范围，许多NPV仅能感染单一昆虫种类。而广谱病毒不仅可以克服杆状病毒杀虫专一的缺点从而达到使用同一种病毒防治几种主要害虫的目的，而且可以起到用代替宿主生产病毒的作用，因此在病毒生物防治中具有重要的地位。筛选和构建宿主范围扩大的杆状病毒依然是改进病毒杀虫剂所需要考虑的重要因素之一。杆状病毒对非靶昆虫的感染力弱并不是由于病毒不能进入，而是因为杆状病毒在非靶组织中复制能力的缺陷造成的，即在非靶细胞中病毒DNA的复制、表达在不同时期被阻断。将AcMNPV基因组中DNA复制所必需的*p143*基因用家蚕核型多角体病毒（BmNPV）中的同源片段取代之后，重组病毒就能在不敏感的家蚕细胞系中复制，但遗憾的是不能有效地感染家蚕幼虫。这可能是因为杆状病毒包含体的口服感染机制不同于芽生型病毒粒子感染离体细胞机制造成的。随着对杆状病毒宿主域研究的深入，完全有可能研究出杀虫谱扩大到多种害虫的基因工程病毒。

（2）在杆状病毒基因组中插入外源基因提高杀虫速度　杆状病毒*p10*和多角体蛋白基因（*ph*）这些晚期基因的启动子是强启动子，可驱动外源基因高水平表达，且表达持续时间长。将特定的外源基因用强启动子驱动，导入杆状病毒基因组中获得重组病毒，可用来提高杀虫速度，缩短害虫致死时间，减少作物的危害。这是目前构建重组病毒杀虫剂的主要研究途径。由于杆状病毒基因组庞大，在进行基因操作时不可能像操作传统的质粒一样直接将外源基因连接进病毒基因组。通常需要首先构建小的转移载体，这些转移载体由常规克隆载体改造而来，常含有杆状病毒某一基因（通常为*p10*基因或者多角体蛋白基因，现在很容易构建这样的载体，也可以是想要缺失的感兴趣的任何基因）两端的侧翼序列，在这些序列中间人为引入一些常用的多克隆位点，将感兴趣的所要表达的基因克隆到转移载体中，最后与野生型病毒基因组DNA共转染昆虫细胞，在细胞体内会发生一定比例的同源重组，通过特殊的筛选标记就可以得到需要的重组病毒。目前，随着分子生物学技术的发展，多种昆虫病毒全基因组序列的测定及对昆虫杆状病毒结构与功能关系的逐步认识，为开展昆虫杆状病毒基因工程杀虫剂的研究提供了良好基础。① 表达苏云金芽胞杆菌杀虫晶体蛋白的重组病毒。苏云金芽胞杆菌是目前使用较广泛的生物杀虫剂之一，主要杀虫机理是通过其产生的杀虫晶体蛋白与昆虫上皮细胞膜结合后使之形成孔洞，导致细胞内渗透压平衡破坏而使细胞死亡。早期研究中构建基因工程病毒所表达的Bt杀虫晶体蛋白基因为全长基因，如HD-1菌株的*cry1Ab*基因。携带杀虫晶体蛋白基因的重组AcMNPV感染昆虫细胞后，在强大的多角体蛋白基因启动子驱动下杀虫晶体蛋白基因得到高效表达。但与野生型病毒相比，重组病毒杀虫效率无明显提高。可能是由于Bt杀虫晶体蛋白主要作用于昆虫中肠细胞，而杆状病毒在侵入宿主中肠后很快通过中肠细胞传播到其他组织，在血腔中进行增殖。中肠细胞只是起到一个通道作用，Bt 杀虫晶体蛋白在中肠细胞中的表达极其有限。近来，将 Bt 杀虫晶体蛋白基因 *cry1Ab* 与杆状病毒多角体蛋白基因进行融合后，这样 Bt 杀虫晶体蛋白直接包进多角体蛋白晶体中，当包含体在昆虫中肠中碱解后直接释放出杀虫晶体蛋白，从而发挥出毒性功能。这种重组病毒的杀虫效果比较理想，杀虫时间缩短到野生型病毒的 1/3，半数致死时间(LT_{50})从 92.8 h 减少到 33.9 h。这是一种极有应用前景的重组病毒。该重组病毒的分子结构见图 17-8，其中多角体蛋白基因由 *p10* 启动子驱动，融合基因(此处还融合了另外一个发绿光的报告基因 *gfp*)由多角体蛋白基因启动子驱动。因为如果没有亲本多角体蛋白，仅靠融合蛋白很难形成包含体，所以必须保留多角体蛋白基因。② 表达昆虫特异性神经毒素的重组病毒。AaIT 是来自北非蝎子(*Androctonus australis*)的神经毒素，其作用于昆虫神经的钠离子通道，引起神经元兴奋，可迅速麻痹昆虫，使之停止取食和为害作物。在 AaIT 基因 5′端连接一种叫 GP64 蛋白基因的信号肽序列，在 *p10* 基因启动子控制下可表达分泌型毒素蛋白。将该改造的 AaIT 基因导入昆虫病毒后，重组病毒感染昆虫后引起昆虫脊部扭曲、躬起，昆虫持续烦躁不安，直至停止进食等典型神经毒素中毒症状。重组病毒对昆虫的半致死时间(LT_{50})减少 25%～40%，被重组病毒感染的昆虫对白菜叶面的损害减少 50%，是一种有希望用做杀虫剂的重组病毒。③ 表达昆虫病毒增效蛋白基因。昆虫病毒增效蛋白(enhancin)是杆状病毒编码的一类磷脂蛋白，相对分子质量为 $(89\sim110)\times10^3$。昆虫病毒增效蛋白能增强多种昆虫病毒的感染力，缩短杀虫时间，并且能增强其他微生物杀虫剂如苏云金芽胞杆菌的杀虫毒力，因此昆虫病毒增效蛋白在增强生物

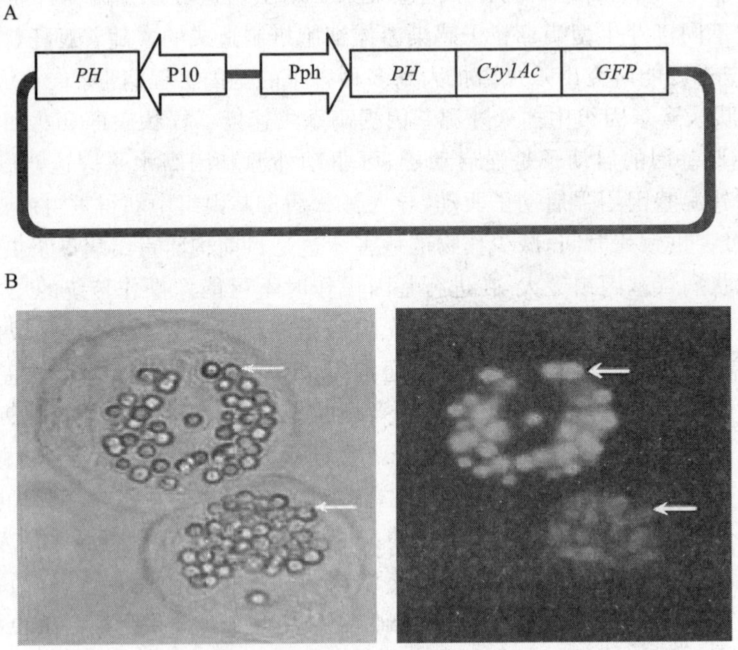

图 17-8 融合苏云金芽胞杆菌杀虫晶体蛋白、绿色荧光蛋白和多角体蛋白并能形成包含体的基因工程病毒

A. 重组病毒构建图，*PH* 为多角体蛋白基因，*Cry1Ac* 为一种 Bt 杀虫晶体蛋白基因，*GFP* 为绿色荧光蛋白报告基因，箭头代表启动子，其中 P10 代表 *P10* 基因启动子，Pph 代表多角体蛋白基因启动子。B. 重组病毒在宿主细胞内形成的包含体(箭头所指代表一个包含体)，左图为光学显微镜照片，右图为荧光显微镜照片，浅色代表每个包含体结构中含有绿色荧光蛋白

杀虫剂杀虫效果方面有很好的应用潜力。增效蛋白主要通过 3 种方式达到增效作用：一是发挥金属蛋白酶的活性，降解昆虫中肠围食膜上的肠黏蛋白和糖蛋白，从而破坏围食膜的物理屏障，使病毒粒子更易进入中肠细胞，增加病毒的相对感染量；二是改变中肠围食膜的通透性和孔径大小，使毒力蛋白和病毒粒子更易通过围食膜，感染宿主昆虫；三是作用于细胞质膜与病毒包含体膜上的增效蛋白受体位点，促进病毒粒子与质膜的融合，提高感染率。增效蛋白能够增加多种核型多角体病毒对昆虫的感染力，且可通过双重方式起作用，在实践应用中具有极广阔的前景。用基因工程的方法构建的含有增效蛋白基因的重组病毒 AcMNPV，其表达的增效蛋白分子的生物活性、生化性质与原始的增效蛋白相同。如能将增效蛋白直接融合进病毒多角体晶体之中，将是一种很有应用前景的重组病毒。

(3) 去除病毒非必需基因增加杀虫效果　杆状病毒的基因组中存在某些与病毒 DNA 复制无关的非必需基因，通过对这些非必需基因的缺失，有可能提高杆状病毒的杀虫活性。蜕皮激素 UDP-葡萄糖基转移酶基因(ecdysteroid UDP-glucosyltransferase gene, *egt*)是杆状病毒在个体水平调控感染宿主生长发育的唯一已知基因。苜蓿银纹夜蛾核型多角体病毒(AcMNPV)中的 *egt* 基因编码的酶通过把葡萄糖和半乳糖连在蜕皮甾类激素的 C-22 位羟基上而抑制其活性。在幼虫发育的一定时期，蜕皮甾类激素大量合成，促使昆虫蜕皮和化蛹。因此，缺失 *egt* 基因的重组病毒可引起幼虫生长发育代谢的失调，加速感染虫体的死亡。缺失 *egt* 基因的重组 AcMNPV 病毒感染草地夜蛾(*Spodoptera frugiperda*)幼虫时，幼虫的死亡速度比野生型感染快 30%，而且死亡速度加快的同时伴随着取食量的明显减少。以缺失 *egt* 基因的 AcMNPV 感染粉纹夜蛾(*Trichoplusia ni*)幼虫时，食物消耗减少 77%。然而遗憾的是田间试验中重组病毒对作物保护程度的提高并没有实验室和温室中的那么明显。在自然条件下影响病毒毒力的因素很复杂，如自然条件下昆虫发育不同步，感染剂量低，病毒毒力损失大等。我国学者通过将由棉铃虫核型多角体病毒(HaNPV)的多角体蛋白基因启动子驱动的蝎神经毒素基因 AaIT 插入 HaNPV 的 *egt* 位点，获得一种既能高表达 AaIT 又缺失了 *egt* 基因的重组 HaNPV。该重组病毒杀二龄棉铃虫幼虫的半致死时间缩短了 32%，是一种很有借鉴意义的基因工程病毒的构建模式之一。

此外，AcMNPV *pp34* 基因编码的多角体膜蛋白(polyhedral envelope protein)是构成多角体膜的主要组分。用插入失活法破坏这一基因后，病毒多角体外周不存在膜状结构，而病毒的感染性有所提高。*pp34* 基因缺失病毒对寄主感染性提高的原因，可能与该病毒的病毒粒子更容易从多角体中释放有关。

3. 基因工程病毒杀虫剂的生物安全性

自杆状病毒应用于害虫的生物防治以来，大量的实验室实验和田间试验均证明野生型杆状病毒无论是对生态环境，还是对人和哺乳动物都十分安全。20 世纪 80 年代以来，开始利用杆状病毒作为表达载体在昆虫细胞以及幼虫中表达外源基因，并将这一技术应用于基因工程病毒杀虫剂的改良。但是当杆状病毒基因组中插入诸如昆虫神经毒素等外源基因或异源启动子时，人们担心它们是否会对其他非靶目标造成不利影响甚至威胁。杆状病毒虽然不能在哺乳动物细胞中复制和繁殖，但是其病毒粒子可以通过病毒囊膜与哺乳动物细胞融合而进入哺乳动物细胞(即所谓“感染”哺乳动物细胞)，从而介导那些哺乳动物细胞特异性启动子(如 CMV 启动子)驱动的外源基因在哺乳动物细胞中高效表达。这说明重组杆状病毒有可能是用于基因治疗的新途径，同时也引起科学家和大众对基因工程杆状病毒安全性的更加广泛的关注和研究。

目前的实验研究表明，基因工程杆状病毒无论是对非靶目标鳞翅目昆虫、非鳞翅目节肢动物，还是对脊椎动物均是安全的。虽然许多研究表明重组杆状病毒能在某些哺乳动物细胞如中代肝癌细胞和传代肝细胞中表达外源基因，但是病毒基因组不能在哺乳动物细胞中进行复制，重组病毒更加不能在哺乳动物细胞中繁殖，因此表达外源产物逐渐被降解，不会对受试细胞产生感染性病理效应。其驱动外源基因在哺乳动物细胞中表达的实质可以理解为重组杆状病毒粒子在进入某些哺乳动物细胞后，其基因组 DNA 裸露后起到瞬时表达载体的作用，在哺乳动物细胞启动子驱动下瞬时表达了外源基因。由于其基因组很大，基因组 DNA 被降解的速度比普通的小瞬时表达质粒要慢而能起到高效和较长时间表达作用。基因工程杆状病毒能吸附、穿入哺乳动物细胞并表达外源基因，具有启动子依赖性，但病毒 DNA 不能以转录形式达到细胞核，DNA 不能复制，病毒基因不能表达，既不产生细胞病理效应，也不能产生子代病毒，所以基因工程杆状病毒对哺乳动物是安全的。

基因工程杆状病毒的安全性的另一问题是插入的外源基因的转移或与其他有机体的遗传重组，尤其是当这种病毒被释放到环境中以后，某些被插入的毒素基因（如神经毒素基因）是否会转移到其他生物体中并经过长期进化后会在合适启动子下进行表达，这是令许多人担忧的事情。评价这种风险时，有两点需要考虑，一是重组病毒与其他有机体进行遗传交换的可能性，二是这种事件的后果。在自然界中，有机体间遗传交换时有发生，但遗传交换并不总能发生。种的遗传完整性受到基因运动屏障的保护，这种屏障限制遗传交换的可能性和类型。一个重要的屏障是供体和受体需要具有共同的复制部位。对杆状病毒而言，遗传交换必须在受感染昆虫的细胞内，所以杆状病毒和潜在的受体有机体必须在受感染昆虫的细胞内复制增殖。这种要求通常限制了病毒间遗传交换的可能性。同时，在亚细胞水平上，交换受到细胞区域化限制，由于杆状病毒在昆虫细胞核中复制，与之交换潜在对象的遗传物质必须存在于细胞核中才可能发生。另一屏障是供体和受体遗传物质的性质，即便是两种病毒感染同一宿主并在同一宿主的细胞器中复制，但两者基因组组成和复制方式的差别也将限制其交换遗传信息。此外，供体和受体的同源程度直接影响遗传交换的可能性。第二点是即便遗传交换发生，但交换的结果可能是消极的。某物种即便获得某种新的遗传特性并在种群中固定下来，但它如同重组杆状病毒一样，在与野生性病毒竞争中处于劣势而难以在自然环境中生存下来。所以基因工程杆状病毒外源基因的转移及其与其他有机体间的异源重组风险是相对较小的，而这种风险是所有基因工程产品所面临的共性问题，毕竟基因工程产生的时间相对于生物进化长河而言实在太短。因此目前我国和国际上一样，对基因工程病毒杀虫剂产品大规模生产、大面积环境释放应用都持比较谨慎的态度。随着有关基因工程病毒安全性问题基础研究深入地进行，最大限度地降低重组病毒的潜在危险，基因工程病毒杀虫剂将具有广阔的发展空间和前景。

思　考　题

1. 病毒作为基因工程载体及其操作方式有哪些特点？
2. 简述杆状病毒 Bac-to-Bac 系统构建重组病毒的原理与过程。
3. 简述 AdEasy 腺病毒载体系统构建重组病毒的原理与过程。
4. 利用基因工程技术从哪些方面来改善杆状病毒的杀虫效率？
5. 论述慢病毒表达载体生物安全性。
6. 举例说明溶瘤病毒治疗癌症原理。

主要参考文献

1. 金奇. 医学分子病毒学. 北京:科学出版社,2001

2. 彭建新. 杆状病毒分子生物学. 武汉:华中师范大学出版社,2000

3. 齐义鹏. 基因及其操作原理. 武汉:武汉大学出版社,1998

4. 肖化忠,齐义鹏. 杆状病毒杀虫剂安全性评价的历史和现状. 生物工程学报,2001，17(3)：236-239

5. Chang J H, Choi J Y, Jin B R, *et al*. An improved baculovirus insecticide producing occlusion bodies that contain *Bacillus thuringiensis* insect toxin. J Invertebr Pathol, 2003, 84(1): 30-37

6. Prescott L M, Harley J P, Klein D A. Microbiology. 5th ed. Boston: McGraw-Hill Higher Education, 2002

7. Miller A D, Bonham L, Alfano J, *et al*. A novel murine retrovirus identified during testing for helper virus in human gene transfer trials. J Virol, 1996, 70(3): 1804-1809

8. Palombo F, Monciotti A, Recchia A, *et al*. Site-specific integration in mammalian cells mediated by a new hybrid baculovirus-adeno-associated virus vector. J Virol, 1998, 72(6): 5025-5034

9. Mátrai J, Chuah M K L, Driessche T V. Recent advances in lentiviral vector development and applications. Molecular Therapy, 2010, 18(3): 477-490

10. Berger I, Fitzgerald D J, Richmond T J. Baculovirus expression system for heterologous multiprotein complexes. Nature Biotechnology, 2004, 12: 1583-1587

11. Yao L, Wang S, Su S, *et al*. Construction of a baculovirus-silkworm multigene expression system and its application on producing virus-like particles. PloS One, 2012, 7(3): e32510

12. Markert J M, Cody J J, Parker J N, *et al*. Preclinical evaluation of a genetically engineered herpes simplex virus expressing interleukin-12. J Virol, 2012, 86(9): 5304-5313

13. Shim H J, Choi J Y, Wang Y, *et al*. NeuroBactrus, a novel, highly effective, and environmentally friendly recombinant baculovirus insecticide. Appl Environ Microbiol, 2013, 79(1): 141-149

（姚伦广　吕颂雅）

第十八章

医药基因工程

生物药物是指利用生物体、生物组织或器官等成分，综合运用生物学、生物化学、微生物学、免疫学、物理化学和药学的原理与方法制得的药物的总称。广义的生物药物包括所有从动物、植物和微生物等生物体中制取的各种天然生物活性物质以及人工合成或半合成的天然物质类似物。生物药物可以分为生化药物，基因工程药物和生物制品。基因工程药物就是利用基因工程技术生产的药物。自 1972 年 DNA 重组技术诞生以来，基因工程技术得到飞速的发展，并作为现代生物技术的核心服务于人类。基因工程技术不仅在工农业发展中起到了越来越重要的作用，而且在与国计民生有关的医疗领域中也展露出独特的优越性。基因工程药物就是利用基因工程技术生产的药物。

基因工程制药是将药物蛋白或多肽的编码基因通过特定载体导入特定的受体细胞中，通过受体生物或者细胞表达出药物蛋白或多肽，最后将其纯化并制成药剂的过程。其中目的基因可以来源于任何物种，可以在任何合适的生物或细胞中表达。除了蛋白类药物以外，随着技术的进一步发展，遗传修饰的生物体或重组核酸也可直接用做药物，如疫苗和核酸药物。当目的基因直接在人体组织靶细胞内表达，就演变成基因治疗(gene therapy)。

从基因工程药物生产的基本过程可以看出，它与其他基因工程产品的基本理论是相通的，其制备的基本过程都包括了载体构建、工程菌或细胞培养、目的产物的分离纯化与鉴定等。但是由于基因工程药物是应用于人体，所以对其有特殊的管理程序。在我国，生产基因工程药物首先需要经过体内外药效分析、临床前研究、临床研究，然后经国家药品监督管理局批准，拿到新药证书和批文以后才能生产。

自从 1982 年最早的基因工程药物——胰岛素上市到 2004 年底，已经有 100 多种基因工程药物通过审查并上市，用来治疗或者帮助抑制一些疾病，如糖尿病、心脏病、中风、多样硬化症、白血病、肝炎、风湿性关节炎、乳房癌、充血性心力衰竭、淋巴瘤、肾癌和胆囊纤维症(cystic fibrosis)等疾病。另外还有几百种基因工程药物进入人体临床试验或者正在等待复审，涉及治疗 150 多种疾病。

我国于 1993 年批准了第一个基因工程药物重组人干扰素 $\alpha-1b$(赛若金，英文名 SINOGEN)的生产，这标志着我国基因工程药物生产实现了零的突破，这是世界上第一个采用中国人基因开发的基因工程药物。目前，单克隆抗体研制已由实验进入临床，B 型血友病基因治疗已初步获得临床疗效，遗传病、不育不孕症的基因诊断技术达到国际先进水平；正在进行开发研究的基因工程疫苗和药品还有几十种。我国药品市场上基因工程药品主要有基因工程乙肝疫苗、重组干扰素、重组人红细胞生成素等。

第一节　基因工程药物的开发现状与发展趋势

一、基因工程药物的种类

典型的基因工程药物是蛋白或多肽类药物，但现在已发展或开发出多种类型的基因工程药物。按照不同的分类原则，现有的或具有药用潜力的基因工程药物可以划分为不同的类别。

按照结构组成的不同，基因工程药物可以分为蛋白多肽类药物、基因工程疫苗、核酸类药物和基因工程化学药物四类。其中蛋白多肽类药物包括蛋白多肽（主要是重组细胞因子和重组激素）和基因工程抗体；基因工程疫苗包括病原菌结构蛋白、脱毒毒素蛋白亚单位疫苗、基因工程无毒或减毒活疫苗，以及已经在临床上使用的安全的活疫苗作为载体表达目的基因的活疫苗；核酸类药物包括基因治疗药物、反义核酸、核酶、RNA 干扰（RNAi）和 DNA 疫苗。

按照作用方式可以将基因工程药物分为基因水平作用药物、转录水平作用药物、蛋白质水平作用药物。其中基因水平作用药物包括 DNA 疫苗和基因治疗药物，是需要载体携带外源基因并让其在人体内部表达来达到治疗目的的药物；转录水平作用药物包括反义核酸、核酶和 RNAi，是通过在转录水平抑制或调节某些 mRNA 的表达来治疗疾病的药物；蛋白水平作用药物包括蛋白和多肽、基因工程抗体和基因工程疫苗，以蛋白形式作为药物来治疗疾病。

按照基因工程药物的作用机理也可以分为三类。其一，蛋白或多肽药物，通过蛋白自身的生理生化特性而抵抗疾病；其二，基因工程疫苗、基因工程抗体和 DNA 疫苗，基于抗原抗体反应的原理而抵抗疾病；其三，反义核酸、核酶和 RNAi，基于中断基因表达而抵抗疾病。

蛋白和多肽类基因工程药物包括胰岛素、人生长素、干扰素、白细胞介素、集落刺激因子、促红细胞生成素、人组织纤维蛋白溶原激活剂、各类生长因子（表皮细胞生长因子、血管内皮生长因子、成纤维细胞生长因子、神经细胞生长因子、转化生长因子和胰岛素样生长因子等）及基因工程抗体等。核酸类药物是由 A、T、G、C 或者 A、U、G、C 组成的基因工程药物，包括基因治疗、反义核酸药物、核酶以及 RNAi。其中基因治疗是指在细胞内通过替换或破坏能够引起疾病的基因，或者扩大一般的基因的功能来克服疾病的治疗方法；而反义核酸药物、核酶和 RNAi 是指在分子水平通过破坏能够引起疾病的基因来克服疾病的治疗方法。基因工程化学药包括抗感染药、抗肿瘤药和免疫抑制剂等。比如目前临床使用的抗感染药物中约半数是以微生物产物为原料加工制成的，基因工程技术的发展使人类有可能通过基因操作对微生物基因组进行改造，使其能够产生人类需要的疗效更好、毒性更低的“非天然”的天然化学药物。

基因工程药物在本章指以蛋白质为物质基础的药物，包括蛋白质形态的药物，以及抑制蛋白质合成的核酸药物。而对于通过基因工程手段获得的其他药物不在本章叙述的范围，如通过组合生物合成方式获得抗生素类的基因工程产品。本章将按照第一种分类方法来介绍基因工程药物，基因工程蛋白多肽、基因工程抗体和基因工程疫苗以及基因工程核酸类药物是介绍的重点，详见各节分述。

二、基因工程药物的产业化状况

DNA重组技术出现后，迅速应用在基因工程药物的开发领域。从1973年基因工程技术的诞生至1982年第一个基因工程药物——基因工程人胰岛素的问世，其间经历了不到10年时间。至1976年第一个以基因工程制药为对象的美国Genentech公司成立以来，有药物进入临床试验的生物技术公司已有约500个。基因工程制药是一个高技术、高投入、长周期、高风险及高效益的行业，一方面会吸引更多的企业进入，另一方面也会导致企业的重组甚至退出，使其成为最活跃、发展最快的行业之一。

2010年，我国生物医药产业完成总产值11 934亿元，占全国GDP比重达到3%。“十一五”期间产值年均增长23.8%，市场规模从全球第九位上升到第三位。到“十二五”结束，生物医药产业规模将达到3万亿元，形成10～20个龙头企业、8～10个具有国际领先水平的创新药物企业研发平台，产出30种以上自主知识产权的新药投放市场。

三、基因工程药物的发展趋势

1. 反应器的变迁

对于蛋白质药物来说，其基因工程产品主要是将其编码基因导入表达系统而产生的蛋白产物，也就是将表达系统当作生物反应器来生产蛋白质产品。根据反应器的不同可将蛋白多肽类基因工程药物的发展分为3个阶段。

早期大多数蛋白多肽类基因工程药物都是通过细菌和酵母等微生物来表达的，并且现在还在使用。表达的目的蛋白质经提纯及做成制剂后可应用到临床。这类基因工程药物包括重组胰岛素、人生长激素、凝血因子和促红细胞生成素等。但是应用微生物表达系统生产蛋白多肽类药物有其致命的缺点，那就是在原核生物表达系统中表达的蛋白多肽的三维构象与天然蛋白在大多数情况下有很大不同，从而影响到药物的生物活力；另外，糖基化修饰与人体内的天然蛋白多肽的糖基化修饰也会不同。例如在大肠杆菌表达的蛋白是不发生糖基化的，而酿酒酵母中表达的蛋白的糖基化含有长甘露糖链，具有抗原性。因此当作为药物的蛋白多肽含有糖基时，原核生物表达系统是不足以胜任的。也就是说当把构建好的哺乳动物乃至人类的基因导入细菌时，有可能不表达，或者表达了但产品没有生物活性，必须经过糖基化、羧基化等一系列修饰加工后才能成为有效的药物。

后来发展了真核生物细胞表达系统，利用离体培养的昆虫细胞和脊椎动物（如哺乳动物和鸟类）细胞表达蛋白多肽类药物。昆虫细胞表达系统的蛋白糖链与哺乳动物细胞接近，但仍有哺乳动物不具有的结构；脊椎动物细胞表达的蛋白多肽的糖基化特性与人体中自然产生的蛋白多肽的糖基化特性最相近。用这样的方法生产出的有生物活性的产品代表是人凝血因子Ⅸ。然而细胞表达系统也有不足之处，即人或哺乳动物细胞培养的条件相当苛刻，成本太高。

近些年发展的动物和植物生物反应器为基因工程药物的开发带来美好的前途。不论是原核生物表达系统，还是真核生物细胞表达系统，表达的产物都需要提取，并加以纯化才能作为商品。其提纯工序复杂，成本高。利用转基因的植物或动物产品直接作为商品，将带来更大的效益，例如植物农产品和动物的乳制品。动物的乳腺是目的基因在哺乳动物体内最理想的表达场所，又称动物乳腺生物反应器，是当前极具发展前景的一类药物生产反应器。一些国家的生物技术企业利用转基因动物作为生物反应器研究开发了多种转基因动物药品，如抗凝血酶、纤维蛋白原、人血清清蛋白单克隆抗体等。利用转基因植物也可生产抗体和亚单位疫苗。

2009 年，美国食品药品监督管理局(FDA)认证通过了第一例通过转基因动物生产的基因工程药物 ATryn。ATryn 是一种重组抗凝血酶，由 GTC 生物治疗公司(GTC Biotherapeutics)开发，通过转基因羊的羊奶提取生产。2012 年，FDA 又认证通过了第一例通过转基因植物生产的基因工程药物 Elelyso(taliglucerase α)。Elelyso 由转基因胡萝卜细胞系生产，对于确诊为 1 型(非神经型)戈谢病(高雪病)的患者，该药可以替代其所缺少的酶。应用转基因植物生产活性蛋白多肽和细胞因子药物比转基因动物生产有许多优点，主要为：①培养条件使植物易于成活，有利于遗传；②转化植物株系的种子易于贮存，有利于重组蛋白的生产和运输。③用动物细胞生产重组蛋白可能传染动物病毒，对人类有潜在危险，而植物病毒不感染人类，比较安全。

2. 从基因工程到蛋白质工程

随着技术的进步，人们已经不再满足自然存在的蛋白药物产品，通过蛋白质工程可以获得修改了氨基酸序列的蛋白质或多肽。通过定点诱变、功能域的交换、分子进化等手段，已经开发出了一些活性提高、适用性改善和专一性增强的蛋白药物。如基因工程抗体，一方面可以通过基因重组，更换人抗体的 Fc 片段，构建人源化抗体；另一方面，可以构建嵌合抗体，将鼠单克隆抗体负责识别和结合抗原位点的 3 个互补决定区(CDR)替换为人抗体的 CDR，从而产生更接近人抗体的鼠抗体。

3. 从蛋白药物到核酸药物

在蛋白类基因工程药物的基础上发展出了核酸类基因工程药物，作为一类新的药物，其作用机制与传统的药物具有很大的差异。传统药物是通过增加某些人体内源性的有益蛋白多肽或者破坏致病蛋白本身来治疗疾病；而核酸类基因工程药物则是提供产生蛋白的基因，通过破坏或者扩大基因的功能来克服疾病。与传统的药物相比，核酸类基因工程药物具有更强的选择性和更高的效率。目前核酸类基因工程药物正处于发展阶段，进入市场的还很少。

基因工程药物的开发关键在于探知什么蛋白、多肽或核酸可以成为药物，以及通过什么样的方式制备药物或通过什么样的方式使用药物。随着基因组和功能基因组研究的发展，从基因序列到蛋白质功能再到药物筛选这种反向生物学的工作思路已经应用在基因组药物(genomic drug)的开发上，其在开发新的药物和给药方式方面展示美好的未来。

4. 合成生物学的兴起

合成生物学(synthetic biology)是生物科学在二十一世纪刚刚出现的一门涉及生物、化学、物理、工程、计算机与信息化技术等多领域的综合交叉学科，其概念最初是由 B. Hobom 于 1980 年提出来表述基因重组技术，2000 年 E. Kool 重新提出来定义为基于系统生物学的遗传工程。合成生物学从最基本的要素“基因”的寻找与改造开始，将不同来源的功能基因组装成簇，一步步重构目标化合物生物合成途径；通过改造底盘生物代谢网络或建立人工生物系统(artificial biosystem)，创制细胞工厂；将重构途径植入细胞工厂，通过系统计算和调试，优化物质与能量供应，操纵细胞工厂高效合成目标化合物。合成生物学可广泛应用于制造材料、生产能源、提供食物、保持和增强人类健康以及改善环境等。

合成生物学在生物能源和生物药物领域应用较早、取得成果较为显著。我们以通过微生物细胞生产青蒿素(Artemisinin)的前体青蒿酸为例，介绍合成生物学的基本工作过程。青蒿素是黄花蒿(*Artemisia annua* L.)产生的抗疟疾类药物，2011 年度拉斯克奖临床医学奖授予中国中医研究院的屠呦呦，“因为发现青蒿素——一种用于治疗疟疾的药物，挽救了全球特别是发展中国家的数百万人的生命”。但是从植物中提取青蒿素，产量有限，成本高昂。面对此困难，科学家从对应的植物中克隆鉴定了以异戊烯基焦磷酸为底物合成青蒿酸所需要的三个基因，法呢基焦磷酸合成酶（催化异戊烯基焦磷酸合成法呢基焦磷酸）基因ERG20、青蒿二烯合成酶（催化法呢基焦磷酸合成青蒿二烯）基因ADS和细胞色素P450单加氧酶（催化青蒿二烯氧化形成青蒿酸）基因CYP71AV1。经过DNA的合成、适应宿主表达的密码子优化和启动子改造，将这些基因组装起来，构建了可在酵母中工作的青蒿酸生物合成途径。然后通过系统生物学和代谢组学分析与改造，增强酵母细胞3-羟基-3-甲基戊二酰辅酶A还原酶（催化以乙酰辅酶A为底物合成异戊烯基焦磷酸的关键酶之一）基因tHMGR的表达，提高异戊烯基焦磷酸的合成效率；减弱角鲨烯合成酶（以法呢基焦磷酸为底物合成固醇的第一个酶）基因ERG9的表达，减少法呢基焦磷酸向其他合成途径的流量，实现了通过酵母细胞高效生产青蒿酸的目标（图18-1）。通过合成生物学的方式，预期会开发更多的高效生产药物的系统，同时也会开发出更多的新型和新功能药物。

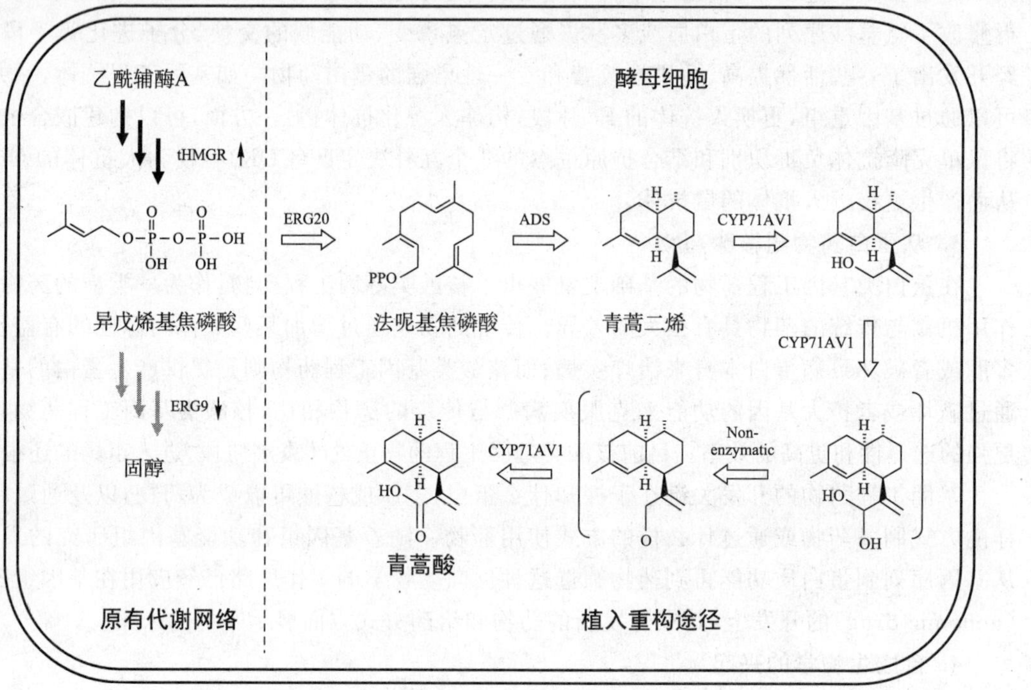

图18-1　通过合成生物学手段利用酵母细胞生产青蒿酸的示意图

第二节　基因工程蛋白和多肽药物

基因工程蛋白多肽主要是指重组激素和重组细胞因子，也包括基因重组血清清蛋白和基因重组人血红蛋白。基因重组激素包括胰岛素、生长激素、降钙素、心钠素等。基因重组细胞因子的种类很多，包括：①具有抗病毒活性的细胞因子，如干扰素（interferon，IFN）；②具有免疫调节活性的细胞因子，包括白细胞介素（interleukin，IL）类的IL-2、IL-4、IL-5、IL-7、IL-9、IL-10和IL-12，以及β型转化生长因子（transforming growth factor β，TGF β）；③具有炎症介导活性的细胞因子，包括以肿瘤坏死因子（tumor necrosis factor，TNF）及IL-1、IL-6和IL-8为代表的结构相似的小分子趋化因子；④具有造血生长活性的细胞因子,包括 IL-3、IL-11、集落刺激因子(colony-stimulating factor,CSF)、促红细胞生成素(erythropoietin,EPO)、干细胞因子(stem cell factor,SCF)和白血病抑制因子(leukemia inhibitory factor,LIF)等。

现已进入临床应用的大多数基因工程药物都属于重组蛋白或多肽类药物,是基因工程药物的主要类型。下面将以重组胰岛素、干扰素和促红细胞生成素为例,介绍蛋白和多肽类基因工程药物制作的基本原理。

一、基因工程胰岛素

1. 胰岛素和糖尿病

胰岛素(insulin)是一种激素,能够调节糖代谢,促进葡萄糖转变为糖原并贮存于肌肉和肝内。当人体胰腺的β-细胞不能产生足量的胰岛素时,就会导致人体内的葡萄糖浓度增高,并伴随因胰岛素分泌或(及)作用缺陷引起的糖、脂肪和蛋白质代谢紊乱,即糖尿病。对于胰岛功能完全消失的Ⅰ型糖尿病患者,不注射胰岛素就无法维持生命。

早期用于治疗人糖尿病的胰岛素来源于牛和猪的胰腺。动物胰岛素与人胰岛素很相似,但还是有差异。例如猪胰岛素与人胰岛素有 1 个氨基酸的差异,牛胰岛素与人胰岛素有 3 个氨基酸的差异。这些氨基酸序列的差异会导致有些糖尿病患者对动物胰岛素产生过敏免疫反应,只有人本身的胰岛素才能避免这些问题。况且,动物来源的胰岛素数量有限,从 1 头猪获得的胰岛素仅能满足 1 位糖尿病患者 3 天的需求。通过基因工程手段可以批量生产人胰岛素,为糖尿病患者带来福音。

2. 胰岛素的结构

胰岛素是一种由两条多肽链(A 链和 B 链)组成的蛋白质。A 链含有 21 个氨基酸,B 链含有 30 个氨基酸,链间通过二硫键结合。胰岛素在人体内合成的过程中首先合成前胰岛素原(preproinsulin),包括信号肽序列、A 链、B 链和连接序列 4 个部分。去掉信号肽序列后形成胰岛素原(proinsulin),去掉连接序列后剩下的 A 链和 B 链通过二硫键结合,形成胰岛素(图 18-2)。1960 年 Sanger 测定了胰岛素的一级结构,我国于 1965 年用化学方法人工合成了结晶牛胰岛素。

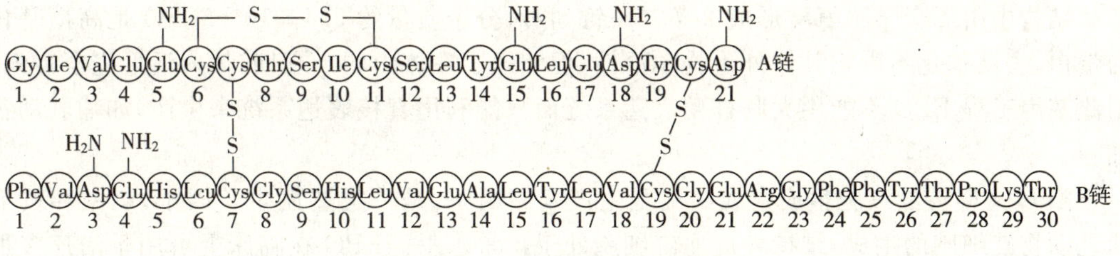

图 18-2　人胰岛素一级结构图

3. 基因工程胰岛素生产方式

基因工程人胰岛素主要有 2 种生产方式。其一,利用大肠杆菌为受体,分别表达胰岛素 A 链和 B 链,再分别提取和纯化产生的 A 链和 B 链,最后利用化学方法使两条链之间形成二硫键,从而得到胰岛素。美国 Genentech 公司就是以这种方式开发基因工程人胰岛素的,并由美国 Eli Lilly 公司进行商业化生产,1986 年注册为 Humulin 商标。其二,以酵母为受体分泌表达人胰岛素。在胰岛素编码基因前端增加一个信号肽编码序列,这个信号肽引导合成的胰岛素从细胞内分泌到周围的培养基中，从而简化了胰岛素的纯化过程，最后通过酶学反应使之变成人胰岛素。丹麦 Novo Nordisk 公司就是采用这种重组酵母生产胰岛素。基因工程重组人胰岛素，如 Humulin®、Humalog®和 VIAject™是市场的主导产品。

基因工程不仅能生产胰岛素，而且还能改造胰岛素。通过改造胰岛素的合成基因，人们已开发了一些基因工程胰岛素类似物。这些类似物是在人胰岛素的基础上改变其中一个或几个氨基酸的组成，从而改变其药物代谢动力学特征，如防止单体分子形成二聚体，从而加快注射后的吸收速度；或提高活性，减少用量；或延长在血浆中半衰期。尽管胰岛素类似物与牛或猪胰岛素一样会引发免疫反应，但仍有应用价值。

2012 年 11 月获得美国 FDA 批准上市的德谷胰岛素(insulin degludec)，它保留了人胰岛素的氨基酸序列，只是将胰岛素 B 链 30 位上的氨基酸去掉，然后通过一个谷氨酸分子，在 B29 位赖氨酸上连接了一个 16 碳的脂肪二酸侧链。这一独特的分子结构使之在皮下形成可溶性多六聚体链，从而带来超长与无峰的药代动力学特点。德谷胰岛素在制剂中以双六聚体的形式存在，在注射部位因为苯酚的迅速弥散，德谷胰岛素自我快速聚合成多六聚体链；存在锌离子时，侧链结构(谷氨酸和脂肪酸)容易形成多六聚体。德谷胰岛素注射到皮下后，仅以多六聚体的形式存在，这是其主要的延迟作用机制。随着时间的延长，胰岛素单体从多六聚体中缓慢解聚、释放、弥散，进入毛细血管后，德谷胰岛素分子通过其脂肪酸侧链与血液中的白蛋白可逆性结合，进一步延长了作用时间，这是其次要的延迟作用机制。

除了基因工程人胰岛素外，半合成人胰岛素也获得了成功。猪胰岛素和人胰岛素只相差 1 个氨基酸，即 B 链最后 1 个氨基酸在猪胰岛素中为丙氨酸而在人胰岛素中为苏氨酸。通过胰蛋白酶酶解去掉猪胰岛素 B 链 C 端 8 个氨基酸，然后连接人工合成的人胰岛素相应 8 个氨基酸，获得半合成人胰岛素。

目前在市场上销售的胰岛素药物除了猪胰岛素和牛胰岛素外，还有半合成人胰岛素、基因工程人胰岛素以及胰岛素类似物，并以短效、中效和长效作用制剂等形式服务于患者。

二、基因工程人红细胞生成素

1. 人红细胞生成素的组成和生物活性

成熟的人红细胞生成素(erythropoietin，EPO)是一种由 165 个氨基酸组成的糖蛋白，多肽结构中由 4 个半胱氨酸形成 2 条二硫键，相对分子质量约 3.4×10^4。EPO 是高糖基化的蛋白，去糖基化不影响其体外生物学活性，但缩短了在体内的半衰期，体内活性完全丧失。因此基因工程 EPO 不能用大肠杆菌表达系统而只能利用真核表达系统来生产，如哺乳动物细胞。

EPO 又称促红细胞生成素或红细胞生产刺激因子，是一类造血生长因子，刺激和调节哺乳动物红细胞的生成，维持外周血红细胞处于正常水平。EPO 在临床上可用于治疗多种病因导致的贫血，如肾功能衰竭、放射和化疗、骨髓增生异常综合症、类风湿关节炎和红斑狼疮等导致的贫血。

肾是产生 EPO 的主要器官，目前只有应用基因工程技术生产 EPO 才能满足患者的需求。1988 年重组人 EPO(rhEPO)药物上市销售，全球每年的销售额达数十亿美元，是最成功的基因工程药物之一。

2. 重组红细胞生成素的生产

人类 EPO 基因位于第 7 号染色体长 22 区，1985 年克隆到其 cDNA。由于糖基化的问题，目前只利用脊椎动物细胞表达系统来生产人红细胞生成素，其糖基化特性与人体中自然产生的糖基化特性最相近。将编码人红细胞生成素的基因装入哺乳动物细胞表达载体，转染二氢叶酸还原酶缺陷的 CHO 细胞（CHO－$dhfr^-$）株，并进一步筛选获得高产人红细胞生成素的 CHO。经过一系列细胞培养和蛋白质纯化等工艺制备过程，产生有生物学活性的重组人 EPO。这样生产的 EPO 具有与人体内源性 EPO 相似的生物学功能。现在市场上的红细胞生成素主流产品都是通过基因重组技术，利用中国仓鼠卵巢细胞（Chinese hamster ovary，CHO）生产的。

三、基因工程干扰素

1. 干扰素的结构组成、生物活性和临床作用

干扰素（interferon，IFN）是一种具有广谱抗病毒、抗肿瘤和免疫调节作用的可溶性糖蛋白细胞因子，最早于 1957 年发现。它是发现最早、研究最多、编码基因第一个被克隆、第一个用于临床治疗、基因工程产品使用最广泛的细胞因子。干扰素是一类多功能细胞因子，按照其结构和功能的差异可以分为三类，即干扰素 α、干扰素 β 和干扰素 γ。其中人干扰素 α 含有 23 种不同的亚型，而干扰素 β 和干扰素 γ 都只有 1 种亚型。以后又发现了一些新的干扰素，如干扰素 ω 和干扰素 τ。

干扰素 α 的成熟产物由 165～166 个氨基酸组成，其中含 4 个半胱氨酸，形成对生物活性至关重要的 2 个二硫键。干扰素 α 主要由白细胞、B 淋巴细胞、成纤维细胞和一些肿瘤细胞分泌，临床上主要用来治疗白血病，以及一些慢性病毒病，如乙型肝炎、丙型肝炎和疱疹病毒感染。中国人受病毒攻击后产生的干扰素主要是干扰素 α－1b。干扰素 β 主要由成纤维细胞产生，由 166 个氨基酸组成，与干扰素 α 的生物学和生物化学性质相似，编码基因的同源性达 80%，氨基酸水平上的同源性为 25%～30%，临床上主要用来治疗多发性硬发症。干扰素 γ 由 143 个氨基酸组成，与干扰素 α 和干扰素 β 无序列同源性，主要由 T 淋巴细胞和自然杀伤细胞产生，临床上主要用来治疗类风湿性关节炎等疾病。

当病毒侵染人体时，就会激发体细胞产生各种不同的干扰素。干扰素保护人体细胞抵抗病毒侵染是一种非专一性反应，即由某种病毒激发产生的干扰素不仅对该病毒有抵抗作用，对其他的病毒也会有抑制效果。当病毒在人体细胞质中释放了它的核酸物质之后，激活被侵染细胞产生干扰素，产生的干扰素分泌到细胞外，到达邻近细胞表面；当干扰素进入邻近细胞时，激活细胞 DNA 编码一系列的抗病毒蛋白，这些抗病毒蛋白能够抑制病毒的复制，从而起到保护细胞的作用。3 种干扰素都已经用于临床治疗多种疾病，并收到较好疗效。遗憾的是只有人干扰素对人体细胞有抗病毒抗肿瘤等作用，动物干扰素对人体细胞没有效用。

2. 基因工程干扰素的生产

早期干扰素的制备是通过诱导或重复诱导天然或人工培养的人体细胞或血细胞产生天然干扰素，但价格昂贵而且产量有限，从而限制了其临床应用。利用基因工程技术生产干扰素则完全解决了传统制备方案的弊端。

首先要获得干扰素的编码基因。一般利用诱生剂诱导细胞表达干扰素，然后提取干扰素的 mRNA，反转录成 cDNA。国外用的基因来自瘤细胞和白种人白细胞，如干扰素 α－2a 和干扰素 α－2b 的编码基因。中国学者侯云德等发现，中国人白细胞在受到病毒攻击时，诱生出的干扰素主要类型是 α－1b，他们从人脐血白细胞获得的干扰素 α－1b 基因已用于我国第一个基因工程干扰素α－1b（赛若金）的生产。

将干扰素编码基因通过合适的表达载体，导入大肠杆菌进行表达可产生大量干扰素，经过分离纯化便可制成药物制剂。由于干扰素不能通过肠胃吸收，临床上主要采用肌肉注射

和皮下注射给药，因此对产品的纯度要求很高。

1986年Roche公司的基因工程干扰素 $\alpha-2a$ 和Schering公司的干扰素 $\alpha-2b$ 获准上市，干扰素 β 和干扰素 γ 也分别于1990年和1993年上市。基因工程干扰素是生物医药的重要产品，目前在60多个国家被批准上市。我国开发的第一个基因工程药物是基因工程干扰素 $\alpha-1b$，于1992年获得国家一类新药证书。干扰素 ω 具有广谱抗病毒、抑制细胞增殖和提高免疫力等作用，已经被列入了国家特种应急药物。干扰素 ω 喷雾剂于2009年获得了国家药监局的生产批文，这是全球第一支正式上市的"ω 干扰素"，2012年4月，获准用于预防非典型肺炎的临床研究。这是国家食品药品监管局启动防治"非典""绿色通道"后批准的第二个在一线医护人员等高危人群中使用的预防药品。

为了提高治疗效果和延长半衰期，可改变干扰素的一级结构。例如根据已知11种干扰素 α 的氨基酸序列，筛查各位点上出现频率最高的氨基酸，重新设计获得了重组甲硫氨酸组合干扰素，由166个氨基酸组成，商品名为Infergen，有更明显的抗病毒、抗细胞增殖、诱导产生多种细胞因子等作用。

四、基因工程疫苗

疫苗一般是由灭活或减毒的病原体做成的可预防相应病原物引起疾病的药物，通过接种人或动物在其体内建立抗感染免疫反应而产生保护作用。同时，疫苗是由国家卫生行政部门批准的生产单位生产、并经国家鉴定合格的，能够预防由相应病原体所致疾病的生物制品，是预防和控制严重传染病的重要手段。将基因工程技术应用于疫苗生产所获得的疫苗即为基因工程疫苗。基因工程疫苗已经成为生物技术的热点内容之一。

1. 基因工程疫苗的种类

按照结构组成方式的不同，基因工程疫苗可以分为四类。

第一，亚单位疫苗。是指用病原体的组分制成的疫苗，主要包括病毒的结构蛋白和细菌的脱毒毒素蛋白，其中病毒的结构蛋白是指病毒的组成成分中能够引起人体对病毒颗粒产生免疫反应但是又不具有致病性的蛋白组分；细菌脱毒毒素蛋白是利用DNA重组技术在基因水平上对细菌的毒素蛋白进行脱毒所获得的基因工程疫苗。这种脱毒毒素蛋白可以通过改变毒素蛋白编码基因的个别碱基而获得，它既保留免疫原性却又失去了致病性，例如白喉毒素、破伤风毒素和百日咳毒素都已经获得了突变脱毒的毒素蛋白。这类疫苗不含有细菌或者病毒颗粒，是最安全的，而且生产容易，成本低。

第二，无毒疫苗和减毒活疫苗。利用DNA重组技术去掉致病菌的毒素基因后得到的既保留了其侵入细胞和刺激免疫系统的能力，却又不能引起疾病的减毒病原菌。例如基因工程霍乱菌疫苗，由去掉了毒素*A*基因、*Shiga*样毒素基因和溶血素*A*基因的霍乱菌制成。

第三，疫苗载体。把目的基因转到已经在临床上使用的安全的活疫苗中，利用该活疫苗作为载体表达目的抗原基因，从而达到针对某种传染病的免疫保护作用。常用的载体有卡介苗、腺病毒和痘苗病毒等。

第四，核酸疫苗。这部分内容将在基因工程核酸类药物中介绍。

现在已经开发的基因工程疫苗种类很多，比如避孕疫苗、疱疹病毒疫苗、黄热疫苗、人巨细胞病毒疫苗、HCMV病毒疫苗、高危型人乳头瘤病毒治疗性疫苗、肺结核疫苗、尼帕病毒疫苗、乙肝疫苗、抗GnRH疫苗、霍乱疫苗等。下面将介绍应用很广泛的一种病毒结构蛋白基因工程疫苗——重组乙型肝炎疫苗。

2. 重组乙型肝炎疫苗

乙型肝炎(乙肝)是由乙型肝炎病毒(HBV)引起的、以肝为主要病变并可累及多器官损害的一种传染病。乙型肝炎病毒颗粒由囊膜和含有DNA分子的核衣壳组成,亦称Dane颗粒。Dane颗粒表面含有乙型肝炎病毒表面抗原(HBsAg),核心中还含有有缺口的双股DNA链和依赖DNA的DNA聚合酶。HBV感染人体后血液中多见一种直径约22 nm的小球形颗粒,亦称22 nm颗粒,由HBsAg组成,无感染性,可能是HBV感染肝细胞时合成的过剩囊膜。纯化的HBsAg是含有类脂质、糖类、脂质、蛋白质及糖蛋白的混合物,具有高免疫原性。

HBV DNA分子由一个长度固定的负链和另一长度不定的正链组成。HBV DNA负链有4个开放区,分别称为S、C、P及X,能编码全部已知的HBV蛋白质。S区可分为2部分,*S*基因(编码主要表面蛋白)和前*S*基因(编码Pre S1和Pre S2蛋白)。C区包括前*C*基因(编码e抗原,HBeAg)和*C*基因(编码核心抗原,HBcAg)。P区编码病毒DNA聚合酶。

最初的乙型肝炎疫苗都是血源乙型肝炎疫苗,是从乙型肝炎患者血液中分离提取乙型肝炎表面抗原(HBsAg)制成的。由于乙型肝炎病毒携带者的血液是制备血源乙型肝炎疫苗的起始原料,具有一些很难克服的缺陷,包括:① 在疫苗制备过程中为除去人血清清蛋白和灭活可能残留的传染因子时,采用的纯化程序耗时且价格昂贵,而且还影响了疫苗免疫原性;② 受到乙型肝炎病毒携带者血液来源的限制;③ 存在潜在的危险性,虽然在生产过程中使用不同的方法尽可能使可能存在的包括艾滋病毒(AIDS virus)的污染物失活,但是这些疫苗可能造成负面效应的危险还是存在的。

目前国际主流和我国生产的乙肝疫苗都是基因重组乙肝疫苗,血源乙肝疫苗现已停止生产使用。基因重组乙肝疫苗分为哺乳动物细胞表达的疫苗和重组酵母乙肝疫苗,它们都能够安全有效地避免潜在污染物的危害。原核表达系统,例如大肠杆菌,不能分泌产生HBsAg。因此需要破碎细胞才能分离纯化,这就可能使HBsAg中含有细菌内毒素(endotoxin)。另外原核系统既不能糖基化HBsAg,又不能把HBsAg聚集形成22 nm颗粒,因此原核表达系统不适宜用来生产乙型肝炎疫苗,常用的宿主细胞是酵母细胞和中国仓鼠卵巢(CHO)细胞。

在制作基因工程疫苗时,尽管选用不同的宿主细胞表达抗原成分,但是所用的基本策略还是相似的。一般选定具有免疫原性的乙型肝炎表面抗原基因片段,将其插入表达载体,并引入到与表达载体相对应的宿主细胞,构成重组体。重组体就像一个加工厂,可以表达、加工、生产出乙型肝炎表面抗原,即得到基因工程疫苗。我国乙型肝炎血源疫苗于1986年正式批准生产。1992年中国仓鼠卵巢细胞基因重组疫苗被批准中试生产,并于1996年正式生产。1996年从美国默克公司引进的酵母基因重组疫苗被正式批准生产。目前我国乙型肝炎酵母基因重组疫苗的年生产量已达6 000万支以上,能完全满足新生儿及高危人群预防接种的需要。

(1) 重组酵母乙型肝炎疫苗 早在1982年*Nature*就报道了利用酵母表达质粒作为载体,在酵母中成功合成并装配了乙型肝炎病毒表面抗原颗粒,这种颗粒与患者血浆中的22 nm颗粒有相似特性,可以用做为疫苗。

用来表达抗原的酵母主要是酿酒酵母(*Saccharomyces cervisae*)、汉逊酵母(*Hansenula polymorpha*)和毕赤酵母(*Pichia plstoris*)。在表达质粒上用来在酵母中表达HBsAg的主要部件有3个:① 在酵母中表达HBsAg的启动子,例如酵母3-磷酸甘油醛脱氢酶(glyceraldehydge-3-phosphate dehydrogenase,G-3-PDH)基因的启动子和调控序列,或酵母乙醇脱氢酶Ⅰ(alcohol dehydrogenase Ⅰ)的5′侧翼序列;② 不含有内含子的乙型肝炎病毒

HBsAg 的基因；③ 在酵母细胞中终止 HBsAg 转录的 DNA 序列。

利用酵母生产 HBsAg 具有产量大、纯度高的优点。但是利用酵母细胞表达 HBsAg 还是存在缺点的，包括① 酵母细胞不能分泌 HBsAg 颗粒，使得纯化程序复杂；② 酵母细胞对 HBsAg 蛋白的糖基化与哺乳细胞的不同，使得获得的酵母 HBsAg 可能具有与血源 HBsAg 不同的免疫原性；③ 在酵母中装配的 22 nm HBsAg 颗粒不稳定；④ 酵母细胞产生的 HBsAg 需要化学方法处理才能与血源的 HBsAg 相同，在这过程中可能改变 HBsAg 分子的结构，从而减小 HBsAg 抗原性。

(2) 重组中国仓鼠卵巢细胞(CHO)乙型肝炎疫苗　利用哺乳动物细胞表达系统生产乙型肝炎疫苗表现出明显的优点。将乙型肝炎表面抗原基因片段重组到中国仓鼠卵巢细胞(CHO)内，通过对细胞的培养增殖，分泌乙肝表面抗原(HBsAg)于培养液中，经纯化，加佐剂氢氧化铝后制成疫苗。CHO 乙型肝炎疫苗产生的 HBsAg 的糖基化与血源 HBV 颗粒的糖基化一样；产生的 HBsAg 颗粒是以自然方式装配的，而不需要其他的化学处理；装配的 22 nm HBsAg 颗粒最后会被分泌到培养基中，不需要裂解细胞，简化了纯化步骤；成本不高，有利于那些负担不起现有的高价疫苗的患者。

为了彻底清除乙肝病毒携带者体内的病毒，科技工作者还一直致力于治疗性乙肝疫苗的研发。按照标准方法注射预防性疫苗后，机体可产生表面抗原抗体，在乙肝病毒感染时可阻止其与肝细胞膜的结合而中断感染过程，起到预防的作用。而治疗性乙肝疫苗则主要用于治疗已被乙肝病毒感染的个体，它是在机体已经感染了病毒之后再注射的疫苗。此时，机体内已经有病毒抗原存在，只是由于机体免疫反应的部分缺陷，而不能发挥有效的清除病原体的作用。治疗性疫苗就是通过某种途径来弥补或“唤醒”机体的免疫反应，从而达到清除病毒的目的。

截至 2012 年，我国正在获准进行临床试验的治疗性乙肝疫苗有高剂量乙型肝炎疫苗(简称 KT60)、抗原抗体复合物治疗性乙型肝炎疫苗(简称 YK，乙克)、治疗性乙型肝炎合成肽疫苗(简称 TCB)和双质粒治疗性乙型肝炎 DNA 疫苗(简称 GY-DNA)等，这些都是基因工程疫苗。

五、基因工程抗体

抗体是机体受抗原刺激后由 B 淋巴细胞产生，并且能与该抗原发生特异性结合的具有免疫功能的球蛋白，是体液免疫应答中发挥免疫功能的最主要的免疫分子，主要分布于血清中，在组织液和外分泌液中也存在。常规抗体是针对多种不同抗原决定簇产生的抗体，又称为多克隆抗体；而针对某种抗原决定簇产生的抗体称单克隆抗体(monoclonal antibody，McAb)，一般由杂交瘤细胞分泌。在临床上，抗体可用于抗肿瘤、抗感染、抗器官移植排斥反应、抗血栓形成和解毒，以及构建独特型疫苗、治疗自身免疫性疾病和变态反应疾病，此外还可用于体外诊断和发挥体内药物导向作用。基因工程抗体在临床上可发挥更多更重要的作用。基因工程抗体的详细内容见下一节。

第三节　基因工程抗体

一、抗体的结构

抗体分子是由 4 条多肽链组成的四聚体，即由 2 条相同的轻链(L)和 2 条相同的重链

(H)组成，重链之间以及轻链与重链之间通过二硫键连接，呈"Y"型结构(图 18-2)。重链由450 个氨基酸组成(如抗体 IgG)，轻链由 214 个氨基酸组成，完整抗体的相对分子质量约为 1.5×10^5。抗原的识别位点位于轻链和重链的 N 端区域(相当于轻链 N 端一半的部位)，该区称作抗体的可变区(variable region，V 区)。更精确地说，抗原的识别和结合位点是 V 区内的 3 个互补决定区(complementarity determining region，CDR)，也称超变区(hypervariable region)，每个 CDR 长约 5～16 个氨基酸。V 区 CDR 以外的部分称为框架区(framework region，FR)，其氨基酸序列相对保守，不与抗原分子直接结合，可维持抗体的空间构型。抗体分子含有多个功能区，除 V 区外，每一条轻链含有 1 个保守区(constant region，C 区)C_L，每一个重链含有 3 个保守区(C_{H1}、C_{H2}、C_{H3})。

当用木瓜蛋白酶水解抗体分子时产生 3 个片段，即 2 个相同的 Fab 片段和 1 个 Fc 片段。Fab 片段 N 端一半的部分称 Fv 片段(图 18-3)。Fc 片段在抗原抗体发生结合反应后可诱发一些免疫反应。

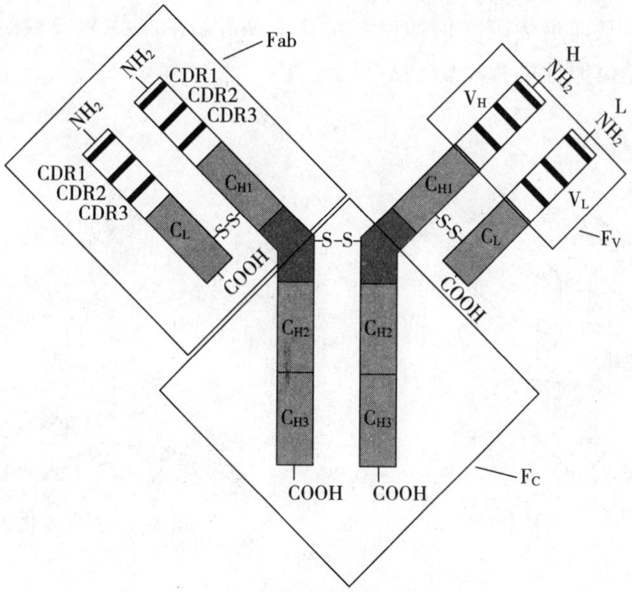

图 18-3　抗体分子的结构

二、天然抗体的局限性

抗原往往具有多种不同抗原决定簇，从而刺激机体产生多克隆抗体。这种抗体是不均一的，会影响检测抗原的特异性及敏感性，在临床上应用受到很大限制。

单克隆抗体是由识别一种抗原决定簇的细胞克隆所产生的均一抗体，可视为第二代抗体，具高度特异性、均一性，且亲和力强、效价高，在临床上发挥了重要作用。然而，单克隆抗体在临床应用中也存在一些问题。首先，单克隆抗体具有免疫原性。多数单克隆抗体由小鼠产生，应用于人体后会产生抗鼠抗体，从而使临床疗效减弱或消失，甚至发生超敏反应；其次，半衰期短。杂交瘤制备的单克隆抗体在人体内的半衰期只有 5～6 h，不利于药效发挥作用；第三，吸收差。抗体相对分子质量大，很难通过血管进入细胞间隙，大大降低治疗效果。抗体的酶解片段可解决这个问题；最后，生产复杂，价格较高。基因工程抗体可很好地解决这些问题，包括利用基因工程手段生产抗体，以及将抗体基因进行切割、拼接或修饰，产生新性状的抗体甚至产生新型抗体。

三、基因工程抗体的种类

1. 单克隆抗体的人源化

为了解决鼠源抗体的免疫原性问题,可采用两种方式改造抗体,即构建人-鼠嵌合抗体和人源化抗体。

(1) 人-鼠嵌合抗体　通过基因重组技术,将鼠源单克隆抗体的Fv片段替换人源抗体的相应片段,制成人-鼠嵌合抗体(图18-4)。这种嵌合抗体大约有70%的序列来自人源抗体,30%的序列来自鼠源抗体。一方面保留抗体的特异性结合位点,另一方面可减弱其免疫原性。治疗结肠癌的嵌合抗体在血液中的保存时间比鼠源抗体延长6倍,10个患者中仅1个出现轻度抗体反应。

(2) 人源化抗体　人源化抗体是对嵌合抗体进一步改进的结果,即仅用鼠源单克隆抗体的CDR区替换人源抗体的CDR所获得的杂合抗体,其95%的序列来自人源抗体,5%的序列来自鼠源抗体,从而最大限度地使鼠源抗体人源化(图18-5)。抗体的抗原结合特性保留,在人体内产生免疫原性的程度降到最低。

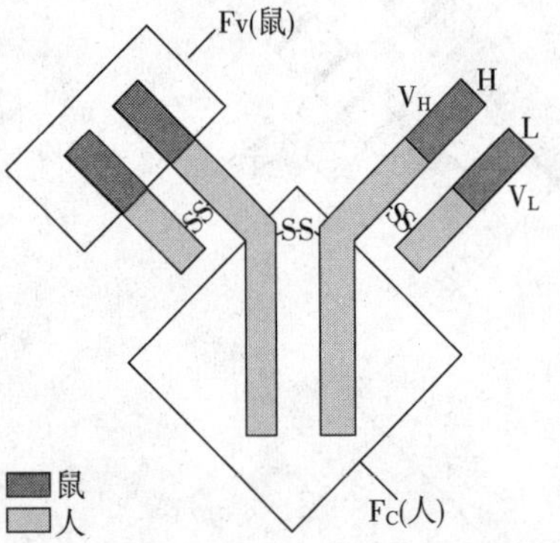

图18-4　人-鼠嵌合抗体的结构

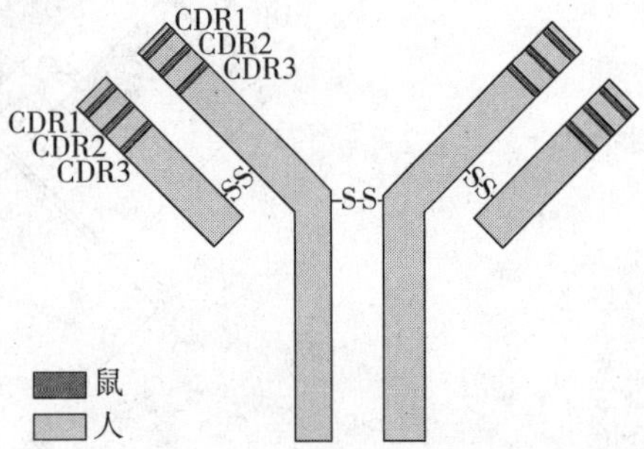

图18-5　人源化抗体的结构

以上构建的杂合抗体基因可在大肠杆菌或哺乳动物细胞中表达,产生相应的基因工程抗体。

2. 小分子抗体

为了解决抗体的穿透性问题,可对抗体进行改造,保留其抗原结合位点,使之成为小分子抗体。根据构建方法的不同,可分为以下5种:

(1) Fab抗体　抗体的Fab片段由重链的V区和C_{H1}区与轻链以二硫键相连,能发挥抗体的抗原结合功能,其大小只有完整抗体的1/3。通过DNA重组技术,可将编码Fab片段的DNA连接在一起,在异源宿主细胞中表达。在大肠杆菌中表达的Fab片段已用于临床试验治疗洋地黄中毒、心绞痛和单纯疱疹病毒感染。

(2) 单链抗体　将抗体的V_H和V_L用连接肽(linker)连接,形成具有抗原结合能力的单链抗体多肽,即所谓的单链抗体(single chain variable fragment,ScFv)。连接肽的长度一般为15个氨基酸,具有疏水性和一定的伸展性,但并不影响抗原结合部位的构象。单链抗体的大小仅为完整抗体的1/6,免疫原性弱,药物动力学优于Fab片段和完整抗体,能有效到达完整抗体无法到达的靶部位。通过DNA重组技术可在异源宿主细胞中表达单链抗体。在临床上已用于放射免疫治疗、免疫毒素治疗、体内药物解毒等。

(3) 单域抗体　抗体结合抗原的部位主要在V区，只含有V区的小分子抗体，如 V_H 或 V_L，也能保持原单克隆抗体的特异性。这种小分子抗体就称为单域抗体(single domain antibody)，其大小仅为完整抗体的1/12。单域抗体只有一个功能区，制备简单，而且更容易穿过靶组织。但 V_H 由于暴露了原先和 V_L 结合的疏水面，致使对抗原的亲和力下降，非特异性增强。

(4) 超变区多肽　抗体与抗原的结合是通过V区的CDR区来实现的，CDR区是抗原抗体结合的最小识别单位。由单个CDR多肽构成的小分子抗体称为超变区多肽。超变区多肽只有16～30个氨基酸，具有与抗原结合的能力，穿透力极强。但亲和力低，稳定性不高，实际应用中有很大的局限性。

(5) 双体抗体　将2种不同抗体的 V_H 区和 V_L 区通过连接肽(5～10个氨基酸)连接，形成"杂交"的单链抗体称作双体抗体(diabody)，也称为双特异性抗体。在宿主细胞中表达后，2条链自动折叠，形成双特异性的抗体片段，其大小为IgG的1/3或Fab的1/2，是相对分子质量最小的双功能抗体，在免疫诊断和治疗方面具有广阔的应用前景。

3. 双功能抗体

天然的抗体分子是双价单特异性的，将小分子抗体(如Fab或Fv)与其他蛋白如毒素、酶、细胞因子及受体分子连接在一起，可形成一种新型分子，这样的杂合分子也称为双功能抗体，既可以与靶位点结合，又可将特定的活性分子导向特定部位，发挥其生物学功能，如杀死肿瘤细胞、发挥催化功能等。就像生物导弹一样，通过抗体将"弹头"导向靶位点。在抗肿瘤、抗血栓形成、抗感染等方面发挥了重要作用，具有广阔的应用前景。

将人细胞受体或黏附分子与抗体的恒定区(主要是Fc片段)的N端连接，形成免疫黏连素，既可发挥抗体的效应功能，又能发挥细胞黏附功能。对于杀伤缺少相应表面抗原的肿瘤细胞有一定意义，可减少肿瘤的免疫逃逸。

4. 人源性抗体

由于鼠源抗体存在免疫原性，人们一直在努力制备完全人源化的抗体，即人源性抗体。目前主要有2种方法用来制备人源单克隆抗体。

(1) 噬菌体抗体库　噬菌体抗体库技术是噬菌体表面展示技术在基因工程抗体应用上的一个成功范例，它可以模拟体内B淋巴细胞受到刺激后分化、成熟直至分泌抗体的过程。通过噬菌体表面展示技术，可将目的蛋白或多肽的编码基因与编码M13噬菌体颗粒末端蛋白的基因Ⅲ构建成融合基因，将含有融合基因的重组M13噬菌体转染大肠杆菌，可以在噬菌体颗粒表面展示目的蛋白。通过基因重组技术，将全套人抗体重链和轻链的V区基因与M13噬菌体基因Ⅲ构建成融合基因，在噬菌体表面以抗体Fv片段-末端蛋白融合蛋白的形式表达，表达这些融合蛋白的噬菌体群体就构成了噬菌体抗体库(phage antibody library)(图18-6)。通过免疫法筛选，可从中得到针对某一抗原的人抗体Fv编码基因。利用噬菌体抗体库，不需要杂交瘤细胞就可得到目的单克隆抗体的编码基因，而且是人源性的。从理论上讲，噬菌体抗体库具有B细胞所编码的全部抗体信息，从抗体库中可筛选到任何一种抗体。由于该抗体库中重、轻链是随机组合的，又称组合文库。迄今已成功制备出多种人源单克隆抗体。

以上构建的是天然抗体库，为了获得特异性提高的抗体，可增大库的容量。库越大，就可以获得尽可能多的链的组合，筛选到特异性抗体的概率就越大。有2种方法可增大库的容量。其一是链替换(chain shuffling)。从来自不同的未经免疫的个体以及其他来源的B

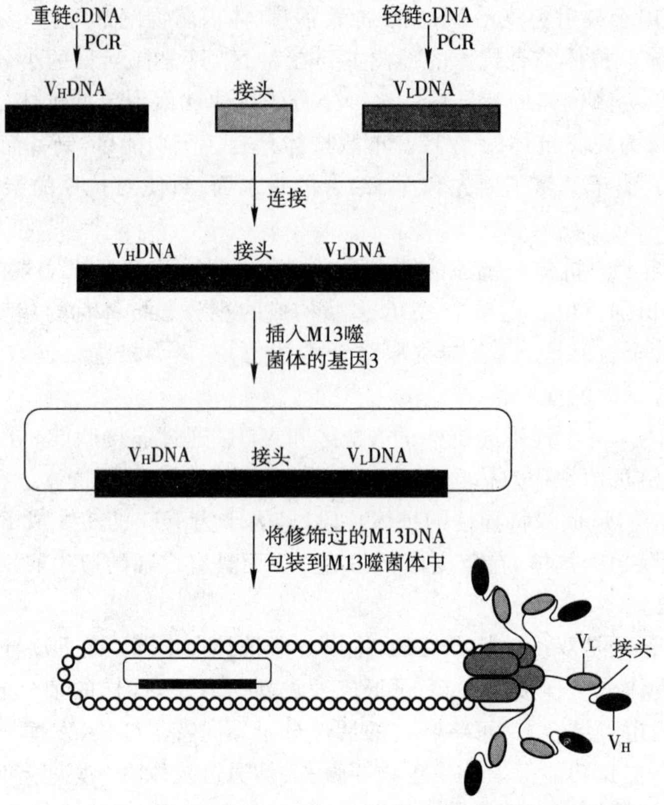

图 18-6　利用噬菌体表面展示构建 Fv 抗体库示意图

细胞扩增出所有 CDR 片段的编码基因,经过重叠延伸 PCR 技术,与 V 区中 CDR 片段以外骨架区的编码基因片段以及连接肽编码基因片段再重新组配成单链抗体的编码基因,从而产生进一步多样化的抗体库。从这样的抗体库中筛选到亲和力提高了 300 倍的单链抗体。其二是体外突变法。对抗体可变区基因人为地进行体外突变以模拟体内 B 细胞超突变分泌成熟抗体的过程,例如用易错 PCR(error-prone PCR)方法可在噬菌体抗体的可变区基因或 CDR 区域的碱基中产生随机位点突变,从而提高抗体库的多样性。

(2) 人源性抗体转基因小鼠　通过构建转基因小鼠,可使小鼠产生人源性单克隆抗体。用人的抗体基因转入小鼠并替代小鼠的相应基因,产生能分泌人抗体的转基因小鼠。第一个获得的人源性抗体是抗破伤风类毒素的单克隆抗体。

在转基因小鼠基础上,建立了一种产生人抗体的小鼠模型 XenoMouse。将小鼠的全套抗体基因敲除掉,同时将人的大部分轻链和重链基因插入到小鼠的染色体中,当用抗原刺激小鼠时就可产生人源性抗体。利用该模型已制备了多种类型的人单克隆抗体,如抗人表皮生长因子受体的人源性抗体。基因重组人源化单克隆抗体药物是当今世界生物医药发展的重点方向之一。用小鼠制备的鼠源性单抗属于异源性蛋白,在人体内会引起排异反应,有非常严重的毒副作用,制约了其在临床的广泛应用。抗体人源化技术是把鼠源性单抗的大部分转换为人的成分,使之接近于人体自身的抗体,从而消除人体免疫系统对异源性蛋白的排异反应。2008 年,我国生物技术企业研发并成功产业化中国首个人源化单抗药物泰欣生。泰欣生能够特异性地作用于肿瘤发生发展中起关键作用的靶分子——EGFR(表皮生长因子受体)及其调控的信号传导通路,从而达到治疗肿瘤的目的。其最大的特点是杀伤肿瘤细胞的同时,对正常细胞的影响非常小,患者耐受性和生活质量都得到提高。

5. 基因工程抗体的生产

(1) 大肠杆菌表达系统　大肠杆菌是常用的表达系统，但由于缺乏糖基化能力，以及不利于抗体分子链间形成二硫键，因此主要用来表达抗体的 Fab、Fv 和 ScFv 等小分子片段。胞内表达系统可在细胞内形成不溶且无活性的包含体，经破碎细胞后可将抗体释放出来。但这样生产的抗体活性较低。将编码信号肽的序列连接在抗体基因后在大肠杆菌中表达时，信号肽可介导抗体片段分泌出来并引向细胞周质区，抗体在此折叠形成适当二硫键。可变区内二硫键对于稳定 Fab、Fv、ScFv 及其早期折叠有重要意义。

(2) 酵母表达系统　酵母是真核微生物，与原核微生物相比酵母能对异源蛋白进行糖基化等修饰，能有效分泌、正确折叠和加工蛋白。与哺乳动物表达系统相比，酵母能在简单培养基上快速生长，是临床和工业生产上重要的蛋白表达系统。在酵母表达系统可获得高水平分泌的抗体，如某两个单链抗体在毕赤酵母表达时，其产量分别达到 60 mg/ml 和 100～250 mg/ml。

(3) 哺乳动物细胞表达系统　中国仓鼠卵巢细胞(CHO)抗体表达系统是较成熟的哺乳动物细胞表达系统，它采用最有效的来自人巨细胞病毒启动子，引导抗体基因在 CHO 细胞中表达。该表达系统能使表达的抗体正确装配、折叠和糖基化；能在无血清培养基中生长，分泌水平高；瞬时表达系统可表达足量抗体，以便对抗体特异性和亲和力做快速鉴定。第一种批准用于治疗乳腺癌的人源化单克隆抗体贺赛汀(Herceptin)就是用 CHO 细胞生产的。

(4) 植物表达系统　通过转基因技术，将抗体轻、重链基因导入不同的烟草植物表达，再将表达轻、重链抗体的植株进行有性杂交，筛选产生全功能抗体的植株。抗体可变区也可在植物中表达。转基因植物生产抗体的成功，为基因工程抗体的生产和应用带来了新的机遇。植物表达系统能大规模生产，成本低，而且有望作为食品疫苗口服使用而不需提取。

(5) 昆虫表达系统　昆虫表达系统是一类应用广泛的真核表达系统，它具有同大多数高等真核生物相似的翻译后修饰、加工以及转移外源蛋白的能力。其中利用杆状病毒在昆虫细胞系中表达外源蛋白是目前较为流行的表达系统。现在已经利用昆虫表达系统成功地生产了鼠源单克隆抗体、人鼠嵌合抗体、单链抗体及人源单克隆抗体等多种抗体分子，还将抗体分子与尿激酶型纤溶酶原激活物等肿瘤相关蛋白进行了融合表达，这些抗体分子多数能正确装配，完成糖基化过程，具有相当的活性。

第四节　基因工程核酸类药物

核酸类药物可以分为两大类，第一类为具有天然结构的核酸类物质，比如肌苷、ATP、辅酶 A 等。这类物质有助于改善机体的物质代谢和能量代谢平衡，加速受损组织的修复，促使机体恢复正常。它们在临床上广泛使用于血小板减少症、白细胞减少症、急慢性肝炎、心血管疾病、肌肉萎缩等代谢障碍性疾病。第二类为自然结构碱基、核苷、核苷酸的结构类似物或聚合物，这类药物大部分由自然结构的核酸类物质通过半合成生产。此类药物是治疗病毒、肿瘤、艾滋病的重要药物，也是产生干扰素、免疫抑制剂的临床药物。

基因工程核酸类药物则是指具有不同功能的寡聚核糖核苷酸(RNA)或寡聚脱氧核糖核苷酸(DNA)，主要作用于基因水平，在遗传信息流传递的上游阶段起作用。对于多种疾病来说，在某种程度上看是缺乏或过多产生某些蛋白引起的。因此通过蛋白或多肽类药物可解决部分问题。在遗传信息流的传递过程中，信号逐级放大，一个基因可以转录出多个mRNA，一个mRNA又可以翻译出多个蛋白质。如果从控制蛋白质合成的遗传物质核酸入手，可更好地解决某些疾病问题。利用核酸作为药物，可以达到常规药物无法达到的效果。自从1998年第一个核酸药物——反义核酸药物福米韦斯(Formivisen)问世以来，核酸药物展现出非常广阔的应用前景。根据核酸药物的本质和作用方式，可将其分为四大类型，反义核酸、核酸疫苗、RNA干扰和基因治疗。

一、反义核酸药物

反义核酸是一些人工合成的单链反义分子，可以通过碱基互补原则与被感染细胞内部的某个靶标mRNA或DNA结合，抑制或封闭该基因的转录和表达，或切割mRNA使其丧失功能。以反义核酸作为药物可以治疗正常蛋白超量表达的疾病，如癌症、炎症、病毒或寄生虫感染。以DNA为模板转录mRNA时，两条DNA链中只有一条链作为模板，另一条链是保持沉默的，是一个天然的反义分子。反义核酸参与基因表达调控在原核生物中是一种普遍的现象，例如在pMB1质粒拷贝数的调控系统中反义RNA就扮演着重要角色。

根据组成和特点可将其分为反义RNA(antisense RNA)、反义DNA(antisense DNA)、肽核酸(peptide nucleic acid，PNA)和核酶(ribozyme)。反义核酸对基因表达的有效调控给人类疾病治疗带来了新的希望，将反义核酸作为一种生化药物，有希望在征服人类的大敌如癌症、病毒类引起的疾病、艾滋病和遗传性疾病中发挥重要作用。

1. 反义RNA

利用反义RNA可以与mRNA结合形成互补双链，阻断核糖核蛋白体同mRNA的结合，从而抑制了mRNA翻译成蛋白质的过程。

反义RNA与mRNA的核糖体结合区(SD序列)结合可直接抑制翻译，与翻译起始密码子结合可抑制翻译的起始，与非编码区结合可影响mRNA的构象从而间接抑制翻译，与前体RNA结合可影响其剪切方式。反义RNA在细胞核中与mRNA结合后会干扰其加工和剪切，如加帽和加poly(A)尾，还会干扰mRNA转运至细胞质。反义核酸与mRNA结合后还使得mRNA更加易被核酸酶识别而降解，从而大大缩短mRNA的半衰期。反义RNA除了可以影响基因的表达外，还可与引物RNA前体互补结合，从而抑制DNA的复制。

反义RNA可以人工合成，更多的是将目的DNA以反义方向插入载体通过反义表达载体产生。通过这些载体可用于研发新型、高特异性和高效的反义治疗药物，在治疗艾滋病和麻疹以及恶性肿瘤方面起到一定作用。

2. 反义DNA

反义DNA也称反义寡核苷酸或反义脱氧寡核苷酸，是一种人工合成的、能与mRNA互补的、用于抑制翻译的短小反义核酸分子。

反义DNA与反义RNA一样，能通过与mRNA互补结合而抑制翻译，干扰mRNA前体的加工剪切以及mRNA的转运。不同的是，反义DNA与mRNA结合后还可诱导RNase H的产生，降解DNA-RNA复合物中的RNA，从而大大缩短mRNA的半衰期。在反转录病毒感染宿主细胞后，反义DNA可通过与引物竞争、终止cDNA延长以及与DNA聚合酶结合等方式抑制反转录过程。反义DNA还能与靶细胞DNA形成一种三链核酸(triple helix nucleic acid)，通过作用于转录子、增强子和启动子，对基因的转录进行调控。

反义DNA可以很容易通过自动合成仪获得，但在生理条件下对核酸酶很敏感，易被快速降解。为提高其稳定性、亲和力、降解靶核酸的能力以及其他性能，可对其结构进行修饰。

由此催生了第一代反义核酸药物硫代磷酸脱氧寡核苷酸(phosphorothioate oligodeoxynucleotide,PS-ODN)。其长度为17～20个核苷酸,连接核苷酸的磷酸二酯键的自由氧原子被硫原子替代,在静脉注射或吸收到血液后可迅速分布至外周组织中。第一个反义核酸药物福米韦生就是PS-ODN药物,由21个硫代脱氧核苷酸组成,核苷酸序列为5′-GCGTTTGCTCTTCTTCTTGCG-3′,具有强大的抗病毒作用,已用于治疗艾滋病患者巨细胞病毒(CMV)感染的视网膜炎。该药物的上市可以说是开发反义药物的一个里程碑。

将PS-ODN的5′端和3′端核苷酸中的2′氧进行烷基化修饰,开发出第二代反义核酸药物——混合骨架寡核苷酸(mixed-backbone oligonucleotide,MBO)。在反义作用的选择性、对核酸酶的稳定性、诱导RNase H的能力、组织分布的均一性和安全性等方面均有提高,显示出良好的应用前景。其他方式修饰的反义药物也正在开发之中,包括酰胺、短肽、磷酸酯等修饰。

3. 肽核酸

肽核酸是以肽链骨架代替核糖-磷酸骨架的DNA类似物,是通过计算机模拟设计出来的新型核酸类似物。以2-氨基乙基甘氨酸为骨架,4种碱基为侧链,碱基通过亚甲羰基与骨架相连,保持与天然核酸中相邻碱基间以及碱基与骨架间相近的键数目,相邻碱基间间隔6个键,碱基与骨架间为2～3个键。

肽核酸保留了与互补DNA或RNA杂交的性能,亲和力得到进一步提高。同时,其化学和生物学稳定性更强,不易被核酸酶和蛋白酶降解;从化学合成的角度看,更易进行大规模生产。这些特性表明肽核酸具有开发成新一代反义药物的潜力。

4. 核酶

核酶是一类具有催化活性的RNA分子,具有核苷酸水解活性,可特异性剪切RNA分子,相当于RNA酶。核酶可以调节基因的表达,在RNA的自我裂解、自我剪切、tRNA的转录后加工等过程中起重要作用。可用于药物的开发,抑制特定基因的表达。自从20世纪80年代初从四膜虫核糖体RNA前体中发现核酶以来,改变了长期以来认为酶必须是蛋白质的认识,促使人们重新审视生命的起源。

现已发现四类天然的核酶,第一是小分子核酶,主要在病毒或类病毒中发现,可以自我切割特定的磷酸二酯键,包括锤头状(hammerhead)核酶和发卡状(hairpin)核酶,是用做药物开发的主要类型。其他还有Ⅰ型内含子和Ⅱ型内含子核酶,相对分子质量较大,存在于一些低等真核生物和细菌的内含子中,可自我剪切,可被加工成反式作用的核酶。RNase P核酶来自大肠杆菌,具有tRNA前体加工活性。

核酶具有特定的催化域和底物结合域。底物结合域可通过碱基互补与靶序列结合,相当于反义RNA。而催化域可在特定位点剪切目的RNA。通过改变结合域的序列,核酶可切割特定序列的mRNA。锤头状核酶和发卡状核酶在用于治疗方面具有很好的可操作性。可以合成一段脱氧寡核苷酸,带有核酶的催化域序列(约20个核苷酸),两侧是能与目的mRNA杂交的序列。将这段核苷酸以双链形式克隆到真核表达载体,转染细胞后,经转录产生的核酶就能剪切目的mRNA,从而抑制相关基因编码蛋白的翻译。对于核酶药物来说,可同时使用针对不同位点的核酶,从而达到更好的效果。核酶用做药物还有一个优点,即不易引起动物或人的免疫反应。1990年利用核酶在体外培养细胞中成功抑制艾滋病病毒复制以来,已经开始逐渐在临床上试验抗病毒和抗肿瘤的疗效。

除了天然的核酶外,人们还创造了具有催化活性的脱氧核酶(deoxyribozyme,DNAzyme),通过合成随机寡核苷酸库,从中筛选到一个具有核酶活性的寡核苷酸。该寡核苷酸含一个由15个核苷酸组成的催化域，两侧是7～8个核苷酸的臂，与目标RNA互补配对。针对不同目的基因的脱氧核酶已经在体外和体内发生了酶学反应。脱氧核酶在作为一种新型反义治疗技术时，更容易合成，稳定性更强，催化活性更高。

二、核酸疫苗

1. 核酸疫苗的工作方式

核酸疫苗（nucleic acid vaccine）又称基因疫苗（gene vaccine）或DNA疫苗（DNA vaccine），是利用基因重组技术将编码抗原的基因装入载体，然后直接导入动物体内，通过机体细胞的转录系统合成蛋白，产生的蛋白作为抗原诱导免疫系统产生免疫应答，即通过细胞和体液免疫反应产生抗体，从而达到预防和治疗疾病的目的。

2. 疫苗载体

核酸疫苗是通过疫苗载体将抗原编码基因导入机体而激发免疫的。导入方式有多种，可将裸DNA直接注射到肌肉、皮下、黏膜或静脉内，或用脂质体包裹DNA后再注射，或将DNA用基因枪注入体内。还可通过去毒的内生细菌引导DNA进入体内。

进入体内的核酸必须表达出相应的蛋白抗原，才能发挥疫苗的作用。为此，疫苗载体起到重要作用。疫苗载体实际上是一种穿梭质粒载体，含有真核表达系统的启动子，如巨细胞病毒和猿猴病毒的启动子，以及应用于真核细胞的选择标记，如新霉素抗性基因或卡那霉素抗性基因。用于动物试验的载体还含有在哺乳动物细胞中复制的病毒复制区（如SV40病毒的复制单位）。为了提高其免疫原性，在载体中加入了具有强烈佐剂作用的CG序列。将以上功能单元装载在大肠杆菌克隆载体（主要含ColE1质粒或pMB1质粒复制区，以及氨苄青霉素抗性基因）上，便于制备。典型的核酸疫苗载体有pcDNA3.1，以及在此基础上去掉病毒复制单位并用双宿主可用的卡那霉素抗性基因替换氨苄青霉素抗性基因和新霉素抗性基因的改建载体pVAX1（图18-7）。

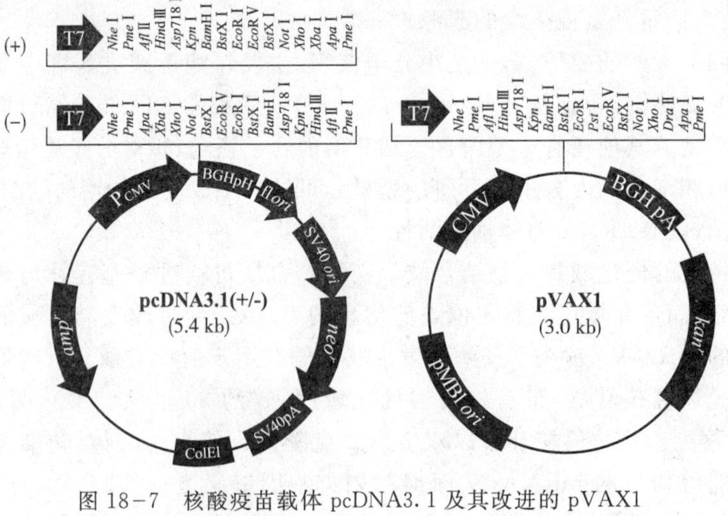

图18-7　核酸疫苗载体pcDNA3.1及其改进的pVAX1

改进的载体没有病毒复制区，选择标记改为卡那霉素抗性基因

3. 核酸疫苗的特点

由于核酸疫苗是一种新型疫苗，因此大多数疫苗还处于临床试验阶段，如针对乙型肝炎、丙型肝炎、流感病毒、艾滋病毒、结核杆菌和疟疾等核酸疫苗。预计不久的将来这些疫苗

将作为商品上市销售。

传统的疫苗是通过接种抗原诱导机体产生免疫反应的，而核酸疫苗是通过将编码抗原的基因导入体内，使机体产生抗原而诱导免疫反应。由此可以看出，与传统免疫的方法相比，核酸疫苗表现出明显的优点。第一，安全性好，没有感染的危险；第二，免疫效果好，核酸疫苗能在自身细胞中产生与自然抗原接近的外源性蛋白，能诱导产生类似自然抗原的免疫应答。例如被激活的细胞毒T淋巴细胞即可对细胞恶变进行免疫监视，又有助于清除病毒等胞内感染的病原体；第三，制备简单，只需对编码抗原的基因进行克隆，不需在体外表达和纯化蛋白质；第四，核酸疫苗的本质是核酸分子，因而不同于蛋白质和活疫苗，可以在室温条件下保存，不存在疫苗的冷藏和低温运输问题，从而保证DNA疫苗的高效接种率；第五，免疫应答持久，外源基因的不断表达可持续提供抗原。这些优点开辟了疫苗研制的新途径，引发了第三次疫苗革命。

三、RNA干扰

1. RNA干扰现象

RNA干扰（RNA interference，RNAi）是指对应于某种mRNA的正义RNA和反义RNA组成的双链RNA（dsRNA）分子使mRNA发生特异性降解，导致其不能表达的转录后基因沉默（post-transcriptional gene silencing，PTGS）现象。从酵母到哺乳动物的多种真核生物，如果蝇、蚯蚓、斑马鱼和小鼠中都能发现RNAi的存在。

RNAi发挥作用的过程可分为两个阶段，即起始阶段和效应阶段。在起始阶段，双链RNA分子进入细胞后被称为Dicer的核酸酶切割为21～23个核苷酸长的小分子干扰RNA片段（small interfering RNA，siRNA）。Dicer核酸酶属于RNaseⅢ家族，能够特异识别双链RNA，产生的小片段RNA的3′端都有2个突出碱基。然后双链siRNA与核酸酶结合形成RNA诱导沉默复合体（RNA-induced silencing complex，RISC）。随后进入RNA干扰效应阶段，即siRNA打开双链从而激活RISC，激活的RISC通过碱基配对与对应的mRNA结合，并在距离siRNA3′端12个碱基的位置切割mRNA。同时，siRNA可作为引物并以mRNA为模板合成新的dsRNA。这样又可进入上述循环，继续对目的mRNA进行切割，从而使目的基因沉默，产生RNAi现象（图7-8）。确切切割机制尚不明了，但每个RISC都包含一个siRNA和一个不同于Dicer的核酸酶。

对非哺乳动物细胞来说，用较长的dsRNA浸泡、注射或转染可直接诱导RNAi；而对于哺乳动物细胞，只有大约21个核苷酸的siRNA才能有效引发基因沉默。如果将目的基因的编码区（外显子）或启动子区，以反向重复的方式由同一启动子控制，转入体内，那么在转基因个体内转录出的RNA可形成dsRNA。

与其他几种进行功能丧失的技术相比，RNAi技术具有明显的优点，它比反义RNA技术和同源共抑制更有效，更容易产生功能丧失；与造成的功能永久性缺失技术相比，RNAi技术更受人们青睐。而且通过与细胞特异性启动子及可诱导系统结合使用，可以在发育的不同时期或不同器官中有选择地进行。

2. RNA干扰的应用

从理论上讲，RNAi技术能选择性地沉默基因组中任何基因的表达。在实验室中，RNAi已经被广泛用来研究生命现象的遗传奥秘，特别是在哺乳动物中抑制那些无法敲除的基因的表达，现已发展成为基因功能研究的有力工具。

同时，很多制药公司投入大量人力物力进行了RNAi药物的研发，或药物筛选。2004

年，Acuity Pharmaceuticals 公司向美国食品药品管理局（FDA）提交了有史以来第一个基于 RNA 干扰技术（RNAi）研制而成的药物 Cand5 的临床研究申请，该药物主要用来治疗湿性老年黄斑（wet AMD）和糖尿病患者的视网膜病变引起的失明。Cand5 为小分子干扰 RNA，通过 RNA 干扰机制关闭促进血管过度生长的基因表达，从而阻断刺激视网膜病变的血管内皮生长因子（VEGF）的生成。血管内皮生长因子是湿性老年黄斑和糖尿病患者视网膜病变发病时的一个主要刺激物，这两种病变是导致成人失明的主要原因。遗憾的是，在 2009 年 Cand5 的临床试验最后一期宣告失败。截止到 2012 年，虽然仍有不少有关癌症、哮喘以及其他疾病的临床试验在进行当中，但是没有一例 RNAi 药物被批准上市。RNAi 药物的潜力很大，人们正期待更多的 RNAi 药物进入临床研究。

四、基因治疗

1. 基因治疗的思想

基因治疗（gene therapy）是将目的基因放进特定载体中导入靶细胞或组织，通过替换或补偿引起疾病的基因，或者关闭或抑制异常表达的基因来克服疾病的治疗方法。目的基因导入靶细胞之后，或者与细胞染色体整合，稳定长期表达导入基因，或者位于细胞染色体外，短暂地表达导入的基因。广义的基因治疗还包括利用基因药物或核酸药物的治疗，而通常说的狭义的基因治疗是指用完整的基因进行基因替代治疗。由于癌变及遗传性疾病等是因体内某种基因缺乏、缺陷或突变引起的，因此对这种基因进行替代、修复和增补，能控制或治疗这些疾病，故称基因治疗。如果能够将变异或有缺陷的基因完全变为正常的基因，就像没有发生变异一样，那么就可从根本上治疗相关的遗传性疾病。虽然基因治疗主要针对遗传性疾病，但是同样可以用于治疗癌症、感染以及各种退行性疾病。

目前基因治疗的方式可分为下列几种：

(1) 基因补偿（gene addition）：基因补偿是把有正常功能的基因转入靶细胞，以补偿由于相应内源基因的缺失或突变失活所引起的某一活性蛋白缺失。

(2) 基因纠正（gene correction）或基因置换：基因纠正是切除原异常基因，以外源正常基因取而代之。

(3) 代偿性基因置换：代偿性基因置换是通过外源的基因导入，使正常基因表达水平超过原有异常基因表达水平，起到补偿作用。

(4) 基因修饰：基因修饰指特异地修饰变异基因序列而不附加注外源基因。

(5) 反义策略：反义策略是通过反义技术阻断变异基因为表达。

2. 基因治疗的实践

20 世纪 80 年代人们积累了许多动物基因治疗的资料和经验。经过长期审查，1990 年在美国实施了人类第一例基因治疗临床试验。患者是一位患严重综合性免疫缺陷症的 4 岁女孩，她从父母各继承了一个缺失 ADA（腺苷酸脱氨酶）基因的染色体，而 ADA 是免疫系统完成正常功能所必需的。

利用反转录病毒将含有正常人腺苷酸脱氨酶基因导入患者的淋巴细胞中，然后将这种淋巴细胞重新输入患者体内，患者症状得到明显改善，症状消失超过 10 年。该基因治疗的成功，导致世界各国掀起了研究基因治疗的热潮。此后又开展了一些针对不同疾病的基因治疗临床试验，如艾滋病、心血管疾病和癌症等。世界各国已提出近千个临床方案，各种病例近万个，并取得了一定疗效。

然而，1999 年一个患有鸟氨酸氨甲酰基转移酶缺陷症的 18 岁男孩，在基因治疗 4 天后死于严重的免疫反应。2002 年时，另外两名严重综合性免疫缺陷症孩童在接受治疗之后患上了白血病，导致该种治疗方法一度受到怀疑。由此促使人们理性看待基因治疗的效果，并展开更多的基础理论研究。

从 1990 年起基因治疗就有了临床试验，但一直没有一种安全有效的基因治疗药物被批准成为新药。2004 年 1 月 20 日，重组人 p53 腺病毒基因治疗药物在我国批准正式上市，同时也是世界上第一个获得国家批准的基因治疗药物。

3. 基因治疗的工作原理

(1) 目的基因导入人体的方法　目的基因导入人体的方法有 2 种。其一，离体法(*ex vivo*)，也称间接体外法。从机体内取出靶细胞进行体外培养，通过载体系统导入目的基因，获得“基因工程化的细胞”，经过体外的扩增后输回体内，第一个基因治疗病例就是采用这种方法。其二，直接体内法(*in vivo*)。直接将目的基因安装于特定的真核表达载体，导入人体内。操作相对简单，利于工业化生产，但是技术要求很高。基因导入系统是基因治疗的核心技术，可以是病毒型也可是非病毒型载体，甚至是裸 DNA。从已经使用的载体系统来看，反转录病毒载体占主要地位，但近来腺病毒载体也受到越来越多的重视。除此之外还有单纯疱疹病毒载体和人工染色体载体等。

(2) 腺病毒载体　腺病毒(adenovirus)在自然界广泛存在，主要感染胃肠道和呼吸道。病毒粒子为无囊膜二十面体结构，直径为70～90 nm。基因组为双链 DNA，约 36 kb。基因组两端各有一个100～160 bp 的反向末端重复序列(inverted terminal repeat，ITR)，5′端(194～385 bp)是病毒的包装信号，ITR 和包装信号是病毒基因组复制和包装必不可少的顺式功能元件，长度不到 1 kb，是病毒的基本结构。除此以外的病毒基因组都可以被置换，其间含有编码复制和转录所需要酶的基因(如早期转录区 E1、E2、E3、E4)以及病毒的结构蛋白的基因(参见图 17-4)。

将外源目的基因替换基因组的 E1 区或 E3 区，就构建成了复制缺陷、非辅助病毒依赖型载体，最大可装载 8.5 kb 外源基因片段。由于 E1 区缺失，造成病毒复制缺陷，另一方面也避免了 E1 基因产物对细胞的转化作用，在基因治疗中比较安全。这类载体统称为第一代载体，是临床试验中的主要载体。

通过直接连接或同源重组的方式，可将目的基因插入病毒基因组中，获得重组载体。在制备这类载体时，通过感染能表达 E1 区的辅助细胞来获得重组病毒。常用的辅助细胞有人胚胎肾细胞 293，该细胞经腺病毒 5 的 DNA 片段转染后，在基因组中含有 E1 区片段，可持续表达 E1 区蛋白。

缺失其他转录区，或缺失大部分或全部转录区的微载体系统，可在一定程度上克服第一代载体的不足，现已开发出第二代和新型载体，预计在不久的将来可用于临床试验。

4. 基因治疗药物

基因治疗药物的数量并不多，其中重组人 p53 腺病毒基因治疗药物是我国也是世界上第一个获得国家批准的基因治疗药物。其商品名为“今又生”(Gendicine)，是一种经过基因工程改造、具有感染活性的腺病毒颗粒，以注射液形式存在，主要用来治疗头颈鳞癌、前列腺癌和非小细胞肺癌等癌症。该腺病毒 DNA 由载体和目的基因两部分组成，其一是目的基因，是称为 *p53* 基因的抑癌基因。p53 蛋白是一个调节因子，半衰期甚短，而且极不稳定，能调控细胞周期中的增殖细胞，能控制 G_0 或 G_1 期细胞进入 S 期，从而抑制细胞的增殖。正常的 *p53* 基因监视着细胞基因组的完整性，当 DNA 遭受损伤时使 DNA 复制终止，提供足够的时间修复损伤的 DNA。若 DNA 修复失败，通过程序性细胞死亡机制，使具有癌变倾向的细胞死亡。若 *p53* 基因发生突变，除半衰期延长，丧失正常监视功能外，还可能加剧细胞的癌变。人类 50%以上的肿瘤与该基因的变异有关。其二是病毒载体。载体源于腺病毒 5 的 DNA，可以有效地将 *p53* 基因转入肿瘤细胞内，特异地引起肿瘤细胞程序性死亡或者抑制肿瘤细胞的活性，但是对正常细胞基本无影响，而且该改造腺病毒在体内对细胞只发生一次感染，不能繁殖，安全性高。

欧洲药品管理局(EMA)以及美国食品药品监督管理局(FDA)对基因疗法药物的上市申请审批非常谨慎。2012 年 7 月，欧洲药品管理局才批准推荐了第一个基因疗法药物 Glybera，在此之前 EMA 和 FDA 并未批准其他基因疗法药物的上市申请。Glybera 主要适用于脂蛋白脂酶缺乏(lipoprotein lipase deficiency)的患者。脂蛋白酯酶缺乏是一种极为罕见的遗传缺陷病，患者体内的血液无法承受任何脂肪颗粒，而且这类患者在饮食方面禁食正常餐饮，因为患者容易出现各种急性胰腺癌病症。

虽然基因治疗药物开发难度大，审批管理严格，作为一种全新的医学生物学概念和治疗手段，基因治疗正逐步走向临床，并将推动 21 世纪医学的革命性变化。

思　考　题

1. 基因工程药物包含哪些种类？
2. 你所认识的合成生物学有哪些特征？
3. 基因工程蛋白多肽药物的生产方式有哪些？
4. 核酸药物有哪些类型，如何制成药物？
5. 基因工程抗体有哪些表现形式，各有何特点？

主要参考文献

1. Ajikumar P K, Xiao W H, Tyo K E, *et al*. Isoprenoid pathway optimization for Taxol precursor overproduction in *Escherichia coli*. Science, 2010, 330(6000): 70-74

2. Glick B R, Pasternak J J. 分子生物技术——重组 DNA 的原理与应用. 3 版. 陈丽珊，任大明译. 北京：化学工业出版社，2005

3. Hendrie P C, Russell D W. Gene targeting with viral vectors. Molecular Therapy, 2005, 12(1): 9-17

4. Ro D K, Paradise E M, Ouellet M, *et al*. Production of the antimalarial drug precursor artemisinic acid in engineered yeast. Nature, 2006, 440(7086): 940-943

5. 顾健人，曹雪涛. 基因治疗. 北京：科学出版社，2002

6. 李元. 基因工程药物. 2 版. 北京：化学工业出版社，2007

7. 李忠明. 当代新疫苗. 北京：高等教育出版社，2001

8. 马大龙. 生物技术药物. 北京：科学出版社，2001

9. 吴梧桐. 生物技术药物学. 北京：高等教育出版社，2003

10. 中华人民共和国科学技术部农村与社会发展司、中国生物技术发展中心. 中国生物技术发展报告. 北京：中国农业出版社，2011

11. 朱玉贤，李毅. 现代分子生物学. 3 版. 北京：高等教育出版社，2007

(赵昌明　孙明)

第十九章

基因工程产品的安全评价及其管理

转基因技术发展的30余年来，利用转基因技术打破了不同物种之间天然杂交的屏障，实现物种间的基因转移，使作物获得新的优良性状，从而使得遗传资源获得了极大丰富，加快育种进程。但所产生的基因工程产品也可能对微生物、动植物、人类及其生态环境构成危险或潜在风险，产生生物安全问题。为此，应该重视转基因产品的安全评价和积极管理。

第一节　基因工程产品的安全评价

一、DNA重组生物安全准则

随着基因工程的诞生，关于基因工程的生物安全性的争论就开始了。特别是在1973年当科学家在大肠杆菌中表达了一个来自沙门氏菌的基因，就引发了更大规模的关于DNA重组技术生物安全性争论，激起了人们对DNA分子体外重组的转基因安全性的深入思考。人们对此类重组试验主要的担忧在于：有可能使微生物获得危险的外源基因如抗生素抗性基因，或者通过重组试验，将一些不能或难以感染人类的病毒引入人类体内，扩大癌症及其他疾病的发生范围以及一些无法预知的潜在危险，而给人类带来巨大灾难。1975年的阿西拉玛大会上，科学家建议政府对重组DNA相关研究进行监管。1976年6月美国国立卫生研究院(NIH)制订并正式公布了“重组DNA研究准则”(以下简称“安全准则”)，对于有关DNA重组技术的实验做了严格的限定。安全准则规定了禁止若干类型的重组DNA实验，建立了物理防护(P1、P2、P3和P4，四个生物安全等级)和生物防护(EK1、EK2、EK3，三个不同等级)两个方面的实验安全防护统一标准。一年后，随着安全寄主-载体系统的建立，DNA重组的工作蓬勃发展起来，目前每天在全世界各个实验室进行的有关微生物DNA的重组试验数以万计，特别是基因组文库和表达性cDNA文库的构建技术，几乎将所有的真核生物的基因转入微生物中，就目前来看进行此类试验还未带来任何危险性的后果。

二、转基因生物产品的安全评价原则

转基因产品具有潜在的巨大的经济效益，但同时也可能存在一定的风险性，因此建立合理的风险评价是科学管理的基础。GM(genetic modified)生物产品安全性的风险评价原则包括熟知性原则、实质等同性原则、个案分析原则、预防原则等等。目前普遍采用实质等同性原则和个案分析的原则。实质等同性原则是GM生物产品与常规生物产品比较是否具有实质等同性。个案分析的原则主要针对不同基因、不同转化事件、不同环境条件作个案分

析。熟知性原则指为了促进转基因技术及其产业发展的一种灵活利用，可以根据所评价转基因生物及其安全性的历史使用情况来决定是否可以采取简化的评价程序，但实际而言该定义无法精确。预防原则是指在科学上不确定时，可以采取预防为主的措施，但是该含义和寓意却被越来越多地被生物技术产品进口国用做有效的非关税贸易壁垒措施，所以对这两个原则，特别是预防原则，目前仍有很大的争论。

1. 转基因微生物的安全性评价规范

1978 年，Genetech 公司宣布利用重组 DNA 技术创建了一个新的大肠杆菌菌株，用于生产人胰岛素。目前转基因微生物的最主要用途是作为生物反应器，在工业生产和医药领域包括生产胰岛素、凝血因子、人生长激素以及疫苗等。任何转基因微生物产品在商业化使用前，应经过严格的安全评价，其中包括受体安全性评价；基因操作中的安全评价；遗传工程体安全性评价；遗传工程产品安全性评价；释放规定点安全性评价；实验方案安全性评价。

2. 转基因动物的安全性评价规范

美国食品药品监督管理局(FDA)于 2009 年批准了世界首例用于商品化生产的转基因动物——能够生产抗凝血酶的转基因山羊。转基因动物的生物安全性评价主要包括三个方面：①转基因动物的健康状况，分别从插入序列自身的分子特征，插入到基因组后从 DNA、RNA 和蛋白表达的安全性评估；产生的遗传修饰是否对转基因动物自身代谢、生长发育、生殖及免疫等的影响。②从环境角度考虑转基因动物逃逸对环境的影响；基因水平转移对环境微生物生态和体内共生菌群结构的影响；疾病传播。③转基因家畜与食品安全，营养学、毒理学、致敏性、加工和运输安全性评估。

3. 转基因植物的安全性评价规范

转基因植物安全评价和转基因动物安全性评价相似，主要也是三大方面：①受体植物的安全性评价，包括受体植物的背景资料、生物学特性、生态环境、遗传变异性等。②基因操作的安全评价，分子特征(DNA、RNA 和蛋白质水平)分析。③转基因植物的安全性评价，包括遗传稳定性、基因表达与性状表现的稳定性，转基因植物与受体或亲本植物在环境安全性方面的差异，尤其是遗传物质向其他植物、动物、微生物发生转移的可能性，对生态环境的影响，对人类健康影响包括毒性、过敏性、营养成分(脂质、蛋白质、糖类、矿物质和维生素等)，抗生素抗性等。

总结而言，转基因产品的安全性评价主要是从人体健康、农业生产和生态平衡三个方面评价转基因生物产品的潜在影响。

第二节　基因工程产品的安全性管理类型

事实上针对转基因生物可能存在的风险，各国政府和科学家均制定了符合科学道理，适合各国国情的法律、法规，对每一例转基因产品在准予商业化生产之前都必须经过严格的检测和审批。国际上农业转基因生物安全管理没有统一的模式，对转基因生物的管理条例大体上可以分为三类：一类是以美国、加拿大等转基因产品生产和出口大国为代表。认为转基因产品的安全性与传统生物技术没有本质区别，管理应针对生物技术产品，而不是生物技术本身。第二类是以欧盟为代表，认为基因重组体技术本身具有潜在的危险性，只要与基因重组相关的活动，都应进行安全性评价并接受管理。第三类是介于两者之间的，对生物安全问题始终给予密切关注和高度重视，并陆续出台了一些政策、法规，但不搞一刀切。

1. 美国为代表的转基因生物安全管理模式

美国是最早对转基因生物实施法规管理的国家，美国政府从1983年起就设立专项研究基金，对GM植物等生物技术产品的生物安全研究给予持续、重点的支持，目前美国拥有先进的GM农产品安全评价的设施。但是在GM农作物安全管理以产品的特性和用途为基础，未单独立法。美国农业部(USDA)、食品药品监督管理局(FDA)、环境保护局(EPA)等管理部门不指导科学审议，制造商也无需向食品、药品部咨询(申请是自愿的)。但是生产者有确保他们的食品是安全的，并符合法律要求的义务。FDA认为，在研究和开发的早期阶段，要求生产者用新技术来证实产品的安全及管理方面的问题，是一件荒谬的事情。同时在转基因产品标识上，FDA要求食品的标签应真实、不误导，2001年颁布新指南，提出可对生物技术食品做自愿标识。

2. 欧盟转基因生物安全管理模式

欧盟对于GM植物的管理是非常严格的，欧盟在各成员国先后设立研究基金的基础上，于1991年启动生物安全研究项目，1999年在实行的第五个研究框架中继续将生物安全作为重点研究项目。德国、法国、波兰、意大利、挪威、瑞士、立陶宛等国家的数十名科学家纷纷加入GMO(genetic modified organism)安全评价的工作。日常管理由欧洲食品安全局(EFSA)及各成员国政府负责。颁布的《转基因食品及饲料条例》、《转基因生物追溯性及标识办法以及含转基因生物物质的食品及饲料产品的追溯性条例》规定，对于转基因产品需要进行全面强制性标识。获得欧盟核准的转基因食品和饲料，只要转基因成分含量超过0.9%产品就必须进行转基因标识，对转基因产品实行从农田到餐桌的全过程管理。目前共有两种转基因作物获准在欧盟种植，分别是美国孟山都公司的MON810转基因玉米和德国巴斯夫公司的Amflora转基因土豆。此外，包括NK603转基因玉米在内的44种转基因作物获准进口到欧盟销售，品种涵盖棉花、大豆、油菜、土豆和甜菜等。

3. 中国基因工程产品的安全性管理模式

与世界上许多发达国家一样，我国政府在高度重视转基因技术研发的同时，也十分重视转基因农作物的安全性评价和管理。原国家科委于1993年就颁布了《基因工程安全管理办法》，为我国转基因生物安全管理提供了基本框架。根据这一基本框架，农业部于1996年颁布了《农业生物基因工程安全管理实施办法》，1997年又发布了《关于贯彻执行〈农业生物基因工程安全管理的实施办法〉的通知》，并于同年成立了“农业生物基因工程安全委员会”和“农业生物基因工程安全管理办公室”。2001年国务院又颁布了《农业转基因生物安全管理条例》，使得我国对转基因生物的安全管理更加完善具体。这些法规所管理的农业转基因生物包括转基因动植物(含种子、种畜禽、水产苗种)和微生物，转基因动植物、微生物产品，转基因农产品的直接加工品，含有转基因动植物、微生物成分的产品(种子、种畜禽、水产苗种、农药、兽药、肥料和添加剂等)。在管理上，制定了农业转基因生物安全评价制度、转基因种子、种畜禽、水产苗种生产许可证制度、农业转基因生物经营许可证制度、农业转基因生物标识制度、农业转基因进口管理制度等一系列的制度。

根据受体的生物学特征和基因操作对生物体安全等级的影响，将农业转基因生物安全性分为：尚不存在危险、具有低度危险、具有中度危险、具有高度危险等四个等级。评价过程分为五个阶段：实验研究、中间试验、环境释放、生产性试验和生物安全证书。一个转基因农作物完成全部管理程序一般需要至少6～8年时间。

对于农业转基因生物标识，对于列入标识管理目录并用于销售的农业转基因生物，应当进行标识；未标识和不按规定标识的，不得进口或销售。第一批实施标识管理的农业转基因生物目录为：大豆种子、大豆、大豆粉、大豆油、豆粕；玉米种子、玉米、玉米油、玉米粉；油菜种子、油菜籽、油菜籽油、油菜籽粕；番茄种子、鲜番茄、番茄酱。

从主要国家和地区对GM产品态度，我们不难看出这些政策的出台，更多是考虑经济、贸易的因素，而不是科学、技术本身。对美国、加拿大等主要GM产品出口国而言，由于本国公司在基因技术上投下巨资，技术领先，并已在国内进行大规模商业化应用，为了保护本国利益，他们在GM产品的管理比较宽松，反对欧盟等国提出的限制GM产品贸易的"预防原则"，斥之为变相的保护主义。欧盟诸国由于深受疯牛病、口蹄疫之苦，消费者对食品安全的高度关注和绿党等环保力量的强大，使政府在GM产品的贸易问题上不敢退让，他们主张对GM产品的贸易采取"预防原则"。广大发展中国家既期望基因技术能解决他们面临的粮食问题，推动经济增长，又深恐由于本国缺乏技术和管理能力，沦为跨国公司GM产品的安全试验场，使本国最先面临由GM产品带来的风险和威胁。因此处在一种矛盾中，摸着石头过河。然而一个国家的政策会给GM产品交易带来极大的影响，譬如在2002年元月7日我国政府发布《转基因生物安全管理条例》实施细则的当天，大连商品交易所大豆期货价格迅速涨停，而随后美国芝加哥商品交易所的大豆期货价格亦大幅上扬。

第三节 基因工程技术安全性探讨及其产品的发展前景

随着转基因技术的不断发展和完善，转基因生物产品及转基因食品愈来愈多，关于转基因产品的安全性争论也已经引起国内外各界人士的广泛关注，特别是媒体的强力介入对这场争论起了推波助澜的作用，吸引了包括科学家、经济学家、伦理学家、企业家和政府首脑以及普通民众的积极参与。的确，面对目前全球已有1.6亿公顷种植面积的转基因作物，种子销售额高达132亿美元以上的现实(James，2011)，不论是反对者还是赞成者都不能视而不见。如何站在科学的立场辨证地看待和分析这起争论，不仅关系到基因工程技术的深入研究，而且直接影响到生物技术产业的发展。

在回答这个问题之前，首先要区分两个不同的概念，一是风险，二是有害或危害。风险是指潜在的或可能发生的对环境和人类健康的危害；而有害则是已经被科学证明，对环境和人类健康具有危害的客观事实。现在许多媒体都把这两个概念混淆起来，一讲到转基因生物，就只凭臆测，不加分析也不根据科学事实，把它说成是"洪水猛兽"，"危害巨大"、"甚至会影响到子孙万代"。这对不明真相的公众来说是一种误导！其次，要说明的是，安全性或风险性是一个相对的、动态的概念。今天科学上认为是安全的，明天可能会发现不安全的因素；今天认为不安全，随着科技的进步，明天会找到新的技术消除其不安全因素，化有害为有利。事实上，任何人类活动都有风险，任何科学技术发明都是一把双刃剑，既有有利的一面，也有不利的一面，最重要的是要权衡利弊，取其利，避其弊。电器、汽车、飞机、青霉素等等都不是绝对保险，触电伤人、汽车尾气造成空气污染、空难以及青霉素过敏等事件人们已经是屡见不鲜。

1. 外源基因发生"异源重组"或"异源包装"的可能性探讨

基于病毒的特性，一种病毒的外壳蛋白有可能可以包装另一种病毒来源的核酸，而产生一种新病毒。而在转基因工程菌中，在筛选压力下，外源基因可以通过重组整合质粒中。①因此公众会担心转基因生物中会发生"异源重组"或"异源包装"，从而产生具有"超级抗性"的病原微生物危害人类健康或是产生新的农作物病原物。此类现象在试验室中通过高强度的筛选压力曾获得验证，但转基因产品的商业化发展至今，目前在田间试验中尚无报道。同时要说明的是微生物的异源重组在自然界长期进化过程中是广泛发生的，因此可认为转基因产品并不是该现象产生的直接原因。②外源基因发生“异源重组”或“异源包装”是否会进入人的遗传体系中。但专家们认为这种可能只是在理论上具有极小的概率。随着“Marker-free 技术”及更安全的标记基因的使用，这种担忧可被解除。

2. 转基因食品的毒性，过敏性反应的可能性探讨

关于毒性问题目前只有一些相关的动物试验报道，尚无关于人体的研究报告。转基因食品引起人体过敏性反应的发生概率相对可能高一些，但与之相应的过敏源检测和安全管理也更加完善和严格。

3. “超级杂草”和“超级害虫”的可能性探讨

人们会担心出现具有多种抗性基因的作物花粉与近缘属杂交，导致“超级杂草”的产生，同时也担心出现具有高度抗药性的农业“超级害虫”。关于此类问题的报道具有一定的实验依据，但随着科学技术的进步可以通过转双价基因和一定的种植手段逐步解决，另一方面，具有抗性的杂草或害虫出现不仅仅是由于转基因作物的种植，除草剂和农药的使用也同样会使杂草的耐除草剂和害虫的抗药性增强，这是人工选择抗性突变体的结果。

4. 保护生态平衡的探讨

保护生态平衡是目前全球最为关注的话题之一。在生物进化过程中，不同物种之间的遗传物质交流是极为缓慢的，而目前人们担心转基因生物的释放会对人类的生存环境产生不利影响：①转基因技术的应用是否会通过“基因交流”的频率成倍提高，从而提高相关物种的生存竞争性、杂草性和入侵性。我国以华南生态区为代表，研究了转耐除草剂基因 bar 的粳稻作花粉供体，模拟大田生产存在花粉竞争条件下，研究了转基因向籼稻、杂交稻不育系、杂交稻品种和普通野生稻等 8 个受体材料的基因漂流。研究发现，GM 作物的基因漂流与常规作物一致，对不同的受体的发生基因漂流的潜在环境风险有高有低。②对非目标生物的危害是否直接或间接影响生物的多样性的保护。研究人员用转 Bt 基因玉米以及用转基因马铃薯进行的试验表明，转抗虫基因作物在降低虫害的同时，也会对有益昆虫的种群产生不良的影响。但英国耕地研究所(IACR)于 1999 年的研究认为，Bt 蛋白对小菜蛾寄生蜂的生存并无直接的不利影响。2012 年，中国农业科学院在 *Nature* 上发表文章，根据可追溯到 1990 年的 36 个地点的数据认为 Bt 棉花不光有效控制了棉田棉铃虫种群，也明显减轻压低了其他作物上的虫源基数，同时促进了昆虫天敌回归，为转基因棉花及周围的田野提供了有效的生物学虫害防治。因此，对该问题更长期和更具体地进行研究将是十分必要的，而且个案之间存在一定差异也是完全可能的。

目前围绕基因工程技术及其产品引发的争论，并不仅仅是基因工程技术发展过程中的独有现象。纵观历史上科学技术的产生和发展过程，不难发现，任何新技术的形成与发展都不可避免地要受到社会因素的影响。社会需求引导了它的出现，社会生产、生活中的应用推动了它的发展，不同社会意识形态之间相互斗争的结果决定了它的发展方向，这一过程并不是事先可以预测的。

5. 转基因产品的发展前景

我们应当看到，基因工程技术及其产品具有无限的社会需求，它被人们寄予着缓解饥饿与贫穷的沉重期待，也凝聚着人们改善生活质量，提高生活水平的美好憧憬，这就是它赖以存在与发展的意义所在。目前在遗传改良领域，转基因技术的发展趋势在转基因产品获得的外源性状由“单抗”逐渐向“双抗”，“多抗”发展；功能也从增加抗性逐步向改善品质以及附加功能方向发展，包括提高营养元素、生产生物燃料。针对自身的不足，转基因技术也在不断完善，包括发展无标记转基因技术，有助于进一步降低安全性风险；发展多基因转化技术改良代谢性状；发展组织特异性表达技术，实现在食用部位无转基因产物，消除部分人群因食用转基因产物而产生的安全性顾虑；发展植物质体转化方法，利用大部分高等植物质体的母性遗传，避免转基因通过花粉漂移。

如果害怕以基因工程技术为主的生物技术研究可能带来的负面效应，而禁止其发展，必将蒙受巨大损失，甚至在国际竞争中败下阵来。对于任一项科学技术，零风险是不存在的，也没有什么绝对安全。但是，因噎废食，无所作为才是最大的风险。

附录　转基因农作物产品的安全性争论事件

作为高技术试验品的转基因农作物，在其进入公众日常生活中，因与人类休戚相关的安全性问题在全球范围内广受争议，充满坎坷。对几个引起较大反响的事件，在一些科学家和民间组织的参与下，经过重要媒体、杂志的渲染而显得扑朔迷离，使得不知真相的民众忧心忡忡。站在科学的立场上，辨证分析这些事件是十分必要的。

一、食用安全争议事件

Pusztai 事件：1998 年秋天英国 Rowett 研究所的 Pusztai 博士在研究成果未发表的情况下，在英国电视台发表讲话，声称大鼠食用了转雪花莲凝集素基因的土豆后，导致体重和器官重量减轻，免疫系统受到了破坏，并且认为"这些症状不是食用凝集素的结果，而是转基因过程中的 DNA 结构所导致"。此事首次引起国际轰动。绿色和平组织、地球之友等反生物技术组织把这种土豆说成是"杀手"，并策划了破坏转基因作物试验地等行动，焚烧了印度的两块试验田，甚至美国加州大学戴维斯分校的非转基因试验材料也遭破坏，以致研究生的毕业论文答辩都无法进行。英国皇家学会对此非常重视，组织了同行评审，并于 1999 年 5 月发表评论，指出 Pusztai 的试验有六方面的错误，即：不能确定转基因和非转基因马铃薯的化学成分有差异；对实验用的大鼠，仅仅食用富含淀粉的土豆，未补充蛋白质以防止饥饿；供试动物数量少，饲喂几种不同的食物，且都不是大鼠的标准食物，没有统计学意义；试验设计差，未作双盲测定；统计方法不当；试验结果无一致性等。可以说设计不科学，实验过程错误百出，试验结果无法重复，因此结果和相应的结论根本不可信。

巴西坚果事件：大豆营养丰富，富含氨基酸，但缺乏硫氨基酸。巴西坚果中具有一种富含甲硫氨酸和半胱氨酸的蛋白质(2S albumin)。当美国先锋公司的研究人员对自行研发的转 2S albumin 基因的转基因大豆进行安全测试时，发现对巴西坚果过敏的人同样对这种大豆过敏，认为蛋白质 2S albumin 可能正是巴西坚果中的主要过敏原。因此先锋种子公司立即终止了这项研究计划，但事后一度被宣传为"转基因大豆引起食物过敏"，作为反对转基因的一个主要事例。但是实际上，该事件恰恰是因转基因蛋白属于过敏原未被商业化的转基因案例，体现对转基因植物的安全管理和生物技术育种技术体系具有自我检查和自我调控的能力，能有效地防止转基因食品成为过敏原，确保食物安全。

法国孟山都转基因玉米事件：2007 年和 2009 年，法国卡昂大学的 Seralini 及其同事发表文章认为，将 3 种孟山都公司的转基因玉米连续喂食大鼠 3 个月，能让大鼠的肝脏、肾脏受损。文章发表后，受到了同行科学家及监管机构的批评，他们指出，该论文仅仅列出了数据的差异，并没有给予生物学或毒理学上的解释，而且这种差异只是反映在某些实验用老鼠和某个时间点上，不具有一致性，他们仅仅是对数据选择了不合适的，不被同行使用的统计方法对孟山都公司之前的实验数据重新分析。2012 年 9 月，Seralini 等再次在英国期刊《食品和化学毒物学》刊登了一份类似研究报告，指出喂食美国孟山都公司 NK603 转基因玉米的实验鼠寿命比正常实验鼠短，且前者出现肿瘤的几率更高。但根据 10 月 4 日欧洲食品安全局公布的初步调查结果，认为这项研究的目标不明确，实验设计、指导和数据分析方面的诸多重要细节被省略，仅凭报告中给出的信息并不能得出相关结论。10 月 22 日法国生物技术最高委员会和国家卫生安全署先后否定了关于美国孟山都公司 NK603 转基因玉米致癌的研究结论，同时也建议对转基因作物的长期影响进行研究。

奥地利孟山都转基因玉米事件：2007 年，奥地利维也纳大学 Juergen Zentek 领导的研究小组发现，经过 20 周的观察之后，孟山都公司研发的抗除草剂转基因玉米 NK603 和转基因 Bt 抗虫玉米 MON810 的杂交品种对老鼠的生殖能力存在潜在危险。然而事实上，Zentek 博士自己也表示，其研究结果很不一致，显得十分初级和粗糙，后在国际同行认可的专家以及欧洲食品安全部评价转基因安全性的专家组认为该研究存在严重错误和缺陷，不能支持任何关于食用转基因玉米 NK603 和 MON810 对生殖产生不良影响的结论。

俄罗斯之声转基因食品事件：2010 年 4 月，俄罗斯广播电台俄罗斯之声以《俄罗斯宣称转基因食品是有害的》为题报道一则新闻。宣称"Severtsov 生态与进化研究所的 Alexei Surov 博士介绍说，用转基因大豆喂养的仓鼠第二代成长和性成熟缓慢，第三代失去生育能力。法国政府立即禁止了转基因玉米的生产和销售"。然而实际是，该事件没有在任何学术期刊上发表过，也没有任何研究简报或新闻表明 Alexei Surov 博士写过这样的信息。同时新闻将"一个俄罗斯人宣称"上升到"俄罗斯宣称"也是完全夸大，至于新闻中还提到的法国禁止转基因玉米的生产和销售也是与事实不符的，在 2004 年 5 月欧盟就已经决定允许进口转基因玉米在欧盟境内销售。

广西迪卡 007/008 玉米事件：2010 年 2 月，一篇署名为张宏良的题为《广西抽检男生一半精液异常，传言早已种植转基因玉米》的帖子在网络上传播，作者显然试图将广西大学生精液异常与种植转基因玉米这两件事联系起来，从而引发了不少公众对转基因产品的恐慌。然而，从了解的情况来看，该帖子是依据两个材料，一是网络报道称"从 2001 年至今广西推广上千万亩美国孟山都公司的迪卡系列 007/008 转基因玉米"，二是广西新闻网 2009 年 11 月的报道，广西在校大学男生过半抽检男生精液不合格。但是，第一个说法不属实，经孟山都公司、广西种子管理站和农业部证实迪卡 007/008 为传统的常规杂交玉米，而不是转基因作物品种。第二个关于广西大学生精液异常的材料有明确出处，来自《广西在校大学生性健康调查报告》，但是在报告中研究者根本没有提出精液异常是与转基因相关的观点，而是列出环境污染、食品中大量添加剂、长时间上网等不健康的生活习惯等因素。可见这一事例是一则虚假新闻。

2010 年先玉 335 事件：2010 年 9 月 21 日，《国际先驱导报》发表调查文章称，山西、吉林等地老鼠变少猪流产等异常与动物吃过的食物——先玉 335 玉米有关，而先玉 335 玉米为转基因品种。可实际上通过调查发现：①杜邦公司的先玉 335 并不是转基因玉米，而是通过国家品种鉴定的杂交品种；②母猪产仔少，不育、流产的情况与本地实际严重不符；③而老鼠变少变小则是由于农村基础建设和住房成为水泥结构等环境因素造成。

二、生态安全事例

斑蝶事件：1999 年 5 月，康奈尔大学的一个研究组在 *Nature* 杂志上发表文章，声称转基因抗虫玉米的花粉飘到一种名叫"马利筋"的杂草上，用马利筋叶片饲喂美国大斑蝶，导致 44% 的幼虫死亡。事实上，这一实验结果在科学上没有说服力。因为试验是在实验室完成的，且没有提供使用花粉量的数据。现在这个事件也有了科学的否定结论：第一，玉米的花粉较重，扩散不远，在玉米地以外 5 米，每一平方厘米马利筋叶片上只找到一个玉米花粉。第二，2000 年开始在美国和加拿大进行的田间试验都证明，抗虫玉米花粉对斑蝶并不构成威胁，实验室的试验中用 10 倍于田间的花粉量来饲喂大斑蝶的幼虫，也没有发现对其生长发育有影响。斑蝶减少的真正原因，一是农药的过度使用，二是墨西哥生态环境的破坏。

墨西哥玉米事件：2001 年 11 月，美国加州大学伯克利分校的两位研究人员在 *Nature* 上发表文章，声称在墨西哥南部 Oaxaca 地区采集的 6 个玉米地方品种样本中，发现有 CaMV35S 启动子及诺华种子公司(Novartis) Bt11 抗虫玉米中的 *adh1* 基因相似序列。绿色和平组织借此大肆渲染，说墨西哥玉米已经受到了"基因污染"，甚至指责坐落于墨西哥的国际小麦玉米改良中心(CIMMYT)的基因库也可能受到了"基因污染"。文章发表后受到很多科学家的批评，指出其在方法学上的许多错误。所谓测出的 CaMV35S 启动子，经复查证明是假阳性。所称 Bt 玉米中的 *adh1* 基因已经转到了墨西哥玉米的地方品种，也是假的。因为转入 Bt 玉米中的基因序列是 *adh1 -1S* 基因，而作者测出的是玉米中本来就存在的 *adh1 -1F* 基因，两者的基因序列完全不同。显然作者没有比较这两个序列，审稿人和 *Nature* 编辑部也没有核实。对此，*Nature* 编辑部后来发表声明，称"这篇论文证据不足，不足以证明其结论，原本不应该发表"。墨西哥小麦玉米改良中心(CIMMYT)也发表声明指出，经对种质资源库和新近从田间收集的152份材料的检测，在墨西哥任何地区都没有发现CaMV35S启动子。之后也有研究者报道检测到35S启动子，但承认由于取样方式和试验方法的不同而导致结果不一致，故该事件目前仍没有定论。遗憾的是绿色和平组织不以科学为基础，对科学的结果至今仍只字不提。当然，转基因玉米和栽培玉米之间发生基因漂流是可能的，但这不能渲染为"基因污染"，并作为禁止转基因作物的理由。

加拿大"超级杂草"事件：有研究报道，在加拿大的油菜地里发现了个别油菜植株可以抗一种、两种，甚至三种除草剂，因而把其称之为"超级杂草"。在美国，也有报道发现了抗草甘膦的棉花应当指出的是，"超级杂草"并不是一个科学术语，而只是一个形象化的比喻，目前并没有证据证明已经有"超级杂草"的存在。事实上，这种油菜在喷施另一种除草剂2,4-D后即被全部杀死。而这种基因漂移并不是从转基因作物开始，它是生物进化组成部分。例如，小麦是由A、B、D三个基因组组成的异源六倍体，它是由分别带有A、B、D基因组的野生种经过基因漂移合成的。所以，以此来禁止转基因作物，也是没有道理的。即使发现有抗多种除草剂的杂草，人们还可以研制出新的除草剂来消除它们，科学进步的历史就是这样。当然，油菜是异花授粉作物，通过虫媒传粉，花粉传播距离比较远，且在自然界中存在较多的相关物种和杂草，可以与转基因油菜发生极小机会的远缘杂交，因此，对其可能发生的基因漂移现象进行跟踪研究是必要的。

上面的例子从另一方面说明，随着转基因产品的商业化，对于转基因生态安全的研究就已经在全世界范围内同步展开。近年来，中国农业科学院的吴孔明研究员所带领的研究小组在*Science*和*Nature*上连续发表两篇关于中国转基因棉花的生态安全性论文。根据可追溯到1990年的36个地点的数据，他们系统比较了Bt棉花种植前、种植期间及种植后害虫和天敌的种群动态。证明了Bt棉花在我国多作物生态系统中控制棉铃虫危害的有效性：不仅有效控制了棉田棉铃虫种群，也明显减轻压低了其他作物上的虫源基数，同时促进了昆虫天敌回归，为转基因棉花及周围的田野提供了有效的生物学虫害防治。

因此，我们一方面应认识到转基因产品的商业化不可逆转，另一方面科研人员也应从安全性方面着手，力争从转基因产品对人类、生态等方面多层次、多角度地进行研究，建立科学的生物安全评价指标体系。

思考题

1. 简述基因工程产品的安全性评价原则，你如何看待基因工程产品的安全性问题？
2. 根据我国基因工程研究的现状，你如何认识管理和发展的关系？
3. 我国农业转基因安全评价有哪些步骤？
4. 你敢食用转基因食品吗？为什么？
5. 你如何看待基因植物的生态安全性？

主要参考文献

1. 贾士荣．转基因植物的环境及食品安全性．生物工程进展．1997，17(6)
2. 贾士荣．转基因作物的环境风险分析研究进展．中国农业科学，2004，37(2)：175-187
3. 樊龙江等．转基因作物安全性争论与事实．北京：中国农业出版社，2001
4. 吴乃虎．基因工程原理(上册)．2版．北京：科学出版社，1998
5. 中国国家生物安全框架．中国国家生物安全框架课题组．北京：中国环境科学出版社，2000
6. 国家科委．基因工程安全管理办法．1993
7. 中华人民共和国国务院令第304号．农业转基因生物安全管理条例．2001
8. 中华人民共和国农业部令第8号．农业转基因生物安全评价管理办法．2002
9. 中华人民共和国农业部令第9号．农业转基因生物进口安全管理办法．2002
10. James C. Global Status of Commercialized Biotech/GM Crops：2011. ISAAA Briefs No. 43. Ithaca：ISAAA，2011

（林拥军　周菲）

索　引

K

L

M

N

P

Q

R

S

T

W

X

Y

Z

郑重声明